Claus Arendt   Altbausanierung

Claus Arendt

Altbausanierung

Leitfaden zur Erhaltung und Modernisierung alter Häuser

Deutsche Verlags-Anstalt Stuttgart

Die Deutsche Bibliothek – CIP-Einheitsaufnahme

Arendt, Claus
Altbausanierung : Leitfaden zur Erhaltung und Modernisierung alter Häuser / Claus Arendt. – Stuttgart : Deutsche Verlags-Anstalt, 1993.
ISBN 3-421-02974-1

Lektorat: Renate Jostmann
Schutzumschlagentwurf:
Brigitte und Hans Peter Willberg, Eppstein
Gesamtherstellung: Friedrich Pustet, Regensburg
Printed in Germany

Inhalt

Vorwort

Als 1977 die Erstauflage dieses Buches erschien, galt bei den Architekten »Altbausanierung« noch als Makel. In der Zwischenzeit war mancher Kollege froh, wenn ihm dieser Makel möglichst häufig anhaftete, und heute hat die Altbausanierung gebietsweise das Neubauvolumen schon lange erreicht und überschritten. Schließlich war es die Wiedervereinigung, die der Altbausanierung nochmals einen besonderen Stellenwart gab: Zum einen verlangt plötzlich fast der gesamte Gebäudebestand eines Teils unseres Landes nach Sanierung – zumindest, wenn unsere bisherigen und teilweise sehr hohen Anforderungen beibehalten werden sollen –, zum anderen wurde schlagartig eine seit Jahrzehnten einseitig orientierte Bauindustrie vor eine Aufgabe gestellt, die es offiziell nicht gab. Zu alledem fordert eine Bauweise eine ganz spezielle Sanierung, deren Notwendigkeit in den alten Bundesländern weitgehend unbekannt war: die Großplattenbauweise.

Aber noch aus anderen Gründen haben sich die Probleme der Altbausanierung im Laufe der achtziger Jahre zum Teil wesentlich verändert. Die Sanierungswelle der siebziger und frühen achtziger Jahre verlangte hauptsächlich die Anpassung der haustechnischen Standards an unsere heutigen Ansprüche: Die Heizung mußte bequemer werden, eine ausreichende Sanitärausstattung wurde Voraussetzung für jegliche Vermietbarkeit – und schließlich erzwang die Elektrifizierung unserer Haushalte und Büros vielfach eine Totalsanierung.

Andere Probleme wurden über Jahre fast ausschließlich als ein Sonderbedürfnis der Denkmalpflege betrachtet: Steinschutz, Putzerhalt, Anstrichverträglichkeit und vieles andere mehr.

Während der Neubausektor wieder zu boomen begann und die Altbausanierung dadurch etwas aus dem Blickfeld rückte, gewannen bisher nur von Spezialisten erkannte Sanierungsprobleme einen neuen Umfang: Die Betonsanierung bewies ihre Notwendigkeit durch einige spektakuläre Einstürze; die im Rahmen der Wärmeschutzverordnung und des Energieeinsparungsgesetzes neu festgelegten Grenzwerte, gültig im wesentlichen nur für den Neubau, begannen zunehmend auf den Altbau durchzudrücken, da es vielen Hauseigentümern nicht einsichtig war, weshalb sie nicht freiwillig zur Kosteneinsparung am Altbau das tun durften, was am Neubau zwingend war; die steigende Wertschätzung der Altbausubstanz, gestützt noch durch das langsame Umdenken der Kommunen, ermöglichte den Erhalt von Gebäuden, die sonst wegen des Bauzustands fraglos abgebrochen worden wären, und verlangte damit auch immer stärkere Eingriffe in das gestörte Tragwerk. Schießlich wurde die Auswirkung der Luftverschmutzung auf mineralische Baustoffe, also Putz, Ziegel- und Naturstein, immer deutlicher belegt, was zum Teil zu völlig neuen Technologien in der Fassadenreinigung, im Fassadenschutz und bei Anstrichen führte.

Dies alles traf die Baupraktiker wieder verhältnismäßig unvorbereitet: Wieder wurden Materialien und Verfahren auch am Altbau nach der Erfahrung am Neubau eingesetzt – eine Versimpelung, die fast ausnahmslos kraß durch die Werbung unterstützt wird, nach der ein Produkt offensichtlich schon dadurch seine Altbautauglichkeit nachweist, indem es dort nicht augenscheinlich zu raschen und schweren Schäden führt. Was im großen an Verbraucherverdummung dem Baufachmann die Messen bieten, führen im kleinen, aber flächendeckend, »Fachzeitschriften« für den Laien fort – beispielsweise Bausparkassen-Zeitschriften – denen vertragsfördernd jede unsinnige Empfehlung zur Altbausanierung recht ist, wenn sie nur deren leichte Durchführung für jedermann belegt.

Leider konnte sich dieses ungute Kenntnisniveau trotz des hohen Marktanteils der Altbausanierung halten, Produkte und Verfahren zur Altbausanierung, die in den alten Bundesländern wegen Untauglichkeit, ja wegen Betrugs schon seit Jahren vom Markt verschwunden waren, konnten in den neuen Bundesländern fröhlich wieder auferstehen, ohne daß diese Untauglichkeit erkannt wurde. Dies hat einige wenige Hauptgründe:

- Der Altbau ist in der Regel in Detail, Konstruktion und Material sehr viel unbekannter als angenommen wird: eine gründliche Bestandserfassung wird zwingend.
- Die alten Nutzungsanforderungen an das Gebäude entsprechen nur äußerst selten den heutigen: Aus dieser Differenz erwächst aber eine völlig veränderte bauphysikalische Beanspruchung, deren Verträglichkeit mit der alten Bausubstanz nachzuweisen ist.
- Der Neubau ist bei seiner Erstellung nie, der Altbau bei seiner Sanierung meist genutzt. Dies bedeutet, eine Sanierung ist auch in ihren Auswirkungen auf den Nutzer zu überprüfen.

Zwei sehr unterschiedliche Bereiche werden von Bedeutung, wenn »Altbausanierung« auch den Menschen berücksichtigt: Da eine Modernisierung im Rahmen der gesetzlichen Grenzen umlagefähig ist, muß manche Sanierungsmaßnahme vom Mieter getragen werden, der sich, von wenigen Ausnahmen abgesehen, nur durch Auszug dagegen wehren kann. Altbausanierung beinhaltet also eine starke soziale Komponente, eine vielfache Erschwernis der so dringend notwendigen Sanierungsarbeiten in den neuen Bundesländern. Zum zweiten belasten aber auch die Arbeiten selbst den Nutzer, da er über Wochen und auch Monate Staub, Dreck und Einschränkungen hinnehmen muß. Die einzelnen Sanierungsverfahren sind also auch durchaus nach ihren finanziellen Konsequenzen und nach dem Grad der für sie typischen Belastung von Haus und Nutzen zu überprüfen – ein am Neubau vergleichsweise unwichtiger Gesichtspunkt.
Letztlich ist auch noch die Denkmalpflege zu den großen Unterschieden zum Neubau zu zählen; nicht gemeint ist hier allein die amtliche Denkmalpflege, deren praktischer Erfolg häufig hinter ihrem Auftreten zurückbleibt, sondern der bewußte und verpflichtende Erhalt jener überkommenen Bausubstanz, die nun in vielfachen Facetten Geschichte spiegelt. Dabei sollte man endlich einmal Abstand nehmen von der ebenso alten wie lächerlichen Architektenklage, daß Denkmalschutz die eigene Entwicklung behindere, da leider kaum ein Kollege und auch kaum ein Bauherr von Haus aus jene Qualität des Baues liefert, die solche Klage rechtfertigte. Statt dessen erwächst aus dem Respekt vor dem Überkommenen unter Berücksichtigung der eigenen Möglichkeiten doch das Bedürfnis, den fachlichen Problemen eines solchen Erhalts auch gewachsen zu sein.
Mein Buch bemüht sich um diese Vollständigkeit, kann sie aber schon aus praktischen Gründen nicht liefern: es müßte ein vielbändiges Werk daraus werden. Knapp behandelt sind jene Problembereiche, über die es ein gutes, das heißt auch für den Altbau passendes Normenwerk oder entsprechende Literatur gibt oder aber – wie bei der Elektroinstallation – ein außergewöhnlich enges Regelwerk. Ausführlicher behandelt ist die Fülle jener Bereiche, in denen hauptsächlich der Architekt über Qualität und Schadensfreiheit der Altbausanierung bestimmt. Wer in eine konkrete Frage tiefer einsteigen möchte, schafft dies mit Sicherheit über das ausführliche Literaturverzeichnis.

März 1993 Claus Arendt

Recht und Finanzierung

Denkmalschutz
Baurecht
Finanzierung und Steuer
Versicherungen
Ausschreibung
Kosten

Denkmalschutz

Denkmalschutz als achtungsvolles Bewahren von Bauzeugnissen vergangener Epochen ist sehr alt und läßt sich bis in die Antike nachweisen. Auch der bauaufsichtlich geforderte Respekt vor dem Überlieferten ist in Deutschland schon weit über 100 Jahre alt, doch galt er hauptsächlich jenen Sakral-, Adels- und anderen Prachtbauten, vor deren Abbruch auch das »gesunde Volksempfinden« zurückschreckte. Es war erst der Verlust zu vieler, im einzelnen scheinbar unbedeutender Gebäude, die einen Ort, eine Straße plötzlich seiner Geschichte und seines Gesichts beraubten und der bundesweit insgesamt die Kriegsverluste überstieg.
Dieses Erwachen vor leergeräumten historischen Plätzen führte dazu, daß ab den siebziger Jahren durch einzelne Landesgesetze die Denkmalpflege rechtlich verankert wurde.
Mit der Charta von Venedig, die im Mai 1964 vom 2. Internationalen Kongress der Architekten und Techniker der Denkmalpflege verabschiedet wurde, gibt es ein erstes internationales Grundsatzpapier, das bis heute gültig ist, obwohl diese Charta aus moderner Sicht überarbeitet und ergänzt werden müßte. Daß Baudenkmalpflege mehr ist als nur der technische Umgang mit einem besonders störrischen Gebäude, wurde bereits damals erkannt und formuliert: »Die Bewahrung eines Denkmals erfordert die Bewahrung eines seinem Maßstab entsprechenden Rahmens. Wenn der traditionelle Rahmen noch besteht, muß er bewahrt bleiben und jeder Neubau, jeder Abbruch und jede Herrichtung, welche die Harmonie der Räume und der Farben verändern könnte, muß unterbleiben.«
Das Europäische Denkmalschutzjahr 1975 rückte die Notwendigkeit zum Denkmalschutz publikumswirksamer ins Licht: Zumindest jede größere Gemeinde wies nun entsprechende Sanierungsvorhaben vor; fast ausschließlich wurden jedoch wieder Gebäude wie Kirchen, Schlösser, Wehranlagen gewählt, also Bauten, deren Denkmalcharakter auch ohne die neuen Schutzgesetze niemals in Frage gestellt war. Die allgemeine Tendenz wächst nun allerdings über diesen denkmalpflegerischen Ansatz hinaus; so wurde die Erhaltung der Altbausubstanz allgemein auch durch das Städtebauförderungsgesetz und durch die Neufassung des Bundesbaugesetzes unterstützt.
Doch auch jetzt veränderte sich in der Öffentlichkeit nur sehr zögernd die Vorstellung von den Aufgaben der amtlichen Denkmalpflege; dies lag zum einen im Beibehalten des Begriffs »Denkmal«, der immer noch mit »Monument« gleichgesetzt wird und damit doch nur wieder Schlösser, Kirchen, Klöster zu erfassen schien, zum anderen aber auch im Verhalten der amtlichen Denkmalpflege selbst, die – über Jahrzehnte daran gewöhnt – ein Gebäude nur aus kunst- oder baugeschichtlicher Sicht bewertete und dabei vergaß – und teilweise auch heute noch vergißt! –, daß dieses »Studienobjekt« bautechnischen Gesetzmäßigkeiten entspricht, daß es von und für Menschen gebaut wurde und daß es seit seiner Erstellung durch Nutzung und andere, teilweise schwere äußere Eingriffe verändert worden ist.
Mehrmals wird in diesem Buch darauf hingewiesen, daß Altbausanierung nicht allein eine Frage des technisch Möglichen ist. Häufig berührt sie die positiven und negativen Seiten des Mieterschutzes, und sie setzt ebenso Verantwortung für den baulichen Bestand voraus. Das Ziel dieser Verantwortung umreißen die Denkmalschutzgesetze der einzelnen Länder. Der Begriff »Denkmal« in der angewandten Form verweist auf das Gedankengut des 19. Jahrhunderts, ebenso die Bezeichnung »Konservator«; für den Laien assoziieren sich damit zum Teil Begriffe, die er mit den heutigen Problemen nicht mehr vereinbaren zu können glaubt. Der Konservator stellt eine Liste der Denkmale auf, die dann aber unter anderen Gesichtspunkten von der Öffentlichkeit »geprüft« wird. Beide Deutungen des Denkmalbegriffs passen nur dann zusammen, wenn das vorgefaßte, fest umrissene und damit auch oft so schwer zu verändernde Vorstellungsbild, »das Image«, das die Öffentlichkeit hat, als »denkwürdige Sache« interpretiert wird. Der Fachmann erkennt und deutet aufgrund seines Fachwissens ein Objekt als Denkmal. Der einzelne Laie und die Öffentlichkeit erfassen das Image ohne spezifische Fachqualifikation. Der Spezialist beschreibt wissenschaftlich, der Imagewert unterliegt der öffentlichen Meinung, er entsteht damit auf demokratischer Grundlage, ist aber manipulierbar.

Denkmalschutzgesetze

Für das Bemühen, die Idee des Denkmalschutzes als gemeinsame europäische Aufgabe darzustellen, war die getroffene Auswahl wohl effektvoll – das Problem, das jedoch kaum durch Einsicht gelöst werden kann, nennt der Slogan »Haus für Haus stirbt dein Zuhause«. Hier bringen die Denkmalschutzgesetze eine rechtliche Handhabe, dieses »Sterben« hinauszuzögern, vielleicht auch zu verhindern. Der Schutz umfaßt dabei nicht nur das einzelne

Abb. 1 *Kaminkopf eines spätmittelalterlichen Hauses.*

Gebäude, sondern reicht vom typischen Detail (Abb. 1) bis zum Ensemble (Abb. 2 und 3).
Einen der Kernpunkte dieser Gesetzgebung beschreibt das Bayerische Denkmalschutzgesetz wie folgt: »(1) Die Baudenkmäler ... sollen nachrichtlich in ein Verzeichnis (Denkmalliste) aufgenommen werden. Die Eintragung erfolgt durch das Landesamt für Denkmalpflege von Amts wegen im Benehmen mit der Gemeinde. Der Berechtigte und der zuständige Heimatpfleger können die Eintragung anregen. Die Eintragung ist im Bebauungsplan kenntlich zu machen. Die Liste kann von jedermann eingesehen werden.«
Hier muß ein weitverbreiteter Irrtum berichtigt werden: Die Eintragung in diese Denkmalliste muß noch nicht besagen, daß das erfaßte Gebäude wirklich ein Denkmal ist, sie wird beispielsweise in Bayern geführt als Hilfsmittel zur Durchführung dieses Gesetzes, ist also Orientierungshilfe und ermöglicht es den beauftragten Stellen, rasch ein Gebiet »nachrichtlich« zu erfassen, ohne erst von Fall zu Fall zu überprüfen, ob auch tatsächlich die im Gesetz definierte Bedeutung gegeben ist. Ein Eintrag in dieser Liste hat also in diesem Falle noch keine unmittelbare rechtsbegründende Wirkung – im Gegensatz zu Baden-Württemberg oder anderen Bundesländern; hier hat jeder Listeneintrag Rechtswirkung.
Aus diesem rein nachrichtlichen Charakter ergibt sich, daß auch solche Objekte in die Liste aufgenommen sein können, die einen vergleichsweise geringen denkmalpflegerischen Wert haben und auf die nach genauer Prüfung das Gesetz nicht angewandt werden sollte. Jedes Landesamt sieht sich aber gerade in diesen Fällen, die knapp an der Bedeutungsschwelle liegen, verpflichtet, die Eingriffe in die Baudenkmalsubstanz zu leiten, damit nicht gerade jene Bauwerke weiterhin ohne seine Beurteilung verschwinden, für die in der Öffentlichkeit zum Teil noch kein rechtes Interesse besteht, die aber durchaus notwendig sein können, um nicht eine Platz-, Straßen- oder Stadtteilsituation langsam zu zerstören. Dies trifft vor allem für ländliche Bauten zu, auch für jene, meist sehr bescheidenen Häuser, die, immer wieder und meist mit primitivsten Mitteln umgebaut, noch aus dem Mittelalter auf uns überkommen sind, und für jene Gebäude um die Jahrhundertwende, die nach den pompösen Wohnbauten der Gründerjahre außerhalb der Prachtwohnviertel entstanden (Abb. 4).

Abb. 2, 3 *Selbst Straßenbelag und Straßenführung können Bestandteil eines Ensembles sein, Unmaßstäblichkeit in Zeil/Main – Maßstäblichkeit in Königsberg/Bayern.*

Abb. 4 *Gebäude aus der Münchner Denkmalliste.*

Was ist ein Denkmal?

Denkmäler sind stets Zeugnisse der Geschichte; ohne geschichtliche Aussagekraft gibt es kein Denkmal. Dies stellen alle Denkmalschutzgesetze voran: so lautet § 1 des Hessischen Denkmalschutzgesetzes: »Es ist Aufgabe ..., die Kulturdenkmäler als Quellen und Zeugnisse menschlicher Geschichte ... zu erhalten«. Art. 1 des Bayerischen Denkmalschutzgesetzes spricht von »baulichen Anlagen ... aus vergangener Zeit«, und im § 2 des Nordrhein-Westfälischen Denkmalschutzgesetzes wird das für ein Denkmal notwendige öffentliche Interesse dann erkannt, wenn »die Sachen bedeutend für die Geschichte des Menschen, für Städte und Siedlungen ... sind«.

Der Begriff »Denkmal« wird nach den Gesetzen auch auf Bereiche angewandt, die über das Thema »Altbausanierung« hinausgehen:

- Bodendenkmäler, bewegliche wie unbewegliche Überreste aus vor- und frühgeschichtlicher Zeit;
- bewegliche Denkmäler wie Gemälde und Skulpturen, aber auch Bücher und Dokumente;
- Gartenanlagen;
- historische Ausstattungsstücke, die wiederum beweglich sein können, wie Gemälde und Altäre, oder aber fest mit dem Bauwerk verbunden sind, wie Türleibungen, Deckenverkleidungen, Fresken, Stukkaturen.

Selbst der hier angesprochene Bereich »Baudenkmäler« erfaßt nicht nur Gebäude vom Stadel bis zum Dom, sondern alle baulichen Anlagen, also auch Brücken (Abb. 5) und Industrieanlagen bis hin zu Flurkreuzen und Grenzsteinen.

Dieser Begriff »Baudenkmal« erfährt aber noch eine entscheidende Erweiterung durch den Begriff »Ensemble«, der allerdings in den einzelnen Bundesländern sehr unterschiedlich gebraucht wird: Eine Gruppe von Gebäuden – Baudenkmäler und keine – kann dann unter Schutz gestellt werden, wenn ein Orts-, Platz- oder Straßenbild als Ganzes schutzwürdig ist; auch das Nicht-Baudenkmal ist damit einigen Zwängen in Nutzung und Gestaltung unterworfen.

Wie wichtig dieser Ensemblebegriff ist, wird an einem Beispiel deutlich, das inhaltlich wie praktisch im Sinne der Denkmalschutzgesetze nur in Ausnahmefällen als Ensemble angesprochen wird: das Dorf. Mehr als tausend Jahre waren unsere Dörfer Lebens- und Wirtschaftsgemeinschaften in ungeheuer dichter Vernetzung. Innerhalb fast nur einer einzigen Generation wurde dieses hochentwickelte und so eng vernetzte Gemeinwesen zum Wohnstandort; seine Geschichte ist vielfach noch erkennbar, hängt aber ab von so vielen, im einzelnen scheinbar unbedeutenden Details, so daß nicht dieser oder jener Hof, die Kirche, das Wirtshaus, der alte Taubenschlag zu schützen sind, sondern eigentlich auch Wegeverlauf und Feldaufteilung, Feldraine, Bach und Anger, Scheunen, Stadel, Ställe und Schuppen, Zäune und vieles andere mehr, was insgesamt einem Verbot der heute üblichen und/oder auch notwendigen landwirtschaftlichen Produktion gleichkäme.

All diesen, unter Denkmalschutz fallenden Objekten ist eigen, daß sie von Menschen geschaffen wurden: Auch ein noch so ehrwürdiger Baum oder seit alters unveränderter natürlicher Teich fallen also nicht unter den Denkmalbegriff im Sinne dieser Gesetze.

Daß das Denkmal »geschichtlich« sein muß, birgt aber noch eine weitere, häufig übersehene Wirkung: Die Erfassung der Denkmäler muß weitergeschrieben werden. Auch unsere Zeit wird Historie, und das, was wir schaffen, fällt unter den Begriff »menschliche Geschichte«, wenn diese Zeit erst einmal als abgeschlossene Epoche begriffen werden kann. Während noch in den siebziger Jahren 1945 als »Grenzmarke« galt, wobei die nationalsozialistischen Denkmäler ohnehin vielfach »übersehen« wurden, werden in zunehmendem Maß von den einzelnen Ländern auch Gebäude bis in die siebziger Jahre unter Schutz gestellt (Abb. 6). Die Epoche der Aufbauzeit nach dem Zweiten Weltkrieg kann heute durchaus schon als »abgeschlossene historische Epoche« beurteilt werden.

Letztlich muß auch »Ursprünglichkeit« vorliegen; auch für ein Baudenkmal heißt dies, daß es aus historischen Baustoffen zu seiner Zeit errichtet sein muß: Eine Kopie oder Rekonstruktion (siehe »Rekonstruktion«) kann demnach nie ein Baudenkmal sein. Diese Definition ist deshalb so wichtig, weil die Neuschaffung eines »Baudenkmals« von zu vielen – und leider auch von zu vielen Architekten – als eine Rechtfertigung zum Abbruch des tatsächlichen, aber unbequemen Baudenkmals mißbraucht wird.

Abb. 5 *Die alte Brücke ist nicht nur Technikdenkmal, sondern belegt auch den früheren Straßenverlauf.*

Abb. 6 *Gebäude aus den siebziger Jahren.*

Ersatzstoffe

Wenn die Kopie eines Gebäudes als Ganzes abgelehnt wird, muß diese Beurteilung auch im Detail gelten – womit ein kaum lösbares Problem angesprochen ist: die Anwendung neuer Materialien. Am Fenster wurde und wird diese Auseinandersetzung am deutlichsten – und wird auch am erbittertsten geführt, da noch vor wenigen Jahren hier der Kunststoff das Holz ganz zu verdrängen schien: Kunststoff als extrem »geduldiges« Material kann jedes Holzprofil eines alten Fensters nachahmen (Abb. 7). Damit aber tritt der Schauwert dieses Bauteils an die Stelle seines Geschichtswerts – und somit ist diese Lösung aus der Sicht der Denkmalpflege abzulehnen – allerdings nur so lange, bis die ersten Kunststoffenster der fünfziger Jahre als schützenswert eingestuft werden.
Ein weiteres Argument ist hier jedoch noch wichtig: Der Zeugniswert eines Baudenkmals, wie eben auch jedes seiner Details, kann nur dann erhalten werden, wenn das Überlieferte möglichst lange erhalten wird und dann, wenn dieses nicht mehr möglich ist, der Bauteil aus überliefertem Material in überlieferter Form wieder hergestellt wird – also durchaus ein Widerspruch zur vorab beschriebenen amtlichen Ablehnung von Kopie und Rekonstruktion.
Da künstlich hergestellte Ersatzstoffe vergleichsweise leicht technisch-physikalischen Forderungen angepaßt werden können, zieht sich die amtliche Denkmalpflege notwendigerweise auf die erstgenannten und denkmalpflegerischen Argumente zurück: Erhalt des Geschichtswertes durch Verwendung ursprünglichen Materials. Die »Vereinigung der Landesdenkmalpfleger in der Bundesrepublik Deutschland« sagte hierzu 1989 sehr deutlich: »Nur wenn der Ersatz an Material, Konstruktion und Bearbeitung den formalen und technischen Möglichkeiten zur Entstehungszeit des Denkmals entspricht, kann das denkmalpflegerische Ziel erreicht werden, durch die Teilrekonstruktion den Originalbestand so zu ergänzen, daß dessen Aussage als Geschichtszeugnis besser nachvollzogen werden kann.« Diese Aussage darf nun nicht als berufsbedingte Sonderhaltung amtlicher Denkmalpfleger eingestuft werden. Bereits Jahre zuvor haben Gerichte sich diesem Gedanken angeschlossen. Das Verwaltungsgericht Karlsruhe führte beispielsweise bereits 1983 hierzu aus: »Die neuen Fenster haben mit den ursprünglichen Fenstern sowohl nach dem Material ... insgesamt nichts mehr gemein. Sie sind aus Kunststoff, während die alten Fenster aus Holz gefertigt waren ...«

Abb. 7 *»Metallgußdetail« aus Kunststoff als Nachahmung eines alten Fenstertyps.*

Verständnisprobe für den Hausbesitzer

Die geschichtliche Bedeutung eines Hauses hat mit seiner künstlerischen oder auch handwerklichen Bedeutung grundsätzlich also nichts zu tun: Das »normale« Mietshaus der Jahrhundertwende, der zweckmäßige Industriebetrieb des späten 19. Jahrhunderts, der einfache Bauernhof aus gleicher Zeit, ein frühes Taglöhner- oder Austragshaus können Geschichte belegen und somit Baudenkmal sein.
Diese Häuser stellen jedoch das Verständnis seiner Besitzer für die Bedeutung des Denkmalschutzes auf eine harte Probe. Die technische Ausstattung widerspricht meist den geringsten Forderungen nach Bequemlichkeit und Hygiene. Wasser ist nur im Treppenhaus vorhanden, Bäder fehlen oder dienen als Etagenbäder mehreren Mietparteien – teilweise liegt selbst das WC noch außerhalb der Wohnung. Die Querschnitte der vorhandenen Elektro- und Gasleitungen verbieten die Heizungsumstellung von Kohle auf Strom und Gas; Fenster, Türen, Fußböden sollten erneuert werden – doch die Mieten decken meist nicht einmal mehr die Kosten der notwendigen Erhaltungsmaßnahmen und sind eingefroren – auch wieder durch einen staatlichen Eingriff. Bis zu welcher Zerstörung der Bausubstanz dies führen kann,

Abb. 8 *Bis vor kurzem noch genutzte Häuserzeile in Potsdam.*

belegt nun mit schrecklicher Deutlichkeit die ehemalige DDR (Abb. 8). Zusätzlich kommen nun neue Einbußen. Für alle Bundesländer gilt heute, daß bei genehmigungspflichtigen Bauvorhaben auch denkmalpflegerische Gesichtspunkte mit berücksichtigt werden, was für den Bauwerber zu zusätzlichen Belastungen und Aufwendungen führen kann.
In Ländern mit entsprechenden Denkmalschutzgesetzen wird der Eigentümer des Baudenkmals bei allen Veränderungen an seinem Besitz der öffentlichen Verwaltung unterworfen; jede negative Stellungnahme des Denkmalamtes zu baulichen Änderungen hat bereits eine Sperrwirkung, der nicht erfaßter Immobilienbesitz nicht unterliegt. Es kann also kein Fenster verändert, kein Anstrich erneuert werden, ohne eine Genehmigung dafür einzuholen. Wenn das Eigentum verkauft werden soll, unterliegt dies in verschiedenen Ländern dem gemeindlichen Vorkaufsrecht. Auch dies stellt jedoch keine entschädigungspflichtige Enteignung dar, obwohl allein diese Tatsache genügt, daß der Marktwert des Gebäudes oder des bebauten Grundstückes sinken kann und daß die Banken vorsichtiger beleihen.
Auch dies gilt nicht als ausgleichspflichtiger Eingriff, da laut Gesetz »spekulatives Reagieren des Marktes« stets ohne Ausgleich bleibt. Dabei ist es nur ein schwacher Trost, daß ein Teil der Vermögenssteuer in der Regel ohne Ansatz bleibt und die Grundsteuer – geringfügig – ermäßigt werden kann. Ist das Gebäude tatsächlich

ein Denkmal, können die rechtlichen Wirkungen allerdings auch in finanzieller Hinsicht gravierend werden.

Bauleitplanung

Zu den Verpflichtungen der Gemeinden im Vollzug des Denkmalschutzgesetzes ist im Ministerialamtsblatt 50/73 zu lesen: »Die gemeindlichen Bauleitpläne müssen die Ausnützungsmöglichkeiten von Grundstücken durch Festlegung von GRZ (Grundflächenzahl) und GFZ (Geschoßflächenzahl) so regeln, daß Eigentümer und Erwerber von Grundstücken keinen Anreiz haben, Baudenkmäler zum Zwecke des Abbruchs und einer nachfolgenden, weitaus stärkeren Nutzung des Grundstücks zu erwerben.« Freilich ist eine Reduzierung dieser Werte entschädigungspflichtig; jede Gemeinde kennt diese Konsequenz und kann selbst dort, wo sie es gern möchte, nur behutsam den genannten Empfehlungen folgen.

Abb. 9 *Zerstörung eines Baudenkmals durch rücksichtslosen Schaufensteraufbruch.*

Über die Einschränkung der Nutzung hinaus sind aber auch Modernisierungs- und Instandsetzungsgebote möglich. Beispielhaft sagt hierzu Art. 4 des BayDSchG:
»(1) Die Eigentümer und die sonst dinglich Verfügungsberechtigten von Baudenkmälern haben ihre Baudenkmäler instandzuhalten, instandzusetzen, sachgemäß zu behandeln, vor Gefährdung zu schützen, soweit ihnen das zumutbar ist.
(2) Die in Abs. 1 genannten Personen können verpflichtet werden, bestimmte Erhaltungsmaßnahmen ganz oder zum Teil durchzuführen, soweit ihnen das insbesondere unter Berücksichtigung ihrer sonstigen Aufgaben und Verpflichtungen zuzumuten ist ...
(3) Handlungen, die ein Baudenkmal schädigen oder gefährden, können untersagt werden.«
§ 12 (2) des Schleswig-Holsteinischen Denkmalschutzgesetzes formuliert dies wie alle anderen Ländergesetze zwar anders, aber mit gleichem Inhalt: »Der Eigentümer, der Besitzer oder sonst Verfügungsberechtigte kann zum Tragen der Kosten ... ganz oder teilweise herangezogen werden, soweit dies nach der Lage des Falles zumutbar ist.«

Zumutbarkeit

Zwar folgt aus dem Begriff »Zumutbarkeit«, daß materielle Gesichtspunkte berücksichtigt werden und die Opfergrenze nicht überschritten werden darf – das Gericht nennt dies »Interessenausgleich unter Billigkeitsgesichtspunkten«, bei denen alle Umstände des Einzelfalles zu berücksichtigen sind. Das heißt, daß ein vermögender Eigentümer zu höheren Leistungen aus der eigenen Tasche verpflichtet werden kann als der weniger Begüterte, da bei ihm das Sonderopfer später beginnt – doch weist der Begriff »Zumutbarkeit« auch darauf hin, daß erhaltende und schützende Arbeiten bezuschußt werden können. Wie oft und wie tief diese Möglichkeit ausgeschöpft werden kann, erhellt sich aus dem folgenden Beispiel: Allein in der bayerischen Denkmalliste sind bis heute etwa 110 000 Objekte erfaßt.
Ist der Denkmalschutz also nur eine Belastung für die Betroffenen? Dies sicher nicht. Zum einen gibt es weitere finanzielle Vorteile: So erhielten Eigentümer eines Baudenkmals im Investitionszuschußprogramm für alle Sanierungsmaßnahmen 30% der Aufwendungen vom Staat zurück, während andere Altbaubesitzer mit Ausnahme von Energiesparmaßnahmen nur 15% erhielten. Auch steuerliche Vorteile werden derzeit noch angeboten, und auch der freie Immobilienmarkt hat zumindest in den Städten mit einer Aufwertung von Baudenkmälern begonnen.

Aufwertungstendenz der Altbausubstanz

Ein weiterer und wesentlicher Aspekt liegt in diesem beginnenden Wandel der Einstellung zum geschützten Objekt. Vor allem in den Städten sind vielfach Eigentümer und Nutzer stolz auf das Besondere, und von Unternehmen, die bisher, nur wirtschaftlichem Denken verpflichtet, keine Zurückhaltung zeigten, wird das Baudenkmal erhalten und gepflegt (Abb. 9 und 10).
Im bäuerlichen Bereich geht die Zerstörung von Überkommenem zugunsten von landschafts- und kulturfremdem Ersatz bisher jedoch nur mit geringer Einschränkung weiter (Abb. 11 und 12), mit eben jener Blindheit, mit der bis vor wenigen Jahren schönste Ausstattungsgegenstände verkauft oder sogar weggeworfen wurden. Teile der Industrie trifft hier immer noch ein großes Maß an Schuld (Abb. 13), da unkritisch, aber umsatzfördernd »alt« mit »schlecht« gleichgesetzt wird.
Der Trend, Häuser in gewachsenen Vierteln zu bevorzugen, zeigt sich vor allem in den Großstädten an der Beliebtheit von

Abb. 10 *Zurückhaltende Schaufensterausbildung einer Sparkasse.*

Abb. 11, 12 *Das landschaftlich typische Haus wird verdrängt durch einen Neubau.*

Abb. 13 *Ausstellungsstand für »Althaussanierung«*

Altbauwohnungen und hier wieder besonders dort, wo diese jenes bieten, was den meisten Wohnbauten nach dem Krieg abgeht: Unverwechselbarkeit, Flair, ein Gesicht, also einen Rahmen, der die Identifikation derer, die in ihm leben, erleichtert. Baudenkmäler, etwas Besonderes unter den Altbauten, werden also zunehmend attraktiver und damit im Ertrag günstiger. Daß dies nicht nur für Prachtbauten gelten muß, sondern auch für die Vielzahl unscheinbarer historischer Gebäude, wird auch an den Erfolgen anderer Länder deutlich (Abb. 14–16).

Denkmalschutz und Altbausanierung

Es ist ein Faktum, dem sich die amtliche Denkmalpflege beugen muß, daß auf Dauer nur ein genutztes Gebäude erhalten werden kann – und Nutzungskonzepte den Bedarf auch nicht völlig ignorieren dürfen. Die bereits zitierte Charta von Venedig sagt hierzu: »Die Bewahrung der Denkmäler wird stets dadurch begünstigt, daß ihnen Funktionen zugewiesen werden, die für die Gesellschaft nützlich sind; deshalb ist eine solche Verwendung erwünscht, sie darf aber weder die Anordnung noch die Ausstattung der Bauwerke verändern. Innerhalb dieser Grenzen muß und kann man die durch die Entwicklung der Sitten und Gebräuche erforderlich werdende Herrichtung verstehen und zulassen.«

Abb. 14, 15 *Sanierte »Arme-Leute-Häuser« mit gemischter Nutzung in Culross/Schottland.*

Abb. 16 *Sanierter Altbau mit neuer Erweiterung in Brügge.*

Abb. 17 *Kaufhaus aus den fünfziger Jahren.*

Eine Nutzung in unserer Zeit verlangt in der Regel also sanierende Eingriffe, so daß Denkmalpflege und Altbausanierung mit Sicherheit keine Gegensätze sind: Wie ein Gemälde oder eine Plastik durchaus zur Verlängerung ihrer Lebenszeit auch einmal des behutsamen Restaurators bedürfen, verlängert die schonende Sanierung die Standzeit eines Hauses. Es sind deshalb sogar die rechtlichen Möglichkeiten gegeben, diese erhaltende Sanierung auch gegen den Willen des Eigentümers vorzunehmen – und dies hin bis zur Enteignung. Die einzelnen Ländergesetze kennen dieses Instrument; so sagt beispielsweise das Saarländische Denkmalschutzgesetz in § 25: »(1) Eine Enteignung eingetragener Kulturdenkmäler ist zulässig, wenn

1. deren Erhaltung oder ihr Erscheinungsbild ... auf andere zumutbare Weise nicht gesichert werden kann,
2. nicht auf andere Weise die wissenschaftliche Auswertung oder der Zugang für die Allgemeinheit zu erreichen sind.«

Anzumerken ist allerdings, daß dieses schwere Geschütz von Seiten des Staats kaum aufgefahren wird.

In der Tatsache, daß ein Gebäude auf Dauer nur mit Nutzung zu erhalten ist, liegt aber auch das Dilemma der amtlichen Denkmalpflege: Ihre Aufgabe ist es, für den Bestand jener Gebäude zu sorgen, deren – wie dies fast alle Ländergesetze einheitlich formulieren – »Erhaltung wegen ihrer geschichtlichen, künstlerischen, städtebaulichen, wissenschaftlichen oder volkskundlichen Bedeutung im Interesse der Allgemeinheit liegt«. Diese Allgemeinheit hat zwar inzwischen die Bedeutung des Denkmalschutzes erkannt – nach einer repräsentativen Erhebung (1987) akzeptieren bundesweit bereits mehr als 90% der Bürger den Denkmalschutz, wobei doch diese Prozentsätze gewaltig abbröckeln, wenn beispielsweise »nicht Schönes« wie Förderanlagen oder Kaufhäuser der fünfziger Jahre (Abb. 17) unter Schutz gestellt werden sollen, doch wird diese Akzeptanz regelmäßig auch dann sofort in Frage gestellt, wenn das zu schützende Gebäude in Funktion oder Details nicht unseren heute gängigen Vorschriften einer modernen Nutzung und dem, was »alt« zu sein hat, entspricht. Leider geraten hier Sachargumente und modisch Subjektives unentwirrbar durcheinander und erfahren nochmals eine einseitige Polarisierung durch die leider häufig ebenso einseitige Haltung der Denkmalpflege. Dabei gibt es auf beiden Seiten kaum Meinungsverschiedenheiten über den Umfang verträglicher Sanierungsmaßnahmen: Da der Erhalt eines Bauwerks üblicherweise seine Nutzung voraussetzt, ist es selbstverständlich, daß in fast allen Fällen auch keine Einwände gegen jene Maßnahmen erhoben werden, die zur Standardverbesserung entsprechend unseren heutigen Anforderungen notwendig sind, wie der Einbau neuer Heizungen, Bäder oder auch bauphysikalischer Verbesserungen, wie Wärmedämmung, Trockenlegung, Schallschutz, wenn diese Maßnahmen nicht, wie leider so oft, das überlieferte Erscheinungsbild des historischen Gebäudes zu sehr verändern oder zwangsläufig zu Bauschäden führen und damit den Verlust des Bauwerks vorantreiben. Daß selbst diese Maßnahmen, die prinzipiell unstrittig sind, vielfach nicht problemlos durchgeführt werden können, mag ein einziges Beispiel verdeutlichen: Das ursprüngliche Fenster sitzt fassadenbündig und prägt dadurch entscheidend die flächig wirkende Fassade (Abb. 18). Dieser für das Erscheinungsbild wesentliche Sitz hat aber doch recht ernst zu nehmende Nachteile: Das Bauteil »Fenster«, das auch hier wieder in

Holz erstellt werden soll, ist auf besondere Weise dem Regen ausgesetzt, der außenseitige Einbau des Stockes bewirkt auch die starken Kondensationsschäden der Fensterleibung.
Sanierungsmaßnahmen, die den Gebrauchswert eines Gebäudes wiederherstellen, erhalten oder unter Umständen auch verbessern, wie die Wiederherstellung des Tragverhaltens, das Wiedereindecken eines undichten Daches, das Verankern einer ausbauchenden Wand, werden im Normalfall ebenso als denkmalerhaltend hingenommen, häufig genug auch gefördert.
Dazu kommt noch eine sehr pragmatische Handhabung des Denkmalschutzgesetzes: Zwar kennen die einzelnen Ländergesetze keinen Qualitätsunterschied bei Baudenkmälern und – mit wenigen Ausnahmen – auch keine Aufteilung zwischen schützenswerten und nicht schützenswerten Teilen eines einzigen Gebäudes, doch wird man selbstverständlich der Grundrißveränderung bei jenem Baudenkmal zustimmen, das beispielsweise schon nach dem Krieg weitgehend ausgeweidet wurde, oder aber eine massive Fassadenveränderung dort zulassen, wo der Denkmalwert des Hauses weitgehend nur im Erhalt einer gotischen Treppe besteht. Es sind dies jedoch in der Praxis sicherlich Ausnahmen, vor allem auch deshalb, weil es durchaus auch Aufgabe der amtlichen Denkmalpflege ist, spätere Veränderungen an einem Gebäude zu erhalten und damit den Wandel in den geforderten Bedeutungsbereichen zu dokumentieren: geschichtlich, künstlerisch, städtebaulich, wissenschaftlich, volkskundlich. Es ist gerade dies für den Betroffenen nicht immer einsichtig, und so ist es auch eine didaktische Aufgabe der amtlichen Denkmalpflege, derartige Festlegungen, die sie aus ihrem speziellen Wissen heraus treffen kann, auch dem Betroffenen zu vermitteln. Die Öffentlichkeitsarbeit nimmt deshalb in vielen Denkmalämtern einen hohen Rang ein, doch ist hierbei mit wenigen Ausnahmen die Einseitigkeit zu bedauern, mit der man die täglichen Probleme der praktischen Bausanierung ignoriert.
Werden allerdings wesentliche Aussagen des Baudenkmals vernichtet – und damit sein geschichtlicher Wert als Dokument –, wird die Denkmalpflege diese Änderungen ablehnen, sogar bekämpfen: Die Sanierung eines bestehenden Treppenhauses wird unter Umständen notwendig zum Nutzungserhalt, nicht aber der Treppenabbruch und der Neubau an anderer Stelle, weil der Gebäudeeigentümer damit eine andere Nutzung und damit eine bessere wirtschaftliche Verwertung erhält.

Abb. 18 *Veränderung der Fassade allein durch Veränderung der Fensterdetails.*

Das Auswechseln von Fenstern wird zwangsläufig, wenn diese zerstört sind, in vielen Fällen auch, wenn sie einem sinnvollen Energieverbrauch nicht mehr entsprechen und nicht durch zusätzliche Maßnahmen hierzu verbessert werden können; ihr Auswechseln wird jedoch im Sinne der Denkmalpflege zu Recht untersagt (Abb. 19 und 20), wenn aus modischen oder, wie leider so häufig, falsch verstandenen wärmedämmtechnischen Gründen die Erneuerung verlangt wird (siehe »Wärmeschutz« und »Fenster«). Es ist ebenso selbstverständlich, daß Wohnungen Bäder erhalten können; es ist abzulehnen, wenn beim Zerstückeln eines Schlosses in Wohnungsmiteigentum dieser Einbau von Bädern direkt oder indirekt die Substanz zerstört, weil dieser Einbau nur in großen Sälen mit entsprechender Ausstattung möglich ist und so die neue »feuchte« Nutzung, aber auch alle zur baulichen und zur haustechnischen Ableitung notwendigen Maßnahmen das Baudenkmal belasten.
Aus dem Gesagten wird deutlich, daß die Denkmalpflege einem funktionalen Argument recht häufig folgen kann, aber dann durchaus restriktive Vorstellungen von dessen Erfüllung entwickelt. Es wäre wünschenswert, wenn die amtliche Denkmalpflege mit ebensolchem Nachdruck dem Bauherrn erklären könnte, wie das in der Praxis auszuführen ist, was sie mit Hin-

Abb. 19, 20 *Zwei kleine Dachfenster in benachbarten Häusern: Rechtfertigt der bessere Lichteinfall die Auswechslung?*

weis auf die Denkmaleigenschaft fordert, doch wird dies noch lange ein Wunschtraum bleiben: Denkmalschutzbehörden sind – zumindest in diesem Punkt – bundesweit viel zu knapp ausgestattet. So bleibt dies eine Aufgabe des ohnehin zwischen Bauherrn und Behörden Vermittelnden, des Architekten. Er hat also vorrangig den Bauherrn in jenem Bereich zu beraten, den die Bauindustrie, das Handwerk und eben auch die Denkmalämter immer noch nur stückweise abdecken. Auch er könnte allerdings den anderen Part übernehmen und für den Schutz des Baudenkmals bei unnötigen, unsinnigen und teilweise oft auch schädigenden Eingriffen sorgen, die eigentlich mit »Sanierung« nichts zu tun haben und auch dadurch nur den Bauschadens-Sachverständigen freuen können. Leider leistet auch dies die Architektenschaft mit wenigen Ausnahmen nicht, so daß es weiterhin in der Praxis bei der etwas verquälten Allianz zwischen amtlichem Denkmalschützer und freiem Architekten auf Kosten unserer Altbausubstanz bleiben wird.

Praktisches Sanierungsbeispiel eines Baudenkmals

Der Gebäudeeigentümer reicht über den Architekten die notwendigen Planunterlagen ein und erfährt unter Umständen, daß er Eigentümer eines Baudenkmals ist. Diese verwaltungstechnische Panne brachte in der Vergangenheit unnötige Verärgerung mit sich, ist inzwischen jedoch zur Ausnahme geworden. Die Planung wird nun dem zuständigen Denkmalamt vorgelegt, das sie auf ihre einzelnen Eingriffe am Baudenkmal überprüft. Eine Fülle von Maßnahmen, die dem gewünschten Erhalt des Baudenkmals dienen, werden in der Regel als selbstverständlich akzeptiert und, wenn nötig, auch gefördert: Wiederherstellung der Tragfähigkeit eines historischen Gebäudes, Trockenlegung stark durchfeuchteter Wände, Ausbessern von Putz- und Anstrichschäden oder deren fachgerechte Erneuerung, Ausbesserung oder Erneuerung der Dachdeckung sowie der Regenwasserableitung. Ebenso selbstverständlich, wenn auch üblicherweise nicht durch Zuschüsse gefördert, sind die Einbauten von haustechnischen Gewerken einschließlich zwingend notwendiger Folgearbeiten. Beide Bereiche wurden im übrigen auch seit der Einführung der denkmalfreudigen Bestimmungen der §§ 82 i und k der Einkommensteuerdurchführungsverordnung steuerlich »belohnt«.

Nicht als selbstverständlich hingenommen werden die meisten Veränderungen von Grundrissen, Durchbrüche in Wänden, Verluste originaler Ausstattungsdetails, wie Türen, Treppengeländer, die Vergrößerung von Türen und Fenstern, Aufbrüche der Dachhaut und ähnliche Eingriffe. Korrekterweise wird jedoch anhand der vorliegenden Unterlagen und möglichst auch im Gespräch mit Denkmaleigentümer und Entwurfsverfassern die Notwendigkeit dieser Maßnahme beurteilt – und durchaus auch akzeptiert, wenn sie nicht nur durch Mode und Bequemlichkeit, durch Gedankenlosigkeit und Rücksichtslosigkeit oder aber einseitig aus finanziellen Erwägungen geplant sind. Dieses letztgenannte Argument des Finanziellen kann von Fall zu Fall allerdings wiederum für eine Zustimmung entscheidend sein und wird deshalb auch durchaus berücksichtigt, obwohl die einzelnen Denkmalschutzgesetze diese Abwägung nicht kennen und das finanzielle Argument lediglich mit dem Begriff der »Zumutbarkeit« ansprechen. Eine vergleichsweise bescheidene »Argumentationshilfe« besitzen die einzelnen Denkmalämter durch die Vergabe von Zuschüssen und die Anerkennung von Sanierungsmaßnahmen zur steuerlichen Berücksichtigung, die, was vielfach unbekannt ist, tatsächlich die positive Beurteilung der Gesamtsanierungsmaßnahmen oder wichtige Einzelmaßnahmen durch den amtlichen Denkmalpfleger voraussetzt. Als unzulässig werden in diesem Sanierungsfall beurteilt werden: der Abbruch, Ausbau oder Austausch noch intakter Bauteile, Teilabbruch oder auch wesentliche bauliche Erweiterungen – und alle überzogenen Maßnahmen in beiden erstgenannten Bereichen. Gerade hierin liegt einer der Hauptstreitpunkte zwischen Denkmaleigentümer und Denkmalpfleger: Der Denkmaleigentümer, dem eine Reihe überzogener Maßnahmen untersagt wird, und sein Architekt, der diese Vorstellungen planlich übersetzt, werden dies üblicherweise begründen können. Der Eigentümer möchte sein Bauernhaus unterkellern, um endlich eine Zentralheizung einbauen zu können. Selbstverständlich ist es nicht strittig, daß hier eine Zentralheizung eingebaut werden kann – obwohl es genügend stichhaltige Argumente für andere Heizungsarten gibt –, abgelehnt aber wird der nachträgliche Einbau des mit diesem Argument begründeten Kellers, da diese Maßnahme beispielsweise den Verlust eines kleinen, alten, gewölbten Kellerraums erzwingt und zudem im gesamten Gebäude mit Setzungsschäden gerechnet werden muß. Der qualifizierte Denkmalpfleger wird deshalb Bauherrn und Architekten überdies darauf aufmerksam machen, daß die Kosten dieser aufwendigen Maßnahme in keinem Verhältnis zum gewünschten Effekt stehen, denn seit mehreren Jahrzehnten bietet die Industrie eine Reihe von zentralen Wärmeerzeugern an, die in Erstellungs- und Unterhaltskosten, technischem Aufwand, in ihrer Regelfähigkeit und in allem anderen als völlig gleichwertig dem gewünschten Heizungssystem zu bezeichnen sind: Etagenkessel oder -therme, die problemlos in Küche, Bad, Diele oder anderswo untergebracht werden können.

Wird gar der Abbruch des Hauses oder eines Teiles davon gefordert, weil es völlig »salpetriert« ist, also die Keller- und Erdgeschoßwände durch Feuchtigkeit und Salz geschädigt sind, und der Eigentümer nicht mehr in diesem feuchten Loch wohnen möchte, wird selbstverständlich auch diese Forderung zu Recht erhoben, und die Denkmalpflege hat kein Recht, das Belassen eines solchen Zustands zu fordern. Sie hat aber nicht nur das Recht, sondern sogar die Pflicht, den Abbruch dieses Baudenkmals zu verhindern, da es seit langem genügend Möglichkeiten gibt, durch einzelne Maßnahmen oder Maßnahmenkombinationen auch eine solche angegriffene Wand auf Dauer zu sanieren. Verlangt der Statiker dann wenigstens den Ersatz alter Holzbalkendecken durch Stahlbetondekken und das Schlitzen der Wände zur Aufnahme von Stahlbetonstützen, da die Außenwände des historischen Gebäudes an besonders belasteten Stellen von zahlreichen Rissen durchzogen sind, ist es auch hier selbstverständlich – und könnte von der Denkmalpflege sogar erzwungen werden! –, daß sanierende Maßnahmen rasch diesen gefährlichen Zustand einer fortschreitenden Verringerung der Tragfähigkeit der Außenwände beheben. Das vorgelegte statische Konzept ist jedoch dann nicht akzeptabel, wenn seine Eingriffe nicht nur wesentliche Bestandteile des Hauses entfernen, sondern die Lösung wie hier bauschadensträchtig ist. Dem Antragsteller wird deshalb in diesem Beispiel geraten, die gefährdeten Außenwandteile durch ein anderes Verfahren, beispielsweise Vernadeln und Verpressen, zu sichern und damit dem Baudenkmal – aber auch seinem eigenen Geldbeutel – tatsächlich etwas Gutes zu tun.

Baurecht

Verschiedentlich wird auf einige Forderungen des Baurechts oder sachverwandter Rechte hingewiesen. Wegen der Länderhoheit sind keine für jedes Bundesland gültigen Aussagen zu machen. Den Länderbauordnungen liegt jedoch eine Musterbauordnung (MBO) zugrunde, so daß wenigstens allgemeine Aussagen zu treffen sind.
Ohne Erlaubnis können Schönheits- und Instandsetzungsarbeiten durchgeführt werden. Dies braucht in Ländern mit entsprechendem Denkmalschutzgesetz nicht zu gelten. Nach dem Rechtssinn oder den entsprechenden Verordnungen sind vor allem Arbeiten an der Gebäudehülle – also Fassadenputz und -anstrich, aber auch Fenstererneuerung, Verkleidung und so weiter – genehmigungspflichtig. Die Entscheidungsfreiheit wird hier allerdings häufig für jedes Gebäude durch gemeindliche Verordnungen, sogenannte Ortssatzungen, eingeschränkt. Sie wurden in den letzten Jahren vielfach als Ergänzung der rahmenhaft formulierten Gestaltungsartikel der Länderbauordnungen aufgestellt. Auch sie differieren, sogar von Gemeinde zu Gemeinde, doch bleibt der Einspruchsinhalt etwa gleich: Dachform, -deckung und -farbe, Dachausbauten, Fensteraufteilung, Putzstrukturen, Fassadenverkleidungen und Sockelausbildung, Schaufensterformate, Einfriedungen und ähnliches.
Im Gebäudeinneren sind in der Regel nur der Ausbruch und das Neueinziehen nichttragender und nichtaussteifender Wände ohne Genehmigung zulässig. Werden alte Wohnungen unterteilt oder anders zugeordnet, sind die Bestimmungen über Belüftung und Belichtung zu beachten; zusätzlich werden für jede abgeschlossene Wohnung ein WC, mindestens ein Duschbad und eine Kochnische verlangt. Abstell- und Nebenräume sind dann nachzuweisen.
Der Einbau von Heizungsanlagen und Bädern sowie anderer haustechnischer Maßnahmen wird baurechtlich ebenfalls unterschiedlich gehandhabt. Fällt die Heizungsanlage durch ihre Leistung unter die sogenannten Heizungsrichtlinien, werden ohnedies genehmigungspflichtige Maßnahmen notwendig, das gleiche gilt in der Regel für Heizöllagerräume. Errichtung und Änderung von Abwasseranlagen sind in allen Bundesländern genehmigungspflichtig; dies gilt jedoch nicht für das Auswechseln gleichartiger Teile.
Bei Bebauung bisher nicht genutzter Flächen sollte schon vor Planeingabe geklärt werden, ob die diesem Grundstück zugeordneten Maximalwerte von »überbauter Fläche, Geschoßfläche, Vollgeschoß« und anderem überhaupt eine weitere Nutzung zulassen. Nutzungsänderungen erfordern eine Genehmigung oder sind zumindest anzuzeigen, selbst wenn keine baulichen Veränderungen vorgenommen werden.
Erhebliche baurechtliche Schwierigkeiten bringt allgemein die Anwendung unseres relativ neuen Baurechts auf die Altbausubstanz – wobei unter »Baurecht« die Summe aller auf das Bauen oder auf den Bau einwirkenden Rechtsvorschriften gemeint ist. Hierunter fallen brandpolizeiliche Vorschriften ebenso wie die Festlegung bestimmter lichter Raumhöhen, Brüstungs- und Geländerhöhen und vieles mehr, bis hin zur Vorschrift über Gullys und Objektabstände in Sanitärräumen, Schall- und Wärmeschutzbestimmungen. Ein wesentlicher Gesichtspunkt zur Anwendung des geltenden Baurechts ist die Frage, ob die Sanierungsmaßnahmen als Modernisierung anzusprechen sind oder aufgrund von Umnutzung anfallen.
Im letzteren Fall sollte zumindest bei größeren Sanierungsmaßnahmen die Möglichkeit eines Vorbescheids in Anspruch genommen werden. Der Vorbescheid gibt amtlich Antwort auf bestimmte und konkret zu formulierende Fragen. Er gilt in der Regel ein Jahr, sein Inhalt ist für die Behörde bindend. Der Vorbescheid ersetzt nicht die Baugenehmigung und die ihr zugrundeliegenden Bauvorlagen, verhindert aber unter Umständen Zeitverluste sowie kostspielige Vorarbeiten.
Bauvorlagen sind die Grundlage des Genehmigungsverfahrens; sie dürfen seit einigen Jahren nur noch von Architekten angefertigt werden. Da das Baurecht aber in einigen Bundesländern nicht nur zwischen genehmigungsfreien und genehmigungspflichtigen Vorhaben unterscheidet, sondern auch die Anzeigepflicht kennt, bei der Unterlagen auch vom Bauherrn oder sonst jemandem angefertigt werden dürfen, empfiehlt sich im Zweifelsfall eine Anfrage bei der Plangenehmigungsbehörde, den Kreisbauämtern oder den Gemeinden.
In der schon genannten Musterbauordnung regelt der hier wichtigste Paragraph 83, Abs. 1 und 2, die Anwendung neuer materieller Vorschriften auf rechtmäßig bestehende bauliche Anlagen. Es wird hiermit dem auf Artikel 14 des Grundgesetzes beruhenden Bestandschutz Rechnung getragen, wonach die Rechtspflicht zur Anpassung bestehender baulicher Anlagen an das jeweils geltende Bauordnungsrecht erheblich eingeschränkt wird. Ein leider allzu häufig vernachlässigter Gesichtspunkt ist der Verlust dieses Bestandschutzes bei »erheblichen baulichen Veränderungen«. Diese weiche Formulierung nutzen viele Baugenehmigungsbehörden, dem Altbau Neubauforderungen aufzustülpen, die teilweise nur unter sehr hohem Aufwand zu erfüllen sind. Der Architekt darf sich auch nicht darauf verlassen, daß diese neuen Forderungen in ursächlichem Zusammenhang mit der Sanierungsmaßnahme stehen. So ist es durchaus möglich, daß im Zuge eines dachraumseitigen Badeinbaus die brandschützende Forderung nach Ausmauern der treppenraumseitigen Flurfenster gestellt wird oder eine Differenztreppe zum Keller einen Handlauf erhalten muß. Die Anpassung »rechtmäßig bestehender baulicher Anlagen« kann im übrigen dann jederzeit verlangt werden, wenn dies für Sicherheit und Gesundheit notwendig ist und hiergegen eine *konkrete*, das heißt im Einzelfall zu prüfende und zu bejahende

Gefahr vorliegt. Es ist für die Argumentation gegenüber allzu ängstlicher amtlicher Beurteilung wichtig zu wissen, daß ein Abweichen von der Vorschrift noch keine konkrete Gefahr bedeutet. So wird beispielsweise der erwähnte Handlauf in einem Altersheim zwingender zu fordern sein als in einem Studentenheim. Dieses simple Beispiel zeigt bereits, daß ein Ermessensspielraum vorhanden sein muß; ihn zu nutzen durch *rechtzeitige* Zusammenarbeit mit den Bauordnungsbehörden, mag manchmal Geduld verlangen, ist aber fast immer sinnvoll.

Der Problembereich »Altbausanierung und Baurecht« kennt hauptsächlich zwei Schwerpunkte: »Brandschutz« – siehe eigenes Kapitel – und »Stellplatzverpflichtung«. Bei Änderung von Wohn- zu Gewerbenutzung, aber auch bei Erhöhung der Wohnungzahl – selbst bei gleichbleibender Gesamtnutzfläche – können neue Forderungen an die Anzahl der Stellplätze gerichtet werden. In Altbaugebieten ist dies häufig unerfüllbar, doch kann vielfach diese Forderung durch einen bestimmten, meist zwischen 5000 bis 15 000 DM je Stellplatz liegenden Betrag abgelöst werden. Diese Ablöse akzeptieren manche Gemeinden jedoch grundsätzlich nicht bei Umwandlung von Wohn- in gewerbliche Nutzung.

Bei der Stellplatzverpflichtung ist also wieder zu unterscheiden zwischen »wesentlichen Änderungen« – wobei nach Art. 48, Abs. 1, Satz 1 MBO wesentliche Änderungen von Anlagen einer wesentlichen Änderung in der Nutzung gleichgesetzt werden dürfen. Dies heißt, daß zum einen Voraussetzung für die neue Stellplatzverpflichtung die weitgehende Änderung der baulichen Substanz sein muß – Auskernung, Anbauten, Aufstockung – oder aber eine vollkommene Änderung der Nutzung – Büronutzung statt Wohnnutzung –, die nun tatsächlich eine erhöhte Belastung durch Kfz mit sich bringt. Bei nichtwesentlichen Änderungen gilt die Stellplatzverpflichtung nur für den *zusätzlich* zu erwartenden Kfz-Verkehr. Hierzu zählt also beispielsweise die Erhöhung der Zahl von Wohneinheiten durch Teilung. Bayern bietet hier eine sinnvolle Sonderregelung: nach Art. 55, Abs. 3, Satz 2 BayBO gilt die Stellplatzverpflichtung bei Änderung einer baulichen Anlage dann nicht, wenn sonst Schaffung oder Erneuerung von Wohnraum auch unter Berücksichtigung der Möglichkeit einer Ablösung erheblich erschwert oder verhindert würden.

Finanzierung und Steuer

Vor Inangriffnahme zumindest größerer Sanierungsmaßnahmen sollte anhand einer Wirtschaftlichkeitsberechnung geprüft werden, inwieweit der geplante Aufwand finanziell vertretbar ist. Offiziell wird diese Berechnung nach der II. Berechnungsverordnung vorgenommen, deren sich auch die meisten Kreditinstitute bedienen. Da hier in die Gesamtkosten zu den eigentlichen Maßnahmekosten korrekterweise auch Altbausubstanz, städtebauliche Einordnung und anderes mehr mit einfließen, wird häufig ein Gutachter eingesetzt. Angeraten wird dem Laien in jedem Fall, sich rechtzeitig mit dem Architekten und der beleihenden Bank in Verbindung zu setzen. Wegen der Wichtigkeit der Ermittlung wird in diesem Rahmen auch davon Abstand genommen, Kurzberechnungen und Faustwerte vorzulegen, die dem Fachmann bereits eine erste anhaltsweise Ermittlung erlauben.

Eigenkapital

Zu Eigen- und Fremdmitteln der üblichen Finanzierungsweise stehen dem Althausbesitzer auch noch Zuschüsse und Darlehen der öffentlichen Hand und unter Umständen zusätzliche steuerliche Hilfen zur Verfügung.
Finanzierungstechnisch sind auch einige Darlehen dem Eigenkapital zuzurechnen, die Arbeitgeberdarlehen, Verwandtendarlehen, Policendarlehen. Auch dinglich abgesicherte Belastungen eines anderen Pfandobjektes sind als Eigenkapital anzusetzen, ebenso Ratenkredite, die bis etwa 25 000 DM gewährt werden. Eine wesentliche Hilfe, das zu knappe Eigenkapital aufzustocken, bietet die Eigenleistung – und zwar vom Vermieter wie vom Mieter. Berücksichtigt werden muß allerdings, daß hier nur wertverbessernde Arbeiten veranschlagt werden können, keine Instandsetzungsarbeiten.

Fremdmittel

Als Fremdmittel werden in der Regel Hypotheken- und/oder Bauspardarlehen eingesetzt. Hypothekendarlehen, deren Konditionen sich nach den Verhältnissen auf dem Kapitalmarkt richten, können auch mit einer Lebensversicherung gekoppelt werden. Der Schuldner zahlt nun nicht mehr eine monatliche Tilgung und den fest vereinbarten Zins, sondern zusätzlich zum Zins die Prämie der Versicherung, die bei vereinbarter Fälligkeit die Schuld im ganzen tilgt. Die monatliche Belastung ist also höher als die Zahlungen von Zins und Tilgung, doch ist die Darlehenslaufzeit kürzer und damit die gesamte Zinsleistung günstiger. Zusätzlich kann die Prämie als Vorsorgeleistung nach § 10 EStG von der Steuer abgesetzt werden.
Auch Lebensversicherungen können entweder mit einem Hypothekendarlehen oder zumindest mit einem Policendarlehen in Höhe des bereits angesparten Versicherungsbetrages gekoppelt werden. Im letzteren Fall ist das Darlehen wieder den Eigenmitteln zurechenbar.
Eine Reihe von Kreditinstituten bietet auch Immobiliendarlehen an, also Fremdgeld, zu meist günstigeren Beleihungsgrenzen, aber ungünstigerem Zinssatz. Der Einsatz dieser Mittel ist nur dann zu raten, wenn günstigeres Geld in Aussicht, momentan aber nicht zur Verfügung steht.
Kreditinstitute helfen mit Kreditprogrammen und Verbunddarlehen, den Papierkrieg zu verringern; die günstigste Finanzierung wird in der Regel jedoch nicht aus einer Hand zu bekommen sein.
Bauspardarlehen gelten allgemein als besonders günstige Finanzierungsform; ihr Zinssatz liegt zwischen 4,5% und 6%. Da aber bis zur Zuteilung eine nur niedrig verzinste Eigenleistung erbracht werden muß, schwindet die Attraktivität dieser Darlehensart sehr in Zeiten niedriger Hypothekenzinsen. Das Bauspardarlehen ist frühestens nach einer Ansparleistung von 35%, meist von 40%, und einer festgelegten Wartezeit zur Auszahlung fällig; so muß bei kurzfristigem Geldbedarf der Betrag vor- oder zwischenfinanziert werden.
Da sich in den letzten Jahren die bisher sehr engen Konditionen auf dem Bausparsektor stark erweitert haben, lohnt mehr als früher der Vergleich verschiedener Anbieter. Interessant ist in diesem Zusammenhang, daß auch die Bauspar-Förderung in den deutschen Einigungsvertrag aufgenommen wurde. Sie bewahrt weitgehend die großzügige Regelung der DDR und gewährt sie bis 1993 allen Bundesbürgern, dies allerdings nur für Wohnraum in den fünf neuen Bundesländern.

Öffentliche Mittel

Bei Darlehen der öffentlichen Hand sind meist bestimmte Bedingungen zu erfüllen. Im Rahmen des Städtebauförderungsgesetzes werden erhebliche Mittel frei, wenn der Altbau in einem förmlich festgelegten Sanierungsgebiet liegt. Aufgrund des Modernisierungsgebots der Gemeinden (§ 21 StBauFG) oder einer Modernisierungsvereinbarung zwischen Gemeinden und Eigentümer (§ 34 Abs. 3 StBauFG) können Sanierungsmaßnahmen auch ohne Beschränkung auf Wohnnutzung durchgeführt werden.
Auch nach dem II. Wohnungsbaugesetz können Mittel zur Verfügung gestellt werden. Die Förderungshöhe ist wiederum abhängig von konkreten Maßnahmen und kann bis 70% der Kosten eines vergleichbaren Neubaus betragen.
Bei den Förderungsprogrammen ist generell zu unterscheiden zwischen dem gemeinsamen Modernisierungsprogramm von Bund und Ländern und den Landesmodernisierungsprogrammen, die jedoch nicht alle Bundesländer, und vor allem nicht in gleicher Form, durchführen. Besonders interessant kann hier die Anerkennung eines »städtebaulichen Mehraufwands« werden, der in etwa dem des

denkmalpflegerischen Mehraufwandes entspricht, jedoch den städtebaulich wirksamen Teil des Hauses erfaßt, meist also nur die Gebäudehülle. Hierunter fallen Mehrkosten für Fensterversprossung und Schnitzarbeiten an Haustüren ebenso wie für Natursteinsockel, Fassadenstuck, Traufgesimse, historische Dachdeckungen und Kaminköpfe; aber eben nur wieder der Mehraufwand zu jenen Kosten, die für ein funktionsfähiges Bauteil unserer Zeit anzusetzen wären.

Die Bundesrichtlinien, die das Wohnungsmodernisierungsgesetz ablösen, werden von einzelnen Bundesländern unterschiedlich ausgelegt, so daß nicht auf Einzelheiten eingegangen werden kann. Nähere Angaben sind bei den Gemeinden, den Kreisverwaltungsbehörden und teilweise bei den örtlichen Kreditinstituten zu erfragen. Altbauerneuerung kann zusätzlich jedoch auch noch durch Übernahme von Bürgschaften gefördert werden. Das heißt, daß die grundbuchamtliche Absicherung des Darlehens vermieden wird und damit Zeit und Kosten gespart werden können. Auch hier ist die Praxis in den Bundesländern uneinheitlich. Auskunft über Landesbürgschaften erteilen die einzelnen Landesbanken. Private Bausparkassen können Bürgschaften über die Lastenausgleichsbank in Bonn vereinbaren.

Zusätzlich zu den genannten großen Programmen gibt es, ständig wechselnd, kleine. Diese Programme differieren jedoch auch wieder länderweise und unter Umständen sogar gemeindeweise. Deshalb empfiehlt sich die Nachfrage in der Gemeinde und bei den örtlichen Kreditinstituten.

Für Eigentum und Baudenkmäler kann es länderweise zusätzliche Hilfen geben (siehe »Denkmalschutz«).

Steuervergünstigungen

Die Steuervergünstigungen entsprechen weitgehend jenen, die allgemein den Eigentümern eines Wohnhauses oder einer Eigentumswohnung gewährt werden. Besonders interessant ist dabei die im Einkommenssteuergesetz festgelegte Trennung von Erhaltungs- und Herstellungsaufwand sowie noch der »anschaffungsnahe Aufwand«.

Nach Absch. 157 Abs. 1 EStR zählen nicht nur die Aufwendungen für die laufende Instandhaltung zum *Erhaltungsaufwand,* sondern auch die Erneuerung jener Teile und Einrichtungen, die ursprünglich in den Herstellungskosten enthalten waren. Die Auswechslung eines Fensters oder einer Heizung ist in der Regel also hier zuzurechnen, selbst wenn diese Maßnahme dem technischen Fortschritt dient. Der Erhaltungsaufwand ist grundsätzlich in voller Höhe jährlich als Werbungskosten abzusetzen. Eine interessante Ausnahme bietet § 82 b EStDV, nach der es möglich wird, größere Aufwendungen auf 2–5 Jahre zu verteilen. Voraussetzung ist jedoch überwiegende Wohnnutzung, auch darf das Gebäude nicht zum Betriebsvermögen gehören.

Anders werden derartige Aufwendungen gerechnet, wenn sie innerhalb dreier Jahre nach Kauf eines Hauses anfallen: als *anschaffungsnahe Anwendungen* zählen sie dann zum Herstellungsaufwand, wenn es sich im Verhältnis zum Kaufpreis um hohe Erhaltungsaufwendungen handelt, was bei vielen Altbausanierungen vor allem von Baudenkmälern der Fall sein wird, denn hohe Aufwendungen werden dann als gegeben vorausgesetzt, wenn ihre Kosten während des vorgeschriebenen Zeitraums 20% des Kaufpreises übersteigen. Es werden hier allerdings recht strenge Maßstäbe angesetzt. Das Wesen des Gebäudes muß verändert und/oder sein Nutzungswert erhöht und seine Nutzungsdauer verlängert werden. Definition und damit Anwendbarkeit dieser Regelung unterliegen allerdings einem Beurteilungswandel, wie dies abweichende Urteile von Finanzgerichten zeigten.

Herstellungsaufwand

Entsprechend Absch. 157 Abs. 3 wird eine Maßnahme dann so eingeordnet, wenn ein bestehendes Gebäude hierdurch wesentlich in seiner Substanz vermehrt, in seinem Wesen verändert oder deutlich verbessert wird. Der Bundesfinanzhof stellte klar, daß diese wesentliche Verbesserung nicht allein schon dadurch gegeben ist, daß eine dem technischen Fortschritt entsprechende Modernisierung durchgeführt wurde. Nach § 7 Abs. 4 EStG sind die Herstellungskosten nur durch eine über einen längeren Zeitraum verteilte Abschreibung geltend zu machen. Diese Frist beträgt 40 Jahre bei Gebäuden, die vor dem 1. 1. 1925 fertiggestellt wurden und 50 Jahre bei alle jüngeren Baulichkeiten. Es gibt Ausnahmen von diesem Grundsatz nach der Sondervorschrift des § 82 a EStDV. Danach konnten bis Ende 1991 jährlich bis zu 10% abgesetzt werden für Anschluß an Fernwärmeversorgung, Einbau alternativer Wärmeanlagen, Heizungssanierung. Voraussetzung für Inanspruchnahme dieser erhöhten Abschreibung ist, daß das Gebäude nicht zu einem Betriebsvermögen gehört und seine Grundfläche zu mehr als der Hälfte Wohnzwecken dient. Überdies muß das Gebäude bei Beginn der Maßnahmen mindestens 10 Jahre alt sein. Hinzugerechnet werden dürfen alle Kosten, die in Zusammenhang mit dieser Maßnahme stehen, also Erweiterung der Elektroversorgung, Gutachten über alternative Energiegewinnung, Probebohrungen für Grundwasser-Wärmepumpen und ähnliches – aber auch Fußboden-, Maler- und Tapeziererarbeiten, die wegen Rohrverlegungen notwendig wurden. Wichtig ist hierbei noch, daß alte Geräte und Anlagen nicht verbraucht sein müssen und keine Wert- oder Nutzungsverbesserung nachgewiesen werden muß: der alte Ölofen kann also auch steuerbegünstigt durch einen neuen ausgetauscht werden.

Für einen Altbau kann unter Umständen jedoch auch aus anderen Gründen eine erhöhte Absetzung erreicht werden, da ein solches Gebäude nicht mehr eine Restnutzungsdauer von 50 Jahren zu besitzen braucht. Kann man also anhand eines Gutachtens über die Restnutzungsdauer nachweisen, daß diese nur noch 25 Jahre beträgt, erhöht sich die AfA im entsprechenden umgekehrten Verhältnis. Da nachträgliche Herstellungskosten grundsätzlich zusammen mit dem Gesamtgebäude abgeschrieben werden können, empfiehlt sich eine Überprüfung der Restnutzungsdauer.

Bei gravierenden Mängeln oder Schäden wie Brand, Hausschwammbefall, aber unter Umständen auch bei Auskernungen oder Abbruch durch Umbauten sind nach § 7 Abs. 1 Satz 4 EStG Absetzungen für außergewöhnliche technische oder wirtschaftliche Abnutzung zulässig. Sie sollten in jedem Fall in ihrer Notwendigkeit nachprüfbar belegt sein.

Mit Wirkung vom 1. 1. 1987 darf nicht mehr der Nutzungswert einer selbstgenutzten Wohnung in Ansatz gebracht werden, so daß diese Aufwendung nicht mehr als Werbungskosten zu berücksichtigen ist. Dies heißt jedoch nicht, daß Verwaltungs- und Herstellungsaufwendungen hierfür nicht mehr in Ansatz zu bringen wären – sie sind jetzt als Sonderausgaben abzugsfähig gemäß § 10 e EStG.

Nur bei eigener Wohnnutzung galt die gleiche Steuerbegünstigung für Baumaßnah-

men, die zwischen 1. 1. 1987 und 31. 12. 1991 begonnen und beendet wurden. Im übrigen wird darauf hingewiesen, daß es bei eigengenutzten Wohnungen immer noch eine Reihe von Sonderregelungen sowie ein von 1986 an geltendes und 12 Jahre gültiges Optionsrecht zur steuerlichen Zuordnung der Wohnung gibt. Es wird hierzu die Einschaltung eines Steuerberaters empfohlen.
In förmlich festgelegten Sanierungsgebieten oder in einem städtischen Entwicklungsbereich dürfen nachträgliche Herstellungskosten wie auch anschaffungsnahe Aufwendungen mit dem Jahr der Herstellung 10 Jahre lang mit 10% abgesetzt werden. Dem Finanzamt ist hierüber eine entsprechende Bescheinigung vorzulegen.
Bei Gebäuden, die unter Denkmalschutz stehen, können bei der Vermögens-, Einkommens-, Erbschafts- und Grundsteuer – nicht Grunderwerbssteuer – Nachlässe beantragt werden. Bei Denkmälern, die wirtschaftlich nicht nutzbar sind, sollten Erhaltungsaufwendungen im Sinne des § 33 EStG als außergewöhnliche Belastung geltend gemacht werden. Auskunft über diese steuerlichen Einsparungen geben die zuständigen Finanzämter und die jeweiligen Denkmalschutzbehörden.
In jedem Fall dürfen bei einem Baudenkmal Herstellungskosten nach § 82 i EStDV erhöht abgeschrieben werden, was seit Fortfall der Vergünstigungen für Modernisierungsmaßnahmen nochmals besonders hoch zu bewerten ist. Um in den Genuß dieser Zusatzabschreibung zu kommen, muß es sich jedoch erstens um Herstellungskosten handeln – und diese müssen zweitens notwendig sein, um das Gebäude als Baudenkmal sinnvoll zu erhalten und zu nutzen; drittens sind diese Maßnahmen vor Baubeginn mit der zuständigen Denkmalschutzbehörde (Landratsamt, kreisfreie Stadt oder mit der Denkmalfachbehörde selbst) abzustimmen. Hier entsteht regelmäßig beim steuerpflichtigen Antragsteller ein Mißverständnis dann, wenn die Baugenehmigungsbehörde die Baugenehmigung erteilte, ohne denkmalpflegerische Forderungen hinlänglich zu berücksichtigen. Diese Genehmigung beinhaltet keineswegs die verlangte ausreichende Abstimmung mit der Denkmalschutzbehörde oder dem Denkmalamt.
Da der Denkmalschutz dem Länderrecht unterliegt, heißt dies wieder, daß länderweise durchaus unterschiedliche Maßstäbe der »Denkmalwürdigkeit« angelegt werden. So wird beispielsweise vielfach der Erhaltungsaufwand vom Herstellungsaufwand abgezogen: das denkmalgeschützte Schieferdach wird nicht in vollen Kosten anerkannt, da die vernachlässigte und inzwischen schadhafte Deckung mindestens in Faserzementplatten als Erhaltungsaufwand durchzuführen wäre.
Da die erhöhte Abschreibung nach § 82 i EStDV tatsächlich auch im Sinne von Finanzierungsüberlegungen wichtig ist, sollte der Bauherr sich rechtzeitig Gewißheit über den Umfang der Anerkennung verschaffen. Die Umbaukosten eines Schlosses in Wohneinheiten müssen anerkannt werden, weil bei einem einzigen Eigentümer das Baudenkmal weiter verfiele. Die offenen Kamine pro Wohneinheit, die Luxusbäder oder die Tiefgarage – auch wenn sie vorgeschrieben wird! – liegen aber jenseits der denkmalpflegerischen Erforderlichkeit – ihre Kosten werden gestrichen. Anbauten oder Grundrißveränderungen werden ebenfalls nicht anerkannt werden können, es sei denn, sie dienten zwingend dem Erreichen jener Nutzung ohne die das Baudenkmal nicht zu erhalten wäre: der Heizraum im Anbau an ein nicht unterkellertes Bauernhaus, die Treppe in einem bisher beleiterten Turm, die Schaffung von Brandwänden und vieles andere mehr. Grundsätzlich begünstigt werden allerdings alle Aufwendungen für eine zeitgemäße Haustechnik – es sei denn, diese überstiege in Umfang und Ausführung wesentlich das übliche Maß: die goldene Armatur wird nur in Höhe einer guten Einhandbatterie anerkannt!
Wesentlich strenger werden dann alle Erhaltungs- und Modernisierungsaufwendungen zur steuerlichen Anerkennung gesiebt werden, wenn nur Teile eines Gebäudes unter Denkmalschutz stehen, wie die Fassade oder das Treppenhaus. Es ist selbstverständlich, daß dann beispielsweise der Einbau von Heizung oder Baderaum nicht mehr anerkannt wird. Diese Trennung der Denkmaleigenschaften verschiedener Gebäudeteile wird allerdings länderweise sehr unterschiedlich gehandhabt.
Im Bescheinigungsverfahren legt die Denkmalschutzbehörde oder das zuständige Denkmalamt die Höhe der begünstigten Kosten fest. Wichtig ist nun zu wissen, daß diese, den Endbetrag enthaltende Bescheinigung als Grundlagebescheinigung im Sinne des § 171 (10) AO für das Finanzamt bindend ist. Das Finanzamt ist also nicht befugt – auch wenn es immer wieder einmal versucht wird! –, diese Bescheinigung rechtlich oder inhaltlich nachzuprüfen, um sie in Frage zu stellen. Wird dies doch versucht, wird eine gerichtliche Klärung empfohlen. Die Finanzverwaltung entscheidet allerdings darüber, ob der bestätigte Betrag als Betriebsausgabe oder Werbungskosten bei einer Einkunftsart zu berücksichtigen ist, sowie ob Herstellungsaufwand oder Erhaltungsaufwand vorliegt und demgemäß § 82 i oder § 82 h EStDV anzuwenden ist.
Bei manchem Baudenkmal wird es schwierig sein, eine weitere Voraussetzung für die erhöhte Abschreibung zu finden, nämlich die »Einkunftserzielungsabsicht«; hierunter wird verstanden, daß Ausgaben deshalb getätigt werden, um mit ihnen einen Überschuß bei den Einnahmen zu erzielen. Ein Wehrturm, ein kleines Wasserschloß oder ein Burgrest werden meist nur von glücklichen Träumern in dieser »Einkunftserzielungsabsicht« erworben werden. In solch aussichtslosen Fällen sollte überprüft werden, ob nicht die Voraussetzungen für einen Abzug als außergewöhnliche Belastung vorliegen.

Baukostenzuschuß

Eine noch zu wenig genutzte Art der Finanzierung ist die Beteiligung des Mieters. Seine finanzielle Mitwirkung ist unter Umständen für ihn wie für den Vermieter interessant, setzt allerdings gegenseitiges Verständnis und Vertrauen und Identifizierung des Mieters mit dem Besitz voraus. Die Möglichkeiten schwanken zwischen den zwei Extremen: volle Umlage aller werterhöhenden Maßnahmen auf den Mieter im Rahmen des gesetzlich Erlaubten – was meist schon bald an eine Zumutbarkeitsgrenze stößt – und volle Kostenübernahme durch den Mieter, wobei der Miete und jeder späteren Mieterhöhung der Wohnungsstandard vor der Modernisierung zugrunde gelegt werden muß.
In der Praxis ist zur korrekten Regelung entweder ein Kostenvoranschlag zur Berechnung der erlaubten Mietumlage mit Angabe der monatlichen Mietminderung je 1000,– DM Mieterbeteiligung nötig oder der schriftlich zu fixierende monatliche Zins einschließlich Tilgung. Für den Vermieter liegt der Vorteil in der Erhöhung der Eigenmittel, für den Mieter in der Senkung der monatlichen Belastung, was sich vor allem bei länger dauerndem Mietverhältnis auswirkt.
Zusätzlich sollte der Vermieter seine Mieter auf die Möglichkeit hinweisen, Wohngeld zu beantragen. Das Wohngeld dient

keineswegs dazu, überhöhte Forderungen des Vermieters zu erfüllen, es kann vielmehr dort dem Mieter und damit dem Vermieter helfen, eine Sanierung weiterzuführen, wo es sonst zu sozialen und finanziellen Härten käme. Anspruchsberechtigt auf Mietzuschuß sind Mieter, aber auch die Eigentümer, wenn sie eine Wohnung im eigenen Haus bewohnen und eine bestimmte Einkommensobergrenze nicht überschritten wird (§ 20 II WoGG).

Übereinkunft mit dem Mieter

Jede Sanierungsmaßnahme im Altbau wirkt sich auf das Mietverhältnis oder zumindest auf das Vertragsobjekt aus. Deshalb sollte sich der Vermieter frühzeitig mit jedem Mieter in Verbindung setzen, ihn über die geplanten Maßnahmen unterrichten, seine Wünsche zur Kenntnis nehmen und vor allem eine Übereinkunft zu erreichen versuchen über Umfang, Dauer, Zeitpunkt und vor allem finanzielle Folgen der den Mieter betreffenden Sanierungsmaßnahmen.
Der Mieter wiederum sollte bedenken, in welchem Umfang er zur Duldung verpflichtet ist. § 541 a BGB sagt hierzu, daß bauliche Maßnahmen zur Erhaltung der Mietsache und des Gebäudes zu dulden sind, bauliche Maßnahmen zur Verbesserung nur so weit geduldet werden müssen, wie dies zumutbar ist. Diese »Zumutbarkeit« ist jedoch wieder ein relativer Begriff und wird sich stets am konkreten Fall orientieren.
Kosten, die dem Mieter durch Reinigung, Beschädigung und so weiter erwachsen, muß der Vermieter angemessen ersetzen. Wird der Gebrauch der Wohnung erheblich beeinträchtigt, steht dem Mieter nach § 537 BGB eine Minderung des Mietzinses zu.
Nach § 20 WoMoG muß der Vermieter dem Mieter zwei Monate vor Beginn der Sanierungsarbeiten deren Art und Umfang, Beginn und Dauer schriftlich mitteilen. Der Mieter ist dann berechtigt, bis zum Ablauf des auf den Zugang dieser Mitteilung folgenden Monats für den Ablauf des nächsten Monats zu kündigen. Der Vermieter darf dann mit den Sanierungsarbeiten nicht vor Ablauf der Mietzeit beginnen.

Mietwerterhöhung

Daß eine werterhöhende Maßnahme eine Mietsteigerung nach sich zieht, wird meist auch vom Mieter anerkannt. Die Berechtigung der Erhöhungssumme wird jedoch ebensooft in Zweifel gezogen. Auch hier gibt es rechtliche Regelungen.
Ist der Wohnraum preisgebunden, ist dies bei Berechnung nach § 72 des II. Wohnungsbaugesetzes zu beachten, ferner die II. Berechnungsverordnung und die Neubaumietenverordnung.
Bei Wertverbesserungen in preisfreien Wohnungen darf der Vermieter eine Erhöhung der Miete um 11% p.a. der wertverbessernden Kosten verlangen. Die Bestimmungen des I. Wohnraumkündigungsgesetzes sind jedoch zu beachten. Für den Mieter heißt dies, daß je 1000 DM umlagefähige Kosten sich die Monatsmiete um 9,17 DM erhöht.

Ständige Aufwendungen

Ständige Aufwendungen sind dem Althausbesitzer wie jedem Hausbesitzer bekannt. Bei allen Überlegungen zur Finanzierung bestimmter Maßnahmen muß der Altbaueigentümer jedoch bedenken, daß nun auch die laufenden Aufwendungen steigen, und zwar nicht nur in Folge der Kapitalkosten. Gerade die in der Altbausanierung so wichtigen haustechnischen Gewerke ziehen laufende Aufwendungen beziehungsweise Bewirtschaftungskosten nach sich. Zwar können diese teilweise, häufig auch ganz auf den Mieter umgelegt werden, doch kann damit unter Umständen die finanzielle Attraktivitätsgrenze des Mietobjektes überschritten werden.

Versicherungen

Schmitz

Absicherung aller Risiken bei der Altbaumodernisierung

Die Frage, welche Versicherungsart am Bau abzuschließen ist und welche Risiken damit abgesichert sind, aber noch mehr die Frage, welche Ausschlüsse vorhanden sind, wird für den Architekten ein immer weniger überschaubarer Problembereich.

Zu seinen Aufgaben gehören im Rahmen der Beratungspflicht, aber auch im Falle der Ausschreibung und Bauleitung, die genauen Kenntnisse über Umfang und Grenzen der Versicherungsmöglichkeit für seinen Bauherrn.

Es werden deshalb Empfehlungen für abzuschließende Versicherungen aus der Sicht der Architekten gegeben und Hinweise, wie ein weitgehender Versicherungsschutz zu erreichen ist.

Im Rahmen der Arbeit der Architektenkammer NRW wurden bereits 1982–1984 umfangreiche Recherchen zu Versicherungsfragen angestellt. Versicherungsmakler, aber auch Versicherungen, die im Baubereich besonders aktiv sind, sowie Juristen wurden zur Schadenshäufigkeit, zum Schadensumfang und zu Schadensschwerpunkten befragt. Bei diesen Befragungen ergab sich, daß ein ganz hoher Teil der Schäden, welche die Versicherungen abzudecken haben, von größeren Büros verursacht wurden.

Circa 50% der von den Versicherern abgewickelten Schäden beruhen auf Planungsschäden, die restlichen 50% fallen in den Bereich der Bauleitung. Interessant ist auch die Aussage, daß bei über 20% aller Fälle von den Versicherungen der Dekkungsschutz versagt wurde.

In sehr vielen Fällen liegt auch eine Unterversicherung vor.

Da Bauen im Bestand immer mehr zum Schwerpunkt der Architektentätigkeit wird, wurde die Versicherungsproblematik noch einmal aufgegriffen und die Ausarbeitung aus den Jahren 1982–1983 aktualisiert. Mit Hilfe einiger Versicherungen und Versicherungsmakler wurden speziell für Modernisierung, Sanierung und Umnutzung die folgenden Empfehlungen erarbeitet:

Gegenüber dem Neubau gibt es bei Arbeiten in alten Häusern eine Reihe von Versicherungsproblemen, die eine komplizierte Absicherung erforderlich machen.

Das Verbleiben der Mieter während der Modernisierung in den Wohnungen, ein erheblicher Anteil von Eigenleistungen und Selbsthilfe, die Versicherung vorhandener alter oder vorhandener wieder zu verwendender Bauteile und andere Haftungsprobleme sind noch nicht gelöst und versicherungsmäßig bisher noch nicht vollkommen abgedeckt.

Über zehn Versicherungsarten sind erforderlich, um mindestens den größten Teil der Risiken abzudecken. In diesen verschiedenen Versicherungsarten sind neben den Grundrisiken eine Vielzahl von Sonderrisiken mit zu erfassen und Ausschlüsse zu verhindern, um eine weitgehende Absicherung zu erreichen.

Beispiele von Versicherungsproblemen

Beispiel 1: Die Bauwesenversicherung tritt ohne besondere Vereinbarungen nicht mehr ein bei einem Altbau, in dem die Mieter verbleiben, umgesetzt werden oder im Rotationsprinzip teilweise das Haus bewohnen. Sie ist also nur bedingt oder gar nicht wirksam bei:

- Arbeiten in bewohnten Räumen,
- Arbeiten in bewohnten Häusern,
- Schäden nach Bezugsfertigstellung,
- Schäden nach Abnahme der Leistungen.

Beispiel 2: Bei Arbeiten in bewohnten Wohnungen und Räumen kann es zu Beschädigungen der eingebauten Teile, zum Beispiel der Möbel und anderer Einrichtungen, durch die in der Hausratversicherung versicherten Gefahren kommen. Ist dies der Fall und zählt der beschädigte Teil nicht zur Neubauleistung, tritt hierfür kein Versicherer ein (Ausnahme: Hausratversicherung, wenn Schäden am Hausrat unter die versicherten Risiken fallen), wenn die Frage, wer den Schaden verursacht hat, nicht geklärt ist. Da der Geschädigte beweis-, d. h. nachweispflichtig ist, dies jedoch in den wenigsten Fällen möglich ist, geht er versicherungsmäßig leer aus. Dies gilt auch für Einbruch, Feuer oder Leitungswasserschäden.

Beispiel 3: Es kommt ohne die Möglichkeit, Unternehmer haftbar zu machen, zu Beschädigungen oder zum Diebstahl von vorhandenen Materialien des Altbaus, zum Beispiel Innentüren, Fenster, Stuckelementen. Für diese Schäden kommt keine Versicherung auf. Auch nicht die Bauwesen-Versicherung, da diese nur für neue Bauleistungen eintritt und nicht für Schäden an vorhandenen Konstruktionen und Bauteilen.

Beispiel 4: Eine Abflußleitung verstopft nach Bezug der Wohnung. Grund ist eine durch die Handwerker verursachte Zement- und Sandverschmutzung. Der Übeltäter ist nicht festzustellen. Es entsteht ein erheblicher Schaden an den bereits bewohnten Räumen. Für diesen Schaden tritt auch die Bauwesen-Versicherung nicht ein, die kombinierte Hausrat-Versicherung im allgemeinen ebenfalls nicht, es sei denn, der Gebäudeeigentümer hat eine Haus- und Gebäudebesitzer-Haftpflichtversicherung mit dem Einschluß von Schäden durch häusliche Abwässer.

Aus diesen Beispielen läßt sich ersehen, wie groß das Risiko bei der Althaussanierung ist und daß ohne den Abschluß einer Vielzahl von Einzelversicherungen und Kenntnis der Problempunkte bei diesen Versicherungen die Durchführung gefährlich ist. Es ist ratsam, bei der Lösung den Rat eines Versicherungsfachmannes hinzuzuziehen. Eine Bündelung der Versicherungsmöglichkeiten für die Zukunft wäre hier angebracht, ist aber noch nicht in Sicht. Leider ist bisher kein Versicherungspaket der Versicherungsgesellschaften

bekannt, das auch nur annähernd alle bei der Althaussanierung und -modernisierung auftretenden Versicherungsprobleme abdeckt.
Um sich gegen spätere, dubiose Schadensforderungen des Bauherrn/Mieters zu schützen, sollte vor Baubeginn gemeinsam mit dem Mieter und/oder Eigentümer eine Begehung des Objektes stattfinden, in der bereits vorhandene Mängel an der Altsubstanz festgehalten werden (Beweissicherungsverfahren). Des weiteren empfiehlt es sich, bei der Mitversicherung von tragenden Teilen gegen Ganz- und/oder Teilabbruch die Wiederherstellungskosten für die zu versichernden Teile vorher genauestens zu berechnen. Ferner sollte vor Beginn der Umbau-/Sanierungsarbeiten eine exakte Kostengliederung vorhanden sein.

Empfehlungen zum Versicherungsabschluß

Folgende Versicherungen mit Einschluß der aufgeführten Risiken sind für die Althausmodernisierung dringend zu empfehlen:
A. Für den Hausbesitzer und Bauherrn
Verbundene Wohngebäude-Versicherung eventuell einschließlich der Mitversicherung des Sonderrisikos, Schäden durch häusliche Abwässer (wenn keine Haus- und Grundbesitzer-Haftpflicht-Versicherung besteht), Glasversicherung, Haus- und Grundbesitzer-Haftpflicht-Versicherung (einschließlich häuslicher Abwässer – falls vermietet), Bauherrenhaftpflicht-Versicherung in ausreichender Höhe, Bauwesen-Versicherung einschließlich der Sonderrisiken Glasbruch- und Abbruchkosten von Altbauteilen eventuell unter Einschluß bereits vorhandener Konstruktionen.
B. Für Mieter, Bewohner
Hausrat-Versicherung, Glas-Versicherung, private Haftpflicht-Versicherung.
Sollten die Bewohner und Mieter diese Versicherung nicht abgeschlossen haben, ist es von seiten des Bauherrn oder des Eigentümers gegebenenfalls ratsam, für eine begrenzte Zeit für die Bewohner und Mieter diese Versicherungen abzuschließen (Versicherung für fremde Rechnung).
C. Für Baudurchführende, das heißt Architekten, Ingenieure und Bauunternehmer
Berufshaftpflicht-Versicherung für Architekten und Beratende Ingenieure (für NRW und Hessen gilt diese Versicherungsart als Pflicht-Versicherung).
D. Für bauausführende Firmen
Die Betriebshaftpflicht-Versicherung oder noch besser die Handwerker-Spezialhaftpflicht-Versicherung, einschließlich der Versicherung der Sonderrisiken: Vermögensschäden, Schäden durch allmähliche Einwirkung von Feuchtigkeit und Abwässer, Bearbeitungs- und Tätigkeitsschäden.
Die ausreichende Betriebshaftpflicht-Versicherung des Unternehmers einschließlich der vorgenannten Sonderrisiken muß bei der Althaussanierung unbedingt gewährleistet sein und ist vor der Auftragserteilung nachzuweisen.
Versicherung bei der Berufsgenossenschaft: Sowohl der Unternehmer als auch der in Eigenleistung und Selbsthilfe Tätige muß die Versicherung bei der Berufsgenossenschaft in Anspruch nehmen und rechtzeitig anmelden und dem Bauherrn und Planenden nachweisen.
Die Versicherung der Architekten, Ingenieure und Sonderfachleute bei der Berufsgenossenschaft kann nur empfohlen werden. Architekten und Beratende Ingenieure, die an einer Bauträgergesellschaft beteiligt sind oder deren Ehepartner Inhaber einer solchen sind, müssen beachten, daß für Schäden aus Planung und Bauaufsicht über die Berufshaftpflicht kein Versicherungsschutz besteht. Nur über eine Bauträger-Zusatzversicherung kann dieses Risiko wenigstens zum Teil eingegrenzt werden. Schließt der Architekt oder der Beratende Ingenieur eine solche Versicherung ab, so sind Schäden, die nach Übergabe oder Abnahme bekannt werden, mitversichert. Leider ist vielen Kollegen dieses Problem noch nicht bekannt, und es kann dadurch im Schadensfall zu erheblichen Einbußen kommen.

Übersicht über die Versicherungsarten

Um eine Übersicht zu geben und die Vergleichbarkeit zu gewährleisten, sind die erforderlichen Versicherungsarten in einer Tabelle noch einmal zusammengestellt und nach einem einheitlichen Schema beschrieben. Dabei sind die letzten Spalten: »Ausschlüsse« und »Anwendungsprobleme und Empfehlungen« besonders zu beachten, da hier bei jeder Versicherung abweichende Regelungen getroffen sein können. Bei Nichtbeachtung von Ausschlüssen stellt sich dann im Zweifelsfall heraus, daß der vermeintliche Versicherungsschutz sich als nicht vollständig erweist oder sogar zum Teil entfällt.
Es ist vor einer Modernisierung dringend zu empfehlen, das erhöhte Risiko bei allen Versicherungsarten anzuzeigen.

Übersicht von Versicherungsarten bei Modernisierungsmaßnahmen

Versicherungsart	Versicherungsnehmer	Versicherungsgegenstand	versicherte Risiken	Sonder- und Nebenrisiken	Ausschlüsse	Anwendungsprobleme und -empfehlungen
Verbundene Wohngebäudeversicherung	Eigentümer	Gesamtes Gebäude mit Bestandteilen. Gebäudezubehör kann auf Antrag mitversichert werden.	Sachversicherung gegen Feuer-, Leitungswasser- u. Sturmschäden.	Aufräumungs- u. Abbruchkosten, Mitversicherung von Mietverlusten. Außen angebrachte Sachen. Weitere Wasserleitungen auf dem Grundstück, die nicht der Versorgung dienen. Hagelschäden.	Sonderrisiken u. Gebäudezubehör. Glas begrenzt in der Sturmversicherung. Schäden durch Nutzfeuer. Nicht bezugsfertige Gebäude (Ausnahme: Feuer-Rohbau). Schäden durch von außen eindringende Feuchtigkeit.	Bei Modernisierung oder Umbau ist diese Arbeit zweckmäßig der Versicherung zu melden, da es sich um eine Gefahrenerhöhung handelt. Eine angemessene Aufstockung, dem Wert entsprechend, ist unbedingt erforderlich. Aufräumkosten sollten mit mindestens 3% der Versicherungssumme eingeschlossen werden. Hagelschäden können gegen Mehrprämie mitversichert werden (z. T. bei einigen Versicherern prämienfrei).
Glasversicherung	Eigentümer/Mieter	Gebäudeverglasung, Mobilarversicherung	Bruchschäden an Gebäude und/oder Mobiliarverglasung der Wohnung oder des Gebäudes.		Glasscheiben, die aus dem Rahmen genommen oder mit dem Rahmen ausgehängt werden.	Eine Meldung bei Modernisierung ist erforderlich, da die Modernisierung als haftungsausschließende Gefahr angesehen werden kann. Der Versicherungsschutz besteht bei neuen Scheiben, sobald sie mängelfrei eingesetzt sind. Es gibt eine Vielzahl von Vertragsformen mit unterschiedlichen Kosten.

Versicherungsart	Versicherungsnehmer	Versicherungsgegenstand	versicherte Risiken	Sonder- und Nebenrisiken	Ausschlüsse	Anwendungsprobleme und -empfehlungen
Haus- und Grundbesitzerhaftpflichtversicherung	Haus- und Grundbesitzer	Sämtliche Haftpflichtansprüche aus Grundstück u. Gebäude. Deckungssumme z. B.: Personenschäden 1 Mio. DM, Sachschäden DM 300 000,– oder pauschal 1 Mio. DM.	Schadensversicherung für Personen-, Sach- u. Vermögensschäden aus Haftpflichtansprüchen Dritter.	Schäden durch häusliche Abwässer (ohne Mehrprämie).	Schäden durch Heizöltanks (gesonderte Vers.Art.).	Für Einfamilienhausbesitzer (wenn nicht vermietet) besteht Versicherungsschutz durch die private Haftpflichtversicherung. Neubauten, Umbauten, Reparaturen, Abbruch- u. Grabearbeiten sind bis zu einer veranschlagten Bausumme von DM 20 000,– je Bauvorhaben mitversichert (dies gilt auch für die private Haftpflichtversicherung).
Gewässerschaden-Haftpflichtversicherung	Hausbesitzer oder Betreiber des Öltanks	Schadensversicherung für Personen-, Sach- u. Vermögensschäden. Deckungssummen pauschal z. B. 1 Mio. DM oder 2 Mio. DM	Gewässerschäden durch Lagerung von gewässerschädlichen Stoffen (z. B. Heizöl) u. aus der Verwendung dieser gelagerten Stoffe einschl. der Kosten der Rettungsmaßnahmen u. Folgekosten.		Schäden, die durch vorsätzliches Abweichen von dem Gewässerschutz dienenden Gesetzen, Verordnungen, an den VN gerichteten behördlichen Anordnungen oder Verfügungen herbeigeführt werden.	Nach dem Wasser-Haushaltsgesetz haftet der Betreiber oder der Besitzer, auch wenn ihn kein Verschulden trifft. Eine Versicherung ist also dringend zu empfehlen.
Bauherren-Haftpflichtversicherung	Bauherr	Schadensversicherung für Personen- u. Sachschäden, Deckungssummen z. B.: Personenschäden 1 Mio. DM, Sachschäden DM 300 000,– oder pauschal 1 Mio. DM.		Bauen in eigener Regie einschließlich Nachbarschaftshilfe.	Haftpflichtansprüche aus dem Verändern der Grundwasserverhältnisse.	Eigenleistungen sind nicht mitversichert u. in jedem Fall separat anzumelden gegen Mehrprämie. Vorhaftung Bauunternehmer u. Architekt, erst dann Haftung des Bauherrn für alle Schäden, die einem Dritten durch die Baumaßnahme entstehen.
Hausratversicherung (auf Grundlage der VHB 84)	Eigentümer des Hausrats oder Hausbesitzer für den Hausratseigentümer	Gesamter Hausrat (Ge- u. Verbrauchsartikel des Haushaltes).	Feuer, Einbruch-Diebstahl, Raub, Vandalismus, Leitungswasser, Sturm.	Fahrräder, Glasversicherung.	Alle einzelnen Gefahren können als Kombination versichert oder ausgeschlossen werden.	Diese Versicherungsart deckt das Arbeiten in bewohnten Räumen gegen Einbruch-Diebstahl ab. Beschädigungen an den versicherten Räumen oder Mobiliar als Folge eines Einbruchs sind in bestimmten Grenzen mitversichert. Der Abschluß zum »Neuwert« wird dringend empfohlen (Summenanpassungs-Klausel). Auch hier handelt es sich um eine anmeldepflichtige Gefahrenerhöhung. Im übrigen ist der ED-Bereich bei Modernisierungsmaßnahmen besonders komplex, weil gegebenenfalls die Wohnungen unverschlossen sind, obschon der Hausrat ganz oder zum Teil in den Räumen verbleibt. Bei einer Modernisierung sollten sich Hausbesitzer bestätigen lassen, daß der Mieter eine Hausratversicherung abgeschlossen hat. Faustformel für die Versicherungshöhe: DM 1000,–/m^2. Sollte sich z. B. ein Mieter weigern, eine Hausratversicherung abzuschließen, kann dies über Bauherr oder Architekt erfolgen (Versicherung für fremde Rechnung).
Bauwesen-Versicherung	Bauherr, Unternehmer (Architekt)	Bauvorhaben (Neubaumaßnahmen) Versicherung mit oder ohne SB z. B.: 10%, mind. DM 300,– oder DM 300,– je Schaden. Neubauleistung/ Sanierungs- bzw. Umbauleistungen (nicht Altbausubstanz).	Unvorhergesehene Zerstörungen der versicherten Sachen u. Leistungen.	Brand, Blitzschlag, Explosion, Glasbruch bis zur Abnahme. Ab Bezug evtl. über HR-Glas, Ganz- oder Teileinsturz, besondere bauliche Schwierigkeiten, Schadensuchkosten auf erstes Risiko gegen Mehrprämie.	Alle Sonderrisiken sofern nicht vereinbart. Schäden nach Bezugsfertigstellung. Bei Benutzung oder nach Abnahme der Leistung. Vorhandene Bauteile bei Modernisierung. Normale Witterungseinflüsse. Haftpflichtschäden. Gerüste.	Angemeldete Selbsthilfearbeiten sind mitversichert. Das Problem: Arbeiten in – wenn auch nur teilweise – bewohnten Häusern ist nicht ganz geklärt. Das schließen die Versicherungen durch den Passus »Bezugsfertigstellung« evtl. aus. Eine eindeutige Klärung soll durch eine Zusatzvereinbarung getroffen werden. Da nur die Bauleistungen versichert sind, sind vorhandene Bauteile ausgeschlossen oder nur insoweit, wie an ihnen Bauleistungen erbracht wurden, versichert bzw. mit Ausnahme des Risikos infolge unmittelbarer baulicher Tätigkeit an Altbauteilen (Mitversicherung der Altbausubstanz gegen Ganz- oder Teileinsturz). Hierfür kann als Zusatz zur normalen Bauwesenversicherung eine Erstrisikoversicherung (Festlegung einer Höchsthaftungssumme) abgeschlossen werden. Eine Erhöhung der Schadensuchkosten auf DM 1500,– wird empfohlen.
Betriebshaftpflicht	Bauhandwerker, Bauhauptunternehmer, Unternehmer	Haftpflichtansprüche für Handwerker u. Unternehmer für Personen- u. Sachschäden z. B.: 1 Mio DM bzw. DM 300 000–,		Schäden durch fehlerhafte Bearbeitung (Bearbeitungsschäden oder Tätigkeitsschäden), Schäden an Erd- oder Oberleitungen. Vermögensschäden. Umweltregreßschäden, Schäden durch allmähliche Einwirkung von Feuchtigkeit u. Abwasser. Nachbesserungs-Folgeschäden.		Bei der Altbaumodernisierung ist besonders wichtig, daß ausführende Unternehmer die Bearbeitungs- u. Tätigkeitsschäden abgesichert haben. So gehört z. B. die beschädigte Badewanne durch den herabfallenden Hammer des Fliesenlegers zu dem Tätigkeitsschaden oder die beschädigte Wanne bei Arbeiten an Rohrleitungen.

Versicherungs-art	Versicherungs-nehmer	Versicherungs-gegenstand	versicherte Risiken	Sonder- und Nebenrisiken	Ausschlüsse	Anwendungsprobleme und -empfehlungen
Handwerker-Spezial-Haftpflichtversicherung (als Erweiterung der normalen Haftpflicht des Unternehmers) oder Produkten-Haftpflichtversicherung	Bauhandwerker, Bauhauptunternehmer	Haftpflicht-ansprüche für Handwerker u. Unternehmer.	Alle Personen- u. Sachschäden, zusätzlich Vermögensschäden, Umwelt-Regreßschäden, Bearbeitungs- u. Tätigkeitsschäden.	Schäden durch allmähliche Einwirkung von Feuchtigkeit u. Abwasserschäden. Nachbesserungsfolgeschäden. Schäden durch fehlerhafte Bearbeitungen.		
Architekten- u. Ingenieur-Haftpflichtversicherung (als Einzelobjekt-, Objekt-Rahmen- oder durchlaufende Jahresversicherung)	Architekten, Ingenieure	Haftung des Architekten u. Ingenieurs im gesamten Bereich der Tätigkeiten des Leistungsbildes der HOAI. Deckungssummen: Personenschäden 1 Mio. DM oder 2 Mio. DM, sonstige Schäden (Sach- u. Vermögensschäden) DM 150 000–, oder DM 300 000,– (auch andere Summen möglich).	Schäden aus Planung, Berechnung u. Bauleitung einschließlich Vermögensschäden.	Tätigkeiten, die den Rahmen der Architektentätigkeit sprengen (z. B. außerhalb der HOAI). Prämienfrei oder gegen geringe Mehrprämie mitversichert: Privathaftplicht-, Haus- u. Grundbesitzer-Haftpflicht- u. Hundehaftpflicht-Versicherung.	Kein Versicherungsschutz besteht, wenn der VN a) Bauten ganz oder teilweise im eigenen Namen u. für eigene Rechnung, im eigenen Namen für fremde Rechnung, im fremden Namen auf eigene Rechnung erstellen läßt; b) selbst Bauleistungen erbringt oder Baustoffe liefert. Die Berufshaftpflicht ist auch dann nicht versichert, wenn die unter a) u. b) genannten Voraussetzungen in der Person des Ehegatten des VN oder bei Unternehmen gegeben sind, die vom VN oder seinem Ehegatten geleitet werden, die ihnen gehören oder an denen sie beteiligt sind (Teilabdekkung dieser Risiken über Bauträgerversicherung).	In einer Vielzahl von Fällen besteht bei Architekten u. Ingenieuren Unterdeckung im Bereich der »Sonstigen Schäden«. Die Deckungssumme sollte nach Möglichkeit 30% bis 40% der Baukosten (inkl. Honorarsumme) betragen. Für NRW u. Hessen gelten für die Pflichtversicherung die Mindestdeckungssummen für Personenschäden 1 Mio. DM, für sonstige Schäden DM 150 000,–. Für Großobjekte empfiehlt sich eine objektbezogene Aufstockung des Grundvertrages. Das Arbeiten in bewohnten Räumen, größere Leistungen in Selbsthilfe u. Leistungen, die als Grenzfälle der beruflichen Tätigkeit angesehen werden, sollten der Versicherung schriftlich gemeldet werden, da sie eine meldepflichtige Gefahrenerhöhung bedeuten können. Der Versicherungsschutz sollte schriftlich bestätigt werden.
Bau-Berufsgenossenschaft	Bauherr, Unternehmer u. Mitarbeiter	Gesetzliche Unfallversicherung für die Bauarbeiter.	Berufsunfall			Bei Eigenleistung u. Selbsthilfe: Mieter sind im Falle der Selbsthilfe nur versichert, wenn sie bei der Berufsgenossenschaft angemeldet sind. Selbst- und Nachbarschaftshilfe sind dementsprechend gleichfalls der Berufsgenossenschaft zu melden. Eine private Unfallversicherung der Leute kann darüber hinaus erfolgen. Die Beachtung der Unfallverhütungsvorschriften und die Meldepflicht sind Grundvoraussetzung. Nach § 539 RVO sind alle bei den gewerbsmäßigen Bauarbeiten beschäftigten Arbeitnehmer – einschl. der Helfer (z. B. Nachbarn, Familienangehörige – mit Ausnahme des Ehegatten) – gegen Arbeitsunfall versichert, auch wenn sie nur vorübergehend tätig sind.
Private Haftpflichtversicherung	Bewohner/Mieter und deren Familienangehörige	Sämtliche privatrechtliche Haftpflichtansprüche. Dekkungssummen z. B.: Personen- u. Sachschäden einschl. Schäden an gemieteten Räumen 1 Mio. DM/ DM 300 000–, oder 2 Mio. DM pauschal.	Versichert ist – im Rahmen der Allg. Haftpflicht-Bedingungen – die gesetzliche Haftpflicht des VN als Privatperson aus den Gefahren des täglichen Lebens. Mitversichert ist die gleichartige Haftpflicht des Ehegatten des VN sowie ihre unverheirateten Kinder, bei volljährigen jedoch nur, solange sie sich noch in einer Schul- oder sich unmittelbar anschließenden Berufsausbildung befinden.	Vermögensschäden, Mietsachschäden, Schäden durch häusliche Abwässer.	Bauarbeiten mit mehr als DM 20 000,– Bausumme. Mietsachschäden wegen Abnutzung, Verschleißes u. übermäßiger Beanspruchung. Schäden an Heizungs-, Maschinen-, Kessel-. u. Warmwasserbereitungsanlagen sowie an Elektro- u. Gasgeräten.	Mitversichert ist die gesetzliche Haftpflicht als Bauherr oder als Unternehmer von Bauarbeiten bis zu einer Bausumme von DM 20 000,– je Bauvorhaben. Der Hauseigentümer sollte sich von dem Mieter bestätigen lassen, daß er eine private Haftpflichtversicherung abgeschlossen hat.
Transport-Versicherung						Bei einer Umsetzung der Mieter und dem dadurch erforderlichen Umzug empfiehlt sich der Abschluß einer Transport-Versicherung. Sie wird i. a. über einen Spediteur abgeschlossen.

Ausschreibung

Durch das Leistungsverzeichnis lassen sich vor Arbeitsbeginn die Baukosten ermitteln. Das Leistungsverzeichnis enthält in geordneter Form Art und Umfang der zu leistenden Arbeiten, es ermöglicht damit dem ausführenden Handwerk die Kalkulation und so auch die Nennung von Preisen. Dies ist wiederum Voraussetzung für die Ermittlung des preiswertesten Angebots – unter verschiedenen Voraussetzungen auch der besten Leistung. Leistung und Preis können nun auch Bestandteil des Vertrags zwischen Auftraggeber und Auftragnehmer werden. Wenn dennoch fast jeder Neubau in der Abrechnung teurer wird, als nach den Angeboten zu erwarten war oder eine Position »für Unvorhergesehenes« diese Differenz abdecken muß, dann liegt es nicht am System der Preisermittlung durch eine Beschreibung der gewünschten Leistung, sondern daran, daß es auch für den Fachmann schwierig ist, ein Bauwerk bis in die kleinste Einzelleistung schriftlich und zeichnerisch vor Baubeginn zu erfassen und vor allem zu verhindern, daß das Erfaßte wieder geändert wird. Erfahrungsgemäß wächst diese Änderungsquote um so stärker, je kleiner der Bauumfang ist, da dann subjektive Entscheidungen der Bauherrn oder Nutzer häufiger sind und vor allem anteilmäßig stärker zu Buch schlagen.

Wenn diese Schwierigkeiten aber schon an einem Bau unvermeidbar erscheinen, der neu geplant wird, an dem jedes Material und Detail bestimmt wird, wie kann dann ein gutes Leistungsverzeichnis bei der Altbausanierung entstehen?

Eine Reihe von Problemlösungen speziell für die Altbauausschreibung wurde bereits erarbeitet, einige wenige praktisch anwendbare Ergebnisse liegen vor. Voraussetzung für ein brauchbares Leistungsverzeichnis ist in jedem Fall die klare und vor allem definitive Entscheidung, was in welchem Umfang saniert werden soll. Hieraus ergibt sich wieder einmal die Forderung, *vor* Inangriffnahme der Ausschreibung die vorhandene Bausubstanz zu prüfen.

Mangelnde Kenntnis der zu erwartenden Kosten ist nur bedingt ein Hindernis, da die Aufforderung an den Handwerker zum Ausfüllen eines Leistungsverzeichnisses erst eine Aufforderung zur Angebotsabgabe darstellt, aber noch keinen Auftrag beinhaltet.

Zwei Möglichkeiten werden unterschieden: die funktionale Leistungsbeschreibung und die konventionelle sachliche. Sie sollen in ihren Möglichkeiten für den Altbau am Beispiel eines Badezimmereinbaus erklärt werden.

Funktionale Leistungsbeschreibung

Die funktionale Leistungsbeschreibung, nun doch schon seit über zwanzig Jahren im Baugewerbe eingeführt, verzichtet auf die ausschließliche Bestimmung von Materialien, Konstruktionen, zum Teil sogar von Maßen. Im Falle eines neuen Badezimmers beschreibt der Auftraggeber die gewünschte Funktion:

»Errichtung eines Badezimmers in einer Altbauwohnung mit Waschbecken, WC-Schüssel, Badewanne, Warmwasserbereiter unter Einbeziehung des vorhandenen WC-Raums; Wandfliesen bis 2 m Höhe, Bodenfliesen. Maße sind an Ort und Stelle zu nehmen«.

Wird dieser lapidare Leistungsbeschrieb den Firmen übergeben, so übergibt damit der Auftraggeber auch den Großteil der Entscheidung: Ausstattung und Preis sind kaum mehr miteinander vergleichbar; die Lösungen können differieren. Hier sollten also mehr eigene Vorgaben genannt oder zumindest sollte der Auftraggeber um detailliertere Angaben gebeten werden: »............ mit WC-Schüssel (Typ ...., Fabrikat ....), Badewanne (Fabrikat ...., Größe ...., Armaturen ....) ....« Außerdem muß der Bieter aufgefordert werden, das Vorhandene zu überprüfen. Hierzu sollte dem Ausschreibenden einiges gesagt werden: »Gas, Wasser und Strom sind in der Wohnung vorhanden, Anschluß an bestehendes Fallrohr. Bisheriger Fußboden: Holzdielen im Zimmer und Steinholz im WC, beides auf Holzbalkendecken. Raumhöhe 3,35 m. Vorhandene Tür bleibt erhalten. Alle Maße sind in der Wohnung zu nehmen und alle Anschlüsse sowie bauliche Gegebenheiten zu überprüfen. Bedenken sind bei Abgabe des LV's schriftlich vorzubringen.«

Je mehr Angaben der funktionelle Leistungsbeschrieb hat, desto leichter fällt der Vergleich von Endpreis und Leistung. Deshalb kann auch das Zubehör mit aufgenommen werden:

»Spiegel (Größe ....), eine Ablage, zwei Handtuchhalter ....« oder dessen Auswahl dem Bieter überlassen bleiben:

»............ einschließlich des notwendigen Zubehörs (............). Stellt man an die Funktion irgendeines Bauteils oder Ausstattungsstücks besondere Anforderungen, werden auch diese genannt:

»die Wand zwischen Zimmer und Bad muß mit Hängeschränken belastbar sein« oder »der Fußboden ist durch einen Gully zu entwässern« oder »ein Waschmaschinenanschluß muß vorgesehen werden«.

Ebenso sind Angaben über Dauer und Art der Arbeiten möglich: »die Erstellung des gesamten Badezimmers muß sechs Wochen nach Auftragserteilung abgeschlossen sein«

oder »sämtliche Wände sind trocken zu erstellen«

oder »während der gesamten Arbeiten muß den Wohnungsinhabern die Benutzung des WC's möglich sein, Ausnahmen müssen vorher angegeben werden und dürfen im Einzelfall einen halben Tag nicht überschreiten«

oder »Baumaterialien dürfen nicht über Haustreppe oder Lift befördert werden«.

Liegt dem Ausschreibenden aber beispielsweise weniger daran, Fliesenwand und -boden zu erhalten als vielmehr eine wasserdichte, abwaschbare Oberfläche,

die unter anderem eben auch aus Fliesen bestehen könnte, wenn sie nur möglichst preiswert ist, so lautet der entsprechende Text: »Fußboden und Wand bis 2 m Höhe mit wasserdichter, abwaschbarer Oberfläche (Material Boden ...., Material Wand ....).«
Vereinfacht dargestellt ist der funktionale Leistungsbeschrieb der ausführliche »Wunschzettel« des Ausschreibenden an die Bieter, eine gewünschte Funktion in beliebigen Varianten zu erfüllen.
Jede Leistungsbeschreibung, auch die funktionale, dient dem Kostenvergleich verschiedener Angebote. Diesem Vergleich liegen aber nun Varianten zugrunde, die unterschiedliches Material, Fabrikate, Konstruktionen vorsehen.
So kann die als »trocken« ausgeschriebene Trennwand zum Zimmer aus wasserfesten, mit Fliesen beklebten Gipskartonplatten auf Holz- oder Metallständern bestehen, sie kann einseitig mit wasserfesten, kunststoffummantelten Spanplatten und zimmerseitigem Naturholz verschalt sein, oder es werden sogar industriell vorgefertigte Bauteile verwendet oder unterschiedlich große Massivplatten verklebt. Die Preise differieren stark, nur der Fachmann wird alle Vor- und Nachteile auch unter diesem Gesichtspunkt abwägen können.

Konventionelle Leistungsbeschreibung

Das bisher übliche Leistungsverzeichnis legt das Badezimmer bis in die letzte Einzelheit fest, da nicht mehr die einzelnen Funktionen, sondern die einzelnen Details und ihre Werkstoffe ausgeschrieben werden. Das heißt, Grundlage zur Aufstellung der einzelnen Positionen werden der konkrete Entwurf und die Detailplanung dieses einen bestimmten Baderaums, die Maße und Konstruktionsstärken festlegen. Hier kann nun nicht die gesamte Ausschreibung eines Badezimmers aufgezeigt werden, doch sollen am Bauteil »Trennwand« die hierfür wesentlichen Überlegungen verdeutlicht werden. Eine korrekte Ausschreibung kann lauten:
»*Pos. 1:* Teilabbruch und Abtransport einer 12 cm starken Vollziegelwand, beidseitig verputzt, lichte Höhe 3,35 m, in einer Breite von 1,85 m. Abbruch von Oberkante Deckenbalken des Fußbodens zu Unterkante Deckenbalken. Die verbleibenden Stemmkanten müssen ohne Nacharbeiten verputzt werden können.
6,1 m^2 × .... DM/m^2 = ... DM
Pos. 2: Stemmen einer Putznut, d = 15 cm, t = 2 cm,
3,35 m × .... DM/m = ... DM
Pos. 3: Errichten einer Leichtsteinwand, d = 10 cm, aus Gasbetonsteinen oder -platten einschließlich aller Anschlüsse;
8,6 m^2 × .... DM = ... DM
und so weiter.« Nun folgen noch verschiedene Positionen über Wandputzarbeiten, die ebenfalls genau und detailliert ausgeführt werden müssen. Vor- und Nachteile dieser Art des Leistungsverzeichnisses liegen auf der Hand. Bei entsprechend günstiger Planung und Ausschreibung können alle Angebote in Ausführung und Preis miteinander verglichen werden, die Ausführung stimmt mit den Vorstellungen des Ausschreibenden weitestgehend überein, und bei geringfügigen Mehrungen der einzelnen Leistungen braucht nicht über neue Preise verhandelt zu werden, da der Einheitspreis festliegt. Als Nachteil verlangt die sachliche Leistungsbeschreibung ein gewisses Mindestmaß an Leistungsumfang, vor allem bei der Althaussanierung. Gerade hier muß die Leistung in jedem möglichen Detail beschrieben werden, um zu verhindern, daß jede Sonderarbeit, die nicht im Leistungsverzeichnis erfaßt ist, als teure Regiestunde den Kostenplan zunichte macht. Sämtliche, auch nur eventuell erschwerende Umstände, die der Bieter dann selbstverständlich in seinen Einheitspreis einkalkuliert, müssen beim Altbau aufgeführt werden. Außerdem erfordern Aufstellen und Ausfüllen eines derartigen Leistungsverzeichnisses Zeit und damit Geld. Bei kleineren Sanierungsmaßnahmen, die ohne Einschaltung des Fachmanns, eines Architekten, durchgeführt werden, wird die Aufstellung eines detaillierten Leistungsbeschriebs deshalb auch vom ausführenden Handwerk abgelehnt werden. Verlangt die durchzuführende Maßnahme behördliche Genehmigung, also einen Eingabeplan, muß sowieso ein Architekt hinzugezogen werden; ihm sollte auch die Abfassung des Leistungsverzeichnisses überlassen bleiben.

Altbautypische Besonderheiten

Nochmals muß darauf hingewiesen werden, was die Planung am Altbau grundsätzlich von der eines Neubaus unterscheidet: viel zu viel ist dem Planenden und später auch dem Ausführenden unbekannt.
Planung und Ausschreibung ohne vorherige sorgfältige Bestands- und Schadensaufnahme sind deshalb unseriös und unverantwortlich. Zu den notwendigen Maßen sind aber auch Fakten festzustellen, auf die kaum hingewiesen wird; hierzu zählen: eine detaillierte Standardfestlegung bei Haustechnik und Ausbau, eine frühzeitige Einplanung von Mieterwünschen einschließlich exakter Festlegung der Eigenleistungen sowie Zustandskontrollen verdeckter Bauteile. Erst unter Kenntnis dieser Fakten kann eine Ausschreibung erstellt werden.
Bei den Ausschreibungsvarianten genügt nun nicht mehr die Regelung der Vertragsbedingungen nach VOB Teil B, da die VOB vom Grundsätzlichen her auf den Neubau zugeschnitten ist und damit eine Fülle von altbautypischen Problemen vertraglich nicht erfaßt wird. Auch hierzu gibt es inzwischen gegliederte Zusammenfassungen, und es wird ausdrücklich auf das Literaturverzeichnis verwiesen.
Allgemeine Hinweise gelten für alle Gewerke, wie enge Zugänge oder Treppen oder ausschließlicher Zwang, den Abtransport von Materialien gerüstseitig vorzunehmen. Hinzuweisen ist ebenfalls auf beengte Lagerverhältnisse, zusätzliche Schutzvorrichtungen für das Gebäude und das Mietereigentum sowie ein verhältnismäßig häufiger Arbeitsplatzwechsel, der unter anderem dadurch erzwungen wird, daß kürzere Arbeitstakte eher die Bewohnbarkeit auch während der Sanierungsarbeiten ermöglichen. In Sonderfällen muß gezielt darauf hingewiesen werden, daß Abweichungen vom Lot, vom Wasser und vom rechten Winkel über den sonst gegebenen Rahmen hinaus bestehen oder daß Selbsthilfearbeiten von Mietern anfallen werden.
Das Problem in der Praxis liegt darin, daß einerseits eine möglichst genaue Auflistung dieser Sonderheiten für eine exakte Kalkulation und den Ausschluß von Nachforderungen notwendig ist, andererseits aber der dies nicht gewohnte Handwerker darauf mit Angst- und Risikozuschlägen reagiert. Hieraus folgt, daß es nicht genügt, allgemein auf solche Sonderheiten hinzuweisen, sondern daß diese so zu beschreiben sind, daß der kostenfördernde Eindruck des Unvorhergesehenen vermieden wird. So genügt es also nicht, allgemein auf Schiefwinkligkeit hinzuweisen, sondern dies entweder exakt durch entsprechend genaues Aufmaß zu belegen oder zumindest die einzelnen Bauteile zu beschreiben wie: »Bei der Einrüstung ist zu beachten, daß der Westgiebel um 17 cm straßenseitig geneigt ist.«
Problematischer wird diese Schere zwi-

schen notwendiger und doch auch wieder kostentreibender Genauigkeit zum Teil bei gewerketypischen Problemen; so findet beispielsweise der Maurer für kleine Ausbesserungsarbeiten nirgendwo mehr das alte Ziegelformat, und er wird immer wieder beim Putzen auf Zuschlagstoffe oder Bindemittel stoßen, die er nicht mehr kennt, deren Verträglichkeit zu neuem Material aber gewährleistet sein muß. Zimmerer und Bodenleger müssen auch bei verrosteten Nägeln Holzverbindungen schadensfrei lösen, und der Dachdecker findet bei Neueindeckung oder Umdekkung keine durchgehende Ebene der Sparrenoberkanten. Der Fliesenleger kann mit Sicherheit nicht im Dünnbettverfahren arbeiten, sondern muß ungewohnt die Fliesen wieder vermörteln – und dies sogar mit stark wechselnder Mörtelstärke; der Schreiner findet weder in seiner Werkstatt noch im Handel Fräsköpfe vergleichbarer Profile, und der Maler muß sich mit verschiedensten Voranstrichen zum Teil im gleichen Raum herumplagen.
Im Sinne der VOB kann die Feststellung dieser Besonderheiten allerdings schon dem Anbietenden überlassen bleiben. Ihm ist hierzu aber ausdrücklich die Möglichkeit einzuräumen und auf die Notwendigkeit hinzuweisen wie bei den Anstricharbeiten: »Es wird darauf hingewiesen, daß die Wohnungen in unterschiedlichen Systemen gestrichen sind. Eine Begutachtung der einzelnen Wohnungen ist in der Zeit vom .... bis .... nach Anmeldung beim Hausmeister möglich.«
Auch beim Neubau ist dies bekannt, bei der Altbausanierung sollte sie jedoch zwingend sein: die Terminplanung als Bestandteil der Ausschreibung oder zumindest der Vergabe. Die Notwendigkeit hierzu ergibt sich hauptsächlich daraus, daß der Altbau üblicherweise bewohnt ist. Dem ohnehin über lange Zeit durch die Sanierungsmaßnahmen geplagten und belästigten Mieter darf nichts über Gebühr zugemutet werden, wenn man gerichtliche Auseinandersetzungen vermeiden möchte. Das heißt, daß die Arbeiten möglichst ohne Wartezeiten durchgeführt werden müssen – und daß gleichzeitig ein Drängeln durch das Arbeiten mehrerer Firmen vermieden werden muß. Zumindest bei der Sanierung mehrerer Nutzungseinheiten hilft hier ein Zeittaktplan, der bereits auch der Ausschreibung zugrundegelegt werden kann.
Eine andere Möglichkeit, zeitliche Verbindlichkeit zu gewährleisten, liegt darin, daß vom Angebot her die einzelnen Arbeitszeiten zurückgerechnet werden und nun in entsprechender Aufteilung dem Auftrag zugrunde gelegt sind. Dies geschieht am einfachsten dadurch, daß entweder bereits in der Ausschreibung zwischen Material- und Personalaufwand getrennt wird, was jedoch für viele Architekten ebenso ungewohnt ist wie für viele Firmen, oder aber, daß von der Gesamtsumme zurückgerechnet wird. So gibt es für alle Gewerke eine Aufstellung dieser mittleren Anteile. Im Malerhandwerk wird beispielsweise mit einem Personalkostenanteil von 75% gerechnet, was bedeutet, daß bei einer Angebotssumme von 28 000,– DM 21 000,– DM an Lohnkosten kalkuliert wurden, was entsprechend mittlerem Stundenlohn und Unternehmerzuschlag etwa 460 Arbeitsstunden und damit 57 Mann-Tagen entspricht. Bei 20 Mann-Tagen pro Monat müssen also drei Arbeiter eingesetzt werden, damit die Gesamtleistung innerhalb eines Monats erbracht ist, wenn es organisatorisch gelingt, nicht selbstverschuldete Stillstandszeiten auszuschließen. Im Vergleich mit dem Zeitaufwand anderer Gewerke ist also anhand der ausgefüllten Ausschreibungsunterlagen ein relativ genauer Terminplan vor Vertragsabschluß möglich.
So wichtig diese Zeitplanung ist, so sinnlos bleibt der Aufwand hierzu dann, wenn ihre Einhaltung nicht laufend kontrolliert wird, was heißen muß, daß sich auch der Planende der von ihm gestellten Ablaufplanung unterwerfen muß.

Kosten

Erfahrungswerte, Faustformeln zur Kostenermittlung und Bezugsgrößen zu Kubatur und Nutzflächen eines Gebäudes sind allgemeine Hilfsmittel zu vergleichenden Kostenschätzungen am Bau. Auch wenn genaue Kostenangaben gerade bei Altbauten oft nur nach exakten Voruntersuchungen am konkreten Objekt gemacht werden können, gibt es auch hier Erfahrungs- und Mittelwerte, die vor allem in ihren Relationen zueinander eine wertvolle Entscheidungshilfe sein können. Ebenso wichtig ist die Relativierung kostenerhaltender Arbeiten oder auch der nicht industriellen Fertigung zu den Neubaukosten, wenn die Kostenträchtigkeit in einer Maßnahme wenigstens grob am erwünschten Ziel gemessen werden soll.

Örtliche Preisunterschiede

Bekannt sind sowohl groß- als kleinräumige Preisunterschiede, die sich zwischen den einzelnen Bundesländern statistisch niederschlagen (Tabelle 1). Weitere, nur für Ansässige erfaßbare Differenzen, gibt es zwischen einzelnen Regionen, Landkreisen und Landstrichen.

Im konkreten Fall ist aber die direkte örtliche Situierung eines Bauwerkes von größerer Bedeutung für die Kostenentwicklung. Die nachfolgende Aufzählung gibt hier grobe Hinweise über diese Vielzahl von Einflußfaktoren:

- Erschließung;
- Topographie im Umfeld des Bauwerks;
- Freiflächen im Umfeld des Bauwerks zum Lagern von Baumaterial und als Platz für die Baustelleneinrichtung;
- Art und Qualität der Ver- und Endsorgung.

Bereits eine enge Tordurchfahrt in einem städtischen Mietshaus wird also zu erheblich erschwerten Transporten bei der Sanierung des Rückgebäudes führen; ein sehr kleiner freier Platz zwingt zur ständigen An- und Abfuhr von Baumaterial und Geräten; eine fehlende Gasversorgung oder ein noch nicht ausreichend ausgebautes Fernheiznetz erzwingt die Wahl teurerer Sanierungsverfahren.

Tabelle 1:
Preisindex zwischen einzelnen Bundesländern in %

Niedersachsen	100%
Schleswig-Holstein	104%
Bremen	105%
Hessen	109%
NRW	110%
Rheinland-Pfalz	112%
Hamburg	112%
Baden-Württemberg	117%
Saarland	121%
Bayern	131%
Berlin	150%

Da schon die groß- und kleinräumigen Lagebedingungen eine breite Streuung der einzelnen Kostenwerte verursachen und die Vielfalt alter wie neuer Bauformen und -methoden diese Werte weiter variiert, können hier nur grobe Durchschnittszahlen (Stand: Januar 1990) genannt werden.

Neuer Unterboden mit oberseitigem PVC-Belag (m^2)

Konstruktionen:	Arbeitsgänge/Leerzeiten:				
	Arbeitsgang 1	Leerzeit 1	Arbeitsgang 2	Leerzeit 2	Arbeitsgang 3
1 Zementmörtel als Normalestrich, auf Polystyrolplatten schwimmend verlegt – darauf Aufbringen eines PVC-Oberbelages	Säubern, Platten verlegen, Abdeckpapier, Estrich aufbringen, abreiben	Trocknungszeit vor Aufbringen des Oberbelages	Spachteln des trockenen Estrichbodens	Trocknungszeit vor Verlegung des PVC-Bodens	Aufkleben des PVC-Belages als Bahnenware
	5 m^2/Std.	28 Tage	30 m^2/Std.	1 Tag	12 m^2/Std.
	Arbeitsgang 1	Leerzeit 1	Arbeitsgang 2	Leerzeit 2	Arbeitsgang 3
2 Zementmörtel mit Zusatzmittel, auf Polystyrolplatten schwimmend verlegt – darauf Aufbringen eines PVC-Oberbelages	Säubern, Platten verlegen, Abdeckpapier, Estrich aufbringen, abreiben	Trocknungszeit vor Aufbringen des Oberbelages	Spachteln des trockenen Estrichbodens	Trocknungszeit vor Verlegung des PVC-Bodens	Aufkleben des PVC-Belages als Bahnenware
	5 m^2/Std.	12 Tage	30 m^2/Std.	1 Tag	12 m^2/Std.
	Arbeitsgang 1	Leerzeit 1	Arbeitsgang 2	Leerzeit 2	Arbeitsgang 3
3 Rapid-Mörtelestrich, auf Polystyrolplatten schwimmend verlegt – darauf Aufbringen eines PVC-Oberbelages	Säubern, Platten verlegen, Abdeckpapier, Estrich aufbringen, abreiben	Trocknungszeit vor Aufbringen des Oberbelages	Spachteln des trockenen Estrichbodens	Trocknungszeit vor Verlegung des PVC-Bodens	Aufkleben des PVC-Belages als Bahnenware
	5 m^2/Std.	4 Tage	30 m^2/Std.	1 Tag	12 m^2/Std.

Abb. 1 *Taktzeiten vergleichbarer Sanierungsvarianten.*

Bewohnte Häuser

Mietausfälle und Umsetzungskosten für das Räumen von Wohnungen sollen in jedem Fall gesondert den möglichen Mietminderungen während der Bauzeit und den Kosten eines erschwerten wie auch verzögerten Bauablaufs gegenüberstellend kalkuliert werden. Bei einer Gesamtsanierung mit Änderungen auch tragender Teile ist im Regelfall das gesamte Räumen eines Objektes preisgünstiger.

Kostenreduzierung

Die Sanierung mehrerer Wohneinheiten und größerer Einzelgewerke kommt billiger; dies wird deutlich, wenn man bedenkt, wie sehr Fahrt- und Personalzuschläge die Kalkulation bei kleineren Maßnahmen verteuern können, daß Verschnitt- und Materialabfall nicht linear zum Arbeitsumfang ansteigen, daß technologisch bedingte Wartezeiten – zum Beispiel das Abbinden der ersten Putzschicht – bei größeren Vorhaben durch Parallelarbeiten überbrückt und der gesamte Ablauf durch Einsatz von besserem Gerät verkürzt werden kann, daß höhere Stückzahlen – Heizkörper, Armaturen, Herde usw. – und größere Materialmengen den Einkauf verbilligen und nicht zuletzt gemeinsame Ver- und Endsorgungsstränge – Kamine, Fallrohre und anderes – nur noch prozentual die Einzelkosten belasten. Hierzu wird empfohlen, am eigenen Bauvorhaben die einzelnen Taktzeiten eines Gesamtgewerks untereinander zu vergleichen, wie dies in Abbildung 1 gezeigt wird. Eine gute und ausführliche Anleitung bietet Schmitz (siehe »Literaturverzeichnis«).
Die teilweise erheblichen Preisdifferenzen aus den Kostenangeboten mehrerer Firmen sind bekannt, und jeder Architekt kennt die Überraschungen nach oben und unten, die gerade bei kleinen Maßnahmen manchmal jede Logik vermissen lassen. Es wurde deshalb bei den folgenden Richtwerten stets eine mittelgroße Wohneinheit zugrunde gelegt und dort, wo dies nicht sinnvoll ist, eine nutzungstypische mittelgroße Gebäudeeinheit.
Setzt man die so ermittelten Kosten in Relation zu denen bei gleichzeitiger Sanierung mehrerer Wohneinheiten, so kann mit Kostenreduzierung nach Tabelle 2 gerechnet werden.

Tabelle 2:
Kostenreduzierung bei gleichzeitiger Sanierung mehrerer Wohneinheiten

Bauliche Maßnahme	DM/Wohneinheit bezogen auf Kosten bei 1 Wohnung				
	Wohneinheit				
	1	2	5	10	30
Baderneuerung	100%	85%	80%	75%	70%
Badezimmereinbau neu	100%	70%	65%	60%	55%
Zentralheizung (unterschiedliche Systeme)	100%	95%	92%	75%	55%
Fußboden	100%	95%	93%	85%	75%
Türen	100%	95%	90%	80%	75%
Gasversorgung	100%	95%	85%	70%	70%
Stromversorgung	100%	95%	90%	75%	72%

Tabelle 3:
Kosten für Voruntersuchungen, ohne Reisekosten und andere Nebenkosten

	DM/m² BGF
Einfache technische Bestandsaufnahme	3,–
Vertiefte technische Bestandsaufnahme, mit kleinen Freilegungen und Einsatz einfacher Untersuchungsgeräte	15,–
Maßliche Bestandskontrolle, bei vorhandenen alten Plänen, skizzenhafte Darstellung	4,–
Maßliche Bestandserfassung im Standard von Eingabeplänen, ohne vorhandene Pläne, mit Planfertigung	10,– bis 18,–
Wie vor aber im Standard von Ausführungsplänen	15,– bis 30,–
Analytisches, verformungsgetreues Aufmaß, mit Reinzeichnung während der Messungen	30,– bis 60,–
Sonderuntersuchungen: Feuchte- und Salznachweise	45,– bis 70,– DM/Stk
Trockene Bohrkernentnahme und	≈250,– DM/Stk
Entnahme von Oberflächenproben	≈15,– DM/Stk
Feuchtebestimmung, nur Nachweis Sättigungsfeuchte und Durchfeuchtungsgrad	≈90,– DM/Stk
Hygroskopische Wasseraufnahme	70,– DM/Stk
Salznachweis (Chlorid, Sulfat, Nitrat)	90,– DM/Stk
komplettes Feuchte- und Salzprofil aus drei vertikalen Bohrkernen	≈1750,– DM
Endoskopische Hohlraumuntersuchungen, mit Bohrung	
bis 5 Einzeluntersuchungen, zusammen	≈400,– DM
bis 15 Bohrungen, zusammen	≈1000,– DM
Feststellung von Pilzen und Schimmelbefall, Bebrüten oder mikroskopischer Nachweis	≈80,– DM/Stk
Raumklimatische Messungen, pro Meßstelle und Monat, ohne Installation	≈200,– DM/Stk
(kleinere Schäden: 8–10 Meßstellen, 1–2 Monate)	
(größere Schäden, große Räume: 12–20 Meßstellen, 5–12 Monate)	
K-Wert-Messungen	≈600,– DM/Stk

Tabelle 4:
Überschlägige Ermittlung der Trockenlegungskosten

Verfahren	DM/m einschließlich aller Nebenarbeiten
Dränage	$\left(180 + \frac{\text{Dräntiefe in cm}}{1{,}5 \text{ bis } 1{,}0}\right)$
Aktive Elektroosmose	
hochwertige Systeme mit korrosionsfesten Elektroden, einschließlich Steuergeräten	ca. 400,– DM/m
Bohrlochverfahren	130 + (1,3 bis 2,5) × Mauerstärke in cm
Mauersäge	
<80 cm oder weiches Material	(3,2 bis 4,6) × Mauerstärke in cm
>80 cm oder hartes Material	(4,0 bis 6,5) × Mauerstärke in cm

Planung

Für die Planung- und Genehmigungskosten kann ein Faustwert von 20% der Baukosten angesetzt werden, wenn der volle Leistungsumfang von Vorentwurf über Eingabe- und Ausführungsplanung, Ausschreibung und Vergabe sowie Bauleitung einschließlich der Fachingenieure benötigt wird.
Die Kosten der vorgenannten Leistungen sind in degressiver Staffelung zu den Baukosten nach Tabellen der Honorarordnung für Architekten und Ingenieure (HOAI) festgesetzt.

Bestandsermittlung

Die maßliche und technische Bestandsaufnahme sowie eventuell notwendige Sonderuntersuchungen sind in jedem Fall Sonderleistungen im Sinne der HOAI und werden daher zusätzlich nach Pauschalsumme oder Stundensatz honoriert. Diese Kosten sind also in den Planungskosten nicht enthalten.
Die Sätze hierfür liegen zwischen 65,– und 140,– DM für Büroinhaber und 55,– bis 100,– DM für Mitarbeiter – bei spezialisierten Büros oder hohem technischem Untersuchungsaufwand können diese Preise auch überschritten werden (siehe auch »Untersuchungsmethoden«). Einen Überblick über verschiedene einzelne Untersuchungen und Messungen gibt Tabelle 3, Pauschalwerte nennt Tabelle 4.
Auch wenn die in Tabelle 4 genannten Preise recht hoch erscheinen, sollte nicht gerade an diesen Grundlagen gespart werden. Genau diese Vorleistungen ermöglichen erst eine gezielt auf das Objekt abgestimmte Planung und bewahren vor unliebsamen – weil noch wesentlichen teureren – Überraschungen während der Bauzeit. Der Kostenanteil für die Voruntersuchungen kann bei problematischen Bausubstanzen bis zu 8% der reinen Baukosten betragen – teilweise handelt es sich jedoch um bereits vorweggenommene Planungskosten.

Fundamentsanierung

Die Sanierung von Fundamenten ist häufig Teil der gewünschten Trockenlegung und kann auch teilweise (Dränage, Mauertrennung) in deren Kosten einfließen. Wo nur oder zusätzlich die Tragfähigkeit der Grundmauern erhalten werden soll oder

Tabelle 5:
Anhaltswerte für Anstriche, Material und Lohn

	DM/m²
Kalkanstrich 2fach	6,50 bis 10,00
3fach	9,00 bis 13,00
Mineralfarbenanstrich, 2fach	17,00 bis 30,00
Dispersionsanstrich, 2fach	8,50 bis 20,00
Untergrund reinigen und vorbereiten	1,50 bis 5,00
Putz abschlagen	ab 20,00
Putz ausbessern	30,00 bis 90,00
Verbandputz, 2 Lagen	40,00 bis 60,00
Schlämmputz	30,00 bis 50,00
Münchener Rauhputz	48,00 bis 65,00
Edelputz	50,00 bis 70,00
Steinfassade neu verfugen	ab 40,00
Steinfassade reinigen, chemisch oder mechanisch	10,00 bis 35,00
Gesimse ergänzen (20/35)	ab 90,00
Verfestigen (2 l)	55,00 bis 90,00
(5 l)	120,00 bis 250,00
Hydrophobieren	ab 15,00
Gerüst, pro m² Fassade	
Malergerüst	ab 13,00
Maurergerüst	ab 15,00

erhöht werden muß, wird das Auswechseln des Bauteils auf Mauertiefe bestimmt durch die Tragfähigkeit des Fundaments, Aufbau und Material der Wand, Belastung und Lastverteilung. Diese Faktoren bedingen eine so weite Kostenspanne, daß erst ein statisches Gutachten genauere Preisangaben ermöglicht. Als grober Anhaltswert kann mit folgendem gerechnet werden:
400 + ((2,0 bis 5,0) × Mauerstärke in cm) DM/m

Trockenlegung

Vor allem Trockenlegung kann und darf nicht pauschaliert behandelt werden. Die Ursachen für die Mauerfeuchtigkeit sind mannigfaltig, sie reichen von Grundwasser über Tagwasser zu Erdfeuchtigkeit und Schwitzwasser (siehe »Trockenlegung«, »Kondensation«). Hierzu kommen noch die jeweilig historisch und technisch unterschiedlichen Fundament- und Außenwandkonstruktionen; diese Vielfalt drückt sich auch im Preis aus, so daß die Kosten nur wieder pauschal zu nennen sind (Tabelle 5). Stets sind dabei jedoch auch kostenbeeinflussende Faktoren wie Bodenart, Wandmaterial und Wandschichten oder auch Gebäudehöhe (Mauertrennung) zu berücksichtigen, ebenso die Tatsache, ob und in welcher Form das angebotene Verfahren die Mauerstärke technisch und

Tabelle 6:
Fassadenverkleidungen

	DM/m²
Faserzementplatten, Kleinformat einfach, mit Unterkonstruktion, Dämmung	105,— bis 170,—
Brettschalung mit Unterkonstruktion, Dämmung	80,— bis 160,—
Schindeln, industriell, mit Unterkonstruktion	170,— bis 250,—
Schindeln, handgespalten	250,— bis 350,—
Naturstein (Schiefer)	220,— bis 320,—
Asphalt-Platten	ab 70,—
Wärmedämmverbundsystem Thermohaut	100,— bis 160,—

kalkulativ berücksichtigt. Hier wird auch bereits deutlich, daß Unterhaltskosten in einen Preisvergleich einfließen müssen. So bleibt das nachträgliche Einziehen einer Dichtungsschicht bei Mauertrennung – im statistischen Mittel die teuerste Maßnahme – wartungsfrei bis zur endgültigen Verrottung der eingebrachten Dichtungslage. Jede Dränage erfordert jedoch eine Reinigung im Rhythmus einiger Jahre, und jede elektrophysikalische Anlage sollte anhand von Messungen zumindest anfangs kontinuierlich auf ihre Funktionsfähigkeit überprüft werden.

Fassade

Bei den Außenwänden beschränkt sich die Sanierung oft auf die kosmetische Behandlung durch neue Anstriche und Putze; diese Maßnahmen stehen jedoch indirekt mit der Wohnungssanierung in Verbindung.
Es lassen sich deshalb die Kosten für eine Sanierung der Fassade präzise angeben (Tabelle 6). Diesen Preisangaben muß ebenfalls eine sorgfältige Untersuchung des Putzes vorausgehen: Welche Putzart liegt vor, haftet der Putz noch völlig, gibt es Fehl-, Hohl- oder Zersetzungsstellen, wie hoch ist die Belastung durch Schadstoffe aus der Luft oder durch aufsteigende Feuchte, liegen Ausblühungen vor und wie wird der Putz durch die innere Nutzung beeinflußt? Ist Steinersatz vertretbar, wie tief und in welcher Form ist die Verwitterung fortgeschritten, sind die Fugen dicht und so weiter?
Um ein Vielfaches überschritten werden können die genannten Kalkulationswerte bei Neuauftrag oder Ausbesserung historischer Putze. Preisbestimmender Faktor ist hierbei hauptsächlich die Vielfalt an Archi-

tekturdetails wie Lisenen, die Simse, Architrave und Zahl und Art der unterschiedlichen Putzoberflächen. Die Kosten einschließlich Gerüst beginnen hier bei etwa 85,– DM/m², überschreiten aber bei reicher gegliederten Fassaden sogar die 300-DM-Grenze.
Problemloser in der Unterhaltung, jedoch meist problematisch in gestalterischer wie bauphysikalischer Hinsicht sind Fassadenverkleidungen. Die Problematik ihrer Anwendung am Altbau liegt ohnehin wohl nicht in der Beschränkung auf nur schwer erhältliche Materialien – wie handgeschlagene Schindeln –, sondern vor allem in der Frage der Verwendbarkeit neuer Ersatzstoffe in Relation zum Preis und der handwerklichen Ausführung (Tabelle 7). Während die Montagekosten in wesentlichen Gruppen gleichbleiben, differieren Materialkosten und Preis für die meist zusätzlich angeordnete Wärmedämmung (Tabelle 10). Die hierin aufgeführten Arten der Innendämmung können in Abhängigkeit von Nutzung und Konstruktion der Außenwand problematisch werden; es wird hierzu auf die Kapitel »Wärmedämmung« sowie »Kondensation« hingewiesen. Für einen Kostenvergleich kann es entscheidend sein, daß den Kosten einer solchen wärmedämmenden, hinterlüfteten Schale die Einsparung von Putz- und Malerarbeiten gegenüberstehen kann.

Außenwände

Die statische Sanierung von Außenwänden wird von so vielen Faktoren beeinflußt, daß es unseriös wäre, hierzu Faustwerte oder gar Einzelkosten zu nennen. Zudem wird häufig die Sanierung und Erneuerung von Deckenlagen als Teil der statischen Außenwandsanierung durchgeführt.
In vielen Fällen ist jedoch der Rat sinnvoll, nicht nur für das vom Statiker vorgeschlagene Verfahren Kostenangebote einzuholen, sondern durchaus auch unterschiedliche statische Sanierungsverfahren von ihrer Kostenseite her miteinander zu vergleichen (siehe »Tragwerk«).

Innenwände

Beim Versetzen oder Neueinziehen von Innenwänden muß unterschieden werden zwischen Wohnungstrennwänden und normalen Raumteilern. Wohnungstrennwände müssen einen Mindestschall- und

Tabelle 7:
Ausführung DM/m²

Außenwärmedämmung als Zuschlag zu Tabelle 6		ab 22,– DM				
Innenwärmedämmung		Oberfläche: Verputz gestrichen	gestrichen	tapeziert	verschalt 16 mm Holz	roh belassen (entspricht in etwa Außenwanddämmung)
Polystyrol-schaumstoffplatte	geklebt	60,–		75,–	85,–	22,–
	auf Lattung	75,–		90,–	100,–	40,–
Schaumglasplatten	geklebt	75,–		80,–	90,–	55,–
	auf Lattung	90,–		105,–	115,–	70,–
Holzwolle-leichtbauplatten	genagelt	50,–		60,–	75,–	40,–
	auf Lattung	65,–		75,–	90,–	55,–
Schaumstoffverbundplatte mit tapezier- oder anstrichfertiger Oberfläche			45,–	55,–		
Isoliertapete						ab 15,–

Tabelle 8:
Innenwände, Material und Lohn, DM/m²

Wand	Wandstärke	Wand	Oberfläche, pro Seite: Putz	GK	HWL-Platte	Spanplatte
Ziegel	24	115,–				
	11,5	80,–	40,–	25,–	20,–	
Hohlblock (Bims o. Beton)	24	100,–				
	11,5	70,–				
Gasbeton	12	90,–	25,–			
Planblock	7	80,–				
GK-Ständerwände einfach		115,–				
Wohnungstrennwand		180,–				
Systemfertigwände		80,– bis 150,–				
Holzlattenwände mit Dämmung		50,–	40,– (ohne Putzträger)	30,–	25,–	30,–
ohne Wärmedämmung		35,–				

Wärmeschutz erreichen, sie verlangen deshalb eine aufwendigere Konstruktion oder eine größere Dicke. Alle übrigen Wände können auch in einfacher Trockenbauweise erstellt werden.
Bei allen Innenwandkonstruktionen differieren die Kosten sehr stark nach den jeweiligen Massen. Die angegebenen Preise erhöhen sich also wesentlich (bis zu 100%), wenn nur wenige Quadratmeter ausgeführt werden (Tabelle 8).
Die Materialkosten selbst werden ebenfalls an den häufigsten Baustoffen aufgezeigt (Tabelle 9).

Decken

Da die tragende Deckenkonstruktion fast stets schon vorhanden ist, kommen meist nur neue Deckenuntersichten oder abgehängte Decken zur Ausführung. Diese dienen der Volumenverringerung des Raums, der Heizkostenersparnis, können aber auch schalldämpfend und -dämmend ausgebildet werden und verbergen in jedem Fall alle Leitungen unterhalb der konstruktiven Decke.
Die Preise für Deckenverkleidungen entsprechen weitgehend denen der schon ge-

Tabelle 9:
Materialkosten häufiger Baustoffe

Material	DM/m²
Gipskartonplatten 2 cm	9,– bis 12,–
Gipskartonplatten 3 cm	11,– bis 18,–
Spanplatten	ab 8,–
Sperrholzplatten	ab 15,–
Holzwolleleichtbauplatten	ab 7,–
Kunststoffpaneele	ab 24,–
Naturholzpaneele	30,– bis 80,–
Edelholzkassetten, furniert	40,– bis 100,–
Naturholzdielen, gespundet	ab 18,–
Rabitz-Gipsglättputz, 2lagig	ab 35,–
Rabitz-Gipsglättputz, 2lagig (kleinflächig)	100,–

Tabelle 10:
Deckenverkleidung, Material einschließlich einfacher Montage

Material	DM/m²	
	Deckenuntersicht	abgehängte Decke
Schaumstofftafeln	ab 12,–	
Kunststoffplatten	ab 35,–	ab 50,–
Holzwolleleicht-bauplatten	ab 25,–	ab 40,–
Rabitz		65,– bis 110,–
Spanplatte 16 mm furniert	ab 40,–	ab 65,–
Holzbretter, Nut und Feder 18/120	70,–	80,– bis 120,–
Metallkassetten-/-lamellen		ab 50,–

Tabelle 11:
Dachdeckung mit Entfernung der alten Dachhaut, Lattung und Unterspannbahn oder Schalung

Verlegung	DM/m² einschließlich der Zuschläge, jedoch ohne Verblechung
Schuppendeckung	
Kirchenbiber, aufgerauht	150,–
Biberschwanz, normal	135,–
Flachdachpfanne	100,–
Mönch-Nonne historisch vermauert	120,– bis 280,–
Frankfurter Pfanne (Betondachstein)	90,–
Faserzementschiefer Doppeldeckung 30/30	145,–
Naturschiefer altdeutsch oder Doppeldeckung	ab 250,–
Holzschindeldeckung (genagelt), ohne Unterkonstruktion für Steildach	ab 150,–
Bahnendeckung	
verzinktes Blech	180,–
Zinkblech	220,–
Kupfer	340,–
Bitumendachbahn	25,–
Schalung	ab 20,–
Lattung	ca. 18,–

nannten Innenwandoberflächen. Da die Montage, wie beschrieben, sehr unterschiedlich ausgeführt werden kann, ist dieser Kostenanteil weit gespreizt: 12,– bis 80,– DM/m², in Sonderfällen noch mehr.
Eine Zusammenstellung der üblichen Maßnahmen einschließlich einfacher Montage zeigt Tabelle 10. Schalldämpfende oder -dämmende Bauteile bleiben dabei unberücksichtigt. Bei entsprechend geeigneter Deckenverkleidung dürfen die Mehrkosten für schalldämpfende Maßnahmen 10,– DM/m² nicht übersteigen – schalldämpfende Konstruktionen fordern in der Regel einen speziellen Aufbau, dessen Kosten zu stark differieren, um hier Mittelwerte nennen zu können.
Die statische Sanierung alter Decken oder gar das Einziehen neuer Decken wird so sehr von den örtlichen, baulichen und räumlichen Gegebenheiten beeinflußt, daß es auch hier wieder unseriös wäre, Kosten zu nennen; es ist jedoch angebracht, in jedem Fall die Kosten höher als 230,– DM/m² anzusetzen, wobei vorausgesetzt wird, daß eine raumweise Deckenauswechselung ohne zusätzliche Sicherungsmaßnahmen möglich ist.
Werden Holzbalken durch Kunststoffprothesen saniert, kann je Balkenkopf im günstigen Fall mit 500,– DM gerechnet werden. Als Faustregel können für das am Balken durch das Betaverfahren zu ersetzende Volumen 20,– bis 50,– DM je Liter Reaktionsharzmörtel angesetzt werden, wobei dieser Faustwert bereits die Kosten für Armierung und Schalung beinhaltet.
Die nachträgliche Armierung alter Holzbalken durch eine Gitterverstrebung mit Kunststoffstäben muß mit circa 400,– DM je laufendem Meter Deckenbalken angesetzt werden (siehe auch »Tragende Bauteile«).

Dachstuhl

Erneuerungen am Dachstuhl sind Teil fast jeder Sanierungsmaßnahme. Der Sanierungsumfang reicht aber vom Auswechseln einiger Hölzer und zimmermannsmäßiger Herstellung neuer Verbände bis zu Kunststoffprothesen oder Vollerneuerung des Dachstuhls. Kostenrichtwerte sind deshalb kaum zu nennen. Je nach Kompliziertheit der Dachkonstruktion kann für das Einfügen neuer tragender Hölzer ein Preis ab 1300,– DM/m³ Bauholz veranschlagt werden.
Bei weitgehender Sanierung oder Neuaufstellung sind die Kosten allerdings grob nach folgenden Faustformeln zu ermitteln:
Dachraum (m³) × 1300,– DM (Dachstuhl bis 35 °)
Dachraum (m³) × 1700,– DM (Dachstuhl bis 45 °)
Dachraum (m³) × 2000,– DM (Dachstuhl ab 45 °)
Anzahl der Sparren (Stück) × (140,– bis 210,– DM) × Dachgeschoßebenen (Stück)

Neues Dach, nur Dachstuhl:
- Richtwert nach Dachfläche
  Einfache Dachform: 85,– DM/m²
  Komplizierte Dachform: 150,– DM/m²
- Richtwerte für Abbinden
  Einfache Dachform:
  560,– bis 700,– DM/m³
  Komplizierte Dachform:
  800,– bis 950,– DM/m³

Bei polymerchemischen Sanierungsarbeiten (siehe »Tragende Bauteile«) am Dachstuhl differieren die Preise von 200,– DM bis 2500,– DM je Schadstelle. Es kann jedoch bei zugänglichen Holzverbindungen mit 400,– bis 1000,– DM und bei schwer zugänglichen mit 850,– bis 1500,– DM je Schadensstelle gerechnet werden, wobei zu einer genaueren Schätzung jeweils der Schadensumfang benötigt wird; einen Anhaltswert – allerdings nur bei Holzersatz – bietet auch wieder die Ermittlung über die Kosten der Vergußmasse.

Dachdeckung

Einen wesentlichen Kostenfaktor birgt die Dachdeckung. Tabelle 11 setzt eine flächige Deckung für einfache Dachformen voraus und bestimmt die Zuschläge für Firste und anderes mit 10%. Dächer mit stärkeren Verschneidungen, Neigungswechseln, Graten, Anschlüssen verlangen einen Aufschlag von etwa 30%.
Daß eine Erhöhung des Deckungsgewichtes weitere Kosten nach sich ziehen kann, ist bekannt, es können jedoch auch entscheidend mehr Kosten an statischen Sicherungen notwendig werden, wenn das Deckungsgewicht wesentlich verringert wird (Asbestzement- statt Steinplatten).

Innenausbau

In der Innenausstattung ist zu unterscheiden zwischen Ausführungen, die dem historischen Detail entsprechen und modernem Material und Techniken. Im folgen-

Tabelle 12:
Neue Fußböden DM/m²

Unterkonstruktion		Belag: Teppich-fliesen	Spann-teppich	Kunststoff	Naturstein	Fliesen	Fertig-parkett	Riemen-parkett
Spanplatte, 13 cm	25–30,–	ab 15,–	ab 30,–	ab 25,–	ab 90,–*	ab 70,–	ab 45,–	ab 80,–
Tischlerplatte	30–45,–	ab 15,–	ab 30,–	ab 25,–	ab 90,–*	ab 70,–	ab 45,–	ab 80,–
Trockenestrich-verbundelemente	55–70,–	ab 15,–	ab 30,–	ab 25,–	ab 90,–*	ab 70,–	ab 45,–	ab 80,–
Zementestrich, schwimmend	ab 30,–	ab 15,–	ab 30,–	ab 25,–	ab 90,–	ab 70,–	ab 45,–	ab 80,–
Trittschall-Dämmung	ab 15,–	/	/	/	/	/	/	/
Sperrestrich, mineralisch	ab 30,–	/	/	ab 25,–	ab 90,–	ab 70,–	/	/
Asphaltestrichverbund	ab 30,–	/	/	ab 25,–	/	ab 70,–*	ab 40,–*	ab 60,–*
Asphalt, schwimmend	ab 40,–	ab 15,–	ab 30,–	ab 25,–	/	ab 70,–*	ab 40,–	ab 60,–
Lagerhölzer, mit unterfüttern	ab 20,–	/	/	/	/	/	/	/

* = nicht gebräuchliche Kombination, problematisch
/ = als Oberbelag nicht sinnvoll

Tabelle 13:
Material und Lohnkosten für Fußböden (ohne Unterkonstruktion)

Bauliche Maßnahme	DM/m²
Parkett abschleifen und versiegeln	ab 20,–
Kunststoffbahnenbelag	ab 35,–
Linoleum	ab 40,–
Teppichboden (Preßfliesen)	ab 15,–
Teppichboden (einfacher Bouclé)	ab 40,–
Teppichboden (hochflorige Ware)	ab 60,–
Industriefliesen (3. Wahl)	ab 70,–
Steinzeug-, Keramikfliesen	ab 90,–
Parkettboden, Fertigparkett	ab 45,–
Parkettboden, Riemen	ab 80,–
Langriemen – 12 cm –	ab 60,–
– 40 cm –	ab 140,–

Tabelle 14:
Ausbesserung von Treppenstufen, Material und Lohn

Verfahren	DM/Stufe (1 m Laufbreite)
Anspachteln über Kantenprofil, einschließlich Bahnenbelag	55,– bis 95,–
Aufdoppeln der Trittstufe	ab 50,–
Aufdoppeln von Setz- und Trittstufen	80,– bis 120,–
Aufkeilen der alten Stufen	10,– bis 45,–
Ausbessern mit Kunststein	
nur Fehlstellen (Ausbrüche)	ab 30,–
gesamter Ausgleich	ab 90,–

Tabelle 15:
Sanierung von Fenstern, einschließlich aller Nebenarbeiten (Durchschnittspreis für ein Fenster mit 1,4 m²)

Maßnahme	DM/Stück
Abdichten pro Glasebene	
mit dauerplastischer Masse	35,– bis 65,–
mit eingefrästen Dichtungen	110,– bis 200,–
Anschlagen zusätzlicher Flügel	500,–
Einbau neuer Fenster bei Belassen des Stockes	
einflügelig/Isolierglas	600,– bis 900,–
3flügelig/Isolierglas	900,– bis 1200,–
Kastenfenster 6er Teilung	1400,– bis 1800,–
Einbau neuer Fenster mit Ausbrechen der alten	
einflügelig/Isolierglas	750,– bis 1000,–
3flügelig/Isolierglas	1100,– bis 1400,–
Kastenfenster 6er Teilung	1300,– bis 1800,–

den wird deshalb stets Altes und Neues nebeneinander gestellt. Kosten für historische Gewerke wie Stukkieren, Freskieren und anderes können wegen ihrer künstlerischen Ausführung so sehr differieren, daß nicht einmal Anhaltswerte gegeben werden dürfen.

Für die Neuverlegung von Fußböden sind ausnahmsweise verhältnismäßig klare Preise zu nennen (siehe Tabelle 12). Ohne die jeweilige Unterkonstruktion ist mit Kosten zu rechnen, wie sie Tabelle 13 ausweist.

Die Kosten für die Sanierung von Treppenstufen sind in der Regel unverhältnismäßig hoch (Tabelle 14). Dies liegt daran, daß der handwerkliche Arbeitsanteil meist durch Anpassen an Ort und Stelle die Preise nach oben drückt. Die Kosten je Stufe beginnen daher bei etwa 45,– DM, was einschließlich der dazugehörigen Podeste einen Mindestpreis je Stockwerk von 1000,– DM ergibt; diese Summe wird allerdings meist wesentlich überschritten werden: So sind bei Angleichung an die historischen Konstruktionen und Materialien oder bei deren passender Ausbesserung, beim Anarbeiten an Wangen oder Podestsockel Kostenmehrungen um mehrere 100% möglich. Zu berücksichtigen sind hierbei auch die Kompliziertheit des Treppenverzugs sowie die Befestigungsart des Geländers.

Fenster

Ein besonders heikles Thema sind die Fenster (Tabelle 15). Dem Kostenvergleich zugrunde gelegt ist ein Durchschnittsfenster in Holz von 1,4 m² lichter Maueröffnung.

Bei einer Sanierung von Fenstern ist aus Kostengründen stets zu untersuchen, ob und in welcher Form die alten Stöcke zumindest beibehalten werden können. Kriterien hierfür sind Holzqualität, Profiltiefe und Verwindungsgrad; außerdem ist unter Umständen zu prüfen, ob neue Beschläge eingelassen werden können.

Müssen die gesamten Fenster erneuert werden, wird man aus Kostengründen zu Verbundfenstern oder – je nach Scheibenformat – auch auf Isolierverglasung übergehen, obwohl das »alte« Kastenfenster durchaus nennenswerte Vorzüge besitzt (siehe »Fenster«). Mehr Rücksicht als bisher verdient allerdings nach wie vor die Fensteraufteilung.

Werden erhöhte Forderungen an den Schallschutz gestellt, hilft nur der Einbau spezieller Schallschutzfenster.

Wegen der Vielfalt des hier Möglichen ist allerdings jeder Anhaltspreis fragwürdig. Als sehr grobe Anhaltswerte der Sanierung werden bei Fenstern in durchschnittlich zufriedenstellendem Zustand 200,– DM/Fenster und schlechtem Zustand 1000,– DM/Fenster einschließlich aller Nebenarbeiten in Anschlag gebracht.

Türen

Die Sanierung von Türen erschöpft sich in der Praxis im Aufdoppeln von Sperrholz oder Spanplatten. Technisch gibt es hierzu keine Einwendungen – die Einsicht in den formalen Verlust fehlt allerdings fast immer.
Die Kosten für die Sanierung alter Türen beginnen bei etwa 75,– DM/Stück bei einfacher Aufdoppelung, können aber mit Dichtungslippen und so weiter 350,– DM übersteigen. Als gute und preiswerte Lösung gilt der Ausgleich von Verwindungen des Türblatts durch Leisten am Stock und eine zusätzliche Schwelle (120,– DM). Die Kosten einer einfachen neuen Innentür einschließlich Einbau beginnen bei etwa 250,– DM, für einen Anstrich sind mindestens 100,– DM anzusetzen, der Abbruch einer alten Tür beginnt bei 70,– DM einschließlich Ausbau der Zarge oder des Stocks.
Für Fenster und Türen gilt das zu Beginn Gesagte besonders: Hohe Stückzahlen senken den Einkaufspreis wesentlich, vor allem bei Fabrikware im Normformat.

Heizungs- und Sanitäranlagen

Kosten für Neueinbau oder Renovierung von Heizungs- und Sanitäranlagen bestehen wieder aus sehr vielen wohnungsspezifischen Einzeldaten. Es nützt deshalb nichts, zu sagen eine Badewanne kostet 280,– DM, ohne anzugeben, ob diese Wanne freistehend, ein-, zwei- oder dreiseitig eingebaut ist, ob – und wenn ja in welcher Weise – sie verkleidet ist, aus welchen Materialien die Wandverkleidung besteht, ob diese auf der Wanne aufsitzt oder die Wanne davorsteht usw.
Zur allgemeinen Orientierung dienen jedoch einige Durchschnittswerte, die in Tabelle 16 aufgeführt sind. Da gerade bei Altbauten mit größeren Raumhöhen häufig die Kosten haustechnischer Anlagen durch Abhängen der Leitungen und Verkleidung durch untergehängte Decken gesenkt werden können, wird nochmals auf Tabelle 9 verwiesen.
Für die Vorkalkulation im haustechnischen

Tabelle 16:
Durchschnittswerte für haustechnische Anlagen, ohne Nebenkosten wie Fliesen, Abdichtung

Technisches Vorhaben (jeweils ohne Warmwasserbereitung)		DM/Wohnung 35 m²	50 m²	70 m²	100 m²	130 m²
Dusche/Waschbecken		2100,– bis 2700,–	2100,– bis 2700,–	2100,– bis 3200,–	2100,– bis 3600,–	2100,– bis 4000,–
Dusche/Waschbecken/WC		2600,– bis 3500,–	2600,– bis 3600,–	2600,– bis 3600,–	2800,– bis 4000,–	2800,– bis 4300,–
Wanne/Waschbecken/WC		3800,– bis 4800,–	3800,– bis 5000,–	4000,– bis 5500,–	4200,– bis 5500,–	4200,– bis 5500,–
Einzelheizung, zentral versorgt[1]	(Gas außen)	3200,–	4400,–	6100,–	6800,–	9200,–
	Gas innen	2500,–	3900,–	5400,–	5800,–	8000,–
	Öl	2700,–	3700,–	5200,–	6000,–	7000,–
Elektronachtstromspeicher		3000,–	4800,–	6500,–	9600,–	12 000,–
Wohnungszentralheizung (ohne WW)	Therme	6500,–	7500,–	9500,–	11 500,–	15 000,–
	Kessel	7000,–	8200,–	10 200,–	12 400,–	16 000,–
Wohnungszentralheizung (jeweils mit WW)[2]	Therme	6800,–	8600,–	10 900,–	13 500,–	17 200,–
	Kessel	7400,–	9400,–	11 800,–	14 700,–	18 500,–
Elektroinstallation (Unterputzverlegung)						
Grundausstattung[3]		1600,–	2100,–	3100,–	4100,–	5200,–
Ausstattung nach HEA[3]		2300,–	2800,–	4400,–	5100,–	6600,–

[1] Es werden nicht beheizt: Küche, Flur, Kammer, Bad; die Erneuerung der Hausverteilung und Tank und Steigleitungen sind im Preis enthalten.
[2] Jedoch ohne Warmwasser-Installation.
[3] Die Grundausstattung beträgt 1–2 Steckdosen je Raum; empfohlen wird eine mindestens um das Doppelte verstärkte Installation (HEA).

Bereich gibt es allerdings einige Faustwerte, mit denen dann verhältnismäßig genau geschätzt werden kann, wenn Zahl und Größe der zu sanierenden Wohnungen mit berücksichtigt werden: Bei einfacher, aber sachkundiger Ausführung kann ein Duschbad mit Wanne, Waschbecken und WC ab 7500,– und ein Bad mit Wanne ab etwa 9500,– DM errichtet werden.
Der Einbau einer Zentralheizung ist mit circa 1700,– DM/Heizkörper zu veranschlagen, die Menge entspricht in etwa der Zahl der Fenster eines Gebäudes. Bezogen auf die Wohnfläche liegt dieser Faustwert bei ca. 175,– DM, der einschließlich kombinierter zentraler Warmwasserversorgung auf 200,– DM zu erhöhen ist.
Für die Elektroinstallation ist verständlicherweise ein solcher Wert schon wieder schwieriger zu nennen: zu unterschiedlich können hier die Anforderungen an Lage und Zahl der einzelnen Steckdosen und Brennstellen sein. Unter der Voraussetzung, daß die Hausverteilung unverändert übernommen werden kann und daß die Wohnung ausreichend, aber nicht üppig versorgt wird, sind 55,– DM/m² WF anzusetzen, die jedoch bei durchdachter Leitungsführung (siehe »Elektroinstallation«) bis circa 45,– DM/m² gesenkt werden können. Wird im Zuge der Elektrosanierung auch eine Antennenanlage installiert, erhöhen sich die genannten Preise um circa 5,– DM/m², denen dann noch die zentrale Antennenanlage zugeschlagen werden muß.

Gesamtkosten

Für die Ermittlung der Gesamtkosten einer Altbausanierung wurden schon vor vielen Jahren immer wieder Methoden entwikkelt – und ebenso rasch wieder verworfen; bewährt haben sich bei unterschiedlichem Anspruch an die Genauigkeit das »Vergleichswertverfahren«, das »Angebotsverfahren« und die »Kostenschätzmethode nach Bauteilen«.
Im Vergleichswertverfahren nach Quadratmeter-, Wohn- und Nutzfläche kann bestenfalls eine Kostenschätzung, aber keine Kostenermittlung durchgeführt werden. Sie fußt dann auf Erfahrungswerten pro Flächeneinheit oder auch auf Bauteilkennwerten. Liegen genug vergleichbare Verfahrenswerte vor, wurde der Standard festgelegt und das Objekt entsprechend sorgfältig begangen, hat eine Vorplanung auch bereits alle Änderungen berücksichtigt, so kann dieses Verfahren zu einer Grobschätzung herangezogen werden,

doch beträgt die Genauigkeit erfahrungsgemäß selbst bei reicher Büroerfahrung nur plus 25%. Diese Art der Kostenermittlung dient also mehr der Vorentscheidung, ob sich eine Sanierung im geplanten Umfang lohnt und in welchen finanziellen Bereichen man sich bewegen wird.

Das Angebotsverfahren, vom Neubau her bekannt, setzt bereits ein sehr fortgeschrittenes Planungsstadium voraus. Der Aufwand ist äußerst zeitraubend und damit wieder kostenintensiv, doch kann bei entsprechend sorgfältiger Vorarbeit auch ein sehr gutes und genaues Ergebnis erzielt werden. Das Problem liegt also darin, daß eine Kostenermittlung erst dann möglich wird, wenn bereits zu viele Entscheidungen gefallen sind, die man eigentlich erst hätte nach Kenntnis der Kosten fällen sollen – ein vom Neubau her bekanntes, am Altbau jedoch wesentlich gravierenderes Problem. Empfohlen werden kann deshalb nur, sich dieses Verfahrens bei kleineren Sanierungsmaßnahmen zu bedienen und sonst auf das dritte Verfahren, die Kostenschätzung nach Bauteilen, auszuweichen.

Diese Methode beruht auf Addition der Kosten aller bei einer Sanierung zu bearbeitenden Bauteile. Jedes Bauteil wird dabei insgesamt geschätzt, das heißt, alle zur Sanierung anfallenden Einzelleistungen werden subsumiert, auch wenn sie nicht von ein und derselben Firma erbracht werden. Dies bedeutet beispielsweise, daß bei der Auswechselung einer Tür anfallen:

- Ausbau der alten Tür und Wiederverwendung an anderer Stelle,
- Versetzen der Türöffnung um .... cm,
- Einsetzen eines Sturzes in den neuen Türmaßen,
- Beiputzarbeiten,
- Verlegen des Lichtschalters,
- Erneuerung der Schwelle,
- Malerarbeiten an der Wand,
- Malerarbeiten an der Tür.

Im Gegensatz zu den Vergleichswerten nach Quadratmetern sind diese Kosten in Gebäuden auch recht unterschiedlichen Baualters annähernd gleich, so daß hier mit Hilfe von büroeigenen Erfahrungswerten eine relativ genaue Kostenschätzung möglich ist.

Gerade die Bauteilmethode verlangt eine sehr detaillierte Bestandsaufnahme, die bereits wieder die Standards festlegt und auch die Eingriffe in die Funktion kennt. Die Standards sollten hier auch in Form von Ausschreibungstexten soweit greifbar sein, daß dem Auftraggeber die Wahl erleichtert und vorbereitet wird. Die notwendige Einweisung in diese Art der Kostenermittlung würde den Rahmen dieses Buches sprengen; es wird deshalb besonders auf das Literaturverzeichnis verwiesen.

Abschließend seien noch einige pauschale Kalkulationswerte genannt, von deren unreflektierter Anwendung jedoch dringend abgeraten wird. Für eine Gesamtrenovierung müssen je nach Zustand und Größe der baulichen Einheit Kosten ab 400,– DM/m^2 zugrunde gelegt werden. Sollen in diesen Mittelwert jedoch noch Haussanierungsmaßnahmen einfließen wie Trockenlegung von Mauerwerk, Erneuerung des Dachstuhls oder der Dachhaut, Erneuerung von Verblechungen oder aber zusätzliche denkmalpflegerische Arbeiten wie Ergänzungen von Stuck, dessen Freilegung, historische Verglasung oder Fensterkonstruktion sind Werte von 900,– bis über 2000,– DM/m^2 wahrscheinlicher. Kommen nun noch statische Maßnahmen hinzu, vor allem aber Eingriffe in die bisherigen Grundrisse, so nähern sich die Sanierungskosten deren der Erstellung eines Neubaus, können dessen Kosten sogar überschreiten. Diese Tatsache darf aber nicht den Blick dafür trüben, welchen Wohnwert – von ideellen Bindungen ganz zu schweigen – ein auf diese Art saniertes Haus einem Neubau entgegenstellen kann.

Beschränkt man sich in jedem Fall nur auf das Allernotwendigste, ohne einen Bereich völlig auszuschließen, allerdings auch, ohne denkmalpflegerische Mehraufwendungen zu berücksichtigen, kann mit etwa 350,– DM/m^2 gerechnet werden; für eine ordentliche, wenn auch nicht luxuriöse Lösung im Sanitär- und Heizungsbereich beginnt der Anhaltswert bei etwa 260,– DM/m^2.

Farbiges Absetzen von Türfassungen und ähnliches, Herausarbeiten von Gesimsen, Faschen, Freilegung von Naturholzbauteilen, Stuck, die Ausbesserung historischer Holzböden verlangen einen Kalkulationsaufschlag. Der Pauschalwert beginnt hier bei etwa 160,– DM/m^2 zusätzlich, ist aber verständlicherweise nach oben nur schwer begrenzbar; in der Regel werden 300,– DM/m^2 nur sehr selten überschritten.

Eine weitere Möglichkeit der pauschalen Kostenschätzung liegt in der Ermittlung der Materialkosten. Die Lohnkosten können nun mit 60 bis 180% je nach Intensität des jeweiligen Gewerks angesetzt werden. Je umfangreicher die Sanierungsmaßnahme ist, desto mehr pendelt sich dieser Prozentsatz auf 120–160 ein, so daß die Gesamtkosten sich auf 220–260% des ermittelten Materialwertes belaufen.

Wie sehr Unterhaltskosten berücksichtigt werden müssen, soll an Spenglerarbeiten aufgezeigt werden. Für verzinktes Stahlblech sind 15 Jahre, für Zinkblech 20 Jahre und für Kupfer 50 Jahre an Lebenserwartung zugrunde zu legen. Auch die Verträglichkeit alter Baustoffe und -methoden muß zur Begründung herangezogen werden. So ist beispielsweise der Einbau von Holzfenstern weniger problematisch als die Verwendung von Alu-Konstruktionen, deren Oberfläche durch Beton und frischen Mörtel (Kalk) angegriffen wird.

Nur wenig Literatur beschäftigt sich mit den Baukosten. Dies liegt einerseits an der Schwierigkeit einer exakten Aussage und andererseits an deren Kurzlebigkeit.

Es gibt jedoch zahlreiche Standardveröffentlichungen, die bei den Handelskammern, beim Statistischen Landesamt und den einzelnen Innungen erworben werden können. Hierzu zählen:

- Tarifverträge der einzelnen Gewerke,
- Grundlagen der »Preisermittlungen«,
- Baupreisindizes,
- VOPR,
- Einheitspreislisten.

Vorbereitung

Grundsätze altbaugerechter Planung
Bestandsaufnahme
Untersuchungsmethoden

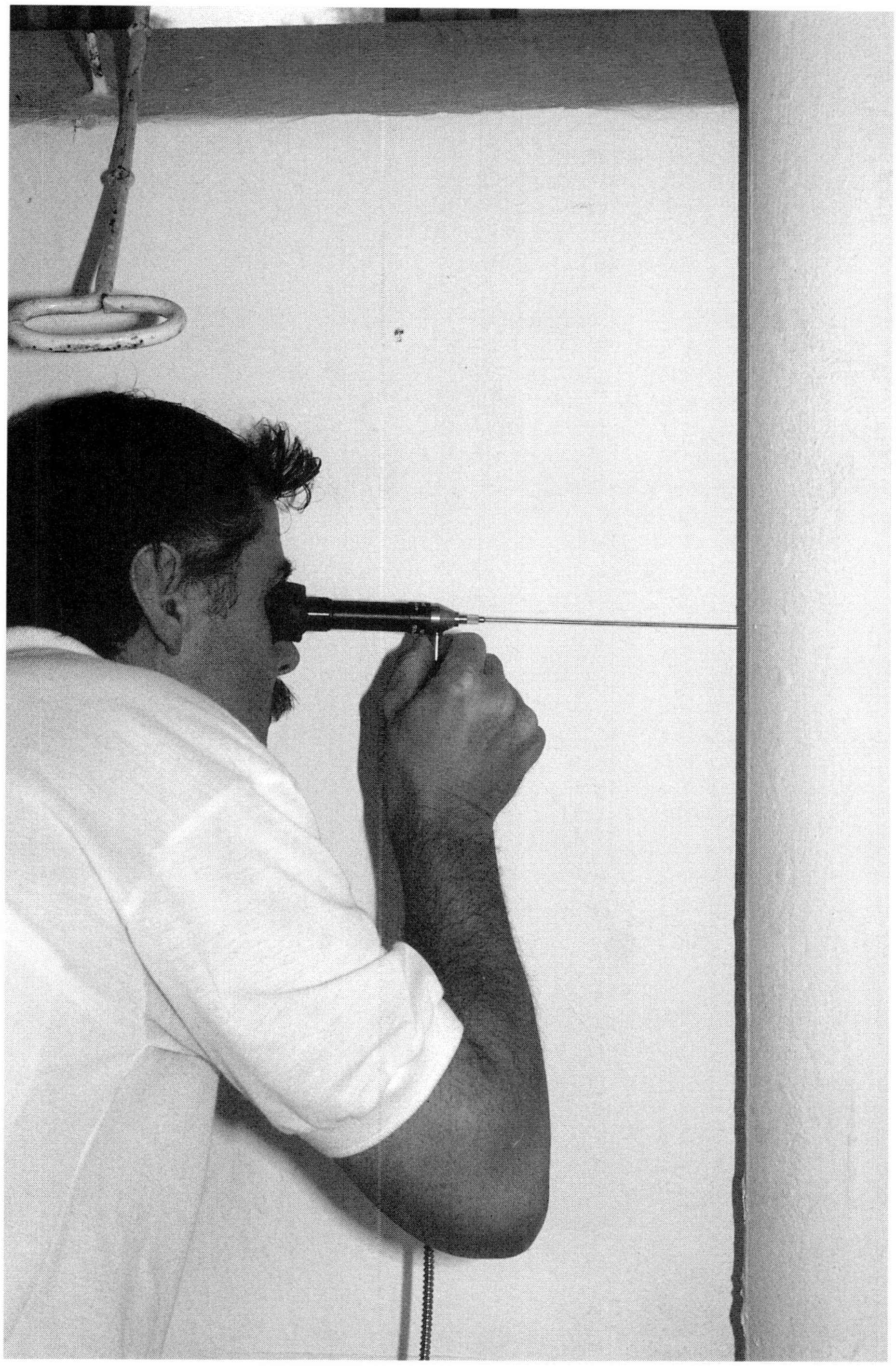

Grundsätze altbaugerechter Planung

Die Sanierung der Sanierung ist kein Wortwitz, sondern traurige Tatsache: Auf 10 bis 14 Milliarden DM wird zur Zeit der jährliche Aufwand für die Behebung von Bauschäden in der Bundesrepublik geschätzt. 4 Milliarden entfallen dabei auf Schadstoffeinflüsse aus der Luft und ca. 3 Milliarden werden für Nachbesserungen an Neubauten veranschlagt. Den Rest verschlingen falsche und mangelhafte Sanierungen von Altbauten.

Zusätzlich weist der Trend bei der Altbaumodernisierung, -sanierung, -revitalisierung weit nach oben: Seit mehreren Jahren hat das Sanierungsvolumen in unserem Land das Neubauvolumen überholt, und wenn es auch hierin sehr deutliche Unterschiede zwischen den einzelnen Bundesländern gibt, so wird doch bis auf weiteres der Umgang mit vorhandener Bausubstanz als Bauaufgabe wie auch als marktwirtschaftlicher Faktor überwiegen, zumal sich dieses Problem verstärkt in den neuen Bundesländern stellen wird – und zwar für den konventionellen, um fast fünfzig Jahre vernachlässigten Altbau und die Nachkriegsneubauten in Plattenbauweise.

Obwohl dies so ist, gibt es bis heute offiziell kaum den »Altbau«! Am deutlichsten wird dies im Normenwerk und in der Lehre. Alle für den Bau gültigen Normen gehen vom Neubau aus, und selbst vieljährige Versuche, für den Altbau Wichtiges oder Typisches hierin aufzunehmen, zeitigten bisher im besten Fall einen querverweisenden Satz auf Regeln, Bestimmungen oder Empfehlungen außerhalb des Normenwerkes. Dem unbestreitbaren Gewinn, den Normen für Planende und Ausführende bieten, steht allerdings ein gravierender Nachteil gegenüber: Normen sind doch leider allzu häufig ein recht gefährlicher und einseitig profitabler Kompromiß unter sehr stark kaufmännischem Denken.

Voraussetzung hierfür ist eine möglichst umfassende Gültigkeit, was für den Altbau mit Sicherheit nie zu erreichen ist. Hiermit wird das Hauptproblem der Altbausanierung angesprochen: die Unterschiede zwischen neuem und altem Bauen. Entsteht jeder Neubau, indem eine Vorstellung zeichnerisch und rechnerisch fixiert und danach verwirklicht wird, so daß im Idealfall jedes Material, jedes Detail, jede Last und Belastung vorweg bekannt und bestimmt sind, steht der Altbau vor uns als fertiges Ganzes, und in jede Planung muß zwangsläufig je nach Sorgfalt des Planenden mehr oder weniger an Unbekanntem einfließen. Es ist deshalb ebenso unverantwortlich wie unverständlich, wie weit auch die Lehre immer noch die Bedeutung der Sanierung im Bauwesen negiert: Es gibt bundesweit noch in keiner Technischen Universität, Hochschule oder Fachhochschule einen Lehrstuhl für Altbausanierung und fast nirgendwo die ausreichend ausführliche Unterrichtung in Bauphysik, Bauschäden, Materialkunde, Lehre alter Handwerkstechniken und Materialien und so weiter. Das heißt, daß selbst jene Generation an Architekten und Bauingenieuren, die heute, zur Zeit der überwiegenden Sanierungstätigkeit, das Bauwesen studiert, nur eine mangelhafte Ausbildung in der Altbausanierung von Lehrern mit mangelhafter Erfahrung erfährt.

Zudem zeigen aber auch Nutzer wie Eigentümer häufig eine »altbaufeindliche« Haltung: Das technisch Machbare wird a priori für gut gehalten und damit zwangsläufig für besser, was technisch möglichst hochrangig; und überdies verlangt das Anspruchsdenken überall Lösungen, die über eine gute und sinnvolle Funktion hinaus noch andere Kriterien, wie etwa den Prestigewert, befriedigen müssen – für beides bieten viele Altbauten nicht die nötige Voraussetzung.

Es ist deshalb durchaus sinnvoll, der ausführlichen Beschreibung von Sanierungsmöglichkeiten einige Grundsätze voranzustellen. Der erste und wichtigste, weil vom Neubaugeschehen her ungewohnteste,

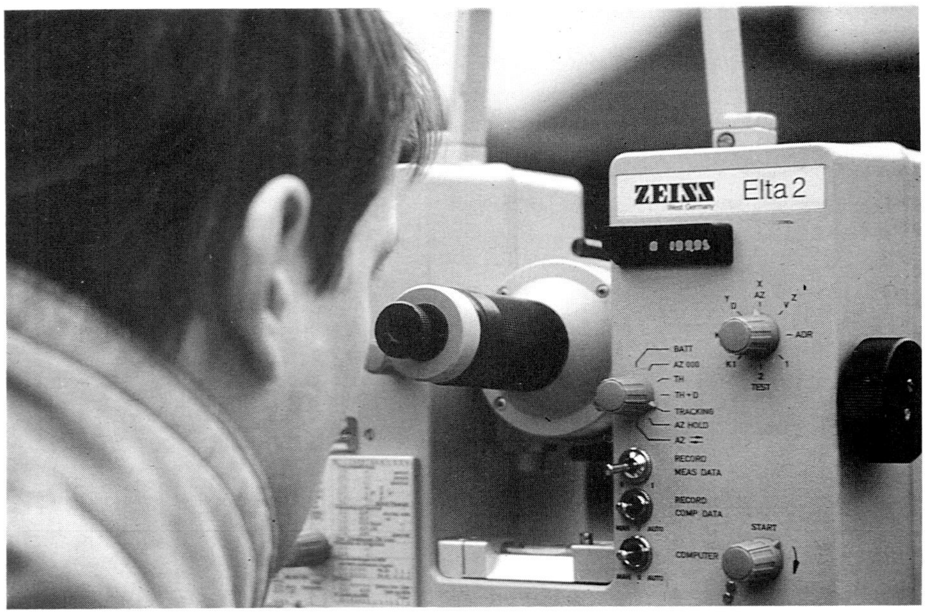

Abb. 1 *Genaue maßliche Erfassung durch den Einsatz einer rechnergestützten Vermessung.*

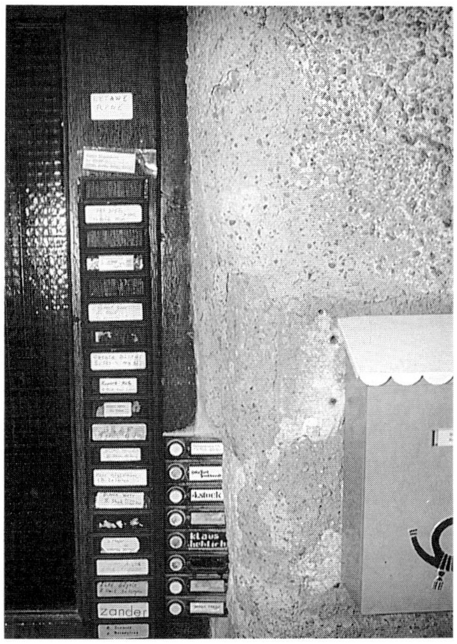

Abb. 2 *»Klärung der Randbedingungen« heißt auch frühzeitige Kenntnis über Art und Zahl der Nutzer.*

(Abb. 2). Dieser Gesichtspunkt ist zwar auch von der Neubauplanung her bekannt, doch bei der Altbausanierung zwingender: Zum einen wird ein Großteil des Altbaubestandes auch während der Sanierung genutzt, und die Sanierungsmaßnahmen sollten eben diesen Nutzer und seine Gewohnheiten und Wünsche nicht völlig ignorieren. Zum anderen kennt der Altbau andere Auflagen der Bauaufsicht und vor allem der Denkmalpflege. Hierzu gehört auch die Kenntnis, durch welche Planungsmaßnahmen der unter Umständen sehr wichtige Bestandschutz aufgegeben wird. Auch die Kenntnis der für die Altbausanierung zusätzlichen Fördermittel ist in diesem Zusammenhang zu nennen.
Überträgt man die Freizügigkeit der Grundrißgestaltung und der Detaillierung auf die Altbausanierung, verstößt man gegen einen sehr wichtigen Grundsatz der Altbausanierung: *geringstmögliche Eingriffe in das vorhandene Baugefüge!* (Abb. 3) Das Verschieben eines Fensters oder einer Tür zum Gewinn des üblichen Einbauschrankmaßes, der Anschluß eines bisher gefangenen Zimmers an den Flur, das Verringern der Größe des künftigen Baderaumes auf die im Neubau übliche Minifläche, die durch die Wahl einer Fußbodenheizung erzwungene Erhöhung der Fußbodenkote und vieles andere mehr sind ebenso preistreibend wie in fast allen Fällen unnötig. Auch diesem Grundsatz liegt letztlich die Beachtung des erstgenannten zugrunde: Die Neuerfassung des Bestandes – um dann planerisch von ihm ausgehend das Beste zu schaffen, ohne ihn vergewaltigend und verletzend einer Planungsidee anzupassen. Teil dieser rücksichtsvollen, die Eingriffe in das Altbaugefüge möglichst verringernden Haltung und damit einer kostenbewußten und bauschadenvermeidenden Haltung ist auch jeweils die Wahl der altbauverträglichsten Lösung. Es muß nicht der Denkmalschutz bemüht werden, um durch Belassen und Überarbeiten von Fußböden, Leisten, Fenstern, Türen und anderem Eingriffe und damit Kosten zu verringern. »Altbauverträglich« heißt aber ist der Grundsatz einer Planung nach *exakter Analyse der vorhandenen Bausubstanz mit maßlicher und technischer Erfassung und Bewertung* (Abb. 1). Wenn überhaupt Planunterlagen vorhanden sind, entsprechen diese meist dem Standard von Genehmigungsplänen. Zu allen Zeiten aber klafften offiziell genehmigte Planung und tatsächliche Ausführung auseinander. Hinzu kommt noch die vielfache Veränderung, die ein Gebäude durch die Zeit und durch die Nutzer erfahren hat. Weitgehend unbekannt sind zusätzlich die meisten Details, vor allem aber der tatsächliche Zustand verdeckter Konstruktionen.
Die exakte Analyse des vorhandenen Baubestandes verlangt also maßliche Aufnahme und Untersuchungen, beides jedoch in einem sehr unterschiedlichen Umfang. Verallgemeinernd kann gesagt werden, daß der Umfang der maßlichen Aufnahme mit Alter und Qualität des Gebäudes wächst, während der Umfang der Untersuchungen weitgehend vom Schadensbild bestimmt wird. Beide Maßnahmen werden in der baulichen Praxis jedoch teilweise zusammen durchgeführt werden, da dies eine Verringerung der Begehungswie der Erfassungszeit bedeutet.
Als weiterer Grundsatz gilt, *daß bereits vor Beginn der eigentlichen Planung jene Randbedingungen geklärt werden, die auf die Sanierung einschränkend oder bestimmend einwirken oder kostenmehrend sind*

Abb. 3 *Versetzen einer Tür in einer bewohnten Wohnung.*

Abb. 4 *Unnötige »Arbeitserleichterung« auf Kosten des Nutzers.*

auch, Leitungen vor der Wand zu verlegen, statt diese aufzustemmen, Zwischenwände in Trockenbauweise zu errichten und dem Altbau nicht die Last, aber auch nicht die Baufeuchte einer gemauerten Wand zuzumuten oder durch einen Gußasphaltestrich statt eines üblichen und etwas preiswerteren Zementestrichs die Einbauzeit entscheidend zu verringern.

Als letzter wesentlicher Grundsatz ist *die Berücksichtigung des Bestandes* (Abb. 4) zu nennen. »Bestand« heißt hier Haus *und* Nutzer; die Rücksichtslosigkeit gegenüber beiden kostet Zeit und Geld. Für das Haus ist hier der Bestandschutz anzusprechen, dessen Bedeutung vielfach mißachtet wird oder der in geradezu sträflicher Weise wegen einer Kleinigkeit aufgegeben wird, so daß nun viel zu viele bauaufsichtliche oder auch denkmalschützende Bestimmungen einzuhalten sind. Dies gilt nicht nur bei der zu raschen Aufgabe vorhandener Fenster oder anderer unnötiger Veränderungen der Gebäudehülle, der Erschließung oder Raumzuordnung, sondern auch für Fragen des Schall-, Wärme- und auch Brandschutzes, wobei zumindest für den letztgenannten Bereich gilt, daß Brandschutz zu Unrecht nur unter dem Gesichtspunkt zusätzlicher Kosten betrachtet wird, da Brandschutz in jedem Fall auch Gebäudeschutz darstellt.

Aber auch der Nutzer, ob Mieter oder Eigentümer, ist »Bestand«. Ihn bei Arbeiten in gewohnten Räumen nicht zu berücksichtigen, kann nicht nur unmenschlich sein, es ist in jedem Fall dumm: Jeder Mieter hat das Recht zur vertraglichen Nutzung der Räume erworben – und wenn er auch viele der Modernisierungs- und Instandsetzungsmaßnahmen dulden muß, so braucht er dennoch nicht die Verringerung der vertraglich zugesicherten Nutzung hinzunehmen. Es heißt dies, daß unzumutbare Belastungen und Belästigungen – und der rechtlich gefügte Rahmen ist hier sehr eng – zu Mietminderung, Entschädigung oder Kosten für Reinigung, Möbelauslagerung, Umzug führen können. Darüber hinaus kann auch ein einziger verärgerter Mieter eine Gesamtsanierungsmaßnahme preistreibend verzögern. Die eigentlich selbstverständliche und mit meist recht geringem Zeitaufwand zu findende Lösung ist die rechtzeitige Beteiligung der Betroffenen, wiederum die bestmögliche Verringerung aller belästigenden Maßnahmen und die ehrliche Hilfe dort, wo der Betroffene überfordert ist. Um dies durchführen zu können, darf eine Altbausanierung nicht ohne Festlegung der einzelnen Maßnahmen, ihre bindende Terminierung und damit einem verbindlichen Zeitplan begonnen werden.

Faßt man nun diese »Grundsätze altbaugerechter Planung« zusammen, so läßt sich ein weiterer »Grundsatz« ableiten: Es ist in sehr vielen Fällen sicherlich falsch, die Sanierung des Bestandes nur den ausführenden Firmen zu überlassen. »Altbausanierung« verlangt nicht nur eine sehr tiefgehende Kenntnis bautechnischer, haustechnischer wie auch bauphysikalischer Möglichkeiten, sondern auch eine große organisatorische Erfahrung: Sie gehört in die Hand des altbauerfahrenen Architekten.

Bestandsaufnahme

Die Notwendigkeit zur Bestandsaufnahme läßt sich von verschiedenen Seiten ableiten: Zum einen gilt die Altbausanierung und auch Altbaumodernisierung als kostenintensive Baumaßnahme, die zudem nur schwer im vorhinein geschätzt werden kann. In der Praxis heißt dies, daß nach den üblichen Methoden eine Kostenschätzung durchgeführt wird und die hier ermittelten Summen durch »Angstzuschläge« von 30 Prozent und mehr angehoben werden – und dennoch wird der Endpreis häufig genug noch überschritten, was bei besserer Kenntnis des Bestands nicht vorkommen würde.

Aus einem weiteren Grund verdient die Bestandsaufnahme mehr Beachtung: Neubautechnologien, auch bewährte, greifen häufig viel zu stark in den Bestand ein, was wiederum eine Kostenmehrung verursachen kann, vor allem aber bewirkt, daß das Gebäude und seine Nutzer auf vermeidbare Weise geschädigt beziehungsweise belästigt werden. In diesem Zusammenhang ist auch auf den Denkmalschutz hinzuweisen, also die rechtlich gestützte Verpflichtung, ein solcherart unter Schutz gestelltes Gebäude im Bestand möglichst wenig zu verändern, es dennoch aber den für die heutige Nutzung notwendigen Erfordernissen anzupassen.

Die Schwierigkeit jeder Bestandsaufnahme im Altbau wird deutlich in dem an sich lächerlich selbstverständlichen Vergleich zwischen Neubau- und Sanierungsplanung: Sehr idealisiert dargestellt, entsteht der Neubau dadurch, daß eine Idee durch Zeichnungen und auch Berechnungen Gestalt gewinnt und nun baulich umgesetzt wird. Wie viele Einschränkungen und Abwandlungen diese Idee zwangsläufig im Genehmigungsprozeß und durch die Wünsche des Bauherrn erfahren muß, weiß jeder Architekt – es wird hierauf nicht weiter eingegangen; im Prinzip aber bleibt, daß der Neubau bis ins letzte Detail bekannt sein müßte – und damit auch seine Kosten vorab genau festgelegt werden können. Vor allem aber ist im Idealfall auch gewährleistet, daß durch entsprechende Detaillierung und die Möglichkeit der freien Wahl der Materialien späterhin kein Bauschaden auftritt. Der Abstand von der Wirklichkeit zu dieser Beschreibung ist jedem bekannt, doch zeigt diese den hohen Unterschied zur Altbausanierung auf: Dort wird gewissermaßen »rückwärts entworfen«. Das Gebäude steht, und nun soll an und in ihm durch Detailveränderung gearbeitet werden. Auch dies setzt eine entsprechend genaue und sachkundige Planung voraus. Planung heißt in diesem Fall tatsächlich auch »Pläne«, also das Arbeiten mit zutreffenden, vermaßten Unterlagen. Diese sind teilweise bei Bauten nach dem Krieg kaum vorhanden; liegen sie vor, stimmen sie verblüffend selten mit der gebauten Wirklichkeit überein. Auch unsere Väter kannten durchaus bereits den Unterschied zwischen erwünschtem und genehmigungsfähigem Detail, so daß Eingabepläne, die noch am ehesten in den gemeindlichen Archiven vorhanden sind, und Ausführungsplanung bereits differieren und während des Bauens üblicherweise nochmals ins Detail eingegriffen wurde. Überdies altern aber alle Gebäude auch durch die Zeit: Es ist dies wieder ein Hinweis darauf, daß ein Haus durchaus als Organismus anzusehen ist, in dem eine Fülle auch kleinster Einzelheiten miteinander vernetzt ist, so daß der Eingriff an einer Stelle Folgen an anderer Stelle nach sich ziehen kann. Diese Alterung geschieht nun nicht nur durch den materialspezifischen Abbau, worüber es auch bereits listenhafte Zusammenstellungen gibt – sie sind allerdings nur von statistischem Wert und können bestenfalls von Unternehmen mit zahlreichem Immobilienbesitz verwendet werden –, sondern sie »altern« wiederum durch die Nutzung: Jedes alte Gebäude zeigt zahlreiche kleine und kleinste Änderungen, die durch seine Nutzer ausgeführt wurden und die durchaus auch nachhaltig den Bestand prägen. Nicht vergessen werden dürfen in diesem Zusammenhang jene Alterungsprozesse, die durch äußeren Eingriff geschehen, wie Brand, Kriegseinwirkung, Wasserschäden, Grundwasserabsenkung, Straßenverkehr und ähnliches. Wenn eine Bestandsaufnahme dies alles erfassen soll, reicht nun auch nicht mehr die isolierte Feststellung der Schäden, unter Umständen unterstützt durch Untersuchungen (siehe »Untersuchungsmethoden«), sondern es werden Planunterlagen notwendig sowie weitere Unterlagen wie eine Erfassung von Nutzerdaten.

Welchen Grad an Genauigkeit die planlichen Unterlagen haben müssen, hängt selbstverständlich auch von der Art der Sanierungsaufgabe ab, leider allerdings auch von äußeren Umständen: So kann die Denkmalpflege zum Beispiel länderweise vor Beginn jeglicher Sanierungsmaßnahme an einem Baudenkmal ein verformungsgetreues Aufmaß verlangen, auch wenn dies in diesem Fall keineswegs für eine qualitätvolle Sanierung notwendig ist, sondern lediglich den wissenschaftlichen Ehrgeiz des hierfür zuständigen Sachbearbeiters befriedigen muß – und dies bei sehr hohem finanziellem Aufwand, der bestenfalls nur teilweise durch Zuschüsse unterstützt wird. Diese teuerste aller planlichen Bestandsaufnahmearten ist allerdings dann denkmalpflegerisch gerechtfertigt und sogar sachlich zwingend, wenn nur diese akribische Bearbeitung alle früheren Bauzustände erfaßbar macht und damit bei den Sanierungsarbeiten zu berücksichtigen erlaubt (Abb. 1).

Maßliche Bestandsaufnahme und zumindest die Groberfassung von Schäden und Ausstattung setzen üblicherweise erst einmal einfache Pläne in der Qualität von Eingabeplänen voraus. Eine Begehung wird so vorbereitet, daß der Grundriß einer Nutzereinheit auf ein DIN-A 4-Blatt kopiert und nun Einheit für Einheit und hier wieder Raum für Raum begangen wird. Um sich aufwendige Situierungsbeschreibungen zu ersparen, geht man sinnvollerweise dabei im Uhrzeigersinn vor, dem auch dann die Bezeichnung der einzelnen Wände und

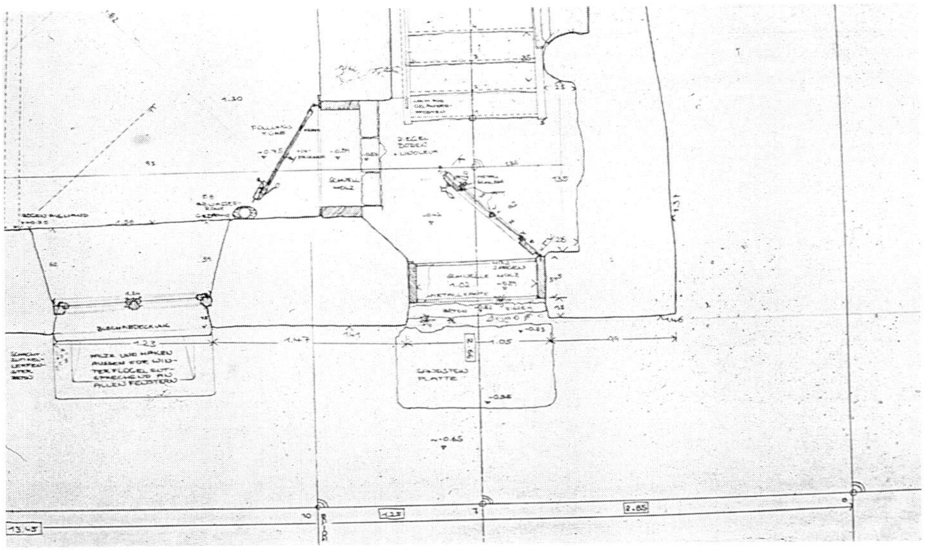

Abb. 1 *Ausschnitt aus einem Plan nach verformungsgetreuem Aufmaß.*

schließlich der Bauteile entsprechen. Dies heißt, daß beispielsweise eine Wand die Bezeichnung 1 (1. Wohnung, eine Stockwerksbezeichnung kann dann entfallen), 3 (Raum 3), vom Eingang aus links beginnend, 4, (4. Wand), erhält, also 1/3/4 (Abb. 2). Unter diesen Ziffern wird nun sowohl die Baubeschreibung als auch die erste Schadensaufnahme festgehalten, was noch im einzelnen besprochen werden wird. Gleichzeitig wird man Maße nehmen, beziehungsweise die in den Plänen vorhandenen Maße wenigstens stichpunktartig überprüfen. Als sinnvoll hat es sich erwiesen, bereits bei dieser ersten Begehung zumindest tabellarisch festzuhalten, welcher Sanierungsumfang an welchem Bauteil zu erwarten ist (Abb. 3). Genauer einzumaßen sind bereits Besonderheiten wie Niveauunterschiede und Wandvorsprünge, -pfeiler und ähnliches oder entsprechende bauliche Details in ihren Haupt- und Achsmaßen, wie Leibungsverkleidungen, Stuck, Täfelungen. Grundsätzlich steigt der Zwang zur Genauigkeit mit dem Erhaltungswert des Bestandes, was nicht in jedem Fall gleichzusetzen ist mit handwerklich oder künstlerisch besonders auffallender Ausstattung.

Wenn die Aufnahme des Bestandes eine so wesentliche Voraussetzung für die bauschadensfreie und kostengünstige Sanierungsplanung ist, ist es ebenfalls selbstverständlich, daß Planender und Ausschreibender auch der Aufnehmende ist! Die Möglichkeiten von Übermittlungsfehlern, vor allem aber von Interpretationsfehlern, wenn die Bauaufnahme von einer anderen Person als von der planenden gemacht wird, ist enorm. Da sich dort die maßliche Bestandsaufnahme als um so problematischer erweisen wird, wo eine am Bau sonst unübliche Genauigkeit zwingend ist, wird grundsätzlich empfohlen, derartige Aufmaße nicht nur am Bau zu nehmen, sondern auch am Bau bereits zeichnerisch festzuhalten (Abb. 4). Wer das Bauaufmaß mit ins Büro nimmt, um dort erst Pläne zu zeichnen, wird entweder immer wieder die Baustelle besuchen müssen oder aber notgedrungen freihändige »Ergänzungen« durchführen. Diese Empfehlung gilt vor allem bei den höheren Genauigkeitsstufen.

Zur Verdeutlichung der Möglichkeiten der planerischen Bestandsaufnahme kann man einige Genauigkeitsstufen unterscheiden:

Genauigkeitsstufe 1, Zeichnungen im Maßstab 1 : 100. Sie verlangt eine schematische, jedoch möglichst vollständige Darstellung der Hauptmaße, einschließlich Diagonalmaßen zur Festlegung von Winkelabweichungen oder der vereinfachten Darstellung von Dachkonstruktionen. Bauschäden, Verwerfungen und Durchbiegungen brauchen nicht dargestellt zu werden, die Planung entspricht in der Genauigkeit der eines Eingabeplans, so daß hier auch

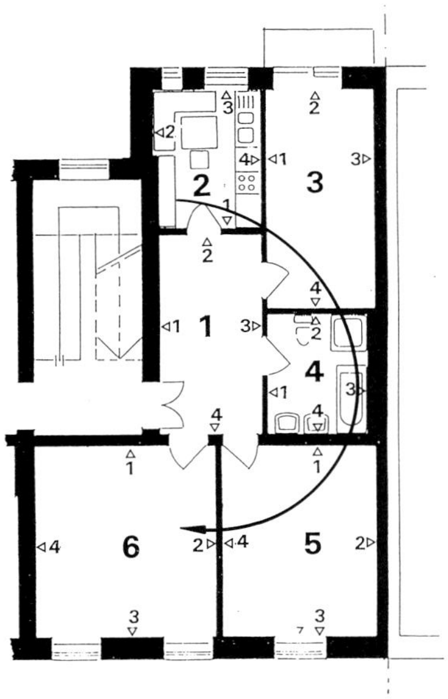

Abb. 2 *Bestandsaufnahme: Kennzeichnung der Räume und Wände.*

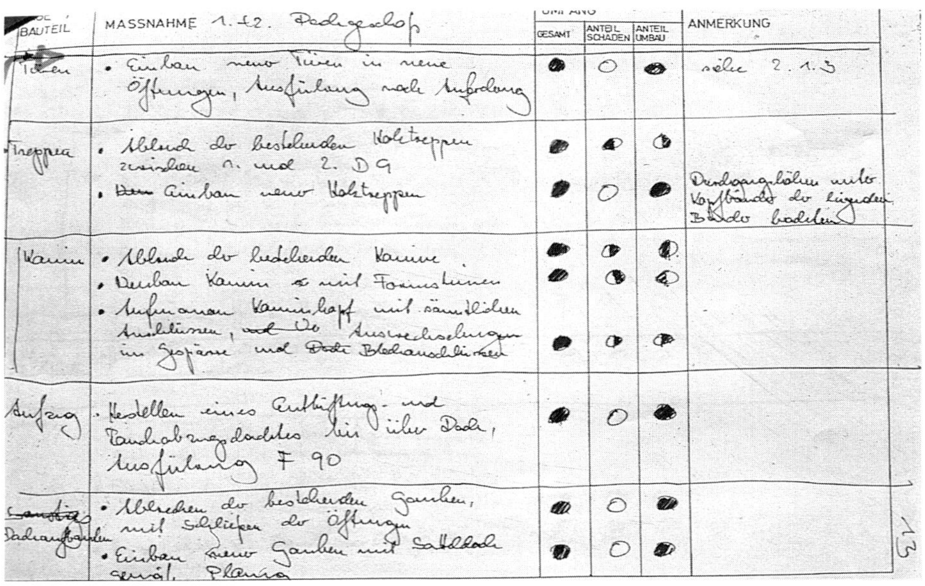

Abb. 3 *Schriftliche Erinnerungsstütze über Schadensart und -umfang.*

noch keine Spezialgeräte zur maßlichen Erfassung eingesetzt werden müssen. Die Kosten beginnen hier bei etwa 4,50 DM/m² NNF.

Genauigkeitsstufe 2, die ein Aufmaß im Maßstab 1 : 50 verlangt, muß zudem die Spannrichtung einer Deckenkonstruktion sowie andere Konstruktionen zeigen; ebenfalls sind deutliche Durchbiegungen und Schiefstellungen festzuhalten. Diese Stufe verlangt auch bereits Hinweise auf frühere Bauzustände, so daß damit eine erste, wenn auch sehr einfache Dokumentation der Gebäudegeschichte vorliegt. Empfohlen wird, spätestens hier auch Bauschäden zu erfassen, da man sich hiermit zwangsläufig auseinandersetzen muß, wenn beispielsweise Verformungen maßlich festgehalten werden. Als Mindestkosten müssen nun 8,– DM/m² NNF angesetzt werden. Der Einsatz von Meßhilfsgeräten, wie Theodolit, kann in Sonderfällen bereits sinnvoll werden; für Stichmaße ist auf jeden Fall bereits ein Schnurgerüst notwendig (Abb. 5).

Die Genauigkeitsstufe 3 beinhaltet bereits ein exaktes und verformungsgetreues Aufmaß, das auch den Erfordernissen der Bauforschung genügt, wozu ein dreidimensionales Vermessungssystem notwendig wird. Ein Schnurgerüst als Achse im Bezugssystem wird zwingend, kann allerdings auch durch hochwertige Meßgeräte ersetzt werden, wie durch einen Laser-Theodoliten, bei dessen Einsatz ein Lichtstrahl das empfindliche Schnurgerüst ersetzt. Auch die Photogrammetrie kann spätestens hier bereits zum sinnvollen Ein-

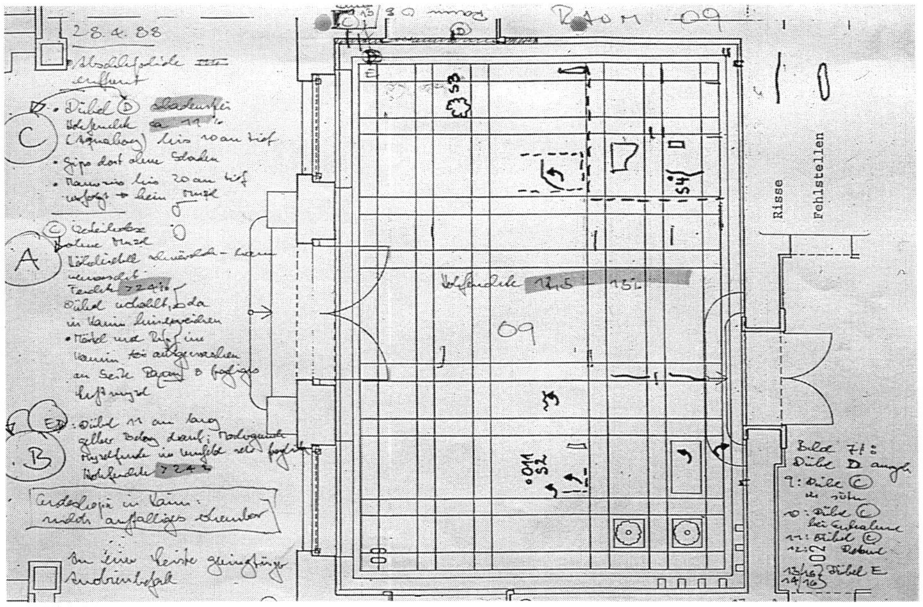

Abb. 5 *Das Aufmaß – hier die Begehungsskizze – enthält bereits die Bauschäden.*

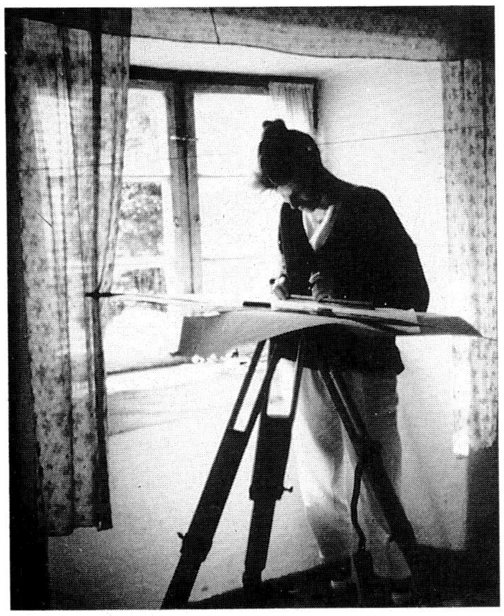

Abb. 4 *Planliche Festlegung der Bauaufnahme soll direkt vor Ort geschehen.*

satz kommen, wobei dieses Verfahren nicht nur bei Fassaden, sondern auch bei größeren Räumen von innen einsetzbar ist. Die Darstellungsgenauigkeit muß innerhalb von 2,5 cm liegen, so daß nun auch Details an Fensterumrahmungen, Beschlägen und ähnlichem erfaßt werden können. Erfaßt werden müssen jeweils bereits Baufugen und Bauschäden sowie bau- oder alterstypische Details im hierfür notwendigen Maßstab (Abb. 7).

Die Genauigkeitsstufe 4 verlangt einen Maßstab 1 : 25 oder sogar größer und enthält nun die genaue Darstellung von Beschlägen, Verzapfungen, Holznägeln und anderen Konstruktionsteilen usw. Für diese letztgenannte Art der maßlichen Bestandserfassung sind bis zu 60,– DM/m² NNF zu kalkulieren (Abb. 8).

Eine besondere Begehung dient der Erfassung der haustechnischen Anlagen. Da dies einen speziellen Sachverstand voraussetzt, wird sie nicht in jedem Fall vom Architekten erbracht werden. Wichtig ist hier die genaue Unterscheidung zwischen verwendbaren Anlagen und Anlagenteilen und jenen, die entweder erneuert, zur Vermeidung von Abbrucharbeiten aber belassen oder aber im Zuge der Erneuerung entfernt werden müssen.

Auch hier ist es hilfreich, zusammen mit dem Auftraggeber den gewünschten Standard möglichst frühzeitig festzulegen. An Kosten ist mit 2,50 bis 4,– DM/m² NNF zu rechnen.

Der Unterschied zum Neubau verlangt aber vom Bearbeiter des Bestandes noch

Abb. 6 *Details einer Fassade.*

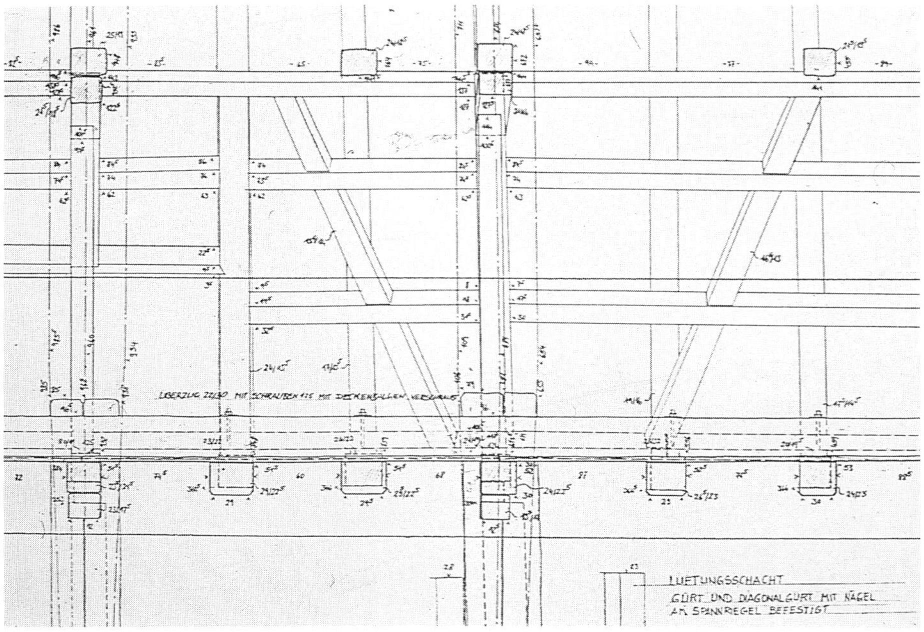

Abb. 7 *Hohe Aufnahmegenauigkeit einschließlich Angabe der Holzverbindungen.*

weitere Qualifikationen und die Beachtung spezieller Punkte:

- Wiederverwendung altbaugerechter Konstruktionen und Materialien,
- Beschreibung des wohntechnischen, bautechnischen und haustechnischen Standards und ggf. Anmerkungen zu deren Verbesserung,
- Überprüfung des Ist-Zustands auf heutige baurechtliche Bestimmungen,
- Überprüfung möglicher Sanierungsstufen,
- Befragung der Bewohner hinsichtlich ihrer Beteiligung an Planung und Durchführung und Berücksichtigung der vom Mieter getätigten sachlichen Investitionen,
- Kenntnis der Anerkannten Regeln der Technik und vor allem jener Bereiche, in denen hier für den Altbau Ausnahmen gelten.

Dies umfaßt auch die Kenntnis der Normen und den länderweise recht unterschiedlich tolerierten Verzicht auf deren Erfüllung.

Die Wiederverwendung altbaugerechter Konstruktionen und Materialien findet ihren Sinn weniger in der Erfüllung der Denkmalpflege, da hier die Konstruktion gar nicht erst angetastet werden soll, sondern kann durchaus der Kostenersparnis dienen. Voraussetzung hierfür ist eine so genaue Bestandserfassung, daß die Wiederverwendungsmöglichkeiten bereits in die erste Planung und auch Kostenschätzung einfließen können: Welche Türen, eventuell nur Türblätter, sind wiederverwendbar (Beschlagsart, Beschlagsform, Holzzustand, Rahmenverbindungen); welches Ausbruchmaterial kann für neue Auf- und Abmauerungen verwendet werden (Steinformat und -material, Mörtelfestigkeit); sind Bodenbelagsteile aufzuheben (Parkettstücke in heute unüblichem Zuschnitt, Leisten in seltenem Profil) und anderes? Auch das Räumen in zu sanierenden Gebäuden bedarf der Vorplanung und damit auch wieder der Bestandserfassung: Hier wird es wichtig, schützenswerte Bauteile während der Räumungszeit nicht durch Vandalismus oder Diebstahl zu verlieren (Abb. 9). Bei der Begehung müssen also alle gefährdeten Bauteile festgehalten und ihre Sicherstellung bereits geklärt werden.

Die Beschreibung der genannten Standards kann in vorgelisteten Bögen zur Bestandserfassung erfolgen. Da diese Standards ein wichtiger Hinweis sind für frü-

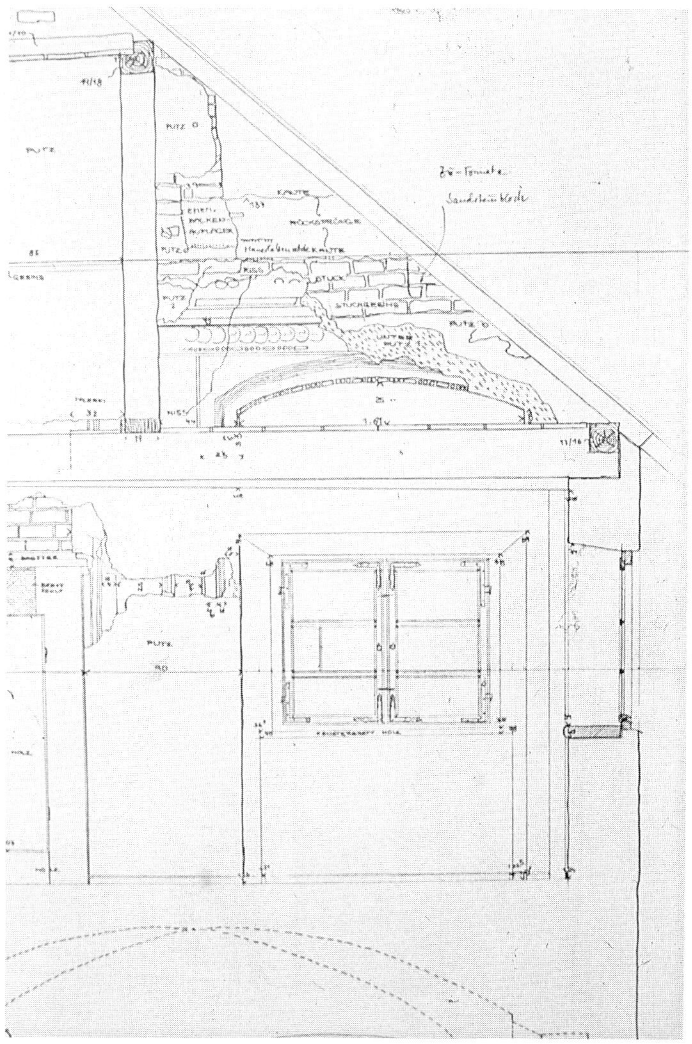

Abb. 8 *Teilfertige Bauaufnahme einschließlich baugeschichtlicher Dokumentation.*

here und auch heutige Akzeptanz dieser Wohnung, dieses Hauses, dieses Viertels, sollte ihr Wechsel nicht leichtfertig vorgenommen werden. Der Wunsch nach ihrem Beibehalten oder Verändern ist zudem ein wesentliches und nicht zuletzt kostenbeeinflussendes Kriterium und muß frühzeitig vom Hauseigentümer formuliert werden; er kann dies nur, wenn er den Bestand kennt.

Die Überprüfung des Ist-Zustands auf heute baurechtliche Bestimmungen, die ebenfalls schon bei der ersten sorgfältigen Begehung vorgenommen werden sollte, wird vor allem aus zwei Gründen nötig: Ein Teil dieser Bestimmungen braucht am Altbau in bezug auf den Bestandschutz nicht erfüllt zu werden; Kosten sind hier also einsparbar. Hierzu zählen unter vielem anderen die Abstandsmaße für Küche, Bad, WC, Hausarbeitsraum; Fenstergrößen und Raumzuordnung – und Vorschriften des Brandschutzes (Fenster zum Treppenhaus, Feuerwiderstandsklassen), des Schallschutzes (Deckenaufbau) und des Wärmeschutzes (k-Wert der Außenwand, Fugendurchlaß der Fenster). Wie weit das Beibehalten dieses Ist-Zustandes sinnvoll ist, hängt unter anderem wieder ab von der Wahl des Standards. Anderen baurechtlichen Vorschriften, die besonders dem Schutz der Hausbewohner dienen, muß das Gebäude in jedem Fall angepaßt werden. Hierzu zählen aufwendige und »unnötige« Sanierungsarbeiten, wie das Erhöhen des Handlaufs des Treppengeländers (Abb. 10), die Engerstellung von Treppen- und Balkongeländerstäben, der Einbau entsprechender Feuerschutztüren in Keller und Speicher und vieles andere mehr.

Die Überprüfung möglicher Sanierungsstufen darf nicht mit der Wahl der Standards verwechselt werden. Wird hier die Qualität des Endzustands festgelegt, wird dort ein Weg gesucht, die einzelnen Sanierungsetappen sinnvoll und zumindest nicht kostenmehrend zu jeweils günstiger Zeit durchzuführen. »Günstig« kann hier die wirtschaftlichen Möglichkeiten ebenso meinen wie die Berücksichtigung der Mieter und des Mieterwechsels. Diese Sanierungsstufen werden aber entscheidend mitbestimmt durch den Zustand des Gebäudes: Wieder also ist die sachgerechte Bestandsaufnahme Voraussetzung für eine wichtige Sanierungsentscheidung.

Die Befragung der Bewohner wird vor allem tatsächlich eine Reihe von Daten erbringen, die direkt auch in die technische Bestandsaufnahme einfließen: Gerade langjährige Nutzer können besser über manchen Eingriff in die Bausubstanz Auskunft geben als der sorgfältig geführte Hausakt. Zum zweiten aber ist diese Befragung ein selbstverständlicher Akt der Höflichkeit: Es ist der Bewohner des zu sanierenden Gebäudes, der die hauptsächliche Last der Arbeiten zu tragen hat. Ihn als den Betroffenen von vornherein zu brüskieren, birgt als verständliche Reaktion stets die Gefahr einer Gegenwehr. Auch wo diese rechtlich erfolglos bleibt, benötigt eine gerichtliche Entscheidung Zeit und damit Geld. Aus dem gleichen Anlaß sollte der Hauseigentümer wissen, welche Eigenleistungen vom Mieter im Laufe der Mietzeit erbracht wurden. Auch wenn der Vermieter im Recht ist, die neuen Gaseinzelöfen des Mieters ersatzlos durch eine Zentralheizung zu ersetzen – und dies sogar mit der entsprechenden Kostenumlage – wird es dem Hausfrieden und damit durchaus auch wieder seiner Brieftasche dienen, eine Ablösungssumme für die nun nutzlose Eigenausstattung anzubieten. Die Erfassung der allgemeinen Benutzerdaten wird vor allem dort wichtig, wo der Umfang der Sanierungsmaßnahmen ein Umsetzen erfordert. Das Umsetzen ist im übrigen nicht nur problematisch, weil es manchen Mieter verstärkt zur Ablehnung der Sanierung verleitet, sondern weil jedes Umsetzen wiederum die Gefahr typischer Schäden birgt.

Dem Punkt der »Anerkannten Regeln der Technik« ist tatsächlich eine wesentlich höhere als sonst übliche Aufmerksamkeit zu schenken: Im Bauordnungsrecht der meisten Landesbauordnungen sind diese Regeln als Vorschrift erfaßt; auch im Strafrecht (§ 33 StGB) wird die Anwendung zur Gefahrenabwehr zur Sicherheit des Bauens festgelegt. Ebenfalls das Zivilrecht kennt diese Regeln als Grundlage für die Vertragsvereinbarungen, wie bei Bauverträgen die VOB/B. Jener Architekt und jener Handwerker, der sich stur auf Kosten des Bauherrnkontos und der Gebäudesubstanz an diese Anerkannten Regeln der Technik hält, ist auf der sicheren Seite. Dies heißt, daß beide dort, wo ein Verlassen dieser Regeln beim Altbau sinnvoll und zweckmäßig ist, sich im Falle der Abweichung dadurch absichern müssen, daß sie den Auftraggeber darauf hinweisen, daß die Bauausführung nicht dem derzeitigen Stand der Normen und Regeln entspricht. Es ist hier Überzeugungsarbeit notwendig, die am besten wieder über die Kostenseite geführt wird. Es kann dem Beteiligten nur angeraten werden, hier mit penibler Kleinlichkeit jeden Schritt vom Weg der genannten Tugend in entsprechender Weise absegnen zu lassen.

Ein besonderer Teil der Bestandsaufnahme ist die Bestandsbewertung – die, wie schon erwähnt, sinnvollerweise mit der maßlichen Erfassung Hand in Hand

Abb. 9 *Schutz des Treppenlaufs einschließlich Geländer.*

Abb. 10 *Einfühlsame Erhöhung des Handlaufs.*

geht. Auch hier gibt es wie bei der listenmäßigen Kostenerfassung einen kaum zu überblickenden Variantenreichtum. Notwendig sind in jedem Fall drei Aussagebereiche: Zustandsbewertung, Schadensausmaß und Instandsetzungsdringlichkeit.

Alle drei Abfragen können nun noch gewichtet werden, doch wird aus sachlichen Gründen auch zugunsten einer praxisgerechten Durchführung dringend empfohlen, diese beschreibende und kaum exakt belegbare Richtung nur in jeweils wenigen Stufen vorzunehmen. Dies heißt im einzelnen:

A) Zustand:

gut	= +
mittel	= 0
schlecht	= –
nicht feststellbar	= ?

B) Schadensausmaß:

kein Schaden bis sehr gering	(0–10%)	10
gering	(10–30%)	30
mittel	(30–70%)	70
stark	(ab 70%)	100

C) Instandsetzungsdringlichkeit:

sofort bis bald (bis ca. 3 Jahre)	–
später (nach ca. 3 Jahren)	0
keine Maßnahmen erforderlich	+

Eine solche Auflistung zeigt auch deutlich, daß ein Bauteil wiederholt und in unterschiedlichem Zustand vorkommen wird. So müßten also alle Bauteile einzeln aufgelistet und zugeordnet werden. Bewährt hat es sich dagegen, nach dem schon beschriebenen Begehungsschema das inspizierte Bauteil, besser den Raum insgesamt abzufragen. Kaum ein Bauteil wird auch nach einem einzigen Kriterium beurteilt werden können, wenn dieser Schadenserfassung auch eine Auswertung folgen soll. Was kann es bedeuten, wenn beispielsweise einem Fenster ein mittleres Schadensausmaß zugesprochen wird? Sind die Rahmen teilzerstört oder die Flügel; ist das Holz intakt, aber die Fugen lassen Wärme und Schall durch; ist der Beschlag defekt, sind die Scheiben verkratzt – oder ist von allem etwas zu finden? Wie wird beurteilt, daß dieses Fenster zwar seine Funktion noch weitgehend erfüllt, aber als scheußliche, rücksichtslose Auswechslung den bauzeitlichen Charakter des Hauses zerstört?

Will man diese Einzelfragen tatsächlich für jeden Bauteil beantworten, wird diese technische Bestandsaufnahme zu einer vielleicht sinnvollen, in der baulichen Praxis jedoch nur selten bezahlbaren, extrem aufwendigen Sonderleistung. Nur »vielleicht sinnvoll« deshalb, weil zur Beurteilung der Weiterverwendbarkeit, der zwingenden Sanierungsarbeiten und damit auch der Kosten gar nicht die Summe aller Einzelbeurteilungen entscheidend zu sein braucht, sondern tatsächlich doch wieder die zuordnende Entscheidung dessen, der den Bestand kritisch erfaßt. Ist beispielsweise das Holz des Fensters irreparabel zerstört, interessieren alle anderen Abfrageergebnisse nicht mehr; ordnet man dem Beschlag diese schlechteste Beurteilung zu, könnte das Fenster jedoch ohne weiteres erhalten bleiben.

Dies eine Beispiel zeigt schon, daß eine listenmäßig technische Bestandserfassung in der Bewertung von Einzelkriterien sehr rasch unpraktikabel wird. Die Gesamtbeurteilung setzt aber wieder Sachverstand voraus und bleibt in jedem Fall subjektiv – ein weiteres dringendes Argument für die schon genannte Forderung, daß Bestandserfassung vor Ort und Sanierungsplanung im Büro möglichst in einer Hand bleiben müssen.

Zweiter Schritt der Bestandserfassung und häufig ihr eigentlicher Grund ist jeweils die Kostenermittlung. Es ist verständlich, daß sie bei einer Altbausanierung oder -modernisierung durch die Eigenheiten, Schäden und Mängel der vorhandenen Bausubstanz schließlich schwieriger ist als die des Neubaus. Zusätzlich wird es hier unmöglich, mit allgemeinen statistischen Werten zu arbeiten, da es zu viele Unterschiede in der Altbausubstanz gibt. Es werden deshalb bereits viele Methoden zur Kostenschätzung der Altbausanierung entwickelt, doch haben sich in der Praxis bisher nur drei Methoden bewährt; sie werden im Kapitel »Kosten« beschrieben.

Untersuchungsmethoden

Der Inhalt dieses Kapitels verdiente ein eigenes Buch!
Zum einen ist die Vielzahl der Untersuchungsmethoden immer noch weitgehend unbekannt, oder es wird die Bedeutung für den einzelnen Sanierungsfall unterschätzt, zum anderen müßte je Gerät und Verfahren der Anwendungsbereich ausführlich beschrieben werden, um Möglichkeiten und Grenzen für künftige Sanierungsaufgaben selbst erkennen zu können. Dies sprengt aber diesen Rahmen, so daß hier nur ein Überblick gegeben wird.
Zu unterscheiden ist zwischen Geräten und Verfahren zur maßlichen Bestandsaufnahme und solchen zur technischen Bestandsaufnahme. Beide Bereiche sind wichtig und dienen der Vorbereitung der eigentlichen Sanierungsplanung: Untersuchung und Bewertung aller Teile der zu sanierenden Gebäudesubstanz sind die wichtigste Voraussetzung einer sorgfältigen, wirtschaftlichen und auch künftig bauschadensfreien Sanierungsplanung.

Maßliche Bestandsaufnahme

Die üblichen Verfahren müssen hierbei nicht beschrieben werden; der Umgang mit Zollstock und Bandmaß ist bekannt und wird auch durch aufwendige andere Geräte nicht ersetzt werden. Wichtig sind hier Möglichkeiten, das Messen zeitlich und auch in der Genauigkeit zu verbessern.
Genau dieses verspricht das elektronische Meßgerät, das allerdings einen entscheidenden Nachteil hat: Die ausgesandte Energie ist zwar gebündelt, besitzt aber doch eine gewisse Streuung, die einen um so breiteren Kegel bildet, je weiter die Meßdistanz ist (Abb. 1). Dies bedeutet, daß im Meßbereich keine Person, kein Möbelstück vorhanden sein darf, da sonst die Messung verfälscht wird. Am störungsfreisten sind deshalb hiermit Raumhöhen erfaßbar; die Genauigkeit für ein übliches Bauaufmaß, nicht für ein verformungsgerechtes Aufmaß, ist ausreichend.
Besonders zeitraubend sind stets maßliche Erfassungen von Höhendifferenzen. Üblicherweise werden hierzu Nivelliergerät oder auch die einfachere Schlauchwaage eingesetzt. Beide Verfahren sind sehr genau, erfordern jedoch zwei Personen. Diesen Nachteil vermeiden Nivelliertaster und der Laserlevel.
Auch der Nivelliertaster besteht aus einer Schlauchwaage mit Wasserbehälter und Meßröhre. Der Ausgleichsbehälter wird auf der Bezugsebene mit bekannter Höhenkote aufgestellt und das Stativ mit der Meßskala dort, wo eine Höhendifferenz festgestellt werden soll. Das vorher justierte Gerät erlaubt eine exakte Ablesung der Höhendifferenzen in Millimetern.

Abb. 2 *Laserlevel.*

Das Laserlevel, im Hochbau meist als Rotationslaser eingesetzt, sendet einen extrem fein gebündelten Lichtstrahl aus, der entweder direkt oder meist mit Hilfe eines Adapters aufgenommen werden kann (Abb. 2). Dieser Adapter ist auf einer Meßskala verschiebbar und kann so jeglichen Abstand zur Laserebene angeben. Diese Ebene kann waagerecht, aber auch senkrecht gelegt werden, so daß damit nicht nur Decken und Fußböden, sondern auch Wände und andere senkrechte Bauteile verformungsgetreu vermessen werden können.

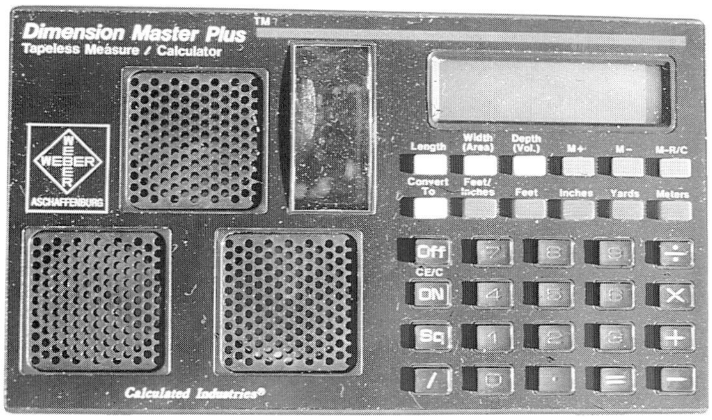

Abb. 1 *Elektronisches Meßgerät mit eng gebündeltem Meßstrahl.*

Verfahren und Geräte zur technischen Bestandsaufnahme

Das Spektrum reicht hier von primitivsten Hilfsmaßnahmen bis hin zu Geräten und Verfahren, deren Einsatz nur in extremen

Abb. 3 *Einfache Methode zur raschen Auffindung von Schüsselungen oder Schieflagen des Fußbodens.*

Abb. 5 *Zerstörende Überprüfung der Holzqualität.*

Sonderfällen wegen ihres Aufwands verantwortet werden kann.
Um nicht zu leicht in Geräte- und Gutachtergläubigkeit zu verfallen, wird betont, daß das wichtigste »Gerät« immer noch das Hirn des Begutachtenden ist und mit ihm die Erfahrung, die eben auch erlaubt, mit simpelsten Hilfsmitteln eine Untersuchung durchzuführen. Dies kann hier nur beispielhaft erläutert werden.

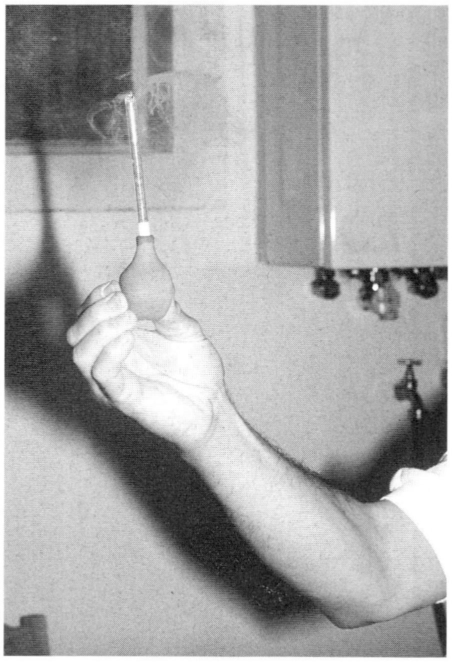

Abb. 4 *Strömungsprüfung durch Rauchröhrchen.*

Einfachste Untersuchungsverfahren

Das Durchhängen von Holzbalkendecken wird zwar meist über Wert beurteilt, doch ist die Erfassung der jeweiligen Durchbiegung wichtiger Inhalt der Bestandserfassung. Üblicherweise muß hierzu eine längere Latte mit der Wasserwaage durch den Raum geführt werden, wobei ein zweiter Bearbeiter mit dem Meterstab jeweils die Stichmaße abnimmt und so die tiefste Stelle des Fußbodens findet. Wesentlich einfacher ist es, eine nicht zu kleine Stahlkugel auf dem Boden rollen zu lassen, die von selbst den tiefsten Punkt findet: Nun ist dieses Stichmaß zur Waagerechten sehr rasch und auch allein zu nehmen (Abb. 3).
Die Fugendurchlässigkeit von Fenstern und Türen, manchmal auch von Dachflächenverkleidungen u. ä., kann mit sehr hohem apparativem Aufwand geprüft werden. Für die Sanierungsbeurteilung genügt es aber fast immer, Zugerscheinungen qualitativ zu erkennen. Hierzu genügt manchmal auch schon die offene Flamme eines Streichholzes oder Feuerzeuges oder aber ein simples Rauchröhrchen, wie es zur Prüfung in Lüftungs- und Klimaanlagen verwendet wird (Abb. 4). Diese Glasröhrchen enthalten u. a. Schwefelsäure, die nach dem Abbrechen der Röhrchenspitzen mit einer kleinen Handpumpe ausgeblasen wird und unter Nebelbildung die Luftströmung anzeigt. Will man Undichtigkeiten an Fenstern und Türen aber auch quantitativ erfassen, also die Falzwirkung überprüfen, drückt man in den offenen Falz eine Knetmasse, z. B. Plastilin, ein. Nach Schließen und Wiederöffnen zeigt die verformte Knetmasse exakt die Größe des Luftspaltes zwischen den beiden Rahmenteilen an.
Die Feststellung, wieweit ein Holzbauteil, meist ein Balken, noch verwendbar ist, verlangt vielfach eine Überprüfung auf organischen Befall. Üblicherweise geschieht dies durch Beilen oder Sägen, also durch weitgehendes Zerstören jenes Konstruktionsteiles, dessen weitere Verwendbarkeit man gerade überprüfen soll (Abb. 5). Ein simpler Handbohrer sogar relativ dünnen Durchmessers zeigt dem hierin erfahrenen Untersuchenden am Bohrwiderstand, ob unter der intakten Holzoberfläche Zerstörungen zu erwarten sind.
Will man alte Anstriche auf ihre Haftfestigkeit überprüfen, kann man den sogenannten Gitterschnitt anwenden, dem sogar die Ehre einer genormten Verfahrensbeschreibung in DIN 53151 widerfahren ist. Hierzu wird mit einem scharfen Messer, am besten einer Papierschneideklinge, der Anstrich im Abstand von 1 bis höchstens 2 mm gitterförmig eingeschnitten. Die kleinen Quadrate sind nun des gegenseitigen Verbunds beraubt und halten nur noch durch den Kontakt zum Untergrund. Ein schadhafter Anstrich wird schon während dieser Querschnitte in vielen Partikeln vom Untergrund absplittern. Verschärft wird dieses Verfahren dadurch, daß über die eingeschnittene Fläche ein Klebestreifen aufgedrückt und abgezogen wird.

Untersuchungen zur Tragfähigkeit

Neben der in Kapitel »Tragende Bauteile« beschriebenen Interpretation und Untersuchung von Rissen gibt es eine Reihe von Spezialverfahren, die einen Baustoff auf verschiedene Bereiche seiner Belastbarkeit hin überprüfen. Die Mehrzahl dieser Untersuchungen muß dabei den zu überprüfenden Bauteil zerstören, um die Belastungsgrenzen zu erkennen. Diese Untersuchungen werden in nur wenigen großen Spezlallabors vorgenommen und bleiben hier unerwähnt. Hierzu zählen Prüfungen der Druckfestigkeit, der Zugfestigkeit, der Biegezugfestigkeit, der Scherfestigkeit u. a.

Interessant sind aber für den Baupraktiker alle jene Möglichkeiten, die erlauben, möglichst am Gebäude selbst Feststellungen über die Weiterverwendbarkeit von tragenden Konstruktionsteilen zu treffen. Eine besondere Bedeutung kommt hier der Endoskopie zu. Sie erlaubt eine zerstörungsfreie oder wenigstens zerstörungsarme Untersuchung verdeckter Konstruktionen wie Holzbalkendecken, vorgehängter Fassadenplatten, Schalenmauerwerk, Dachfüße, Kaminzüge u. a.

Das Endoskop ist aus der Medizin schon lange bekannt: In einem dünnen Stahlrohr sitzt an einem Ende ein Okular, am anderen ein Objektiv und eine Lichtquelle (Abb. 6). Durch eine Bohrung von maximal 12 mm wird das Endoskop beispielsweise durch den Dielenbelag gesteckt und erlaubt nun die Betrachtung und Fotografie des sonst verborgenen Balkenkopfes. Die Auswertung bedarf allerdings einer detaillierten Fachkenntnis und ist nicht immer so simpel wie in Abb. 7. Hier zeigt sich deutlich ein starker organischer Schädlingsbefall; es ist also ein Schadensbereich entdeckt worden, der mit Sicherheit einer raschen und umfassenden Sanierung bedarf. In der Endoskopie wird inzwischen eine Vielzahl an Sonderentwicklungen angeboten, wie ein flexibles Gerät mit Wechselobjektiven. Auch der Einsatz von Videokameras ist möglich; integrierte Meßeinrichtungen oder kleine Greifer zur Probenentnahme verbessern die Anwendbarkeit auch für den Bausektor (Abb. 8).

Die Thermographie ist eine besondere Form der Wärmemessung. In der Praxis werden zur Zeit zwei Verfahren angeboten: Aufnahme der Temperaturabsenkung auch Verdunstung an der Wandoberfläche oder Aufnahme jener Wandteile mit verstärktem Wärmedurchgang und Ausleuchten des zu untersuchenden Mauerwerks mit Hilfe einer Infrarotquelle mit Messung der reflektierten Strahlung. Dies heißt, daß mittels Thermographie die Wärmestrahlung einer Oberfläche als Bild sichtbar gemacht wird, so daß auch Energielecks dokumentiert werden können. Für die Beurteilung der Tragfähigkeit einer Konstruktion muß man ihren Aufbau kennen. Da verschiedene Materialien einen unterschiedlichen Wärmedurchgang bedingen, ist es möglich, mit Hilfe der Thermographie auch verputzte Konstruktionen zu »durchleuchten«. Am bekanntesten ist die Anwendung im Fachwerkbereich, doch lassen sich damit auch Baugrenzen zwischen beispielsweise Ziegelmauerwerk und Natursteinmauerwerk exakt festlegen. Auch Hohlräume wie unsichtbare Klaffungen einer Wand können unter Umständen damit erkannt werden. Eine Reihe von Randbedingungen muß bei einer thermographischen Untersuchung erfüllt sein, damit tatsächlich von unterschiedlichen Bauteiltemperaturen auch auf Materialunterschiede geschlossen werden kann: Sonne, Regen, Wind, aber auch Wärmequellen im Gebäudeinneren müssen den gesamten Wandteil gleichförmig beeinflussen, da sonst das Ergebnis von vornherein verfälscht wird. Bei Aufnahmen von Innenwänden zwischen Räumen annähernd gleicher Temperatur wird es notwendig, diese Wände künstlich aufzuheizen, um den unterschiedlichen Wärmedurchgang festhalten zu können (Abb. 9).

Auch die Ultraschalluntersuchung dient der zerstörungsfreien Feststellung von Bauteilen und Baumängeln. Die Anwendung dieses Verfahrens, mehr noch die Auswertung seiner Ergebnisse, setzt allerdings nochmals eine umfangreichere Kenntnis als die bisher genannten Verfahren voraus (Abb. 10). Hauptuntersu-

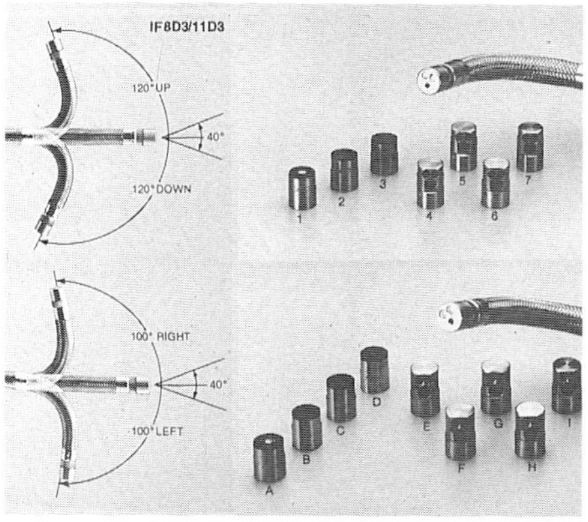

Abb. 8 *Endoskop mit beweglichem Kopf und auswechselbaren Objektiven.*

Abb. 6 *Endoskopische Betrachtung einer mehrlagigen Deckenkonstruktion. Zu sehen sind Lichtquelle, Lichtkabel und Beobachtungsstab.*

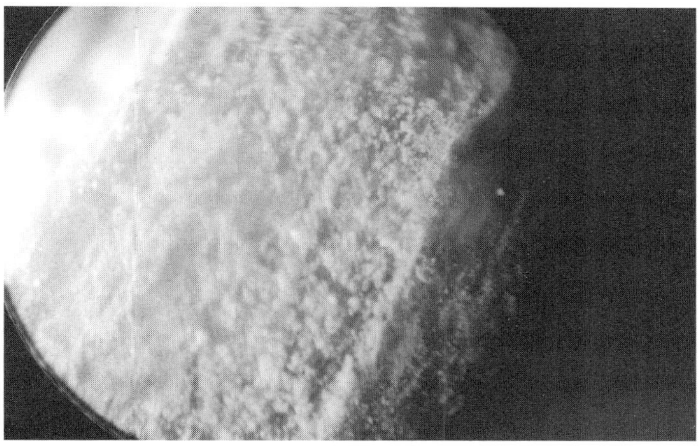

Abb. 7 *Zerstörtes Holz eines Balkenkopfes, endoskopische Aufnahme.*

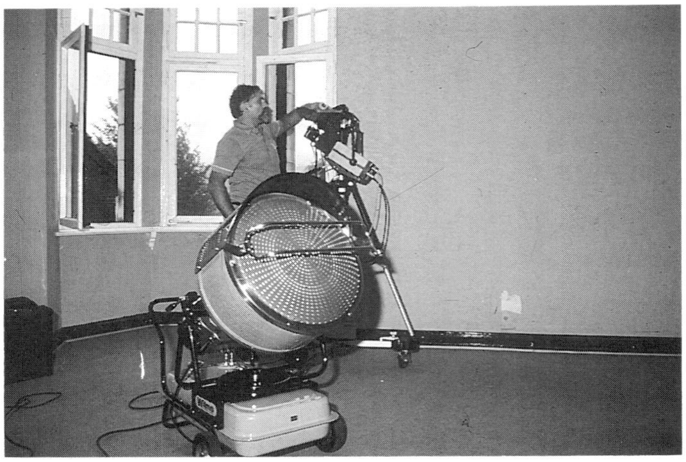

Abb. 9 *Feststellung der Fachwerkkonstruktion einer Innenwand durch Einsatz eines Infrarotgeräts.*

Abb. 10 *Demonstration eines einfachen Ultraschallgeräts zur Feststellung von Materialwechseln.*

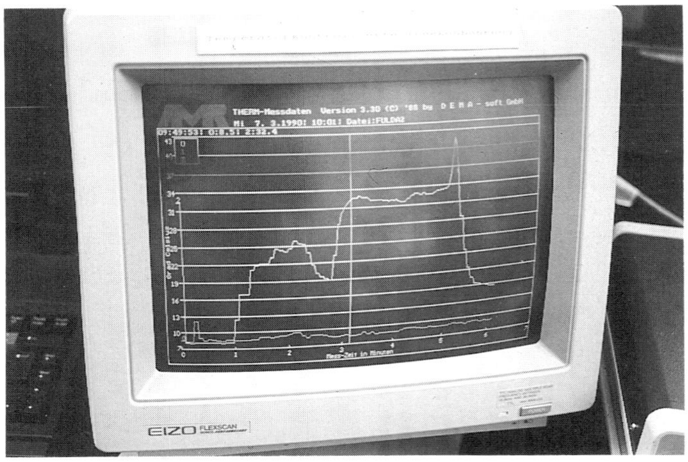

Abb. 11 *Schall-Luftbild eines leistungsfähigen Ultraschallgeräts, überprüft wird hier die Verwitterungstiefe an einem mineralischen Bauteil.*

Abb. 12 *Einfache, aber vielfach ausreichende Geräte zur Feststellung der Armierungslage.*

chungsbereiche sind alle metallischen Bauteile sowie mineralische Verbundbauteile mit inhomogenem Aufbau. Über einen Sendekopf werden Ultraschallimpulse in das zu überprüfende Bauteil geleitet. An der Grenzfläche zweier Materialien – bei Rohren beispielsweise Eisen und Luft, bei einer Wand Ziegel und Putz – werden diese Impulse reflektiert, im Prüfkopf wieder in ein elektrisches Signal zurückverwandelt und dieses auf einem Bildschirm gezeigt. Aus dem Ablauf der Reflexionen können Rückschlüsse auf Materialschichtung und Fehlstellen gezogen werden (Abb. 11). Ein Ultraschallgerät gibt also kein direkt auswertbares Bild von Baustoffkombinationen oder Schadensstellen, doch können beispielsweise die Profilstärken verdeckter Stahlträger und selbstverständlich deren Lage ermittelt werden.

Die Lage metallisch leitender Konstruktionsteile läßt sich auch relativ einfach mit einem »Minensuchgerät« feststellen. Diese Metalldetektoren, die es in sehr unterschiedlicher Ausführung gibt, erlauben beispielsweise die zerstörungsfreie Festlegung verborgener Stahlträger, Balkenkonstruktionen, alter metallener Hilfskonstruktionen. Eine Aussage über genaue Größe oder Korrosionsgrad ist nicht möglich.

Eine immer stärkere Bedeutung kommt jenen Geräten zu, die eine Feststellung der Armierung von Stahlbeton erlauben. Zwei Gerätetypen werden hierfür angeboten: Das dauermagnetische Überdeckungsmeßgerät besitzt in einem Kunststoffgehäuse einen starken und durch eine Schraube in der Höhenlage verstellbaren Magneten (Abb. 12). Vor Ort fährt man mit diesem einfachen Gerät über die Stahlbetonoberfläche, und zwar bei möglichst tief eingestelltem Magneten. Man erkennt beim Überfahren der Wand sehr deutlich durch ein scheinbares Haften, wann der Magnet über einen Baustahl geführt wird. Die Lage dieser Bewehrung muß nun markiert werden. Mit Hilfe eines Justierklotzes kann nun der Magnet in seiner Höhe so eingestellt werden, daß für die geforderte Betonüberdeckung gerade noch eine geringe Haftkraft spürbar bleibt. Verspürt man nun beim Überfahren der jetzt in der Lage bekannten Bewehrung eine stärkere Haftkraft, so ist an dieser Stelle die Betondeckung dünner als vorgegeben.

Im Prinzip gleich funktioniert das elektronische Armierungssuchgerät (Abb. 13). Auch hier wird durch Abtasten der Stahlbetonoberfläche zuerst die Bewehrung in ihrer Lage festgestellt und markiert. Danach kann nach einer Nullabgleichung des Gerätes die Betonüberdeckung durch Auflegen der Sonde direkt gemessen werden. Das Gerät erzeugt ein magnetisches Wechselfeld; metallische Gegenstände, also jede Bewehrung, bewirken hier eine Änderung in Abhängigkeit von der Überdeckungsstärke und dem Stabdurchmesser. Für sehr genaue Ergebnisse ist es deshalb notwendig, entweder die Betonüberdeckung oder den Bewehrungsdurchmesser zu kennen. In der Praxis hat sich aber gezeigt, daß die Angaben zur Betonüberdeckung zwischen den häufigsten Stahlstärken von 8 bis 12 mm nur in einem so geringen Millimeterbereich differieren, daß die meßtechnische Ungenauigkeit in vielen Fällen toleriert werden kann.

Noch relativ unbekannt im Hochbau sind Radaruntersuchungen. Sie ermöglichen die Feststellung größerer Hohlräume, verdeckter Brüche oder auch von Bewehrungen oder anderer verdeckter Konstruktionsteile. Zugleich können Fundamenttiefen und teilweise auch die Fundamentausbildung ohne Grabungen festgestellt werden. Dieses Verfahren ist allerdings nur von ausgebildeten Fachkräften durchzuführen, die allein auch die Auswertung der Meßergebnisse vornehmen können (Abb. 14 u. 15). Es werden hierbei Signale ausgesandt, teilweise wieder empfangen und von einer Kontrolleinheit verarbeitet und zur weiteren Bearbeitung auf einem Datenträger gespeichert. Ein Rechner übernimmt dann die Identifizierung der Einzelmessungen; dieses Ergebnis muß dann wieder vom Untersuchenden gedeutet und ausgewertet werden. Die Anwendung eines solchen Verfahrens hängt in der Praxis also vor allem von der Kostenrelation ab. Bei aufwendigen Freilegungsarbeiten eines Fundaments, die beispielsweise aus Platzgründen einen Verbau erzwingen, wird die radartechnische Feststellung preiswerter sein.

Zur Feststellung der Festigkeit verschiedener Materialien werden auch Geräte eingesetzt, die einen Schlag ausüben, dessen Wirkung festgehalten wird oder einen Rückschluß über die Materialgüte erlaubt. Am bekanntesten sind hier der Betonrückprallhammer und das Holzfestigkeitsgerät. Beim Betonrückprallhammer (Abb. 16) wird ein Schlagbolzen mit vordefinierter Wucht gegen die Betonoberfläche geschleudert, der um so mehr zurückprallt, je härter, also dichter, der Beton ist. Der Nachteil dieser Prüfung liegt vor allem darin, daß bei vielen Bauteilen die Betonoberfläche durch die Schalung oder die Art des Einbringens des flüssigen Betons besonders dicht ist und damit mit diesem Gerät keine korrekten Aufschlüsse über die eigentliche Betonqualität unter der Oberfläche gegeben werden. Da die Anwendung jedoch rasch und fast zerstörungsfrei ist, lassen sich ausreichend genaue Trends feststellen. Außerdem ist es möglich, vor der Überprüfung der Betonfestigkeit die Oberfläche in einer geringen Tiefe abzunehmen.

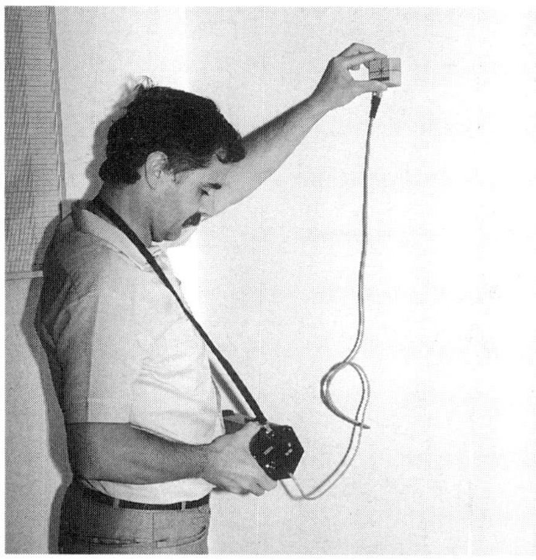

Abb. 13 *Elektronisches Armierungssuchgerät im Einsatz.*

Abb. 16 *Einsatz eines Betonrückprallhammers.*

Abb. 14 *Radarsonde im Einsatz.*

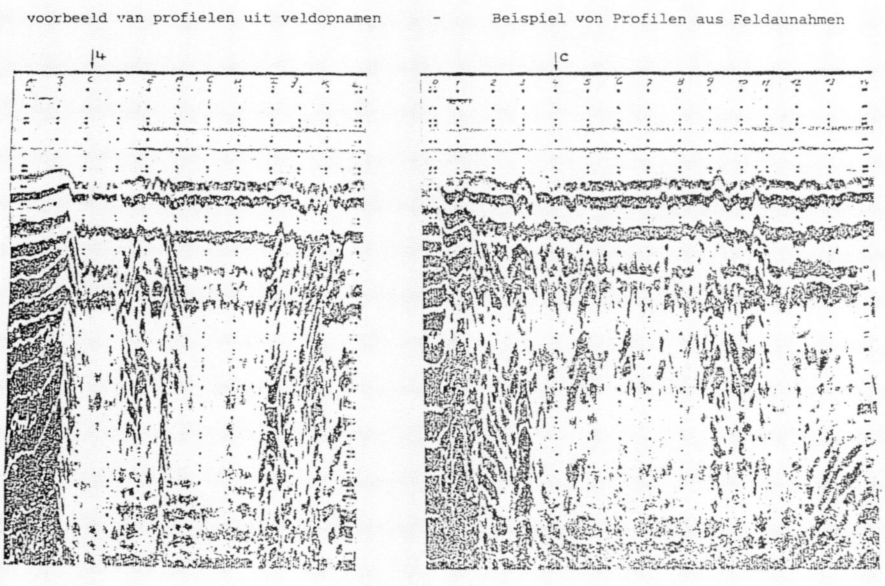

Abb. 15 *Aufzeichnungen bei Radaruntersuchungen.*

Abb. 17
Angeklebte und zum rascheren Trocknen der Klebung beföhnte Abrißstempel, eine Probe wurde bereits entnommen.

Abb. 18
Einsatz eines handbetriebenen Haftzugmeßgeräts.

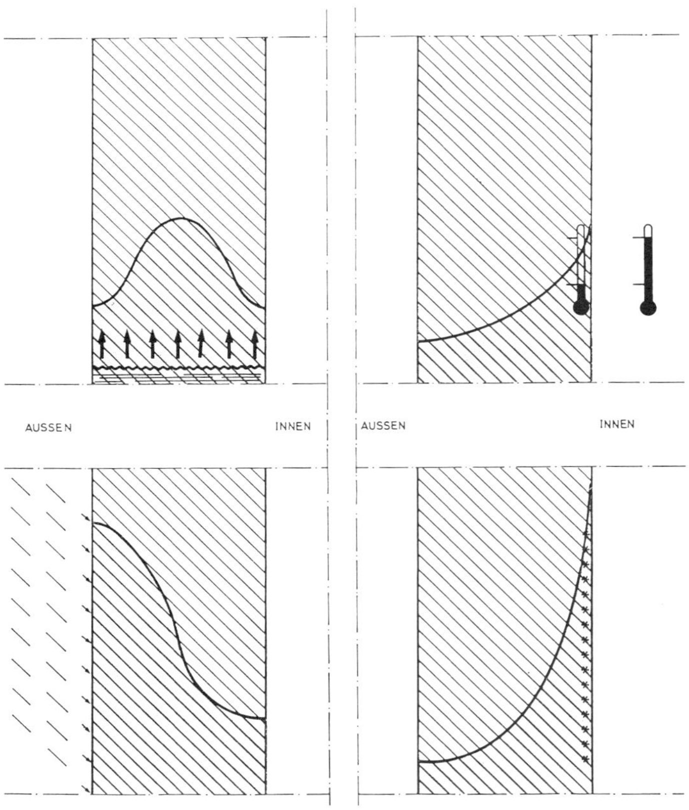

Abb. 19
Feuchteverteilung in der Wand.

Beim Gerät zur Überprüfung der Festigkeit von Holz wird ein stumpfer Dorn auch mit einer vordefinierten Schlagkraft gegen die zu überprüfende Holzoberfläche geschleudert; die Tiefe seines Eindringens erlaubt Rückschlüsse auf die Holzfestigkeit. Im Prinzip kann dieses Gerät auch durch einen Schraubenzieher ersetzt werden, der mit einem Schlag der flachen Hand in das Holz getrieben wird. Der Vorzug des aufwendigeren Untersuchens liegt verständlicherweise darin, daß nun der wechselnd starke Schlag der Hand durch eine immer gleichbleibende Eindringkraft ersetzt wird.
Auch das Haftzugmeßgerät erlaubt die Prüfung von Festigkeiten mineralischer Baustoffe. Das zu überprüfende Material wird bis auf die Tiefe, in der der Haftzug festgestellt werden soll, durch eine Kernbohrung von etwa 5 cm Durchmesser von der Flankenhaftung befreit (Abb. 17). Auf diese abgetrennte Scheibe wird nun der Abrißstempel aufgeklebt und dieser samt der Probe nach einigen Minuten Abbindezeit durch das Haftzugmeßgerät, das sich außerhalb der freigebohrten Probe abstützt, abgerissen (Abb. 18). Die hierzu notwendige Kraft wird gemessen. Ein besonderer Einsatzbereich dieses Gerätes liegt vor allem in der Feststellung der Haftkraft alter Putze. Besonders bei der Putzsanierung taucht immer wieder die Frage auf, ob es sich lohnt, Putzhohllagen, deren Umfang durch Abklopfen festgestellt werden kann, wieder zu festigen oder ob durch eine material- oder anwendungsbedingte geringere Haftung mit dem Lösen auch der bisher noch festsitzenden Putzflächen gerechnet werden muß.

Feuchtemeßgeräte

Zur Messung der Durchfeuchtung von Bauteilen wird eine Vielzahl von Verfahren angeboten. Bevorzugt werden davon oft die zerstörungsfreien Meßverfahren, wie Messung des elektrischen Widerstands, Mikrowellengeräte, das Neutronen-Meßverfahren und die Thermographie. Ein weiterer Vorteil dieser Methoden ist, daß die Ergebnisse direkt vor Ort gewonnen werden und damit auch sofort zur Verfügung stehen. Leider haben sie alle ihre spezifischen Mängel und Unsicherheiten und sind deshalb für die Baupraxis – insbesondere als Grundlage für Sanierungsaufgaben – weniger geeignet als beispielsweise für die Kontrolle einer Trockenlegungsmaßnahme oder für die Feststellung von Feuchtetrends. Besser geeignet ist das

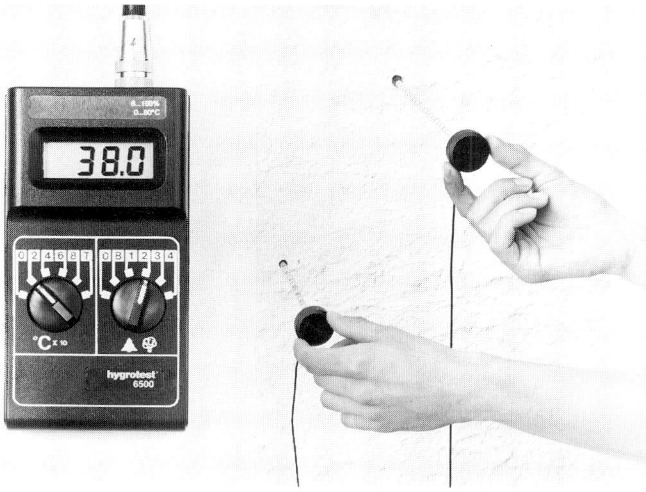

Abb. 20 *Feuchtewiderstandsmeßgerät mit Bürstensonden zur Tiefenmessung.*

Abb. 21 *Die auf zwei Kommastellen genaue Aussage täuscht eine physikalisch nicht mögliche exakte Feuchteerfassung vor.*

CM-Gerät, mit dem bei sorgfältigem Arbeiten ausreichend genaue Werte für die Praxis erzielt werden. Die genauesten Werte, vor allem ihre zur Beurteilung notwendige Ergänzung, bringt immer noch nur die Feststellung des Feuchtegehalts im Labor. Da an den entnommenen Proben außerdem eine Anzahl weiterer Untersuchungen vorgenommen werden kann, bietet diese Methode die umfassendste Grundlage für die Auswahl des geeigneten Sanierungsverfahrens.

Zum Verständnis, weshalb welche Geräte besser eingesetzt werden können als andere, ist es notwendig, sich über die Bedeutung von Feuchtemessungen klarzuwerden: Wozu muß der Sanierende eigentlich wissen, wie feucht eine Wand tatsächlich ist?

Die Antwort reicht von der Kontrolle ausgeführter Trockenlegungsmaßnahmen bis zur Aussage über den Sättigungsgrad des trockenzulegenden Materials, also den tatsächlichen Durchfeuchtungsumfang. Ihn zu kennen ist aber nicht nur wichtig für die einzelne Probe, sondern auch für die Feuchteverteilung in der zu überprüfenden Wand. Gerade diese Feuchteverteilung gibt die ersten konkreten Hinweise auch für Durchfeuchtungsursachen (Abb. 19). Feuchtemessung ist also tatsächlich bereits Teil der Ursachensuche und kann deshalb nicht beschränkt bleiben auf die übliche Feststellung, so und so feucht sei das untersuchte Material. Eine Differenzierung verlangt Untersuchungen auch zur Feuchtebelastung durch Kondensation und durch Salze. Während die Untersuchungen zur Kondensation einen völlig anderen Meßaufwand verlangen, gehen die Untersuchungen zur Versalzung häufig Hand in Hand mit den reinen Feuchtigkeitsmessungen, so daß in der Praxis durchaus jene Meßmethoden sinnvollerweise bevorzugt werden, in denen bereits Vorleistungen für die spätere Salzuntersuchung enthalten sind. Es ist sachlich sogar erlaubt zu sagen, daß manche Salzuntersuchung erst wieder Hinweise gibt, wo welche Feuchteuntersuchungen vorgenommen werden müssen oder ob sie unter Umständen sogar entfallen können. Da die hygroskopische Feuchte ohnehin jenen unteren Grenzwert angibt, unter den keine Trokkenlegungsmaßnahme – und sei sie noch so gut! – den Feuchtegehalt einer Wand treiben kann, sind Messungen zum Salzgehalt nicht von denen zur Feststellung einer Durchfeuchtung zu trennen.

Im einzelnen werden die folgenden Feuchtemeßgeräte und Untersuchungsmethoden angeboten: Am häufigsten trifft man in der Praxis auf das Widerstandsmeßgerät (Abb. 20); und zwar deshalb, weil es in der Anschaffung am billigsten ist, und leider wohl auch, weil damit am ungeniertesten Meßergebnisse im Sinne des Messenden gefälscht werden können. Die Meßgröße, das heißt die Leitfähigkeit oder der elektrische Widerstand zwischen zwei Meßpunkten, wird jedoch nicht nur durch die Feuchtigkeit, sondern u. a. auch durch den Salzgehalt im Mauerwerk bestimmt. Da also gerade jene beiden Faktoren in die Messung eingehen, über die man durch diese Messung erst ein Ergebnis bekommen möchte, ist die Anwendung solcher Geräte entgegen den Ankündigungen der Hersteller zur Ermittlung der Mauerwerksfeuchtigkeit ungeeignet; gleiches gilt auch für jene elektrischen Feuchtmeßgeräte die Feldänderungen erfassen (Abb. 21).

Sinnvoll können diese Geräte trotzdem bei feuchtem Mauerwerk eingesetzt und damit der Vorteil einer zerstörungsfreien Messung genutzt werden, wenn anstatt des absoluten Feuchtegehalts nur die Feuchtigkeitsverteilung in einer Wandoberfläche ermittelt werden soll. Für den stationären Feuchtezustand wird man damit allerdings kaum über die Aussage hinauskommen können, die Wand sei unten feuchter als oben, wozu es wiederum keiner Messung bedürfte. Größere jahreszeitliche Schwankungen – und damit durchaus auch bereits bescheidene Hinweise auf verschiedene Feuchteursachen – oder aber der Austrocknungsvorgang der Wand nach Einbau einer funktionsfähigen Sperrschicht oder Drainage können im Trend damit verfolgt werden ebenso die über den sichtbaren Schadensbereich führende Durchfeuchtung. Da nur die Feuchtigkeit der oberflächennahen Wandschichten erfaßt werden kann, sind diese oberflächenbeeinflussenden Faktoren wie Sonnenbestrahlung, Beregnung, Wind, Luftfeuchtigkeit so weit zu berücksichtigen, daß nur Ergebnisse bei ähnlichen Voraussetzungen miteinander verglichen werden.

Seit langem sinnvoll werden diese Widerstandsmeßgeräte allerdings dort eingesetzt, wo der Feuchtegehalt von Materialien überprüft wird, die in ihrer Zusammensetzung kaum variieren. Im Bauwesen sind dies vor allem Messungen der Holz- und Estrichfeuchte. Der Maler wird also das Holz der Fenster auf seine Eignung für den Anstrich überprüfen, der Parkettbodenleger den Estrich (Abb. 22).

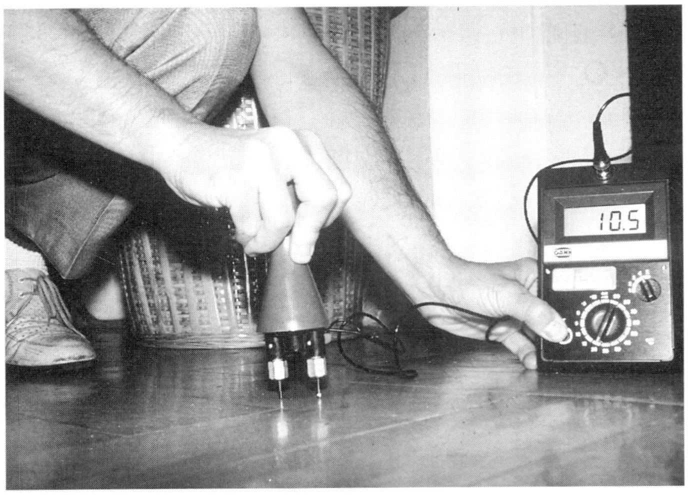

Abb. 22 *Überprüfung der Holzfeuchte vor Auftrag einer Versiegelung.*

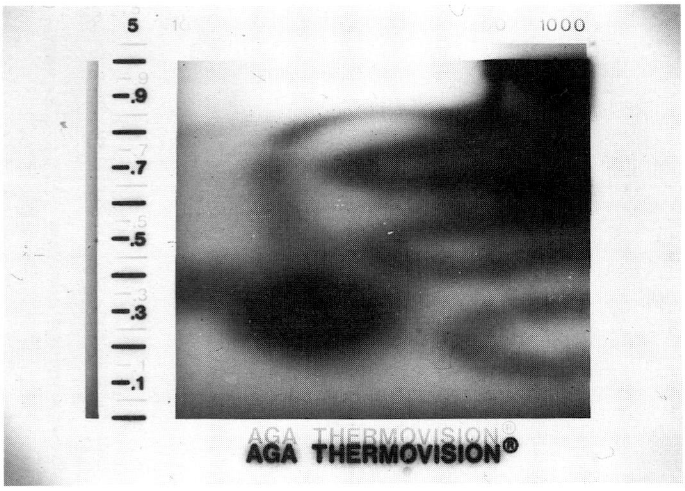

Abb. 24 *Leckfindung bei einer Warmwasserfußbodenheizung durch Thermographie.*

Als Handgeräte für zerstörungsfreie Messungen im Feuchtebereich werden auch immer wieder Mikrowellengeräte angeboten. Ihre Wirkung beruht darauf, daß viele flüssige Stoffe ihr Maximum an Absorption durch Resonanz im Bereich dieser Wellen zeigen. Dieses Mitschwingen aber bedeutet einen Energieverlust, der meßbar ist. Um auch hier alle Störungen durch andere, die Messung beeinflussende Faktoren auszuschließen, muß mit sehr hohen Frequenzen und vor allem unter Einsatz von sehr viel Sendeenergie gearbeitet werden. Dies ist in einer für die Baustelle praktikablen Form bis heute nicht möglich, so daß auch die auf dem Markt befindlichen Handgeräte als praktisch nicht einsetzbar beurteilt werden müssen.

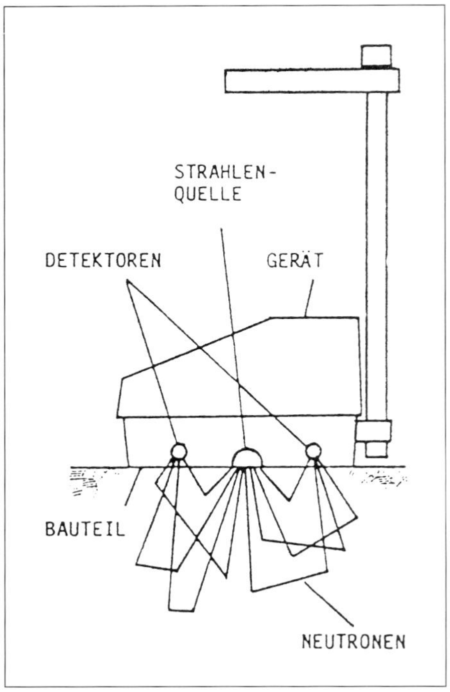

Abb. 23 *Funktionsskizze einer Neutronensonde.*

Auch das Neutronenmeßverfahren beruht darauf, daß eine auf das Wasser einwirkende Energie durch dieses verändert wird: Schnelle Neutronen werden beim Auftreffen auf einen Wasserstoffkern, der annähernd die gleiche Masse besitzt, rasch auf ihre thermische Energie gebremst. Diese Bremsung der Neutronen ist meßbar und erlaubt durch eichende Kontrollmessungen Angaben über den Wassergehalt des Baustoffs (Abb. 23). Auch hier gibt es störende Einflüsse, vor allem aber wird mit dieser Art der Messung das chemisch gebundene Wasser ebenfalls erfaßt. Der Einsatz solcher Geräte setzt also voraus, daß das zu messende Bauteil aus möglichst bekannten, d. h. vordefinierten Stoffen errichtet ist und daß der Anteil an gebundenem Wasser niedrig oder bekannt ist. Die Eindringtiefe dieses Geräts ist ebenfalls begrenzt, auch gibt es nur einen Mittelwert der erfaßten Schichten. Ein Einsatz kann bei Flachdachschäden uneingeschränkt empfohlen werden; die Feststellung der Feuchteursachen einer durchfeuchteten Wand ist damit nur sehr bedingt möglich.

Auch die bereits beschriebene Thermographie wird zur Feststellung von Feuchteschäden eingesetzt. Mit Ausnahme von Feuchtelecks in wasserführenden Leitungen (Abb. 24) ist hier jedoch die Aussage fast unbrauchbar, da sie zu allgemein ist: Da der Wärmedurchgang eines Bauteils mit seinem Wassergehalt zunimmt, zeichnen sich im Thermographiebild feuchtere Bauteile als wärmedurchgängiger ab. Auch hier ist also nur erkennbar, daß eine Wand im Regelfall unten feuchter ist als oben; bestenfalls sind wieder Trends erkennbar.

Dem Vorzug der bis jetzt genannten Verfahren, Ergebnisse direkt vor Ort gewinnen zu können, steht also der große Nachteil der Ungenauigkeit entgegen. Dies vermeidet, läßt man eine Probenentnahme zu, lediglich noch die Messung mit dem CM-Gerät (Abb. 25 u. 26). Das Probematerial einer Menge von üblicherweise 10–50 Gramm wird sorgfältig zerkleinert, in eine Druckflasche gefüllt, eine Calciumcarbid-Patrone sowie eine oder mehrere Stahlkugeln werden beigegeben, dann wird die Druckflasche geschlossen und kräftig geschüttelt. Beim Schütteln zerkleinern die Stahlkugeln nicht nur weiter das Probematerial, sondern zerschlagen auch die Glaspatrone mit der Chemikalie, so daß sich nun mit dem in der Probe enthaltenem Wasser Acetylengas bildet, dessen Menge als Überdruck am Druckmesser der Flasche abgelesen werden kann. Dieser Druck wiederum erlaubt über Tabellen eine direkte Angabe des in der Probe enthaltenen Wassers.

Eine genauere Feststellung des Feuchtegehalts des Wandmaterials ist nur im Labor möglich. Da hierbei mit der entnommenen Probe auch weitere Untersuchungen vorgenommen werden können, wird dieses Verfahren in zunehmendem Maße selbst bei kleineren Objekten vorgezogen. An der zu untersuchenden Wand werden

Proben entnommen und diese vor Ort sofort dampfdicht verpackt. Verhältnismäßig einfach ist diese Probenentnahme bei Oberflächenproben, nicht aber bei Kernbohrungen, die notwendig werden, soll die Messung etwas über die horizontale Feuchteverteilung im Mauerwerk aussagen. Es ist selbstverständlich, daß durch die Probenentnahme das Probegut in seiner Feuchtigkeit nicht verändert werden darf. Es müssen deshalb entfallen: Kernbohrungen mit Wasserspülung, schnellaufende Bohrgeräte, deren Wärmeentwicklung das Bohrgut vortrocknen würde. Das Gewonnene wird nun durch Abflammen, meist jedoch im Darrschrank, bei einer bestimmten Temperatur getrocknet und nach Erreichen der Gewichtskonstanz nochmals gewogen. Aus dem Gewichtsverlust kann dann der Feuchtigkeitsgehalt in Volumenprozenten oder Gewichtsprozenten sehr einfach errechnet werden. Die gedarrte Probe erlaubt durch Tauchen bis zur Sättigung nochmals eine Aussage: Nun läßt sich errechnen, wie hoch der Durchfeuchtungsgrad im Verhältnis zum Gesamtporenanteil ist, eine Aussage, die vor allem dann benötigt wird, wenn als Trockenlegungsmaßnahme ein Injektageverfahren in Aussicht genommen wird (siehe »Trockenlegung«).
Eine weitere Feuchteursache ist die Wasseraufnahme über die Fassade. Auch hier lassen sich Proben entnehmen, und im Labor kann die Wasseraufnahmefähigkeit exakt bestimmt werden. Diese zerstörende Messung ist aber in der Praxis nur selten notwendig. Hier genügt es vielfach, die Saugfähigkeit wenigstens halbquantitativ zu bestimmen. Üblicherweise werden hierbei Karstensche Prüfröhrchen eingesetzt (Abb. 27), kleine Glasröhrchen mit einer Aufsatzfläche, die anhand einer Meßskala zeigen, wie rasch das Wasser in den zu überprüfenden Untergrund einsikkert. Anhand von Vergleichstabellen des Herstellers zeigt sich der Unterschied zwischen den tatsächlich eingedrungenen Wassermengen und den wünschenswerten oder üblichen, was Rückschlüsse über die Wasserdichtigkeit der Fassade erlaubt.
Noch simpler, aber doch häufig genug ausreichend, ist die Verwendung einer Blumenspritze, mit der die Fassade stoßweise benetzt wird: die Anzahl der notwendigen Stöße bis zum Abfließen des Wassers gibt wiederum einen Rückschluß über die Saugfähigkeit.
Auch die hygroskopische Feuchte läßt sich durch einige zusätzliche Messungen feststellen, was wiederum eine entscheidende Aussage in Verbindung mit Salzuntersuchungen bringt, die dann ebenfalls an dieser Materialprobe ausgeführt werden können.

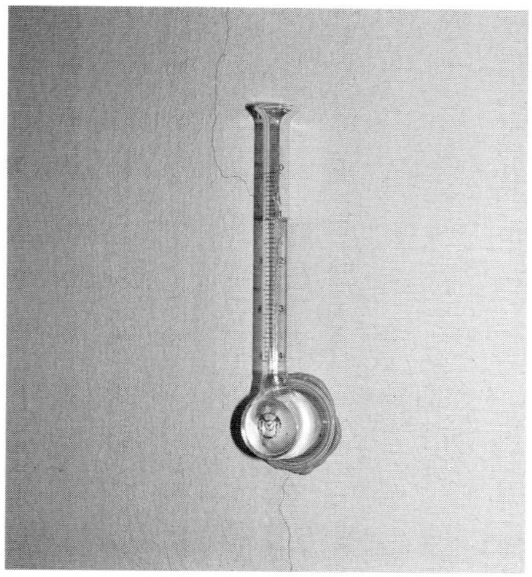

Abb. 27 *Auf einen Haarriß aufgesetztes Prüfröhrchen.*

Salzuntersuchungen

Noch vor wenigen Jahren war von Salzuntersuchung als Grundlage einer möglichst sorgfältigen Sanierung kaum die Rede, so daß der Eindruck entstehen mag, hier werde eine Maßnahme über Gebühr bewertet. Dies ist falsch. Wasser allein ruft in einem Bauwerk kaum Schäden hervor, sieht man von seinem verheerenden Einfluß auf Holz ab. Es ist die Verbindung von Salz und Wasser, die auf Dauer jedes mineralische Baumaterial zerstört, so daß die Salzbekämpfung (siehe »Salzbekämpfung«), wenn sie überhaupt durchgeführt

Abb. 25 *CM-Gerät mit den wesentlichen Teilen seines Zubehörs.*

Abb. 26 *CM-Gerät im Einsatz.*

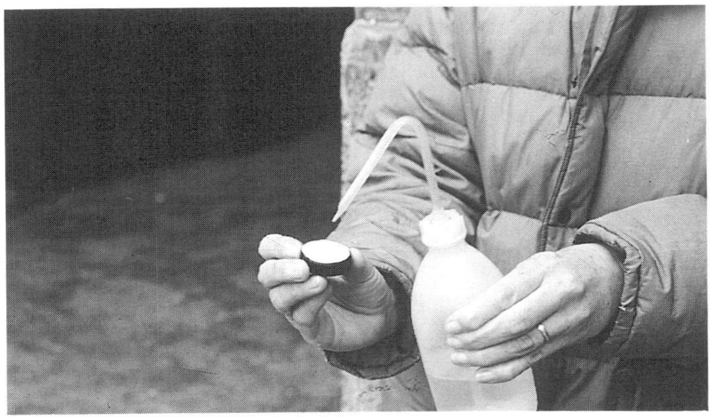

Abb. 28 *Vorbereitung des Testplättchens.*

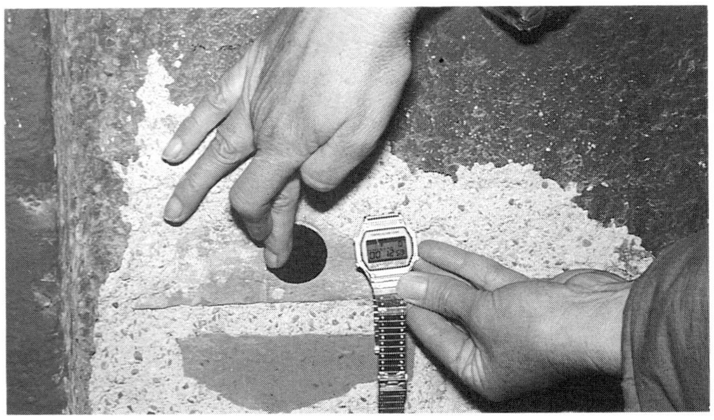

Abb. 29 *Aufsetzen des Testplättchens an die Wand.*

Abb. 30 *Halbquantitativer Salztest.*

werden kann, eine der Grundlagen zur Sanierung feuchtegeschädigter Bauteile darstellt. Voraussetzung für eine Salzbekämpfung, aber auch Voraussetzung für eine Abschätzung ihrer Notwendigkeit sind Kenntnisse über Salzart und Salzmenge.

Für die Baustelle gibt es zur örtlichen Untersuchung einen sogenannten Salz-Detektor. Dieses Gerät, das Teil des Feuchte-Salz-Untersuchungs-Sets »Protimeter« ist, erlaubt ohne zusätzliche Maßnahmen keine Aussagen über die Salzart. Auch die Salzmenge kann damit nicht annähernd genau bestimmt werden, doch sind wiederum Trends erkennbar (Abb. 28 u. 29). Auch an einer noch nicht sichtbar durch Salze geschädigten Wand kann dieser Detektor das Vorhandensein von Salzen anzeigen. Hierzu wird ein saugendes Zellstoffplättchen in Fünfmarkstückgröße mit destilliertem Wasser benetzt, auf die vier Meßelektroden des Gerätes gepreßt und dieses justiert. Danach wird diese Meßplatte auf das zu untersuchende Mauerwerk 10 Sekunden lang gepreßt und die Messung wiederholt. Diese Untersuchung mag genügen, wenn nur ein allgemeiner Salznachweis erforderlich ist.

Da üblicherweise aber doch genauere Kenntnis über die Salzart und – wenigstens halbquantitativ – über die Salzmengen erforderlich ist, muß eine Salzuntersuchung auch weiterhin im Labor durchgeführt werden. Die meist ausreichend genaue Untersuchung geschieht bei Nitraten und Sulfaten mit Teststreifen, bei Chloriden über eine etwas aufwendigere Ausfällreaktion. Die Methode ist in jedem Fall einfach und preiswert genug und kann von jedem, der die Gebrauchsanweisung eines solchen fertig zu kaufenden Untersuchungssatzes lesen kann, durchgeführt werden. Die zu untersuchende Probe wird hierzu möglichst pulverisiert, was im Labor durch eine Mühle, simpler, aber zeitraubender und anstrengender durch einen Mörser geschieht. Danach werden Lösungen angesetzt und deren Salzgehalt nach Art und halbquantitativ nach Menge durch Teststäbchen, bei Chloriden durch tropfenweises Zugeben der entsprechenden Chemikalie, ermittelt (Abb. 30). Die Genauigkeit bei Chloriden und Nitraten ist vergleichsweise gut, bei Sulfaten treten vor allem im unteren Nachweisbereich stärkere Ungenauigkeiten auf. Da die Proben jeweils nur einen sehr geringfügigen Bruchteil der gesamten Mauersubstanz erfassen können und damit nicht einmal einen statistischen Mittelwert darstellen, ist die auch immer wieder angebotene teurere, genauere Salzbestimmung oftmals unnötig. Sie wird doppelt unnötig, weil auch die genaueste Stellenangabe hinter dem Komma keine sorgfältigeren und erfolgreicheren Salzbekämpfungsmaßnahmen erlaubt als die wenigen und relativ plumpen, die wir derzeit kennen. Es ist deshalb für die Sanierungspraxis meist ausreichend genau, wenn der Versalzungsgrad in wenigen Stufen von »gering« bis »sehr hoch« angegeben wird, was üblicherweise durch Ziffern geschieht (Abb. 31). In der gutachterlichen Praxis kann dennoch dieser unqualifizierte Streit um halbquantitative oder quantitative Salzbestimmung zugunsten der letzteren entschieden werden, weil ein gut eingerichtetes und vor allem ausgelastetes Labor trotz teurem Ionenchromatographen (Abb. 32) diese genaue Einzelanalyse preiswerter liefert als die ungenauere halbquantitative. Für den auftraggebenden Laien mag es jedoch durchaus wieder verständlich sein, wenn die auf Hundertstel genaue Angabe (Abb. 33) wieder in »mittel« oder »hoch« übersetzt wird.

Notwendig wird diese sorgfältigere und vor allem spezifiziertere Untersuchung allerdings dann, wenn im besonderen Fall die Art des jeweiligen Salzes weitere Hinweise auf seinen Ursprung geben soll.

IGS INSTITUT FÜR GEBÄUDEANALYSE UND SANIERUNGSPLANUNG

FEUCHTE-SALZ NACHWEIS OBJEKT: WOHNHAUS /1

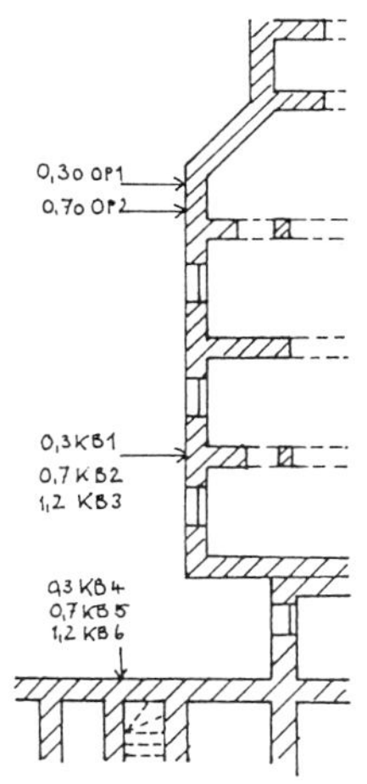

ENTNAHME					FEUCHTE					SALZ				
1 ENTNAHMESTELLE	2 PROBE-NR	3 HÖHE m	4 TIEFE cm	5 MATERIAL	6 MATERIAL-FEUCHTE Masse %	7 SÄTTIGUNGS-FEUCHTE Masse %	8 DURCHF.-GRAD Anteil %	9 HYGROSKOP W-AUFN. Masse % 97% r.F	52% r.F	10 pH	11 ☐ QUANTITATIV ☒ HALBQUANTITATIV SULFAT SO_4^{2-} 96	CHLORID Cl^- 35,5	NITRAT NO_3^- 62	12 W-LÖSL. ANTEIL M%
	KB1	0,3	4	PUTZ	13,20	12,24	108			8,5	III	IV	III	
			10	ZIEGEL	7,95	10,80	74	3,2	1,5		II	III	II	
			15	ZIEGEL	7,90	13,45	59	3,3	1,5	7,5	III	I	I	
	KB2	0,7	4	PUTZ	11,47	12,02	95	3,5	1,5	7,5	IV	III	III	
			10	ZIEGEL	12,10	20,62	59	1,9	0,8		II	I	O	
			15	ZIEGEL	6,19	18,17	34			8,0	II	I	O	
			25	ZIEGEL	2,87	19,03	16							
	KB3	1,2	3	PUTZ	5,28					8,0	III	I	II	
			10	ZIEGEL	5,96	19,36	31				II	II	O	
			16	ZIEGEL	4,80	19,43	25	0,3	0,1	7,5	II	I	O	
	KB4	0,3	4	PUTZ	11,10	9,88	112			7,5	III	I	III	
			12	ZIEGEL MÖRTEL	7,99	9,95	80	0,8	0,4		II	II	II	
			15	MÖRTEL	4,27	10,85	39			7,5	II	I	O	
	KB5	0,7	5	PUTZ	9,79	13,87	71	1,5	0,6	7,5	III	II	II	
			9	ZIEGEL	10,57	18,08	58	1,5	0,6		III	II	I	
			15	ZIEGEL	4,47	18,80	24			7,5	I	II	O	
KLIMA AM: 01/08/87 AUSSEN: 19,4 °C 52 % r.F INNEN: 19,4 °C 68 % r.F	KB = KERNBOHRUNG B = SPIRALBOHR (BOHRMEHL) OP = OBERFLÄCHENPROBE				FEUCHTEGEH. IM BAUWERK	NACH TAUCHEN BIS GEWICHTSKONSTANZ	SPALTE 6 ZU SPALTE 7	28	13 TAGE LAGERUNG BEI °C	BEWERTUNG: I: GERING < 8; II: MITTEL < 25; III: HOCH < 80; IV: EXTREM HOCH > 80 mmol Salz / kg Baustoff				

Abb. 31 *Feuchte-Salz-Nachweis.*

Dies wird besonders in den seltenen Fällen notwendig, wenn die Vermutung naheliegt, die Salze könnten durch Reaktion verschiedener Baustoffe entstanden sein. Eingesetzt wird hierzu beispielsweise die Röntgendiffraktometrie bei circa dreifachem Analysepreis.

Eine weitere Salzuntersuchung ist die auf Hygroskopizität des Baustoffes. Hierunter wird die Fähigkeit eines Materials verstanden, Wasser aus der Luft anzulagern (siehe »Salzbekämpfung«). Diese Fähigkeit wächst mit zunehmendem Versalzungsgrad und ist ebenfalls abhängig von der Salzart. Zur Feststellung der hygroskopischen Feuchte wird die Probe mehrmals einer Luft unterschiedlicher, aber jeweils vordefinierter Feuchtigkeit so lange ausgesetzt, bis Gewichtskonstanz erreicht wird. Diese Untersuchung dauert deshalb vergleichsweise lange – mindestens 3 Wochen –, obgleich auch sie bei sorgfältigem Arbeiten keinerlei Vorkenntnisse voraussetzt. Das Ergebnis wird auch in Masseprozent genannt und läßt so einen groben Rückschluß auf den Anteil unterschiedlicher Durchfeuchtungsursachen zu.

Auch die Alkalitätsprüfung am Beton kann im Zusammenhang mit Salzuntersuchungen beschrieben werden (siehe »Betonsanierung«). Der relativ »junge« Schaden der Betonkorrosion wird die Baubranche künftig in wesentlich höherem Umfang beschäftigen als bisher: Kohlendioxid verwandelt das im Beton enthaltene und für den Schutz des Stahles wichtige alkalische Calciumhydroxid in Calciumcarbonat, wodurch der pH-Wert des Betons sinkt und der Schutz des Stahls verlorengeht. Da dieses Umwandeln durch Kohlendioxid einer gewissen Gesetzmäßigkeit unterliegt, erlaubt auch die Untersuchung von bisher noch schadensfreiem Stahlbeton eine Prognose, in wieviel Jahren etwa mit beginnenden Schäden zu rechnen ist und ob es sich lohnt, bereits jetzt Maßnahmen zu treffen, diese Frist zu strecken. Der Nachweis der Carbonatisierungstiefe geschieht dadurch, daß zur Prüfung ein Stück Beton mit einer Bruch- oder Schnittfläche senkrecht zur Oberfläche zunächst mit destilliertem Wasser und dann mit Phenolphthalein benetzt wird. Im alkalischen Bereich tritt nun eine deutliche Blaufärbung ein, die meßbar den noch vorhandenen Schutzbereich zeigt.

Feuchte- und Salzuntersuchungen können also einen erheblichen Umfang und damit auch Kosten erreichen. Was verraten diese Untersuchungen in der Praxis im einzelnen? Abb. 34 zeigt, welche Rückschlüsse möglich sind. Der Feuchtegehalt fast aller Proben an der Westfassade ist ziemlich hoch (Spalte 5); sein Verhältnis (Spalte 7) zur maximal möglichen Feuchteaufnahme (Spalte 6) zeigt, daß mit Ausnahme der außenliegenden Probestücke ein Wert weit über 50% erreicht wird. Eine Sanierung durch Injektage ist also für Kunstharze ausgeschlossen und auch bei anderen Injektagemitteln mehr als fragwürdig, da bereits zu viel des Porenvolu-

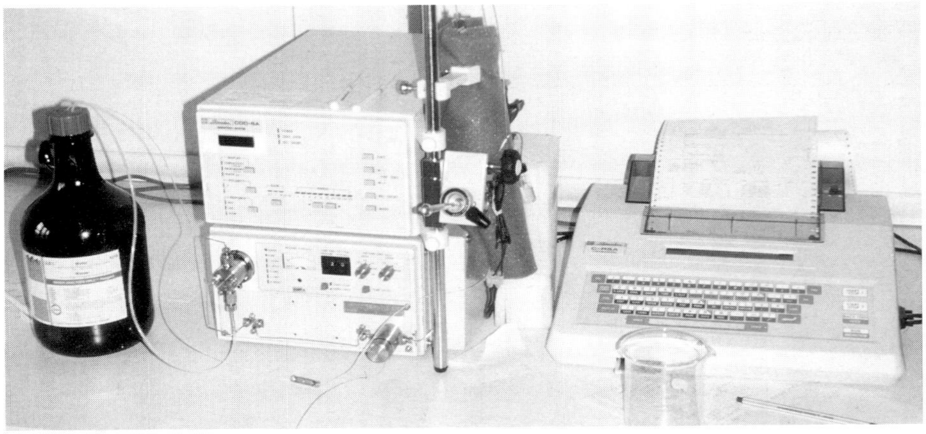

Abb. 32 *Ionenchromatograph zur quantitativen Salzbestimmung.*

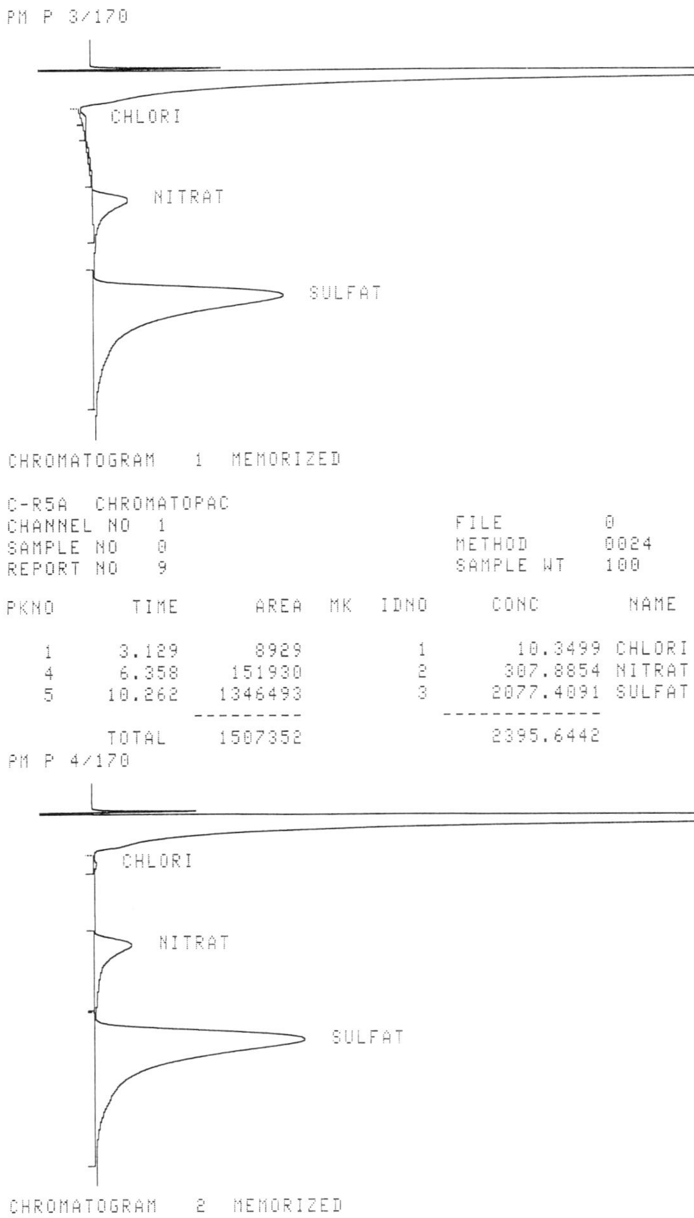

Abb. 33 *Ausdruck eines Ionenchromatographen.*

mens vom Wasser belegt ist. Die Zunahme des Feuchtegehalts (Spalte 5) und vor allem des Durchfeuchtungsgrads (Spalte 7) ins Mauerinnere weist zweifelsfrei auf aufsteigende Feuchtigkeit hin, so daß sich ausführliche Untersuchungen über die Wasseraufnahmefähigkeit des Außenputzes oder auch des Wandbaumaterials erübrigen. Da auch der Versalzungsgrad (Spalte 10) für diese Fassade extrem niedrig ist, kann auch diese Durchfeuchtungsursache ausgeschlossen werden. Zumindest das Mauerwerk bedarf durchaus nicht der viel zu oft angebotenen Salzbekämpfungsmaßnahmen. Anders sieht dies beim Putz aus, der in 1,50 m und auch noch 2,50 m Höhe eine extrem hohe Versalzung zeigt. Da dieser Putz aber mit Sicherheit zerstört ist, wird er entfernt werden müssen. Die hygroskopische Feuchte zeigt zwar an einer Probe des Ziegels mit Mörtel einen vergleichsweise hohen Wert (Spalte 8), doch wird dies entsprechend des Mörtelanteils auf dessen Versalzungsgrad zurückzuführen sein. Anders ist der extrem hohe Wert der hygroskopischen Feuchte beim Putz zu beurteilen. Da der Putz aber abgenommen werden wird, braucht auch hieraus keine weitere Sanierungsmaßnahme abgeleitet zu werden.

Anderes verraten die Proben der weit entfernten Eingangshalle. Ihr Feuchtegehalt (Spalte 5) liegt deutlich niedriger; der Durchfeuchtungsgrad (Spalte 7) nimmt rasch vom Putz nach innen ab. Nicht aufsteigende Feuchte kann hier die Schadensursache sein, sondern Kondensation oder zu hoher Salzgehalt der raumnahen Schichten. Leider nennt das Untersuchungsprotokoll nicht die Werte von Raumluftfeuchte und -temperatur, so daß der Einfluß der Kondensation aus dem vorliegenden Meßprotokoll nicht zu entnehmen ist. Die hohe hygroskopische Feuchte (Spalte 8) weist allerdings auf den negativen Einfluß der Salze hin, deren überdurchschnittliches Vorkommen die Spalte 10 bestätigt. Eine Salzbehandlung ist hier also unumgänglich – und zwar nicht oder nicht nur eine chemische, da der durchweg hohe Nitratanteil durch diese Art der Behandlung nicht erfaßt wird (siehe »Salzbekämpfung«); eine Trockenlegungsmaßnahme, wie sie an der Westfassade voraussichtlich unvermeidbar sein wird – es sei denn, Stauwasser schaffe eine außergewöhnliche und durch eine Drainage behebbare Situation – kann hier jedoch eingespart werden. Noch mehr zeigen die Proben: Mit Ausnahme der äußersten Schichten findet sich in der Westfassade kaum

Laborprotokoll

Entnahme					Feuchte				Salz						
1	2	3	4	5	6	7	8	9	10	11 Salzgehalt ☒ Halbquantitativ ☐ Quantitativ					12
Probe-stück	Entnahmestelle siehe Skizze	Höhe m	Tiefe cm	Material	Feuchte-gehalt M.-%	Sättigungs-feuchte M.-%	Durchfeuch-tungsgrad M.-%	Hygroskop. W.-Aufnahme %	pH	Sulfat	Chlorid	Nitrat	Nitrit	Tauch-verlust %	W.-lösl. Anteil M.%
KB 1/1	Westfassade außen, Mittelbau zwischen Portikus und erstem Fenster rechts. Bohrtiefe 37 cm	0,50	0,02	Ziegel	6,65	17,09	38,91		8,5	0-1	0	2			
KB 1/2		0,50	0,08	Mörtel u. Ziegel	12,14	19,97	60,79		8,5	0-1	0	1			
KB 1/3		0,50	0,17	Ziegel m. Mörtel	14,12	22,08	63,94		8,0	0-1	0	0			
KB 1/4		0,50	0,24	Ziegel m. Mörtel	18,24	24,10	75,68	4,11	8,5	0-1	0	1		(0,18)	
KB 1/5		0,50	0,37	Mörtel, Ziegelteil	19,70	21,10	93,36		9,0	0-1	0	1			
OP 1/1		0,15	0,08	Tuff	11,78				7,0	0-1	0	0			
OP 1/2		1,50		Putz	3,44	10,22	33,69	5,12	8,0	3	4	4		(3,47)	2,19
OP 1/3		2,50		Putz	1,87	9,95	18,79	7,84	9,5	3	2-3	4			1,30
KB 2/1	Eingangshalle innen, quadratischer Mauerpfeiler südlich in der Mittelachse. Bohrtiefe 27 cm	0,65		Putz	11,16	16,40	58,05		8,0	3	1-2	3		(0,42)	
KB 2/2		0,65	0,04	Ziegel	8,95	18,37	48,72	0,90	8,0	0-1	0	0		(0,08)	
KB 2/3		0,65	0,12	Ziegel	5,05	18,12	27,86		8,0	0-1	0	0			
KB 2/4		0,65	0,27	Ziegel	5,02	19,08	26,31		8,0	0-1	0	0		(0,15)	
OP 2/1		0,05		Putz	6,90	12,31	56,05	4,12	13	0-1	4	2	X		3,17
OP 2/2		1,65		Putz	5,67	10,02	56,57	6,92	8,5	2	4	4			4,23
OP 2/3		2,65		Putz	4,71	12,08	38,99	4,94	8,5	2	3	4			
OP 6	Flur innen, Nordseite Innenwand, zwischen Tür Raum 35 und 56	1,50		Putz	1,70				9,5	3	3	3-4			
OP 7	Flur innen, Südseite Außenwand, zwischen 5. u. 6. Fenster vom südlichen Eckrisalit	1,60		Putz	3,75				9,5	3	3-4	4			
Spalte 1: KB = Kernbohrung, OP = Oberflächenprobe, KB 1/... = Nummer d. Bohrung, KB.../3 = Teilst. der Bohrung					Feuchte im Bauwerk	Tauchzeit 68 Std.	%-Anteil: Sp. 6 zu Sp. 7	Bei 97-100% r.F. Dauer 14 Tage	0 = nicht nachweisbar 2 = mittel 3 = hoch			1 = gering 4 = sehr hoch			

Abb. 34 *Laborprotokoll.*

eine Versalzung. Es ist deshalb nach erfolgter Trockenlegung und der beginnenden Abtrocknung nicht zwangsläufig auch der Einsatz eines Sanierputzes notwendig, da nach der Entfernung oder Umwandlung kaum noch weitere Salze im Zuge der Austrocknung an die Oberfläche wandern werden. Anders ist dies bei der Eingangshalle, die selbst bei ausführlicher Salzbekämpfung unbedingt den Einsatz eines Sanierputzes verlangt. So helfen die Ergebnisse der Feuchte- und Salzuntersuchung nicht nur manchen teuren Eingriff zu ersparen; sie zeigen auch, welche begleitenden Maßnahmen wichtig sein können: Das Ergebnis aller hier geplanten Maßnahmen ist voraussehbar und nicht mehr dem Zufall überlassen. Sanierungskosten werden gesenkt, Folgekosten vermieden.

Kondensationsuntersuchungen

Nach den im Kapitel »Kondensation« ausführlich gezeigten Abhängigkeiten werden für Untersuchungen bei Kondensationsproblemen vor allem Messungen der Luftfeuchte, der Lufttemperatur und der Oberflächentemperaturen notwendig. Gerade Temperaturmessungen können allerdings auch in anderen Fällen Aufschluß über Schadensursachen oder Mängelbeschwerden geben, dies vor allem im Bereich der Haustechnik, vor allem bei Heizungs-, Lüftungs- und Klimaanlagen. Da hier auch Luftströmungen eine Rolle spielen können, sind ebenfalls Strömungsgeschwindigkeit und Strömungsrichtung zu erfassen.

Es wurden bereits die Rauchröhrchen zur Anwendung bei Luftströmungen beschrieben. Für größere Raumvolumen und umfangreichere Luftströmungen ist der hier freigesetzte »Rauch« ungeeignet; statt dessen werden Nebelgeräte eingesetzt, wie sie vom Theater oder in Diskotheken bekannt sind. Alle diese Rauch- oder Nebelgeräte verlangen Vorsicht im Umgang, da die mit ihnen erzeugten Schwaden die Atemwege und andere Schleimhäute reizen.

Die Luftgeschwindigkeit kann nur sehr grob geschätzt werden. Hierzu müssen Anemometer eingesetzt werden, die nun eine genaue Messung der Luftgeschwindigkeit ermöglichen. Angeboten werden thermische Anemometer und Flügelradanemometer. Dieses Gerät besitzt ein kleines »Windrad«, dessen Umdrehungsgeschwindigkeit durch den Luftzug bestimmt wird, woraus wieder die Luftgeschwindigkeit ermittelt und am Anzeigegerät abgelesen werden kann. Flügelradanemometer haben einen gewissen Anlaufwiderstand, so daß sie vor allem bei Luftgeschwindigkeiten über 30 cm/sek. eingesetzt werden.

Abb. 35 *PT 100-Fühler für Temperaturerfassung.*

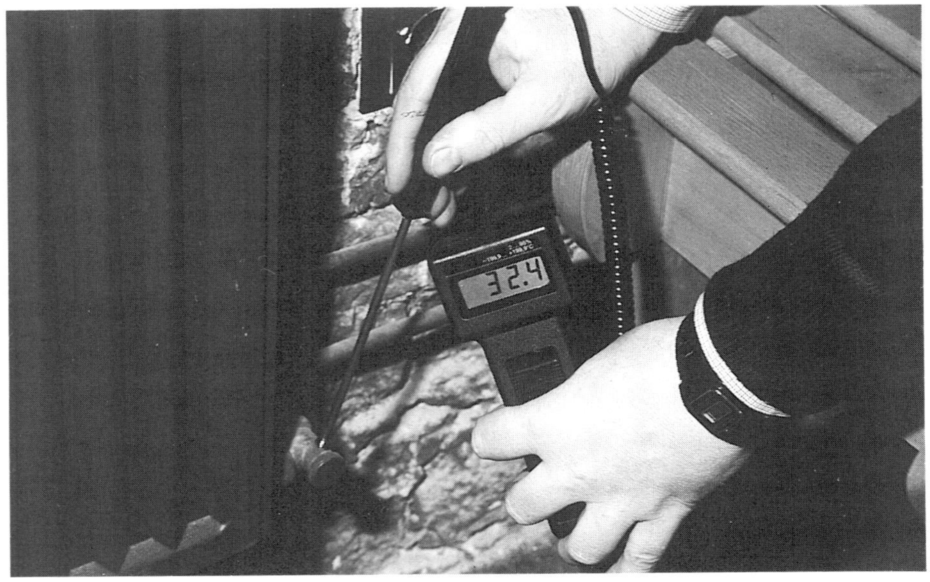

Abb. 36 *Elektronisches Temperaturmeßgerät, hier beim Erfassen der Verlauftemperatur einer Warmwasserheizung.*

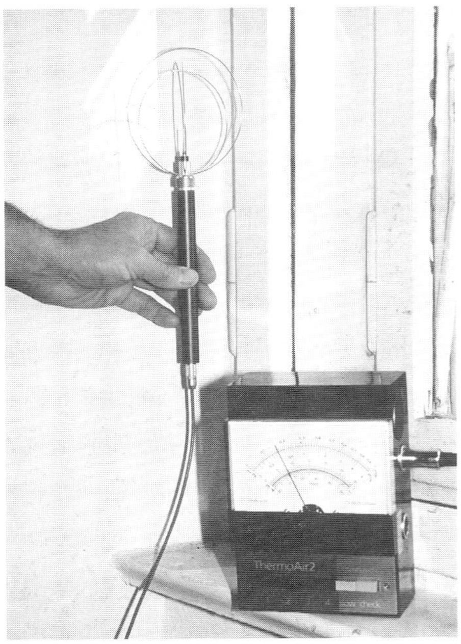

Abb. 37 *Hochempfindliches Strömungsmeßgerät.*

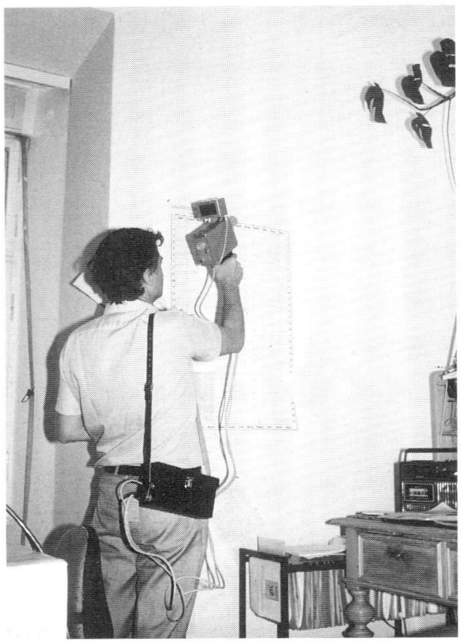

Abb. 38 *»Abtasten« der Oberflächentemperaturen in einer Raumecke.*

Für geringere Luftgeschwindigkeiten wird der thermische Anemometer eingesetzt, der statt eines Flügelrades ein stromerwärmtes Meßelement besitzt, das bereits auf leichteste Luftbewegungen anspricht, die den Ohmschen Meßelement-Widerstand ändern. Da hierbei die Lufttemperatur eine Rolle spielt, enthält der Fühler ein weiteres Meßelement, das auch die Lufttemperaturmessung erlaubt (Abb. 35).

Neben den altbekannten Thermometern, die bei entsprechender Qualität eine zwar zeitraubende, aber sehr genaue Temperaturmessung vor allem der Lufttemperatur erlauben, ist eine Vielzahl elektronischer Temperaturmeßgeräte auf dem Markt. Viele von ihnen erlauben den Anschluß unterschiedlichster Meßsonden und -fühler, so daß damit nicht nur die Lufttemperatur, sondern auch Oberflächentemperaturen (Abb. 36) oder in speziellen Fällen die Temperaturen anderer Gase oder von Flüssigkeiten gemessen werden können. Die Qualität des Meßergebnisses hängt also im wesentlichen auch von der Wahl des geeigneten Fühlers ab. Bei Lufttemperaturmessungen ist zu beachten, daß die Geräte eine unterschiedliche Meßdauer benötigen, bis im Fühler ein Gleichgewichtszustand herrscht. Hierin liegt nicht nur eine häufige Fehlerquelle, sondern leider auch die Möglichkeit, das Meßergebnis selbst unter den Augen von Begleitpersonen zu fälschen.

Bei der Ermittlung von Oberflächentemperaturen von Gebäudeteilen taucht das Problem auf, daß der Fühlerkopf einen möglichst innigen Kontakt zu der zu messenden Oberfläche haben muß, was üblicherweise bei Putzen und anderen mineralischen Baustoffen nur sehr schlecht möglich ist. Zudem entzieht dieser Kopf der zu messenden Umgebung um so mehr an Wärme, je massiver er ist. Da auch hier eine gewisse Zeit bis zur Angleichung verstreichen muß, hat es sich bewährt, Meßfühler anzukleben und diese dann nach dem Abbinden mit einem Handgerät abzufragen (Abb. 37). Diese Fühler mit einer Oberfläche von einem knappen Quadratzentimeter sind klein genug, um in fast allen Fällen die durch das Verkleben mögliche Schädigung der Oberfläche tolerieren zu können. Auch das hierfür nötige und in der Abbildung gezeigte Handgerät erlaubt das Anstecken entsprechender und beschriebener weiterer Temperaturmeßsonden.

Eine besondere Möglichkeit der Messung

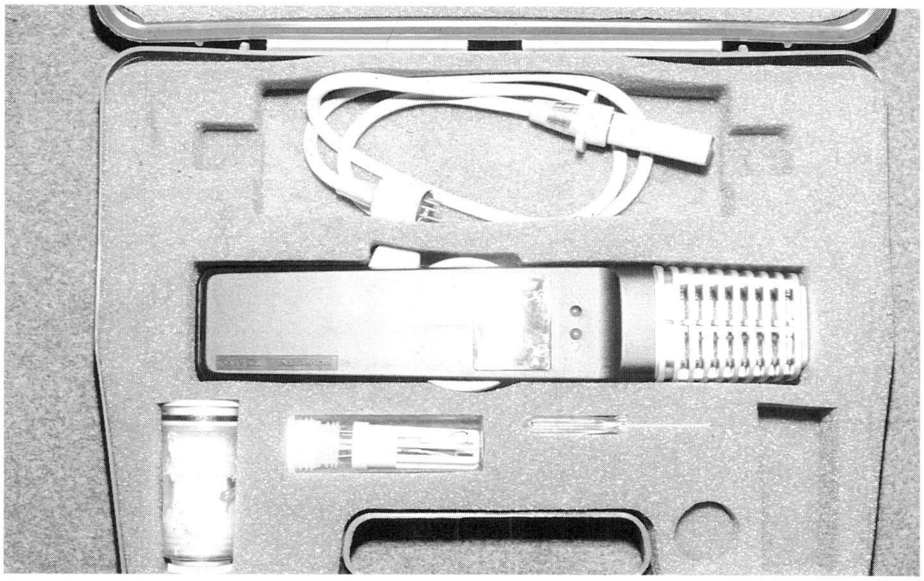

Abb. 39 *Elektronisches Luftfeuchte- und -temperaturmeßgerät.*

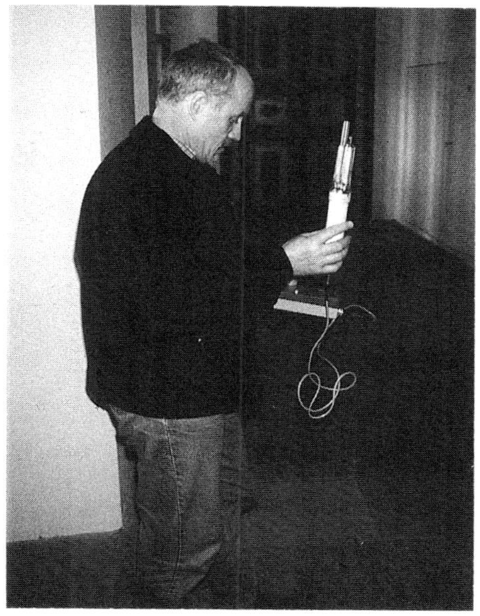

Abb. 40 *Aspirationspsychrometer im Einsatz.*

von Oberflächentemperaturen erlaubt das Infrarot-Thermometer. Der besondere Vorzug dieser Geräte liegt darin, daß die Oberflächentemperatur berührungslos und verzögerungsfrei gemessen werden kann (Abb. 38). Mit speziellen Geräten, die durch Fokussierung einen sehr engen Meßwinkel erlauben, ist es also auch möglich, weiter entfernte Oberflächentemperaturen zu erfassen, also ohne Gerüste oder Leitern hohe Räume zu untersuchen. Durch den Meßvorgang wird dem Objekt auch keine Wärme entzogen, so daß diese Art der möglichen Verfälschung entfällt. Zu beachten ist jedoch, daß ein Infrarot-Meßgerät nur die vom Meßobjekt ausgesandte Strahlung mißt, die dann erst im Anzeigegerät analysiert und in Grad Celsius umgewandelt wird. Die Strahlungsintensität eines Körpers hängt jedoch auch von seiner Oberflächenstruktur und von seiner Farbe ab. Der gemessene Temperaturwert muß deshalb um einen Emissionsfaktor des Meßobjekts korrigiert werden. Zwar gibt es hierfür Tabellen, auch hilft die Erfahrung, doch relativiert die Möglichkeit oder Unmöglichkeit der am Bau jeweils genauen Erfassung dieses Emissionsfaktors das Angebot einer relativ genauen Temperaturmessung. In vielen Fällen ist aber bei der Schadensbeurteilung die absolute Temperatur an allen Stellen gar nicht notwendig, sondern der Temperaturverlauf, bezogen auf eine »eichende« Oberflächentemperatur, die dann, wie bereits beschrieben, anderweitig und genau ermittelt wird. Für die Praxis heißt dies, daß der Messende sich bemüht, den Emissionsfaktor so genau wie möglich einzustellen, um den Temperaturverlauf beispielsweise der Höhe einer Wand dort zu messen, wo die Oberflächentemperaturmessung bereits durch einen Kontaktfühler erfolgt ist. Das Infrarotthermometer zeigt zumindest in der gesamten überprüften Wandhöhe genau die Temperaturänderungen an – vorausgesetzt, das gesamte Bauwerk hat gleiche Baustoffe und Oberflächen. Dies heißt, daß es nicht möglich ist, die Oberflächentemperaturen eines unterschiedlich farbigen Freskos, vielleicht sogar noch im Zusammenhang mit unfreskierten anderen Wandbereichen, mit dieser Art der Messung genau zu ermitteln.

Luftfeuchtemessungen werden in Haushalten üblicherweise über Geräte mit Haarharfen oder ähnlichen Fühlern durchgeführt, deren Meßteil durch Feuchtigkeit in seiner Längenänderung beeinflußt wird. Bei guten Geräten können diese Angaben relativ exakt sein, doch bedürfen sie einer ständigen Eichung. Für die gutachterliche Bearbeitung werden deshalb mit einer Ausnahme elektronische Luftfeuchtemeßgeräte eingesetzt, die jedoch alle ihre speziellen Eigenheiten haben, die auch beachtet werden müssen (Abb. 39). Zwei grundsätzlich verschiedene Meßfühler werden angeboten: kapazitive Polymerfühler und elektrolytische Leitwertfühler. Polymerfühler nehmen selbst Wasser aus der Luftfeuchte auf und benötigen deshalb wieder eine gewisse Anpassungszeit. Elektrolytische Leitwertfühler sind hier rascher, aber auch empfindlicher gegen Berührung mit flüssigem Wasser, was in der Praxis sehr viel häufiger geschieht als angenommen wird. Die genaue digitale Anzeige solcher Geräte verleitet gerne dazu, ihre Genauigkeit zu überschätzen. Auch diese Geräte müssen immer wieder kalibriert werden, wozu von den Herstellern in der Regel ein sogenannter Sensor-Check mitgeliefert wird, der wiederum über eine Luft vordefinierter Feuchtigkeit in Abhängigkeit von der Temperatur ein genaues Justieren ermöglicht.

Die genaueste Messung der Luftfeuchte kann mit einem Psychrometer durchgeführt werden (Abb. 40). Das Meßprinzip eines solchen Gerätes beruht mit seinen unterschiedlichen Varianten stets darauf, daß die zu messende Luft an zwei unterschiedlichen Fühlern vorbeigeführt wird. Dieses »Vorbeiführen« geschieht entweder, indem der Fühlkopf rasch bewegt wird (Schleuderpsychrometer) oder aber, was genauer ist, ein im Handteil eingebauter Ventilator die Luft kontinuierlich und mit gleichbleibender Geschwindigkeit an den Meßfühlern vorbeizieht. Der trockene Fühler gibt nun jene Temperatur wieder, die auch mit allen anderen Lufttemperaturmeßgeräten erfaßt wird, die sogenannte Trockentemperatur. Der feuchte Fühler wird durch die vorbeiströmende Luft abgetrocknet und durch den Abtrocknungsvorgang abgekühlt. Abtrockung und damit auch Abkühlung sind jedoch direkt abhängig vom Feuchtegehalt der Luft. In feuchtegesättigter Luft werden also trockener

Abb. 41 *Klimakoffer für die Erfassung der Temperatur, Feuchte und Strömung (Testoren).*

Abb. 42 *Einfaches und relativ zuverlässiges Gerät zur längerfristigen Klimaerfassung.*

und feuchter Fühler die gleiche Temperatur anzeigen; die Spreizung wird um so höher, je niedriger die Luftfeuchte ist. Im Anzeigegerät werden diese beiden Werte miteinander verglichen und erlauben die Ableitung der Luftfeuchte aus der Temperaturdifferenz. Aufwendigere Geräte besitzen einen eingebauten Rechner, der es erlaubt, die Taupunkttemperatur, die absolute Feuchte und den vorherrschenden Dampfdruck direkt abzulesen. Psychrometer besitzen den Vorzug, auch auf Dauer genau zu messen, verlangen jedoch auch eine gewisse Sorgfalt in der Handhabung. Zum einen ist sicherzustellen, daß der Feuchtefühler tatsächlich während des Meßvorgangs durchgehend befeuchtet wird, wozu das Gerät ein kleines Reservoir für destilliertes Wasser besitzt oder der Feuchtefühler auch jeweils mit Hand benetzt wird; zum anderen ist die allmähliche Verkrustung des Feuchtefühlers (Schmutzpartikelchen der angesaugten Luft) zu berücksichtigen.

Selbstverständlich erlaubt ein Psychrometer auch die Ablesung der Raumlufttemperatur und wird deshalb auch als Kombinationsgerät eingesetzt. Eine besondere Kombination erlaubt auch die zusätzliche Erfassung von Luftströmungen (Abb. 41).

Preiswertere und vor allem bereits längerfristige Messungen, was besonders bei Fragen der Kondensation notwendig ist, erlaubt erst der Thermohygrograph (Abb. 42). Wie der Name sagt, zeichnet dieses Gerät Lufttemperatur und -feuchte auf, und dies je nach Gerätetyp und/oder Einstellung im Tages-, Wochen- oder Monats-

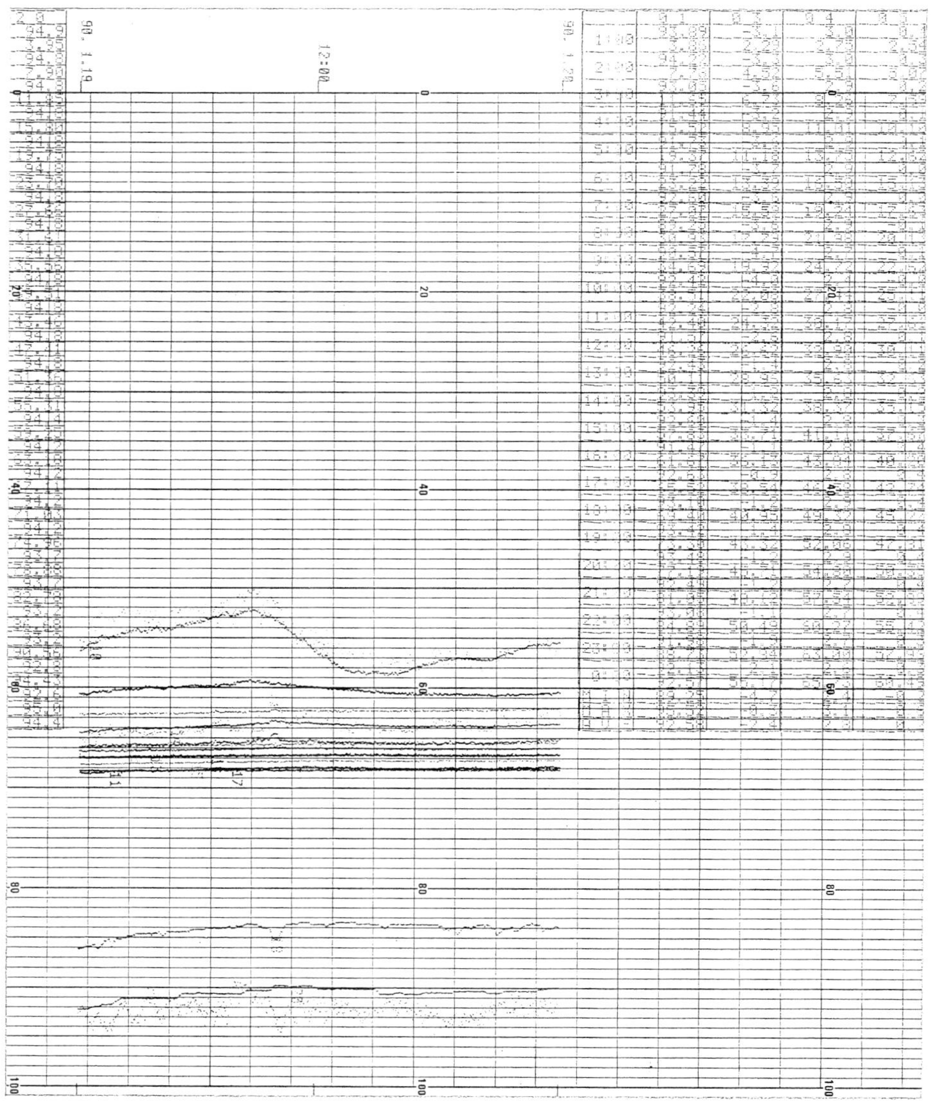

Abb. 43 *Auszug aus Meßstreifen.*

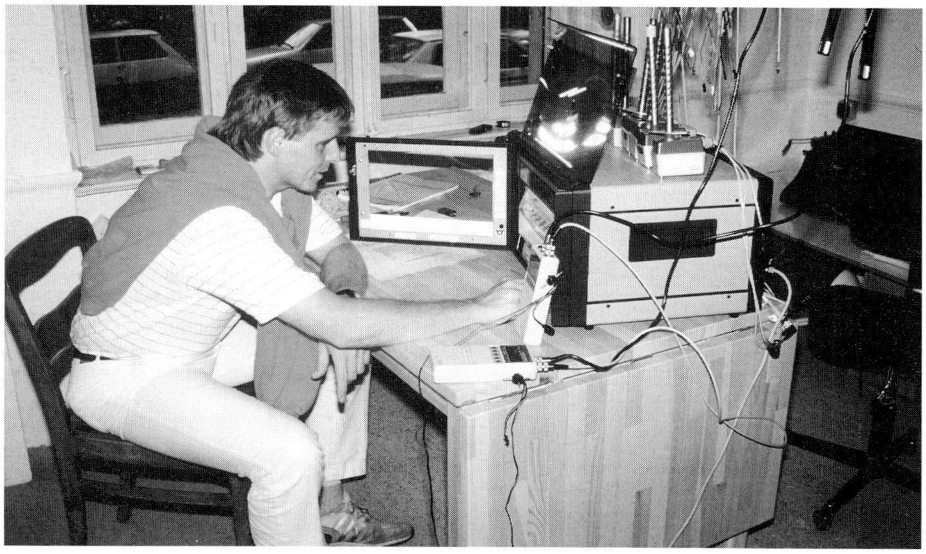

Abb. 44 *Probeinstallation eines selbstschreibenden Geräts für 40 Anschlüsse.*

verlauf. Die durch einen Temperaturfühler, meist aus Bimetall, und einen Feuchtesensor, meist aus Haar, ermittelten Werte werden durch einen Stift auf eine Registriertrommel übertragen. Hier kann bereits einer der ersten Nachteile dieses Gerätetyps liegen: Besonders bei Geräten mit offener Schreibvorrichtung kann der Strich immer wieder unvermutet aussetzen, so daß die verflossene Meßperiode ergebnislos bleibt. Zugleich gelten für diesen Gerätetyp die schon aufgezeigten Nachteile der Feuchteermittlung mittels Haaren. Ein Thermohygrograph muß deshalb immer wieder durch genauere Feuchtemeßgeräte, wie ein Psychrometer, überprüft und neu justiert werden. Sind keine derartigen Geräte zur Hand, kann auch einmal ein größeres Handtuch helfen, das naß um dieses Gerät gewickelt wird; nach etwa einer halben Stunde muß der Feuchteanzeiger auf 96/97% stehen. Noch ein weiterer Nachteil schränkt den Einsatz dieser Geräte ein: In vielen Fällen wird nicht nur eine Aussage über die Luftzustände an einem bestimmten Punkt des Raumes benötigt, sondern an mehreren oder in verschiedenen Räumen. Während die Raumluftfeuchte selbst in sehr großen Räumen mit wenigen Ausnahmen nur an einer Stelle gemessen werden muß, da sie sich gesetzmäßig aus der an verschiedenen Stellen ermittelten Raumlufttemperatur korrekt ableiten läßt, kann es sogar in kleineren Räumen verblüffende Schwankungen in der Lufttemperatur ergeben. Dies bedingt nun ein Aufstellen mehrerer dieser Geräte – und dies meist über einen so langen Zeitraum, daß jedes Gerät wieder mehrere Meßstreifen mißt. Die Auswertung dieser Blätterflut ist ungemein zeitaufwendig und damit kostenintensiv. Außerdem zeigt sich, daß oft genug noch Meßunterschiede der einzelnen Geräte untereinander ausgeglichen werden müssen. Sehr viel günstiger ist der Einsatz von selbstschreibenden oder speichernden Geräten, die zwar in der Anschaffung ein Vielfaches kosten (siehe »Kosten«), eine Auswertung jedoch genauer und kostengünstiger ermöglichen.

Auch hier gibt es zwei Aufzeichnungsvarianten. Beide erlauben entsprechend ihres Aufzeichnungsumfangs den Anschluß beliebig vieler Meßfühler, soweit diese in der Lage sind, einen Meßwert in ein elektrisches Signal umzuwandeln. Selbstschreibende Geräte zeichnen wiederum auf einem Meßblatt die ermittelten Daten auf, so daß auch hier wieder eine Papierflut anstehen kann (Abb. 43). Es gibt jedoch auch solche Ausführungen, die einen kontinuierlichen Ausdruck verschiedener Mittel-, Minimal- oder Maximalwerte vorgegebener Dichte erlauben. Die einfachste Auswertung und die vielseitigste bieten speichernde Geräte, bei denen beispielsweise eine Diskette über einen internen oder externen Rechner nach Wunsch ausgewertet wird (Abb. 44).

Beide Geräte sind in der Lage, noch weitere Daten zu liefern, die zur Beurteilung eines Schadens oder eines Benutzerverhaltens wichtig sind, wie Öffnungs- und Schließzeiten von Fenstern und Türen, Laufzeiten von Ventilatoren oder Betriebszeiten anderer die Raumluft beeinflussende Geräte.

Bauphysik

Wärmeschutz
Kondensation
Schimmelbildung
Schallschutz
Holzschutz

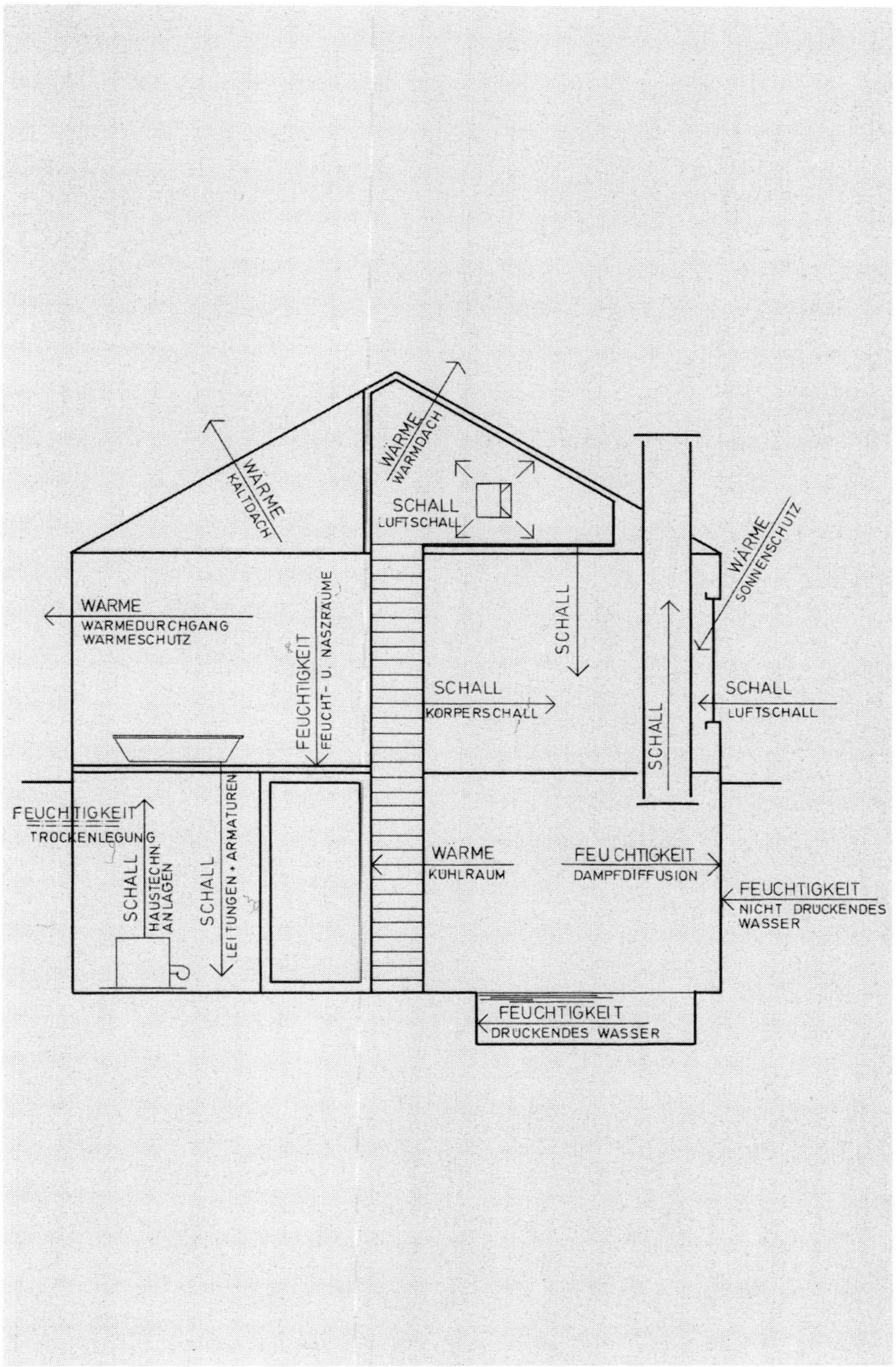

Wärmeschutz

Wärmeschutz am Hochbau wurde spätestens mit der Energiekrise zu einem Schlagwort. Eine Reihe eigenwilliger Entscheidungen höchster Gremien – wie die Verkleinerung von Fensterflächen oder die Mißachtung der Himmelsrichtung der beurteilten Fassade – folgten schneller als deren Begründung, und heute dient dieses Schlagwort in mancher Hinsicht immer noch mehr der Industrie als der Sache. Umgekehrt wurde bis dahin mit Heizenergie bedenkenlos und großzügig umgegangen; die DIN 4108 »Wärmeschutz im Hochbau« stellte lediglich bescheidene Mindestforderungen als Voraussetzung für eine Baugenehmigung: Sie sicherte nur ein zumutbares Raumklima und den Bestand der Bausubstanz, wenn ein Bauplan eingereicht wurde.

Der Schock der Ölkrise ist inzwischen ebenfalls schon längst überwunden, und eine ebenso dumme wie grundsätzlich falsche Beurteilung der Wärmedämmung stellt deren Wert leichtfertig in Frage: In Veröffentlichungen wurde von selbsternannten Spezialisten behauptet: »Moderne Isolierwandkonstruktionen verschleudern Energie.« Dieser Behauptung liegen »Untersuchungen« über die Abhängigkeit von Brennstoffverbrauch und Baualter des Gebäudes zugrunde, wobei zur besseren Stützung dieser Feststellung die Art der Beheizung und die mittleren Raumtemperaturen »vergessen« wurden: Selbstverständlich benötigen Wohnungen der Jahrhundertwende weniger Brennstoff als ein Neubau unserer Zeit, denn hier und nur hier sind noch genügend Einzelöfen zu finden, mit denen durch ihren zwangsläufig eingeschränkten Betrieb durchschnittlich ein Drittel an Brennstoff eingespart wird (siehe »Heizungsanlagen«). »Energieverschleuderung durch zusätzliche Wärmedämmung« wird also hierdurch mit Sicherheit nicht belegt.

Bedenklicher noch ist die beliebte, aber ebenso falsche Überbewertung der Außenwand als Sonnenkollektor. Richtig ist, daß jede Außenkonstruktion Sonnenwärme »einfängt« und bei entsprechender Wärmeleitung nach innen weitergibt. Ohne auch noch darauf einzugehen, wie kraftvoll die Sonne winters bei uns scheint und wie oft sie dies nur hinter Wolken tut, kann selbst ein Kind schon nachrechnen, daß einem maximal sechsstündigen Wärmegewinn ein mindestens achtzehnstündiger Wärmeverlust gegenübersteht: Wärmeleitung geschieht nicht nur von außen nach innen, sondern in beiden Richtungen entsprechend dem Temperaturgefälle, was leider unterschlagen wird.

Falsch ist zudem die Behauptung, eine außenliegende Wärmedämmung vernichte die Speicherfähigkeit der Wand. Die kurzwellige Strahlung der Sonne wird aufgefangen durch den »Kollektor« Fenster. Ihre Energie wandelt sich über die beschienenen Flächen um in langwellige Wärmestrahlung, die nun das Glas nicht mehr so gut durchdringen kann und von den Raumumschließungsflächen nach deren Vermögen gespeichert wird. Wie soll eine außenliegende Dämmung diesen inneren Vorgang entscheidend behindern? Aber selbst bei innenliegender Wärmedämmung wird dieser Verlust der Speicherfähigkeit vielfach zu hoch angesetzt, da nicht nur die Außenwand, sondern auch die Innenwände und – bei Holzbalkendecken verringert – die Decken speichern.

Sonderfälle können allerdings dort den Wert üblicher zusätzlicher Wärmedämmmaßnahmen in Frage stellen, wo eine spezielle, möglichst zeitlich begrenzte Nutzung die durch die bauliche Masse bedingte Phasenverschiebung möglichst gut nutzen kann; es gilt dies für Sommer- wie Winterbetrieb. Eine stark schematisierte Darstellung des hierdurch möglichen Energiegewinns durch Verringerung der Kühlung zeigen die Abb. 1 und 2. Da der »Wärmegipfel« die Nutzräume erst nach Büro-

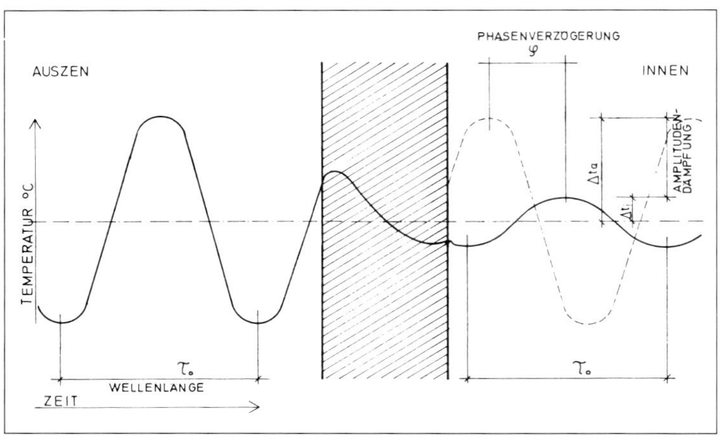

Abb. 1 *Wärmedurchgang durch einen Bauteil.*

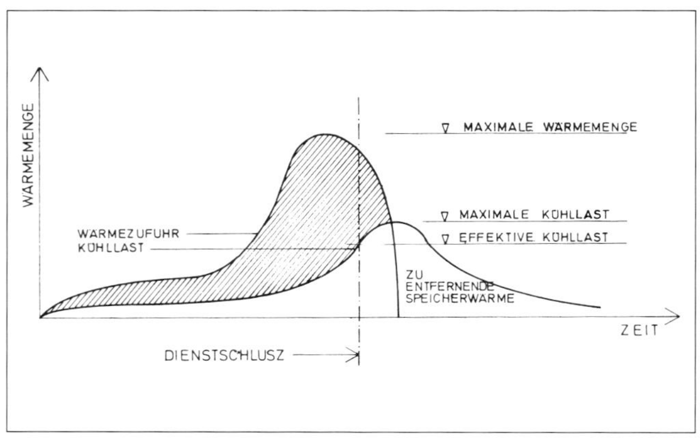

Abb. 2 *Einfluß der Wärmespeicherung auf Wärmebelastung und Kühllast.*

Übersicht zur Bewertung von Dämmstoffen

Nr.	Dämmstoff	Toxizität 1	Herstellung 2	Entsorgung 3	Diffusion 4	Hygroskopizität 5	Kältebrücken 6	Bewährung 7	Brandverhalten 8	Preise 9	Dämmwert 10	Gesamtbewertung[12] 11
1	Kork (Backkork)	0	–	++	++	++	+	++	–	––	++	7+
2	Kokoswolle	0	–	++	++	++	+	++	–	––	++	7+
3	Holzfaserplatten	0	–	++	++	++	+	++	–	––	++	7+
4	Holzwolle-Leichtbauplatten[1]	0	–	+	++	++	+	++	+	––	–	6+
5	Strohplatten	0	0	++	++	++	+	+	–	–	+	7+
6	Strohlehm	0	0	0	++	++	++	++	++	++	–	11+
7	Holzwolle	0	0	++	++	++	0	+	–	++	+	9+
8	Sägespäne/Hobelspäne/Rinde	0	0	++	++	++	0	++	–	++	+	10+
9	Torf[2]	0	–	++	++	++	0	+	–	+	+	7+
10	Zellulosefasern[3]	–	0	0	++	++	0	–	–	++	++	5+
11	Schaumglas	0	0	+	0	0	+	++	++	–	++	7+
12	Blähton[4]	0	–	0	++	+	0	+	++	++	–	6+
	Perlite[5]											
	Vermiculit[6]	–	–	0	++	0	+	+	++	––	+	3+
14	Calzitherm	0	–	0	+	+	++	+	++	–	+	6+
15	Mineralwolle[8]	––	––	––	––	––	+	+	0	+	++	5–
16	Polyurethan PUR[9]	––	––	––	––	––	0	–	––	–	++	12–
17	Harnstoff-Formaldehyd (UF)[10]	––	––	––	––	––	0	–	––	+	++	10–
18	Polystyrol (PS)[11]	––	––	––	––	––	0	–	––	++	++	9–

Anmerkungen: Vorläufige Checkliste

Benotungsschlüssel:
0 nicht relevant bzw. neutral
– negativ
–– sehr negativ/bedenklich
\+ positiv
++ sehr vorteilhaft

[1] bekannt unter Herak ithplatten
[2] aus Rußland und Skandinavien
[3] aus Altpapier
[4] geblähter Lehm
[5] Pech- oder Perlitgestein, gebläht
[6] Rohglimmer, gebläht (evtl. erhöhte Radioaktivität)
[7] Kalk + Zellulose, geschäumt
[8] Glas-, Stein- oder Schlackenfasern (formaldehyd- oder phenolhaltig; Schlacke evtl. radioaktiv)
[9] auch als Ortschaum, aus Isocyanaten u. Halogenwasserstoffen als Treibmittel
[10] als Ortschaum verwendet
[11] aus Styrol, Treib- u. Brandschutzmittel
[12] Summe der pos. u. neg. Noten

Abb. 3 *Auszug aus einer Empfehlung zu biologisch einwandfreien Wärmedämmstoffen.*

schluß erreicht, kann eine doch recht entscheidend verringerte Kühllast der Klimaanlagenauslegung zugrunde gelegt werden; dies und der verringerte Kühlaufwand sparen zweifach Kosten.

Wer am möglichst massiven Altbau diese kurz umrissene Möglichkeit nutzen möchte, muß zeit- und kostenintensive Vorarbeit leisten: Erwünschte Wärme oder Kühle muß nämlich nicht wie bisher nur aufgenommen und gespeichert werden; sie ist vielmehr »aufzufangen«. Dies heißt, daß gezielte und gesteuerte Lüftung, temporärer Wärmeschutz, intensive Temperaturerfassungs- und -regelanlagen in bisher unüblicher Qualität notwendig werden.

Für einen Altbau gab und gibt es keine Wärmeschutznormen, die Sanierungsmöglichkeiten am bestehenden Haus sind eingeschränkt. Untersuchungen von Brocher und Gertis zeigten auf, wie sehr der Wärmeverlust von der Form des Gebäudes abhängt. Für den Althausbestand, größtenteils mehr-, jedoch nicht vielgeschossige Wohnhäuser, ergab sich, daß Fenster und Außenwand eine annähernd gleichhohe Verlustquote haben, noch vor der obersten Geschoßdecke und dem Kellerboden. Die Dringlichkeit der Maßnahmen richtet sich deshalb auch nach dieser Reihenfolge. Dabei ist zu berücksichtigen, daß die heutige Lehrmeinung zum Teil immer noch von der theoretischen Voraussetzung ausgeht, daß Verringerung der Fugenlüftung gleichbedeutend ist mit ebenso ansteigender meßbarer Energieersparnis. Setzt man als unwissenschaftliches Meßinstrument die eigene Nase ein und berücksichtigt man das für die Schadensfreiheit bei geringer Fugenlüftung veränderte Nutzerverhalten, wird der Zwang zu häufigerem Lüften beim dichteren Fenster die praktische Energieeinsparung teilweise wieder aufheben. Die Problematik der Verträglichkeit von Wärmestoffen für den Nutzer, das heißt also auch die Frage nach biologischen Wärmedämmstoffen, ist auch in »Dach«, Unterkapitel »Dachausbau«, angesprochen, da mögliche Undichtigkeiten hier als entscheidendes Kriterium zu werten sind und diese am ehesten im Dachbereich zu erwarten sind. Grundsätzlich aber gilt, daß pauschale Empfehlungen, wie sie Abb. 3 zeigt, falsch sind und dumm dazu, wenn sie eine Gesamtbewertung enthalten, die für den Laien gedacht ist, aber eine detaillierte Sachkenntnis voraussetzt. Dämmstoffe ohne negative Eigenschaften gibt es nicht. Diese negativen Eigenschaften sind mit wenigen, dann aber meist gravierenden Ausnahmen, nutzungs- und detailabhängig.

Außenwände

Die Möglichkeiten nachträglicher Wärmedämmung zeigt Abb. 4. Für die Außenwand bleibt als einzige bauphysikalisch eindeutige Maßnahme die hinterlüftete Verkleidung (siehe »Fassade«). Behauptungen wie: »Es entsteht also nicht nur ein Schutzpanzer, sondern gleichzeitig auch eine Verstärkung der Mauerdicke um rund 5 cm – eine 24er Mauer kommt demnach an eine 30er heran ...«, mit denen eine hinterlüftete Hohlziegelverkleidung ange-

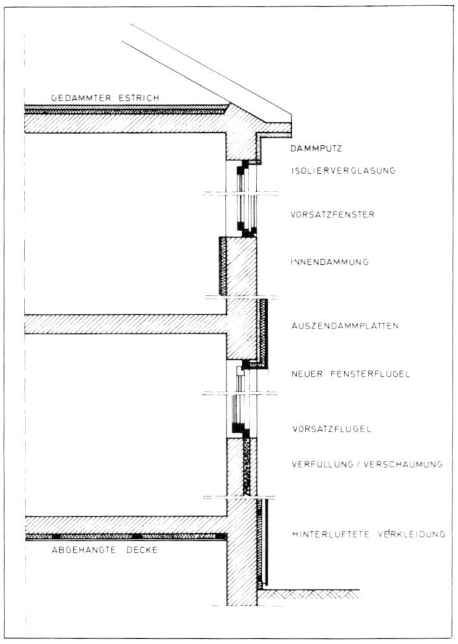

Abb. 4 *Schematische Darstellung der Möglichkeiten nachträglicher Wärmedämmung.*

priesen wird, sind irreführend: Die Hinterlüftungsschicht, wie auch alle vor ihr liegenden Schichten tragen nur indirekt zur Erhöhung der Wärmedämmung bei.
Die übliche hinterlüftete Verkleidung aus Platten, Tafeln, Brettern braucht nicht beschrieben zu werden. Stellvertretend für einige Sonderlösungen wird jedoch in Abb. 5 und 6 eine nachträgliche hinterlüftete Verklinkerung gezeigt, die mit einigen beschneidbaren Formsteinen auch eine Anpassung an Säulen, Stürze, Brüstungen u. a. erlaubt; die praktische Anwendbarkeit im Sanierungsfall darf allerdings in Frage gestellt werden.
Der direkt aufgebrachte außenseitige Wärmeschutz, also das nichthinterlüftete Wärmedämmverbundsystem, hat sich nun lange genug bewährt. Obwohl noch andere Materialien am Markt sind, wie Holzwolle-Leichtbauplatten oder Steinwolle, werden überwiegend Hartschaumplatten mit einer Rohdichte von 15 bis 20 kg/m^3 angewandt, die schwer entflammbar sind und mit modifiziertem Zementmörtel, häufig auch durch zusätzliche Dübel befestigt werden. Korrekterweise ist hier auf den Begriff »schwer entflammbar« hinzuweisen. Er bedeutet in der Praxis nämlich lediglich, daß es bei diesem konkreten Anwendungsfall ohne zusätzliche Zündhilfe nicht möglich ist, eine Fassade anzustekken. Im Brandfall allerdings kann dieses Produkt durchaus zu einer Erhöhung der Brandlast und vor allem auch zu Sekundärschäden beitragen. Wer dieses Argument höher als marktüblich bewertet, muß auf Wärmedämmverbundsysteme auf Steinwollebasis zurückgreifen.
Auf der Dämmlage wird eine rein oder mit Zementzusatz kunststoffgebundene Armierungsschicht mit zusätzlicher Glasfaserarmierung aufgebracht, die schließlich »überputzt« oder, entsprechend der Dicke dieser Lage korrekter ausgedrückt, beschichtet wird (Abb. 7). Angeboten werden hier Kunstharzputze wie auch mineralische. Diese Putzbeschichtungen weisen eine diffusionsäquivalente Luftschichtdicke von etwa 0,2 bis 2,0 m auf, wobei die meisten Werte deutlich unter 0,5 m liegen. Mehrlagige Ausführungen sind möglich (Abb. 8). Kaum bekannt ist allerdings die Tatsache, daß der ausgegebene und meist ausreichend gute Dampfdiffusionswert in der Praxis deutlich verschlechtert sein kann. Die Erklärung ist ebenfalls Abbildung 4 zu entnehmen. Das Armierungsgitter nimmt flächenmäßig einen hohen Anteil ein (bis zu 40%) und ist selbst dampfbremsend. Zudem darf angenommen werden, daß es durch seine Einbettung nochmals zu einer Verdichtung des Mörtels durch Abglätten kommt. Angeboten und sogar in Wettbewerben prämiert sind auch Systeme mit dampfdichter Oberfläche. Zwar versucht man, durch Rillen und Schlitze einen Dampfausgleich zu ermöglichen (Abb. 9), doch werden hier die simpelsten bauphysikalischen Gesetzmäßigkeiten außer acht gelassen: Es muß zu Tauwasserbildung bei entsprechenden klimatischen Bedingungen kommen.
Eine prinzipielle Schwachstelle aller Wärmedämmverbundsysteme bilden die Stöße der Dämmplatten oder -matten – und dies vor allem bei Ecken (Abb. 10), da hier die ersten Risse auftreten werden. Die hier wirkenden Spannungen müssen durch geeignete Armierungen auf einen größeren Flächenbereich übertragen werden. Eine solche Armierung wird diese Aufgabe um so länger schadensfrei übernehmen können, je geringer diese Spannungen sind, so daß Wärmedämmverbundsysteme farbig möglichst hell gehalten werden sollten, um unnötige zusätzliche Temperaturspannungen zu vermeiden. Zu diesen thermischen Zugspannungen treten auch hygri-

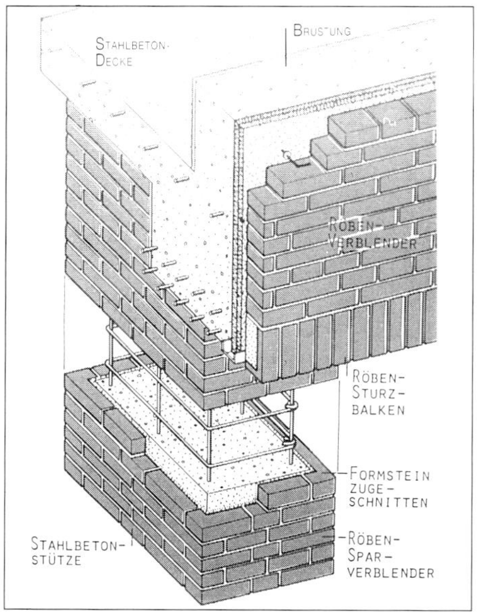

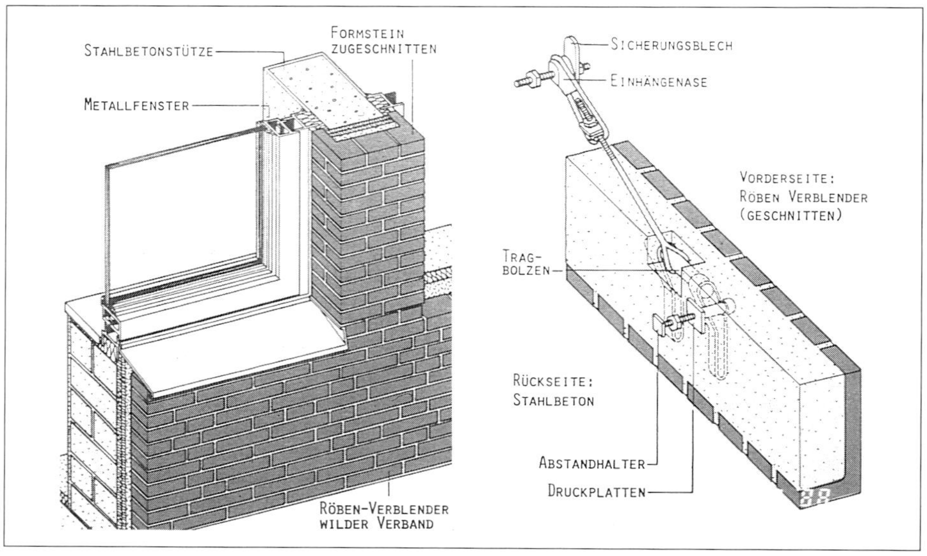

Abb. 5, 6 *Detailausbildung einer nachträglich vorgehängten Ziegelverschalung.*

Abb. 7 *Armierung unter Fassadenbeschichtung.*

Abb. 8 *Schichtenaufbau eines Wärmedämmverbundsystems auf Steinwolle.*

sche auf, Zugkräfte also, die durch Feuchteänderungen bedingt sind, wenn nach Beregnung Putzschicht und – was gar nicht vorkommen dürfte! – Dämmschicht wieder trocknen. Das macht auch deutlich, daß diese Sanierungsart am ehesten für Nordwände, am wenigsten für Westwände geeignet ist. Zusätzlich ist vor Auftragserteilung zu prüfen, welche Folgemaßnahmen bei den Anschlüssen notwendig werden. Verblechungen müssen meist entweder ersetzt oder in handwerklich wie formal zweifelhafter Form angestückelt werden (Abb. 11).

Aus dem Genannten läßt sich eine weitere Forderung ableiten, da eine vollkommene Rissefreiheit über Jahrzehnte nicht erwartet werden kann: Die Wärmedämmschicht muß eine möglichst geringe Wasseraufnahmefähigkeit besitzen. Untersuchungen von Künzel zeigen eindeutig, daß vereinzelt auftretende Risse in einer Breite unter 0,5 mm sowohl das Feuchteverhalten als auch den Wärmeschutz nicht nennenswert beeinflussen, wenn die Dämmschicht nicht »saugt«.

Das Aufbringen von Dämmputzen auf den alten Putz oder nach dessen Abschlagen auf die Mauer bietet Vorteile, doch stehen Langzeiterfahrungen bei manchen Fabrikaten aus, und die dämmende Wirkung ist vergleichsweise gering. Solche wärmedämmenden Außenputze, die im übrigen selbstverständlich auch innen angebracht werden können, haben eine völlig andere Aufgabe als Sanierputze (siehe »Sanierputze«), sind deshalb auch anders aufgebaut und dürfen niemals auf eine feuchte Wand aufgetragen werden. Sie bestehen meist aus einem Unterputz aus expandiertem Polystyrol mit mineralischen Bindemitteln und einem mineralischen Oberputz als Regenschutz und vor allem auch als mechanischer Schutz der »weichen« Wärmedämmlage (Abb. 12). Ihre Schichtstärke beträgt 3, meist 4 bis 5 cm, kann aber auch noch erhöht werden. Die Rohdichte der heute angebotenen Wärmedämmputze liegt zwischen 200 und 300 kg/m^3 bei einer Druckfestigkeit von mehr als 0,4 N/mm^2. Der schützende Oberputz muß nun zwei an sich unvereinbare Forderungen erfüllen: »Hart« sein und doch einen möglichst geringen Unterschied zum Dämmputz in der Festigkeit zeigen. Als Kompromiß wird für ihn eine Druckfestigkeit zwischen 0,8 und 3,0 N/mm^2 pro mm^2 verlangt.

Ein wesentliches Kriterium zum Erhalt der Dämmwirkung ist auch hier die Regendichtigkeit des Wärmedämmverbundsystems. Dem Oberputz kommt hierbei verständlicherweise die Hauptaufgabe im Feuchteschutz zu: Er ist wasserabweisend auszurüsten. Um hier Mängel wenigstens aufzufangen, soll jedoch auch der Dämmputz selbst wasserhemmend sein. Wärmedämmputze entsprechen im Schichtaufbau nicht der Putznorm DIN 18550 und benötigen deshalb eine bauaufsichtliche Zulassung.

Das Aufbringen einer zusätzlichen innen-

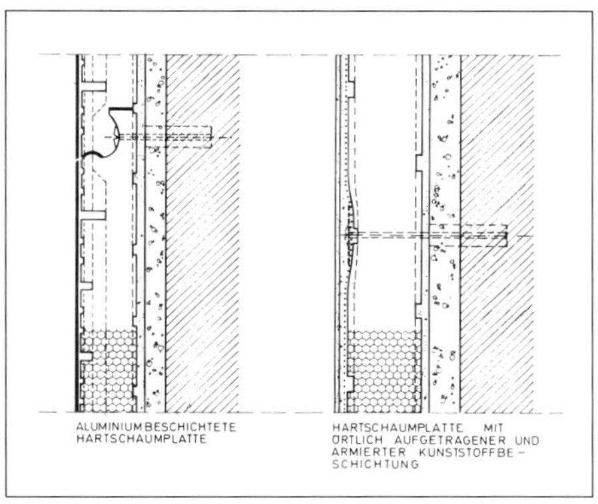

Abb. 9 *Direkt vermörtelte Fassadendämmplatten.*

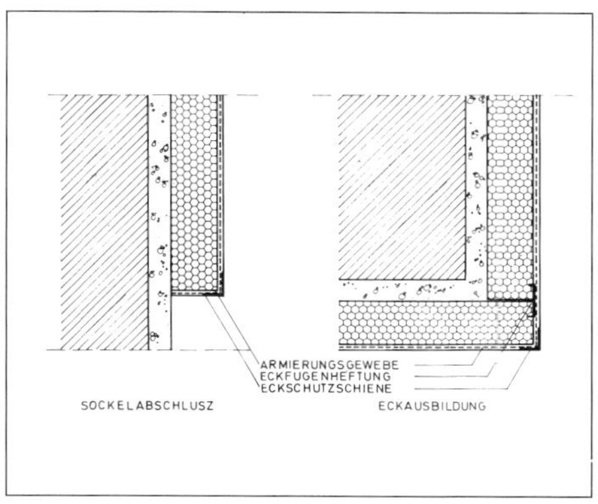

Abb. 10 *Detailausbildung bei Verwendung überputzter Dämmplatten.*

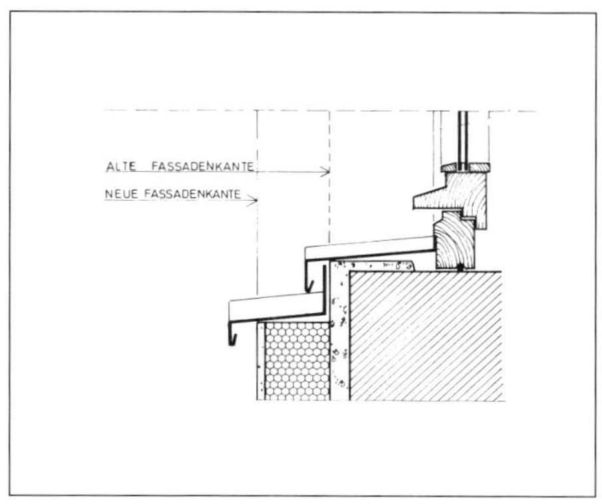

Abb. 11 *Verblechter Anschluß der zusätzlichen Dämmung.*

seitigen Wärmedämmschicht verändert den Temperaturverlauf in der Wand entscheidend, unter Umständen schadenfördernd (Abb. 13), hat jedoch den großen Vorteil wohnungsweiser Sanierung und vermeidet unzulässige oder unzumutbare Veränderungen der Fassade. Ein Nachteil liegt in der Belästigung bei Einbau in bewohnten Räumen und in der Verminderung der Nutzfläche. Bei Verwendung von Mineralfaserdämmstoffen ist fast immer eine raumseitige Dampfsperrschicht anzubringen. Die Gefahr unzulässig hoher Kondensation in der Wandkonstruktion verringert sich jedoch wesentlich bei Anwendung von Hartschaumplatten mit versetzten Fugen. Auch hier wird nochmals deutlich, daß der gesamte Wandaufbau und die Nutzung die Sanierungsmaßnahme mitbestimmen. Ein leidiges Kapitel innenliegender Wärmedämmung ist der Temperaturabfall an den Rändern der Dämmschicht. Bei nachträglicher Dämmung sinkt hier die Oberflächentemperatur deutlich unter die Vergleichstemperatur vor Dämmung ab (Abb. 14), so daß nach der »Sanierung« oftmals zwangsläufig ein bisher unbekannter Schaden auftritt (siehe »Schimmelbildung«). Diese Gefährdung und ihre übliche Vermeidung durch eine Dampfsperre weisen auf einen besonders kritischen Punkt hin: einbindende Holzbauteile. Sie liegen im feuchtegefährdeten Bereich und sind allen empfohlenen Lösungen der Bauphysiker zum Trotz nicht von Dampfdurchgang abzukoppeln. Innendämmung heißt hier also auch bei Dampfsperre leider meist: Zerstörung des Holzes. Der gleiche Effekt kann auch am Anschluß der innenseitigen Dämmung der Fensterleibung zum Fensterstock auftreten, was zur möglichen Schimmelbildung eine zusätzliche Gefährdung von Holzfensterstöcken bedeutet. Dieser Detailpunkt wird um so mehr seine Schwachstelle zeigen, je weiter außen der Fensterrahmen in der Maueröffnung sitzt.

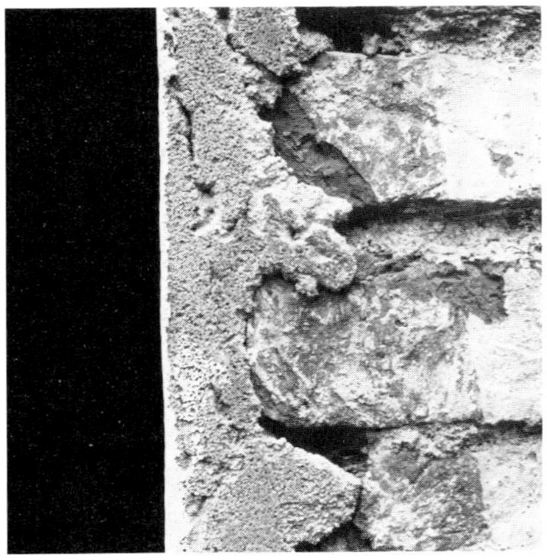

Abb. 12 *Offenporige Struktur eines Dämmputzes.*

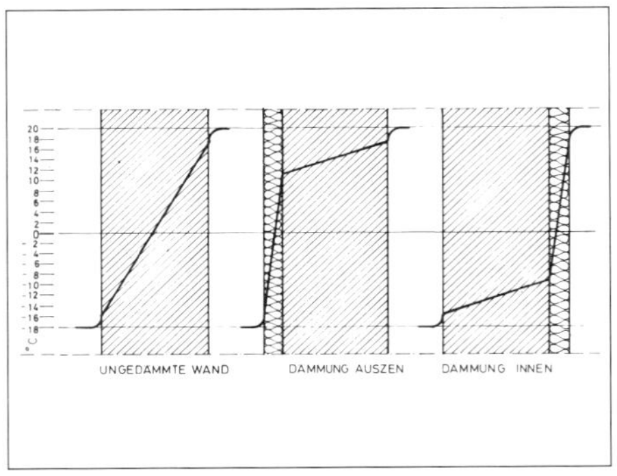

Abb. 13 *Wirkung der Dämmlage auf den Temperaturverlauf in der Wand.*

Abb. 14 *Nachträgliches wärmedämmendes Verfüllen eines Zweischalenmauerwerks mit Luftraum.*

Zweischaliges, nicht hinterlüftetes Mauerwerk, das seine Anwendung der falschen Vorstellung verdankt, daß mit zunehmender Dicke der Luftschicht auch deren wärmedämmende Wirkung wächst, ist nur durch Ausschäumen oder durch wirkungsgleiches Ausfüllen mit Schüttstoffen zu dämmen (Abb. 15). In diesem Fall besteht nun die bisher nicht bekannte Gefahr des Wassereindringens von außen: Die bisher durch einen Luftzwischenraum vom tragenden Mauerwerk getrennte Wandschale war vor allem Wind- und Regenschild. Drang durch Stein oder Fugen doch einmal Wasser ein, blieb dies vor allem bei der üblichen hinterlüfteten Konstruktion problemlos, denn das eindringende Wasser lief im extremen Fall an der Rückseite des Wetterschilds ab – üblicherweise saugte dieser aber das Wasser auf, um es dank der Hinterlüftung rasch wieder abzugeben. Die Kerndämmung birgt nun die Gefahr der feuchtetechnischen Überbrükkung des Hohlraums. Es ist dabei auf Dauer keine Hilfe, die Vorsatzschale durch Hydrophobieren »abzudichten« (siehe »Fassadenschutz«), da nur Stein und Mörtel, nicht aber Risse hydrophob geschlossen werden können. Den Feuchteschutz muß deshalb – zumindest zusätzlich – der Dämmstoff selbst übernehmen. Verwendet werden dürfen deshalb nur entsprechend »wasserdichte« Schäume oder anorganische und hydrophob wirkende Füllstoffe, wie entsprechende Steinwolleflokken.

Das Öffnen der Außenschale zur trocknenden Hinterlüftung zieht zwangsläufig eine Innendämmung nach sich; diese Wand entspricht dann dem üblichen hinterlüfteten zweischaligen Mauerwerk.

Fenster

Das Fenster ist als wesentlicher Sanierungsteil in einem eigenen Kapitel beschrieben – hier sollen die möglichen Ver-

Abb. 15 *Einfüllschlauch für eine Ausschäumung.*

Abb. 16 *Ausblasen eines Deckenhohlraums mit Steinwolleflocken.*

fahren zur Verringerung des Wärmeverlustes noch einmal genannt werden, und zwar in der Reihenfolge des ansteigenden Eingriffs in den Bestand, der grob auch die Kostenrelation folgt:

- Dichtung der vorhandenen Fensterfalze bei ausreichender Verglasung.
- Einsatz einer Isolierverglasung in den Falz des alten Flügels; Voraussetzung sind ausreichende Falztiefe, die auch durch Metallprofil nachträglich erreicht werden kann, Belastbarkeit der Beschläge durch höheres Glasgewicht, guter Allgemeinzustand des Holzes bei ausreichender Überfalzung.
- Aufsetzen innen oder außen von Vorsatzflügeln mit einfacher Isolierverglasung. Theoretisch können diese neuen Flügel auch den vorhandenen aufgesetzt werden, doch empfiehlt sich wegen der Verringerung der Fugendurchlässigkeit das Anschlagen am Stock.
- Einsetzen von Vorsatzfenstern innen- oder außenseitig. Im Gegensatz zur früheren Bauart sollten diese Vorsatzfenster fest eingebaut werden. Leibungsform und -tiefe sowie Ausbildung des Altstockes und der Überfalzung bestimmen neben Formalem die Lage solcher Fenster.
- Einpassen neuer Fensterflügel setzt gute, winkelrechte Altstöcke voraus und erhöht dennoch den Aufwand gegenüber den gleichen Arbeiten beim Einsetzen neuer Fenster in den Altbaustock.
- Einsetzen neuer Fenster in den Altbaustock. Hier halten sich maximal Erreichbares und minimaler Eingriff wohl optimal die Waage. Voraussetzung ist ein vertretbarer Zustand des alten Stockes. Alle Fertigsysteme, die das alte Holz voll ummanteln, sind kritisch zu überprüfen.
- Versetzen neuer Fenster zieht stets auch Maurer-, Maler- und meist Spenglerarbeiten nach sich.

Nebenräume und Dächer

Ob es sich lohnt, weitere, an kühle Außenflächen grenzende Flächen zu dämmen und Speicher, Keller und Treppenhaus des Altbaus diesbezüglich in die Sanierung einzubeziehen, sollte von Fall zu Fall geklärt werden. Der Energiegewinn kann vergleichsweise gering sein und rechtfertigt diese Maßnahme am ehesten bei der Decke des Obergeschosses. Hier werden die Kosten der Maßnahme dadurch bestimmt, ob dieser Speicherraum genutzt, also häufig begangen wird, da dann auch eine trittfeste Laufebene auf der gesamten Bodenfläche zu schaffen ist, wofür im anderen Fall einige Laufbretter für den Kaminkehrer genügen. Eine besondere Lösung ohne nennenswerten Eingriff in den Bestand bietet das Ausblasen oder Ausschäumen des Deckenhohlraums (Abb. 16), wobei das übliche Ausschäumen mit UF-Ortschäumen die Gefahr einer Formaldehyd-Beeinträchtigung birgt. Zwar gibt es eine ETB-Richtlinie zur Begrenzung der Formaldehyd-Emission in die Raumluft bei Verwendung von Harnstoff-Formaldehyd-Ortschäumen, doch ist die Abgabe dieses Reizgases zwangsläufig, und es hängt das Einhalten dieser Richtlinie von der Sorgfalt der Verarbeitung ab. Die Problematik wird in der Reaktionsweise der Anwendung deutlich: Das mittels Druckluft und unter Zugabe von Tensiden aufgeschäumte Harz benötigt zur weiteren Aushärtung geringe Mengen an freiem Formaldehyd und verfestigt sich bereits wenige Minuten nach Herstellung. Dann enthält der Schaumstoff jedoch noch etwa 70 Gewichtsprozent Wasser, welches verdunsten muß; der überschüssige Formaldehyd entweicht bei diesem Austrocknungsprozeß, doch verbleibt noch ein Restemissionspotential, welches sich nur über sehr lange Zeiträume vermindert. Es ist also zumindest notwendig, bei Anwendung eines UF-Ortschaums sich vorab Gedanken über ein rasches, das heißt, möglichst ungehindertes Abtrocknen zu machen, um gesundheitliche Schäden zu vermeiden, was durchaus als entscheidend negatives Kriterium beurteilt werden darf.

Das Ausblasen mit Steinwolle wird auch zunehmend kritischer beurteilt, da die hier zwangsläufig entstehenden Stäube nicht nur den Verarbeiter gefährden, der sich dagegen absichern muß (Abb. 17), son-

Abb. 17
Nachträgliche Dämmung eines Gewölbes mit Steinwolleflocken.

dern unter Umständen auch den Nutzer. Es sollte hier also prophylaktisch die Staubdichtigkeit der Deckenkonstruktion (einfache oder verspundete Laden, gestülpte Bretter) und gegebenenfalls die Fußbodenkonstruktion bei genutzten Räumen beurteilt werden. Wie sauber und dicht die Ausblasung in der Praxis gelingt, hängt stark von Sorgfalt und Erfahrung des Anwenders ab, ist aber leider nicht so selbstverständlich wie versprochen. Ein unbestreitbarer Vorzug dieses nachträglichen Dämmverfahrens liegt aber darin, daß auch schräge Flächen und damit auch Gewölbe belegt werden können, wobei ab einer Neigung von stärker als 40 ° haftungserhöhende Verklebungen notwendig werden. Damit es überhaupt zu einer Verbindung der Flocken kommt, wird Klebstoff in Abhängigkeit von der Beanspruchung zugesetzt. Nachteilige Auswirkungen – auch im Hinblick auf den Dampfdurchgang – sind nicht bekannt, sieht man von einer grundsätzlichen Gefährdung bei unsachgemäßer Handhabung ab. Abgeraten wird allerdings von der Anwendung von Zellstoff-Flocken, da damit ausgerechnet wieder ein organisches Material »versteckt« wird, wo es irgendwann unentdeckt organischem Befall als Nahrung dient, woran auch nichts die völlig »unbaubiologische« biozide Einstellung ändert, da ihre Wirkung immer zeitlich begrenzt ist.
Besonders heikle Probleme wirft immer wieder die Dämmung des Daches auf. Dies hat seinen guten Grund: Das geneigte, nicht ausgebaute Dach in Schuppendeckung, am Altbau die Regel, bietet gegenüber allen anderen konstruktiven Möglichkeiten einen entscheidenden Vorzug: Es ist wirksamer Puffer zwischen Innen und Außen genau bei jenem Gebäudeteil, das zwangsläufig der Witterung am stärksten ausgesetzt ist. Will man sein altes Haus also auch noch »oben« wärmedämmen, den beschriebenen Vorteil jedoch nicht verschenken, darf nie die Dachfläche, sondern muß die Decke über dem obersten Geschoß gedämmt werden. Dieser gute Rat ist leider sinnlos, wenn der Dachraum ausgebaut werden soll. Da auch dies zu den häufigsten Sanierungsarbeiten im Altbau zu zählen ist, wird auf »Dachausbau« im Kapitel »Dach« verwiesen, in dem auch die einzelnen Wärmeschutzmaßnahmen beschrieben sind.

Fachwerk

Besonders kritisch sind Wärmeschutzmaßnahmen am Fachwerk; sie werden zusammen mit anderen, hierfür typischen Sanierungsproblemen im Kapitel »Fachwerk« besprochen.

Trockenlegung

Als Wärmedämm-Maßnahmen sind aber auch alle Trockenlegungs-Maßnahmen anzusprechen (siehe »Trockenlegung«), denn eine Durchfeuchtung der Außenmauern um wenige Prozent mehr kann den Wärmedurchgang der Wand verdoppeln.

Kosten-Nutzen-Verhältnisse

Interessant sind für die Entscheidung bei Wärmedämm-Maßnahmen die Kosten-Nutzen-Verhältnisse der verschiedenen Maßnahmen. Teilt man die Kosten, bezogen auf den Quadratmeter Nutzfläche, durch die Zahl der gewonnenen Wärmeeinheiten, bietet diese Verhältnisgröße eine übersichtliche Entscheidungshilfe. Zu bedenken ist allerdings, daß die Größe der gewonnenen Absenkung bei gleichteurer Sanierungsmaßnahme von der Wärmedämmqualität des Bestandes abhängt: je schlechter der Altbau, desto höher der Gewinn, desto geringer die ermittelte Bezugsgröße.
Dämmputze, hinterlüftete Verkleidungen und Dämmplatten liegen noch heute im Durchschnitt zwischen 3,60 und 5,20 DM/kcal/h (alte Benennung wurde zu Vergleichszwecken beibehalten), wobei bei günstigen Objekten, guter Planung und scharfer Kalkulation die Kosten bis auf etwa 3,– DM/kcal/h gesenkt werden können.
Werden nur die Fenster saniert, sind Werte um 1,– DM/kcal/h erreichbar; sie liegen im Durchschnitt jedoch bei 2,50 bis 3,90 DM/kcal/h. Interessant ist, daß Aluminium- und Kunststoffenster meist über dem Kostenwert der Holzfenster liegen.
Allgemein ist zu allen Überlegungen des Wärmedämmschutzes zu sagen, daß der Gewinn durch Heizkostenersparnis nicht linear zur Dicke der Wärmedämmkonstruktion ansteigt, da Faktoren wie freiwillige und unfreiwillige Lüftung eines Raumes, Wärmespeicherung bei Beheizung und Besonnung, Abkühlung, Wärmeabgabe an Nachbarräume nicht linear zur außenseitigen Dämmkonstruktion abnehmen. Als leider nur grober Anhaltswert für Außenwände zwischen 35,5 cm und 49 cm Ziegel liegt die finanzielle Effektivitätsgrenze bei circa 6 cm hochwertigem Dämmaterial.

Kondensation

Obwohl die Gefahren und Folgen unkontrollierter Kondensation in Bauteilen schon mehrfach angesprochen wurden, soll diese häufige Ursache von Bauschäden eingehend beschrieben werden. Der Altbau ist überall dort durch Kondensation gefährdet, wo dünne – Fachwerkausmauerungen oder stark wärmeleitende Natursteine – Außenwandkonstruktionen eine niedrige Temperatur der Außenmauerinnenseite bewirken (Winterkondensation) (Abb. 1) oder zu große Wandmassen – Kirchen, Burgmauern, Kellermauern – tiefe Temperaturen noch weit in wärmere Witterungsperioden hineinspeichern (Sommerkondensation) (Abb. 2). Der bauphysikalische Ablauf – nicht die Sanierungsmöglichkeit – ist in jedem Fall gleich.

Begünstigt wird Kondensation noch durch alle weiteren Ursachen, die die Temperatur einer Außenwand herabsetzen können wie Nordseite, Hauptwindrichtung, Durchfeuchtung oder Temperaturdivergenz in Außenecken, da dort dem Anteil der wärmeaufnehmenden Innenfläche eine wesentlich größere, wärmeabgebende Außenfläche entspricht (Abb. 3). Das vor Jahren hierüber abgegebene höchstrichterliche Urteil (Hammer Urteil), nach dem der Architekt schon dann als bauschadensfördernd zur Haftung heranzuziehen ist, wenn er Ecken statt Rundungen plant, ist von beispielhafter Unsinnigkeit – auch wenn es immer wieder zitiert wird.

Zugleich erhöht sich die Gefahr der Kondensation durch bisher unübliche Nutzung (Kellerschwimmbad) oder durch Unkenntnis und Mißachtung bauphysikalischer Gesetzmäßigkeiten beim weiteren Ausbau des Hauses (Kellerschlafräume, Dachzimmer).

Abb. 1 *Winterkondensation – zu kalte Raumoberflächen aufgrund nicht ausreichender Wärmedämmung.*

Abb. 2 *Sommerkondensation – zu kalte Raumoberflächen aufgrund zu starker unbeheizter Baumassen.*

Relative Luftfeuchtigkeit

Wasserdampf ist ein geruchloses, aber auch unsichtbares Gas. Diese Tatsache muß man sich deshalb vor Augen halten, weil unter Wasserdampf oft die sichtbaren Schwaden aus dem Kochtopf verstanden werden: nichts zu sehen, heißt also nicht, daß der betreffende Raum »trocken« ist. Es kann im Winter in zentralbeheizten Räumen mit einer durchschnittlichen relativen Raumluftfeuchte von etwa 30%, im Sommer mit 60% und mehr gerechnet werden. Diese höhere relative Luftfeuchtigkeit im Sommer beansprucht aber in der Regel die raumumschließenden Bauteile nur dort, wo diese aus den genannten Gründen trotz der höheren Außentemperatur kalt bleiben. So tritt im Sommer in kühlen Raumecken – vor allem im Keller – oder auf kühlen Steinfußböden Kondensationsfeuchtigkeit auf. In einer Schwimmhalle dagegen herrscht auch im Winter eine hohe relative Feuchtigkeit; sie wird im Mittel mit 65 bis 75% veranschlagt.

Wieviel Wasser ist dies nun eigentlich? Hier muß der Begriff »relativ« geklärt werden. Er besagt, daß die Wasserdampfaufnahmefähigkeit der Luft relativ zur Luft-

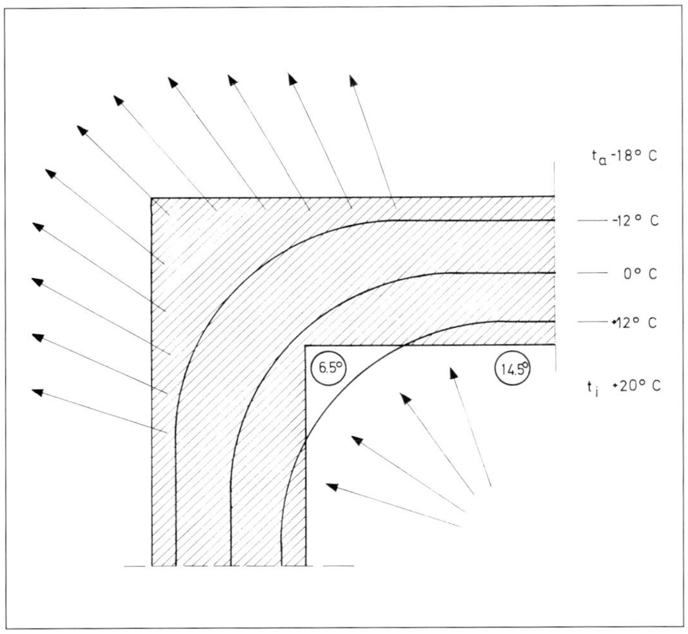

Abb. 3
Temperaturverlauf in einer positiven Gebäudeecke, Divergenz des Wärmestroms.

temperatur bestimmt wird, da sie sich mit dieser ändert. Warme Luft »trägt« mehr Wasser als kühle – oder bei Erwärmung sinkt die relative Luftfeuchtigkeit, gleiche absolute Luftfeuchtigkeit vorausgesetzt. Ein Beispiel erklärt dies: Wird ein Ballon mit einem Kubikmeter Luft gefüllt, so beinhaltet er auch gleichzeitig eine ganz bestimmte, in der Luft enthaltene Wassermenge. Wird diese Luft im Ballon erwärmt, dehnt sie sich aus. Wenn das Volumen nun zwei Kubikmeter beträgt, ist zwar absolut gesehen in diesem nun aufgeschwollenen Ballon noch die gleiche Wassermenge der Luft enthalten; relativ gesehen zu wieder einem Kubikmeter kann die Luft aber nur noch einen Teil der ursprünglichen Wassermenge enthalten. Hierzu einige vergleichende Zahlen: 1 kg »trokkene Luft« von 30 °C kann maximal etwa 27 g Wasser »tragen«; die gleiche Luftmenge bei 10 °C jedoch nur noch 7 g. Wird eine Raumluft von 30 °C mit der relativen Luftfeuchtigkeit von 75% abgekühlt, wird bereits bei etwas mehr als 25 °C der Taupunkt erreicht, es bildet sich Wasser in flüssiger Form. Dieser Vorgang kann sich in allen Temperaturbereichen abspielen – und in der Praxis kennt ihn jeder: die kalte Bierflasche aus dem Kühlschrank beschlägt in der Zimmerluft; die Kochschwaden schlagen sich an der Fensterscheibe nieder, und Spiegel und Fliesen trüben sich beim Duschen, vor allem im Sommer, wenn der Baderaum nicht geheizt wird.

Kondensation in einem Gebäude wird aber kaum so deutlich; vor allem bildet die Außenhaut nur durch wenige Materialien so dampfdichte Flächen wie das Glas der beschriebenen drei Beispiele.

Wenn ein Baustoff aber dampfdurchlässig ist – und dies sind unsere alten Wandbaustoffe alle, wenn auch in unterschiedlichem Maß – und das vorhin Gesagte zutrifft, daß Kondensation sich in allen Temperaturbereichen abspielen kann, wird das bauliche Problem »Kondensation« größer und im engsten Wortsinn »vielschichtiger«.

Hierzu etwas Theorie. Ein Stoff wird vom Wasserdampf durchdrungen; man nennt dies Dampfdiffusion. Ab einer bestimmten Temperatur kondensiert der gasförmige Wasserdampf zu flüssigem Wasser; dieser Vorgang ist die Kondensation. Die Wasserdampfdiffusion durch irgendeinen Bauteil wird vom Dampfdruckgefälle bestimmt, das immer vom Ort mit höherem Dampfdruck durch den Bauteil zum Ort niedrigen Dampfdrucks verläuft, in der Bauschadenspraxis meist von innen nach außen! – wobei die Physik hier von zwei unterschiedlichen Dampfteildrücken spricht. Die Menge des als Dampf diffundierenden Wassers hängt ab von zwei Faktoren: der Differenz der beiden Dampfteildrücke und der Wasserdampfdurchlaßfähigkeit des Baustoffs, wobei die Bauphysik üblicherweise das Gegenteil in Rechnung setzt: den Wasserdampf-Diffusionsdurchlaßwiderstand.

Die einzelnen Teildrücke werden bestimmt aus dem Sättigungsdruck und der relativen Luftfeuchte, wobei unter »Sättigungsdampfdruck« jener Teildampfdruck der Luft verstanden wird, der in Abhängigkeit von der Lufttemperatur maximal möglich ist. Sättigungsdampfdrücke für Luft unterschiedlicher Zustände können zahlreichen Veröffentlichungen, unter anderem auch DIN 4108, Teil 5, entnommen werden. Logischerweise muß deshalb die relative Luftfeuchtigkeit das Verhältnis sein zwischen Wasserdampfteildruck und -sättigungsdruck. Für die Praxis wird also bestätigt, daß Feuchte und Temperatur die für Kondensation entscheidenden Größen sind und daß überall dort Wasser durch Kondensation austreten muß, wo der Teildruck den Sättigungsdruck erreicht. Überschreiten, wie dies in manchen graphischen Ermittlungen dargestellt ist, kann er ihn allerdings nie – vorher »regnet« es.

Es ist nun möglich, Häufigkeit und Umfang dieser Kondensation, die Tauwasserbildung, rechnerisch oder graphisch zu ermitteln und sogar in etwa die Lage jener Ebene im Bauteil, die besonders gefährdet ist. Auch hierüber sind viele schlaue – auch manche dumme! – Veröffentlichungen erschienen, die zur Ermittlung anleiten; es wird hierzu auf das Literaturverzeichnis verwiesen.

Wichtig ist aus der Sicht der Altbausanierung das Folgende: Kondensation als naturgesetzlicher Vorgang ist nicht schon a priori schädlich, da Baustoffe und Konstruktionen auf allerdings sehr unterschiedliche Weise auch die Wasserbildung ertragen können. DIN 4108, Teil 3, Abschn. 3.2.1 nennt stark vereinfacht jene Grenzen, innerhalb derer Wärmeschutz und Standfestigkeit der Baustoffe auch bei Tauwasserbildung in ausreichendem Maß erhalten bleiben:

- der Wasseranfall während der Kondensationsperiode muß möglichst weit unter der Wasserabgabe während der Verdunstungsperiode liegen,
- die Baustoffe dürfen durch Tauwasserbildung nicht geschädigt werden (Eisbildung, Korrosion, organischer Befall),
- eine Tauwassermenge von 1,0 kg/m^2 darf bei kapillarwasseraufnehmenden Baustoffen nicht überschritten werden; ansonsten ist diese Wassermenge auf 0,5 kg/m^2 zu begrenzen,
- bei Holz- und Holzwerkstoffen ist eine Erhöhung des massebezogenen Feuchtegehalts um mehr als 5% oder 3% unzulässig.

Auch diese Forderungen machen nochmal deutlich, daß Kondensation an einem Gebäude nicht mit sichtbarer Wasserbildung an seiner Oberfläche gleichgesetzt

werden darf, sondern in allen Schichten auftreten kann. Aus dem bisher Gesagten lassen sich bereits die theoretischen Möglichkeiten der Sanierung oder Verhinderung von Kondensationsschäden ableiten. Es sind die Ursachen, die zu verringern oder zu verhindern sind:
- die Raumluftfeuchte ist zu senken,
- die Temperatur des betroffenen Bauteils ist zu erhöhen,
- der Wasserdampf ist in seiner »Wanderung« zu behindern.

Dies klingt leicht, doch bedarf es genauen Mitdenkens und Erfahrung im Detaillieren, um Kondensation zu vermeiden (siehe »Dach«, »Heizung«, »Schimmelbildung«, »Trockenlegung«).
Die Raumluftfeuchte, oft nutzungsbedingt, kann durch haustechnische Anlagen verringert werden. Der Aufwand für Klimaanlagen, auch für Luftentfeuchter ist hoch; die Geräte benötigen eine automatische oder mit Verständnis geführte Regelung und eine regelmäßige und sachkundige Wartung. Sie sind in der Anschaffung aufwendig, benötigen Platz und verbrauchen Energie. Die Lösung eines Kondensationsproblems durch Luftentfeuchtung ist deshalb fast ausschließlich Sonderfällen vorbehalten, bei denen Sommerkondensation vorliegt: Lager-, Fertigungs-, Ausstellungsräume oder Versammlungsstätten mit periodischer Nutzung. Sie werden sinnvoll über einen Luftfeuchtefühler geschaltet, der so eingestellt wird, daß die Anlage etwa 5% unter der ermittelten Gefahrenschwelle anläuft.
Die Temperatur eines kondensationsgefährdeten Bauteils zu erhöhen, ist technisch immer möglich, formal manchmal unerträglich und wegen der Kosten vielfach unerwünscht. Hier wird man für eine optimale Lösung unterscheiden müssen zwischen Sommer- und Winterkondensation. Eine außenseitige Wärmedämmung, die mit Sicherheit bei Winterkondensation einen Erfolg bringt – falls sie möglich ist! –, wird im anderen Fall keinen Erfolg zeigen (siehe »Wärmedämmung«). Dafür bringt eine leichte Temperierung durch Beheizung dort einen Erfolg; die Nebenwirkungen wegen Verdunstung und Salzkristallisation sind zu berücksichtigen (siehe »Trockenlegung«, »Salzbekämpfung«, »Sanierputze«).
Für besonders gefährdete, aber streng begrenzte Bereiche – das sind vor allem Wärmebrücken – ist auch eine partielle Beheizung mit hierfür entwickelten elektrischen Flächenheizsystemen möglich.

	Heizung	Außentemperatur	Dämmung	Lüftung	Nutzung	Absorption	Dampfdiffusion
Oberflächentemperatur	●	⬤	⬤	•			
Luftfeuchte	●	●		⬤	⬤	●	•

Abb. 4 *Kondensationsbestimmende Faktoren.*

Den Wasserdampf beim Diffundieren zu behindern, ist Aufgabe der Dampfsperre.

Dampfsperre

In Zusammenhang mit der Kondensation wird häufig die Dampfsperre als Rettungsmittel genannt. Dies ist falsch. Kondensation geschieht durch Unterschreitung der Taupunkttemperatur. Wird auf eine Wand mit zu niedriger Oberflächentemperatur eine Dampfsperre aufgebracht, bildet sich das Wasser eben an dieser neuen Oberfläche – jedoch stärker als bisher, da auch der bisher von der Wand weitertransportierte Feuchtigkeitsanteil gestoppt wird. Die Dampfsperre schützt also nur die hinter ihr liegende Mauer. Erst wenn durch eine ausreichende Dämmung die Wandoberflächentemperatur entsprechend erhöht wurde, bleibt Kondenswasserbildung im Bereich des Innenputzes oder einer Wandverschalung ausgeschlossen. Die Dampfsperre schützt nun Wärmedämmung und Mauer vor der weiteren unkontrollierbaren Durchfeuchtung im Wandinnern. So ergibt sich die Anwendung einer Dampfsperre zwangsläufig aus ihrer Funktion: Sie verhindert das Eindringen von Wasserdampf in Bauteile, in denen es durch Kondensation zu Feuchtigkeitsniederschlägen und damit zur Bauschadensbildung kommen kann. Die Dampfsperre liegt damit stets auf der »feuchten« Seite eines Bauteils oder – unmißverständlicher, wenn auch in extremen Sonderfällen falsch – auf seiner wärmeren Seite. Da dieser Bauteil (Wand, Decke) aber meist mehrschichtig aufgebaut ist, Kondensation als Folge einer genau bestimmbaren Abkühlung auftritt und das Temperaturgefälle in den einzelnen Bauteilschichten am steilsten in der am stärksten wärmedämmenden Schicht sein muß, liegt die Dampfsperre in der Praxis vor der warmen Seite der Wärmedämmschicht – in einem Kühlraum also außen, im Regelfall raumseitig. Die Folgerung dieser Grundregel ist im Altbau vor allem für den Dachausbau wichtig und läßt sich nicht in allen Ausbaudetails gleich gut befolgen (siehe »Dach«).

Kondensationsbestimmende Faktoren (siehe »Schimmelbildung«)

Wie bereits beschrieben und in »Schimmelbildung« nochmals praxisnah gezeigt, bestimmen Luftfeuchte und Oberflächentemperatur Kondensationsneigung und Kondensationsmenge. Bestimmt werden jedoch diese beiden Kennwerte durch eine Reihe anderer Faktoren, vor allem Heizung, Außentemperatur, Wärmedämmung, Lüftung, Nutzung, Absorption der Raumhülle und Dampfdiffusion (Abb. 4).
Die Luftfeuchte wird weitgehend durch die Nutzung und Lüftung des Raums bestimmt und weist der Heizung eine entscheidende Bedeutung zu. Sie bestimmt zusätzlich zusammen mit der Wärmeleitfähigkeit der Raumhülle die Oberflächentemperaturen. Diese Wärmeleitfähigkeit kann allerdings durch zusätzliches Dämmen positiv beeinflußt werden, was aber leider auch wieder neue und über die Dämmung bestimmte Schadensmöglichkeiten einschließt (siehe »Wärmedämmung«).
Verstärkt wird die Wärmeleitfähigkeit durch jede Erhöhung des Feuchtegehaltes in den Materialien der Raumhülle. Diese zusätzliche Durchfeuchtung kann im Erdgeschoßbereich durch aufsteigendes Wasser und überall durch Undichtigkeiten in Rohrnetzen oder durch partiell (Regenwasserableitung) oder flächig (saugende Außenwandoberfläche) eindringendes Re-

genwasser entstehen. Der Effekt wird meist unterschätzt: schon eine Feuchtigkeit der Wand von 3% verringert deren Wärmedämmfähigkeit um die Hälfte!
Überbewertet wird unter dem Gesichtspunkt der Kondensation dagegen der Einfluß der Dampfdiffusion: es gibt keine »atmenden Wände« – sieht man von Zelten und Primitivbaracken ab. Der Luftwechsel eines Raumes durch seine Fugen – Türen, vor allem Fenster und eventuell Kamine – liegt um 3–5 Zehnerpotenzen höher als der durch Diffusion. Diese Behauptung einer »atmenden Wand« wird seit nun genau hundert Jahren vom großen Arzt und Hygieniker Pettenkofer abgeschrieben – und ist schon genauso lange falsch: »... geht auch Luft durch die Wände ohne unser Wissen und Wollen und verdünnt und reinigt die Zimmerluft ... manchen Menschen ist es schwer, an den Luftwechsel durch Wände zu glauben. Daß aber durch trockene Wände Luft gehen muß, ergibt sich schon aus der Tatsache, daß unsere Wände, wie jederman weiß, nicht wasserdicht sind, das Wasser durch sie hindurchgeht. Da das Wasser 770 mal schwerer als Luft ist, so muß Luft 770 mal leichter durchgehen ...«
Unter einem weiteren Aspekt ist jedoch auch die Dampfdiffusion durchaus wichtig: die Sorptionsfähigkeit der Raumhülle. Diese Fähigkeit der Baumaterialien, Wasser in Zeiten verstärkter Nutzung, wie Baden und Kochen, möglichst stark zu speichern, dann aber in nutzungsschwachen Zeiten wieder an die trockene Raumluft abzugeben, darf zwar nicht mit der Diffusionsfähigkeit eines Stoffes gleichgesetzt werden, doch können diffusionsdichte Oberflächen wie Fliesen, Dispersionsanstriche, dampfsperrende Folien die an sich hervorragende Absorptionsfähigkeit einer Ziegelwand oder eines Kalkputzes »vernichten«.
Als kondensationsbestimmender Faktor ist schließlich noch Möblierung oder Ausstattung zu nennen, auf die ebenfalls unter »Schimmelbildung« eingegangen wird.

Grundsätze zur Vermeidung von Kondensationsschäden bei Sanierung

Faßt man das vorweg Beschriebene zusammen, so muß man akzeptieren, daß zumindest einer der genannten Faktoren weder vorhersagbar noch beeinflußbar ist: die Nutzung. Die Rechtsprechung räumt dem Nutzer einen großen Spielraum ein, so daß statt mit anwaltlicher Drohung besser mit Überzeugung eine Änderung des Nutzerverhaltens erreicht werden sollte: die Blumentöpfe, das Aquarium, die Haustiere, die Möblierung sind also kondensationsfördernde Fakten und sind deshalb als solche einzuplanen; auch anläßlich einer Sanierung sind hier kaum Eingriffe möglich, es sei denn, das Angebot einer bauseits gelieferten Vorhangschiene, der Verzicht auf das Versetzen einer Tür, um die für das Aufstellen eines Einbauschranks notwendige Einbautiefe zu erreichen, und vielleicht noch andere Kleinigkeiten. Wesentlich wird jedoch die sinnvolle Durchführung einzelner Sanierungsmaßnahmen. Hierzu gehören vor allem Fenster- und Heizungssanierung, aber auch die Auswahl der Materialien im Innenausbau. Letztlich ist zu überprüfen, in welcher Form eine Wärmedämmung ausgeführt wird – falls dies überhaupt notwendig ist, was sicherlich bei manchem Altbau aus Gründen des Kosten-Nutzen-Verhältnisses in Frage gestellt werden kann.
Wenn schon die Neubauunsitte vom fensterlosem Bad und innenliegender Küche dem hierin sehr viel menschenfreundlicheren Altbau aufgepfropft wird, so sind diese blinden Räume schließlich ausreichend zu entlüften.

Schimmelbildung

Zu den leichteren, aber dennoch besonders heiklen Bauschäden zählt die Schimmelpilzbildung (Abb. 1). Als »leicht« darf man sie deshalb bezeichnen, weil die Baukonstruktion nicht angegriffen wird und – zumindest nach heutigem Kenntnisstand – negative gesundheitliche Auswirkungen meist vergleichsweise gering sind und ohnedies nur bei einzelnen Personen auftreten. Dennoch sollte auch dieser Aspekt stärkere Beachtung finden, da für jeden hiergegen Empfindlichen sogar die weitere Bewohnbarkeit seines Zuhauses in Frage gestellt werden kann. »Heikel« ist dieser Schaden aber deshalb, weil er wie kaum ein zweiter Uneinsichtigkeit und Emotionen auslöst: Der Mieter will auf keinen Fall einsehen, warum er in der neuen Wohnung anders leben soll als in der alten, sein Leben also gleichsam dem Haus dienen muß statt dieses ihm, oder warum diese Umstellung von ihm auch noch dann gefordert wird, wenn gegen seinen Willen, aber auf seine Kosten, mietpreissteigernde Modernisierungsmaßnahmen durchgeführt wurden. Der Vermieter kann keine »Schuld« bei sich finden, wenn eine Wohnung, die mehrere Mieter schon schimmelfrei genutzt haben, plötzlich diesen Schaden zeigt und zudem noch Vergleichswohnungen schadensfrei geblieben sind. Seine Schuldeinsicht wird nochmals stärker strapaziert, wenn dieser Schaden – wiederum nur bei einzelnen Mietern! – nach einer Modernisierungsmaßnahme, wie Einbauen dichterer Fenster, geschieht, eine Maßnahme, zu der er durchaus im Extremfall sogar mit Gerichtshilfe von jenem Mieter gezwungen worden sein kann, der nach dieser Auswechslung den Schimmelschaden »verursacht«.

Wenn aber Gebäude und Räume über Generationen diesen Schaden nicht kannten, der nun plötzlich bei sich ändernder Bauweise oder durch bauliche und haustechnische »Sanierung« auftritt, muß es eigentlich verblüffen, mit welcher Leichtfertigkeit sich weiterhin beide Seiten den Schwarzen Peter zuschieben, da doch seit langem bekannt ist, wann und warum Schimmelbildung auftritt: Die Raumluftfeuchtigkeit hat sich erhöht – und/oder die Oberflächentemperatur des befallenen Bauteils gesenkt. Diese simple Aussage kompliziert sich allerdings in der Praxis dadurch, daß die beiden Kenngrößen durch eine Fülle anderer Faktoren bestimmt werden; vor allem Heizung, Außentemperatur, Wärmedämmung, Lüftung, Nutzung, Absorption der Raumhülle und Dampfdiffusion. Daraus folgt, daß es falsch ist, bei Kondensationsschäden einseitig auf die Heizung, die Nutzung oder die Wärmedämmung zu starren. Ein Haus, ein Raum sind einschließlich ihrer Nutzer eine so eng vernetzte Einheit, daß zur Schadenserklärung oder besser zur Schadensvermeidung alle Faktoren in ihrer Auswirkung untereinander abzuklären sind.

Wie aus Abbildung 4 (in Kapitel »Kondensation«) hervorgeht, wird die Luftfeuchte weitgehend durch die Nutzung und die Lüftung des Raumes bestimmt. Zwar soll das Gebäude seinen Nutzern dienen und nicht umgekehrt; dennoch gibt es Verhaltensweisen und Gewohnheiten, die ein normaler Raum auf Dauer nicht schadensfrei verkraften kann. Zur Feuchteabgabe des Menschen je nach seiner Beschäftigung ist die Feuchteabgabe durch Kochen, Baden, Waschen zu zählen, aber auch jeder Wassertropfen, der einer Topfpflanze zugute kommt, denn die Pflanze verbraucht kein Wasser, sie benötigt es lediglich zum Nahrungstransport. Da die Oberflächentemperatur der kondensationsgefährdeten Bauteile aber eine so große Rolle spielt, sind die Raumluftbedingungen zur Winterzeit zu betrachten. Die dann niedrige Außentemperatur »trägt« nur sehr wenig Wasser, so daß jede Lüftung die Raumluftfeuchte herabsetzen könnte. Gerade im Winter wird und kann aber nur sehr bedingt durch Öffnen der Fenster gelüftet werden. Die richterliche Ermahnung, die gutachterliche Empfehlung oder die Vorschrift des Vermieters, den Raum so-

Abb. 1 *Bauschaden nach Einbau neuer Fenster und Zentralheizung: Schimmelbildung.*

undso oft durch entsprechendes Lüften abzutrocknen, zeugt nur wieder von schlampigem Denken, denn bewußtes Lüften verlangt die Anwesenheit des Mieters. Die Empfehlungen, statt einem dauernden Kippen und damit heizenergieverschlingendem permanentem Abkühlen eines Teils der Raumhülle lieber öfter kurz und stoßartig, aber mit weit geöffnetem Fenster zu lüften, ist also theoretisch ebenso richtig wie für die Praxis unbrauchbar. Der gleichmäßige und ständige Luftwechsel ohne dieses bewußte Lüften setzt also eine gewisse Mindestundichtigkeit der Fenster voraus – und es ist dies auch der Grund, warum die seit einigen Jahren zum Teil sehr aggressiv vorgebrachte Empfehlung, doch das (eigene) Fensterprodukt mit Lüftungsleiste zu verwenden (Abb. 2), ebenfalls falsch ist: Ge-

Wichtige Warnung für alle Mieter und Vermieter!

Immer wieder gibt es Klagen
ren, bei
Fenst

nach
zu verbannen? Wir wollen Fortschritt und nicht Rückschritt! Wir brauchen regulierbare Lüftungssysteme! Darum Brügmann Lüftungssysteme zum Öffnen und Schließen! Je nach

Fensterformel heißt: Regulierbare Feinlüftung bei dichtem Fenster.
Wichtig: Wehren Sie sich als Mieter und Vermieter gegen den leichtfertigen Eingriff in die moderne Fenstertechnologie. Sie gewinnen jede Klage vor Gericht.

Abb. 2 *Dringende Empfehlung eines Fensterherstellers – in eigener Sache.*

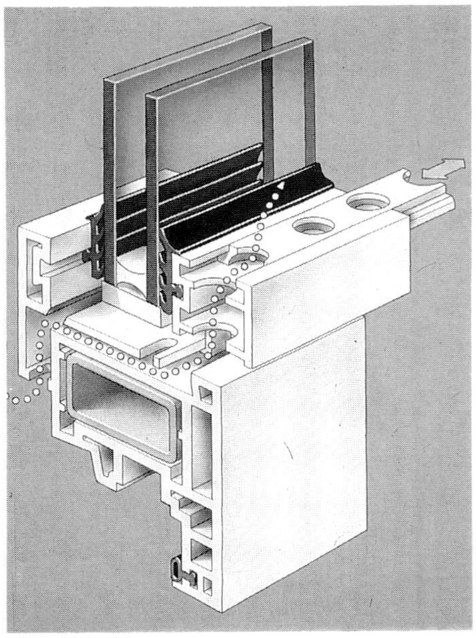

Abb. 3 *Technisch richtige, aber praktisch zweifelhafte Lösung des Problems »Luftwechsel«.*

nau derjenige Mieter, der bisher schon wegen der allgemeinen Energieeinsparhysterie und der aus ihr gewucherten Menge an offizieller wie unoffizieller unbrauchbarer Empfehlungen seine Heizung schadensträchtig drosselte, wird ängstlich darauf bedacht sein, daß diese Lüftungsleiste um so weniger verschoben wird, je kälter es draußen ist – je niedriger also die Oberflächentemperaturen und damit je anfälliger die gefährdeten Bauteiloberflächen werden.
Über mehr als zwei Jahrzehnte wurde uns von der Fensterindustrie gegen auch deren besseres Wissen eingehämmert, daß die Qualität des Fensters mit seiner Dichtigkeit steige: Luftwechselraten üblicher Neubau- und Altbausanierungsfenster wurden immer mehr vermindert und nähern sich inzwischen denen einer Festverglasung.
Diese Fehlentwicklung ist freilich inzwischen auch von seiten der Fensterindustrie erkannt – aber durch Lüftungsleisten mit Sicherheit nicht ausreichend gelöst (Abb. 3). Falsch ist es in diesem Zusammenhang ebenso, eine Verbesserung dieses Problems durch die vielbeschworene »Atmungsfähigkeit der Wand« zu erwarten; ein Luftwechsel durch Dampfdiffusion ist gegenüber jeglicher Fugenlüftung vernachlässigbar gering (siehe »Kondensation«).
Eines aber hat einen wesentlichen Einfluß auf die Luftfeuchte: die Heizung – und dies zweifach. Wie der Ausschnitt aus einem Meßblatt eines Thermohygrographen zeigt (Abb. 4), gibt es eine Abhängigkeit zwischen Temperaturveränderung und Feuchteveränderung der Raumluft: theoretisch oder in einem völlig gasdichten Raum beträgt diese Abhängigkeit in dem für das tägliche Leben üblichen Temperaturbereich eine Veränderung von etwa 5% relativer Feuchte bei einer Temperaturveränderung von 1 K, wobei eine Temperaturerhöhung ein Absenken der Raumluftfeuchte bedingt. Daraus folgt, daß diese um so tiefer sinken wird, je höher man heizt – und daß der Schimmelschaden um so leichtfertiger verursacht wird, je niedriger die Raumtemperatur gehalten wird. Selbstverständlich galt diese Abhängigkeit für die alte Ofenheizung ebenso wie für die neue Zentralheizung. Diese durch die Heizungssanierung ersetzte Einzelofenheizung hatte jedoch noch zwei weitere gravierende Vorteile: Zum einen stand der Ofen durch die Lage des Schornsteins bedingt an einer Innenwand und besaß eine wesentlich höhere Oberflächentemperatur. Dies bedeutete, daß sein Strahlungsanteil wesentlich höher war als der des Heizkörpers – und daß diese Strahlung vor allem ungehindert die gefährdeten Außenwandbereiche erwärmen konnte. Zum zweiten aber brauchte der alte Einzelofen für seine Verbrennung Sauerstoff, das heißt Raumluft: Während des gesamten Brennvorgangs wurde also ständig ein Unterdruck erzeugt, der im übrigen durch den Kaminzug auch dann in geringem Maß aufrechterhalten wurde, wenn der Ofen nicht brannte. Dieser Unterdruck im Raum bewirkte aber nochmals ein Verstärken des Luftwechsels, da er ein Nachströmen der trockenen winterlichen Außenluft erzwang. Es wird nun deutlich, warum die Schimmelbildung als Kondensationsschaden häufig fast zwangsmäßig als Folge einer Heizungssanierung mit Fenstersanierung auftritt und warum sie bei der bisherigen – aber auch bei jeder neuen! – Einzelofenheizung mit Ausnahme von Nachtstromspeicheröfen so gut wie unbekannt ist. Verständlich wird aber auch, warum unsere neuen Heizarten diesem Schaden nochmals Vorschub leisten: Zur besseren Nutzung von alternativer Energie wird es notwendig, die Heizwassertemperaturen möglichst tief zu senken; dies ist vor allem der Grund, warum die Niedertemperaturheizung auch staatlicherseits so warm – man sollte passender sagen lauwarm – empfohlen wird, da nur damit auch die unsinnigste Empfehlung von Solaranlagen und Wärmepumpen praktikabel wird. Die Niedertemperaturheizung er-

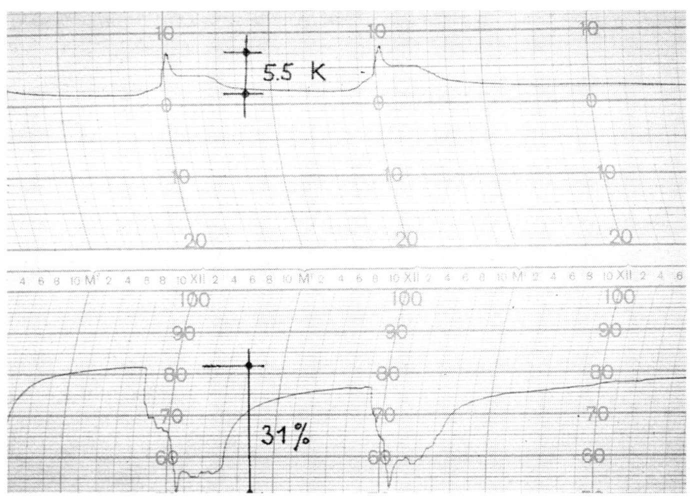

Abb. 4 *Lehrbuchhafte, aber extrem seltene Abhängigkeit von Luftfeuchte und Lufttemperaturwechsel.*

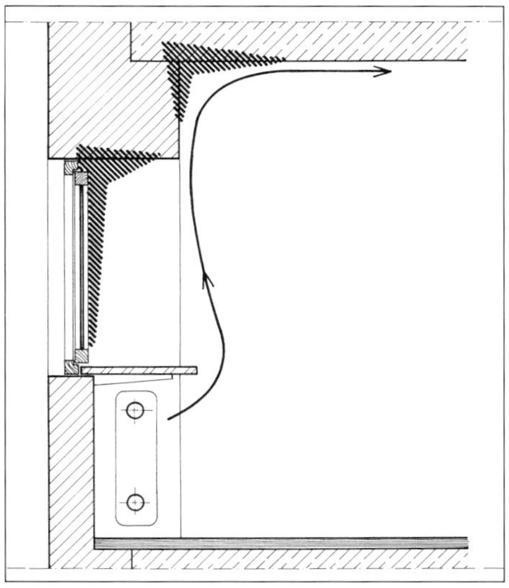

Abb. 5 *Schematische Darstellung des Wärmestroms bei Abdeckung des Heizkörpers.*

zwingt aber wesentlich größere Heizflächen, so daß sie sinnvoll vor allem als Flächenheizung und hier meist als Fußbodenheizung ausgeführt wird. Je niedriger aber die Temperatur des Heizkörpers oder der Heizfläche ist, desto geringer wird jener Strahlungsanteil, der besonders gefährdete Stellen auch noch erreichen kann. Zur Vermeidung der Schimmelbildung nach der Sanierung muß also nicht nur die ausreichende Erwärmung des Raums gewährleistet sein, sondern auch die Art der Wärmeabgabe im sanierten Raum bedacht werden sowie durchaus auch die Oberflächentemperatur der Heizfläche.
Mit wenigen Ausnahmen ist allen üblichen Heizsystemen auch ein entsprechend hoher konvektiver Anteil der Wärmeabgabe eigen: Die Luftbewegung transportiert die Wärme und soll sie auch dort hinbringen, wo nun plötzlich Organisches wächst. Nach geltender Lehrmeinung soll der Heizkörper unter dem Fenster die kalte, einfallende Luft aufnehmen und sie dann an der Außenwand nach oben schicken, wo sie, Decke und Innenwand bestreichend, über dem Fußboden wieder zurückfließt. Die Luft tut dies durchaus, doch spart sie nach strömungstechnischen Gesetzmäßigkeiten die Raumecken aus. Nicht der einbindende wärmeleitende Bauteil, den es an dieser Stelle schon seit Bestehen des Gebäudes gibt, schafft die gutachterlich festgestellte zu niedrige Temperatur, sondern diese Ecke wird nach Einbau des fensterseitigen Heizkörpers naturgesetzlich nicht mehr so erwärmt wie bisher: Der Strom warmer Luft fließt an ihr vorbei – und erst die erwärmte nähere Umgebung erwärmt nun auch diese kritische Zone durch Wärmefluß und Wärmestrahlung. Beides setzt wieder vergleichsweise hohe Temperaturen voraus, die um so weniger erreicht werden, je tiefer der Heizkörper in einer Nische steckt oder durch eine Fensterbank abgedeckt wird (Abb. 5).
Selbstverständlich bestimmt auch die Wärmedämmung die Oberflächentemperatur des betroffenen Raumes. Entscheidend für die Temperaturverteilung in der Wand und damit die Bildung oder Vermeidung feuchtegefährdeter Bereiche ist jedoch ihre Lage. Die möglicherweise hieraus erwachsenen diffusionstechnischen Probleme werden meistens berücksichtigt, so daß über Taupunktberechnung, Dampfsperre und ihre Lage in diesem Zusammenhang nicht noch zum tausendsten Mal geschrieben wird. Dennoch wird es notwendig, gerade bei der Problematik der Schimmelpilzbildung nochmals auf die Lage der Wärmedämmung einzugehen, die üblicherweise nur durch formale Überlegungen (Denkmalschutz) oder bauphysikalische Forderungen (Taupunktunterschreitung) beurteilt wird.
Die außenliegende Wärmedämmung darf zumindest pauschal als die bessere Lösung beurteilt werden. Einer der Vorzüge ist die Erhaltung der Speicherfähigkeit der Außenwand; diese Speicherfähigkeit wird in ihrer Auswirkung auf das Raumklima zwar ständig überschätzt, denn zu dieser einen Außenfläche des Raumkubus speichern noch alle anderen fünf Flächen, deren Masse nicht noch durch Fenster verringert wird. Zur Beurteilung der Oberflächentemperatur und der Berücksichtigung der Nutzergewohnheiten wird diese Speicherfähigkeit allerdings durchaus von Bedeutung: Bei kontinuierlicher Nutzung über Tag durch eine Familie erreichen die Außenwände mit Sicherheit jenen gewünschten speichernden Effekt, der auch ein häufiges kurzes Lüften nach Bedarf ermöglicht, ohne daß die Raumluft und vor allem die Oberflächentemperatur der Außenwand in einen gefährdeten Bereich absinkt. Anders ist dies sicherlich in einem Wohnheim oder in einem Appartementbau, deren Mieter tagsüber abwesend sind. Hier würde eine funktionsfähige innenliegende Wärmedämmung ein rasches Beheizen des Raumes nach der Heimkehr ermöglichen, ohne daß es zur Feuchteanreicherung an einer zu kühlen Wandoberfläche kommt. Es ist also falsch, die innenliegende Wärmedämmung a priori abzulehnen, da sie durchaus von Fall zu Fall

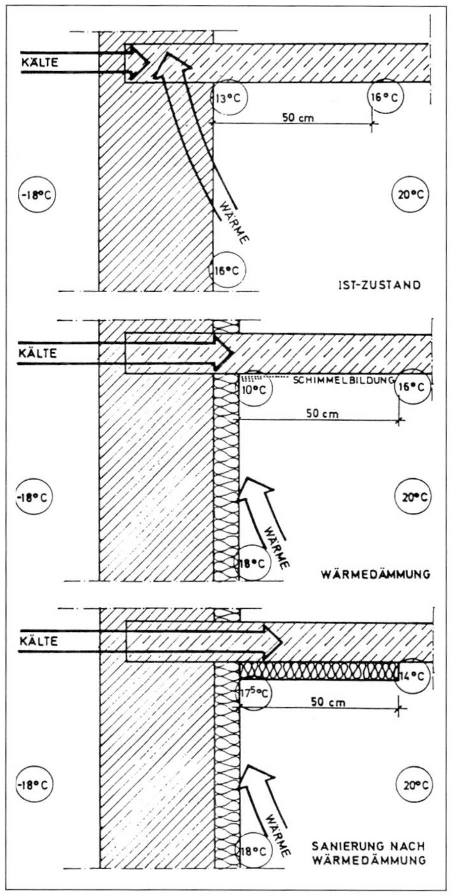

Abb. 6 *Schematische Darstellung der Veränderung der Oberflächentemperaturen durch Innendämmung und fragwürdige Sanierung.*

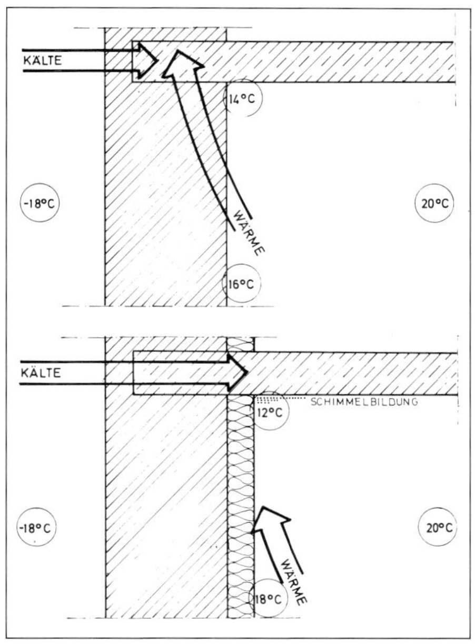

Abb. 7 *Schematische Darstellung der Veränderung der wandnahen Temperaturen durch Innendämmung.*

die wünschenswerteste Alternative der nachträglichen Wärmedämmung darstellt. Und trotzdem zeigt diese innenliegende Wärmedämmung eine für sie gerade typische Form der Schimmelbildung, obwohl alle Bedenken und Probleme aus Nutzung und Bauphysik bedacht wurden.

Wenn Dämmen aber Teil dieses »neuen« Heizens ist – und diese ganze lächerliche k-Wert-Messung nimmt dieses Junktim von Dämmen und Heizen auf –, liegt die Frage nahe, ob auch durch diese wärmedämmtechnische Sanierung der Schimmelschaden begünstigt wird. Leider ist auch dies zu bejahen – und so gibt es einen Schaden, der mit verblüffender Hartnäkkigkeit als Folge innenliegender Dämmung auftreten kann. Abbildung 6 zeigt das typische Detail einer Stahlbetondecke in einer Außenwand: Die bisher ungedämmte und in ihrer Konstruktion für die Nachkriegszeit sehr lange typische Wandkonstruktion ermöglichte durch den Wärmefluß auch ein entsprechendes Erwärmen der entweder vom Material her oder auch konstruktionsbedingt kälteren Bauteile. Selbstverständlich ging an diesem Punkt Wärme verloren, doch kam es dadurch nicht zu Schimmelbildung.

Nun sorgt die innen aufgebrachte Dämmung zwar dafür, daß weniger Wärme durch die Wand fließt und damit ungenutzt nach außen geht, doch wird gerade dadurch auch die bessere Erwärmung des kritischen Bauteils erschwert: Die Bauteil- und damit auch Oberflächentemperatur nur dieses Bauteils verringert sich entsprechend, so daß nun wieder einmal ausgerechnet durch Sanierung der Bauschaden bedingt wird – und verblüffenderweise um so stärker in Erscheinung treten muß, je besser, das heißt, je wirksamer die Wärmedämmung ist (Abb. 7). Um die Bauphysik-Theoretiker von kenntnisreichen Leserbriefen abzuhalten, ist angemerkt, daß in dieser Zeichnung nicht der durch Definition unmögliche Kältefluß neu eingeführt wird, sondern daß die Pfeile lediglich die Eindringtiefe gegeneinanderwirkender Außen- und Innentemperaturen darstellen. Für den Baupraktiker, worunter im Gegensatz zum Bauphysiker immer noch der Architekt zu zählen ist, wird durch diese Darstellung aber deutlicher, weshalb jede innenliegende Wärmedämmung der Außenwand die einbindenden Flanken, also Decke und Innenwände, gefährdet. Die schadensfreie Lösung ist weniger ein bauphysikalisches als ein formales Problem: Die Flanken müßten ebenfalls ausreichend tief wärmegedämmt werden.

Geringer einzuschätzen in der Auswirkung, aber dennoch häufig entscheidend ist eine andere Fähigkeit der Raumoberflächen, die vielfach auch in der Fachliteratur übersehen wird: die Sorption, das ist die Fähigkeit eines Materials, einen anderen Stoff aufzunehmen, hier die Fähigkeit der Wandoberflächen, Luftfeuchtigkeit in Zeiten hoher Beanspruchung aufzunehmen und zu speichern, um sie nur zu schwachen Zeiten, das heißt bei wieder sinkender Luftfeuchtigkeit, an den Raum abzugeben. Das in Abbildung 4 gezeigte Meßblatt stammt aus einer Kirche mit dichtem Steinfußboden, Natursteinwänden ohne Verputz, ohne Podeste, ohne hölzerne Emporen und geringer Bestuhlung. Daß sich hier die theoretische Verhältnismäßigkeit von Temperatur- und Feuchteschwankung auch in der Praxis gleich stark zeigte, hängt damit zusammen, daß dieser Raum kaum Material enthält, das Feuchte speichern kann. Wäre dieser Raum verputzt gewesen und hätte möglichst viel hölzerne Ausstattung besessen, wäre dieses Verhältnis auf 1 : 2, vielleicht sogar 1 : 1 gesunken wie das Meßblatt aus einem großen verputzten Zimmer, das zudem reich möbiliert war, zeigt (Abb.8). Sind nun ausgerechnet jene Räume, in denen besonders viel Feuchtigkeit erzeugt wird, wie Küche und Bad, möglichst umfassend gefliest, enthalten statt Holzmöbel Einbauteile aus dampfdichten Kunststoffplatten und zudem im restlichen Wand- und Deckenteil einen stark dampfbremsenden Dispersionsanstrich, so wird die Absorption als wünschenswerte, weil schadensdämpfende Eigenschaft der Raumhülle und der Ausstattung leichtfertig verschenkt.

Schließlich beeinflußt auch noch die Ausstattung die Kondensationsneigung eines Raumes und damit seine Neigung zur Schimmelbildung. Wenn schon die Heizung unter anderem beurteilt werden muß nach ihrer Fähigkeit zur Strahlung und damit der Erwärmung gefährdeter Wand- und Deckenteile, so ist auch die Raumausstattung danach zu beurteilen, wieweit sie eine gleichmäßige Erwärmung der Raumhülle zuläßt. Noch Großmutters Vorhang hing an einer Schiene, die von der Decke fast sturzhoch entfernt war und somit eine Durchspülung des Zwischenraumes Fenster/Vorhang ermöglichte. Noch Mutters Möbel standen auf Füßen und reichten selbst bei großbürgerlicher Ausformung nicht bis zur Decke: auch sie erlaubten eine Luftkonvektion hinter dem Möbelstück und damit nicht nur eine Erwärmung dieses Raumteils, sondern auch eine ständige Belüftung und damit das Vermeiden von Staufeuchtigkeit. Und schließlich reihte sich selbst bei enger Möblierung Möbelstück an Möbelstück, statt wie heute flächenfüllend eine ganze Wand abzudecken. Daß zudem Schrank und Tisch und Stühle noch aus Holz waren wie auch der Fußboden, daß der Innenputz in Kalk- oder Leimfarbe gestrichen war und Teppich, Vorhänge und Bezüge noch aus Wolle, Baumwolle oder Seide bestanden, weist wiederum auf die schon beschriebene Fähigkeit der Wasserspeicherung hin.

Faßt man das im einzelnen Beschriebene zusammen, so muß man akzeptieren, daß zumindest zwei der genannten Faktoren weder vorhersagbar noch meist beeinflußbar sind: Außentemperatur und Nutzung. Die Rechtsprechung räumt zu Recht deshalb dem Nutzer einen weiten Spielraum

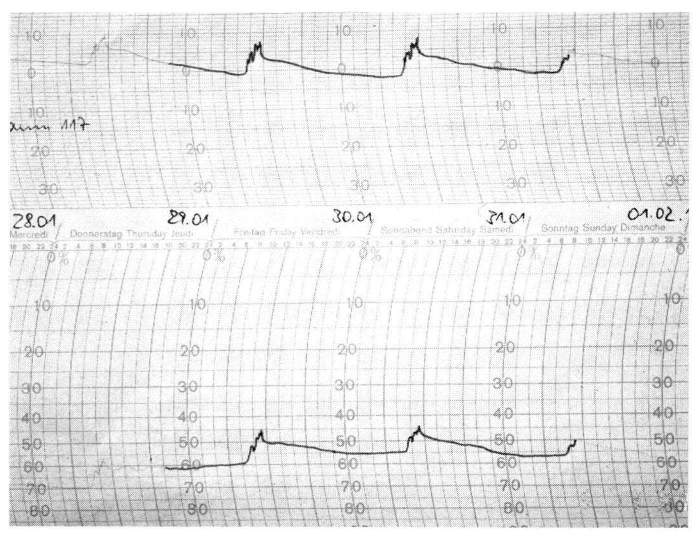

Abb. 8 *Übliche Abhängigkeit von Raumluftfeuchte und Raumlufttemperaturwechsel durch feuchtepuffernde Raumschale und Ausstattung.*

ein: die Blumentöpfe, das Aquarium, die Haustiere, die Möblierung können zwar kondensationsfördernde Fakten sein, sind aber tatsächlich als Fakten und nicht als vom Vermieter frei veränderbare Größen einzuplanen.

Rechtliche Lage

Nach Paragraph 536 BGB hat der Vermieter die vermietete Sache während der Mietzeit in einem vertragsgemäßen Zustand zu erhalten. Schimmelbildung – Stockflecken, Verspakung – kann vor allem im größeren Umfang zum Mangel an der Mietsache werden, was den Mieter zur Minderung des Mietzinses nach Paragraph 537 BGB berechtigt. Es ist hierbei wichtig, daß diese Minderung kraft Gesetz mit Auftreten des Mangels beginnt, ohne den Verursacher zu nennen.

Dem Mieter obliegt allerdings nach Paragraph 550 BGB die Obhutspflicht, es nicht durch vertragswidriges Verhalten oder Nutzen zu solchen Mängeln kommen zu lassen. Für beide Seiten ist es dabei gar nicht nötig, daß der Schaden schon aufgetreten ist oder einen bestimmten Umfang angenommen hat; es genügt die Gefahrengeneigtheit, wenn aus ihr eine Nutzungseinschränkung abgeleitet wird, also beispielsweise ein unübliches Lüftungsverhalten oder eine Einschränkung in der Möblierung. Ist der Schaden aufgetreten, so hat der Mieter zum Anspruch auf Erfüllung des vertraglich Vereinbarten auch noch Schadensersatzansprüche, die unter Umständen sehr weit gehen können.

Auch dem Vermieter steht bei erheblicher Gefährdung der Sache durch Verletzung der Obhutspflicht ein Anspruch auf Schadensersatz zu. Hierunter fällt nicht nur ein Neuanstrich oder ein Neuaufbringen von Tapeten, sondern auch die Behandlung mit Fungiziden bis hin zur Erneuerung des Wandputzes, falls die Sporen entsprechend tief eingedrungen sein sollten. Interessant ist aber ein weiterer Schadensersatzanspruch des Vermieters nach Paragraph 545 Abs. 2, 1. Halbsatz BGB, weil dieser sich nicht auf die Verursachung des Mangels gründet, sondern alleine auf die unterlassene Anzeige dieses Mangels: Der Mieter ist verpflichtet, den Schimmelbefall unverzüglich dem Vermieter anzuzeigen; unterläßt er dies, und kann deshalb der Vermieter nicht frühzeitig die Gegenmaßnahmen treffen, so ist der Mieter ebenfalls zum Ersatz dieses Schadens durch verspätete Meldung verpflichtet.

Beiden Parteien steht zudem ein entsprechendes Kündigungsrecht zu, dessen Inanspruchnahme sich allerdings auch wieder auf die Verletzung der Vertragspflichten der Gegenseite stützt. Erfolgt die fristlose Kündigung des Mieters wegen seiner Verletzung der Obhutspflicht, so ist er nicht nur nach Paragraph 556 I BGB zur Rückgabe der Mietsache verpflichtet sondern auch zum Ersatz des Schadens. Hierzu gehört nicht nur die Bekämpfung des Schimmels, sondern auch jeder andere, durch die Auflösung des Mietverhältnisses vom Mieter verschuldete Schaden wie Mietausfall bis zum Neuabschluß eines Vertrags, Kosten für Inserate und Makler.

Ein Sonderproblem kann die Vermietung einer schimmelgefährdeten oder -befallenen Wohnung darstellen. Ist der Mangel bereits bei Vertragsabschluß vorhanden, trifft den Vermieter eine Haftung auch ohne Verschulden, da er verpflichtet ist, die Wohnung zum vertragsgemäßen Verbrauch zu vermieten, worunter mit Sicherheit nicht der mietereigene Kampf gegen den Schimmel verstanden wird. Entscheidend ist aber hier der Vertragsabschluß und nicht der Übergabetermin der Wohnung. Zwischen Vertragsabschluß und Einzug können aber die Ansprüche des Mieters nach Paragraph 539 BGB ausgeschlossen werden, wenn der Mieter wie üblich vor Vertragsabschluß besichtigt und in Kenntnis des Mangels den Vertrag unterzeichnet hat. Dies muß nicht bedeuten, daß Feuchteflecken, muffiger Geruch und Schimmelbildung auffallend sein müssen: Der Mieter ist vielmehr verpflichtet bei muffigem Geruch auch einmal hinter Schränke zu schauen, den letzten Anstrichtermin zu erfragen und anderes mehr. Zieht der Mieter ein und hat er bei Einzug oder Übergabe eine positive Kenntnis des Schadens, muß er sich seine Rechte ebenfalls vorbehalten; dies heißt, er hat seinen Anspruch dann verwirkt, wenn er trotz Kenntnis die Wohnung bezieht und erst im Zuge der späteren Nutzung diesen Schaden doch als unerträglich empfindet. Auch hier gibt es allerdings wieder eine Ausnahme für jenen Fall, daß der Schimmelbefall vom Vermieter arglistig verschwiegen wurde, also beispielsweise auf Befragen eine falsche Antwort gegeben wurde oder aber umgekehrt vom Vermieter ausdrücklich zugesichert war, daß die Wohnung schimmelfrei se .

Der Verlust der Mängelrechte des Mieters tritt auch dann ein, wenn der Mangel tatsächlich erst während der Laufzeit des Mietverhältnisses infolge irgendeines Umstands entsteht, den der Mieter zu vertreten hat, dieser aber trotz Kenntnis weiter vorbehaltlos die Miete bezahlt. Nach der erweiterten Auslegung des Paragraph 539 BGB wird das Verhalten des Mieters so gedeutet, daß er doch die Mietsache weiterhin vorbehaltlos annimmt. Dieser vielleicht nicht ganz verständliche Verlust der Rechte dient dem Schutz des Vermieters, der ansonsten stets befürchten müßte, rückwirkend auch für größere Zeiträume haftbar gemacht zu werden. Auch von dieser Einschränkung gibt es allerdings dann Ausnahmen, wenn der Vermieter eine Beseitigung zusagt, der Mieter im Vertrauen auf diese Zusage den vollen Mietzins weiterzahlt und nun diese Zusage nicht gehalten wird: Es würde dann die mangelnde Vertrauenswürdigkeit des Vermieters Grundlage zur Durchsetzung eines Rechtsanspruchs gegen den Betrogenen darstellen.

Es ist ein altes Wort, daß Prozesse danach entschieden werden, wer seine Behauptungen beweisen kann und nicht danach wer Recht hat. Beiden Parteien obliegt Beweislast: dem Vermieter nach Paragraph 535 BGB durch die Pflicht zur gebrauchstauglichen Überlassung, dem Mieter nach Paragraph 548 BGB bei vertragswidrigem Gebrauch. Unter Mißachtung des allgemeinen Grundsatzes der Beweislastverteilung in den üblichen Zivilprozessen wird bei solchen Mietstreitigkeiten oftmals auch ein doppelter Entlastungsbeweis gefordert: Der Vermieter wird befragt über das Nichtvorhandensein von Baumängeln, der Mieter ist beweispflichtig dafür, daß sein Wohnverhalten den Schaden nicht hervorgerufen hat. Auch hierin zeigt sich nochmals das Problem und die Bedeutung der Beweisführung.

Ursachenermittlung, Beweisführung

Es ist ebenso verblüffend wie beschämend, mit welchen unbrauchbaren Geräten selbst vereidigte Sachverständige unbrauchbare Messungen vornehmen, um damit ebenso unbrauchbare Aussagen zu belegen. Wie sehr diese Unbekümmertheit, um nicht zu sagen fachliche Inkompetenz mancher Gutachter bereits einkalkuliert wird, zeigt die Tatsache, daß Mieter wie Vermieter oder deren Anwälte bei einiger Erfahrung durchaus jenen Gutachter wählen können, dessen Vorverständnis jeweils ein für sie günstiges Ergebnis erwarten läßt. Setzt der Sachverständige beispielsweise für diesen Mangel grundsätzlich Wärmebrücken voraus, worunter dann die stets anzutreffende Differenz im k-Wert benachbarter Bauteile verstanden wird, wird er ein Verschulden dem Vermieter zurechnen. Setzt er voraus, daß eine »normale« Wand bei normaler Nutzung keinen Schaden zeige, eine Durchfeuchtung also höchstens noch von außen oder von Nachbarwohnungen kommen könnte, überprüft er diese Möglichkeit durch Feuchtemessung und weist nach Ausschluß dieser Ursachen die Schuld dem Mieter zu. Tatsächlich ist die Ermittlung der Schadensursache jedoch nur dann so simpel, wenn es sich eindeutig um konstruktive Wärmebrücken handelt, also in der Regel ein Planungsfehler, manchmal auch ein Ausführungsfehler vorliegt. Diese Wärmebrücken zeichnen sich aber meist sehr deutlich als Befallskanten und -ränder ab, so daß sich der »schuldige« Bauteil gewissermaßen selbst verrät. In allen anderen Fällen werden meist mehrere der bereits ausführlich genannten Faktoren den Schimmelbefall bewirken, und es ist Aufgabe des Gutachters diese zu ermitteln.

Am häufigsten, aber in diesem Fall tatsächlich unbrauchbar, werden elektronische Feuchtemeßgeräte eingesetzt (siehe »Untersuchungsmethoden«). Diese Geräte haben durchaus ihre Bedeutung am Bau bei der Schadenssuche – nicht jedoch in dem hier beschriebenen Bereich. Dies liegt zum einen daran, daß die Feststellung, die schimmelverseuchte Wand sei feuchter als die unverseuchte, mehr als unnötig ist, da keinerlei Aussage über die Feuchteursache hieraus abgeleitet werden kann; zum anderen aber sind diese Meßgeräte von so vielen Faktoren abhängig, daß sie in diesem speziellen Fall niemals hinreichend genau sind, sondern bestenfalls Trends angeben, also eine Aussage über »trockener«, »feuchter«. Eine Ausnahme gibt es bei Materialien in eng definierter Zusammensetzung, also genormten Estrichen, besser noch Holz, was allerdings wieder voraussetzt, daß die elektronischen Meßgeräte zumindest von jener Güte sind, daß sie sich in Temperatur und Holzart nacheichen lassen. Dies erlaubt in einem kleinen speziellen Bereich auch die Anwendung bei Schimmelbildung, worüber noch gesprochen werden wird.

Diese beschriebene Art der Messung, die so zwangsläufig zum Repertoire fast jedes Gutachters in dieser Sache gehört, ist aber noch aus einem dritten Grund unsinnig. Der Ortstermin muß dem betreffenden Mieter mitgeteilt werden. Nähert man sich an einem kalten Wintertag eine Stunde vor dem Termin jenem Haus, in dem gemessen werden soll, ist die betreffende Wohnung schon von außen zu erkennen. In der gesamten Straße stehen nur jene Fenster sperrangelweit offen, in der der Gutachter nun 15 bis 30 Minuten lang Nutzungsgewohnheiten feststellen wird. Allein an diesem Verhalten des Mieters, das durchaus nicht so verwerflich zu beurteilen ist wie der Verkauf unbrauchbarer Gutachten für einen Prozeßentscheid, wird deutlich, daß jede Momentaufnahme, gleich ob von Zuständen in der Wand, auf der Wand oder in der Raumluft, für sich alleine inhaltslos ist.

Es wird also deutlich, daß es erheblich größerer gutachterlicher Anstrengungen bedarf, um den Mieter zu be- und entlasten. Spätestens hier ist einzuflechten, daß es aus Gründen der Verhältnismäßigkeit von Aufwand und Streitwert zwingend ist, gemeinsam zu versuchen, die Schadensursache ohne Gutachter, auf alle Fälle aber ohne Gericht festzustellen. Da in der Regel der Vermieter nur dann Kenntnis von einem solchen Schaden erhält, wenn der Mieter hieraus Ansprüche ableitet, muß es seine Sache sein, trotz Verärgerung und dem wie immer »untrüglichen« Rechtsgefühl dem Mieter eine gemeinsame Schadensermittlung anzubieten. Dies geschieht mit Sicherheit nicht dadurch, daß einem groben Brief des Mieters oder auch dessen Mieteinbehaltung sofort mit einem Rechtsanwaltsschreiben begegnet wird, in dem ebenso zweifelsfrei festgestellt wird, daß nur der Mieter als Schadensverursacher in Frage kommt.

Als erstes tut Aufklärung not. Was für Architekten, Bauschadenssachverständige Selbstverständlichkeit sein sollte, aber offensichtlich nicht ist, darf beim durchschnittlichen Mieter erst recht nicht vorausgesetzt werden. Diese Information über den bewußten wie auch unbewußten Anteil des Mieters an diesem Schaden bietet im übrigen bei Neuvermietung zumindest einen Vorteil bei späteren Rechtsstreitigkeiten wegen Schimmelbildung. Es ist keine taktische Notwendigkeit, sondern eine Sache der Höflichkeit, daß eine solche Information auch jene Möglichkeiten der Schimmelbildung nennt, für die der Vermieter verantwortlich sein wird. Bei gutem Einvernehmen können als zweiter Schritt einfache Messungen angeboten werden, die nun auch wieder weniger der Schuldzuweisung dienen als der Überzeugung. Erst wenn diese Mittel ausgeschöpft sind, werden die folgenden Messungen notwendig, nun aber mit jener Konsequenz, die daraus folgt, daß eine willige Zusammenarbeit zur Ermittlung der tatsächlichen Schadensursachen ausgeschlossen ist. Zwei Dinge werden hier leider zwingend notwendig: Langzeitmessungen und Ausschluß des Wassereindringens von außen oder über Defekte in wasserführenden Leitungen. Zudem muß die Durchfeuchtung zweifelsfrei festgestellt werden, was immer zu Eingriffen in die befallenen Bauteile zwingt.

Der Ausschluß anderer Feuchteursachen kann auf sehr unterschiedliche Weise festgestellt werden und reicht vom Einsatz der Infrarot-Fotographie bis hin zur gezielten zusätzlichen Probeentnahme. Einen hilfreichen Aufschluß bietet hier auch die Erstellung eines horizontalen Feuchteprofils, was in jedem Fall das Ziehen eines Bohrkerns verlangt, der dann auf den Wassergehalt der unterschiedlichen Wandtiefen hin untersucht wird.

Die Bohrkernentnahme wird ebenfalls notwendig für die exakte Ermittlung des Durchfeuchtungsgrads der oberflächennahen Wandschichten, also jener Werte, die stets durch den Einsatz von elektronischen Widerstandsgeräten versprochen wird, was aber nie zu halten ist. Die Kernbohrung bietet zudem eine unter Umständen zusätzliche Aussage: Schichtenaufbau

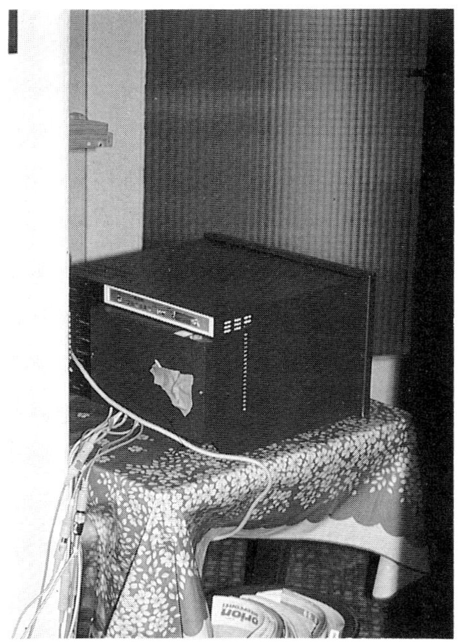

Abb. 9 *Kleines selbstschreibendes Gerät: sechs Eingänge für Temperatur- und Feuchtemessung, mit Verkabelung.*

und Material der Wand. Wo nur Kenntnis notwendig wird, kann allerdings auch eine Bohrung wesentlich geringeren Durchmessers mit Einsatz eines Endoskops helfen.

Das größte Problem stellt freilich die kontinuierliche Messung jener Größen dar, die zumindest einige Bereiche des Nutzerverhaltens spiegeln: Raumluftfeuchte und Raumlufttemperatur. Geht man davon aus, daß diese Messungen in ihrem Ergebnis unter Umständen gegen jenen gerichtet sind, in dessen Räumen sie vorgenommen werden und daß dieser die Untersuchungen gegen seinen Willen dulden muß, so ist ein Hauptaugenmerk darauf zu richten, daß die Meßergebnisse nicht gefälscht werden. Als einfachstes Gerät steht hierzu der Thermohygrograph zur Verfügung, der allerdings auch am leichtesten zu beeinflussen ist. Um ein Verstellen der Justierung zu unterbinden, sind solche Thermohygrographen zu wählen, deren Trommel und Justiereinrichtung nicht von einem offenen Gitter, sondern von einem weitgehend geschlossenen Plexiglaskörper umgeben sind. Zur Verhinderung der ständigen Kontrolle des Wohnverhaltens während der Meßdauer ist diese Abdekkung innenseitig undurchsichtig zu verblenden. Zudem sind die Geräte gegen ein Versetzen in klimatisch günstigere Räume zu sichern, was am einfachsten durch Anschrauben und Verplomben oder versiegelter Befestigung geschieht – was für sich schon wieder als »feindlicher« Akt empfunden werden wird. Festzuhalten sind ebenfalls die Außenlufttemperatur und Außenluftfeuchte; so sind zumindest rechnerisch Aussagen über die Oberflächentemperatur der gefährdeten Bauteile möglich sowie den Luftwechsel – das letztere allerdings nur in groben Bereichen.

Sehr viel exakter werden diese Messungen durch den Einsatz von selbstschreibenden Geräten, die nicht nur die Luftzustände innen und außen festhalten, sondern ebenso die Oberflächentemperaturen an beliebig vielen befallenen Stellen (Abb. 9). Zudem können über diese Geräte auch Lüftungsdauer und Lüftungshäufigkeit festgestellt werden, gegebenenfalls ebenso die Betätigung von Ventilatoren oder das Öffnen und Schließen von Lüftungsleisten. Als Einwand gegen den Einsatz von längermessenden Geräten wird stets das angepaßte Verhalten des Nutzers während der Meßdauer angegeben. Erfahrungsgemäß kehrt jedoch der Nutzer verhältnismäßig rasch zu seinen üblichen Lebensgewohnheiten zurück, da hier doch eine Vielzahl kleiner und kleinster Gewohnheiten den Tagesablauf bestimmt. Ein Vorteil der letztgenannten selbstschreibenden Geräte liegt darin, daß ohne erheblichen Mehraufwand vom gleichen Gerät auch Referenzdaten einer anderen, und zwar schimmelfreien Wohnung aufgezeichnet werden, was üblicherweise auch vor Gericht als besonders überzeugend gewertet wird.

Für Unternehmen der Wohnungswirtschaft, also für Eigentümer und Verwalter einer hohen Zahl von Wohnungseinheiten, kann eine derartige Untersuchung auch sinnvoll prophylaktisch durchgeführt werden. Hierfür sind diese Untersuchungen in einem strittigen Fall einschließlich Referenzwohnung wie beschrieben durchzuführen, wobei versucht werden muß, den Mieter der schimmelbefallenen Wohnung zur Mitarbeit zu gewinnen. Es ist ein vergleichsweise geringer Zusatzaufwand, diesem Mieter als Entgegenkommen für seine »Mitarbeit« die Beseitigung des Schimmelschadens auch dann zuzusichern, wenn die Messungen sein Verschulden belegt haben. Untersuchungsverlauf und Meßergebnisse werden jedoch für die gesamte Siedlung mit Erfolg aufklärend einzusetzen sein.

Selbst diese genaue Messung löst letztlich aber nicht jene Frage, wann eine Nutzung über den vertragsgemäßen Gebrauch einer Wohnung hinausgeht. Der Gutachter darf und kann diese Grenze nicht ziehen: Warum eigentlich sollte eine Wohnung nicht klaglos aushalten, daß ein Familienmitglied Blumentöpfe um sich hortet, die Kinder einige Katzen halten und manches nasse Kleidungsstück über der Heizung getrocknet wird? Auszuschließen oder festzustellen sind Baumängel und durchschnittliche Raumluftzustände – und es können viele der diese Raumluftzustände bedingenden Gründe genannt werden. Alles weitere bleibt offen und muß im Streitfall doch vom Gericht normativ geklärt werden.

Beschrieben wurden nun die Möglichkeiten – und auch Unmöglichkeiten – der meßtechnischen Ursachenerfassung. Nachzutragen sind allerdings noch einige Kleinigkeiten aus der gutachterlichen Praxis, die beim unvermeidlichen, wenn auch unnötigen Ortstermin so viel an Klärung schaffen können, daß vielleicht doch noch eine außergerichtliche Einigung möglich ist. Hierzu gehört mit Sicherheit an einem kalten Wintertag das Aufzeigen der Differenz zwischen Oberflächentemperatur der befallenen Bauteile und der Raumtemperatur und als klärende Ergänzung gegenüber dem laienhaften Mieter die Vorführung der Kondensatbildung auf einer Flasche aus dem Kühlschrank (Abb. 10). Auch für die Fensterdichtigkeit gibt es eine »Messung« (Abb. 11): Ein Blatt Papier wird zwischen Rahmen und Fensterflügel

Abb. 10 *Hilfsmittel zur »Beweisführung« von Ursache und Wirkung bei Kondensationsschäden.*

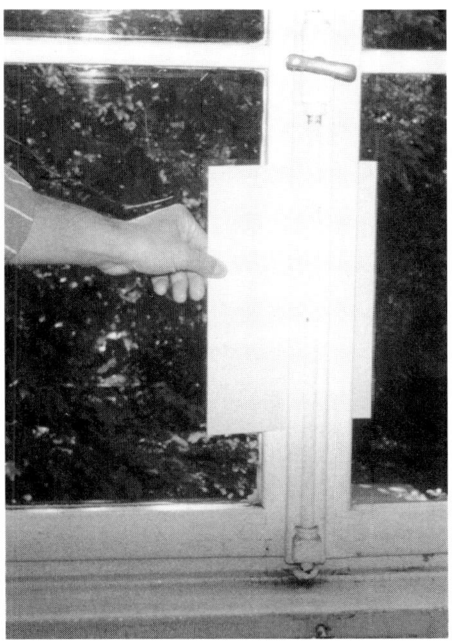

Abb. 11 *Simpler Beleg über die Qualität der Fensterdichtung: Ein Blatt Papier wird durch die Fugen gezogen.*

oder zwischen die beiden Fensterflügel gehalten und das Fenster geschlossen. Läßt sich das Papier nun mühelos, aber doch mit fühlbarem Widerstand herausziehen, so kann eine ausreichende Fugenlüftung zumindest gegenüber jenem Fenster angenommen werden, bei dem das Blatt Schreibmaschinenpapier nicht oder nur unter vorsichtigem Ziehen ohne zu reißen wieder herauszuziehen ist. Auch der Vergleich der Heizkostenabrechnung der betroffenen Wohnung mit denen anderer kann als überzeugendes Indiz besprochen werden. Wesentlich mag durchaus auch die Glaubwürdigkeit der betroffenen Parteien werden. Ein Abklopfen oder auch ein kleinflächiges Öffnen der vom Vermieter beschworenen Dämmung wärmeleitender Bauteile ist ebenso zu nennen wie die Kontrolle, ob der Mieter das tatsächliche Raumluftklima für die Stunde des Ortstermins zu stark verändert hat. Hierzu ist beispielsweise auf unlackierten Holzflächen das elektrische Widerstandsgerät einsetzbar, da die Holzfeuchte als Gleichgewichtsfeuchte bereits relativ dicht unter der Oberfläche Rückschlüsse auf die Raumklimaverhältnisse der vorausgegangenen Stunden gibt. Die Kerntemperatur von Zwischenwänden speichert über mehrere Stunden die tatsächliche Raumluftmitteltemperatur der beiden angrenzenden Räume und deckt deshalb auf, wenn vor dem Ortstermin kurzfristig aufgeheizt wird (Abb. 12). Fazit: Eine einzelne, krasse und nachweisbare Ursache für die Schimmelbildung liegt nur in den seltensten Fällen vor. Im Regelfall summiert sich eine Reihe schadensfördernder Fakten, die zum einen vom Mieter, zum andern vom Vermieter zu vertreten sind. Eine Abwägung dieser Fakten ist vielfach mit ausreichender Genauigkeit möglich, doch verlangt dies ein anderes Vorgehen als das Messen mit ungeeignetem Gerät, unterstützt durch untaugliche Berechnungsverfahren, welche die tatsächlichen bauphysikalischen Verhältnisse nicht erfassen können.

Der Aufwand für die Beweisführung beider Parteien ist im Verhältnis zum Streitwert häufig extrem hoch; es lohnt deshalb die außergerichtliche Einigung auch dort, wo das subjektive Rechtsempfinden eine eindeutige Schuldzuweisung zu erlauben scheint. Sanierungsmaßnahmen, die auf das Raumklima einwirken, wie nachträgliche Wärmedämmung, Heizungssanierung und Fensterauswechslung, sind vorab am schadensfreien Ist-Zustand des Raumes zu überprüfen.

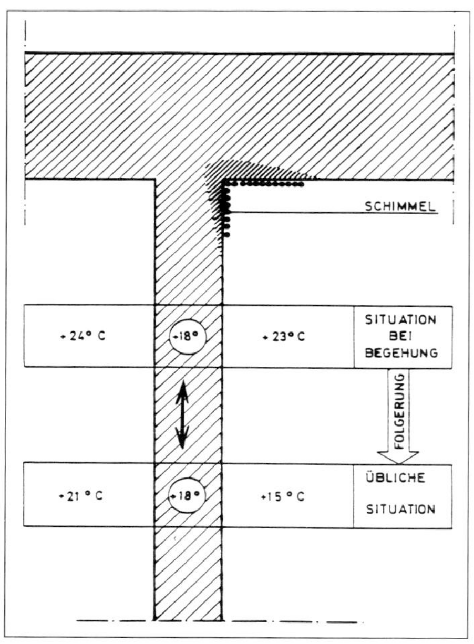

Abb. 12 *Kontrolle der üblichen Raumlufttemperaturen durch Ermittlung der Wandtemperatur.*

Schallschutz

Lärm wird endlich immer mehr als heimlicher Feind der Umwelt erkannt: Es gibt keine vor Schäden schützende Gewöhnung an Lärm. Deshalb kommt dem Lärm- und Schallschutz erhöhte Bedeutung zu. Grundsätzlich sind zwei Lärmquellen zu unterscheiden: Lärm, der innerhalb des Gebäudes entsteht, und Lärm von außen, meist Verkehrslärm. Entschädigungsansprüche wegen Auswirkung des Verkehrslärms müssen nach § 906 BGB geltend gemacht werden. Sie werden – wenn überhaupt – nur dann bejaht, wenn der in der Rechtsprechung sehr weit gesteckte Rahmen der »Zumutbarkeit« gesprengt wird. Verkehrslärm gilt als zwangsläufige Folge des technischen Fortschritts unserer Zeit, so daß die Rechtsprechung wesentlich höhere Werte für zumutbar erachtet als in der Industrie, wo normalerweise schon durch das die Fertigung umhüllende Gebäude Schallschutzmaßnahmen gezielt und technisch einfacher ergriffen werden können. Es heißt also leider, nicht mehr weiter auf abgelegene Großflughäfen und Rücksichtnahme der Straßenbauer zu warten, auch nicht darüber zu grübeln, für welchen Wohnungstyp quadrophonisches Hören entwickelt worden sein könnte. Besser ist, sich selbst vor Lärm zu schützen.

Es gibt keine gesetzliche Regelung für den Schallschutz bei Altbausanierung: Für Gebäude, die nach 1962 entstanden sind, wird der geschuldete Schallschutz zwar nach den öffentlich-rechtlichen Bestimmungen der DIN 4109 bemessen, doch ist eine bauordnungsrechtliche Forderung nach Schallschutz für ältere Gebäude nicht möglich. Anders kann dies bei der Durchführung von Schallschutzsanierungsmaßnahmen werden, da diese Leistung unter Beachtung der Anerkannten Regeln der Technik zu erbringen ist, die nach der zitierbaren technischen Lehrmeinung durchaus nicht mehr dem Stand dieser Norm aus dem Jahr 1962 entspricht. Dies ist auch der Grund, weshalb bereits jetzt der Entwurf der neuen DIN 4109 zugrunde gelegt wird. Hier liegen den DIN-Normen übergeordnete Merkmale vor, die von jedem am Bau Tätigen zu erfüllen sind.

Diese rechtliche Unsicherheit wird noch verstärkt durch die Subjektivität des Lärmempfindens. Durch Untersuchungen von Weber und Bösele wurde bewiesen, daß Altmieter schalltechnische Verbesserungen selbst dann positiv beurteilen, wenn ihre Erwartungen nicht erfüllt wurden, während Mieter, die eine Wohnung nach der Sanierung bezogen, von vornherein höhere Anforderungen an den Schallschutz stellten. Da der Altbau spezifische Schwachstellen zeigt, die nur zum Teil ausreichend verbessert werden können, wird empfohlen, diesen Sachverhalt auch mietrechtlich zu berücksichtigen.

Ein typisches Beispiel hierfür ist ein konkreter Fall aus der Praxis: Die Mieter einer größeren Wohnanlage klagten ausschließlich über zu hohe Schallbelästigung durch Verkehrslärm; es gab keine Beschwerden über Schallemission durch Trennwände oder Treppenhauswände. Nach Auswechseln der Fenster in einer Qualität der Schallschutzklasse 4 wurde jedoch vehement und zum Teil bis vor Gericht Beschwerde darüber geführt, daß die Wohnungstrennwände sowie auch die Treppenhauswände schalltechnisch zu dünn seien, obwohl daran keine Veränderung vorgenommen wurde. Die Erklärung liegt wieder im subjektiven Schallempfinden: Nachdem der Hauptschalldurchgang, das schalltechnisch schlechte Altbaufenster, beseitigt worden war, wurde der Schalldurchgang durch die wohnungsbegrenzenden Wände zum ersten Mal als zu hoch empfunden.

Schallschutz im Altbau entspricht in allem dem Schallschutz im Neubau – ein Unterschied liegt jedoch darin, daß der Altbau nur durch nachträgliche Maßnahmen schalltechnisch verbessert werden kann. Die Möglichkeiten des konstruktiven Schallschutzes – also auch aller nachträglichen schallschützenden Einbauten – werden durch zwei unterschiedliche Arten des Schallschutzes bestimmt: Schalldämmung ist eine Verhinderung der Weiterleitung von Schall in Nachbarräume durch Schwächung der den Bauteil durchdringenden Energie durch Masse; Schallschluckung ist eine Minderung des Schallpegels am Ort der Schallentstehung durch vielfache, energieumformende Reflexion innerhalb der absorbierenden Konstruktion. Diese Maßnahmen dienen allerdings in erster Linie der Verbesserung der Raumakustik; erst in zweiter Linie der Schalldämmung zum Nachbarraum, weshalb für diesen Fall schallschluckende Materialien und solche mit hoher Masse vorzuziehen sind. Hieraus ergeben sich der Aufbau aller schallschluckenden und schalldämmenden Bauteile und die Aufgaben und Grenzen ihrer Anwendung.

Die auf den Bauteil auftreffende Schallenergie wird nur teilweise in den Raum zurückgeworfen, der Rest dringt in den Bauteil ein und geht damit für den Raum verloren. Jede Schallwelle wird nicht nur beim Auftreffen auf die Bauteiloberfläche reflektiert, sondern auch beim Auftreffen auf die Trennfläche zweier Stoffe. Diese teilweise Reflexion verlängert den Schalldurchgang durch ein den Schall dämpfendes Medium. Das Dämmaß eines Bauteils wird also auch erhöht, wenn man durch schichtweisen Aufbau die Schallwellen mehrfachen Reflexionen auch innerhalb dieses Bauteils unterwirft: Der Schall wird vom Bauteil selbst absorbiert. Bei der Schalldämmung geht es jedoch nicht nur um den Schalldurchgang durch ein Bauteil, sondern auch um energievernichtende Anregung dieses Bauteils, das nun seinerseits in Schwingung versetzt wird und so den Schall weiterleiten kann. Dies ist der Grund, weshalb bei Schalldämmung auch die Masse eine entscheidende Rolle spielt.

Das Verhältnis von Reflexion zu Absorption schwankt zwischen den beiden möglichen Grenzwerten und ist weitgehend vorherbestimmbar; Raumausstattung, Möblierung und Personenzahl können die-

ses Verhältnis jedoch – und meist zugunsten der Schallschluckung – ändern. Da es für den Schallschutz keine so einfachen und stets gültigen Regeln gibt wie für den Wärmeschutz, müssen einzelne Problemgruppen unterschieden werden: Decken oder Estriche, Wände, Türen, Fenster sowie alle haustechnischen Anlagen.
DIN 4109 Blatt 3 enthält auch Beispiele von Holzdecken, die dem nach der Sollkurve in Blatt 2 ermittelten Schallschutzmaß = 0 dB entsprechen. Die Schallschutzqualität der alten Holzbalkendecken läßt sich nach Überprüfung des Aufbaus ermitteln. Dennoch wird geraten, hier nach den praktischen Verhältnissen zu urteilen.

Schallschluckeffekt an Decken und Wänden

Soll der Schall am Ort seiner Entstehung bekämpft werden, sollen also zum Beispiel Sägen und Hämmern im Hobbyraum nicht durch alle Räume dringen, wird man wieder auf den Schallschluckeffekt zurückgreifen und zur Auskleidung des Raums poröse Materialien verwenden. Wichtig ist hierbei, daß nicht Wärmedämmfähigkeit mit Porosität und Schallschutz gleichgesetzt werden. Um schallschluckend zu wirken, müssen die einzelnen Materialhohlräume untereinander und zur Oberfläche hin offen sein. Polyurethanhartschäume, Polystyrolschäume, alle Integralschäume, aber auch Schaumglas sind also für den Schallschutz unbrauchbar. Unversiegelte Glasfaser- und Steinfasermatten oder offenporige Schaumstoffmatten aus Harnstoff-Formaldehydharz, Polyurethan-Weichschaum u. a. erfüllen dagegen die geforderten Eigenschaften. Feinstgesponnene Glasfaser- und Steinwollematten erreichen dabei die besten Werte. Da diese Materialien weich sind, die Oberfläche daher leicht verletzbar ist, wird ihre Anwendung mit Ausnahme akustischer Sonderfälle auf die Decke beschränkt bleiben. Da die Kosten der Befestigung solcher Schallschluckplatten oder -matten und auch die ihrer etwaigen Verkleidung von deren Dicke annähernd unabhängig sind, kann aus Gründen der Kosten-Nutzen-Relation eine Mindestdicke von 40 mm als Anhaltswert dienen; dies gilt jedoch nur für Lärm im üblichen Frequenzbereich. Fällt dieser tiefer ab, ist die angegebene Mindestdicke zu verdoppeln bis zu verdreifachen. Als physikalisches Kriterium für die Auswahl eines Dämmstoffes mit bestmöglicher Schallabsorption gilt, daß sein Strömungswiderstand möglichst gering und seine konstruktive Dicke möglichst hoch sein soll.
Ist nun schon die Wahl des Schallschluckstoffs wesentlich für den erwünschten Effekt, so kann dieser ebenso entscheidend konstruktiv verändert werden. Macht man sich bewußt, daß Schallschluckung Energieumformung durch Reibung der Luftteilchen im Material bedeutet, so wird klar, warum die Wirkung einer Schallschluckkonstruktion dort am größten ist, wo der höchste Schalldruck auftritt. Dies ist vor einem starren, damit schallharten Bauteil bei einem Viertel der Wellenlänge des auftretenden Schalls der Fall, was Konstruktionsabstände bis 10 cm bei Frequenzen über 500 Hz bedeutet, bei tieferen wesentlich mehr. Diese 10 cm genügen in der Regel als Anhaltswert, da die meisten Geräusche normaler Nutzung im mittleren bis hohen Frequenzbereich liegen.
Das große Problem in der praktischen Schallabsorption liegt darin, die genannten Matten oder Platten ohne nennenswerten Verlust an wirksamer Fläche zu befestigen und ihre Oberfläche der jeweiligen Nutzung formal anzupassen. Anstriche und Verkleidungen jeder Art setzen das Schallschluckvermögen wesentlich herab. Eine Lösung mit allen wichtigen Aspekten zeigt Abb. 1.

Außenwände

Verblüffenderweise werden in fast allen Beiträgen über nachträglichen Schallschutz die Außenwände vergessen. Der Grund hierfür liegt vermutlich darin, daß das Fenster als Teil der Außenwand ohnehin schalldurchlässiger ist, so daß die Verbesserung der Schallschutzeigenschaften der Wand selbst nur in sehr geringem Maß zum Tragen kommt. Da es dennoch fensterlose Wände gibt, soll hier wenigstens kurz eine Lösung genannt werden. Wenn schon bei einer Außenwand schallschutztechnische Überlegungen angestellt werden, so wird es sich mit Sicherheit um eine dünne Außenwand handeln, so daß vorrangig zum Schall- der Wärmeschutz zu gewährleisten ist. Wärmetechnisch gleichwertig mit dem innenseitigen Aufbringen von schallschutztechnisch unbrauchbaren Polystyrol-Hartschaumplatten, aber schalltechnisch richtig sind wiederum biegeweiche Vorsatzschalen mit Mineralfaser-Dämmplatten oder -matten, wobei nun allerdings im Regelfall eine Dampfsperre notwendig wird (siehe »Wärmeschutz«). Der Vorteil dieser Konstruktion liegt darin, daß somit auch die Flankenübertragung über die Außenwand wesentlich verringert wird.

Decken

Bei älteren Holzbalkendecken erfolgt die Schallübertragung im wesentlichen über die festen Verbindungen an den Balken, bei Luftschallübertragung auch noch über flankierende Wände direkt oder im Bereich der flankierenden Wände durch Verringerung der Schüttung. Es gibt jedoch inzwischen genügend Lösungen, um auch für Holzbalkendecken einen guten Schallschutz zu erreichen. Grundsätzlich sind derartige Verbesserungen auf viererlei Weise möglich:
- Gewichtserhöhung der Decke,
- Einbau eines schwimmenden Estrichs und Wahl des Fußbodenbelags,
- Einbau einer biegeweichen Unterdecke,
- Dämpfung in Hohlräumen.

Zur optimalen Wahl der besten und sinnvollsten Möglichkeiten gehört wieder die entsprechende Berücksichtigung des Ist-Zustands, das heißt also nicht nur die Kenntnis vom Zustand und der Erhaltungswürdigkeit des Fußbodenbelags und der Deckenuntersicht (Stuck), sondern auch des Aufbaus der Decke und ihrer Tragfähigkeit.
Gewichtserhöhung wird entweder erzielt durch Auswechseln der alten Schüttung,

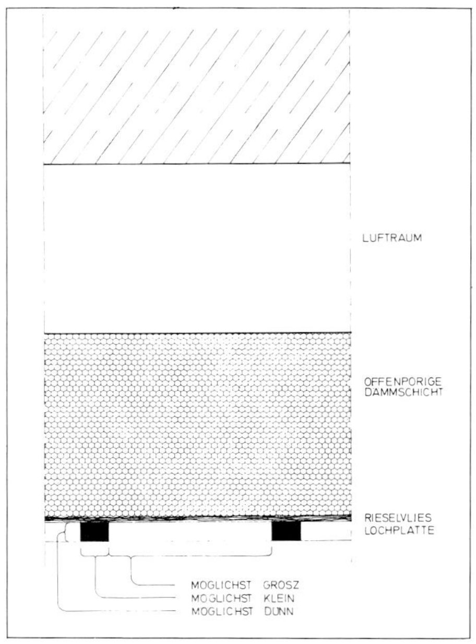

Abb. 1 *Anforderungen an eine Schallschluckdecke.*

wenn diese aus hochporiger Schlacke oder organischen Füllstoffen besteht, oder einem zusätzlichen Einlegen von Ziegeln, Steinen und Betonplatten in die Felder zwischen die Deckenbalken, unter Umständen auch auf die vorhandene Rohdecke. Da zur Lastverteilung und zur Aufnahme des Fußbodenbelags sowie zur Trennung des Trittschalls von der Deckenkonstruktion zusätzlich noch ein schwimmender Estrich aufgebracht werden muß, wird diese Lösung häufig an ihrem Gewicht scheitern. Auch der Teppichboden als vielgepriesene Lösung des Trittschallschutzproblems in Altbauten zeigt im übrigen nur dann die volle versprochene Wirkung, wenn er nicht direkt auf den vorhandenen Fußboden aufgelegt oder aufgeklebt wird, sondern ebenfalls ein zusätzlicher Fußbodenaufbau vorhanden ist. Der Einbau von Unterdecken wird akustische Probleme nur dann lösen, wenn die Biegeweichheit der Konstruktion gewährleistet ist. Dies bedeutet, daß Span- und Gipskartonplatten nur bis zu einer Maximalstärke von 16 mm verwendet werden sollten. Die Befestigung muß unbedingt über Federhänger, Federbügel oder Federschienen erfolgen, deren Achsabstand 50 cm nicht unterschreiten darf. Abzuraten ist von den üblichen Befestigungen auf starren Holzunterkonstruktionen.

Eine wesentliche Verbesserung der Schalldämmwirkung dieser Konstruktion erfolgt durch die Dämpfung des konstruktiven Hohlraums mit geeignetem Material, beispielsweise Mineralwolle. Diese Maßnahme kann auch in der Deckenkonstruktion eine Verringerung der Schallübertragung bis zu etwa 10 dB bringen. Hierzu ist es freilich notwendig, daß die Decke wenigstens unter-, besser oberseitig geöffnet wird. Mineralwollematten in einer Stärke von mindestens 5, besser 10 cm, werden so in die Balkenfelder eingelegt, daß die Matte sich seitlich hochstehend an den Deckenbalken anschließt.

Werden hierzu Schüttungen verwendet, die wie jedes Material nicht nur durch Schallabsorption, sondern durch Gewicht wirken, ist darauf zu achten, daß sie Feuchtigkeit weder halten noch anziehen und keine dampfbremsenden Eigenschaften besitzen. Trotz aller Empfehlungen muß abgeraten werden von solchen organischen Füll- und Dämmstoffen, die anderen Organismen wie Pilzen, Insekten bis hin zu Mäusen als Nahrungsmittel oder Niststoff dienen.

Die häufigste und in der Regel in bezug auf das Kosten-Nutzen-Verhältnis günstigste Lösung zur Erhöhung der Trittschaldämmung einer Decke ist der Estrich – vorausgesetzt die Konstruktion der alten Decke *und* die Wandkonstruktion lassen wenigstens diese Gewichtserhöhung zu, die mit etwa 80 kg/m^2 veranschlagt werden muß.

Estriche bilden nicht nur den entsprechenden Untergrund für einen neuen Fußbodenbelag, ihre wichtigste Aufgabe ist die der Tritt- und auch Luftschallschutzverbesserung der statischen Decke – und zwar wieder durch Masse, vor allem aber durch energieumformende, weiche Auflage, deren Mindestwerte DIN 4109 Blatt 4, Tab. 1, enthält. Im allgemeinen werden die jeweils notwendigen Abmessungen der Dicke schon aus konstruktiven Gründen eingehalten, doch vermindern Fehler bei der Estrichverlegung wesentlich dessen Wirkung (Abb. 2). Um Flankenübertragung zu vermeiden, muß der Estrich lückenlos von den Wänden getrennt sein. Dies geschieht am billigsten durch Einlegen eines Wellpappestreifens, der wegen der Gefahr des Hinterfließens mit Beton um einige Zentimeter höher ist als die Oberkante Estrich und der nach Verlegen abgeschnitten werden kann. Die glatte Seite der Pappe muß dabei unbedingt zum Estrich zeigen. Verzichtet man auf eine sorgfältige und reichlich überlappende Abdeckung der federnden Dämmschicht, entstehen auch bei trockenem Estrichmaterial Schallbrükken durch Einlaufen von Betonmilch in die Dämmschicht. Ölpapier oder Plastikfolien verhindern dies billig und ausreichend. Aber nicht jede Wärmedämmplatte ist auch trittschalldämmend. Gerade unter den neuen höchstwirksamen Wärmedämmstoffen besitzt nur ein Teil die geforderte Elastizität. Hier hinkt die DIN 4109 in ihren Angaben der Industrie nach. Werte können jeweils DIN 18164 »Schaumkunststoffe als Dämmstoffe für den Hochbau« und DIN 18165 »Faserdämmstoffe für den Hochbau« entnommen werden. Alle Dämmstoffe mit dem Typenzeichen T oder T in Verbindung mit anderen Buchstaben sind für den Trittschallschutz geeignet. Blatt 4 der DIN 4109 zeigt jedoch in Tabelle 1, wieweit Festigkeit und Dicke der jeweiligen Estrichart durch die oben genannten Dämmstoffe mitbestimmt werden.

Auf Holzbalkendecken ist der Estrich in einer Mindeststärke von 4 cm auszuführen und schlaff zu armieren. Hierfür gibt es jedoch auch andere Möglichkeiten, die im Kapitel »Fußböden« ausführlich besprochen werden.

Innenwände

An den Wänden wurde im Altbau schalltechnisch wohl am meisten gesündigt, vor allem dann, wenn ihnen keine statische Funktion zukam. Die Schallschutznorm unterscheidet auch hier zwischen ein- und mehrschaligen Konstruktionen. Für beide gilt, daß der Schallschutz durch Gewichtserhöhung und durch Vermeidung auch der kleinsten Undichtigkeiten – hierunter zählen auch schlecht vermauerte Fugen in Massivwänden – erhöht wird. Für einschalige Wände mit Luftschallschutzmaß = >0 dB gilt nach Blatt 3 ein Wandgewicht von mehr als 400 kg/m^2 als ausreichend im Sinne der Mindestforderungen. Diese werden von 24 cm dicken Wänden gerade erreicht und erfordern die Verwendung von Materialien mit einer Mindestrohdichte von 1400 kg/m^3. Dies muß deshalb besonders betont werden, weil für nichttragende Wände dieser Dicke oft Materialien geringerer Rohdichte verwendet wurden – und auch heute noch verwendet werden. Bedauerlicherweise wird immer noch eine Dämmschale aus Holzwolleleichtbauplatten als nachträgliche Verbesserung des Schallschutzes empfohlen. Wenn jedoch an eine einschalige Wand Wärmedämmplatten aus harten oder biegesteifen Stoffen flächig angemörtelt oder direkt aufgenagelt und verputzt werden, wird der Schallschutz nicht verbessert, sondern sogar wesentlich verschlechtert. Im Prinzip gilt hier das unter »Decken« Gesagte sinngemäß.

Kann tatsächlich eine zweite Wandschale erstellt werden, was im Altbau häufig nicht

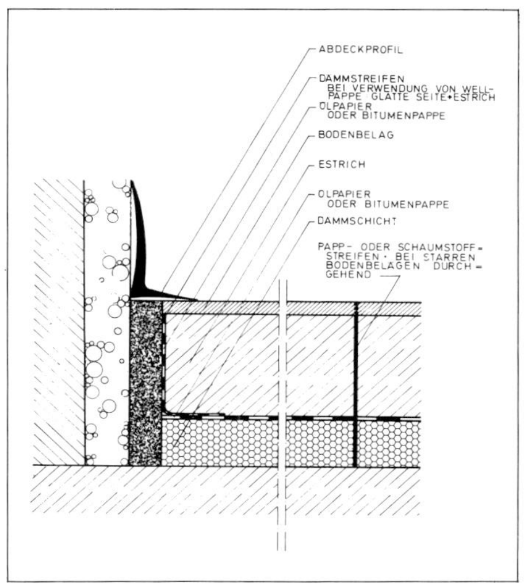

Abb. 2 *Schalltechnisch gute Estrichausführung.*

möglich oder zu teuer sein wird, so ist grundsätzlich darauf zu achten, daß beide Schalen unterschiedliche Steifigkeit besitzen und daß statische und schalldämmende Konstruktionen voneinander getrennt sind. Erst bei einem Gewicht der schweren Schale von mehr als 200 kg/m^2 – anzustreben sind mehr als 300 kg/m^2 – können die Halterungen der leichten Schale direkt an jener befestigt werden. Auch hier gilt jedoch ein Mindestabstand der Befestigungen von 500 mm. Heute werden meist freistehende Ständerkonstruktionen aus Holz oder aus Metall-C-Profilen verwendet, die dann allerdings wieder mit schwingungsdämpfenden Elementen an der Wand gehalten werden. Auch das nichtflächige Ankleben von Mineralfaser-Verbundplatten mit Gipskartonoberseite ist möglich, doch wird hierdurch nicht die optimal mögliche Verbesserung erreicht. Deren Größe ist im übrigen um so höher, je geringer die flächenbezogene Masse der vorhandenen Massivwand ist. Bei derartigen schallschutzdämmenden Sanierungsmaßnahmen ist der Erfolg bei gleichem Aufwand abhängig vom Ist-Zustand, weshalb dies unbedingt auch in die Kosten-Nutzen-Rechnung einfließen muß:

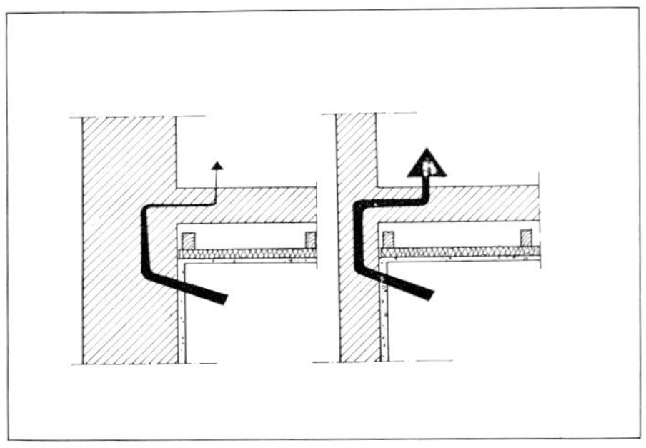

Abb. 3 *Schallübertragung auf dem Flankenweg.*

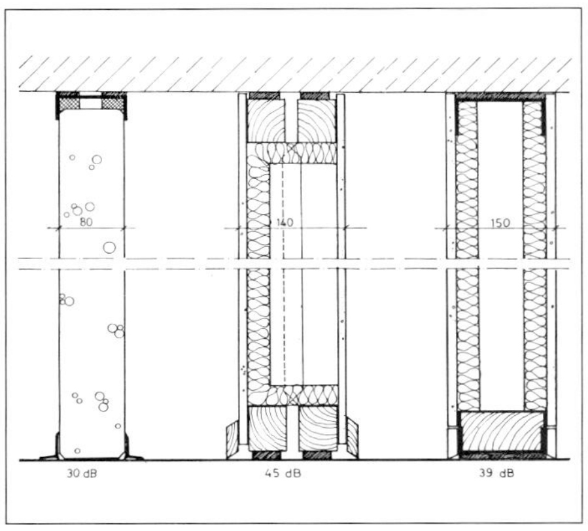

Abb. 4 *Schalldämmende Trockenwände.*

Bei einer 12 cm dicken Ziegelwand bringt die beschriebene Anbringung einer Rauhfaser-Verbundplatte also durchaus bereits die entscheidende Verbesserung.
Die Schallübertragung darf nicht auf dem Flankenweg jede zusätzliche Bemühung zunichte machen (Abb. 3). Als Faustregel kann gelten, daß die flankierenden Bauteile ein Mindestgewicht von 250 kg/m^2 haben müssen.

Leichte Zwischenwände

Im Prinzip gelten die gleichen Gesichtspunkte bei Erstellung leichter Zwischenwände, doch sind hier die Möglichkeiten vielfältiger. Bei der Althaussanierung ist der Einbau neuer Zwischenwände meist auf Badezimmer- und Küchenwände beschränkt. Hier können aber die Forderungen des Schallschutzes an die Wand häufig vernachlässigt werden, da die Schallübertragung in der gleichen Nutzereinheit stattfindet. Wird ein schalltechnisch günstiger Raumabschluß gewünscht, kommt der Ausbildung der Fuge eine besondere Bedeutung zu. Während Fugen zwischen den einzelnen Bauteilen im Leichtbau-Wandsystem meist exakt genug ausgebildet sind, um ein schalldichtes Aneinanderschließen zu ermöglichen, sollte der Architekt diesen Anschluß von Leichtbauwand an Rohbauteile stets in Frage stellen, zumal im Altbau immer mit Durchbiegen und Abweichungen aus der Lotrechten zu rechnen ist.
Ein weiteres Problem ergibt sich beim Bodenanschluß. Wird die neue Wand direkt auf den vorhandenen Altbau-Fußboden oder einen durchlaufenden neuen Estrich gestellt, ergeben sich Trittschallbrücken, die auch Luftschall unkontrolliert weiterleiten.

Dachausbauten

Bei nachträglich zu Wohnzwecken ausgebauten Dachräumen kann die Schalldämmung von Trennwänden durch die Schalllängsleitung über das Dach bestimmt werden. Die Schallübertragung erfolgt dabei über den konstruktiven Hohlraum der Dachhaut und zusätzlich wesentlich über nicht abdichtbare Fugen des Trennwandanschlusses an die Dachkonstruktion. Diese Situation muß bei einer hölzernen Dachkonstruktion hingenommen werden; eine Verbesserung ist wiederum nur durch schalldämpfende Maßnahmen im Hohlraum der Dachkonstruktion, also zwischen den Sparren, möglich und durch sorgfältige Ausführung der Fugen an dem inneren Dachabschluß: Holzbretter, Gipskartonplatten oder Putzlagen müssen sorgfältigst in den Zwischenraum der Sparren eingepaßt werden, die Anschlußfugen sind dauerelastisch abzudichten und möglichst noch mit einer ausreichend oft befestigten Leiste abzudecken (siehe »Dach«).

Relation von Öffnungen

Wie weit die Konstruktion die Wirksamkeit der Schalldämmung bestimmt, zeigen einige Beispiele (Abb. 4). Wesentlich bei der Bewertung dieser Wände ist jedoch die Schalldämmfähigkeit ihrer Öffnungen, also der Türen (ihre Konstruktionen werden später besprochen), sie setzen in der Regel den erreichbaren Schallschutz entscheidend herab. Deshalb ist rechnerisch zu prüfen, welchen Dämmwert die Tür erreichen muß, um nicht die Gesamtkonstruktion schalltechnisch in Frage zu stellen. Das Schalldämmaß nimmt nicht linear zur Verkleinerung der Öffnung in einer Wand zu, was vor allem für die Bemessung von Fenstern entscheidend sein kann.
DIN 4109 Blatt 5 enthält Formel und Diagramm zur Ermittlung des Einflusses von Flächen geringerer Schalldämmung auf die Gesamtluftschalldämmung eines Bauteils. Wie unsinnig es ist, mit Hilfe aufwendiger und damit teurer Konstruktionen Zwischenwände zu errichten, deren Schalldämmung wesentlich unter der Dämmung der in ihnen eingebauten Türen liegt, zeigt folgendes Beispiel: Wenn eine gute Trennwand (50 dB) und eine Tür mit Dämmwirkung (30 dB) eingebaut werden, so errechnet sich nach der genannten Norm bei einem Flächenverhältnis von Tür zur Wand von 1 zu 6 insgesamt ein Dämmwert von 38 dB. Beträgt die Wanddämmung bei den gleichen Flächenverhältnissen dagegen nur 45 dB, was eine Kostenersparnis bis zu 50% betragen kann, so liegt der Endwert in der gleichen Größenordnung – und zwar bei 37 dB. Hier kann man die Faustregel befolgen, nach der die Türdämmung höchstens 5 dB unter der Wanddämmung liegen soll. Ein Unterschied von mehr als 10 dB ist aus Gründen der Relation von Aufwand zu Erfolg nicht mehr zu vertreten.

Türen

Die Tür als rasch und oft zu bewegendes Bauteil wird schalltechnisch immer problematisch bleiben. Ihr Gewicht kann aus praktischem Grund nicht beliebig erhöht werden; auch der Schlüssellocheffekt läßt sich bei beweglichen Teilen nie voll ausschalten. Mit »Schlüssellocheffekt« bezeichnet man die Tatsache, daß Schall gerade kleine Öffnungen mit einer im Verhältnis zur Durchgangsfläche ungeheuren Intensität zu durchdringen vermag. Physikalisch erklärt sich dies dadurch, daß in diesen, wenn auch winzigen Bereich der Schall ohne Übergang von Luft auf feste Körper und damit ohne Reflexion das Bauteil durchdringt. Bei der bereits vorhandenen Altbautür muß der Dichtungsweg in Fälzen durch stärkere Profilierung erhöht und durch dauerelastische Lippen noch verstärkt werden oder es muß eine Schwelle eingeplant oder eine sich im Anschlag kurz vor dem Schließen der Tür raschhubig anpressende Türdichtung nachträglich eingefräst werden (Abb. 5).

Ebenso notwendig – wenn auch meist vernachlässigt – ist aber eine dicht und dauerelastisch gedämmte Fuge zwischen Stock und Rohbauteil, auch bei scheinbar dichtem Türfutter, vor allem bei Anschluß an das Mauerwerk, da ein schalltechnisch befriedigendes dichtes Einputzen nicht möglich ist. Etwa 35 dB können durch den Einbau spezieller Schallschutztüren erzielt werden (Abb. 6) (einfache Holztür: 20 dB).

Eine wesentliche Verbesserung (10 bis 15 dB) wird jedoch nur durch Doppeltüren erreicht, von denen jede schalldicht ausgeführt ist, deren Abstand voneinander nicht weniger als 15 cm beträgt und deren Leibung schallschluckend ausgebildet wird. Die Kosten betragen je nach Ausführung das Fünf- bis Zwölffache einer genormten Serientür und das Zweieinhalb bis Fünffache einer schallgeschützten Einzeltür, da auch alter Stock oder altes Futter erneuert werden müssen.

Da das dimensionslose Maß Dezibel (Kurzzeichen dB) entsprechend seinem logarithmischen Charakter die Multiplikation von Schalleistungen durch eine Addition zum Schallpegel ausdrückt (Beispiel: eine Schallquelle entwickelt 50 dB, zehn solcher Schallquellen entwickeln 50 + 10 = 60 dB), bedeutet eine Pegeldifferenz von nur 3 dB eine Verdoppelung der Schallquellen – also z. B. zwei Schreibmaschinen statt einer. Eine Pegelzunahme von 10 dB entspricht immerhin einer Verdoppelung der empfundenen Lautstärke oder in unserem Beispiel: Durch eine um 10 dB verbesserte Tür klappern 10 Schreibmaschinen so leise wie bisher eine einzige.

Fenster

Für die Fugendichtung von Fenstern gilt das für die Türen Gesagte sinngemäß, aber mit der Erleichterung, daß eine Lippendichtung umlaufend angebracht werden kann, was bei der Tür eine Schwelle verlangte. Durch das im Kapitel »Fenster« beschriebene Verfahren können die Falze abgedichtet werden. Zugleich ist wieder, wie auch bei den Türen, die Abdichtung gegen das Mauerwerk ein wesentlicher Bestandteil der schalltechnischen Sanierung.

Zum entscheidenden Kriterium wird hier jedoch die Verglasung. Der Schallschutz steigt mit dem Scheibengewicht je Flächeneinheit an, doch wird von dieser Möglichkeit meist aus preislichen und konstruktiven Gründen wenig Gebrauch gemacht. Billiger ist es, nur eine Scheibe zu verstärken und so einige Frequenzen »auszufiltern«. Der Scheibenabstand muß möglichst groß gehalten werden, wobei der Zusammenhang gilt: Das Produkt M × A soll den Wert hundert möglichst hoch übersteigen, wobei M das Gewicht beider Scheiben in kg/m², A ihren Abstand voneinander in Zentimetern angibt. Daraus ergibt sich, daß entgegen einem auch bei Fachleuten weitverbreitetem Irrtum Isolierglasfenster nicht so schalldämmend sind wie Zweifachverglasung und das zu unrecht stets abgelehnte Doppel- oder Kastenfenster des Altbaus. Hier können unter Umständen die Leibungen zusätzlich schallschluckend ausgebildet werden.

Die Glasscheiben dürfen keine Verbindung zu dem sie tragenden Fensterprofil haben. Sie werden deshalb dauerelastisch auf Gummi oder Kunststoffwinkel gesetzt und ebenfalls dauerelastisch verkittet oder von der Glasleiste getrennt. Gewichtserhöhung und damit vermehrten Schallschutz bringt die Anordnung einer dritten Glasscheibe, das heißt zwei Scheiben sitzen als Isolierglas in einem Flügel und ein zusätzlicher Flügel wird angebracht. Ein Schemabeispiel, in dem alle diese Anforderungen genau erfüllt sind, zeigt Abb. 7.

Soll der Altbau auf gewerbliche Nutzung umgestellt werden, ist die beste und – vom Fensterpreis her! – billigste Lösung eine neue Festverglasung. Die Dicke der Scheibe beeinflußt nun nicht mehr Rahmen und Beschlag, und die Fugen zwischen Rohbauteil und Rahmen können vollständig abgedichtet werden. Dies bedingt jedoch den Aufwand einer künstlichen Lüftung, wenn nicht sogar Klimatisie-

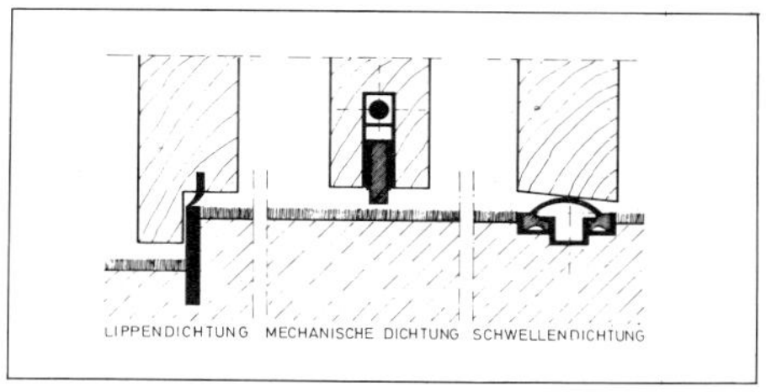

Abb. 5 *Schalldichtung von Türen.*

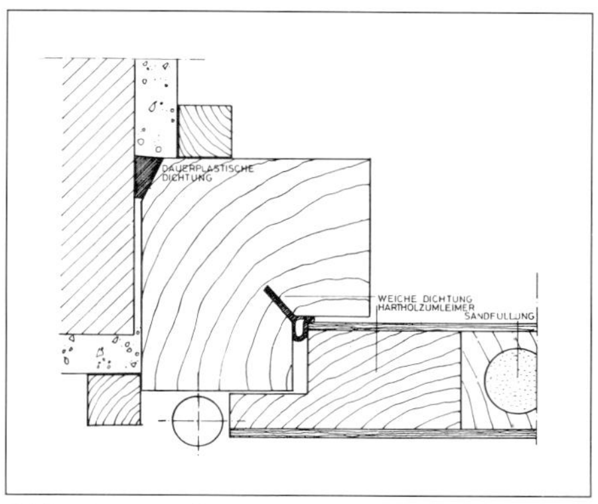

Abb. 6 *Detail einer einflügeligen Schalldämmtür.*

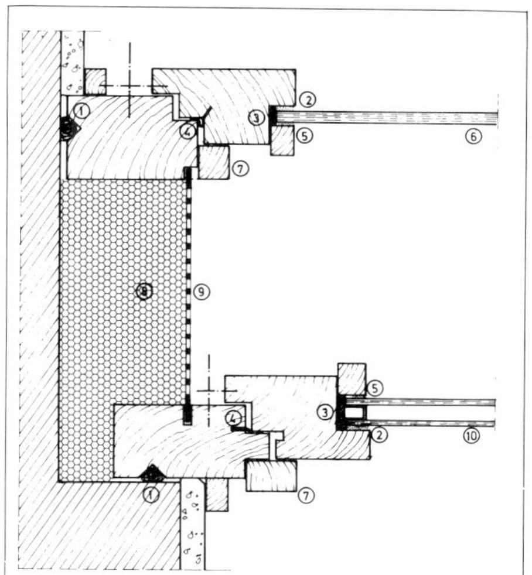

1 Elastische Dichtung: Hohlprofil, bitumengetränktes Profil, Kitt.
2 Kittvorlage
3 Elastisches Glasauflager
4 Lippen- oder Hohlprofildichtung in Stock oder Rahmen
5 Glashalterung ohne direkte Berührung der Scheibe
6 Dicke Glasscheibe
7 Falzverlängernde Leiste (kann auch im Stock eingearbeitet sein)
8 Offenporige Schallschluckpackung
9 Loch- oder Schlitzplatte
10 Isolierglas mit geringerer Glasstärke

Abb. 7 *Schema eines schalldichten Fensters.*

rung, was im Wohnbereich trotz vielfacher Versuche abzulehnen ist. Die in den VDI-Richtlinien 2719 vorgeschlagene »indirekte« Lüftung über Flure und Räume durch die auf der stilleren Gebäudeseite zu öffnenden Fenster bringt keine Lösung. Selbst bei besseren Grundrissen als den in dieser Richtlinie gezeigten – sie entsprechen nicht einmal den Grundforderungen von DIN 4109 an einen Entwurf und sind funktional unzumutbar! –, kann diese Lösung nicht ernsthaft in Betracht gezogen werden.

Wer ein Altbaufenster nachträglich schalldichter machen will, darf den Rolladenkasten nicht vergessen: Er ist wegen seiner dünnen Innenwand, wegen des Montagedeckels, vor allem aber wegen seines hohen Fugenanteils eine stark wirksame Schallbrücke. Die schalltechnische Sanierung kann hier schwierig bis aussichtslos sein. Erst die genaue Aufnahme der Maßverhältnisse gibt Aufschluß darüber, ob beispielsweise eine möglichst umfassende Absorptionsschicht eingelegt werden kann: Auch hier bedient man sich wieder für Schalldämpfung geeigneter Materialien. Fast in jedem Fall möglich ist die Beschwerung des Montagedeckels und aller sichtbaren Innenflächen durch eine Bleifolie oder ähnliches. Zusätzlich müssen allerdings die Fugen des Montagedeckels abgedichtet werden, was eine Reparatur erschwert.

In der Praxis wirft der Schallschutz eines Fensters ein weiteres und in der theoretischen Schallschutzbetrachtung völlig unbekanntes Problem auf, das in einem Beispiel schon in der Einleitung dieses Kapitels beschrieben wurde: Der bisher durch das schallundichte Altbaufenster gewohnte Lärmpegel im Inneren des Gebäudes wirkte gleichsam als Schleier für alle anderen hausseitigen Lärmübertragungen – und dies gewissermaßen »automatisch«, denn mit der nächtlichen Verringerung des Straßenlärms geht auch der »Lärm« im Inneren eines Hauses zurück. Werden die Fenster nun schalltechnisch verbessert, verschlechtern sich scheinbar alle anderen Bauteile. Da dieser Sachverhalt in einzelnen Fällen bereits zu gerichtlichen Auseinandersetzungen führte, ist er durchaus als Entscheidungskriterium für Schallschutzmaßnahmen zu beachten.

Haustechnische Anlagen

Einbau und Erneuerung haustechnischer Anlagen im Altbau werfen die meisten schalltechnischen Probleme auf, da nun für die Gebäudenutzer neue und damit ungewohnte Geräusche entstehen. DIN 4109 E 1984 »Schallschutz gegenüber Geräuschen aus haustechnischen Anlagen und aus Betrieben« gibt eine Reihe von Hinweisen. Als wichtigste Probleme sind für den Altbau zu nennen: Sanitär- und Heizungsinstallation, lüftungstechnische Anlagen, Aufzugsanlagen.

Sanitäranlagen

Schallschutz in sanitären Anlagen ist ein umfassendes Gebiet. Er verlangt zum einen die Kenntnis der Möglichkeiten der Geräuschentstehung und ihrer Weiterleitung in den unterschiedlichen Materialien, aber auch das Wissen um bauliche Ausführungen und Details.

Wie stets gilt auch hier, daß es häufig einfacher ist, den Schall am Ort der möglichen Entstehung zu verringern als ihn später zu dämpfen und zu dämmen. Drei Problemgruppen zeigen sich hierbei: Vermeidung von Geräuschen und ihrer Weiterverbreitung im Leitungssystem, Schallverminderung bei Benutzung der einzelnen Sanitärobjekte und Lage des Sanitärraums zu den übrigen Räumen.

Da das genannte Leitungsnetz durch fast alle in ihm verwendeten Materialien ein ideales »Haustelefon« für Geräusche darstellt, sind zum einen Rohrführung und -durchmesser so zu wählen, daß möglichst wenig Geräusche entstehen, zum anderen ist konsequent darauf zu achten, daß von und auch zum Leitungssystem kein Körperschall weitergegeben wird. Glatte Rohrwandungen, das Vermeiden von scharfen Kanten in Verbindungsstücken und von Fertigungsgraten sind dabei ebenso wichtig wie eine allmähliche Richtungsänderung im Aufprallbereich: So bringt die Verwendung zweier 45°-Bogen mit Zwischenstück eine schalltechnische Verbesserung von immerhin 7 dB (A) gegenüber einem 90°-Bogen.

Auch Querschnittsänderungen in Leitungen verschlechtern den Schallpegel. Nach dem Kontinuitätsgesetz vergrößert sich bei Querschnittsverengungen die Wassergeschwindigkeit – es entstehen Wirbel, welche die Leitungswandungen zu Schwingungen anregen. Andererseits kann durch den hohen Druckabfall beim Ausfließen der Dampfdruck unterschritten werden. Es erfolgt hohe Saugbildung (Kavitation) mit Dampfblasen, die bei höherem Druck wieder zusammenstürzen und die dabei auftretenden Schläge als Schallpegelerhöhung von etwa 15 dB (A) an die Leitung weitergeben. Aus der Tatsache, daß eine Verdoppelung des Durchflusses den Geräuschpegel um etwa 12 dB (A) erhöht, ergibt sich die Forderung nach großen Leitungsquerschnitten beziehungsweise nach Verringerung des Fließdrucks.

Selbst wenn Leitungsführung und -bemessung optimal gelöst sind, bleibt noch das Problem der Verminderung der Schallausbreitung im Rohrnetz, da die Armaturengeräusche – auf sie wird später eingegangen – sowohl die Wassersäule im Rohr als auch die Leitungswandungen selbst anregen. In dieser doppelten Möglichkeit der Schallausbreitung – Wasser und Rohr – liegt die Schwierigkeit einer effektiven und dennoch preiswerten Möglichkeit zur Schallpegelminderung. Im Altbau können einzelne Rohrteile zwar im Fehlbodenbereich durch Sandschüttung gedämpft werden, doch verringert dies nur die Körperschallausbreitung im Rohr, nicht aber die Wasserschallausbreitung; ebensowenig geschieht dies durch Betonsperrmasse, die durch Reflexion fast nur auf die Körperschallausbreitung im Rohr einwirkt. Wasserschalldämpfer dagegen wirken tatsächlich wiederum nur auf die Wassersäule, so daß maximale Schallpegelminderungen – bis zu 25 dB – nur durch Kombination möglich sind, zum Beispiel Wasserschalldämpfer in Sandschüttung. Als guter Kompromiß beider Verfahren hat sich eine Unterbrechung der Rohrleitung durch elastische Verbindungsstücke erwiesen, deren Länge allerdings mindestens gleich dem dreifachen Rohrdurchmesser sein sollte (Schallpegelminderung bis zu 15 dB (A)).

Die Vermeidung von Schallbrücken zwischen Wandteil und Leitung, das heißt die korrekte Ausbildung der schallbeanspruchten Wandschale ist jedoch in der Praxis wichtiger. Als einfache und bisher übliche Lösung wurden Körperschalldämmstoffe zwischen Rohrleitung und Wände gestopft, bei frei verlegten Leitungen wurden Rohrschelle und -leitung durch ebensolche Dämmstreifen getrennt (Abb. 8). Labormessungen nennen in genauen dB-Werten den möglichen Erfolg dieser Maßnahmen. Messungen, die aufgrund von Klagen bei so verlegten Leitungen vorgenommen wurden, zeigen häufig jedoch keine oder nur sehr geringe Geräuschminderung. Die Ursachen sind vielfältig und liegen fast immer in der wohl unvermeidbaren Diskrepanz zwischen exakter Verlegung im Labor und der tatsächlich üblichen Arbeitsqualität am Bau. Dies zeigt aber, wie gut sich die aufgelassenen Kaminzüge des Altbaus als massive Schächte für die Sanitärsanierung eignen. Aber auch dann ist auf dämpfende Befestigung zu achten: Eine einzige massive Brücke von Leitung zur Wand durch eine 40 mm breite Gipsbefestigung erhöht den Schallpegel wieder um bis zu 20 dB (A).

Eine Möglichkeit, die bauseitig zum Teil kaum vermeidbaren Schallbrücken zu verhindern, liegt in der Verwendung geeigneter vorgefertigter Installationen. Das Spektrum reicht vom werkseitig abgelängten und mit Schaumstoffschlauch überzogenen Rohr bis hin zu vollmontierten Installationswänden oder gar Sanitärzellen, die als Raum-im-Raum-Konstruktion alle Leitungen an Zellenkörpern befestigt haben können und nur noch im Auflager über vier gedämpfte Punkte das übrige Bauwerk berühren. Kritische Punkte sind wie stets die Decken- und Wanddurchführungen, die immer vor Ort ausgeführt werden müssen. Im Gegensatz zum Neubau ist bei Deckendurchbrüchen weniger auf dämpfende Trennung von der Deckenkonstruktion als vielmehr auf vollständig abdichtende Fugenausführung zu achten. Entsprechend der Hauptempfehlung, das Rohrnetz gar nicht erst mit Schall zu beanspruchen, muß auch den Anschlüssen zu Objekten und Armaturen große Aufmerksamkeit geschenkt werden. Die Verbindung zur Abflußleitung kann heute ohne Aufwand mit handelsüblichen Paßstücken zufriedenstellend gelöst werden.

Bei Armaturen ist die Verbindung schwierig, da vermieden werden muß, daß sich Leitung und Armatur metallisch berühren. Lösungen mit eingepreßten Kunststoffscheiben sind seit langem bekannt und auch üblich – wenn sie überhaupt angewandt werden. Leider wird hierbei jedoch oft übersehen, daß auch die Armaturrosette Schallbrücke zur Wand und Leitung sein kann. Messungen in Wohnungen ergaben eine Verbesserung von 15 dB (A), sobald die Armaturrosette mit einer Gummischeibe gegen die Wand gedämmt war. Wenngleich dieser hohe Wert einer optimalen Ausführung entspricht, zeigt seine Größenordnung doch, welche Bedeutung der Armaturenbefestigung zukommt.

Nach DIN 4109 sollen alle Teile haustechnischer Anlagen in Wohn- und Schlafräumen in Raummitte gemessen 30 dB (A) nicht überschreiten – tagsüber (6.00 bis 22.00 Uhr) ist eine Erhöhung um 5 dB (A) zulässig. Für Unterrichts- und Arbeitsräume gilt ein Grundpegel von 35 dB (A).

Als erste Quelle der Geräuschentstehung ist wieder die Armatur zu nennen. Eine »laute«, aber im oben beschriebenen Sinn korrekt montierte Armatur wird weniger Schall zu den Nachbarräumen abgeben als eine leise ohne schalldämpfenden Anschluß an Wand und Leitung. Besteht Unklarheit darüber, ob Armatur oder Leitung das beanstandete Geräusch erzeugt, kann dies sehr einfach durch Montage einer Schallbezugsarmatur der Bundesanstalt für Materialprüfung festgestellt werden. Liegt der Fehler tatsächlich nicht im Leitungssystem und dessen Befestigung, ist eine Verminderung des Armaturenschalls nur noch durch Druckreduktion möglich, die entweder durch spezielle Druckminderungsventile zu erreichen ist oder aber auch durch nachgeschaltete Strömungsbremsen, wie sie jeder Luftsprudler darstellt.

Ein besonderes Problem sind nach wie vor die WC-Spüleinrichtungen. Wasserströme, Spüldauer und damit Wassergeschwindigkeit werden von hygienischen Forderungen diktiert und sind nicht beliebig reduzierbar. Dennoch gibt es auch hier Möglichkeiten einer Lärmverminderung. Der tiefliegende Spülkasten, der bei günstiger Wasserführung mit einem Mindestmaß an Fließgeschwindigkeit auskommt, ist deshalb leiser als der hochliegende oder gar der Druckspüler, die nach den verschiedensten Messungen lauteste Spüleinrichtung. Da auch hier wieder der Weiterleitung des Körperschalls erhöhte Bedeutung zukommt, sind Spüleinrichtungen aus nicht metallischen Werkstoffen vorzuziehen, was auch wieder zu Spülkästen führt. Sollen dennoch Druckspüler verwendet werden, so ist unbedingt darauf zu achten, den nach DIN 3265 zulässigen Mindestfließdruck nur möglichst gering zu überschreiten.

Für alle Objekte, vor allem wenn sie aus dünnwandigem und nicht entdröhntem Stahlblech geformt sind, gelten im Prinzip die beiden gleichen Forderungen: Vermeidung der Schallanregung durch möglichst »weiches« Auftreffen des Wasserstrahls auf die Objektwandung und nicht auf deren Boden und schalldämpfende Anschlüsse in allen Bereichen. Luftsprudler sind in jedem Fall vorzuziehen. Die kritischen Punkte zeigt Abb. 9.

Schwimmender Estrich oder elastische Unterlagen bei Fußwannen sind hierbei

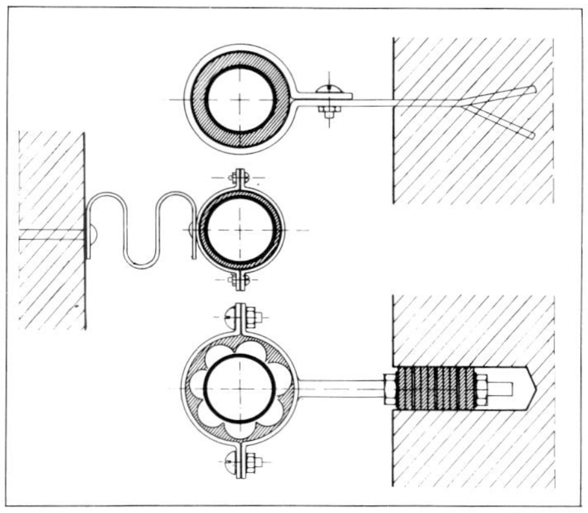

Abb. 8 *Schalldämpfende Rohrschellen.*

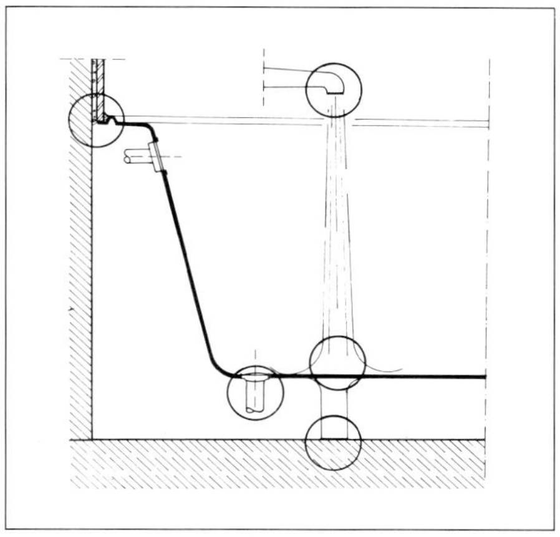

Abb. 9 *Schalltechnische Fehler beim Einbau einer Badewanne.*

ebenso wichtig wie ein körperschallisolierendes Dichtungsprofil zur Wand und zur Fliese. Dies gilt auch für die Wannenvormauerung.

Wird nach konventioneller Art der starre Einbau mit Vormauerung gewählt, sollte eine gußeiserne Badewanne vorgesehen werden, soweit dies überhaupt noch vom Markt angeboten wird; die Schallpegelminderung beträgt immerhin 5 bis 10 dB.

Die vorgenannten Maßnahmen können zum Teil unnötig werden, wenn Lage der Sanitärräume, Leitungsanordnung und bauliche Ausführung sinnvoll aufeinander abgestimmt sind. Diese Regel ist so einfach und wurde bereits so oft genannt, daß die Notwendigkeit zur Wiederholung beschämt: Sanitärräume dürfen nicht an Wohn-, Schlaf- und Büroräume angrenzen, und alle leitungsführenden Wandteile sollen das Gewicht in einer 24-cm-Vollziegelwand nicht unterschreiten. Diese letzte Forderung muß nicht in jedem Fall für vergossene Installationswände und Fertigzellen gelten. Bäder und Küchen sollten nur dann an Wohnungstrennwänden liegen, wenn ihnen in der Nachbarwohnung eine spiegelbildliche Anordnung entspricht – und zwar möglichst auf gesamter Wandtiefe.

Heizungsanlagen

Für das Heizrohrnetz gilt das für Sanitärleitungen Geforderte sinngemäß.
Einen wesentlichen offiziellen Beitrag zum angesprochenen Problem bringt erstmals die Richtlinie VDI 2715 »Lärmminderung an Warm- und Heißwasseranlagen«, in welcher, ausgehend von den Möglichkeiten der Geräuschentstehung und Übertragung, pauschale Lösungsvorschläge für schalltechnisch gute Heizungsanlagen mit Wasser gegeben werden.
Schallquellen, Schallverbreitung und damit auch Schallschutz von Heizungsanlagen sind abhängig von der Art des Heizsystems. Bei Einzelheizungen sind öl- und gasbefeuerte sowie Elektroöfen problemlos. Bei Verwendung fester Brennstoffe entstehen allerdings die bekannten Schürgeräusche. Sie setzen sich durch Körperschall über den Boden in Nachbarräumen fort, und zwar auch in nicht direkt angrenzende Räume. Für jene Kosten, die der nach DIN 4109 Blatt 5 geforderte abgetrennte Einzelestrich verursacht, kann bereits ein fast neuer und bedienungsleichterer Ofen gekauft werden.
Der zweite Weg der Schallübertragung führt über die direkte Luftverbindung Ofen–Ofenrohr–Kamin–Ofenrohr–Ofen.
Hier hilft eine Verlängerung der Anschlußstrecke durch Anordnung zweier Kaminzüge mit stockwerksversetzten Anschlüssen.
Für Etagenheizungen gilt die Vermeidung von Körperschall- und Luftschallübertragung sinngemäß, da auch hier die Schallquellen jeweils verschiedenen Nutzungsbereichen zugeordnet sind und diese wiederum einzeln an den Kamin angeschlossen werden. Ergänzend wird hierbei jedoch bereits auf die entsprechenden Schallschutzprobleme von Zentralheizungen hingewiesen. Auch hier gilt – wie im Schallschutz fast ausschließlich –, daß es besser ist, Geräuschentstehung zu vermeiden, statt Geräuschübertragung zu verhindern (Abb. 10).
Eine der Hauptmöglichkeiten zu sinnvollem Schallschutz bietet sich im Heizraum selbst. Da der Schallpegel normalerweise mit zunehmender Heizleistung ansteigt, ist es vor allem unter Berücksichtigung vertretbarer baulicher Aufwendungen nicht sinnvoll, allgemein gültige Schallpegelgrenzen festzulegen.
Im Kessel erzeugt die Flamme durch thermische und strömungstechnische Vorgänge Druckschwankungen und Turbulenzen, die den Kesselinnenraum »beschallen«. Dieser Schallpegel wird um so stärker, je intensiver der Verbrennungsablauf vonstatten geht. Diese Verbrennungsgeräusche können sich durch Resonanz verstärken. Hier kann zum einen die Veränderung der Eigenfrequenz im Feuerraum eine Besserung bringen. So wird beispielsweise dessen Kubatur durch Einlegen von Schamottesteinen geändert. Zum anderen bilden der Feuerraum des Kessels, die Kaminzuführungen und der Kamin selbst ein schwingungsfähiges System entsprechend einem Helmholtz-Resonator. Der Schallpegel von Verbrennungsgeräuschen ist aber gerade in jenem Tiefenbereich am höchsten, in dem die Eigenfrequenzen des genannten Schwingungssystems liegen, so daß eine erhebliche Schallpegelerhöhung durch Resonanz möglich ist. Die hierdurch auftretenden Druckschwankungen können aber wiederum eine Pulsierung der Flamme bewirken; dies beeinflußt das Schallverhalten der Heizungsanlage nochmals negativ.
Besonders beim Zünden und Anfahren der Brenner entstehen wiederum Schallpegelspitzen, die bis zu 10 dB (A) über dem normalen Verbrennungsgeräusch liegen. Diese plötzliche Druckerhöhung kann zudem noch bewegliche Teile wie Zugbegrenzer zur Geräuschabgabe bringen. Abhilfe ist zwar meist zu schaffen, doch hängen die Maßnahmen von der Art des Verbrennungsgeräusches ab. Als erstes wird man eine Änderung des Öl-Luft- beziehungsweise Gas-Luft-Gemisches vornehmen. Auch ein Wechsel der Düsen oder des Ölpumpendrucks kann Besserung bringen. Die Anfahrgeräusche sind durch Verstellung der Zündvorrichtung – Änderung des Elektrodenabstands zur Düse oder der Elektroden untereinander – regelbar. Eine Verbesserung ist häufig auch durch eine Rücknahme des Luftanteils möglich.
Für den Brenner gilt insgesamt, daß nur eine stabile Flamme geräuscharm ist; dies setzt voraus, daß ein ausreichend hohes Druckgefälle zwischen Brenner und Feuerung vorhanden ist.
Als letztes ist noch die Kapselung des Brenners zu nennen, also dessen schallisolierende und schallabsorbierende Verkleidung. Sie ist allerdings nur dann sinnvoll, wenn die vom Brenner abgestrahlten Geräusche wesentlich lauter sind als die übrigen Schallquellen im Heizraum. Seit einigen Jahren werden aus Gründen der Energieeinsparung auch sogenannte »packaged units« angeboten, bei denen Wärmeerzeuger und Brenner mit all ihren Anschlußteilen wärmedämmend und damit durchaus schalldämpfend und dämmend ummantelt sind (Abb. 11). In jedem Fall muß die Zuluftöffnung der Verkapselung ausreichend bemessen und wiederum schallgedämpft sein. Für die gesamte Maßnahme ist wichtig, daß das typische Schallspektrum des Brenners berücksichtigt wird. Nähere Angaben zur Auslegung und Ausführung enthält die Richtlinie VDI 2711 »Schallschutz durch Kapselung«. Aus dem Gesagten wird deutlich, daß Brenner, Feuerraum und Abgasführung auch schalltechnisch aufeinander einwirken und deshalb aufeinander abgestimmt werden müssen.
Weitere Schallquellen sind Ventilator und Pumpen. Zusätzlich zu den unterschiedlich starken Laufgeräuschen entstehen störende Geräusche durch Mängel im Laufverhalten, Lagerschäden oder in Pumpen durch Ablagerungen. Auch hier sind Kapselungen zur Vermeidung der Luftschallübertragung möglich. Vorher sollten jedoch auch jeweils Drehrichtung und Laufradeigenschaften überprüft werden.

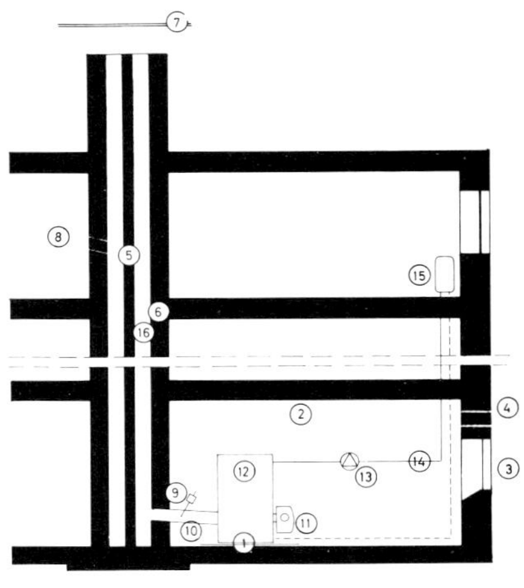

1 Kesselfundament
2 Heizraumdecke
3 Heizraumfenster
4 Heizraumlüftung
5 Kaminzunge
6 Kaminwange
7 Meidinger Scheibe
8 Kaminauslaß
9 Bewegliche Teile in der Abgasführung
10 Abgasstutzen/Fuchs
11 Brenner
12 Kessel
13 Pumpe
14 Leitung
15 Heizkörper

Abb. 10 *Schallquellen und Schallschwachstellen bei Heizungsanlagen.*

Abb. 11
Ältere als Ganzes gedämmte Kesseleinheit.

Letztlich sind zum Problem des Luftschallschutzes bei festen Brennstoffen Beschikkung und Entaschung zu nennen, deren schalltechnisch gute Lösungen kaum im Heiztechnischen, sondern im Baulichen zu suchen sind.
Aus dem Gesagten wird deutlich, daß es zwar unterschiedlich laute, aber sicher keine »leisen« Heizzentralen geben kann. Wirkungsvoller Schallschutz beginnt also wieder bei der Überlegung nach der sinnvollen Anordnung des Heizraums im Altbau. Auch die Lage der Heizraumbelüftung, d. h. der Heizraumfenster, ist Teil dieser Entwurfsüberlegungen, da jede Öffnung im Heizraum nach draußen eine Belästigung von Nachbargebäuden oder durch Reflexion wiederum auch der eigenen Fenster nach sich ziehen kann.
Die im Heizraum typische Frequenzverteilung zeigt einen hohen Anteil tiefer Frequenzen unter 500 Hz; sie belasten das Bauwerk ungleich stärker als alle höheren Frequenzen, die schon durch jene von den Feuerverordnungen vorgeschriebenen schweren Bauteile genügend gedämmt werden.
Besondere Aufmerksamkeit verlangt der Schallschutz bei Dachheizzentralen. Hier muß eine schwingungsdämpfende Unterkonstruktion gewählt werden; die Resonanzfrequenz darf 20 Hz allerdings nicht überschreiten. Dachheizzentralen stellen schalltechnisch in manchem eine Besonderheit dar: Zwar fällt der Kamin als eine das ganze Gebäude anregende Schallquelle fort, doch empfiehlt sich die Anwendung aller schalldämpfenden Maßnahmen, um eine Schallausbreitung über statische Bauteile des Gebäudes zu vermeiden.

Kann bei kellerseitiger Anordnung des Heizraums der Kaminzug frei gewählt werden, so ist unbedingt jener zu belegen, der nicht durch Wohnräume führt. Wo dies nicht geht, der bestehende Kaminzug zwar schalltechnisch ungünstig ist, aber heizungstechnisch verwendet werden darf, kann der Schallpegel der Abgase bewußt gedämpft werden. Abgasschalldämpfer (circa 10 dB) lassen sich zwischenschalten, die allerdings wegen der sehr niedrigen Frequenzen Kammertiefen bis zu 2 m verlangen, oder zwischen Kamin und Abgasstutzen sind spezielle Lagen einzubringen, wodurch sich die Anregung des Kamins durch Körperschall vom Wärmeerzeuger verringert.
Demgegenüber tragen die Verteilungsleitungen den Schall in alle Teile des Gebäudes. Wie für alle schallbelasteten Leitungen gilt auch bei der Heizung, daß die Verteilung schall-»isoliert« befestigt werden muß. Ein besonderes Augenmerk ist dabei auf die Vermeidung von Knackgeräuschen zu richten, da diese vom Ort ihrer Entstehung durch Wassersäule und Rohrwandungen weit hinaus ins Haus getragen werden und auch noch den entferntesten Heizkörper zur Schallabgabe anregen können. Knackgeräusche entstehen durch Wärmespannungen bei Temperaturänderungen. Abhilfe schaffen hierbei alle Maßnahmen, durch die eine wechselnde Rohrdehnung vom Rohr selbst aufgenommen werden kann. Jede Richtungsänderung kann bei entsprechender Rohrbefestigung bereits als Dehnungsausgleich wirken. Bei Holzbalkendecken können Dehnungsschleifen unter Umständen sogar im Fehlboden angeordnet werden.

Lüftungsanlagen

Lüftungstechnische Anlagen gehören zu den schalltechnisch am schwierigsten zu lösenden Aufgaben der Haustechnik, da nicht nur einige starke Geräuscherzeuger eingebaut sind, sondern der Schall sich auch durch die großen Querschnitte der Kanäle vergleichsweise günstig ausbreiten kann (Abb. 12). Der nachträgliche Einbau solcher Anlagen im Altbau ist allerdings die Ausnahme.
Einer der Schwerpunkte ist hierbei wieder die Zentrale. Die Kanäle selbst können bereits schallabsorbierend ausgeführt werden. Da die Höhe der erzielbaren Dämpfung unter anderem durch den Quotienten:

$$\frac{\textit{innerer Kanalumfang}}{\textit{lichter Kanalquerschnitt}}$$

ausgedruckt wird, ist zu erkennen, daß der Wirkungsgrad bei unverändertem Querschnitt mit dem Kanalumfang zunimmt, ein flacher Kanal also bessere Dämpfungseigenschaften zeigt als ein quadratischer oder runder. Wenn nun noch eine Kanalwandung eines vertretbaren Absorptionsgrades gewählt wird, geschieht ein Großteil der Schalldämpfung im Kanalnetz

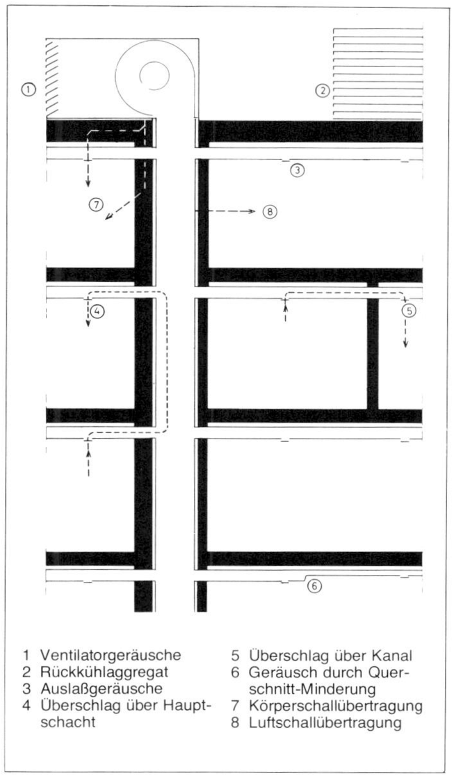

Abb. 12 *Schallquellen und Schallschwachstellen bei lüftungstechnischen Anlagen.*

selbst. Voraussetzung für jeden Schallschluckstoff sind jedoch die Eigenschaften: unbrennbar, geruchlos, nicht hygroskopisch und glatt – nach den Erfahrungen mit Asbestspritzstoffen ist noch »umweltverträglich« nachzutragen.
Auch im Kanalnetz können Schalldämpfer eingebaut werden. Das häufigste Beispiel hierfür sind die Sekundärschalldämpfer bei Hochdruckklimaanlagen, die direkt vor den Luftauslässen angeordnet sind.
Bei der Kanalführung ist zu bedenken, daß jede Turbulenz ein Geräusch verursacht und stets dort Turbulenzen entstehen, wo die strömende Luft abgelenkt wird. Prinzipiell ist also wieder auf Vermeidung von plötzlichen Querschnittsänderungen und auf große Abrundungsradien bei Umlenkungen und Abzweigen zu achten. Bei rechteckigen Krümmern sind unbedingt lange Leitbleche anzuordnen. Auch an den Luftauslaßöffnungen kann der Schallpegel positiv wie negativ beeinflußt werden. Zum einen geschieht eine nicht unerhebliche Geräuschdämpfung durch Schallreflexionen in den Kanal; zum andern kann der Geräuschpegel bei einer erforderlichen Drosselung wieder ansteigen.
Besteht die Gefahr der Körperschallübertragung von Raum zu Raum über die Lüftungskanäle, können diese mit einer schweren Dämmschicht (zum Beispiel Gipsbinden) ummantelt werden. Diese Ummantelung ist jedoch im Bereich der Trennwand wieder zu unterbrechen und der Kanaldurchgang plastisch abzudichten.
Zur Vermeidung der Luftschallübertragung von Kanal zu Kanal in gemeinsamen Schächten sind bei entsprechend wenig dämmendem Material die einzelnen Kanäle mit mindestens 2 cm dicken Steinwollematten oder ähnlichem zu trennen; jede Verbindung zur Decke, Wand oder zum Schacht muß gummi- oder federgedämpft sein.
Eine besonders kritische Beurteilung verdienen jene Truhenlüftungsgeräte, die direkt in dem zu lüftenden Raum aufgestellt und wegen ihres geringen Eingriffs in die Altbausubstanz bevorzugt werden. Hier werden sowohl Trommelläufer als auch Axialventilatoren verwendet, deren Geräuschpegel sehr unterschiedlich ist.

Aufzugsanlagen

Der Einbau eines Aufzugs im Altbau ist die Ausnahme – es werden deshalb wieder nur Hauptgesichtspunkte des Schallschutzes genannt.
Da Aufzugsanlagen auch nachts betrieben werden, ist nach der Norm der Nachtschallpegel einzuhalten; das heißt, daß in Wohn- und Schlafräumen, in Kranken- und Hotelzimmern und in anderen Räumen mit gleich hohen Anforderungen (zum Beispiel Büros, Praxen) die Lautstärke der durch den Fahrbetrieb verursachten Geräusche 30 DIN-Phon (dB (A)) nicht überschreiten darf. Diese für alle haustechnischen Anlagen geforderte Pegelbegrenzung bei Nacht ist so niedrig, daß trotz des gegenüber früher so stark gestiegenen Umweltschutzbewußtseins immer mehr eine Erhöhung auf 35 dB (A) gefordert wird.
Geräusche entstehen bei der Benutzung der Aufzüge durch Schalten, Anfahren, Fahren, Bremsen und das Zuschlagen und Verriegeln der Tür. Die Lärmspitzen liegen beim Anfahren und Bremsen. Die theoretische Unterscheidung ist deshalb wichtig, weil die Schallquelle entweder örtlich beschränkt bleibt (Türverriegelung, Schaltung) oder aber in jedem Fall vertikal durch das ganze Gebäude läuft (Fahren, Bremsen). Zusätzlich ist noch eine sekundäre Schallquelle zu beachten, die eigenartigerweise stets unberücksichtigt bleibt – die Nutzer selbst. Durch Gespräche und Lachen ausgefüllte Wartezeiten in den meistens Schall gut reflektierenden Treppenhäusern sind in vielen Fällen die wesentliche Quelle der Lärmbelästigung durch Aufzugsanlagen.
Die VDI-Richtlinie 566 »Lärmminderung an Aufzugsanlagen« unterscheidet zwischen »vollständigem baulichem Körperschallschutz«, der durch die konstruktive Trennung von Aufzugsgehäuse und Gebäude erreicht wird, und »hinreichendem baulichem Schallschutz«, der zusätzliche Schallschutzmaßnahmen verlangt. Bei gemeinsamer Decke von Schacht und nächstbenachbartem Aufenthaltsraum muß diese Decke durch mindestens zwei schwere Wände (> 350 kg/m^2) gekreuzt werden. Die Schachtdecke sollte eine mindestens 25 cm dicke Vollbetonplatte sein.
Aus dem Gesagten wird deutlich, daß der nachträglich geplante Aufzugsschacht besser neben den Altbau gestellt wird. Erst dort, wo Grundstücksverhältnisse oder Baurecht dies verhindern, muß die notwendige Fläche im Haus selbst gesucht werden. Der Triebwerkraum sollte dann allerdings unbedingt kellerseitig angeordnet werden.

Holzschutz

Sieht man davon ab, daß Mikroorganismen auch Mauerwerk und Putz befallen können – Schimmelbildung, Algenbefall –, deren organische Verunreinigung allerdings dann den Nährboden für weitere Schädlinge bildet, und klammert man den gegendweise sehr stark auftretenden Messingkäfer aus, so bedeutet »Schädlingsschutz« am Altbau in der Regel »Holzschutz«. Der Schimmelpilz, seine Entstehung und Bekämpfung wird in »Kondensation« und vor allem »Schimmelbildung« beschrieben.
Befallenes Holz verändert seine mechanischen, chemischen und physikalischen Eigenschaften, das heißt, daß Druck-, Zug-, Biege- und Scherfestigkeit wesentlich abfallen können; damit kann auch ein Gewichtsschwund verbunden sein.
Holzschutz wird im allgemeinen sinnvoll unterteilt in baulichen und chemischen Holzschutz, wobei zusätzlich das Heißluftverfahren als eine weitere Maßnahme genannt werden muß. Eine zusätzliche und sehr sinnvolle Unterteilung ist neu in die Norm aufgenommen worden: Man unterscheidet nun auch »offiziell« zwischen tragenden und nichttragenden Bauteilen, wodurch dem Nutzer eine entscheidend breitere Wahl an Holzschutztechniken und -maßnahmen offensteht.

Befallsprüfung

Jeder Schutzmaßnahme im Altbau muß eine genaue Befallsprüfung vorausgehen, die schon deshalb besser dem Fachmann überlassen bleibt, weil sonst, wie dies leider viel zu finden ist, die Feststellung von Schadensumfang und Notwendigkeit zu Holzschutzmaßnahmen der davon lebenden Firma überlassen ist. Als Hilfsmittel zur vorläufigen Ermittlung von Pilzbefall läßt sich die veränderte Sorptionsfähigkeit des Holzes nutzen. Werden frisch angeschlagene Holzteile angenäßt, besser in Wasser gelegt, bleibt gesundes Holz hell, während krankes sofort eine dunkle Oberfläche zeigt.

Die tierische Schädigung geht nicht vom Käfer, sondern seinen Larven, den »Holzwürmern« aus. Bevor irgendwelche Gegenmaßnahmen getroffen werden, ist sorgfältig zu überprüfen, ob tatsächlich noch lebender Befall vorliegt. Für Hausbock, auch für Schlupfwespen, kann mit sehr großer Wahrscheinlichkeit der Befall an altem Holz ausgeschlossen werden. Im Durchschnitt wird der Rückgang des Hausbockbefalls bereits bei 30jährigem Holz beobachtet, er kann ab 80 Jahren praktisch als erloschen gelten, da dann die zur Nahrung notwendigen Eiweißstoffe und der Vitamin-B-Gehalt des Holzes nicht mehr genügen. Anobienbefall ist dagegen auch bei altem Holz möglich. Er zeigt sich am deutlichsten an frischen Bohrmehlhäufchen. Wo diese fehlen oder sehr geringfügig sind oder nur dunkelbraun und verfestigt vorgefunden werden, kann wiederum eine Gefährdung ausgeschlossen werden. Nicht beseitigt ist jedoch die Gefährdung einer Neuverseuchung, vor allem bei Sanierung mit bereits befallenem und unbehandeltem Holz.
Zurückhaltender als üblich sollte mit der zerstörenden Überprüfung gearbeitet werden: Hier ist vor allem das Abbeilen zu nennen, bei dem die den Befraß deckende Außenschicht des befallenen Bauteils so weit abgebeilt wird, bis die Befallstellen zu sehen sind, oder, umgekehrt, das geschädigte Holz bis in den gesunden Teil abgeschlagen wird.

Der gute Fachmann muß nicht erst den Bauteil zerstören, um erkennen zu können, ob er ihn hätte retten können. Schon beim Anbohren mit Bohrern relativ kleinen Durchmessers erlaubt der Wechsel im Bohrwiderstand eine Aussage über Zerstörungsgrad oder -umfang. Zudem gibt es Spezialbohrer, welche die Entnahme eines ungestörten Bohrkerns erlauben (Abb. 1), so daß nicht nur die Befallslage feststellbar ist, sondern auch Dichte und Lebendigkeit des Befalls. In seltenen Sonderfällen ist auch die Thermographie (Infrarot-Photographie) zur Schadensermittlung einsetzbar.
Entwickelt, aber noch nicht auf dem Markt angeboten, wurde ein elektrisches Bohrgerät, daß bei stets streng gleicher Drehzahl die Stromaufnahme mißt und so ein untrügliches Maß für die Holzqualität liefert. Bei gleichbleibendem Vorschub sind die Aussagen so genau, daß danach Zahl und Stärke von Jahresringen abgelesen werden können und eine dendrochronologische Altersbestimmung möglich wird.

Pflanzliche Schädlinge

Bei verbautem Holz sind als pflanzliche Schädlinge im wesentlichen nur Pilze von Bedeutung, können dann aber in ihrem Schadensausmaß die tierischen Zerstörer übertreffen. Die Entwicklung des Pilzes ist

Abb. 1 *Holzbohrer, geeignet für die Entnahme weitgehend ungestörter Holzproben.*

sehr eng an verschiedene Voraussetzungen gebunden. Neben dem Nährboden Holz, bei dem die Pilze unterschiedliche Inhaltsstoffe bevorzugen, spielen die Feuchtigkeits- und Temperaturverhältnisse die entscheidende Rolle, darüber hinaus Licht, Sauerstoff und der Säuregrad des befallenen Holzes. Wichtigstes Kriterium für die Pilzentwicklung ist die Feuchtigkeit. Holz unter einem Feuchtegehalt von 18% wird üblicherweise selbst von Echtem Hausschwamm nicht befallen. Diese Grenze liegt für die anderen Schwammarten nochmals um annähernd 10% höher. Eine derartige Feuchtigkeitsgrenze gibt es auch nach oben, doch ist diese bei verbautem Holz nur bei Anwendung im Wasser, also bei Fundierungen, Stegen und ähnlichem von Interesse und wird hier nicht weiter besprochen. Im Hinblick auf diesen Feuchtegehalt nimmt allerdings der Echte Hausschwamm leider eine Sonderstellung ein: Er benötigt nur im Stadium seiner Entwicklung die genannten Feuchtigkeitsgehalte, kann dann aber auch bei Holzfeuchten unter der sonst wirksamen Grenze weiter wachsen und weiter schaden.

Wie bei vielen niedrigen Pflanzen bedeutet Trockenheit nicht zwangsläufig ein Absterben: Die meisten der holzschädigenden Pilze kennen eine Trockenstarre, die es ihnen erlaubt, auch über viele Jahre im Wachstum innezuhalten, um dann bei neuer Feuchtigkeit wieder aufzuleben. Pilzbekämpfung ohne Ursachenbeseitigung ist also unsinnige Geldverschwendung!

Da die Holzfeuchtigkeit von der Luftfeuchtigkeit ebenfalls abhängen kann, sind Räume erhöhter Luftfeuchtigkeit gefährdeter als andere. Dies bedeutet, daß Fragen der Beheizung, Klimatisierung und Belüftung schwammbefallener Räume durchaus in die Überlegungen zur zweckmäßigsten Bekämpfung einbezogen werden müssen. Dies gilt vor allem für Räume mit geringer Belüftung wie Keller, bei fehlender oder nur kurzzeitiger Beheizung in Kirchen, Schloßsälen oder ähnlichem und bei überdurchschnittliche Luftfeuchtigkeit erzielender Nutzung wie in Bädern, Wäschereien, Stallungen.

Auch für die Temperaturen gilt, daß die bekannten Schadpilze nicht als solche eingestuft werden müßten, wenn sie sich nicht bei den in einem Gebäude üblichen Temperaturen wohlfühlten: Ihr Gedeihen beginnt bei wenigen Grad Celsius über Null und reicht weit über die im Gebäude üblichen Temperaturen.

Da Pilze für ihren Stoffwechsel kein Chlorophyll benötigen, verlangen sie für ihr Wachstum auch kein Licht. Da dieses Licht umgekehrt eher noch die Gefahr eines Austrocknens birgt, wird Schwammbefall an dunklen Stellen bevorzugt auftreten.

Als aerobe Pflanze benötigt der Pilz Sauerstoff: Im grünen Holz – lebende Pflanze – oder wassergesättigtem Holz – Einbau unter Wasser – wird man deshalb kaum Pilzbefall finden. Alle in verbautem Zustand vorkommenden Feuchtegehalte des Holzes bieten dem Pilz jedoch genügend wasserfreien Porenraum.

Die Entwicklung der Pilze erklärt auch ihre hohe Schädlichkeit beziehungsweise schwierige Bekämpfung: Findet eine Spore einen geeigneten Nährboden und gleichzeitig die geschilderten günstigen Umweltbedingungen, so beginnt sie zu keimen. Von dieser Keimhyphe zweigen immer mehr dieser Hyphen ab und bilden so ein dichtes Geflecht, das Myzel (Abb. 2). Dieses Myzel dringt nicht nur in das befallene Holz vor, um es allmählich zu zerstören, sondern es kann in einer anderen Ausbildungsform auch holzfreie Teile zur weiteren Nahrungssuche überwinden. Dieses Oberflächenmyzel kann sich nun wieder in sehr viel deutlichere Stränge umwandeln, um so mehrere Meter nährstofffreie Zonen zu überwinden (Abb. 3). Eine besondere Befähigung hierzu zeigt der Echte Hausschwamm, der als der gefährlichste und leider auch zugleich als der am schwierigsten zu bekämpfende Schadpilz gilt. Diese Fähigkeit, weite Strecken zu überwinden und seine Fruchtkörper dann auch auf Mauerwerk aufzubauen, hatte ihm auch die Bezeichnung Mauerschwamm eingetragen, was irreführend ist, da auch der Echte Hausschwamm allein von Holz beziehungsweise kohlehydrathaltigen Stoffen lebt. Hier allerdings greift er alles an, verschont trotz seiner Vorliebe für Nadelholz auch kein Laubholz und zerstört auch Papier und Textilien (Abb. 4).

Neben dem Echten Hausschwamm sind zu nennen der Warzenschwamm (auch Brauner Kellerschwamm genannt), der Weiße Porenschwamm und einige Blättlingsarten. Ohne Erfahrung oder zumindest ohne ausführliches Bildmaterial kann es für den Laien schwierig sein zu erkennen, ob tatsächlich der nach den meisten Länderbauordnungen meldepflichtige Befall des Echten Hausschwamms vorliegt (Abb. 5 u. 6). Den einfachsten Hinweis bietet noch das Zerbrechen trockener Myzelstränge, da diese beim Echten Hausschwamm hörbar knacken.

Abb. 2 *Dichter Befall in einem Deckenhohlraum.*

Abb. 3 *Starke Myzelstränge überbrücken auch nährstofffreie Zonen.*

Abb. 4 *Unter intaktem, ölgestrichenem Türfutter zeigt sich ein pilzzerstörter Stock.*

Der Braune Kellerschwamm zeigt früh ein typisches ockerfarbenes bis graubraunes Myzel; das Myzel des Echten Hausschwamms und des Weißen Porenschwamms lassen sich dagegen in einem bestimmten Wachstumsstadium kaum unterscheiden (Abb. 7). Beide sind watteartig und flauschig hell. Erst im weiteren Stadium zeigt der Weiße Porenschwamm das charakteristische eisblumenartige Aussehen seiner Myzelstränge und kann nun bei entsprechend deutlicher Ausbildung hierin vom Echten Hausschwamm unterschieden werden. Treten Fruchtkörper auf, ist zusammen mit den schon genannten Unterscheidungsmerkmalen eine genaue Zuordnung leichter: Der Weiße Porenschwamm, dessen Fruchtkörper mit zunehmendem Alter schmutzig gelb wird, zeigt die für ihn typischen vieleckigen und oft ausgeschlitzten Poren und liegt verhältnismäßig flach auf dem befallenen Holz auf; umgrenzt ist der Fruchtkörper häufig von einem eng anschließenden strahlenförmig auslaufenden Myzel. Der Fruchtkörper des Echten Hausschwamms dagegen ist fleischig, annähernd rund und von der Unterlage leicht abzulösen (Abb. 8). Der rötliche bis rotbraune und konzentrisch gefaltete Fruchtkörper besitzt außen einen sehr hellen, manchmal wulstigen und immer scharf begrenzten Zuwachsrand. Im frischen Zustand riecht der Echte Hausschwamm nach Pilz, gibt jedoch im faulenden Zustand einen widerlichen Geruch ab. Lassen sich Fruchtkörper ähnlichen Aussehens nur sehr schwer ablösen und tragen sie die charakteristischen Warzen in einer Größe von mehreren Millimetern, so handelt es sich um den Braunen Kellerschwamm oder Warzenschwamm, der im übrigen nur bei extrem hohen Holzfeuchten von etwa 50% gefunden wird.

Da in der Beschreibung von Pilzbefall und Pilzschäden häufig recht freizügig mit verschiedenen Begriffen umgegangen wird, sollen hier die gängigsten erläutert werden: Die Bezeichnungen »Standfäule«, »Lagerfäule«, »Hausfäule« nennen das bevorzugte Schadensvorkommen des jeweiligen Pilzes entsprechend den Holzzuständen »Baum«, »Lager-/Bauholz« und »verarbeitetes Holz«. Für die Altbausanierung entscheidend sind Pilze, die Hausfäule verursachen, wobei durchaus auch Lagerfäule auftreten kann, die mit schlechter Holzqualität ins Haus geschleppt wird.

Einprägsamer, weil am Schadensort nachprüfbar, ist die Unterscheidung in das Zerstörungsbild nach Braunfäule und Weißfäule. Die auch Destruktionsfäule ge-

Abb. 5 *Fruchtkörper des Echten Hausschwamms.*

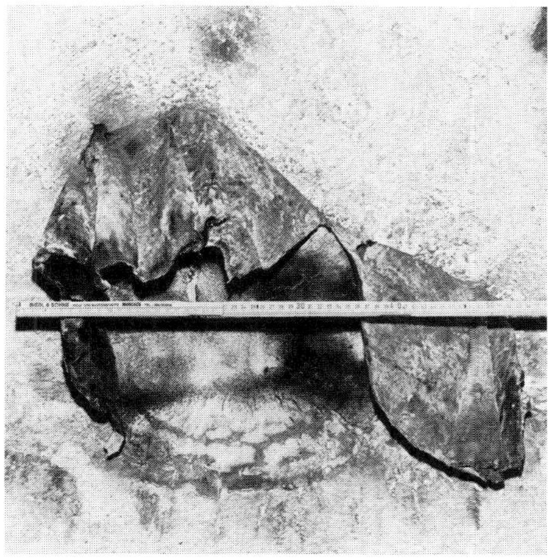

Abb. 6 *Durch Besprühen abgestorbener Fruchtkörper an einer Kellerdecke.*

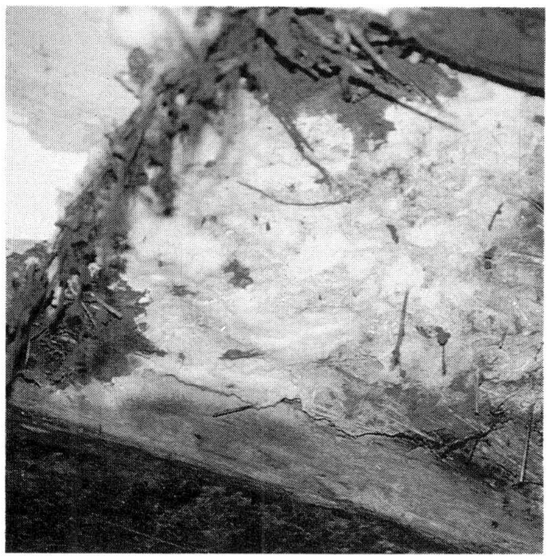

Abb. 7 *Watteartiger Befall unter einer Türschwelle.*

Abb. 8 *Zuwachsrand am Fruchtkörper des Echten Hausschwamms.*

Abb. 9, 10 *Würfelbruch des Hausschwammbefalls.*

nannte Braunfäule entsteht durch Pilze, die bevorzugt die Zellulose abbauen und das Lignin zurücklassen. Typisch für die Braunfäule ist der Würfelbruch (Abb. 9 u. 10): das so befallene Holz läßt sich schließlich zwischen den Fingern zerreiben. Dieses Zerstörungsbild entsteht durch die genannten Schwämme. Weißfäule, auch Korrosionsfäule genannt, wird durch jene Pilze hervorgerufen, die Zellulose wie auch Lignin abbauen, wobei das Holz im ganzen aufgehellt wird oder streifig marmoriert erscheint. Statt des staubig zu zerreibenden Würfelbruchs wirkt das Holz hier weich und schwammig. Entspricht das Erscheinungsbild zwar dem bei Braunfäule, doch ist das Holz schwammig bis schmierig, wird von Moderfäule gesprochen. Falsch ist mit Sicherheit der Ausdruck »Trockenfäule«, da auch das so bezeichnete Holz pilzbefallen ist und jeder Pilz grundsätzlich Feuchtigkeit für sein Wachstum benötigt.
Obwohl die Blättlinge zur Gruppe der Lagerfäulepilze gehören, finden wir sie auch im verbauten Holz (Abb. 11), hier jedoch vor allem bei Holz im Freien. Befallen wird ausschließlich Nadelholz und hier vor allem wieder Fenster oder Deckenbalken und Dachstühle in sehr feuchten Gebäuden. Blättlinge bilden kein Oberflächenmyzel, es sei denn in Spalten oder sehr dicht liegenden Brettern. Die Fruchtkörper sind zwar schmal, können jedoch eine sehr große Länge erreichen und wirken deshalb band- oder leistenförmig. Auf der Unterseite zeigt der Fruchtkörper die typischen Lamellen, die rechtwinklig zur Längsachse stehen. Lediglich bei Lichtmangel entstehen sogenannte Dunkelformen in Gestalt von Bändern oder Zapfen.

Tierische Schädlinge

Als tierische Schädlinge sind vor allem Hausbock und Anobien (Holzwurm) zu nennen. Tierische Schädlinge hinterlassen deutliche Befallsmerkmale. Auf die bei uns häufigste Hausbockart weisen große, in Faserrichtung ovale und in Rändern häufig auslappende Fluglöcher von 4 bis 7 mm hin (Abb. 12). Anobien hinterlassen runde Fluglöcher von 1 bis 2 mm, die meist sehr dicht nebeneinander liegen (Abb. 13). Hier findet man auch außenseitig Bohrmehlhäufchen (Abb. 14), während bei Hausbockbefall das etwas gröbere Nagsel meist erst durch Probebeilen austritt, dann aber häufig reichlich rieselt. Findet man ebenso runde Fluglöcher, diese jedoch mit einem Durchmesser von 4 bis 7 mm, und sind diese Löcher mit hellem Bohrmehl dicht verstopft, liegt Holzwespenbefall vor (Abb. 15).
Auch die Befallstruktur gibt typische Hinweise. So bevorzugen die Anobienlarven die weichen Frühholzschichten und lassen das harte Herbstholz lamellenartig stehen, so daß Waffelstruktur entsteht (Abb. 16). Der Hausbock beläßt eine weitgehend intakte Außenhaut, kann inwendig jedoch das Holz bis zum völligen Strukturzerfall zerstören (Abb. 17). »Ameisen« hinterlassen kein Bohrmehl und greifen ebenfalls

Abb. 12 *Hausbocklarve.*

Abb. 13 *Anobienbefall.*

Abb. 11 *»Waldflora« im Dachstuhl.*

Abb. 14 *Bohrmehlhäufchen auf einem Dielenbrett.*

Abb. 15 *Holzwespe vor Schlupfloch (Foto: Desowag-Bayer).*

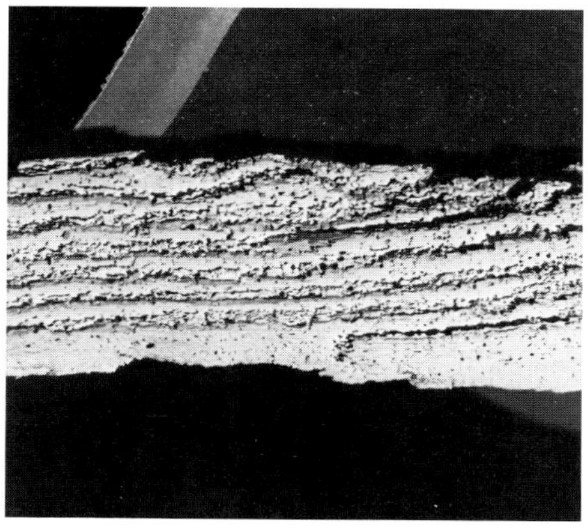

Abb. 16 *Waffelartiges Belassen der härteren Holzteile bei Anobienbefall.*

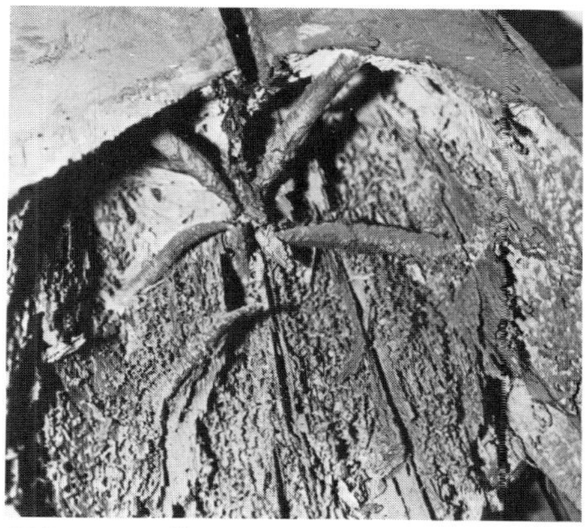

Abb. 17 *Vollständig zerstörter Balken bei weitgehend intakter Außenhaut.*

Abb. 18 *Von »Ameisen« befallenes Holz.*

wie die Anobienlarven die weichen Frühholzschichten an. Das Fraßbild zeigt deshalb auch wieder überstehende Spätholzschichten, doch sind Gänge und Restholzstände größer (Abb. 18).
Zu diesen Holzschädlingen ist noch der Messingkäfer zu nennen. Zwar greift er kein Holz, aber von Nahrungsmitteln über Häcksel, Stroh, Textilien, Pelze, Häute fast alles andere an organischen Materialien an. Die Entwicklung des Messingkäfers ist stark von der Temperatur abhängig, was bedeutet, daß an unzugänglichen Stellen, also bevorzugt in Fehlböden oder unter Dielen, bei Fachwerkbauten im Mauerwerk oder im Gebälk von Speichern, seit Jahren ein schwacher Befall vorhanden ist, der plötzlich bei mehreren Generationsfolgen im Jahr explosionsartig so stark anwächst, daß die flugunfähigen Käfer plötzlich im gesamten Haus herumkriechen.

Baulicher Holzschutz

Dem baulichen Holzschutz ist der unbedingte Vorrang einzuräumen, da das in einem Haus sachgerecht eingebaute, das heißt vor Wasser geschützte Holz über Generationen keines Holzschutzes bedarf, was tatsächlich, wenn auch eingeschränkt, sogar für den Befall mit holzschädigenden Insekten gilt. Auf diesen Sachverhalt weisen deshalb auch alle in Frage kommenden Teile der DIN 68800 (Holzschutz im Hochbau) einleitend hin: »... bauliche ... Holzschutzmaßnahmen sollen die Güteeigenschaften von Holz und Holzwerkstoffen erhalten«. Für den Altbau und seine Sanierung gelten selbstverständlich ebenso alle Grundsätze des baulichen Holzschutzes. Leider wird man jedoch zur Sanierung gerade jener Details gezwungen, deren Lage, teilweise auch Verarbeitung eben jenen baulichen Holzschutz ignorieren: Der Entwerfer eines hölzernen Neubaudetails ist in jedem Fall demjenigen überlegen, der ein bereits angegriffenes Holzteil sanieren muß.
Baulicher Holzschutz bei der Altbausanierung heißt deshalb Verbesserung gefährdender und gefährdeter Details. Hierzu gehören Größe und Ausführung aller Blechverwahrungen im Dachbereich, Anschlüsse und Einbindungen von Holzbauteilen im Erd-, vor allem im Kellergeschoß, Holzböden in nicht unterkellerten Räumen, Deckenauflager, vor allem an den Westseiten, bei Erkern, bei Balkonen. Auch Holzverbindungen alter Art können nach Lage und Ausführung »saugender« sein als andere, die der gleichen zeitlichen Bautradition entsprechen. Schließlich gehört es zum baulichen Holzschutz zu überlegen, wieweit zu ihrer Zeit modische, aber auch schon damals schadensträchtige formale Lösungen gegenüber den Forderungen des Denkmalschutzes oder auch nur der Stadtbildpflege zu verbessern sind. Hierzu zählt beispielsweise die Einbautiefe des Fensterstocks im Leibungsbereich (siehe »Denkmalschutz«).
Außerdem wird bei der Altbausanierung Holz als leicht zu bearbeitender, schalldämpfender und vor allem wärmeschützender Baustoff mit guten hygroskopischen Eigenschaften gerne eingesetzt. Hier können nun die Forderungen des baulichen Holzschutzes ungehindert erfüllt werden, was gleichermaßen dem Schutz des schon von alters her verbauten Holzes dient. Läßt sich zwar Pilz- und Schimmelbefall durch entsprechend sachverständige Detaillierung ausschließen, gilt dies leider nicht im gleichen Maß für einen Insektenbefall.

Eine besondere Art des »baulichen Holzschutzes« verlangt die Schwammbekämpfung, da hier der Wiederbefall nicht nur durch Neueinwirkung von außen her möglich ist, sondern in der Regel durch das Neuaktivwerden des eigenen alten Befalls geschieht. Schwammbefallenes Holz ist in jedem Fall mindestens 150 cm über seinen sichtbaren Befallsbereich hinaus sorgfältig auszubauen und sofort zu entfernen, besser zu verbrennen. Auf keinen Fall darf es zu Brennholz geschnitten und im oder am Gebäude gelagert werden. Beim Mauerwerksbefall durch Pilz soll der Putz entfernt, jede Fuge tief ausgekratzt und der gesamte Bauteil bis mindestens etwa einen halben Meter über den letzten sichtbaren Befall hinaus abgeflammt oder wieder mit entsprechenden Pilzbekämpfungsmitteln injiziert werden (Abb. 19).
Der Messingkäfer kann nicht durch bauliche Maßnahmen bekämpft werden. Die Vernichtung dieses Schädlings erfolgt nur über die Beseitigung der Brutstätten und verlangt die Anwendung von Kontaktgiften, Begasung oder Heißluft.

Abb. 19 *Injektion eines Turmmauerwerks mit Pilzbekämpfungsmittel.*

Chemischer Holzschutz

Von den vielen selbsternannten Baubiologen wird chemischer Holzschutz grundsätzlich abgelehnt; die viel zu wenigen tatsächlich sachkundigen Baubiologen tun sich hier schwer: Alles, was den Organismus dieser tierischen Schädlinge angreift, ist biozid und birgt deshalb auch die Gefahr einer Schädigung für den Menschen oder für jene Tiere, die nicht unter Schädlinge eingestuft werden: vom Haustier bis hin zur dachstuhlbewohnenden Fledermaus. Die Ersatzvorschläge aus dem Lager grüner Sachunkundiger sind grotesk wie die Schüttung von Eicheln, welche die Anobien aus dem Holz locken sollen oder die Beurteilung wintergeschlagenen Holzes als grundsätzlich schädlingsresistent.

Der Gesetzgeber unterscheidet beim chemischen Holzschutz zwischen freiwilliger und vorgeschriebener Anwendung. In DIN 68800, Teil 3, heißt es unter Ziffer 6.2: »Alles für die Standsicherheit eines Bauwerkes wirksame Holz muß vorbeugend geschützt werden«; diese DIN-Vorschrift ist in den meisten Bundesländern zur Bauvorschrift erhoben worden. Schutzklassen und Anwendungsbereich nennt Tabelle 1 dieser DIN.

Im allgemeinen zeigen die meisten Holzschutzmittel Giftwirkung gegen Pilze und Insekten. Das Angebot ist jedoch so hoch und auch so spezialisiert, daß hier in besonderen Fällen wieder ein Fachmann hinzuzuziehen ist. Am bestehenden Haus schränken sich ohnehin Mittel und Verfahren ein, da das Holz bereits fest eingebaut ist. Da an gefährdeten Stellen Tiefenschutz auch bei Imprägnierung anzustreben ist, sind Bohrlochtränkungen anzusetzen (Abb. 20). Hierbei haben sich auch Presser, unter Druck stehende, mit Holzschutzmittel gefüllte Flaschen bewährt – vor allem dort, wo Besprühen nicht ausreicht und eine Vergasung nicht durchgeführt werden kann. Bei Anwendung ist jedoch Vorsicht geboten, da auch feinste Holzrisse die Flüssigkeit austreten lassen können und so irreparable Verfärbungen an Böden und Decken verursacht werden.

Als chemisches Bekämpfungsmittel dürfen nur Schutzmittel der Gruppe 4 des »Verzeichnisses der Prüfzeichen für Holzschutzmittel« eingesetzt werden. Dabei handelt es sich entweder um ölartige Präparate oder um wasserlösliche Salze auf HF-Basis (Hydrogene oder Bifluoride). Beide Giftgruppen müssen die Prüfprädikate Iv, Ib, S aufweisen. Bei den ölartigen Substanzen wird nochmals unterschieden zwischen Mitteln ohne vorbeugende Wirksamkeit gegen Pilze (Prüfprädikate Iv, Ib, S, W) und solchen mit vorbeugender Wirkung (Prüfprädikate P, Iv, Ib, S, W). Die HF-Salze spalten im Holz unter Einwirkung der Holzfeuchtigkeit Fluorwasserstoffgas ab, das zum Teil im Raum verdampft, so daß zumindest bei der Verarbeitung und unmittelbar danach besondere Vorsichtsmaßnahmen erforderlich sind.

Bei Pilzen werden zusätzlich zur Austrocknung Salzsprühungen vorgenommen, die jedoch anderweitig eine Gefährdung des Altbaus bewirken können (siehe »Trockenlegung«). Auch durch Bestrahlung mit ultraviolettem Licht können derartige Pilze vernichtet und selbst die Pilzsporen keimungsunfähig gemacht werden. Imprägnierungen, Anstriche, Zementbrühen werden ebenfalls zur Bekämpfung eingesetzt, doch sind sie ebenfalls ohne flankierende Trockenlegungsmaßnahmen mit entsprechender Durchlüftung der befallenen Bauteile in ihrer Wirkung nicht von Dauer. Kann nicht zweifelsfrei festgestellt werden, um welchen Pilz es sich handelt, sind auf alle Fälle die für den Hausschwamm geltenden schärferen Bekämpfungsmaßnahmen zu ergreifen.

Jährlich erscheint ein »Holzschutzmittelverzeichnis«, herausgegeben vom Institut für Bautechnik in Berlin. Für die Anwendung der Mittel gilt wieder DIN 68800 »Holzschutz im Hochbau«, die auch Hinweise auf die vorbeugende bauliche Maßnahme enthält; Blatt 4 dieser DIN umfaßt den Holzschutz auch bei verbautem Holz, enthält also alle auch für den Altbau geeigneten Maßnahmen.

Abb. 20
Bohrlochtränkung unter Druck.

Begasung

Das Begasen von Holzschädlingen stellt einen Sonderfall dar, da hier nicht nur auf das Eindringen flüssiger chemischer Mittel verzichtet werden kann, sondern das Gebäude oder der Gebäudeteil wie auch beim Heißluftverfahren als Ganzes zu behandeln ist.

Die Begasungsmethode darf nur von wenigen, behördlich zugelassenen Firmen ausgeführt werden, da hohe Anforderungen an Sorgfalt, Sicherheit und Können gestellt werden. Zur Anwendung kommen in Deutschland vor allem Blausäure und Acrylnitril, sonst auch Methylbromid und Äthylenoxid unter der Voraussetzung, daß diese »leicht beweglichen« Gase ungehindert eindringen können. Diese Methode ist für alle Innenräume anwendbar, wird aber in Großräumen nur dort empfohlen, wo sonst eine umfangreiche Einrüstung notwendig wäre (Kirchendecken), weil ein sehr flächiger Befall vorliegt, dem nicht mit gezielten Maßnahmen begegnet werden kann. Für kleinere Ausstattungsdetails sowie Gegenstände wird die Begasung auch in der Gaskammer durchgeführt. Eine Begasung kann auch dort angewandt werden, wo chemische Holzschutzbehandlungen und auch die Heißluftmethode empfindliche Oberflächen schädigen würden.

Heißluftverfahren

Das Heißluftverfahren ist alt (Abb. 21). Wurde früher noch mit Koks geheizt, sind heute hauptsächlich ölgefeuerte Anlagen in Betrieb (Abb. 22 u. 23). Die Wirksamkeit des Heißluftverfahrens liegt in der Tatsache, daß ab einer bestimmten Temperatur grundsätzlich alle Schädlinge, gleich wel-

Abb. 21 *Archiv-Foto einer Heißluftanlage.*

Abb. 22 *Neuer Ölbrenner für das Heißluftverfahren.*

cher Art und in welchem Entwicklungsstadium, abgetötet werden. Die prüfamtliche Zulassung schreibt eine Abtötungstemperatur von 55 °C mit einer Einwirkzeit von einer halben Stunde vor. Um dies zu erreichen, sind in Abhängigkeit von der Stärke der Hölzer, der Umgebungstemperaturen und auch der Geometrie des zu behandelnden Objekts, mehrere Stunden Beheizung erforderlich.

Da die Abkühlungszeit im Holz in etwa der langen Aufheizzeit entspricht, kann davon ausgegangen werden, daß die vorgeschriebene Mindestzeit an tödlicher Temperatur mit Sicherheit überschritten wird. Voraussetzung für die Abtötung des gesamten Befalls ist es allerdings, daß in der Konstruktion keine Kälteinseln verbleiben und die erforderliche Temperatur auch in jedem Teil des Holzes erreicht wird. Hierzu ist es notwendig, daß sowohl die Raumlufttemperatur als auch die Temperatur im Holz überprüft wird (Abb. 24). Dies geschieht durch Steckthermometer, deren Lage vom Auftraggeber und Architekten durchaus kritisch überprüft werden sollte. Voraussetzung für die Wirksamkeit des Heißluftverfahrens ist es, daß das befallene Holz mehrseitig von Heißluft umspült werden kann. Fußpfetten, Balkenauflager und anderes müssen deshalb zusätzlich durch ein chemisches Verfahren behandelt werden.

Die Vorzüge dieses Verfahrens sind deutlich: Es entfällt nicht nur der Einsatz aller giftigen Produkte, das befallene Holz muß auch nicht mehr bis in den gesunden Bereich abgebeilt werden, und Bohrungen entfallen ebenso. Es gibt keine anhaltende Geruchsbelästigung, und die Anwendungszeit ist kurz. Die Überprüfung der Wirksamkeit durch Temperaturmessung erlaubt eine Kontrolle bereits während der Anwendung, und es gibt keine Unverträglichkeit mit bereits vorhandenen Holzschutzanstrichen, wie etwa Flammschutzbehandlungen. Von Vorteil kann es von Fall zu Fall sein, daß die Anwendung zu jeder Jahreszeit möglich ist, wobei bei tiefen Außentemperaturen allerdings höhere Kosten anzusetzen sind. Besonders im gewerblichen Bereich kann ein wesentlicher weiterer Vorteil darin liegen, daß mit dem Heißluftverfahren nicht nur die Holzschädlinge, sondern auch andere Schädlinge, wie Messingkäfer, Kornkäfer, Speckkäfer und andere Vorratsschädlinge, getötet werden.

Als Nachteil ist vor allem nochmals auf die zusätzliche Behandlung eingebundener Holzteile hinzuweisen. Zudem bringt die Direktbefeuerung Abgase in den Dachraum, der damit an seinen kälteren Stellen durch Feuchte und insgesamt durch Schwefeldioxid (SO_2) belastet wird. In Verbindung mit dieser Feuchte und Luftsauerstoff können durch Oxidationen neue, chemisch wirksame Stoffe wie Schwefelsäure entstehen. Dieses Risiko ist nach den vorliegenden Erfahrungen jedoch als gering einzustufen und kann durch Einsatz indirekt betriebener Heiß-

Abb. 23 *Abgedichteter Einblasstutzen ins Dach.*

Abb. 24 *Messung der Kerntemperatur durch Steckthermometer.*

luftbefeuerung ganz vermieden werden. Geräte hierfür sind in der Entwicklung. Da die Einblastemperatur weit über 100 °C liegt, und die Raumlufttemperaturen zwischen 80 °C und 100 °C erreichen müssen, können Kunststoffe Schäden erleiden. Dies gilt beispielsweise bei Heißluftbehandlung von Flachdächern für die darüberliegende Dichtschicht und für unsachgemäße Verkabelungen. Die von den Gegnern dieses Heißluftverfahrens – meist Anbieter chemischer Schädlingsbekämpfung! – vorgebrachte Brandgefahr existiert bei sachgerechter Anwendung nicht; im Dachraum muß allerdings leicht brennbares Material entfernt werden, doch müßte auch bei einer chemischen Behandlung eine Entrümpelung vorab erfolgen; überdies ist die Lagerung derartiger Materialien im Dachraum grundsätzlich verboten. Das Heißluftverfahren ist ebenfalls in der DIN 68800 »Holzschutz im Hochbau« verankert und im Verzeichnis zugelassen; auch über dieses Verfahren gibt es ein ausführliches WTA-Merkblatt.

Nach der Zulassung und vor allem nach den Behauptungen der Gegner dieses Verfahrens wird durch Anwendung von Heißluft keinerlei vorbeugende Schädlingsbekämpfung durchgeführt. Reihenuntersuchungen haben nachgewiesen, daß die Behauptung in dieser Formulierung falsch ist: Sowohl der Wiederbefall mit Anobien als auch mit Hausbock verringerte sich ganz entscheidend, wobei korrekterweise darauf hinzuweisen ist, daß auch keine chemische Holzschutzmaßnahme einen unbegrenzten Dauerschutz bietet. Es gehört überdies zu den ganz normalen Vorsorgemaßnahmen bei hölzernen Bauteilen, diese in größeren Abständen auf Neubefall zu überprüfen. Der Grund für diese entscheidende Verringerung der Befallsneigung bei Anwendung des Heißluftverfahrens ist vermutlich darin zu suchen, daß durch die starke Wärmeeinwirkung Inhaltsstoffe des Holzes sich verändern und damit als Fraßgut für die Käfer unattraktiver werden.

Auch gegen den Hausschwamm läßt sich das Heißluftverfahren einsetzen – allen lautstarken Protesten interessierter Stellen zum Trotz. Hier sind jedoch praktische Bedenken angebrachter als gegen tierische Holzschädlinge. Bei der Schwammbekämpfung geht es nicht nur darum, den vorgefundenen Befall zu vernichten, was bei Fruchtkörper und Myzel problemlos, bei den Sporen allerdings nur bei wesentlich verlängerter Anwendung möglich ist, sondern möglichst auf Dauer jeden weiteren Befall auszuschließen. Voraussetzung hierfür ist zum einen zwar tatsächlich die Bekämpfungsmaßnahme selbst, vor allem aber die Unterbindung jeder weiteren Feuchtigkeitszufuhr. Gerade im Dachbereich oder auch in Kellerräumen – beides bevorzugte Befallsbereiche – ist eine Sicherheit selbst gegen kleinstflächige Feuchteeinwirkung kaum zu erreichen. Es genügt aber ein geringer, dafür ständiger Feuchteanfall, um von dort aus wieder einen Schwammbefall zu erhalten. Sowohl diese Durchfeuchtung als auch der beginnende Schwammbefall sind wesentlich unauffälliger und deshalb schwerer zu kontrollieren als der beginnende Befall mit tierischen Holzschädlingen. Die Schwammbekämpfung durch Heißluft, die in Ausnahmefällen möglich sein kann, bedarf also einer besonders gewissenhaften Analyse der Befallsursache und der weiteren Kontrolle – wie jede andere Schwammbekämpfung im übrigen auch!

Bautechnik

Abbrucharbeiten
Trockenlegung
Salzbekämpfung
Sanierputze
Tragende Bauteile
Fachwerk
Dach
Fassade
Fassadenschutz
Fassadenreinigung
Betonsanierung
Steinschutz
Putze
Fenster
Fußböden
Innenwände, Innentüren
Sicherheitstechnik
Brandschutz
Ruinen
Restaurierung

Abbrucharbeiten

Altbausanierung bedeutet doch in vielen Fällen zumindest Teilabbruch verbrauchter Materialien und Konstruktionen. Hierfür gezielte Empfehlungen zu geben, ist deshalb schwierig, weil die Notwendigkeit zum Abbruch sich vielfach einer logischen Begründung entzieht: Das »alte Gelumpe« kann ebenso ein eingebrochener Fußbodenbelag sein, der wegen seines Schwammbefalls nicht einmal mehr zum Verheizen taugt, wie eine völlig intakte, handwerklich in hervorragender Weise gestaltete Tür mit geschnitzter Zarge und eingestemmtem Türblatt, die nach dem Wunsch des Eigentümers nun endlich durch eine »saubere« und leicht schließende Tür aus dem Baumarkt ersetzt werden soll. Dem Architekten, wenn er überhaupt für Altbausanierungen herangezogen wird, obliegt hier eine besondere Sorgfalts- und Aufklärungspflicht, damit nicht weiterhin besondere bauliche Details vernichtet werden. Diese Sorgfaltspflicht kann sich jedoch sehr viel nüchterner auch auf einen eingängigeren Bereich beziehen: die Kosten. Fast an jeder Sanierungsbaustelle werden Bauteile aus- und abgebrochen, die preiswerter hätten wiederverwendet werden können. Es wird hier dringend empfohlen, die kleine Mühe des Kostenvergleichs nicht zu scheuen und nach jenem Handwerksbetrieb zu suchen, für den eine Reparatur keine berufliche Schande darstellt. Seit nun annähernd zehn Jahren läßt sich hier eine Trendwende im Handwerk feststellen, doch liegen Wollen und Können gebietsweise immer noch im argen. Auf die Wiederverwendung von Fenstern und Türen wird jedoch in den entsprechenden Kapiteln eingegangen.

Muß dennoch aus- und abgebrochen werden, ist zu bedenken, auf welche Weise angrenzende Bauteile geschont werden. Dies heißt beispielsweise, daß nicht wie beim Totalabbruch ein Fensterstock mit dem Fäustl ausgeschlagen wird, der damit Teile des Leibungsputzes mitreißt, sondern daß dieser Stock vor dem Ausbrechen mit einer Handsäge in kleinere Stücke zerschnitten wird, die nun vielfach unter Schonung der Putzkante ausgebrochen werden können. Ein Zersägen erleichtert auch den Transport sperriger Stücke durch das Gebäude: Wer einen Tag lang Abbruch und Abtransport von 5 m langen Holzbalken durch das Treppenhaus erlaubt, sollte vorsichtshalber zusätzlich eine gute Geldsumme für die Wiederherstellung des Treppengeländers in Anschlag bringen.

Beim Ausbruch von Türöffnungen und dem Abbruch von Zwischenwänden fällt üblicherweise Steinmaterial an, das erst aus den Stockwerken zum Schuttcontainer transportiert werden muß. Dafür sind für neue Zwischenwände, Badewannenabmauerungen und vieles andere neue Steine zu kaufen und im gesamten Haus wieder zu vertragen. Bei sorgfältigen Kostenvergleichen wurde immer wieder deutlich, daß Abbruch und zusätzliches Reinigen und Vorhalten solcher Steine preiswerter ist als das beschriebene und übliche Vorgehen. Gleiches gilt im besonderen für das Vorhalten von Holzdielen, Parkett-Teilen und ähnlichem, zumal Material für Ausbesserungen nur sehr schwer zu besorgen ist.

Eine besondere Bedeutung kann dem Schutzabbruch zukommen, worunter der rechtzeitige, gezielte Abbruch und die Verwahrung von solchen Bauteilen verstanden wird, die später wiederverwendet werden sollen. Hierzu gehören in erster Linie Bauteile, die während der Sanierungsarbeiten stark beansprucht werden, wie Treppengeländer, Hauseingangstüren, Hofeinfahrtstüren, Treppenhausfenster, oder für die während der Bauzeit mit Diebstahl zu rechnen ist, wie Türbe-

Abb. 1 *Das vorsichtige Ausstemmen weniger Parkettbretter erlaubt die zerstörungsfreie Abnahme größerer Bodenflächen.*

schläge, alte Fliesen und Kacheln, Armaturen, Ziergitter, besonders profilierte Fußbodenleisten und Wandvertäfelungen.
Müssen Wände, Decken, Dachstuhl und andere konstruktive Bauteile tatsächlich abgebrochen werden, so ist ein Vorgehen zu wählen, das den zu belassenen Bestand nicht unnötig in Mitleidenschaft zieht. So selbstverständlich dies klingt, so sehr widerspricht dem die bauliche Praxis. Das Problem wird dann deutlich, wenn man sich vor Augen hält, daß sämtliche Konstruktionen ihre Standfestigkeit unter anderem dadurch erhalten, daß die einzelnen Konstruktionsglieder fest miteinander verbunden sind. Ein Stein, der mit Wucht ausgebrochen wird, lockert also das Gefüge im Umkreis; ein Balken, der mit dem Kranseil herausgerissen wird, zerstört noch intakte zimmermannsmäßige Verbindungen im weiten Umfeld.
Abbruch zur Wiederverwendung wird besonders häufig bei Holzbauteilen durchgeführt. Diese historischen Holzverbindungen sind jedoch vielfach paßgenau gearbeitet, so daß jedes Verwinden und Ausbrechen wiederum zerstört. Der »Trick« in all den beschriebenen Fällen liegt darin, daß das oder die ersten Ausbruchstücke – gleich ob Stein oder Holz – mit besonderer Sorgfalt abgebrochen werden, erst dann wird ein rasches, aber dennoch weitgehend schadensfreies Weiterarbeiten ermöglicht (Abb. 1). Es ist in solch einem Fall sinnvoller, eine einbindende Holzstrebe zum Zersägen zu opfern, wenn damit der weitere Abbruch schonender durchgeführt werden kann.

Abb. 2 *Schonender Durchbruch durch eine Betonwand mittels Kernbohrungen.*

Ein besonderes Problem beim Abbruch stellen Stahlbeton und Beton dar. Der Einsatz üblicher Kompressoren verbietet sich am Altbau zumindest bei Teilabbruch, da hier doch zu starke Erschütterungen weitergeleitet werden. Statt dessen sind sägende, schneidende oder bohrende Geräte einzusetzen, bei deren Planung allerdings zu beachten ist, daß diese kostengünstig fast immer »Wasserkühlung« voraussetzen (Abb. 2). Ab etwa 1200 Grad lösen sich die Befestigungen der Diamanten oder vergleichbarer Schneidteile, wenn die Temperatur nicht durch permanentes Spülen niedrig gehalten wird. In der Praxis bedeutet dies leider eine geradezu verblüffende Verunreinigung auch weitest entfernter Bauteile durch diesen feinstteiligen Schleifschlamm. Es sind deshalb Schutzmaßnahmen hiergegen einzuplanen und einzukalkulieren. Eine bescheidene Alternative ist hier das Kühlen mit Preßluft: Trockener Staub belastet das Gebäude nicht ganz so stark wie nasser.
In Sonderfällen kann auch mit pneumatischen Keilen oder Sauerstoffkernlanzen gearbeitet werden, doch wird empfohlen, sich frühzeitig mit einschlägigen Firmen wegen Anwendungsgrenzen und -folgen in Verbindung zu setzen.
Bei Ausschreibung und Planung dieser Maßnahmen ist unbedingt darauf Rücksicht zu nehmen, daß dieses tatsächlich »schwerwiegende« Material in solch kleinen Teilen abgebrochen wird, daß ein schonender Transport aus dem Gebäude möglich ist. Diese Zwänge können durchaus auch einen sonst üblichen Zeitplan umstülpen.
Gerade bei Abbruchmaßnahmen spielt das Kostenargument eine wichtige Rolle. Hierzu wird auf das Kapitel Kosten verwiesen.

Trockenlegung

Die Trockenlegung von Bauwerken gilt mit Abstand als die schwierigste Sanierungsmaßnahme. Der Grund hierfür ist nicht nur die offensichtliche Unfähigkeit auch vieler Fachleute, die Ursachen richtig zu erkennen, und auch nicht das Fehlen jeglicher handwerklicher Tradition, die es jedem erlaubt, sich nach Erwerb einer Bohrmaschine und einiger Kanister Injektagematerials als Trockenlegungs-Fachfirma zu bezeichnen, sondern vor allem die Tatsache, daß keines der verschiedenen Verfahren an sich hundertprozentig ist. Die Erfolgsquote wächst zwar mit der sachlich begründeten Auswahl, doch bleibt auch dann ein Risiko bestehen. Dies ist allerdings dann ausreichend klein zu halten, wenn durch sorgfältige Untersuchungen vorab die feuchte Wand und ihre Umgebung ausreichend bekannt sind und damit unter den prinzipiellen Möglichkeiten der Sanierung auch begründeter gewählt werden kann (Abb. 1).

Ein Mißlingen so vieler Trockenlegungen ist bei verschiedenen Verfahren aber auch zwangsläufig zu erwarten und auf die Unkenntnis oder Mißachtung der physikalischen und chemischen Zusammenhänge im Erdreich oder in der Mauer zurückzuführen.

Zwei vom Prinzip und Weg her getrennte Ziele müssen erreicht werden:

1. Abdichtung der Mauer,
2. Austrocknung der Mauer.

Durchfeuchtungsursachen

Die Ursachen für diesen Schaden sind außergewöhnlich vielfältig: Ist es Niederschlagswasser, das durch beschädigte Bauteile in die Wand eindringt, oder kann der Wind an den Wetterseiten die Regendurchfeuchtung nochmals verstärken? Kondensiert Luftfeuchtigkeit im Inneren des Gebäudes, drücken Grund- oder Tagwasser oder steigt Erdfeuchtigkeit hoch? Wird die Nässe durch den Verkehr – Spritzwasser, Schneematsch – verursacht? Wieweit sind Salze am Wassertransport beteiligt (siehe »Salzbekämpfung«)?

Die Überprüfung der äußeren und inneren Wasserführung eines Hauses ergibt die

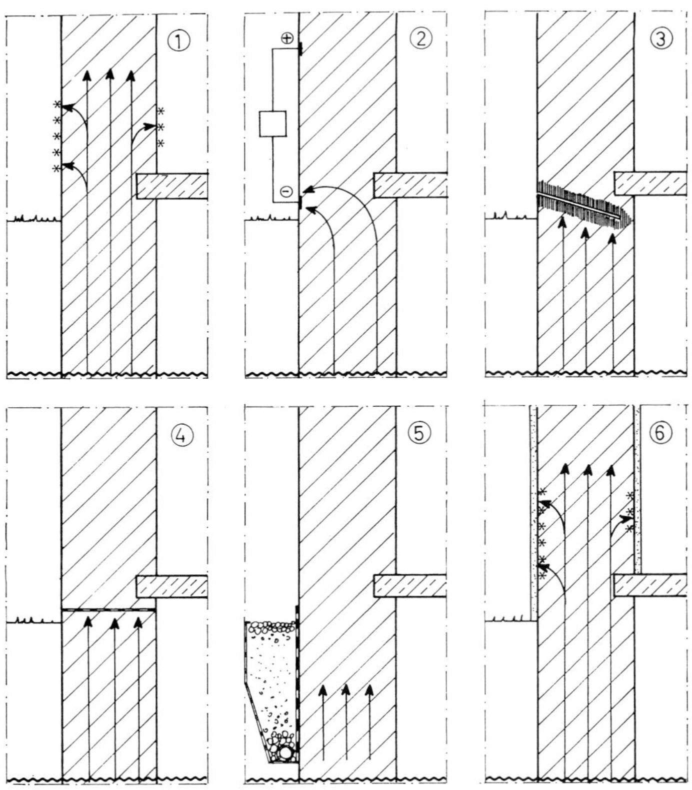

Abb. 1 *Prinzipielle Möglichkeiten einer Feuchtesanierung:*
① Ist-Zustand, ② elektrophysikalische Anlagen, ③ Injektion, ④ Horizontalsperre, ⑤ Drainage, ⑥ Sanierputz (siehe »Sanierputze«).

Abb. 2 *Großflächige Mauerdurchfeuchtung durch schadhafte Regenwasserableitung.*

Abb. 3 *»Aufsteigende« Feuchtigkeit durch ungepflegte Dachrinne im Nebenhaus: Der Regenschwall stürzt über die Rinne bis zur trichterförmig abstehenden Putzschale, um dann abzusickern.*

Abb. 4 *Wirkung abtropfenden Regenwassers auf eine verputzte Wandfläche.*

Abb. 5 *Mauerdurchfeuchtung durch unsachgemäße Sanitärinstallation in einem WC.*

Abb. 6 *Hochdrücken des Schadenssaums durch zu dichte Oberfläche im Sockelbereich.*

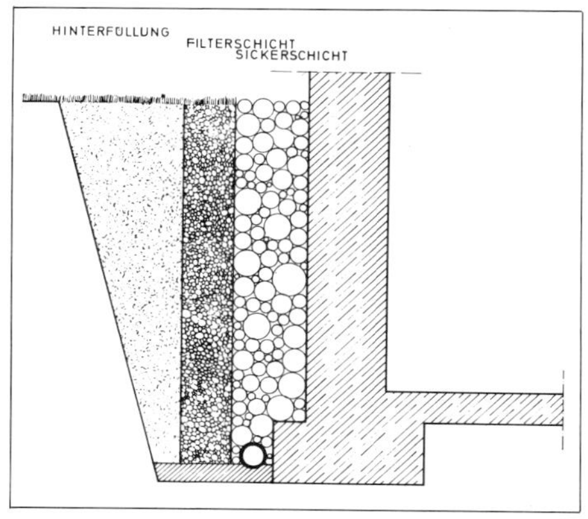

Abb. 7 *Systemskizze einer nachträglichen Drainage.*

ersten Hinweise (Abb. 2 bis 5). Auch wenn Putz und Mauerwerk noch intakt sind, wird bei fehlenden oder schadhaften Dachrinnen die Erdfeuchtigkeit ganz oder zumindest teilweise hierin ihre Ursache haben. Auch Kondensation (siehe »Kondensation«), Salze (siehe »Salzbekämpfung«) oder Mauerundichtigkeiten sind oft Ursachen, die durch Trockenlegung nicht beseitigt werden. Und schließlich führen auch falsche Anstrichsysteme oder andere abdichtende Maßnahmen zu Durchfeuchtung und zu auffallenden Schäden in Putz und Anstrich (Abb. 6).
Als zweiter Schritt erfolgt die Überprüfung der Bodenverhältnisse. Über Grundwassernormal- und Höchststand geben die Wasserämter Auskunft. Liegt tatsächlich ein so hoher Grundwasserstand vor, was nur selten der Fall sein wird, ist die Nutzungsaufgabe des Kellers aus der Sicht der Kosten häufig die einzige vertretbare Lösung; jede technische Maßnahme einer Bautenabdichtung gegen drückendes Wasser im nachhinein ist extrem teuer.

Drainagen

Wird durch Probegrabungen ersichtlich, daß die Erdfeuchtigkeit die Ursache in nicht schnell oder genügend versickerndem Oberflächenwasser hat, hilft eine sachgemäße Drainage (DIN 4095). Diese besteht immer aus drei Elementen: Sickerschicht, Filterschicht, Drainagerohr

Abb. 8 *Sickergraben ohne Drainrohr.*

Abb. 9 *Kunststoff-sickerplatten werden an die zu schützende Wand geklebt.*

(Abb. 7). Es ist beschämend, aber nach Erfahrungen aus der Praxis notwendig, darauf hinzuweisen, daß eine »kapillarbrechende« Schicht alleine – also Kies ohne Drainrohr – keine Verbesserung bringen kann, sondern den Wasseranfall dank besserer Zustrommöglichkeit nur noch erhöht (Abb. 8).

Der Sickerschicht kommt die wichtige Aufgabe zu, Wasserdruck vor den zu schützenden Wänden zu verhindern. Ihre Ausbildung mit möglichst großen Zwischenräumen läßt das Wasser nach unten in die Drainageleitung absickern, ohne in die Wand selbst einzudringen. Zur alten und immer noch bewährten Grobschlagpakkung mit Kiesabdeckung, die zugleich als Spritzschutz dient, bietet heute die Industrie eine Reihe spezieller Produkte an. Sie sind in der Regel billiger, besser sind sie nicht – doch sind auch Platzbedarf und Zeitersparnis zu berücksichtigen (Abb. 9).

Die Filterschicht aus Sand verringert die Gefahr des Zuschlämmens der Sickerschicht und damit auch der Drainageleitung (Abb. 10).

Diese Drainageleitung muß im Gegensatz zur Normforderung mit mindestens 1%, besser 2–3% Gefälle verlegt werden. Um ein Unterspülen und damit Verändern des Gefälles dauerhaft auszuschließen, sollte sie auf einem Betonbett aufliegen. Der Anschluß dieser Leitungen an die Kanalisation ist bei Trennsystemen an die Regenwasserleitung möglich, ist jedoch in vielen Gemeinden untersagt und wird auch nicht angeraten, da bei Rückstau jede Drainage zur Bewässerungsanlage wird.

Im Mischsystem bringt dieser Rückstau zusätzlich die Fäkalien bis zu den Wänden, wovon man sich im Hausinneren bald durch den Geruch überzeugen kann. Die Sickerwasserableitung muß also vielfach über eigene Sickerdolen erfolgen, was zumindest im städtischen Bereich häufig genug gar nicht möglich ist.

Um einem allmählichen Zuspülen und Zuwachsen der Drainage vorzubeugen, sind die Leitungen so zu verlegen oder besser Reinigungsschächte anzulegen, daß das gesamte System durchgespült und durchgespindelt werden kann (Abb. 11).

Die Wirksamkeit jeder Drainage wächst mit steigendem Verhältnis der seitlich erdberührten Wandflächen zur Fundamensohle: je tiefer Kellerwand und Gründung, desto besser, da damit eine größere Fläche von der Wasseraufnahme abgeschnitten wird. Dies läßt sich aber auch durch jede vertikale Abdichtung vornehmen, die dann einer Drainung unbedingt vorzuzie-

Abb. 10 *Zugeschlämmtes Drainrohr bei fehlender Filterschicht.*

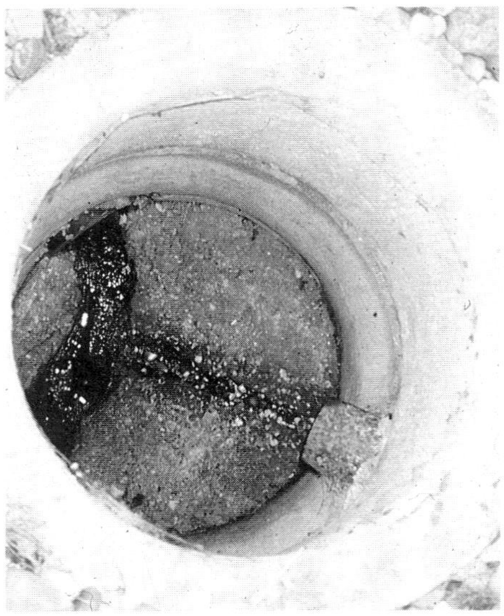

Abb. 11 *Geöffneter Revisionsschacht: Zu erkennen sind die einmündenden Rohre und das die Reinigung erleichternde offene Gerinne.*

Abb. 12 *Schwertsäge.*

Abb. 13 *Anwendung der Mauersäge, sie wird seit ca. 90 Jahren benutzt.*

Abb. 14 *Sacksäge als Kettensäge.*

Abb. 15 *Seilsäge.*

hen ist, wenn die Wasserableitung in irgendeiner Weise problematisch ist. Dann darf aber auf keinen Fall die Verfüllung des Arbeitsraums zusätzlich in wasserdurchlässigem Material erfolgen, weil damit der Mauerfuß stärker als bisher durch Feuchte belastet würde. Statt dessen ist bewußt bündiges Material zu verwenden und möglichst lagenweise verdichtet einzubringen. Eine vertikale Absperrung auf den Wandaußenseiten ist auch eine vergleichsweise einfache und vor allem auch preiswerte Ergänzung jeder Drainage, da dafür ohnehin das Gemäuer bis zur Fundamentsohle freigelegt werden muß. DIN 18 195 nennt die Mindestanforderungen; ergänzend ist noch DIN 4122 zu nennen; zwingend ist diese Maßnahme allerdings im Gegensatz zur Normforderung häufig nicht.

Horizontale Abdichtung

Wird aufsteigende Feuchtigkeit festgestellt oder ist diese durch äußere Anzeichen zu vermuten, muß eine nachträgliche horizontale Absperrung eingebracht werden. Jede nachträgliche Maßnahme dieser Art ist allerdings wesentlich aufwendiger als das bisher Besprochene und im Prinzip durch drei Verfahren möglich:
- Mauertrennung mit nachträglicher Abdichtung,
- Horizontalsperrung durch Injektionen,
- Elektrophysikalische Anlage.

Mauertrennung

Neben den vielen mechanischen Verfahren zur Mauertrennung kann diese durchaus auch noch mit sinnvollem Aufwand von Hand durchgeführt werden. Üblich ist jedoch die maschinelle Trennung, die dann mit relativ einfachen Geräten durchgeführt werden kann, wenn eine durchgehende Mauerfuge vorhanden ist. In allen anderen Fällen ist aufwendigeres Werkzeug einzusetzen: diamant- oder widiabesetzte Schwertsägen, Kreissägen, Diamantseilsägen, Kernbohrgeräte (Abb. 12 bis 15). In allen Fällen ist während des Trennvorgangs sicherzustellen, daß die Last des Hauses während der Arbeiten schadensfrei abgeleitet wird: Es muß deshalb von alternierenden Arbeitsschritten von 60 bis 100 cm ausgegangen werden.
Im Vergleich zu den Kosten dieser Mauertrennung ist der Preis der einzulegenden Trennungsschicht gering – hier zu sparen, ist also falsch. Deshalb sollten unbedingt Metall- oder armierte Kunststoffolien verwendet werden. Statt Bahnen und Folien kommen auch pastose, meist kunststoffgebundene Dichtungsmörtel zur Anwendung. In jedem Fall ist Sorge zu tragen, daß die stückweise eingebrachten Sperr- und Dichtbahnen sich ausreichend überlappen. Wird statt einer Bahnendichtung eine Sperrbetonschicht verlegt, muß dafür Sorge getragen werden, daß die durch die notwendigen Arbeitsabschnitte gebildeten Stöße auf die gesamte Mauerstärke durch eingelegte Fugenbänder abgedichtet werden. Die von Firmen anderer Systeme geäußerten Bedenken des Penetrierens der Dichtungsfolie durch das auf

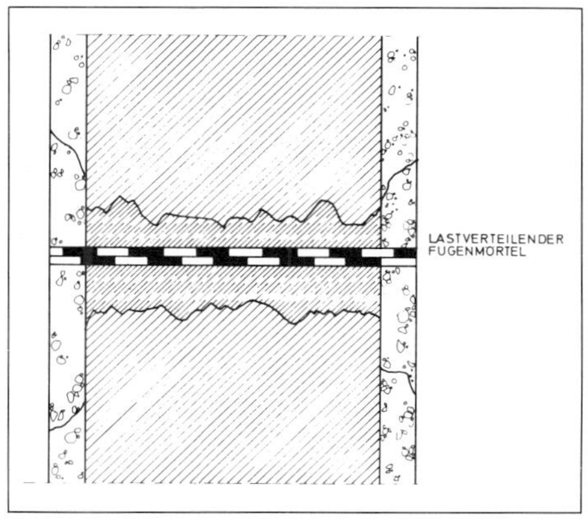

Abb. 16 *Prinzipskizze einer nachträglich eingezogenen Horizontalisolierung.*

Abb. 17 *Kleinramme bei mürber Mauerfuge.*

Abb. 18 *Überlappender Stoß zweier Riffelbleche.*

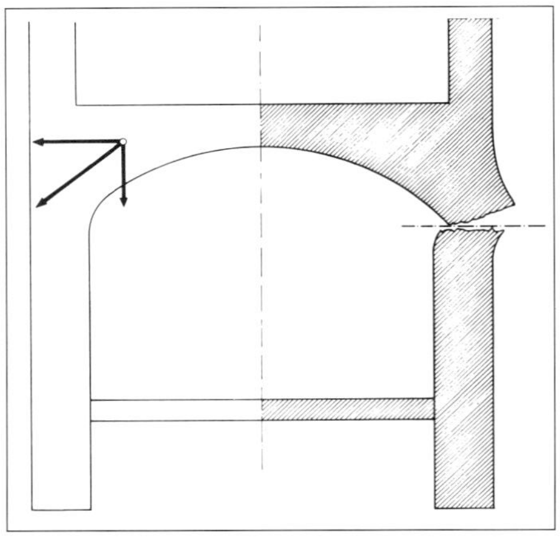

Abb. 19 *Unterbrechung des Kraftschlusses durch Mauertrennung.*

Abb. 20 *Einzelbohrung für Injektage.*

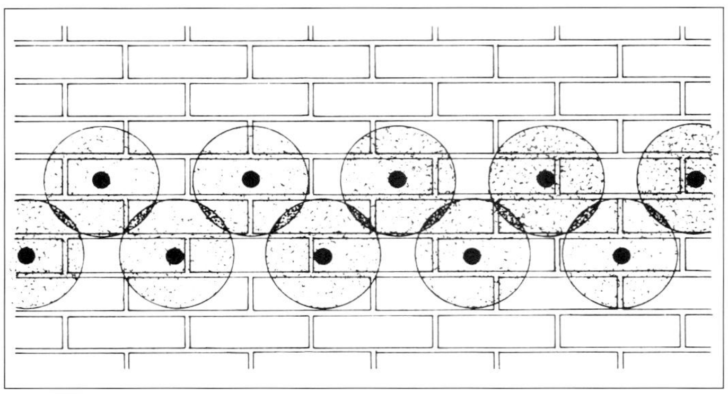

Abb. 21 *Funktionsschema einer Trockenlegung durch Injektage.*

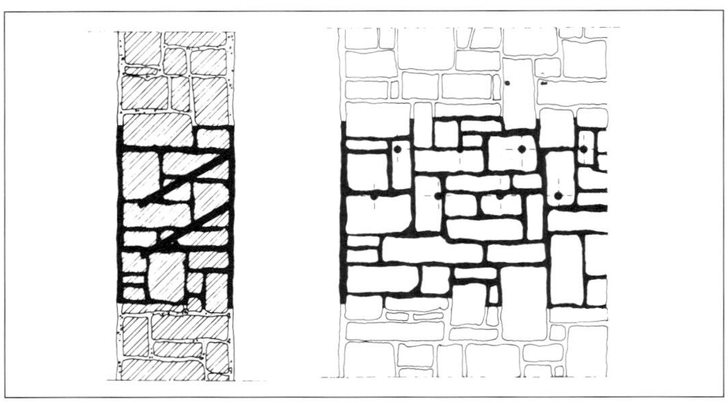

Abb. 22 *Versprochene, doch in der dargestellten Form nicht mögliche Wirkung einer Injektage.*

ihnen lastende Bauwerk sind bei sachgemäßer Ausführung (Abb. 16) nicht zu halten.

Ein weiteres Verfahren der Horizontalmauertrennung liegt im Einrammen von Edelstahlblechen (Abb. 17 u. 18). Diese Bleche haben sich auch bei Chloridangriff als ausreichend korrosionsfest erwiesen, doch setzen auch sie eine durchgehende Lagerfuge bei einer Wandstärke nicht über 80 cm voraus.

Der Nachteil jeder Art der Trockenlegung durch Mauertrennung liegt ausschließlich im Eingriff in das statische Gefüge des alten Hauses: Zum einen bei der Mauertrennung selbst, was je nach System und Verständnis der Ausführenden auch entfernbare Innenbauteile in Mitleidenschaft ziehen kann, zum anderen aber in der Unterbrechung der Lastableitung bei schräg oder horizontal wirkenden Kräften (Abb. 19). In solchen Fällen ist deshalb unbedingt ein Statiker zu Rate zu ziehen. Auf die zusätzliche Gefährdung bei hinterfülltem Schalenmauerwerk wird hingewiesen.

Injektionen

Der Gedanke, durch Einzelbohrungen (Abb. 20) und anschließende, sich überdeckende Injektionen (Abb. 21) in der Wirkung eines Vielfachen des Bohrlochdurchmessers eine durchgehende Sperrschicht durch chemische Reaktion zu erreichen, ist auch von den Kosten her bestechend, doch bleibt vor allem in alten Mauern dikkerer Bauart und in Mischmauerwerk das Problem der Eindringtiefe, solange unbekannt ist, welche Ziegel oder Natursteine oder sonstige Füllstoffe im Inneren der Konstruktion verwendet wurden. Dies heißt, daß entsprechend der uns bekannten Bautradition die Anwendung um so problematischer wird, je älter das Gebäude ist, da dann in immer stärkerem Maß mit inhomogenem Mauerwerk zu rechnen ist. Bei Natursteinmauerwerk ist dieses Verfahren deshalb häufig abzulehnen; eine Wirkungsweise, wie sie die einem Firmenprospekt entnommene Skizze zeigt (Abb. 22), ist ausgeschlossen: Die Eindringfähigkeit auch hierfür geeigneter Stoffe überschreitet selbst bei saugfähigem Material kaum 6 bis 7 cm; hieraus läßt sich unschwer ableiten, daß der maximale Achsabstand von Injektionsbohrungen 15 cm betragen darf.

Als Injektionsmaterial werden unterschiedliche Produkte angeboten, die mit oder ohne Druck in die zu sanierende

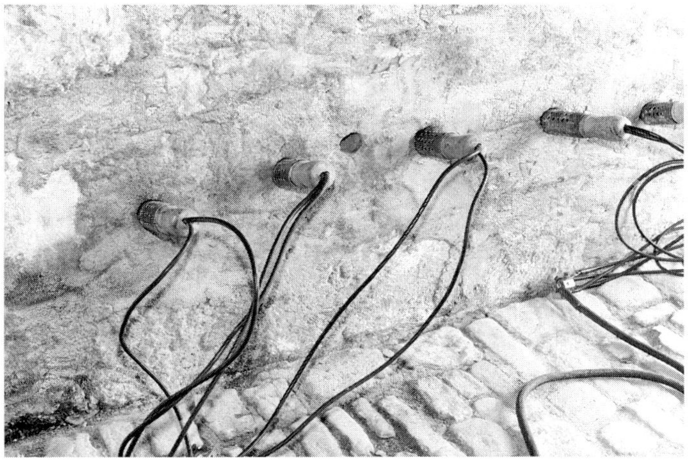

Abb. 23 *Heizpatronen zur Feuchtereduzierung einer Injektage.*

Abb. 24 *Trocknungsgerät mit Warmluft.*

Mauer gebracht werden. Nur einige Füllstoffe sind erfolgversprechend: Nicht angewandt werden sollten zementhaltige Verpreßmassen sowie einige bituminöse – sie dringen wegen ihrer Teilchengröße nicht in die Mauerwerksporen ein; auch reine Wasserglasverpressungen werden seit langem wegen der zusätzlichen Salzbildung abgelehnt. Als am sichersten gelten heute Kombinationen von kapillarverengenden und kapillarhydrophobierenden Wirkstoffen wie Alkalisilikate zusammen mit Methylsilikonaten. Neu werden seit kurzem wasserlösliche Silane angeboten; sie berechtigen zu guten Hoffnungen; die praktische Erfahrung steht jedoch noch aus.

Bei Mauerwerk mit Rissen oder Hohlräumen wird bei üblicher Anwendung das teure Injektionsmaterial nutzlos versikkern. Bei sehr feuchten Mauern ist diese Sanierungsart deshalb nicht anzuraten, weil das Injektionsmittel kaum in das trokkenzulegende Material gepreßt werden kann, wenn Poren und Kapillaren bereits wassergefüllt sind; als kritische Grenze wird allgemein ein Durchfeuchtungsgrad von 50 bis max. 60% angegeben.

Um eine zu hohe Durchfeuchtung vorab zu mindern, soll mit unterschiedlichen Methoden die Wand vorgetrocknet werden. Eingesetzt werden hierzu seit kurzem Mikrowellengeräte, deren Erfolg bei der heutigen Geräteausbildung in Frage zu stellen ist, Heizpatronen, die einen vergleichsweise hohen Energieeinsatz bei geringer Wirkung bieten (Abb. 23), Belüftungsanlagen, welche, richtig installiert und geführt, durchaus einen Erfolg zeigen (Abb. 24), und Billig-Elektroosmose-Anlagen mit allen im folgenden beschriebenen Problemen (Abb. 25): Am sinnvollsten ist es immer noch, durch frühzeitiges Abschlagen des Putzes und zusätzliche Regenschutzmaßnahmen ein natürliches Abtrocknen zu beschleunigen.

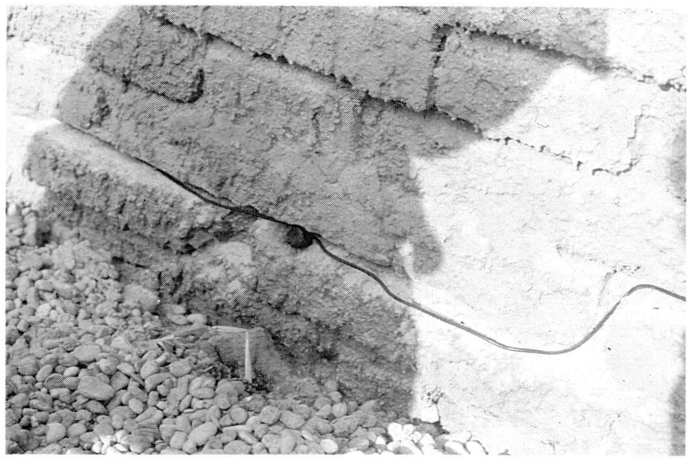

Abb. 25 *Elektrophysikalische Anlage primitivster Bauart.*

Konsequent müssen in diesem Zusammenhang auch alle Mittel abgelehnt werden, die man lediglich auf die Wandfläche aufsprüht. Die Behauptung, durch chemische Tiefenwirkung eine durchgehende Sperrschicht zu erzielen, darf als Betrug beurteilt werden.

Elektrophysikalische Anlagen

Der Versuch, mit Hilfe von elektrischem Strom Wände trockenzulegen, ist unter der irreführenden Bezeichnung »Elektroosmose« seit langer Zeit bekannt. Elektroosmotische Anlagen sollen – sehr vereinfacht dargestellt – auf dem Naturgesetz beruhen, daß bei Durchströmung eines porösen Körpers mit Flüssigkeit eine Potentialdifferenz auftritt beziehungsweise um-

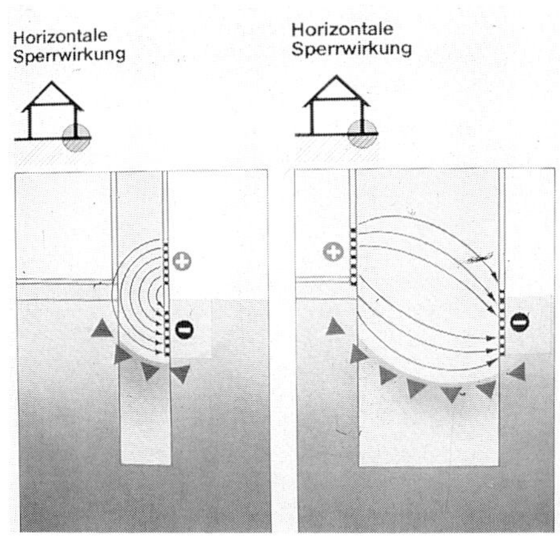

Abb. 26 *Auszug aus einem Prospekt: erwünschte, aber irreführende Darstellung der »masseabweisenden« Funktion des elektrischen Feldes.*

Abb. 27 *Die Elektroden zur besseren Anpassung sollten flexibel sein.*

Abb. 28 *Elkinet-Netzelektrode.*

Abb. 29 *Elcopol-Elektrode, zum Teil bereits eingeputzt.*

gekehrt bei Stromdurchgang im Gleichstromfeld Flüssigteilchen und Festteilchen sich gegeneinander verschieben. In der Praxis hieße dies, daß das Wasser entsprechend der gezeigten Gesetzmäßigkeiten sich zum Minuspol bewegt, der dorthin gelegt wird, wo die Feuchtigkeit, ohne Schaden anzurichten, verdunsten oder verbleiben kann. Wenngleich diese Verfahrensgruppe, für die es sehr unterschiedliche Patente gibt, sehr oft nicht die erhoffte Wirkung zeigte, so lag das Versagen oft nicht im System, sondern in der Unkenntnis der physikalisch-chemischen Erscheinungen in einer feuchten Wand und der Auswirkung von leitenden Bauteilen in und an ihr. Im Prinzip gleichen sich alle Anlagen: Zwischen den Elektroden (Kathode und Anode) wird ein elektrisches Feld erzeugt, das das Wasser in die gewünschte Richtung drängen soll (Abb. 26).

Hier liegt bereits ein grundlegender Denkfehler vor, denn mißt man diese Potentiale ausnahmsweise einmal nicht im Labor im Kleinversuch, sondern in einer gemauerten Wand, so findet man die stärksten Potentiale an der Wandoberfläche genauer in oberflächennahen Schichten, die schwächsten im Wandinneren. Die – stark verkürzte! – Erklärung ist die, daß die Potentiale vom Versalzungsgrad weitgehend mitbestimmt werden; es handelt sich also um elektrochemische Potentiale.

Die Anordnungsmöglichkeiten der Elektroden sind unterschiedlich. Sie können stab- oder bandförmig sein, in die Mauer eingeschlauft oder als Band vervielfacht werden. Sie sind als runde Kabel oder als Litzen ausgebildet oder werden als Netze verlegt (Abb. 27 bis 29); Hindernisse müssen konsequent umfahren werden (Abb. 30). Die Verlegung verlangt ein bis zu handtellerbreites Schlitzen der obersten Mauerschicht bei Kabeln (Abb. 31) und ein entsprechend breites Abschlagen des Verputzes bei Netzen. Die Elektroden werden danach wieder eingeputzt.

Wenn, wie beschrieben, Salze und Versalzungsgrad eine Rolle spielen und zudem beachtet wird, was eigentlich auch seit langem bekannt ist, daß der Feuchtetransport zu den Elektroden über die Ionen (hier: unterschiedlich geladene Bestandteile von Salzen) stattfindet, die in einer Hydrathülle »Wasser tragen«, dann wird erstens deutlich, weshalb das Einschlaufen oder Einbohren von Elektroden in das Mauerinnere abzulehnen ist – die Salze werden damit in das Wandinnere geführt – und weshalb grundsätzlich das elektroosmotische Prinzip nur eine recht geringe Rolle spielen kann: Es sind elektrolytische Vorgänge, die in der Wand ablaufen, und sie benötigen deshalb auch eine Spannung, die eine Dissoziierung (Spaltung) in unterschiedliche Ionen erlaubt. Es wäre also zutreffender, von Elektrolyse statt von Elektroosmose zu sprechen oder, verallgemeinernd, von elektrophysikalischen Anlagen, doch soll weiter am eingeführten Namen festgehalten werden, da er auch international verwendet wird.

Unterschieden werden aktive und passive Verfahren. Das passive Verfahren, bei dem zwei Elektroden ohne Fremdspannung wirken sollen, zeigt deutlich, daß auch jeder andere leitende Bauteil oder Wandeinschluß »elektrisch« wirken muß. Das hauptsächliche Mißverständnis bei diesem passiven Verfahren liegt jedoch darin, daß durch sie jenes Potential »kurzgeschlossen« werden soll, das angeblich in der Wand durch das Strömen des Wassers infolge Kapillarität entsteht. Selbst wenn das zuträfe, werden hier verkaufsfördernd Ursache und Wirkung verwechselt: Wie sollte ein Abbau dieses Potentials jene Strömung verhindern, durch die dieses Potential erst entsteht? Als zweite Begründung für die Wirkung passiver Verfahren wird stets die Erzeugung jenes Stroms angesprochen, der nach der bekannten Spannungsreihe bei Einbau unterschiedlicher Metalle in ein feuchtes Milieu entsteht. Sieht man einmal davon ab, daß die

Abb. 30 *Umfahren eines Installationsauslasses.*

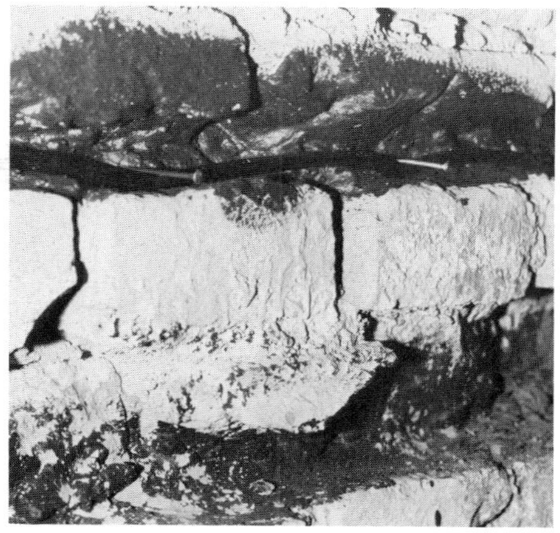

Abb. 31 *Mauerschlitz für Elektrode.*

Kapillarkraft mit Sicherheit um vieles stärker auf das Wasser einwirkt als dieser Strom geringer Stärke, muß sich diese Anlage zur Stromerzeugung selbst verzehren: Keine Batterie hält ewig! Die grundsätzliche Funktionsfähigkeit passiver Elektroosmoseverfahren darf also getrost schon seit längerem in den Bereich der Fabeln verwiesen werden – selbst wenn die Annahme eines Strömungspotentials stimmte.
Wegen der geschilderten zwangsläufigen Funktionsunfähigkeit jeder passiven Anlage wurden schon seit längerem aktive Anlagen mit Fremdstrom geplant und gebaut. Ihr Nachteil liegt nun vor allem darin, daß durch die erhöhte Spannung die Korrosion am Leitersystem anwächst, so daß, wie Versuche und Praxis zeigen, bereits nach wenigen Monaten eine Zerstörung der Elektroden eintreten kann (Abb. 32).
Der Grad dieser Zerstörung ist jedoch zusätzlich vom verwendeten Elektrodenmaterial abhängig. Hier muß die Praxis überzogene Forderungen relativieren, denn es ist sinnlos, völlig inerte Elektroden zu fordern, ohne die Lebensdauer eines Gebäudes oder seiner einem Verschleiß unterworfenen Leitungsteile zu beachten. Es ist deshalb unter Berücksichtigung der Kosten erlaubt, jedes Verfahren zu wählen, dessen Elektrodenmaterial wenigstens 30 bis 50 Jahre bei der angelegten Stromspannung die erwünschte Wirkung ermöglicht. Der Nachweis der positiven Wirkung eines solchen aktiven Verfahrens über diesen Zeitraum ist allerdings immer noch nicht erbracht; dies ist auch nicht möglich, weil erst seit kurzem Elektroden auf dem Markt sind, die jene Forderungen nach einer längeren Standzeit zu erfüllen scheinen. Untersuchungen des Instituts für Gebäudeanalyse und Sanierungsplanung zeigen zweifelsfrei im Gegensatz zur immer noch vorgebrachten Behauptung der völligen Funktionsunfähigkeit elektrophysikalischer Verfahren, daß eine Einwirkung auf Wassergehalt und Durchfeuchtungsverlauf möglich ist (Abb. 33). Sie zeigen ferner, daß die versprochene Resistenz im feucht-salzigen Milieu unter Spannung bisher nicht gegeben war: Jede Anode (positiv geladene Elektrode) unterliegt einem anodischen Abbau; jede Kathode (negativ geladene Elektrode) einer Wasserstoffkorrosion. Die besten Ergebnisse mit Ausnahme entsprechend edler Metalle zeigten hier leitfähige Kunststoffe, doch gilt dies leider nicht für jedes Produkt. Es kann hier nur angeraten werden, Prüfzeugnisse vorlegen zu lassen.
In der baulichen Praxis gibt es ein weiteres Problem: Weshalb sollten die Elektroden in ihrer ganzen Länge arbeiten? Es wurden im konstruktiven Elektrodenaufbau Lösungen gesucht, bei denen nicht nur im Bereich der Stromeinspeisung, also am geringsten Widerstand, die Elektroden arbeiten, sondern in ihrer ganzen Länge.
Zweifelsfrei ausgeschlossen werden kann immer noch nicht, ob durch die angeregte Ionenwanderung nicht auch Ca- und Si-Ionen zur Elektrode wandern und somit auf lange Frist eine Verdürrung des Mauermörtels auftritt. Bis zur Klärung dieser

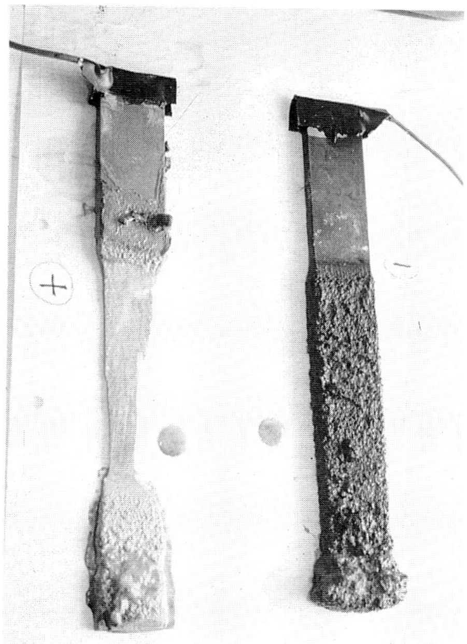

Abb. 32 *Zerstörte Elektroden bei Standzeit-Untersuchung.*

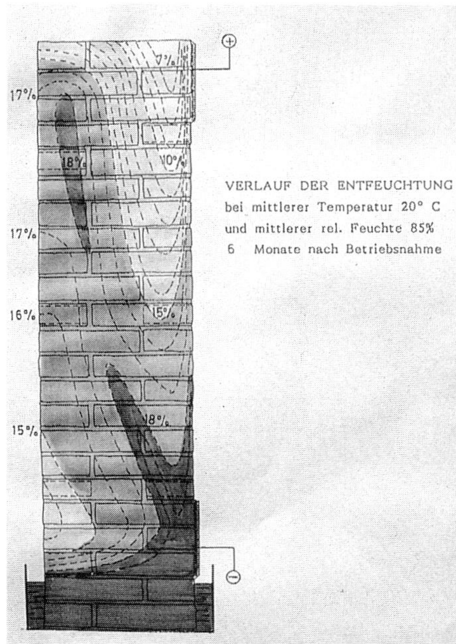

Abb. 33 *Deutlich sind die Feuchteunterschiede an der Mauerseite der Elektroden ablesbar.*

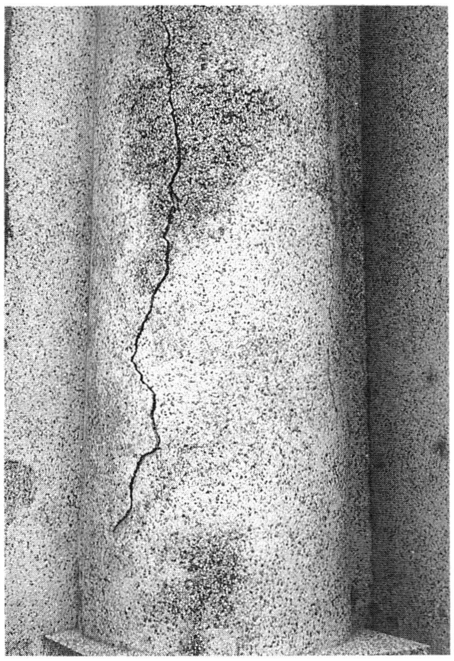

Abb. 34 *Reiner Zementputz auf feuchter Säule.*

Abb. 35 *Zerstörung der Sockelmauer durch dichten Zementmörtelverputz.*

Abb. 36 *Zementsockel an feuchten Wänden führt auch im Innern zu Folgeschäden.*

Frage sollten derartige Anlagen also nicht in freskierten Wänden eingesetzt werden.
Berechnungen über enorme Knallgasbildung und damit Explosionsgefährdung der mit »Elektroosmose« sanierten Gebäude haben sich seit langem als unzutreffend erwiesen.

Spezialputze

Worin liegt nun das Versagen vieler üblicher, aber bisher nicht genannter Verfahren, die noch vor wenigen Jahren zum Teil zu den häufigsten Maßnahmen bei der Trockenlegung zählten? Die Steighöhe des Wassers hängt von vielen Faktoren ab; die Kapillarität des vermauerten Materials ist zwar die übliche, doch nur unvollständige Antwort, da die Salze unberücksichtigt bleiben, denen der Feuchteschaden viel öfter anzulasten wäre als dies in der Praxis und leider auch in fast allen Fachveröffentlichungen geschieht. Vereinfacht und ohne Rücksicht auf Verdunstung läßt sich sagen, daß das Wasser um so höher steigen kann, je enger die Kapillare werden. Zusätzlich wächst aber die Steighöhe mit der Dicke der Mauer, da sich dabei das Verhältnis von durchnäßtem Materialvolumen zu wasserabgebender Oberfläche verschlechtert. Eine Verschlechterung muß deshalb ebenso erreicht werden, wenn die Oberfläche künstlich abgeschlossen wird. Es wird also deutlich, warum in der Regel alle angepriesenen Dichtungszusätze im Außenputz, aber auch der für die Sanierung feuchter Wände immer wieder empfohlene Zementputz im Sockelbereich (Abb. 34 bis 36) oder auch dichte Stein- oder Klinkerverkleidungen den Zustand zwar nach außen hin verbergen helfen, die Durchfeuchtung aber gerade durch ihre Dichtigkeit im Mauerwerk vorantreiben und zu weiteren Schäden führen. Auch die Wirkungsweise sogenannter Sanierputze wird dabei verständlich. Diese Putze erlangen durch unterschiedliche Zuschläge eine porenreiche Struktur; sie sind also sehr dampfdurchlässig. Gleichzeitig müssen sie aber hydrophob eingestellt sein, um Wasser in flüssiger Form wirkungsvoll abzubremsen. Da die Bedeutung dieser Spezialputze zunimmt, sind Aufbau, Wirkungsweise und Wirkungsgrenzen im Kapitel »Sanierputze« beschrieben.

Eine »Putzsanierung« bei Erdfeuchtigkeit verlangt also wasserdichte Sperrputze im erdberührten Teil – was es in der Praxis nicht gibt – und den beschriebenen Sanierputz über Terrain. Eine empfehlenswerte Sanierungslösung ist dies selbst bei fachgerechtem Arbeiten nicht, das Prinzip zeigt Abbildung 37.

Unbrauchbare Verfahren

Lüftungsröhrchen sind ein unwirksames Mittel zur Trockenlegung und bewirken sogar das Gegenteil. Die Eigenschaften des Mauerwerks bleiben trotz der Röhrchen unverändert – nach wie vor steigt Feuchtigkeit hoch. Die Wassermenge, die durch die Porosität der im Kalkmörtel eingebetteten Tonröhren zusätzlich verdunstet, ist gering: Sie nimmt zudem ständig ab. Daß diese einfachen Zusammenhänge oft nicht gesehen oder von unseriösen Firmen bewußt verschwiegen werden, wird daran deutlich, daß diese Röhrchen häufig erfindungswidrig in wassersperrendem Zementmörtel verlegt werden oder sogar aus dichtem Material, wie Kunststoff, gefertigt sind (Abb. 38). Besonders in dickem oder auch beschattetem Mauerwerk besteht während der warmen Jahreszeit zusätzlich die Gefahr einer weiteren Durchnässung im Röhrenbereich durch Kondensation der warmen und feuchten Sommerluft in der kälteren Wand.

Ebenso die Verdunstung erhöhen und damit die Mauer trockenlegen will die elektrische Mauerheizung: In meist gegeneinander versetzten Bohrungen werden elektrische Heizpatronen eingesetzt und angeschlossen. Eine Trocknung findet statt, doch wäre sie auch dann nachzuweisen, wenn die verbrauchte Energie sinnvoller einer Beheizung der feuchten Räume zugeführt worden wäre. Die Durchfeuchtungsursache bleibt erhalten; auch wenn erst nach Jahren der Strom abgeschaltet wird, wird die Mauer wieder stärker durchfeuchten.

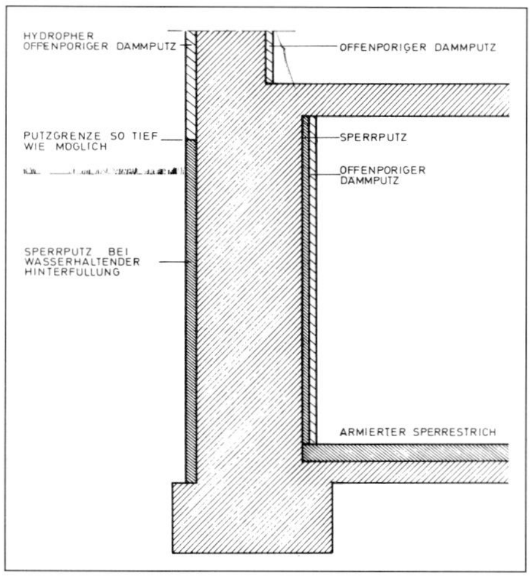

Abb. 37 *Putzsanierung bei Erdfeuchtigkeit.*

Abb. 38 *Vom Prinzip her untauglich und oft sogar von der Theorie her falsch ausgeführt: das Lüftungsröhrchen.*

Ebenfalls problematisch sind Lüftungsgräben zu beurteilen: Prinzipiell können sie nicht funktionieren, da durch sie feuchtwarme Luft zwangsläufig in Richtung jener Mauerteile herausgeführt wird, die dank Lage und Masse am längsten Kälte speichern. Statt Abtrocknung findet also über lange Zeiträume eine künstliche Befeuchtung statt – was von den missionarischen Verfechtern dieses Verfahrens geleugnet wird mit dem Hinweis, da und dort habe diese Belüftung gewirkt. Dies kann durchaus richtig sein, und zwar dann, wenn der vor die Grundmauern gestellte Graben bewirkt, daß durch ihn – ähnlich einer Drainage – weniger Wasser über das Erdreich an Fundament und Kelleraußenwände geführt wird, als nun durch Kondensation in die Mauer gelangt: Lüftungsgräben funktionieren also nicht wegen, sondern trotz der Belüftung.

Einer korrekten Übersicht zuliebe sollen auch die sogenannten Zauberkästen nicht vergessen werden, die, einmal ins Haus gestellt, auf wundersame Weise die Nässe auf immer verdrängen. Nach heutiger Lehrmeinung sind derartige Geräte Betrug. »Zauberhaft« ist tatsächlich die Leichtfertigkeit, mit der – Rückgaberecht! – einem Unbekannten auf einige Jahre mehrere Tausend DM zinslos geliehen werden.

Salzbekämpfung

Es ist das Wasser, das grundsätzlich als Träger von Verwitterung und Korrosion bezeichnet werden muß: Ohne Feuchtigkeit gäbe es keine Frostschäden, keine biologische und chemische Korrosion – und keinen Salztransport. Salzbekämpfung verlangt also in der Regel Maßnahmen gegen das Wasser (siehe »Trockenlegung«). Da umgekehrt aber mit dem Versalzungsgrad auch die Durchfeuchtung der Wand steigt, ist eine Salzbekämpfung die Voraussetzung für einen dauerhaften Feuchteschutz.

An bauschädlichen Salzen werden statistisch gesehen am häufigsten Sulfate und Chloride und mit größerem Abstand Nitrate nachgewiesen, doch gibt es in der Praxis hier große nutzungs- und lagebedingte Unterschiede. An landwirtschaftlichen Gebäuden werden häufiger Nitrate, in Bereichen langjähriger Salzstreuung Chloride überwiegen. Als weitere wichtige Schadsalzgruppe sind die Carbonate zu nennen. Dies mag verwundern, da das bekannteste Carbonat, das Calciumcarbonat $CaCO_3$, als Kalk ein bekanntes und gebräuchliches Bindemittel ist – mit Sicherheit also kein bauschädliches Salz. Dies weist auf ein wichtiges Kriterium für das bauschädliche Verhalten von Salzen hin: Sie müssen wasserlöslich sein; der abgebundene Kalk ist dies nicht, das bauschädliche Natriumcarbonat allerdings schon. Abb. 1 zeigt eine Zusammenstellung der wichtigsten bauschädlichen Salze. Es fällt dabei auf, daß mit Ausnahme des Natriumchlorids allen Salzen ein Wasseranteil eigen ist. Immer noch wird aus dieser Tatsache abgeleitet, daß wasserfreie Salze keine Bauschäden bewirken können. Dies ist falsch, wie die seit langem bekannte bauschadensträchtige Wirkung des Streusalzes (NaCl) zeigt.

Anhydrit	$CaSO_4$
Bischofit	$MgCl_1 \cdot 6\,H_2O$
Dodekahydrat	$MgSO_4 \cdot 12\,H_2O$
Epsomit	$MgSO_4 \cdot 7\,H_2O$
Gips	$CaSO_4 \cdot 2\,H_2O$
Halit	NaCl
Heptahydrit	$Na_2CO_3 \cdot 7\,H_2O$
Hexahydrit	$MgSO_4 \cdot 6\,H_2O$
Kieserit	$MgSO_4 \cdot H_2O$
Mirabilit	$Na_2SO_4 \cdot 10\,H_2O$
Natron	$Na_2CO_3 \cdot 10\,H_2O$
Tachhydrit	$2\,MgCl_2 \cdot CaCl_2 \cdot 12\,H_2O$
Thenardit	Na_2SO_4
Thermonatrit	$Na_2CO_3 \cdot H_2O$

Abb. 1 *Wasseranteil bauschädlicher Salze.*

Schadensmechanismen

Wasserlöslichkeit der Salze bedeutet, daß diese mit dem Wasser im Bauwerk transportiert werden können. Wie im Kapitel »Trockenlegung« jedoch ausführlich erklärt, halten sich irgendwo im feuchtebelasteten Mauerwerk eindringende und verdunstende Feuchtigkeit die Waage. Dort, wo das Wasser verdunstet, wird dem Salz aber sein »Lösungsmittel« entzogen: es kristallisiert aus. Wenngleich auch die in vielen Tabellen immer wieder voneinander abgeschriebenen Kristallisationsdrücke fast ausschließlich nur errechnet und nur in wenigen Fällen ermittelt wurden, so ist es doch schadentreibende Tatsache, daß sich das Volumen des Salzes unter anderem abhängig von der Temperatur beim Kristallisieren wesentlich vergrößert und somit ein starker Sprengdruck auf das Stein- und Mörtelgefüge ausgeübt wird (Abb. 2).

Ein ebensolcher Kristallisationsdruck entsteht im übrigen, wenn zum Beispiel in Folge sauren Regens Bindemittel in Mörtel und Stein in Sulfate umgewandelt werden: Aus den nicht oder nur sehr schwer löslichen Carbonaten entstehen nun leichter lösliche Sulfate, die ebenso wieder in einen Wassertransport in der Wand eingebunden werden. Auch diese Umwandlung ist mit starken Volumenvergrößerungen verbunden.

Ein weiterer und am Gebäude oftmals entscheidender Schadensmechanismus ist die Hygroskopizität salzverseuchter Baustoffe. Unter »Hygroskopizität« wird die Fähigkeit eines Stoffes verstanden, in Abhängigkeit besonders von der Luftfeuchtigkeit Wasser zu binden. Gerade Salzen ist eine hohe Hygroskopizität eigen, die im Extremfall bis zur Feuchtesättigung im Baustoff führt (Abb. 3). Da aber die Menge dieses »gebundenen« Wassers sich sehr stark mit der wechselnden Luftfeuchtigkeit verändert, wird auch immer wieder Wasser zur kapillaren Weiterbewegung frei. Es sind also die Salze, die im durchfeuchteten Mauerwerk mit dazu beitragen, daß die Feuchtigkeit und mit ihr der Schaden höher steigt, als das Wasser dies kapillar und ohne Salz könnte. Jede Trokkenlegung ohne Kenntnis des Versalzungsgrades und der Salzarten ist deshalb unnötig riskant. Die Kenntnis der Salzart kann häufig auch deshalb wichtig werden, weil damit bekannt wird, bei welcher relativen Luftfeuchte ein Salz in Lösung geht und damit schadenswirksam wird. Diese relative Luftfeuchtigkeit ist aber zumindest im Gebäudeinnern beeinflußbar, so daß sich damit eine weitere Möglichkeit der Salzbekämpfung bieten kann.

Als drittes ist die Hydratation der Salze zu nennen. Man versteht hierunter die Eigenschaft einiger Salze, beim Kristallisieren oder auch in gewissen Temperaturbereichen Wasser in ihre Kristallkette einzulagern. Dieser Vorgang bewirkt nun wiederum eine Volumenvergrößerung, die, wie auch der Kristallisationsdruck, eine Sprengwirkung auf den Baustoff ausübt. Ein Salz, das diese Eigenschaft bereits in einem relativ niedrigen Temperaturbereich besitzt, ist der berüchtigte Mauersalpeter, das Calciumnitrat. Diese Schadensursache wird in vielen Veröffentlichungen übergangen, doch ist sie dem Kristallisationsdruck gleichzusetzen.

Letztlich ist noch die Osmose als scha-

Abb. 2 *Putz- und Mauerzerstörung durch hohe Salzbelastung.*

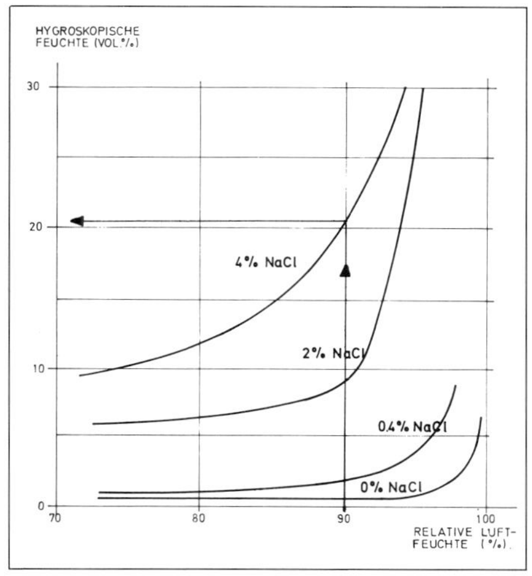

Abb. 3 *Hygroskopische Feuchte in Ziegel bei unterschiedlich hoher Versalzung mit Natriumchlorid.*

densverstärkender Mechanismus zu nennen. Hierunter versteht man in diesem Fall die Gesetzmäßigkeit, nach der eine Lösung höherer Konzentration sich stets in Richtung niedrigerer Konzentration zu verdünnen versucht, so daß auch hierdurch wieder indirekt eine Wasserwanderung bedingt wird.

Salzentstehung

Wie kommen die Salze in den Baustoff, also in das Mauerwerk? Die hauptsächlichen Ursachen sind:

- Eigensalze des Baustoffs,
- falsche Kombination von Baustoffen,
- Luftverunreinigung,
- künstliche Verseuchung durch Streusalz und Düngemittel,
- Salze in Erdreich und Grundwasser.

Es ist häufig nicht bekannt, daß eine ganze Reihe von Baustoffen Salze in bereits bauschädlicher Konzentration enthalten kann. Dies gilt für einige Natursteine ebenso wie für manchen Ziegel aus ungeeigneter Grube. Bekannt sind auch einige Beispiele, bei denen im vorigen Jahrhundert dem Ton zur Erhöhung der Festigkeit Salz beigemengt wurde. In diesem Zusammenhang ist auch die Verwendung von Frostschutzmitteln, beispielsweise Calciumchlorid zu nennen, welches zur Verlängerung der Bauzeit in den Winter hinein seit Jahrzehnten üblich war und auch noch ist. Diese Verlängerung der Bauzeit wird erkauft durch eine erhöhte Gefährdung der durch ein Frostschutzmittel verseuchten Baustoffe.

Ein ebenso trauriges, weil seit langem in seiner negativen Wirkung bekanntes Kapitel ist die Anwendung von salzhaltigen oder salzbildenden Produkten im Rahmen von Sanierungsmaßnahmen. Hierbei sind vor allem zu nennen Zusätze bei der Fassadenreinigung (siehe »Fassadenreinigung«) und die Verwendung alkalischer Produkte, wie Wasserglas zur Verfestigung oder Abdichtung. Es wird dringend geraten, bei Verwendung von Injektage-, Binde- und Reinigungsmitteln auf Zusammensetzung und Wirkungsweise zu achten oder den Fachmann zu befragen.

Über die Bildung von Etringit und Thaumasit wird im Kapitel »Tragende Bauteile« gesprochen. Auch hier entsteht aus der Kombination zweier füreinander ungeeigneter Materialien, nämlich Gips und Zement, ein Schadsalz. Eine ähnliche Wirkung liegt dem gefürchteten Alkalitreiben bei Beton zugrunde, bei dem die Reaktion von Kieselsäureanteilen ungeeigneter Betonzuschläge mit den Alkalien des Zements zu den kraterförmigen Absprengungen der Betonoberfläche führt.

Leider vom einzelnen nicht beeinflußbar ist die Salzbildung aus der Luftverschmutzung. Alle unsere Brennstoffe, auch Gas und Holz, enthalten Schwefel, der bei der Verbrennung nach der Gleichung $S + O_2$ Schwefeldioxid bildet. In der Atmosphäre oxidiert ein Teil des Schwefeldioxids zu Schwefeltrioxid, das mit Wasser nach der Gleichung $So_3 + H_2O$ H_2SO_4 bildet. Diese Schwefelsäure greift nun vor allem Carbonate an, also die Bindemittel sowohl von Mörtel und Beton als auch von Kalkanstrichen und einer Reihe von Natursteinen.

Zwar genügt bereits eine hohe Luftfeuchtigkeit zur Bildung von Schwefelsäure, doch kommt deren Angriff zur vollen Wirkung bei flüssigem Wasser. Flüssiges Wasser finden wir in der Wand zwar bei aufsteigender Feuchtigkeit im Sockelbereich, vor allem aber bei saugenden Mauerwerkoberflächen durch eben diesen sauren Regen. Das heißt, daß saugfähige und kalkhaltige Fassadenoberflächen hier besonders gefährdet sind (siehe »Fassadenschutz«).

Letztlich kann das Bauwerk geeignete Mengen von Salz auch aus dem Erdreich und dem Grundwasser entnehmen. Diese Salze können natürlich im Erdreich und Grundwasser vorhanden sein, oder sie gelangen durch natürliche wie künstliche Düngemittel oder aber auch durch Salzstreuung über die erdberührenden Bauteile in die Wand. Der Grad dieser Salzverseuchung wird offensichtlich immer noch unterschätzt, da trotz der Tatsache, daß gebietsweise das Grundwasser keine Trinkwasserqualität mehr besitzt, der Düngemittelmißbrauch ungestraft fortgesetzt werden darf.

Alle diese Salzquellen belegen, daß vor allem jede erdberührende Wand im Laufe ihrer Standzeit über das Wasser Salze enthalten wird, die irgendwann »selbsttätig« weiteres Wasser anziehen und – wie beschrieben – auch den Anstieg unterstützen (Abb. 4 bis 6).

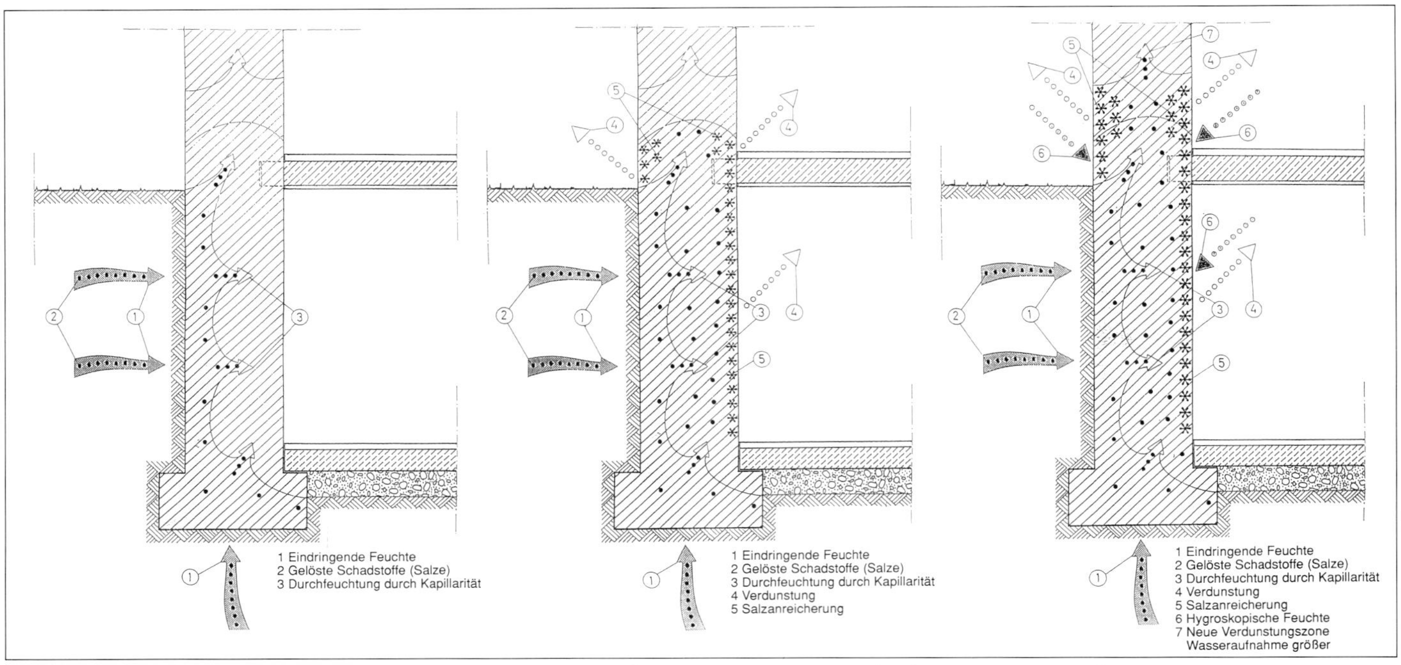

Abb. 4–6 *Schematische Darstellung der gegenseitigen Beeinflussung von Wasser und Salzen im Mauerwerk.*

Salzbekämpfungsmethoden

Eine Salzbekämpfung setzt Kenntnis von Salzart und Salzmenge voraus (siehe »Untersuchungsmethoden«). In seltenen Fällen findet man im Mauerkern eine höhere Salzkonzentration als an der Oberfläche. Üblicherweise weist die Wandoberfläche entsprechend dem Weg des Wassertransports eine wesentlich erhöhte Schadsalzkonzentration auf. Nichts liegt also näher, als diese Salze mit der zerstörten Wandoberfläche zu entfernen (Abb. 7 und 8). Mit Ausnahme besonders erhaltenswerter Putzschichten ist dies problemlos möglich bei verputzten Außenwänden, da der Putz ohnehin durch die Salzausblühungen angegriffen oder zerstört ist. Mit entsprechendem Gerät wird der gesamte Außenputz bis zum Mauerwerk entfernt, und zwar bis zu etwa 100 cm über die oberste sichtbare Schadgrenze, da sich überhöhte Salzkonzentrationen noch weit über dem sichtbaren Punkt finden. Die Empfehlung, einen Meter über die augenscheinliche Schadzone zu gehen, ist ein kostenbewußter Kompromiß zwischen sichtbarer Versalzung und der noch mehrere Meter darüber hinaus aufsteigenden unsichtbaren.

Zusätzlich müssen nun mit Spitzeisen, Bauklammer oder auch mechanischem Fugenmeißel die Fugen noch 1–2 cm tief ausgekratzt (Abb. 9) werden, da bei den

Abb. 7 *Mechanische »Salzbekämpfung« durch Entfernung von Putz- und Fugenmörtel.*

Abb. 8 *Die Wand wird gründlich gereinigt.*

Abb. 9 *Die Fugen werden 1–2 cm tief ausgekratzt.*

meisten Baustoffen der Wassertransport und damit auch der Salztransport stärker über das Fugennetz als über den Baustein selbst geschieht. Häufig wird dabei der Fehler gemacht, das abgeschlagene Material liegen zu lassen, so daß schon beim ersten Regen die löslichen Salze wieder in den Boden gewaschen werden. Es ist also zwingend nötig, das salzverseuchte Abbruchmaterial auf Folien oder ähnlichem aufzufangen, auf alle Fälle aber am Ende jedes Arbeitstages in einen Container zu schaufeln. Danach sollte das Mauerwerk nochmals mit einer harten Bürste abgekehrt werden. Wo es Umstände, Zeit und Kosten erlauben, kann dieser Vorgang nach wiederholtem Annässen der Wand und ihrem Abtrocknen wiederholt werden.

Betont wird nochmals, daß diese Form der Salzentfernung die simpelste und fast auch kostenlose Art der Salzbekämpfung darstellt, da der salzgeschädigte Putz ohnehin nicht gehalten werden kann. Es ist aus diesem Grund auch falsch, um nicht zu sagen im höchsten Maße unseriös, wenn bei Gutachten zur Feststellung der besten Salzbekämpfungsart nur Proben von dieser salzverseuchten Oberfläche genommen werden, um dann zwingend abzuleiten, daß eine chemische Salzbehandlung durchgeführt werden muß. Diese Praxis ist fast die Regel bei firmenseitigen Gutachten, die ein Angebot über Salzbekämpfung und Sanierputze abgeben: Zum einen ist die Probengewinnung wesentlich kostengünstiger als das Ziehen eines Bohrkerns aus der Wand; zum anderen wird das Ergebnis auf erfreuliche Art dem Umsatz dienen. Eine Probenentnahme aus dem salzverseuchten außenputzbefreiten Mauerwerk wird in vielen Fällen Werte ergeben, nach denen man mit gutem Gewissen eine chemische Salzbehandlung ablehnen darf.

Diese chemische Salzbehandlung ist als zweite und von Fall zu Fall auch durchaus sinnvolle Salzbekämpfungsmaßnahme zu nennen; obwohl der Name irreführend ist, denn es werden wieder nur die obersten Schichten erfaßt. Das Prinzip der chemischen Salzbekämpfung beruht darauf, die durch ihre Löslichkeit gefährlichen Salze in unlösliche Verbindungen umzuwandeln. Diese Umwandlung erfolgt wiederum durch Zugabe anderer Wirkstoffe, so daß die Menge dieses chemischen Salzbekämpfungsmittels möglichst exakt nach dem Salzgehalt der Wand zu dosieren wäre. Daß diese optimale Dosierung nur im Labor und niemals am Gebäude geschehen kann, da die Salzmenge dort sehr stark wechselnd ist, leuchtet ein. Für die Praxis gilt deshalb, daß bereits ein gutes Ergebnis erreicht ist, wenn die vorhandenen Salze und die salzbekämpfende Chemikalie wenigstens zu 50% miteinander reagieren konnten.

Die Umwandlungsmittel werden entweder durch Sprühen (Abb. 10) oder durch Bestreichen (Abb. 11) aufgebracht, wobei die einschlägigen Schutzvorschriften sorgfältiger zu beachten sind als im Bild gezeigt. Wie oft geflutet oder gestrichen wird und wieviel an Wirkstoff somit aufgebracht werden kann, hängt sehr stark von der Saugfähigkeit des Wandmaterials ab, so daß es durchaus sinnvoll sein kann, diese Aufnahmefähigkeit vor der Ausschreibung und dem Beginn der Maßnahmen festzustellen.

Dies wirft ein weiteres Problem auf: Das meistens verwendete Bleihexafluorosilicat ist giftig und wird nur zum Teil in ein unlösliches Produkt umgewandelt. Anbieter werben deshalb in zunehmendem Maße mit bleifreien Produkten, ohne jedoch anzugeben, daß diese zwar tatsächlich bleifrei, aber ebenfalls giftig sind. In unserer Zeit erhöhter Sensibilität gegen Umweltgifte kann diese Methode durchaus und auch zu Recht abgelehnt werden, da alle ablaufenden Salzbekämpfungsmittel im Boden versickern. Auf der Wand wird allerdings längerfristig auch der noch lösliche Rest mit dem Bindemittel des Mörtels eine Verbindung eingehen, auch sind diese salzbekämpfenden Gifte gleichsam physikalisch »gebunden«. Anders als beispielsweise bei Lösungsmitteln in Spanplatten oder Wärmedämmstoffen besteht hier kein Dampfdruckgefälle aus dem Material zur Außenluft und damit auch keine gesundheitsschädigende Abgabe. Um sich das Gift zuzuführen, müßte man schon ein Stück der behandelten Wand verspeisen!

Die Einschränkung dieser bisher noch viel zu häufig angewandten Salzbekämpfungsmaßnahme läßt sich aber auch damit begründen, daß lediglich Sulfate und, eingeschränkt, Chloride damit behandelt werden können und leider nicht die am stärksten bauschädigend wirkenden Nitrate. Dies ist auch der Grund für die zwingende Forderung, eine chemische Salzbehandlung nur nach einer sorgfältigen Salzanalyse auszuführen. Wird von einer Firma oder auch von einem Gutachter eine chemische Salzbehandlung ohne diese Analyse angeboten, so sollte man beide wechseln: Dieses Vorgehen kann uneingeschränkt als unseriöse Geschäftemacherei bezeichnet werden. Über die Durchführung und Bedeutung solcher Salzuntersuchungen unterrichtet das Kapitel »Untersuchungsmethoden«.

Wie alle oberflächlich aufgetragenen Wirkstoffe dringen auch diese Mittel nicht allzu

Abb. 10, 11
Antragen der Salzbekämpfungsmittel.

tief in das Mauerwerk ein. Die erwünschte Salzumwandlung wird deshalb nur in den oberflächennahen Schichten, und das sind günstigstenfalls einige Zentimeter, stattfinden. Auch aus diesem Grund ist es betrügerisch, von einer dauerhaften Salzsanierung zu sprechen, wenn die Wand auch in ihrem Kern noch salzverseucht ist. Der Einsatz dieser Mittel kann allerdings dann empfohlen werden, wenn die sorgfältige Analyse zeigt, daß eine sehr starke Salzverseuchung häuptsächlich durch Sulfate, bedingt auch durch Chloride, vorliegt und diese Salzverseuchung sich mindestens auch noch auf die oberflächennahen Schichten des putzbefreiten Mauerwerks erstreckt. Nun wird der Effekt der Umwandlung in nicht- oder schwerlösliche Salze genutzt, um während des etwa 14-tägigen Abbindeprozesses des neu aufzubringenden Putzes – hier ein Sanierputz! – ein Einwandern der Salze zu verhindern. Es ist deshalb also falsch, den in der Salzbekämpfung tatsächlich so häufig eingesetzten Sanierputz bei sehr hoher Salzverseuchung ohne die flankierende Maßnahme einer vorherigen Salzumwandlung oder aber auch ohne einen speziellen Unterputz aufzubringen. Obwohl Sanierputze zu den salzbekämpfenden Maßnahmen gehören, werden sie wegen ihrer Bedeutung in einem eigenen Kapitel beschrieben.

Als weitere Maßnahme zur Salzbekämpfung ist die Behandlung der Baustoffoberfläche mit verdichtenden Materialien zu nennen. Diese Produkte, meist auf der Basis von Fluaten, werden auf die salzverseuchte Oberfläche aufgebracht und scheiden dort unter anderem Kieselgel aus. Diese Verdichtung hält nun zwar die Salze zurück, doch werden diese eben vor der verdichteten Oberfläche auskristallisieren und dort ihren Druck wie beschrieben ausüben. Dies heißt, daß eine solche Behandlung Salzschäden nur verzögern, aber nicht auf Dauer verhindern kann. Das gleiche gilt selbstverständlich für alle abdichtenden Maßnahmen, wie Zementschlemmen.

Eine Art von »Abdichtung« stellt auch die Hydrophobierung der Oberfläche salzverseuchter Bauteile dar. Eine solche Hydrophobierung kann sinnvoll sein, wenn von Natur aus salzhaltige Baumaterialien, wie Dachziegel, insgesamt vor Anwendung werkseitig hydrophobiert werden können. Die nachträgliche Hydrophobierung salzverseuchten Mauerwerks verhindert zwar auch wieder das Einwandern der löslichen Salze während der Abbindungszeit des Putzes, doch schränkt sie gleichzeitig die Haftung dieses neuen Putzes auf dem behandelten Mauerwerk ein, da es keine Hydrophobierung nur in eine Richtung gibt. Es muß deshalb sorgfältigst feucht in feucht gearbeitet werden, will man vermeiden, daß der neu aufgetragene Putz wegen zu geringer Haftung abfällt.

Hieraus läßt sich wieder eine dringende Empfehlung ableiten: Um im Ernstfall nur einen Haftungspartner zu haben, sollten Hydrophobierung und Neuverputz unbedingt von einer einzigen Firma ausgeführt werden.

Eine weitere, sehr bewährte, aber in der bisherigen Form viel zu teure Methode der Salzbekämpfung ist die Anlage von Kompressen. Bei diesem Verfahren wird der geschädigte Bauteil dadurch entsalzt, indem ein kapillar stark wirksames Material – im Regelfall reine Zellulose! – aufgelegt und feucht gehalten wird. Damit wandern die Salze in diese neue Außenzone und können später mit ihr abgenommen werden. Aus Kostengründen wird dieses Verfahren bisher nur angewandt bei salzverseuchten Steinplastiken oder aber im Bereich wertvoller Fresken. Zwar gibt es inzwischen wesentlich billigere Zellulose als Dämmstoff auf dem Markt, doch ist diese ungereinigt und deshalb für diesen Zweck nicht zu gebrauchen. Seit langem aber kennt man eine andere Form der »Kompresse« – auch wenn diese nie bewußt in der beschriebenen Form angewandt wurde: den hochkapillaren, reinen Kalkmörtel. Auch er wird während des Abbindens wie während seiner gesamten Standzeit immer wieder feucht gehalten und wird, abhängig von Jahreszeit und Standort des Gebäudes, in verblüffend kurzer Zeit zeigen, wie rasch er die Salze aus der Wand aufnimmt und vor allem, wie rasch diese Salze wirken. Auch wenn der Aufwand hoch erscheint, so zeigt eine Kalkulation doch, daß ein derartiger »Opferputz« zur Teilentsalzung der Wand trotz allem eine vergleichsweise preiswerte Lösung darstellt. Unter Umständen muß diese Kalkmörtelkompresse allerdings noch einmal wiederholt werden. Voraussetzung für die sinnvolle Anwendung dieser Entsalzungsmaßnahme wie auch der anderen ist allerdings, daß der Salznachschub ins Gebäude gestoppt wird. Dies setzt in der Regel eine funktionierende Trockenlegungsmaßnahme voraus, wie sie im Kapitel »Trockenlegung« ausführlich beschrieben ist.

Bei elektrophysikalischen Anlagen zur Entfeuchtung fällt immer wieder auf, daß sich an den Elektroden Salzkonzentrationen bilden. Dieser Vorgang ist physikalisch erklärbar und seit langem bekannt, so daß es wunder nimmt, daß erst seit kurzem versucht wird, auch ein Gebäude mit Hilfe elektrischen Stroms zu »entsalzen«. Vor wenigen Jahren wurde an der Ostberliner Akademie der Wissenschaften, im Zentral-

Abb. 12
AET-Anlage zur Entsalzung mittels Strom.

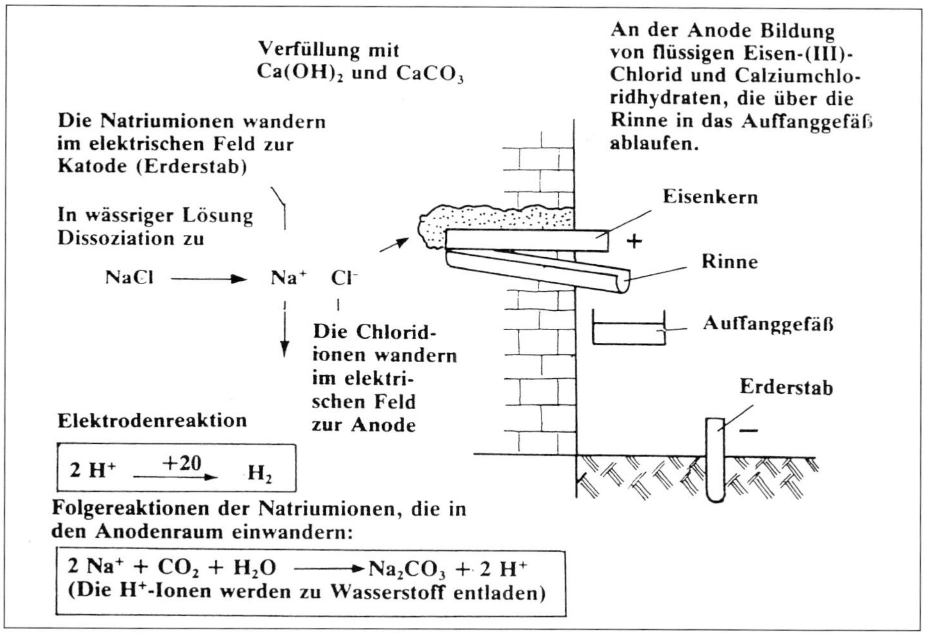

Abb. 13 *Funktionsprinzip einer AET-Anlage (Friese).*

Institut für physikalische Chemie, dieser seit etwa 180 Jahren bekannte elektrophysikalische Effekt für ein Verfahren zur Mauerwerksentsalzung genutzt. Beim AET-Verfahren werden in bestimmten Abständen ins Mauerwerk Spezialanoden eingesetzt und gegen Erderstäbe möglichst hohe Gleichspannungen angelegt. Während in der Bundesrepublik die hier zulässige Grenze bei 24 Volt liegt, fuhren die Anlagen in der DDR ohne Berührungsschutz mit 60 Volt und mehr, wobei allerdings die Restwelligkeit kleiner als 10% sein muß. Bei Verseuchung mit Natriumchlorid wandern die Chloridionen im elektrischen Feld nun zur Anode und werden hier als flüssige Chloridhydrate (Calciumchloridhydrat, Eisen (III)-Chloridhydrat) aus dem Mauerwerk abgetropft. Die Natriumionen und andere Kationen wandern im elektrischen Feld zur Kathode und setzen sich hier mit dem CO_2 der Luft zu entsprechenden Carbonaten um. Nitrationen verhalten sich ähnlich; sie werden ebenfalls als flüssige Nitrathydrate aus dem Mauerwerk ausgetragen. Die Entsalzung bei löslichen Sulfaten erfolgt überwiegend durch Wanderung der Kationen. Die noch im Mauerwerk verbleibenden Sulfationen setzen sich dabei mit den stets vorhandenen Calciumsalzen zu schwer löslichem Calciumsulfat um. Voraussetzung für die theoretische Funktionsfähigkeit dieses Verfahrens ist eine ausreichende Feuchtigkeit der Wand.

Der Anode kommt hier die besondere Bedeutung zu, die angereicherten Salze durch Verflüssigung abzuleiten. Hierzu wird ein Eisenkern mit einem Mörtel ummantelt, der einen hohen Anteil von Calciumcarbonat und Calciumhydroxid besitzt. Die Anode liegt auf einer dichten Rinne, die die abtropfenden Chloridhydrate ableitet, wozu vom Erfinder meist kleinere Auffangbecher vorgesehen sind (Abb. 12); es wurde allerdings auch schon eine Ablaufrinne installiert. Der für dieses Verfahren notwendige Eingriff in das Mauerwerk beschränkt sich also auf Bohrungen von etwa 8 cm Durchmesser in einer Neigung von 20 °–30 ° und einem außenseitigen, größeren Aufbruch zur Aufnahme des Auffangbechers in der Größe von circa 15 auf 30 cm in einer Tiefe von circa 15 cm. Die einzelnen Elektroden werden dann durch entsprechende Kabel untereinander leitend verbunden. Der Entsalzungsprozeß beginnt unmittelbar nach Anlegen der Spannung und dauert nach den bisherigen Erfahrungen einige Wochen. Die Eisenanode wird hierbei wie erwünscht zur Bildung des Hydrats abgebaut und sollte nach Abschluß der Entsalzung einschließlich der sie umgebenden Abbauprodukte entfernt werden; daß diese »umgebenden Abbauprodukte« umfangreich sind und eine besondere Art der Mauerverseuchung darstellen, spricht nicht gegen das Wirkprinzip, sondern gegen die derzeitige Verfahrensart. Das Funktionspunktprinzip dieses AET-Verfahrens zeigt Abb. 13.

Eine Kombination des bereits beschriebenen Kompressenverfahrens mit dem Grundprinzip des AET-Verfahrens ist denkbar – und so wird derzeit an der Möglichkeit gearbeitet, durch wiederverwendbare Kompressen aus Schaumgummi oder ähnlichem Material, die an sehr wertvolle, aber salzverseuchte Oberflächen angepreßt werden, diese auch wieder durch Anlegen einer elektrischen Spannung zu sanieren. Im Labor (Abb. 14) ist die prinzipielle Funktionsfähigkeit dieser Methode nachgewiesen; es fehlt derzeit noch die praktikable Umsetzung in die Praxis, was vor allem eine wesentliche Vergrößerung der Kompressenfläche verlangte.

Zu Beginn dieses Kapitels wurden auch Carbonate als Salze genannt. Dies weist auf eine noch ungeprüfte Problematik des AET-Verfahrens – wie prinzipiell auch aller elektrophysikalischer Trockenlegungsverfahren – hin: Besteht die Gefahr, und wenn ja, in welchem Grad, daß auch Mörtelbestandteile durch Strom bewegt werden, es also zumindest langfristig zu unerwünschten Nebenschäden kommt? Da die Löslichkeit als wesentliches Transportkriterium heranzuziehen ist, wird diese Frage vermutlich günstig zu beantworten sein. Eine wissenschaftliche Antwort hierauf steht allerdings noch aus, obwohl diese

Abb. 14 *Versuchsanordnung zur schonenden Entsalzung von Fresken mittels Strom.*

wichtige Frage seit mindestens zehn Jahren gestellt ist.
Dem Hausbesitzer wie dem Architekten kann zusammenfassend nochmals geraten werden, die Anwendung der hier beschriebenen Entsalzungsmöglichkeiten nach dem mechanischen Abnehmen des salzverseuchten Außenputzes sehr sorgfältig zu prüfen; in der überwiegenden Zahl der Fälle wird die zusätzliche Salzbehandlung mehr dem Ausführenden als dem geschädigten Mauerwerk nützen. Zur sicheren und korrekten Abwägung, welche Maßnahmen in diesem speziellen Sanierungsfall in einem vertretbaren Kosten-Nutzen-Verhältnis stehen, bedarf es einer sorgfältigen Salzanalyse.
Bisher wurde stets davon ausgegangen, daß das salzgeschädigte Mauerwerk verputzt sei. Dies ist aber gegendweise sogar die Ausnahme. Was also kann unternommen werden, wenn ein Sichtziegel- oder ein anderes Sichtmauerwerk mit starken Salzausblühungen saniert werden soll? Die ehrliche, aber trostlose Antwort ist: gar nichts! Die Hydrophobierung eines Sichtmauerwerks, die in ihrer ganzen Problematik im Kapitel »Fassadenschutz« beschrieben ist, brächte im besten Fall eine kurzfristige Verzögerung weiterer Schäden, dies aber vielfach unter verstärkter Schadenswirkung durch Wasser. Der Einsatz des bewährten Sanierputzes entfällt, es sei denn, man dürfte das Prinzip der steinsichtigen Fassade aufgeben. In extremen Fällen kann nur zum Mauerwerksaustausch geraten werden oder aber zur vorübergehenden Anlage einer Mörtelkompresse. Voraussetzung für einen Erfolg auf Dauer bleibt aber auch wieder die Unterbindung eines weiteren Salztransportes durch Wasser. Das AET-Verfahren, dessen Erprobung in der Bundesrepublik seit etwa 3 Jahren läuft, wird hier vermutlich keine entscheidende Hilfe bieten, da es die Salze nur stark verringern, aber nicht, wie es mangels der verbergenden Putzschicht notwendig wäre, vollständig entfernen kann, dennoch lohnt auch hier die weitere Beobachtung der Entwicklung von Entsalzungsverfahren mittels elektrischem Strom.
Als letztes ist noch »Salzbekämpfung« über das Klima anzusprechen, wobei die Anführungszeichen darauf hinweisen, daß damit nicht das Salz, sondern nur seine negative Wirkung bekämpft werden kann und die Möglichkeiten hierzu beschränkt sind. Das Prinzip dieser Maßnahme ist simpel: Kann man die Luftfeuchtigkeit in einer Höhe halten, in der das betreffende Salz in Lösung bleibt, gibt es kein Auskristallisieren und somit keinen Schaden. Diese »notwendige« Luftfeuchtigkeit kann aber von etwa 30% r. F. bis zu 90% r. F. reichen, so daß zur Kenntnis der Sanierungsmöglichkeiten mittels Raumklima die Salzart genau bekannt sein muß und das Nutzungskonzept festgelegt werden sollte.

Sanierputze

Unter den Sonderputzen nehmen die Sanierputze für die Altbausanierung eine wichtige Stelle ein. Im Laufe von nun fast schon drei Jahrzehnten ihrer Herstellung und unter verschiedenen Namen angeboten, hat sich seit gut einem Jahrzehnt ihr streng eingeschränkter, aber bedeutsamer Anwendungsbereich herausgeschält.

Anwendungsbereich

Wie in »Trockenlegung« und »Salzbekämpfung« beschrieben, sind Wasser und Salz gemeinsam für viele der sichtbaren Feuchteschäden verantwortlich. Wir wissen aus leidvoller Erfahrung, daß hier weder der seit Jahrzehnten bauseitig empfohlene abdichtende Außenputz eine Lösung bringt noch der ebenfalls falsch, wenngleich noch mit größerer Heftigkeit von der Denkmalpflege vorgeschriebene reine Kalkmörtel. Der erstere fällt in Platten, der zweite in Bröseln ab. Hinter dem abdichtenden Zementmörtel kommt es nicht nur zu Salz-, sondern auch vor allem zu Wasserstau, so daß bei den großflächigen Abplatzungen auch der Frost eine entscheidende Rolle spielt (Abb. 1 u. 2). Der Kalkmörtel, der das Wasser nun wie erwünscht nicht hält, sondern bis an die Oberfläche kapillar transportiert, erlaubt damit auch den Salztransport bis in die an der Oberfläche gelegene Verdunstungszone, in der nun die Salze kristallisieren und ihre zerstörende Wirkung ausüben. Will man die Nachteile dieser beiden ebenso gerne empfohlenen wie auf einer feuchten Wand unbrauchbaren Putzarten vermeiden, müßte der hierfür ideale Putz Wasser in flüssiger Form und damit auch die gelösten Salze zurückhalten, trotzdem aber eine gute Abtrocknung durch einen hohen Dampfdurchgang erlauben: Er sollte also wasserdicht sein wie der Zementmörtel und dampfdurchlässig wie der Kalkmörtel.
Dies ermöglicht der Sanierputz (Abb. 3): Durch hydrophobe Zusätze wasserabweisend eingestellt, hält er jede Salzlösung zurück und erlaubt durch seinen extrem hohen Porenanteil dennoch einen entsprechenden Dampfdurchgang. Dies heißt also, daß ein in diesem Sinn funktionierender Sanierputz weder die aufsteigende Feuchtigkeit verringert (Abb. 4) noch die Salze »vernichtet«, wie beides von unseriöser Werbung versprochen wird. Die Wand bleibt feucht, und die Salze kristallisieren ebenfalls aus, nun jedoch nicht mehr mit sichtbaren Folgeschäden an der Wandoberfläche, sondern unsichtbar etwa im Bereich Wand/Sanierputz. Aus Erfahrung ist inzwischen bekannt, daß diese kosmetische Sanierung eine Standzeit von zehn bis zwanzig Jahren bei nicht unterbrochener Wasser- und Salzzufuhr bietet, so daß die bisherigen wesentlich kürzeren Sanierungsintervalle von Kalkmörtel und Zementmörtel um ein Vielfaches verlängert werden können. Im Gegensatz zum Zementmörtel wird der Schaden auch nicht

Abb. 1, 2 *Großflächige Abplatzung der zu dichten Mörtelschale einschließlich Verlust an Ziegel durch Frosteinwirkung.*

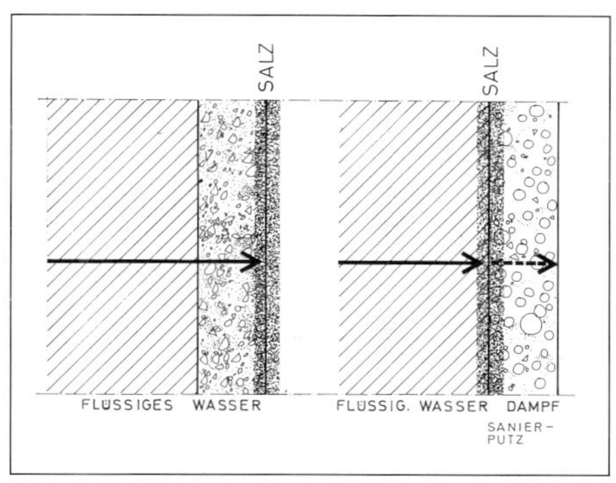

Abb. 3 *Schematische Darstellung der Wirkungsweise eines Sanierputzes gegenüber herkömmlichen Putzen.*

mehr so weit über die Höhe der vorgenommenen Sanierungsmaßnahme hinaus ansteigen, da der Sanierputz keine abdichtende Wirkung besitzt. Am ehesten kann als konventioneller Putz noch ein Traßkalkputz diese Anforderung erfüllen, doch erreicht auch er erfahrungsgemäß nicht die Standzeiten eines Sanierputzes.

Zusammensetzung

Auch wenn stets von »Sanierputz« gesprochen wird, ist diese Bezeichnung strenggenommen falsch: Es müßte »Sanierputzsystem« heißen, da für die Wandvorbereitung, den Putz und seine Haftbrücke und die mögliche Nachbehandlung, die Anstriche, zusammenhängende Forderungen gelten. Es wäre also bautechnisch unter Umständen und haftungsrechtlich mit Sicherheit falsch, den Spritzbewurf als Haftungsbrücke von einem preiswerteren Anbieter und den Sanierputz selbst vom Spezialisten zu wählen – und dann auch noch einen beliebigen Anstrich aufzubringen.

Abb. 4 *Unhaltbares Versprechen einer Sanierputzwerbung.*

Abb. 5 *Zementfreier Sanierputz.*

Schon die Farbe der Sanierputze verrät, daß Zement im ganzen oder teilweise als Bindemittel verwendet wird. Da Zement wie auch Beton immer noch zu Unrecht insgesamt als altbaufeindlich, zumindest aber denkmalschädigend verschrien sind, hält mancher Anbieter die Denkmalfreundlichkeit seines Produkts dadurch aufrecht, daß zusätzlich zum Kalk weißer Portlandzement verwendet wird: Dieser Sanierputz ist deshalb nicht schlechter als sein ehrlicher Konkurrent mit grauem Zement; besser ist er allerdings auch nicht und schon gar nicht ein reiner Kalksanierputz! Diesen bietet seit 1989 zwar ein Hersteller an (Abb. 5) – weitere folgen mit Sicherheit –, doch entspricht dieser semantischen Verbesserung keine chemisch-physikalische. Um die notwendige Wirkung eines Sanierputzes zu entfalten, verlangt der Mörtel ein hydraulisches Bindemittel. Nur bei sehr wenigen Anwendungsfällen besteht ein Unterschied, ob hierfür Zement oder stark hochhydraulischer Kalk verwendet wird, vor allem dann, wenn ein hoher Anteil an Sulfatsalzen vorliegt, was allerdings auch schon beim Spritzwurf die Forderungen nach Anwendung eines hochsulfatfesten Zements erzwingt.
Schon seit langem wird die Funktionsweise eines solchen Putzes durch die Beschränkung des Diffusionswiderstands s_d und des Wasseraufnahmekoeffizienten w, der in älteren Veröffentlichungen noch mit A bezeichnet wird, umgrenzt; es gelten hiernach:
s_d = 2 m
w = 0,5 kg/m²h.
Nach dieser Forderung wäre es noch möglich, beide Werte im extremen Bereich zu halten, obwohl sie sich gegenseitig bedingen. Auf einfache Weise zwang Künzel durch eine dritte Forderung die Hersteller, einen schlechteren Wert bei der einen Forderung durch einen besonders guten in der anderen auszugleichen; das heißt, wenn ein Putz im Rahmen dieser Forderungen noch viel Wasser aufnimmt, muß auch seine Diffusionsfähigkeit möglichst gut sein.
Nach Künzel gilt: $s_d \times w = 0{,}1$ kg/mh (Abb. 6).
Diese Angaben wurden zwischenzeitlich im WTA-Merkblatt: »Die bauphysikalischen und technischen Anforderungen an Sanierputze« nochmals enger gefaßt: Statt des Wasseraufnahmekoeffizienten, der für diesen Putztyp wenig aussagekräftig ist, wird die kapillare Wasseraufnahme nach 24 Stunden vorgeschrieben, und dies durch einen Minimal- und Maximalwert, da

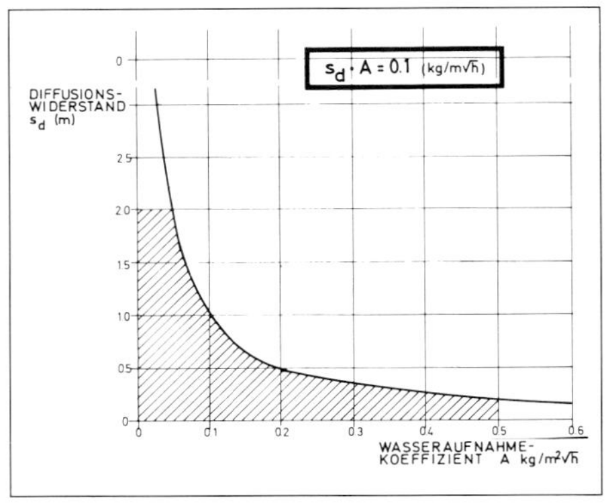

Abb. 6 *Anforderung an Sanierputze bezogen auf* μ *oder* s_d *(= μ · s).*

die zu extrem niedrige Wasseraufnahmefähigkeit wiederum die Salzaufnahmemöglichkeiten im Sanierputz einschränken würde. Neu hinzugekommen ist die Druckfestigkeit nach 28 Tagen und das Verhältnis von Druck- zur Biegezugfestigkeit nach eben der gleichen Zeit. Eine sehr entscheidende Forderung gilt dem Luftporengehalt des Frischmörtels, da die Porenmenge die Fähigkeit, Salze aufzunehmen, bestimmt. Im einzelnen werden hierfür die folgenden Grenzwerte genannt:

- Luftporengehalt des Frischmörtels: 25 Vol.-%,
- Wasserdampfdiffusionswiderstandszahl: 12,
- kapillare Wasseraufnahme nach 24 Stunden: 7 mm h 3 mm,
- Druckfestigkeit nach 28 Tagen: 6 N/mm²,
- Verhältnis von Druck- zu Biegezugfestigkeit nach 28 Tagen: 3,0.

In besonderen Fällen kann es notwendig sein, daß für Mauerwerkstypen mit geringer Eigenfestigkeit (zum Beispiel Tuffsteinmauerwerk) Sanierputze mit geringerer Druckfestigkeit eingesetzt werden müssen. Entsprechende Werktrockenmörtel werden hergestellt.
Dieses WTA-Merkblatt wird überarbeitet. Die zitierte WTA-Richtlinie gibt aber noch eine weitere wesentliche Angabe: »Sanierputze sind Werktrockenmörtel gemäß DIN 18557 . . .« Der Begriff »Werktrockenmörtel« grenzt den Sanierputz von Baustellengemischen und bauseitig beizugebenden Zusatzmitteln, die meist auch unter der Bezeichnung Sanierputz oder Entfeuchtungsputz angeboten werden, ab. Geschieht dies zu Recht?
Schon seit mehr als zwanzig Jahren sind Zusatzmittel bekannt, die Luftporen bilden und hydrophobierend wirken – also durch-

aus in der Lage sind, die Forderungen nach eingeschränkter Wasseraufnahmefähigkeit und guter Dampfdurchlässigkeit zu erfüllen. Bei sorgfältiger Anwendung werden Putze, die mit diesen Zusatzmitteln hergestellt werden, durchaus auch die WTA-Forderungen erfüllen können. Dennoch negiert dieses Angebot den baulichen Alltag. Die Bildung von ausreichend stabilen Luftporen hängt sehr stark von der Putzzusammensetzung ab, da die Bindemittel und vor allem auch der Kornaufbau des Sands eine entscheidende Rolle spielen. Selbst ein geschultes Baustellenpersonal ist nicht in der Lage, Bindemittel und vor allem Zuschlagstoffe – trocken oder naß! – auch nur mit der annähernd notwendigen Sorgfalt zu mischen. Die werkseitige Mischung ist also für das sichere Funktionieren unabdingbar; ihre Forderung gehört in den Ausschreibungstext.

Weshalb werden dann gerade von den Anbietern derartiger Zusatzmittel Garantiezusagen über den Zeitraum von zehn Jahren gegeben? Liest man diese Garantiezusagen genau durch, ist die Antwort ebenso einfach wie unverschämt: Tritt nämlich der Garantiefall ein, so wird die Garantieleistung mit dem stets nachprüfbaren Hinweis abgelehnt, daß der Ausführende eine falsche Putzzusammensetzung gewählt habe, so daß die Garantieforderung nun die Putzerfirma trifft, die eine zehnjährige Garantieleistung nie versprochen hat.

Einen Vorzug können diese Zusatzmittel nach Werbung und auch mancher Architektenmeinung bieten, doch halten sie einer kritischen Beurteilung kaum stand: beliebige Wahl der Putzzusammensetzung. Auch sackfertige Mischungen erlauben durchaus eine werkseitige Anpassung an Verbraucher- und Anwenderwünsche, vor allem bei großen Chargen; dennoch hält sich hier die Variabilität schon aus Fertigungsgründen in Grenzen. Soll nun der Sanierputz einen bestimmten Kornaufbau aus Gründen der Anpassung bei Ausbesserungen oder auch wegen des Denkmalschutzes erhalten, läßt sich ohne weiteres seine alte Siebkurve bestimmen, danach ist der neue Mörtel zu mischen – der Zuschlagstoff entspricht allerdings fast nie dem alten! (siehe »Putze«) – und nun kann das Wundermittel zugegeben werden.

Der abwertende Ausdruck »Wundermittel« wird hier zu Recht gebraucht, denn ein korrekter Anbieter dürfte diese Anwendung nicht zulassen:

- auch die Zusammensetzung der Zuschlagstoffe entscheidet über Porenform und -anteil, sie kann nicht beliebig geändert werden,
- Putzausbesserungen sind immer problematisch, von Ausbesserungen durch Sanierputz ist zwingend abzuraten, da sich diese Flächen selbst bei gleicher Oberflächentextur rasch abzeichnen,
- dieser Mörtel wird kein »alter« Mörtel, nur weil die Siebkurve stimmt – das Bindemittel muß hydraulisch sein, typische Verunreinigungen der ursprünglichen Mischung fehlen, dafür wurden Schaumbildner und hydrophobierende Zusätze beigegeben,
- der Sanierputz verlangt zwingend eine Mindeststärke, die meist jene des historischen Putzes übersteigt.

Wer dennoch, auch aus Kostengründen, mit den beschriebenen Zuschlagstoffen arbeiten möchte, ist gut beraten, mit einer, in der Anwendung dieser Mittel sehr erfahrenen Firma zusammenzuarbeiten und die erwünschte Garantieübernahme vorab zu klären.

Angeboten wird auch Werktrockenmörtel mit dem Leichtzuschlagstoff Perlite. Sieht man davon ab, daß auch hier durch unsachgemäße Handhabung des Produkts, nämlich durch unvorschriftsmäßiges Mischen, die Kornzusammensetzung und damit der Porenanteil sich negativ verändern, so ist gegen die Anwendung dieser Putze auf feuchtem und salzhaltigem Mauerwerk dann nichts einzuwenden, wenn sie den genannten Richtlinien und Anforderungen entsprechen. Übliche Perlite-Putze sind nicht schon allein wegen ihres Zuschlagstoffs für diesen Anwendungsbereich geeignet, da ihre Wasseraufnahmefähigkeit zu hoch ist.

Ausführung und Verarbeitung

Auch Sanierputze brauchen eine wirksame Haftbrücke auf dem Mauerwerk. Hier verlangt die erwünschte Funktion einen Kompromiß: Der Zementspritzwurf üblicher Art bietet zwar die beste Haftung, würde jedoch in seiner Dichte den Wasserdurchgang – im Gegensatz zum Dampfdurchgang – bauschadensfördernd behindern. Es muß deshalb genügen, diese Haftbrücke nur netzförmig, also nicht deckend aufzubringen, so daß das Mauerwerk mit annähernd 50% an Fläche zu sehen ist (Abb. 7). Bei sehr weichem, stark saugfähigem Mauerwerk darf hierfür auch Kalk als Bindemittel Verwendung finden, so daß der Spritzbewurf deckender ausgeführt werden kann. Es wird aber dennoch hiervon ohne Absprache mit dem Hersteller abgeraten, weil auch die Zusammensetzung des Spritzwurfs als Teil des Sanierputzsystems zu betrachten ist und somit nicht leichtfertig die Verarbeitungsvorschriften umgangen werden dürfen.

Abb. 7 *Nichtdeckender Spritzwurfantrag für Sanierputz.*

Wie bei jedem Putz gilt auch für den Sanierputz, daß der Putzuntergrund bestimmte Voraussetzungen bieten muß: Auf durch Salz zermürbtem, stark sandendem Mauerwerk kann auch dieser Spezialputz nicht halten. Hier wird es nötig, mit einem Putzträger zu arbeiten, wobei nicht übersehen werden darf, daß eine solche Hafthilfe niemals direkt auf dem Mauerwerk verspannt, sondern in entsprechendem Abstand – circa 10 mm – angebracht werden muß. Dieser Putzträger soll eine ausreichende Steifigkeit bieten und muß gegen Wasser und Salz alkalifest und einschließlich seiner Befestigungselemente korrosionsbeständig sein. Bewährt haben sich hier alkalifeste Glasfasergewebe.

Der Sanierputz selbst wurde bisher üblicherweise einlagig verarbeitet. Wo eine zweite Lage nötig wird, ist die Oberfläche der ersten horizontal aufzukämmen, um eine zusätzliche mechanische Haftung wegen der hydrophoben Ausstattung zu erreichen (Abb. 8). Deswegen darf die erste Lage auch nicht vor dem Aufbringen der zweiten zu weit abgebunden haben.

Ist die Oberfläche des gereinigten Mauerwerks sehr uneben und würden deshalb Sanierputzstärken über 3 cm erreicht werden, kann vor allem aus Kostengründen ein Ausgleichsmörtel verwendet werden. Dieser preiswertere Ausgleichsmörtel wird

nach dem Erhärten des Spritzbewurfs aufgebracht, wobei gewährleistet sein muß, daß trotz Ausgleich noch die für die Funktionsfähigkeit eines Sanierputzes notwendige Putzdicke von mindestens 2 cm einzuhalten ist. Auch für einen solchen Ausgleichsmörtel sollte nur ein Trockenmörtel verwendet werden, der auf die bauphysikalischen Eigenschaften des verwendeten Sanierputzes eingestimmt ist.
Nicht umsonst wurde so betont auf die Mindeststärke des Sanierputzes von 2 cm

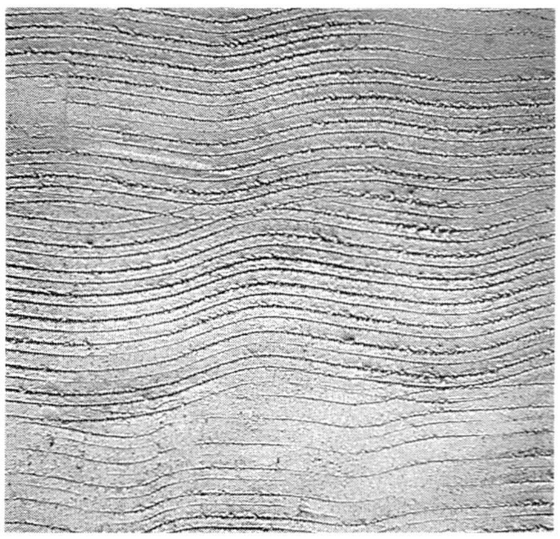

Abb. 8 *Mechanische Aufrauhung als Hafthilfe für die zweite Putzlage.*

hingewiesen: Um seine Aufgabe als Bremse flüssigen Wassers und vor allem als Reservoir kristallisierter Salze erfüllen zu können, darf die Putzdicke auf keinen Fall beliebig verringert werden. Versprechungen, wonach das angebotene Sanierputzprodukt auch in dünner Lage voll wirksam bleibt (Abb. 9), sind unseriös, betrügerisch und widersprechen seit Jahren dem Stand des Wissens. Das Ergebnis muß dann bei Anwendung auf feuchter, salzhaltiger Wand so aussehen wie in Abb. 10 gezeigt – im übrigen eine Anwendung des im Bild vorher angepriesenen Produkts.
Auch ein Sanierputz darf nicht blind auf jedes feuchte, salzverseuchte Mauerwerk aufgetragen werden. Wie schon erwähnt, wächst mit zunehmendem Salzgehalt die Gefahr der Einwanderung der Salze in den Sanierputz während etwa der ersten vierzehn Tage – jene Reaktionszeit, die zur Ausbildung der hydrophoben Eigenschaften benötigt wird. Bei starker Chlorid- und Sulfatbelastung kann dieses Einwandern durch ein chemisches Salzumwandlungsmittel behindert werden (siehe »Salzbekämpfung«), nicht aber bei Nitraten. Hiergegen wird eine sogenannte Pufferschicht angeboten (Abb. 11), eine Putzlage, die wie der Ausgleichsmörtel zwischen Spritzbewurf und Sanierputz liegt. Die Aufgabe

Abb. 9,10 *Ein Schlämmputz kann das Versprechen nicht einlösen: Das Referenzobjekt zeigt seit langem wieder schwere Schäden.*

dieser Pufferschicht, die inzwischen von mehreren Anbietern in ihr Programm genommen wurde, ist es, durch ihre hydrophobe Wirkung den eigentlichen Sanierputz zumindest während der Abbindephase vor dem Eindringen aller löslichen Salze zu schützen und gleichzeitig ein möglichst gutes Salzreservoir zu bilden, was durch verringerte Hydrophobierung erreicht wird.
Eine weitere Anwendungsgrenze für den Sanierputz wird im Innenbereich durch hohe Raumfeuchte gezogen. Liegt nämlich der Taupunkt zu häufig innerhalb des Sanierputzsystems, dann kann das anfallende Tauwasser auch hier nur zu sichtbaren Feuchteschäden führen – im Regelfall zu Schimmelbildung. Es sollten in solchen Fällen nur fungizide Anstriche gewählt oder bei reinen Kalkfarben noch mit einem farblosen fungiziden Anstrich vorsorglich nachbehandelt werden. Besonders gefährdet sind hier gerade jene großen und dickwandigen historischen Räume wie Kirchen, Schloßsäle und ähnliches, bei denen aus Gründen der Verhältnismäßigkeit der Mittel gern Sanierputz im äußeren, aber auch inneren Sockelbereich als Ersatz aufwendiger Trockenlegungsverfahren gewählt wird und die nicht oder nur stoßartig beheizt und immer wieder kurzfristig stark frequentiert werden.
Sanierputze können selbstverständlich von Hand, aber auch maschinell aufgetragen werden. In diesem Fall kann der verlangte Luftporenanteil von mindestens 25 Vol.-% jedoch verarbeitungsbedingt verringert werden. Es ist deshalb unbedingt bei Anwendung einer Putzmaschine notwendig, diesen Luftporenanteil am Bau durch einfaches Wiegen – es genügt eine simple Küchenwaage – ständig zu kontrollieren. Weniger problematisch ist der Einsatz von Putzmaschinen mit Zwangsmischern im Gegensatz zu Maschinen, in denen dem Trockenmörtel automatisch Wasser zugeführt wird. Die Verweildauer des Mörtels zwischen Trocken- und Naßphase kann hier für die Bildung von Luftporen zu kurz sein, weshalb dann zunehmend bereits porenreiche Zuschlagstoffe verwendet werden. Eine weitere Lösung dieses Problems bieten Zusatzgeräte in der Mörtelförderung, die dem Putz kurz vor Auftrag Luft beimischen (Abb. 12), eine Garantie für ausreichend hohen Luftporenanteil bietet jedoch der Einsatz dieses Geräts auch nicht. Nicht jede Putzmaschine ist für jeden Sanierputzmörtel geeignet; wenn hier die Erfahrung fehlt, ist der Putzhersteller zu befragen.

Es wurde ausführlich erklärt, weshalb es zur Funktionsfähigkeit eines Sanierputzes notwendig ist, möglichst dampfdurchlässig zu sein. Diese Fähigkeit kann durch einen unpassenden Anstrich entscheidend verschlechtert werden, zumal damit zu rechnen ist, daß die Oberfläche eines Sanierputzes während seiner Standzeit durchaus auch mehrmals gestrichen werden wird. Auf Sanierputz dürfen deshalb nur Anstrichsysteme verwendet werden, deren s_d-Wert denjenigen des Sanierputzes nicht über das in der Richtlinie genannte Maß verschlechtert.

Ein Nachteil des Sanierputzes wird immer verschwiegen – verständlicherweise von Herstellern und Befürwortern, ebenso aber auch von seinen Gegnern: Ein Sanierputz kann den Wasseranstieg in der Wand verstärken. Es stimmt, daß die Dampfdurchlässigkeit eines guten Sanierputzes der eines alten Kalkmörtels ebenbürtig ist. Mit dieser Tatsache wird verschwenderisch argumentiert, um – vor allem gegenüber der Denkmalpflege – die gleiche positive Wirkung gegen Mauerfeuchte wie beim neuen *reinen* Kalkmörtel zu belegen. Dies ist grundfalsch – und die Hersteller wissen dies: Flüssiges Wasser in einer feuchtebelasteten Wand wird zum allergrößten Teil durch Kapillarkraft transportiert und kaum durch Diffusion. Theoretisch ist also der Kalkmörtel tatsächlich der mit Abstand beste Putz auf einer feuchten Wand, denn nur er leitet das Wasser so rasch kapillar an die Putzoberfläche, wo es verdunsten kann. Praktisch heißt dies leider, daß dieser, so gut Feuchte kapillar transportierende reine Kalkmörtel durch Frost und Salzkristallisation gefährdet ist (Abb. 13). Der Sanierputz kennt aber bestimmungsgemäß diesen kapillaren Wassertransport nicht – sein Wasseraufnahmekoeffizient w ist um circa zwei Potenzen kleiner als der eines reinen Kalkmörtels – und läßt Wasser deshalb nur durch Diffusion bis zur Oberfläche gelangen. Die Höhe des Schadenshorizonts (siehe »Trokkenlegung«) bestimmen aber die beiden Faktoren »Wasseranfall« und »Wasserabgabe«. Es ist also zwangsläufig, daß der Feuchtesaum in einer mit Sanierputz versehenen Wand höher steigt als dies beim Kalkmörtel oder vor allem an der geschädigten und vom Putz teilbefreiten Wand der Fall ist. Der Sanierputz muß deshalb um circa 100 cm mit seiner Oberkante den bisherigen Schadenssaum übersteigen. Wird dies so geplant und ausgeführt, darf dieser negative Aspekt jedoch beiseite geschoben werden.

Abb. 11 *Zweilagiger Sanierputz bei gleichbleibender Gesamtstärke (2 cm).*

Abb. 13 *Friedhofsmauer mit reinem Kalkmörtelputz, Standzeit etwa 1 Jahr.*

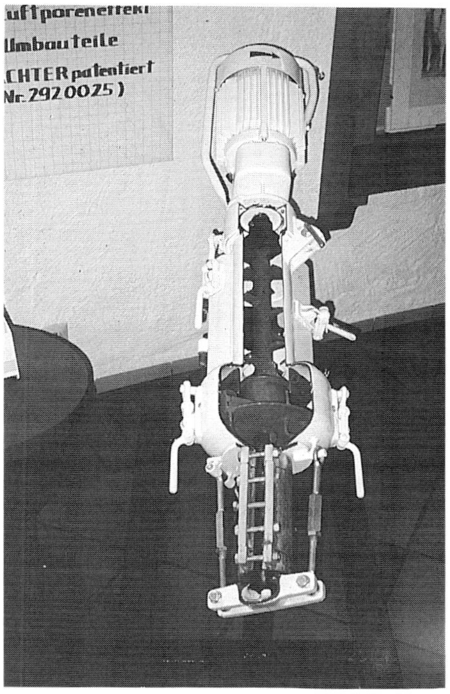

Abb. 12 *Zusatzgerät für Maschinenputze zur Bildung von Luftporen.*

Die begründete Mindeststärke kann auch noch ein weiteres Problem mit sich bringen: Altputze sind häufig dünner. Es wird deshalb versucht, den Übergang verschleifend herzustellen. Dieser Verzug sollte über der vorhin beschriebenen Anwendungshöhe liegen und möglichst flächig ausgeführt sein. Der Altputz darf nicht verschleifend angearbeitet werden, sondern er ist in sauberer scharfer Kante abzustechen. Wünschenswert wäre eine deutliche Trennung an einer horizontaler Architekturgliederung wie Gesims, Putzfasche oder ähnlichem, da ein Sanierputz immer anders altern wird als der Altputz oder ein anderer neuer Normalputz.

Dies ist durch die besonderen Eigenschaften des Sanierputzes bedingt und kann während und nach einem Regen gut beobachtet werden: Beginnt der Regen die Fassade zu benässen, zeigt sich als erstes und scharf abgegrenzt der Sanierputz dunkel, da wegen seiner geringen kapillaren Leitfähigkeit die oberflächennahen Poren rasch belegt sind, während der andere Putz das Wasser verteilend nach innen leitet. In der Abtrocknungsphase wird der Sanierputz das wenige Wasser, das er hält, jedoch rasch abgegeben haben, so daß er – wieder scharf begrenzt! – lange vor der übrigen Fassade wieder hell wird. Da eine Fassade unter anderem aber auch durch ihren Feuchtegehalt verschmutzt, trennen sich Sanierputz und übriger Putz optisch immer mehr, was auf einer nichtunterbrochenen Fassade stärker auffällt. Bei gutem Zustand des Altputzes kann als Lösung ein hydrophober Anstrich über die *gesamte* Fassade empfohlen werden, um diesen Effekt stark abzuschwächen.

Tragende Bauteile

Die technischen Maßnahmen zur Sanierung tragender Bauteile des Altbaues umfassen Unterfangungen und Neufundamentierungen ebenso wie die Sicherung einzelner Bauteile von den Wänden bis zum Dachstuhl, den Ersatz beschädigter oder zerstörter Bauteile und die Anpassung an veränderte Lasten durch neue Nutzung. Den technischen Argumenten kommt hier vor Formalem sicherlich meist der Vorrang zu; doch dies entbindet nicht von der Pflicht, die Sanierung auch auf unübliche Weise zu versuchen. Die Anwendung gültiger, aber auf Neubauten bezogener genormter Maßnahmen ist oft nicht ausreichend für eine optimale Lösung.

Die blinde Gläubigkeit an mathematische Formeln gegenüber praktischen Erfahrungen engt die Arbeit vor allem auch am alten Haus unsachlich ein. In seinem Beitrag »Theorie und Praxis in der Statik« schreibt Fuchssteiner hierzu: »Als moralische Rechtfertigung für den Unsinn, der manchmal in statischen Berechnungen steht, mag allenfalls geltend gemacht werden, daß der Statiker in Ermangelung besserer Methoden nach dem Gefühl bemißt und – nur herrschenden Verhältnissen zuliebe – eine Rechnung hinschreibt, an die er selbst nicht glaubt«. Vereinfachend, aber den Kern des Problems treffend, darf man sagen, daß für jede Wand, die bereits vor einer Sanierung stand, eine Verbesserung die Tragfähigkeit erhöht – und somit auch eine »kleine Lösung« zu einer vollwertigen Sanierung führen kann oder übersetzt in die Sprache der Tragwerksplaner: Jedes Gebäude, das noch steht, beweist alleine dadurch, daß es eine Standsicherheit von mindestens 1 besitzt; jede zusätzliche Maßnahme zur Standsicherheit muß also diesen Faktor erhöhen, wenn nicht auch zusätzliche Lasten eingebracht werden.

Sicherlich nicht im Sinne der einschlägigen Normen, auch nicht im Sinne der Tragwerkslehre können statisch wirksame Konstruktionen in »gutmütige« und »bösartige« unterteilt werden – und diese Unterteilung ist durchaus entscheidend dafür, wie weit entfernt von genormten Vorschriften eine Sanierungslösung gesucht werden darf. Die bösartige Konstruktion bricht ohne vorwarnende Zeichen zusammen, wie die Stahlbetonkonstruktionen der Berliner Kongreßhalle oder der Wiener Donaubrücke. Die gutmütige Konstruktion zeigt ihr Versagen an, verformt sich und erlaubt eine Umwandlung in ein anderes statisches System: Der Holzbalken wird zum »Seil«. Nur in wenigen Hinweisen berücksichtigt die Norm die Tatsache, daß funktionsfähige Konstruktion und neue Vorschriften nicht übereinstimmen müssen; so heißt es in DIN 1 052 Blatt 1 Holzbauwerke 2.2.3: »Für Bauteile, die aus Erfahrung beurteilt oder deren Maße aus anderen Vorschriften entnommen werden können, ist kein Standsicherheitsnachweis erforderlich. Die Beurteilung geschieht also durch den Statiker und setzt Erfahrung und zugleich Mut zu einer nicht formelhaft abgedeckten Entscheidung voraus.«

Bestandsaufnahme

Zu Beginn jeder statischen Maßnahme steht eine möglichst genaue Aufnahme des Ist-Zustandes. Im Regelfall müssen einige Konstruktionen offengelegt werden, um nicht während der Bauarbeiten von weiteren Kosten überrascht zu werden. Hierzu gehören Sparrenfüße und Lagerpfetten vor allem in Traufgraben oder an der Wetterseite, Streichbalken an Kaminen oder anderen, die Dachhaut durchstoßenden Bauteilen, Anschlüsse bei gebrochenen Dachflächen, Deckenbalkenauflager an den Wetterseiten, an der Nordostecke des Gebäudes und im Bereich älterer WC-Anlagen, Bäder und Küchen, Fundamente im nicht unterkellerten Bereich vor allem an den Gebäudeecken, Scheitel vorhandener Kellergewölbe und überdurchschnittliche Verformungen in Decken und Wänden sowie die Anschlüsse späterer Flächenbeläge in Feuergäßchen oder der Höfe an die Hausmauer. Bei Mauerstärken über 60 cm ist unbedingt zu prüfen, ob es sich um ein- oder zweischalige Ausführung mit Zwischenschüttung handelt. Die hierfür geeigneten Techniken werden im Kapitel »Untersuchungsmethoden« beschrieben.

Rissebilder

Angaben zur statischen Altbausanierung sollten in der Regel dem Statiker überlassen bleiben, da nur eine sehr große spezifische Erfahrung alle negativen Möglichkeiten und positiven Lösungen relativieren kann. Schadensumfang, Sanierungsschwierigkeiten und damit Kosten und Eingriffe am Altbau können jedoch vom Architekten meist abgelesen werden. Eine Hilfe hierzu sind Risseverlauf und teilweise auch Risseform. Risse steigen zu der Ebene hin, in der die Setzungsstelle liegt, d. h. sie fallen zur Hebung; die Schadensursache ist also in dieser Ebene zu suchen, in der Fundamentbruch und -setzung ebenso vorliegen können wie die Verrot-

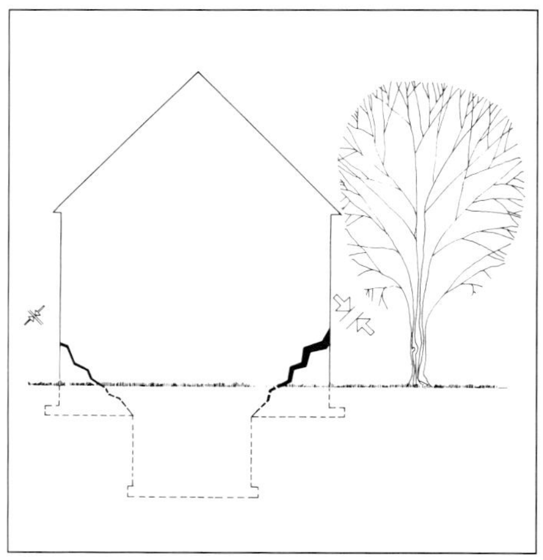

Abb. 1 *Unterschiedliche Rißbreite durch unterschiedliche Austrocknung des Baugrundes.*

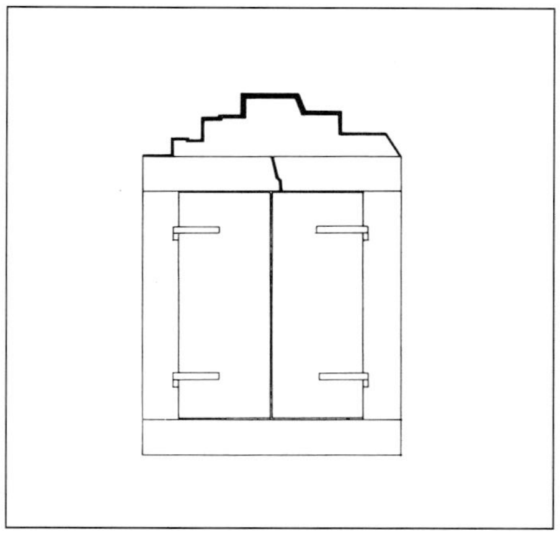

Abb. 2 *Typischer Risseverlauf bei Sturzbruch als Ursache.*

Abb. 3 *Diese Risse sind primär nicht auf ein Nachgeben des Sturzes zurückzuführen; der Sturzbruch weist vielmehr auf andere Ursachen hin.*

tung eines Deckenbalkens oder ein durch Schaden am Dachgebälk verursachter stärkerer Druck von oben.

Da der Risseverlauf sich fast immer in eine Richtung verbreitert, ist auch kenntlich, ob und in welchen Bereichen eine Rotation vorliegt, also eine flächige ungleiche Setzung und damit Drehung des Baukörpers. Häufig ist die Verformungsursache auch dort zu finden, wo die Risse breiter werden. Ebenso kann ein Vergleich der Breiten ähnlicher Risse auf Ursachen hinweisen. So bringen Grundwasserabsenkung und damit Trocknung des Bodens gleichen Risseverlauf im unterschiedlich fundierten Bereich (Abb. 1). Der erheblich breitere Riß weist jedoch darauf hin, daß hier ein Baum eine weitere Austrocknung des Bodens verursacht.

Ein Kriterium für die Beurteilung von Rissen ist auch ihr zeitlicher Verlauf. Jedes Bauwerk bewegt sich bei Belastung so lange, bis es wieder sein statisches Gleichgewicht gefunden hat. Ein Gespräch mit den Nutzern des Gebäudes bringt hier Auskunft. Gleichzeitig können durch Augenschein überprüft werden: Risse in Tapeten und Anstrichen, scharfe Brüche in den Rißkanten. Ein sauberes Rißinneres oder unterschiedliche Verschmutzung im Risseverlauf weisen auf neuere Bewegungen hin.

Risse durch Schrumpfung oder im Einzelfall auch Quellung der alten Materialien sind fast immer auf Stockwerke oder Bauteile beschränkt: Ein durchgehender Riß wird also meist andere Ursachen haben. Auch Mauerwerk über Stürzen zeigt einen typischen Risseverlauf, wenn ein Nachgeben des Sturzes Ursache ist. Der Riß beginnt dann in den oberen Öffnungsecken und zeigt Bogen- beziehungsweise Dreiecksform mit stärkster Rißbreite im Scheitel (Abb. 2 und 3).

Ein sich mittig setzendes Gebäude zeigt stets mehrere Risse, eine außenseitige Setzung oft nur einen oder zusätzlich einige Nebenrisse. Dies und die Richtung der Verjüngung der Risse läßt Aufschlüsse zu über Art und vor allem Qualität der vorhandenen Gründungen (Abb. 4).

Unregelmäßige, sich über das ganze Wandgefüge erstreckende Risse unterschiedlichster, jedoch dem Mauerwerksverband folgender Richtung weisen auf Raumerschütterung hin.

Bewegungen müssen jedoch nicht haushoch die Außenwand in einem durchgehenden Riß zerreißen. Die Kräfte suchen sich den Weg des geringeren Widerstands, so daß die Risse über Fenster- und Türöffnungen verlaufen. Auch hier zeigt das schmale Ende des Risses gegen die Richtung des verformenden Kraftangriffs (Abb. 5). Gleichzeitig neigen sich beim Mauerwerk die von den Rissen eingeschlossenen Flächen zur Ebene der Fundamentsetzung.

Verformungen

Ausbauchungen weisen im Gegensatz zu Rissen häufig auf eine noch nicht abgeschlossene Verformung hin. Bei Gebäuden – im Gegensatz zu freistehenden Mauern – fehlt dabei der Verband zu aussteifenden Innenwänden, oder Wände wurden zu lang und zu dünn gebaut; dies ist wiederum am häufigsten im Giebelbereich

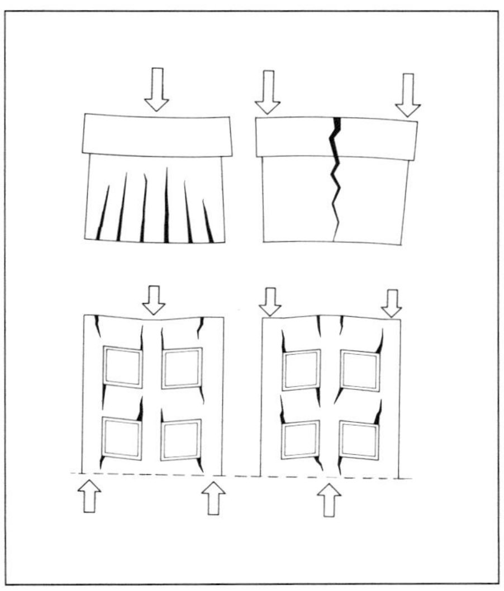

Abb. 4 *Rissebild bei Setzungen.*

Abb. 5 *Die Risse »deuten« auf die Ursache: nachträglicher Übergang zwischen zwei Gebäuden.*

zu finden. Zu berücksichtigen ist bei der Beurteilung der Konstruktionsstärke noch, daß oftmals die äußere Binderschicht nur scheinbar einbindet, in Wirklichkeit jedoch vor die eigentliche Wand gesetzt wurde. Sind keine der genannten Ursachen zu finden, kann mit dem Fehlen von ausreichenden Fundamenten gerechnet werden.

Als Gegenmaßnahmen sollte niemals versucht werden, Ausbauchung oder Krümmung wieder durch Ziehen rückgängig zu machen; viel mehr muß versucht werden, durch Anker, die mindestens 1,50 m in die zu belastende Wand einbinden, ein weiteres Ausbauchen zu verhindern. In extremen Fällen müssen die Anker in einem wandhohen Stahlbetonanker enden (Abb. 6). Dort, wo keine einbindenden Wandteile vorhanden sind, werden die Anker an den Deckenbalken, hier aber mindestens über 5 Balken hinweg, verschraubt.

Im Bereich von Auflagern, meist Deckenbalken, ist diese Lösung unzulässig. Hier muß die Auflagerkraft auf einen neuen Balken oder Träger abgeleitet werden, der nun wieder die Belastung über Scheibe oder Rahmen, dessen Stege meist in Gebäude- oder Raumecken liegen, abgeben kann.

Eine weitere Möglichkeit liegt bei hohen Räumen in einer herabgezogenen und durch eine untergehängte Decke verkleideten Aussteifung (s. auch Abb. 35, Seite 141). Ist die Krümmung oder Ausbauchung gering, kann die Wand nach dem Auskratzen der Fugen mit der Treiblade gegen ein Gegengerüst flächig zurückgepreßt und neu verfugt und verputzt werden. Aus Gründen der Verhältnismäßigkeit von Aufwand und Ergebnis wird hiervon jedoch abgeraten.

Besteht ein Verdacht auf fortdauernde Bewegungen, müssen diese gemessen werden. Auch hierüber gibt das Kapitel »Untersuchungsmethoden« Auskunft.

Zu bedenken ist, daß Holz und »elastische« Kalkmörtel eine gewisse Anpassung an veränderte Standfestigkeit ohne sichtbare oder zumindest weitreichende Risse ermöglichen. Zu erwartende Risse und alte Bewegungsfugen dieser Art zu kaschieren, war ursprünglich Aufgabe entsprechend außenseitig angeordneter Balken und vor allem Gesimse. Viele Verformungen, die ein Haus im Laufe seines Alterns mitmachte, wurden durch neue weiche Mörtelschichten verdeckt, und was uns heute als Baufälligkeit durch schiefe Wände, spießeckige Öffnungen und Überhang erscheint, ist oft nichts anderes, als die Falten des Alterns auf einem relativ gesunden Körper. Erst jener Architekt oder Bauherr, der diese sichtbaren Alterungszeichen entfernen will, bringt das Gebäude in jene Gefahr, die er zu verhindern suchte. Ernsthafte statische Probleme sind meist erst dann zu vermuten, wenn unterschiedliche Alterungszeichen und Schäden überstark oder in Kombination auftreten. So ist »Riß« nicht gleichbedeutend mit »Gefährdung des Bauwerks«! Risse entstanden und entstehen auch bei modernen Bauweisen häufig dort, wo Gründung und Konstruktion des Bauwerks Bewegungen erzwingen. Hier im Altbau zu sanieren, ist nur Schönheitsreparatur, meist unter hohem Aufwand, da es nicht genügt zu kitten, zu flicken und zu überstreichen, sondern auch hier die Ursachen beseitigt werden müssen.

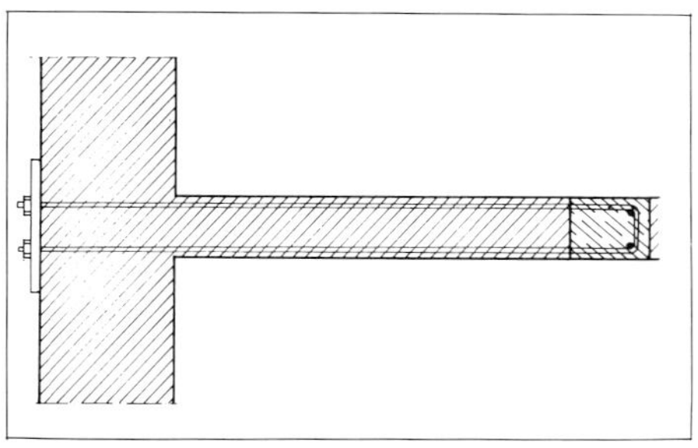

Abb. 6 *Verankerung über Mauerpfeiler.*

Verformungsursachen

Nochmals wird die Frage nach der Ursache gestellt: Straßenbau und Verkehr sind eine häufige Antwort. Vor allem in kleineren Städten führt auch der Schwerverkehr noch durch Altbaugebiete, und eine alle Konsequenzen auch heute noch nicht überblickende Straßenplanung negiert den Altbaubestand bei der Trassierung. Hier Abhilfe zu schaffen, übersteigt häufig eine sinnvolle Kosten-Nutzen-Relation. Das alte Haus, nicht unterkellert und nur knapp fundamentiert, erbaut als nichtmonolithischer Körper, seitlich durch Höherlegung der Straße im nicht ausgesteiften Bereich zusätzlich belastet und durch Grundwasserabsenkung auf einen, seine Tragfähigkeit verändernden Baugrund gestellt, wird Tag und Nacht stoßartigen Belastungen ausgesetzt. Dennoch ist zu sagen, daß Verkehrserschütterungen einschließlich Flugschall überschätzt und daß vor allem Ursache und Wirkung verwechselt werden. Fast immer sind sie nur auslösendes Element für Rissebildung aus anderweitiger Überbeanspruchung. Als Kriterium kann Glasbruch herangezogen werden: Fällt beim Überschallknall Putz von der Decke, birst eine Säule und am Gebäude bleiben alle Glasscheiben heil, waren der Plafond bereits weitgehend gelockert und die Säule durch Überbelastung bereits angegriffen. Es sind jedoch schwere Schadensfälle durch Erschütterungen bei mehrschaligen Außenwänden bekannt: Am 5. 11. 1971 stürzte die talseitige Längswand der 300 Jahre alten Burg Brattenstein in Röttingen auf einer Länge von 9 bis 12 Metern ein. Die 1,40 m (!) dicke Wand bestand aus zwei Außenschalen von Muschelkalk-Bruchsteinen im Verband mit Bindern in der inneren Füllschicht aus eingefüllten kleineren Bruchsteinen mit ungenügendem Mörtelverguß. Der Mörtel der Füllschicht war nun durch den 18 Jahre langen Nähmaschinenbetrieb der Kleiderfabrik in der Burg in seine Bestandteile zerfallen: Die Füllung wurde durch die Maschinenschwingungen verdichtet und wirkte wie ein hydrostatischer Druck auf die Außenschalen.

Bei jedem Vorschlag zur Sanierung muß bedacht werden, daß Altbauten bis ins 20. Jahrhundert in Bauweisen errichtet wurden, die häufig beweglicher blieben als unsere jetzigen. Stahlbeton bleibt zwar ein Helfer in der Altbausanierung, doch müssen sein Gewicht und seine vergleichsweise hohe Abbruchresistenz ebenso erwogen werden wie seine eigengesetzlichen Bewegungen und Verformungen. Als Faustregel kann man sagen, daß es meist besser sein wird, mehrere kleinere Stahlbetonbauteile nebeneinander zu verwenden als einen großen: Tragende Einzelscheiben oder -kerne (zum Beispiel Treppenhäuser) zur Unterstützung des bisherigen statischen Systems sind deshalb Auskernungen und inneren Volltragwerken vorzuziehen. Horizontale Schubkräfte – meist im Bereich der Dachstuhlauflage – können häufig ohnehin in der Ebene der Fehlböden durch Zuganker, also auch im statisch beweglichen System aufgefangen werden. Dies bildet bei Altbauten mit Holzbalkendecken ein besonderes Problem, auch die Umleitung beliebig angrei-

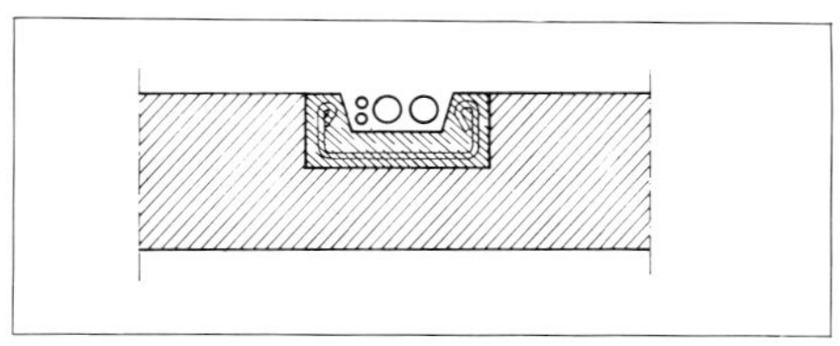

Abb. 7 *Wandschlitzstein.*

fender Horizontalkräfte in wandparallele Horizontalkräfte – eine wesentliche Erhöhung der Standsicherheit bei Ausbruch einzelner Wandteile. Eine Lösung liegt hier im Aufbringen eines statisch wirksamen Dielenbodens, der allerdings auch durch eine verschraubte Holz-Mehrschichtplatte ersetzt werden kann. In anderen Fällen genügen liegend verschraubte Flachstahlbänder unterhalb der Decke. Der übliche Einzug einer als Scheibe wirkenden Stahlbetondecke mit all seinen Nachteilen kann auf diese Weise kostengünstig verhindert werden.

Ein weiteres statisches Problem ergibt sich indirekt durch haustechnische Sanierung: Der Einbau einer Zentralheizung bringt von neuem schon längst abgeschlossene Bewegungsprozesse, vor allem im hölzernen Traggerüst und dort wieder am stärksten in Verbindung mit Ausfachungen aus starrem Material. Auch die Gefahr von Stemmarbeiten wird leider häufig unterschätzt; für Neubauten gilt hier als kritische Grenze ein Mauerquerschnittsrest von 17,5 cm. Für den Altbau kann diese Grenze wesentlich höher liegen, da mit einer Lockerung des Verbandes und Schädigung des Materials zu rechnen ist. Bei großen senkrechten Wandschlitzen sollte deshalb dort, wo es unvermeidbar ist, die Mauer verstärkt werden (Abb. 7).

Abb. 8 *Nach dem Entfernen des zerstörten Holzes werden Löcher für die Armierungsstäbe gebohrt.*

Abb. 9 *Eingesetzte Armierungsstäbe.*

Abb. 10 *Fertig vergossener Knoten.*

Ersatzstoffe und neue Verfahren

Eine Reihe statischer Maßnahmen wirft eine andere Frage auf, die sich durch weite Bereiche der Denkmalpflege und damit auch der Altbauerneuerung zieht: die Alterung von Ersatzstoffen. Hier lassen sich mit Sicherheit keine allgemeinen Regeln aufstellen. Die Frage, ob es beispielsweise besser sei, einen beschädigten oder verwitterten Sandsteinsturz durch gleiches Material zu ersetzen und damit auch das ihn umgebende bauliche Gefüge zu lockern oder die Bruchstellen durch Stahldübel festigend zu überbrücken und das alte Profil durch Steinersatz wieder herzustellen auf die Gefahr einer langsamen Verdeutlichung der Nahtstelle durch unterschiedliche Verwitterung, muß technischem Verstand und der richtigen Beurteilung eines historischen Details überlassen bleiben. Es wird jedoch daran erinnert, daß die Anwendung von Ersatzstoffen alt ist und der Übergang von einem Baumaterial zum anderen in allen Kulturen als Nachahmung vollzogen wurde.

Bei vielen Ersatzstoffen und Techniken können jedoch die Vorteile von Fall zu Fall überwiegen. Beispielhaft wird hier die Sanierung von hölzernen Deckenauflagern und Dachstühlen durch Kunststoffprothesen aus Reaktionsharzbeton, Holzan 25 genannt (Abb. 8 bis 10). Beta-Verfahren.

Das Verfahren ist simpel und wird in der Zeichnung deutlich (Abb. 11): Durch das gesunde Holz wird der kranke Teil angebohrt und möglichst alles an Vermodertem entfernt. Feste Kunststoffstäbe und ein Verguß des Hohlraums mit flüssigem Kunstharz, das mit ca. 500% Quarzsand abgemagert ist, schaffen eine Verbindung, die nach jetzigen Erfahrungen als dauerhaft angesehen werden kann.

Zwar wird zum einen ein fremdes Material verarbeitet, dessen Langzeitwirkung – zumindest gegenüber dem Holz – trotz mehr als zehnjähriger Anwendung letztlich noch

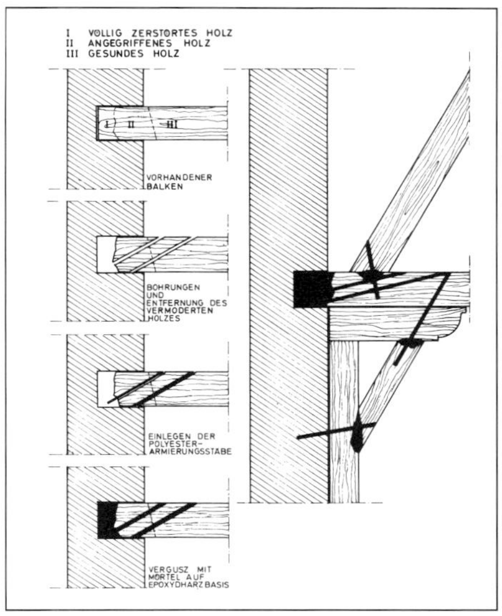

Abb. 11 *Polymerchemische Restauration von Holzkonstruktionen.*

Abb. 12 *Zimmermannsmäßige Sanierung eines Deckenbalkens.*

Abb. 15 *Vorbereitung eines Knotens.*

Abb. 13, 14 *Das Beta-Verfahren erlaubt ein Sanieren von Holzbalken ohne Eingriff in die Deckenuntersicht.*

nicht abzuschätzen ist; doch kann zum anderen ohne größere Freilegungen, ohne störende Erschütterungen und ohne weitere Eingriffe in die gesunde bauliche Substanz die Funktion des Balkens, seine Tragfähigkeit erhalten bleiben.

Man wird also dort auf dieses neue Verfahren verzichten, wo Platz ist für eine zimmermannsmäßige Anschiftung (Abb. 12), sollte es jedoch dann anwenden, wenn untergehängte Gewölbe, Stuckdecken, Fresken keine Erschütterung erlauben (Abb. 13 u. 14) oder aber zu große Öffnungen in Boden und Decke im Bereich der Balkenköpfe vermieden werden müssen. Ebenso angebracht ist ein derartiges Verfahren an Lagerpfetten oder Sparrenfüßen, wenn Zangen oder andere Holzbauteile nur nach Aufbrechen des Mauerwerkverbandes helfen. Bei komplizierten historischen Holztragwerken brauchen die Holzverbindungen bei der Sanierung nicht gestört zu werden (Abb. 15).

Eine wesentliche Erweiterung erfuhr dieses Verfahren durch die 1987 erteilte Zulassung einer Verbindung von Holz zu Holz: Die Gegner derartiger Kunststoffprothesen können nun statt des angegossenen Blocks auch neues oder altes Holz ebenso kraftschlüssig durch GFK-Stäbe miteinander verbinden (Abb. 16 bis 18); le-

Abb. 16 *Holz-an-Holz-Konstruktion eines Sparrens.*

Abb. 17 *Fuge einer Holz-an-Holz-Verbindung kurz vor dem Verguß.*

Abb. 18 *Unqualifizierte Ausführung eines als gut zu bewertenden Verfahrens.*

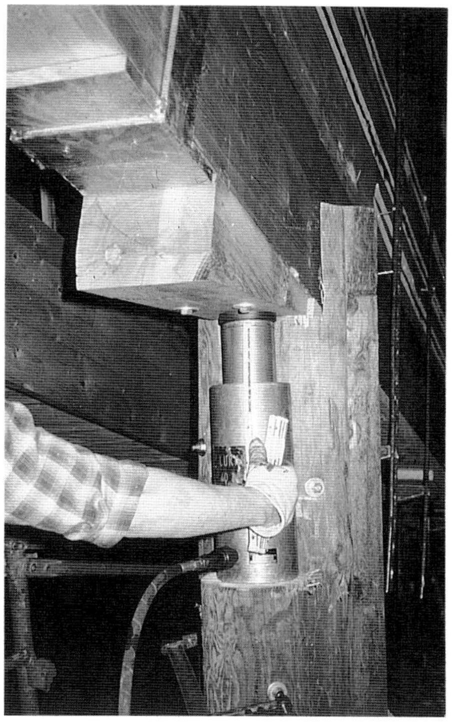

Abb. 19, 20 *Sanierung eines Schichtholzträgers im Beta-Verfahren.*

Abb. 21 *Sichtbar bleiben »Dübellöcher« und Schleifstellen, sie können eingefärbt werden.*

diglich eine dünne Fuge von wenigen Millimetern sowie Füll- und Entlüftungsbohrungen kennzeichnen die Verbindungsstelle. 1988 wurde für dieses Verfahren eine weitere Zulassung erteilt, die eine entscheidende Vereinfachung in der Sanierung eines relativ neuen Konstruktionsteils erlaubt: der Brettschichtträger. Diese verleimten Binder ermöglichen Spannweiten, wie sie Holz in dieser Dimensionierung bisher nicht erlaubte, und so wurden diese Konstruktionen besonders beliebt bei Hallen jeder Art, Kirchen und anderen stützenfreien Überdachungen. Inzwischen häufen sich Schäden durch Lastverformung, die entweder ein extrem teures Auswechseln verlangen oder aber eine aufwendige und die Eleganz dieser Konstruktion vernichtende sichtbare Hilfskonstruktion. Mit Hilfe des Beta-Verfahrens können derartige Träger nach dem Zurückpressen der Verformung »unsichtbar« saniert werden (Abb. 19 bis 21).

Für Stahlbetonträger oder -decken wurde ein ebenso unkonventionelles Verfahren entwickelt: Wird der alte Stahlbetonteil zusätzlich belastet oder war er ungenügend dimensioniert, kann er die im unteren Bereich auftretenden Zugkräfte nicht mehr aufnehmen – er reißt, bricht. Genau in diesem Bereich der höchsten Zugkräfte wird nun ein Stahlband kraftschlüssig angeklebt (Abb. 22 bis 24): Nach dem sorgfältigen Reinigen der Betonklebefläche wird der vom Statiker errechnete Baustahl mit der Zweikomponenten-Klebemasse beschichtet und hydraulisch oder mechanisch fest gegen den Beton gepreßt. Für den Brandfall verlangt die Zulassung allerdings eine mechanische Befestigung dieser Stahlzusatzkonstruktion im Auflagerbereich, was diese an sich recht preiswerte Lösung stark verteuern kann. An jeder Baustelle sind die ausreichende Haftzugfestigkeit des Betons (Abb. 25) sowie die Wirkung der Klebermischung (Abb. 26) nachzuweisen.

Der Metallanker als zusätzliche statische Hilfe ist seit Jahrhunderten bekannt. Früher aus Schmiedeeisen, in seltenen Fällen auch aus Bronze gefertigt, bestehen Anker heute aus unterschiedlichen Stählen. Damals wie heute liegt der unübertroffene Vorzug dieser Hilfskonstruktion darin, daß Zugkräfte direkt, das heißt, ohne Lastumleitung aufgenommen werden können – und zwar meist genau dort, wo sie am wirksamsten auftreten. Neu an der Verwendung eines solchen Ankers ist sein unsichtbares wandparalleles Einbringen. Durch entsprechende Bohrgeräte wurde

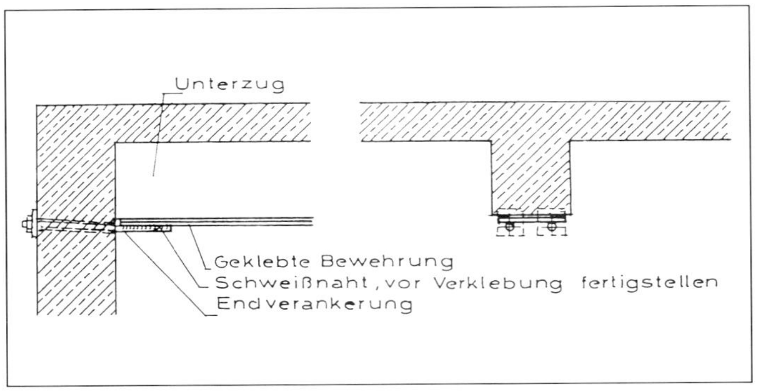

Abb. 22 *Auszug aus dem Zulassungsbescheid: Ablesbar sind die geringe zusätzliche Konstruktionshöhe und der Zwang zur mechanischen Endbefestigung.*

Abb. 23 *Endbefestigung als Winkel.*

Abb. 24 *Auftrag der Klebemasse vor der Verpressung.*

es möglich, auch auf längere Distanzen eine Mauer mit einer Abweichung von nur etwa 1 Promill längs zu durchbohren, was bei einer Wand von 40 m Länge nur eine Abweichung von ca. 4 cm ergibt. Es wird hiermit also möglich, den bestehenden Teil einer Mauerkrone gleichsam zu einem nachträglichen Stahlbetonbalken zu machen. Das aufwendige Abnehmen oder Unterfangen eines Dachstuhls beim Einbringen eines umlaufenden Stahlbetonringankers wird damit ebenso vermieden (Abb. 27) wie die unerwünschten Temperaturspannungen freiliegender Anker.

Der Durchmesser der Bohrung ergibt sich aus dem errechneten Stahldurchmesser zuzüglich einer zweifachen korrosionshemmenden Überdeckung durch Beton, so daß als durchschnittlicher Anhaltswert 80 mm genannt werden können. Ein solcher Spannanker wirkt – zumindest rechnerisch – also nicht durch die schützende Betonverpressung, sondern durch die Zugkräfte, die zu beiden Seiten des Ankers möglichst großflächig auf den zu sanierenden Wandteil weiter zu übertragen sind. Das Prinzip erklärt sich einfach so: Will ich viele Ziegelsteine auf einmal hochheben, muß ich die Ziegelsteinreihe mit beiden Händen fest gegeneinander pressen; tue ich dies nicht, kann ich nur zwei Ziegel in die Höhe heben. Da dieser Druck verteilt werden muß, verlangt der Anker Ankerplatten, die in Stahl oder auch Stahlbeton ausgeführt werden können (Abb. 28). Da bei diesem Zusammenspannen Querzugkräfte auftreten, kann es je nach Mauerart und notwendiger Spannkraft zwingend werden, diese Kräfte durch zusätzliche Maßnahmen aufzunehmen. Üblicherweise geschieht dies durch Nadeln (Abb. 29).

Abb. 25 *Haftzugprüfung am »Restbeton«.*

Abb. 26 *Festigkeitsprüfung der Klebemischung.*

Im Gegensatz zum Anker nimmt die Nadel in ihrer ganzen Länge Zugkräfte auf. Ihre Wirkung ist die einer nachträglichen Armierung; und genauso kann sie eingesetzt werden.

Soll beispielsweise der gerissene Wandbereich einer Fensterachse wieder Scheibenwirkung erhalten, werden, wie in Abb. 30 gezeigt, im Sturz- und Brüstungsbereich möglichst wandparallele Bohrungen angeordnet, ein Stab – in der Regel aus Baustahl (Versuche mit GFK-Stäben laufen) – eingebracht und mit Zementmörtel, häufig kunststoffvergütet, verpreßt und danach die Bohrung mit dem passenden Mörtel geschlossen. Hier kommt es also darauf an, daß das Verpreßgut eine möglichst kraftschlüssige Verbindung zwischen Nadeln und Mauerwerk schafft.

Vergleicht man die Kosten dieses Sanierungsverfahrens mit den bisherigen und erstaunlicherweise heute immer noch üblichen Sanierungsmethoden, wird man eine verblüffende Kostenreduzierung feststellen.

Ein anderer Anwendungsbereich der Vernadelung kann mit dem Verdübeln verglichen werden. So wurden tatsächlich auch schon seit langem in geeignetem Mauerwerk, häufiger jedoch in Beton, starke Dübel angebracht, um andere Bauteile anbetonieren zu können. Die Nadel erweitert diesen Anwendungsbereich durch ihre wesentlich größere Eindringtiefe, so daß mit ihrer Hilfe am Altbau Podeste, Kragarme, Decken und anderes mehr kraftschlüssig eingebunden werden können.

Sind die gerissenen Bauteile durch das Vernadeln wieder monolithisch wirksam, können die Risse verstopft, besser verpreßt werden. Auch hier hat sich eine neue und für die Altbausanierung durchaus sinnvolle Technologie entwickelt: das kraftschlüssige Verpressen von Rissen. Mit hohem Druck wird das Verpreßgut eingebracht und soll nun Risse und Rißchen nicht nur füllen, sondern die Rißflanken auch wieder verbinden. Seit langem werden hierzu Zementinjektionen vorgenommen – und hierbei werden die Schwächen dieses Verfahrens und die Anforderungen,

Abb. 27 *Bohrgerät zur Durchführung einer Ankerbohrung.*

Abb. 28 *Historischer Anker (Standzeit annähernd 200 Jahre) und versenkte und damit unsichtbare Ankerplatte.*

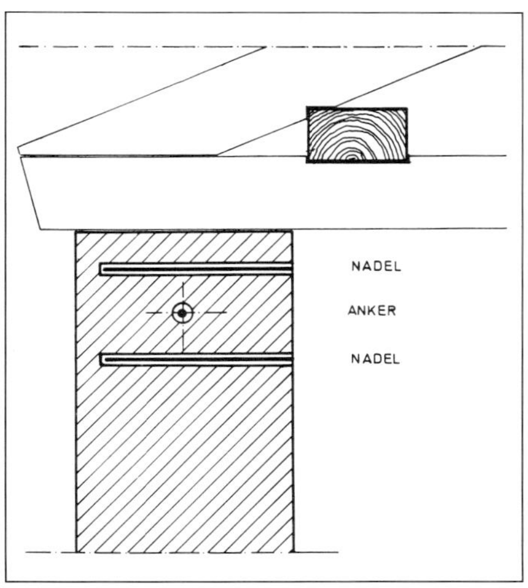

Abb. 29 *Schematische Darstellung eines wandparallelen Zugankers mit Nadeln zur Aufnahme von Querzugkräften.*

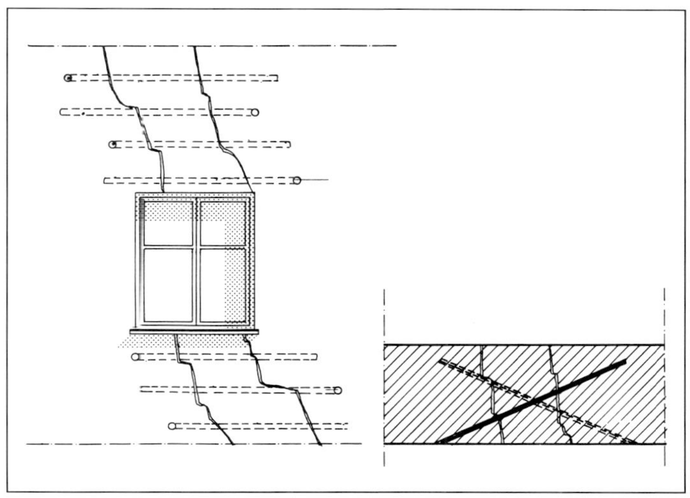

Abb. 30 *Schematische Darstellung einer Vernadelung.*

Abb. 31 *Zementverpressungen zur Aufnahme von Zugkräften sind unsinnig.*

die an Material und Ausführungen zu stellen sind, am deutlichsten: Der konventionelle Mörtel kann Druckkräfte aufnehmen, jedoch keine Zugkräfte. Wird die relativ geringe Flankenhaftung durch Zugabe von Fließ- und Klebemitteln verbessert, verlagert sich dieses Problem im günstigsten Fall vom sanierten Riß zur nächsten Mörtelfuge (Abb. 31). Derartige Verpressungen werden also sinnvoll weniger in einer Ziegel- oder Naturstein- als in einer Stahlbetonwand ausgeführt, wofür sie vor etwa 25 Jahren in amerikanischen Erdbebengebieten auch entwickelt wurden. Beim Mauerwerksbau kann die Anwendung dort empfohlen werden, wo auch Druckkräfte auftreten – Gewölbe (Abb. 32) – oder wo durch zusätzliche Maßnahmen wie Fundamentverstärkung oder Dachstuhlsanierung sichergestellt ist, daß eine weitere Krafteinwirkung auf den Rissebereich unterbunden ist.

Da die Rißflanken durch ihre Saugfähigkeit dem Eindringen des Verpreßgutes entgegenwirken, sind sie entweder vorzunässen oder die Fließfähigkeit ist durch entsprechende Zuschläge sicherzustellen. Es ist deshalb auch günstiger, beim Einbringen die Packer nicht direkt am Riß anzusetzen, sondern durch Hilfsbohrungen den Riß etwa in Mauermitte zu treffen; durch diesen Trick kann die Eindringtiefe etwa halbiert werden.

Bei jeglichem Verpressen mit Zement ist auf eine gravierende Gefahr hinzuweisen, die bereits zur irreversiblen Zerstörung einiger bedeutender Altbauten führte. Gemeint ist hier das Problem der Sprengwirkung bei Ettringit- und Thaumasitbildung. Voraussetzung für die schädliche Bildung dieser Kristalle sind Wasser und Gips im zu sanierenden Mauerwerk und die Verwendung entsprechender Zementarten. Üblicherweise wird zur Verhinderung dieser Gefahr ein hochsulfatfester Zement, ein sogenannter HS-Zement, vorgeschlagen. Seit mehr als 10 Jahren aber sind genügend Schäden durch derartige Kristallbildung bei Verpressungen auch mit diesem Zement bekannt und wurden seitdem immer wieder von Bauschadensachverständigen und Baustoffwissenschaftlern bestätigt (Abb. 33). Diese Gefährdung kann nur dann ausgeschlossen werden, wenn die zementverpreßte Wand trockengehalten wird. Wie aber sollte eine solche nachträgliche »Trockenlegung« geschehen, wenn über die Primärrisse durch Ettringit und Thaumasit zusätzlich Wasser in das Mauerwerk gelangt und nun zu dem unterschiedlich starken Schwind- und Quellverhalten der verschiedenen Baustoffe auch noch der Frost zu wirken beginnt? Im Zuge der Überprüfung dieses Schadensverlaufs wurde schon vor mehreren Jahren festgestellt, daß alle hydraulisch wirkenden Bindemittel wegen ihres Gehalts an Aluminaten zur Bildung von Treibmineralien führen. Es ist deshalb falsch, wenn auch immer wieder von der Denkmalpflege empfohlen, reine Kalkmörtelverpressungen durchzuführen, da hierfür wegen der chemischen Abbindevorgänge schon bei relativ dünnem Mauerwerk – mindestens ab 50 cm Stärke – hydraulischer Kalk verwendet werden müßte. Da bisher alle Versuche und Überlegungen scheiterten, diese Treibmineralbildung auf chemischen Weg zu unterbinden, wurden für gipshaltiges Mauerwerk spezielle Verpreßmassen entwickelt; diese Mörtel sind trasshaltig, werden zur Vermeidung unerwünschter Zuschläge sackfertig geliefert und sind nach relativ strengen Verarbeitervorschriften anzuwenden.

Abb. 32
Statisch wirksame Verpressung eines Ziegelgewölbes.

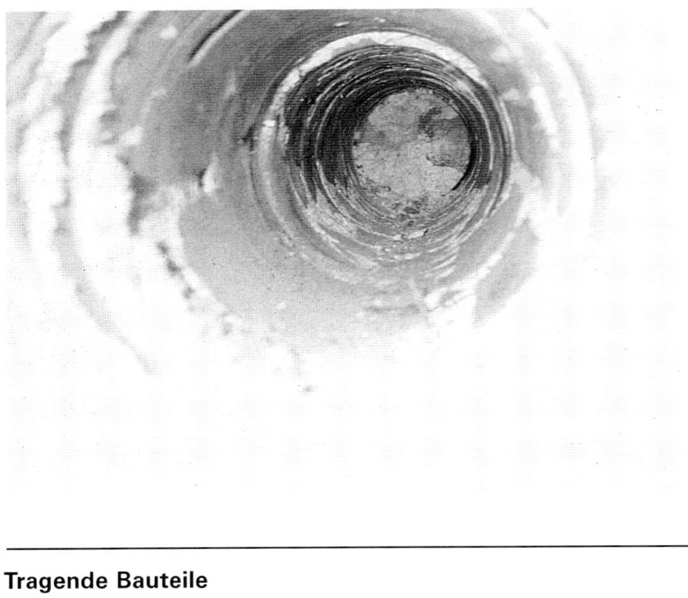

Abb. 33
Kontrollbohrung nach Eintritt starker Sprengschäden infolge Verpressung; deutlich sind die Salzkristalle zu erkennen (Thumm).

Wichtig ist hierfür auch der Hinweis, daß diese Mörtel keinen oder nur einen eingeschränkten Korrosionsschutz für Metalle bieten, so daß gegebenenfalls Edelstahl oder GFK-Stähle für eine Armierung verwendet werden müssen.

Funktionale Veränderung

Statische Sanierung bedeutet gleichzeitig aber auch rücksichtsvolle funktionale und damit allgemeine bauliche Veränderung des Altbaus. Eine Hilfe bieten sicherlich die heute bekannten Leichtbaustoffe. Bei Zwischenwänden sollte dabei in der Regel auf Fertigsysteme verzichtet werden, da ihre Einbautoleranzen meist nicht oder nur unter hohem zusätzlichem Aufwand die Verformungen des alten Gebäudes aufnehmen. Auch mit örtlich erstellten Riegelwänden kann die gewünschte optische und bei sachgemäßer zweischaliger Ausführung auch akustische Trennung erreicht werden (siehe »Schallschutz«). Auch eine neue »leichte« Wand bringt Verformungen im Auflagerbereich mit sich. So sollte auch hier die Anordnung geschoßweise gleich bleiben; auf jeden Fall ist die Konstruktion so zu wählen, daß ein durchgehender Untergurt auf Fußboden oder Deckenbalken die Last verteilt. In extremen Fällen kann ein durch Fliesen und Objekte so »gewichtiger« Einbau wie das Bad in einer leichten, raumbildenden Kunststoffvariante vorgeschlagen oder jede neue Raumtrennung durch eine Kombination von Riegelwänden und Einbaumöbeln errichtet werden. Welche Lasten der Konstruktion noch zugemutet werden können, kann letztlich nur der Statiker klären, denn die Tragkraft von Wänden und Pfeilern ist im Altbau oft kein Problem der Mauerfestigkeit, sondern der Stabilität, da auch die Geschoßhöhe ein Kriterium für die Tragfähigkeit der Wand ist.

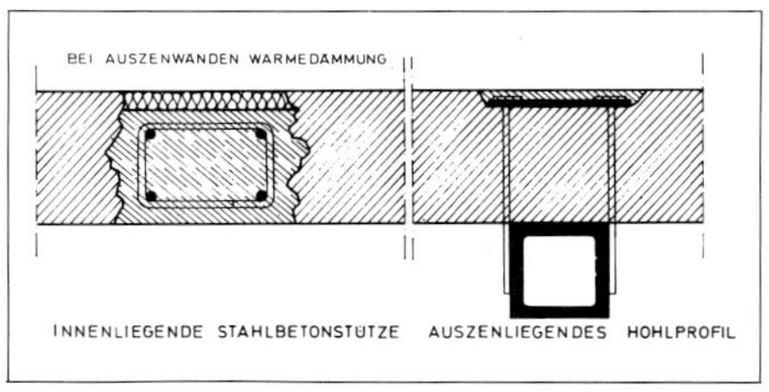

Abb. 34 *Vertikalaussteifung des Mauerwerks.*

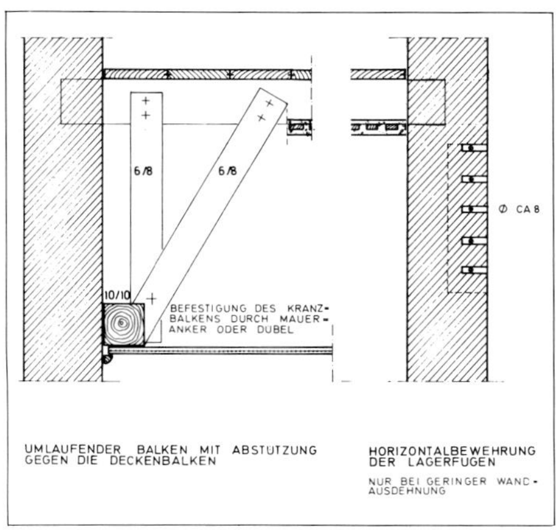

Abb. 35 *Horizontalaussteifung des Mauerwerks.*

Bei Umbauten und Aufstockungen wird durch die Belastung manchmal auch das statische System verändert. Nach den Länderbauordnungen muß das gesamte Gebäude den Forderungen der DIN 1053 unterworfen werden, nach denen es trotz seines offensichtlichen vieljährigen Überdauerns als nicht mehr standsicher gilt. Hier sieht diese Norm (DIN 1053, Abs. 2.2.2) mit Zustimmung der zuständigen Bauaufsichtsbehörde allerdings die Möglichkeit eines Nachweises der genügenden Aussteifung vor. Kann dieser Nachweis nicht erbracht werden, müssen als vertikale Aussteifungsglieder Stützen vor oder in die Wand gestellt werden (Abb. 34). Zwei Möglichkeiten über den bekannten Ringanker hinaus, eine waagerechte Aussteifung einzubringen, zeigt Abb. 35.

Die Wandfestigkeit eines Altbaus wird nicht nach der Norm errechnet; für Ziegelmassivbauten kann diese Festigkeit K_N aber anhaltsweise nach folgender Formel ermittelt werden:

$$K_N = \frac{550}{16 + 3\,\text{hld}},$$

wobei bedeuten: K_N = mittlere Druckfestigkeit einer Wand nach Otto Graf, h = Wandhöhe und d = Wanddicke. Bei Verwendung von Kalkzementmörtel erhöht sich der ermittelte Wert um den Faktor 1,5.

Veränderung von Geschoßhöhen

Statische Probleme bringt auch die Änderung zu niedriger Geschoßhöhen im Altbau, wie dies vor allem im ländlichen Bereich oder allgemein bei Häusern bis ins 18. Jahrhundert zu finden ist.

Zur Bewältigung dieser Aufgaben müssen auch Behörden einsehen, daß die einschlägigen Vorschriften weniger eine Gefährdung der Nutzer durch die zu geringe Höhe ausschließen wollen, sondern durch Mindesthöhen in den ohnehin in den Nachkriegsjahren immer kleiner werdenden Räumen ein bestimmtes Raumvolumen, also die Luftmenge, garantieren müssen. In Grenzfällen ist es also legitim, bei der Beurteilung der Zumutbarkeit auch die Grundfläche des Raumes zu berücksichtigen oder bei sichtbaren Deckenbalken nicht von der lichten Raumhöhe auszugehen, sondern das Maß Fußboden-Decke zugrunde zu legen.

Bei dennoch zu geringen Raumhöhen – niedriger als 2,10 m – muß bedacht werden, daß jede allgemeine Versetzung von Decken die Brüstungshöhen der Fenster verändert und in der Regel damit Eingriffe in die Altbaufassade nach sich zieht und auch gegen Bauvorschriften (Brüstungshöhen) verstößt. Zumindest bei allen zweigeschossigen Bauwerken sollte deshalb der Erdgeschoßboden gesenkt und die Decke zwischen Obergeschoß und Dachraum gehoben werden (Abb. 36). Die Absenkung erfolgt in nicht unterkellerten Bereichen im Zuge der sowieso meist dringend nötigen Fußbodensanierung. Da für eine trockene und wärmedämmende Unterkonstruktion mindestens 30 cm anzusetzen sind und der Bodenaushub die Unterkante der Fundamente in keinem Fall unterschreiten darf, wird die maximal mögliche Tieferlegung durch die Höhe der vorhandenen Gründung begrenzt. Wird bei Tieferlegung das äußere Erdniveau erreicht oder gar unterschritten, sind zudem

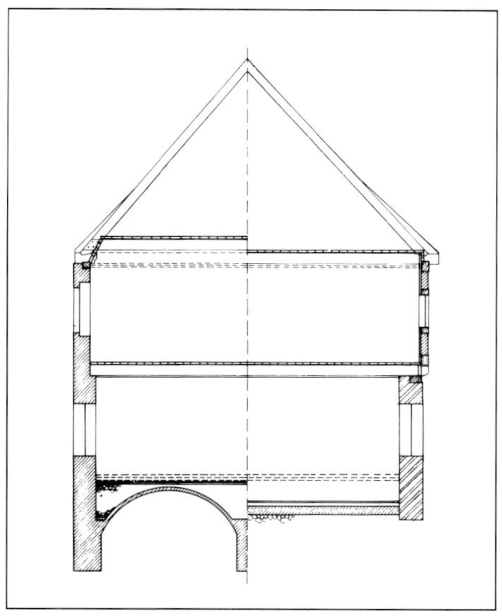

Abb. 36 *Schematische Darstellung der Erweiterung der Geschoßhöhen.*

außenseitige Maßnahmen zur Trockenhaltung vorzusehen. Über Kellern kann häufig dennoch eine Tieferlegung vorgenommen werden, doch muß dieser Maßnahme wieder eine statische Prüfung vorausgehen. Die über den Kellergewölben liegenden Deckenkonstruktionen werden abgetragen, und die Gewölbezwickel werden mit lastverteilenden Leichtfüllstoffen wie Perlit hinterfüllt. Je nach Auflagerweite kann nun direkt oder aber auf örtlichen oder vorgefertigten Leichtbetonplatten oder auch wieder Holzbalken der gewünschte Fußboden aufgebaut werden.
Für das Obergeschoß mag es von Fall zu Fall genügen, die die Dachbodenbalken verkleidende Untersicht zu entfernen und einen entsprechenden wärmedämmenden und optisch passenden Abschluß auf diesen Balken anzubringen. Wo dies nicht genügt, werden oberhalb des Speicherbodens neue, die Sparren verbindende Zangen verlegt. Sie erhalten sofort die für den Speicher notwendigen Bodenbretter. Danach erfolgt der Abbruch der alten und vor den bisherigen Baumaßnahmen schützenden Decke und das Aufbringen der gewünschten Deckenuntersicht.
Bei Wandlung zum Beispiel in gewerbliche Nutzung kann der Teilausbruch einer Decke unter Erhalt von Innengalerien bei Belassung aller tragenden Balken an den Fensterseiten eine Lösung bringen. In jedem Fall wird jedoch auf die brandpolizeilichen Bestimmungen hingewiesen.

Auskernung

Muß ein Gebäude ausgekernt werden (Abb. 37) oder bleibt gar nur noch die Fassade stehen, ist der gleichzeitige Erhalt von einbindenden Bauteilen in einer statisch wirksamen Tiefe (Abb. 38) eine unabdingbare Forderung. Wird diese nicht erfüllt, entstehen immense Kosten an sicherungstechnischen Arbeiten; zudem ist der Gebäuderest zu sehr durch gewollten oder ungewollten Einsturz gefährdet.
Beim Einbau der neuen Stahlbetondecken kann manchmal wenigstens in einem Geschoß die bestehende Decke als Schalungsträger verwendet werden. Auch in den weiteren Geschossen kann es trotz Arbeitserschwerung von Vorteil sein, wenn bis zur Lastübernahme durch die neue Decke wenigstens das alte statische Gerippe – Deckenbalken, Pfeiler und ähnliches – erhalten bleibt. Wie weit das neue Deckenauflager nur punktweise ausgebildet zu sein braucht, muß aus Gründen der

Abb. 37 *Der hohe Sicherungsaufwand verbietet den leichtfertigen Erhalt »nur« der Fassade (Bauherr) oder mindestens der Fassade (Denkmalamt).*

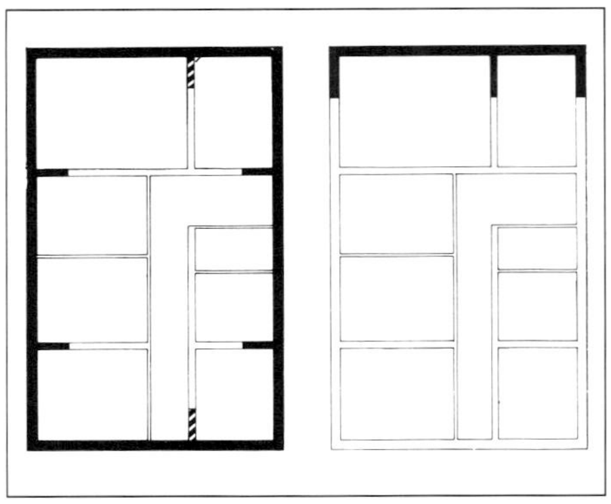

Abb. 38 *Auskernung bei Belassung statisch wirksamer Einbindungen.*

Lastableitung der Statiker entscheiden, doch ist diese Lösung vorzuziehen.
Häufig jedoch sind die Außenwände nicht oder nicht mehr zusätzlich belastbar. Die bisherige Übung, tragende Schalen aus Ziegel oder Stahlbeton von innen vor die historischen Außenwände zu stellen, würdigt die noch verbleibenden Teile zur Kulisse herab und birgt vor allem in sich wieder die Gefahr neuer Schädigung. Deshalb erscheint es sinnvoller, die neuen Lasten entweder einem räumlichen Tragwerk zu überlassen oder bei der Möglichkeit von gebäudemittigen Neugründungen auf Plattenbalkendecken mit Stützenkopfverstärkung oder Pilzdecken auszuweichen. Anstatt einer Neugründung im Gebäudeinneren ist auch eine teilweise Nutzung des Kellergeschosses in Form von Tragblökken oder -platten möglich.

Gefahr neuer Rissebildung

Der Risseverlauf bei Setzungen wurde bereits beschrieben. Zu nennen sind jedoch all jene Sanierungsmaßnahmen, die neue Setzungsrisse nach sich ziehen können, wie Trockenlegung des Baugrundes, Brechen neuer Öffnungen und Abbruch von Nachbargebäuden, oder nach sich ziehen müssen, wie Schließen von Baulücken. Im Kapitel »Trockenlegung« wird die Drainage als sachgemäße Maßnahme beschrieben. Ihr negativer Einfluß auf die Standfestigkeit des zu sanierenden Gebäudes muß jedoch erwähnt werden.
Die Gefahr von Setzungen durch Entwässern gilt vor allem bei bindigen Böden, hier ist der Vorgang jedoch teilweise reversibel, so daß im Ernstfall die Stillegung der Drainage weiteren Schaden verhütet. Auch Grundwasserabsenkungen oder der Wechsel zu einem kanalisierten Abwas-

Abb. 39 *Kraftschlüssig ausgekeilte Fensteröffnung.*

Abb. 40 *Injektion des alten Fundaments und abschnittsweise Untermauerung.*

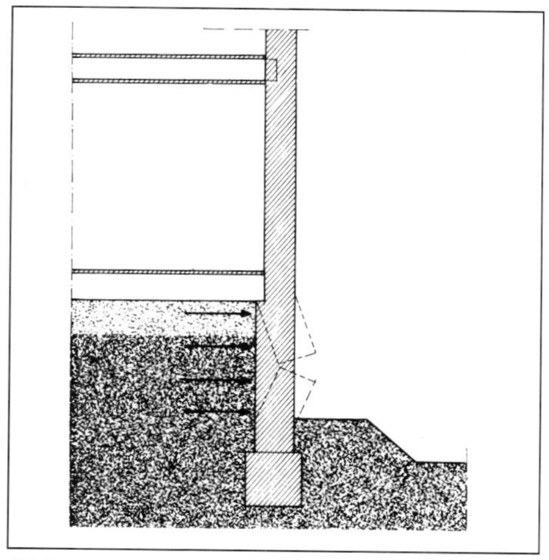

Abb. 41 *Einsturzgefahr durch Erddruck.*

sersystem kann zu solchen Setzungen führen – diese Ursache zu beseitigen, liegt nun allerdings nicht im Ermessen des einzelnen. Laubbäume, vor allem Pappeln, Weiden, Ulmen, entziehen dem Boden sehr viel Wasser. Eine schädliche Wirkung wird erst dann auftreten, wenn die Bäume in dürren Sommern kein Oberflächenwasser mehr erhalten. Der Abstand großer Bäume vom Haus sollte bei bindigen Böden deshalb mindestens ihrer Endhöhe entsprechen.

Werden in tragende Außenwände Öffnungen gebrochen oder bereits vorhandene vergrößert, treten ebenfalls häufig Setzrisse im Bereich über dem Mauerausbruch auf. Zur Vermeidung genügt es nicht, die Abstützung im Fensterbereich vorzunehmen. Diese Stützen müssen zusätzlich aufgekeilt werden, um eine Vorspannung zu erreichen (Abb. 39). Zusätzlich werden alle darüberliegenden Maueröffnungen, die Fenster, ausgekreuzt, damit der gesamte betroffene Außenwandteil als Scheibe auf den Ausbruch reagiert und nicht unterschiedliche Bewegungen im Pfeiler- und Öffnungsbereich entstehen.

Unterfangungen

Neubau in Baulücken oder Abbruch eines Hauses beeinflußt stets auch die Kommunbebauung. Schwierigkeiten treten besonders beim Altbau auf, da hier häufig Planunterlagen über Gründung und Konstruktion fehlen. So werden nicht nur beim Aushub unter Fundamenttiefe besondere Maßnahmen zur Unterfangung nichtunterkellerter Hausteile notwendig (Abb. 40), es besteht bereits beim Abgraben weit über Fundamenthöhe die Gefahr des Grundmauerbruchs im nichtunterkellerten Haus durch Erddruck (Abb. 41). Sind also keine Kellerfenster im Nachbarhaus zu sehen, ist beim Aushub Vorsicht geboten. Daß nach dem Abbruch schiefe Kommunwände durch die Horizontalkomponente der lotrechten Wandlast einsturzgefährdet sind, wird meist erkannt. Einsturzgefahr besteht aber auch bei einer lotrechten Wand durch Windsog, wenn die Deckenbalken nicht genügend in die Mauer eingebunden sind oder diese Einbindung im Laufe der Zeit verrottet ist. Die häufigste Einsturzursache ist jedoch Grundbruch unter dem Fundament der freigelegten Giebelwand. Durch den Aushub werden bisher tieferliegende Bodenschichten der Witterung ausgesetzt, so daß sich die Tragfähigkeit verändern kann. Fundament- oder Grundmauer-

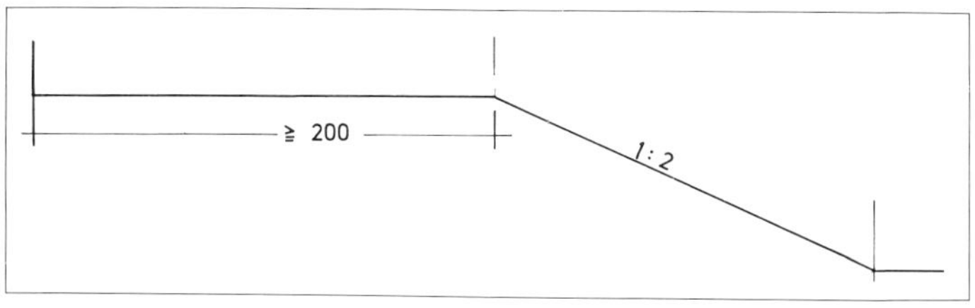

Abb. 42 *Bodenaushubgrenzen nach DIN 4123.*

sohle kann sich dann senken und nach außen weggedrückt werden. Die Bodenaushubgrenzen dürfen erst nach sachgemäßer Unterfangung (Abb. 42) überschritten werden.

Daß der gleichzeitige Bau verschieden schwerer Häuser zu Setzungsrissen im Nahtbereich, und zwar am leichteren Gebäude, führt, ist allgemein bekannt. Diese Risse sind jedoch auch dann zu erwarten, wenn gleichschwere Häuser zu verschiedenen Zeiten errichtet werden; wenn also eine Baulücke geschlossen wird.

Als »Trost« kann gesagt werden, daß der Altbau in der Regel Formveränderungen, wie sie auch durch einseitige Setzungen entstehen, dank seiner geringeren Steifigkeit in der Konstruktion besser übersteht als viele Neubauten. Eine vertretbare präservative Maßnahme ist nicht zu nennen. Treten zu starke Schäden an einem Altbau durch ungleichmäßige Setzung auf, muß die Gründung saniert werden. Wird bei Trockenlegung das alte, durchfeuchtete und Feuchtigkeit leitende Grundmauerwerk durch Beton ersetzt, sollte sinnvollerweise auch neuen Forderungen an die Tragfähigkeit eines Fundaments Rechnung getragen werden.

Im Prinzip sind vier Maßnahmen möglich:

- Verstärkung der bestehenden Fundamente,
- Nachbarfundamentierung mit lastableitenden Traversen,
- Grundinjektagen und
- Grundbruchsicherungen.

Abb. 43 *Bodeninjektion im alten und neuen Fundamentbereich.*

Injektagen

Den geringsten Eingriff in die Altbausubstanz verlangen Injektagen (Abb. 43), die den Boden unter den Fundamenten im vorgeschriebenen Verbreiterungswinkel von 60° festigen. Hierzu werden je nach Bodenart und Belastung Lösungen, Emulsionen oder Suspensionen in die hohlen Räume des Grundes eingepreßt. Während dieser Arbeiten ist das Gebäude auf eventuelle Bewegungen hin zu überwachen. Der Anwendung sollte ein sorgfältiges Bodengutachten vorausgehen, da nicht jede Bodenart gleichermaßen zur Festigung geeignet ist. Entscheidend ist hier die Kornverteilungskurve des zu injizierenden Baugrundes, wobei nicht das Bohrgut insgesamt zur Bestimmung herangezogen werden darf, sondern jede Bodenschicht für sich getrennt zu beurteilen ist. Zu beachten ist hierbei E DIN 4093 »Baugrund; Einpressen in Untergrund und Bauwerk; Planung, Ausführung, Prüfung«. Die Anwendungsgrenzen der verschiedenen Injektageverfahren zeigt Abb. 44.

Eine entscheidende Erweiterung der Injektageverfahren zur Grundfestigung bieten seit einigen Jahren Bodenverpressungen mit Hochdruck, wie sie unter anderem im Soilcrete- oder HDI-Verfahren angeboten werden (Abb. 45). Auch wenn sich aus patentrechtlichen Gründen die Durchführung dieser Injektageart bei den einzelnen Anbietern geringfügig unterscheidet, ist das grundsätzliche Vorgehen stets gleich:

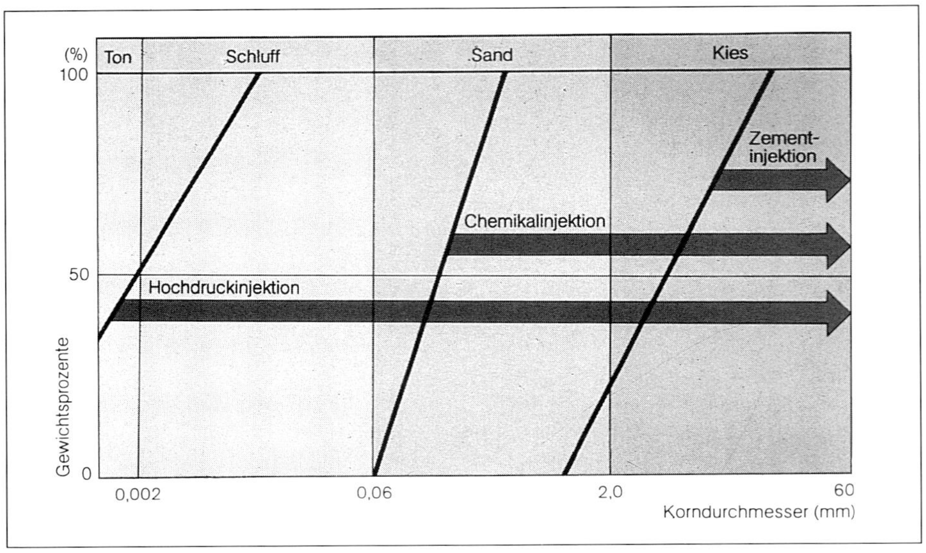

Abb. 44 *Anwendungsgrenzen verschiedener Verfahren der Bodenfestigung.*

Abb. 46 *Die Bohrung kann fast senkrecht ausgeführt werden.*

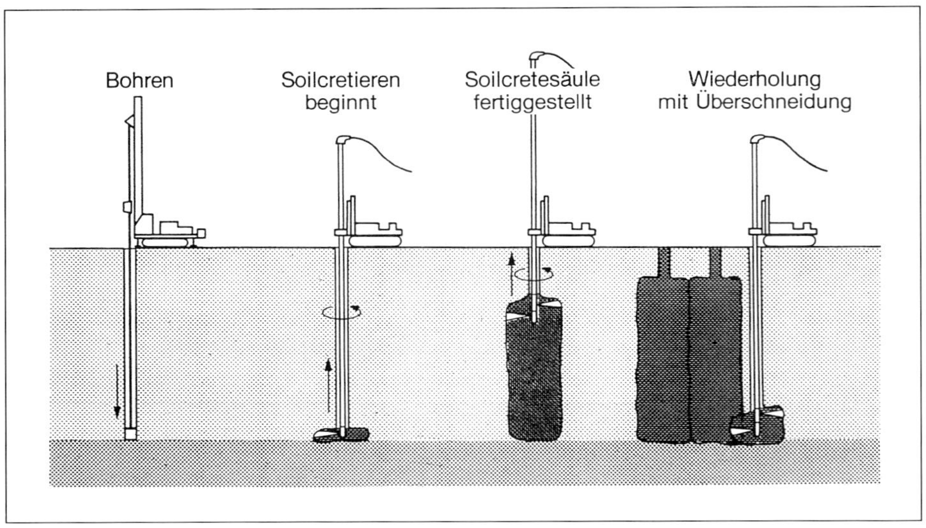

Abb. 45 *Schematische Darstellung der Bodenfestigung.*

Abb. 47 *Bohrgestänge mit »Schneidstrahl«.*

Bohrungen geringen Durchmessers werden weitgehend senkrecht unter die vorhandenen Fundamente geführt (Abb. 46). Gebohrt wird relativ erschütterungsfrei mit Außenspülung. Nach Erreichen der gewünschten Endtiefe wird das Gestänge – meist drehend – gezogen und nun unter sehr hohem Druck eine Betonit-Zement-Suspension in den Boden injiziert, die im Bereich des Düsestrahls das Erdreich »zerschneidet« (Abb. 47). Es entsteht abhängig von Bodenart, Ziehgeschwindigkeit und Injektionsdruck ein säulenförmiger Kunststein je Bohrung (Abb. 48); durch das Aneinanderreihen mehrerer dieser Säulen bildet sich der gesamte Unterfangungskörper (Abb. 49). Nachweise werden erforderlich über Kippen, Gleiten und Grundbruch. Bedacht werden muß allerdings die Entsorgung des zum Spülen und »Schneiden« verbrauchten Wassers (Abb. 50). Diese Verfahrensgruppe kann nicht nur unter günstigen Umständen eine Kostenersparnis bieten, sondern darf trotz aller Probleme als die schonendste Möglichkeit zur Fundamentverstärkung gegenüber den gebräuchlichen Rammverfahren bezeichnet werden.

Abb. 48 *Freigelegter Tragkörper.*

Abb. 49 *Eine Addition einzelner Tragkörper nach statischen Erfordernissen ist möglich (farbige Absetzung der einzelnen Bohrphasen) (Soilcrete).*

Abb. 50 *Entsorgung durch Abpumpen.*

Fachwerk

Der Fachwerkbau ist eine Skelettkonstruktion, Kräfte werden nicht wie beim Mauerwerkbau durch Scheiben übernommen und weitergegeben, sondern durch Stäbe abgeleitet. Dabei können in den einzelnen Holzverbindungen einfache Druckkräfte als Zugkräfte übernommen werden. Zu deren Übernahme wurden besondere Konstruktionen oder Holzverbindungen notwendig. Die Zimmermannskunst erreichte in der Gotik und Renaissance hierin ihren Höhepunkt; in späterer Zeit ging diese Kunst teilweise verloren: Die Holzverbindungen können nun nur noch Biegezug-, kaum jedoch Zugkräfte aufnehmen. Ein wesentliches Kriterium des hölzernen Fachwerks – auch bei Beurteilung aller Sanierungsmaßnahmen! – ist die Gelenkigkeit aller Knoten. Die Ausfachungen selbst sind nichttragend, wenn auch aussteifend, oder werden als Ganzes von Türen und Fenstern eingenommen.
So wird deutlich, daß jede Sanierung der Tragfähigkeit eines Fachwerks Auswechslung oder Schutz des Holzes bedeutet. Erst in zweiter Linie sind die Gefache zu sanieren – ihre Ausführung wird unter anderem durch die Nutzung bestimmt.
Der Fachwerkbau als Weiterentwicklung des Bohlen-Ständer-Baus ist durch archäologische Funde bereits in prähistorischer Zeit – zum Beispiel am Bodensee – belegt. Er bildete gebietsweise Sonderformen, die technische Entwicklung blieb jedoch weitgehend gleich und ermöglicht unter Berücksichtigung örtlicher Besonderheiten eine vergleichsweise genaue Typisierung und Datierung. Den prinzipiellen Aufbau zeigt in den Hauptteilen Abb. 1, wobei in Gegenden mit sehr früher Ziegelausfachung Streben als Windverband häufig fehlen.
Holzverbindungen, aber auch Zahl und Lage von Riegeln und Holzkonstruktionen, die Horizontalkräfte auffangen können, wie Windhölzer und Strebenkreuze, entwickelten sich in einem, für konstruktive Bauteile sonst unbekannten Reichtum, der allerdings schon ab dem Barock geringer wurde. Diese Unterschiede erlauben unter Berücksichtigung landschaftstypischer Entwicklungen eine Datierung auch bei fehlenden Archivalien (Abb. 2).
Ursache für Fachwerkschäden ist wie sooft am Bau meist Nässe. Gefährdet sind somit alle Holzteile, die auf Mauerwerk aufliegen – also Schwellen und Pfostenfüße –, alle Anschlüsse an regen- und schneestauende Bauteile wie Brüstungsriegel und Stiele an Fenstern, auskragende Auflager und – wie stets – alle konstruktiven Verbindungen zum Dach, dem feuchtigkeitsgefährdetsten Bauteil.

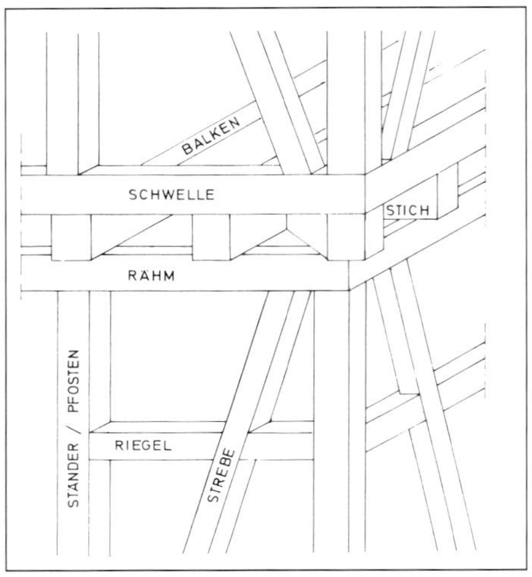

Abb. 1 *Prinzipaufbau alten Fachwerks.*

Trockenlegung und Holzersatz

Voraussetzung für jede Sanierung ist eine sorgfältige Bestandsaufnahme (siehe »Bestandsaufnahme« und »Untersuchungsmethoden«) – und dies gilt in besonderem Maße für die Fachwerksanierung. Unabdingbare Voraussetzung sind ein sorgfältiges, unter Umständen sogar verformungsgetreues Aufmaß, die Klärung des statischen Gefüges – Dimensionierung, Spannrichtung, Verbindung – sowie eine Schadensfeststellung und Kartierung, die organisch bedingte Schäden, aufgeteilt nach Befallsart, und andere Holzschäden wie Risse, Brüche enthalten muß ebenso aber alle statisch wichtigen Schäden oder schadensbedingenden Veränderungen wie fehlende Hölzer, Verformungen, falsche oder mangelhafte Reparaturen, schwächende Umbauten.
Bauliche Voraussetzung für eine sinnvolle Bearbeitung des Fachwerks sind der Holzschutz, vor allem korrekte Sanierung des Daches (siehe »Dach«) und Trockenlegung aller Grundmauern (siehe »Trocken-

Abb. 2 *Fachwerkdetail als Datierungshilfe.*

Abb. 3 *Auswechslung eines gesamten Stützendetails.*

Abb. 4 *Aufbolzung und Entlastung eines Teils der Fachwerkaußenwand.*

Abb. 5 *Ergänzung im alten Holz.*

Abb. 6 *Verlaschung eines Pfostens auf neuer Gründung.*

legung«). Hier bietet sich das im Gegensatz zum Massivbau einfache Einziehen einer Dichtungsbahn unter altem oder neuem Schwellholz an.
Der chemische Holzschutz nach DIN 68800 (siehe »Holzschutz«) kann baulichen Holzschutz niemals ersetzen: Grundsätzlich ist also jedes Fachwerkteil konstruktiv so auszubilden, daß die Holzfeuchte auch bei Bewitterung langfristig unter 20 Masseprozent liegt, da dann nach dem neuen Teil 3 der genannten DIN chemischer Holzschutz auch bei tragenden Bauteilen entfallen darf.
Da altes Fachwerk häufig aus Kernholz errichtet wurde, sind Schäden durch organischen Befall außerhalb der durch Wasser geschädigten Teile ohnehin selten. Eine Überprüfung geschieht durch Bohren – eventuell mit endoskopischer Kontrolle (siehe »Untersuchungsmethoden«) – oder Beilen; dem erfahrenen Fachmann kann der Klang genügen. Krankes Holz sollte im Ganzen ausgewechselt werden (Abb. 3), es sei denn, der Befall beschränkt sich tatsächlich auf die oberflächennahen Schichten.
Wird es einmal nötig, verringerte Querschnitte auszuflicken, sind lufttrockene Bohlen gleicher Holzart zu wählen; vor dem Einsetzen oder Annageln ist das Altholz scharfkantig bis in seinen gesunden Teil abzutragen. Das eingepaßte Holz kann auch nochmals entfernt und auf seiner Sichtseite mit einer Gasflamme stark angebrannt und die Verkohlung danach mit einer Stahlbürste sorgfältig entfernt werden. Zur unter Umständen besseren optischen Anpassung kommt hier vor allem der Effekt des tieferen Eindringens von Imprägniermitteln und Anstrichen als weiterer Vorteil hinzu.
Fugen sind wie immer nur auszuspänen, wobei der Span, wenn überhaupt, nur einseitig angeleimt wird. Die häufige Empfehlung, Risse unter 1 cm Breite »durch Anstriche bis in die Fugen hinein« zu schützen, ist unsinnig und leider gefährlich dazu: Kann ein Riß nach Enge und Verlauf nicht wirkungsvoll ausgespant werden, ist sein offenes Belassen derartigen Zauberkunststücken vorzuziehen. Falsch ist in jedem Fall das Ausmörteln derartiger Risse und Fehlstellen; ebenso wird von Auskittungen und plastischen Fugenvergußmassen dringend abgeraten; unter Umständen kann mit polymerchemischem Holzersatz ergänzend oder auch verbindend gearbeitet werden, doch ist auch hier von einer außenseitigen Anwendung abzuraten.

Ersatz schadhafter Fachwerkteile

Eine Auswechslung von Fachwerkstäben erfolgt nach Abbruch der angrenzenden Gefache: Jeder Stab und Riegel wird nach dem Entlasten durch seitliche Winden (Abb. 4) in seiner ganzen Länge herausgenommen oder in der Verzapfung herausgeschnitten. Der Ersatzstab kann nur noch einseitig verzapft werden; das andere Ende ist zimmermannsmäßig mit Schlitzzapfen einzuschieben oder – schlechter! – stumpf zu stoßen (Abb. 5) und zu vernageln oder bei Verkleidung auch zu verlaschen (Abb. 6) oder durch Nagelbleche zu sichern. Muß ein Ständer auch Knicklasten aufnehmen können, was besonders für Bund- und Eckständer gilt, ist hierfür eine geeignete Holzverbindung zu wählen, beispielsweise ein langes, schräg eingeschnittenes Blatt mit Bolzensicherung. Liegende Konstruktionsteile wie Schwellen und Rähm können auch stückweise erneuert werden. Auch hier sind jedoch stumpfe Verbindungen möglichst zu vermeiden.
Besonders problematisch ist die Sanierung der Deckenbalken, die einen Schaden meist im Auflager zeigen. Für den Fachwerkbau gilt wegen der Knotenausbildung besonders, daß der Balken nach der Entfernung des zerstörten Holzes selbst möglichst belassen bleiben soll. Fachwerktypische Hilfskonstruktionen sind das Einfügen eines Wechsels zwischen zwei benachbarten gesunden Balken, ein Anschuhen oder die Lastabtragung über Knacke oder Fachwerkbock. Abgeraten

werden muß im Regelfall von allen Hilfskonstruktionen in Stahl, da damit der Zerstörung des Holzes durch Erhöhung der Kondensationsgefährdung Vorschub geleistet wird.

Ausnahmslos abzulehnen ist die gleichermaßen optische »Verbesserung« wie die statischer Verstärkung dienende Gesamtverbretterung des hölzernen Fachwerks. Das neue Holz wird sich nicht nur nach außen werfen und damit neue und unkontrollierte Nässe in das alte Holz bringen, sondern auch die Tragfähigkeit des Bestandes kaum verbessern.

Müssen Gefache unbedingt erhalten bleiben (historische Bemalung), sind Schadstellen nur schwer zugänglich oder erzwingt ihre Auswechslung einen weiteren Eingriff in das statische Gefüge, kann wieder auf polymerchemischen Holzersatz zurückgegriffen werden. Diese Möglichkeit ist in der Regel jedoch auf nicht sichtbare Holzteile beschränkt, da der ersetzte Balken trotz Einfärbung und künstlicher Strukturierung als Fremdkörper erkennbar bleibt (Abb. 7), völlig anders altert und die witterungsbelasteten Fugen aufgehen (Abb. 8).

Müssen nach Überprüfung zu viele Fachwerkteile ausgewechselt werden, können Abbruch und zimmermannsmäßiges Neuabbinden unter Verwendung neuen, aber möglichst nicht frischen Holzes auf dem Zimmerplatz kostengünstiger sein als das Auswechseln Stück für Stück am Objekt selbst. Bemessungsgrundlage für völlig neue Holzkonstruktionen ist zwar DIN 1052, doch wird man sich selbst in diesem Fall meist in den Querschnitten nach dem Bestand richten.

Ein praktisches Problem liegt heute in der Beschaffung möglichst dauerhaften Holzes. Die frühere Winterfällung erzielte Holz mit geringerem Nährstoffgehalt; auch das Flößen und Lagern im Wasser verringerte den Nährstoffgehalt, so daß dieses Holz nicht so anfällig war für organischen Befall wie das sommerlich geschlagene und rasch verarbeitete. Abgelagertes Holz neuen Einschlags ist bei Fichte und auch Tanne zu finden, kaum jedoch bei Eiche. Lagerung und Wiederverwendung von gesundem Abbruchholz ist deshalb eine sinnvolle Vorbereitung für Fachwerksanierung.

Nur in extremen Ausnahmefällen darf altem Fachwerk seine statische Funktion entzogen und durch eine innenseitige Holz- oder gar Stahl- oder Stahlbetonkonstruktion ersetzt werden. Über die ästhetische und architektonische Fragwürdigkeit

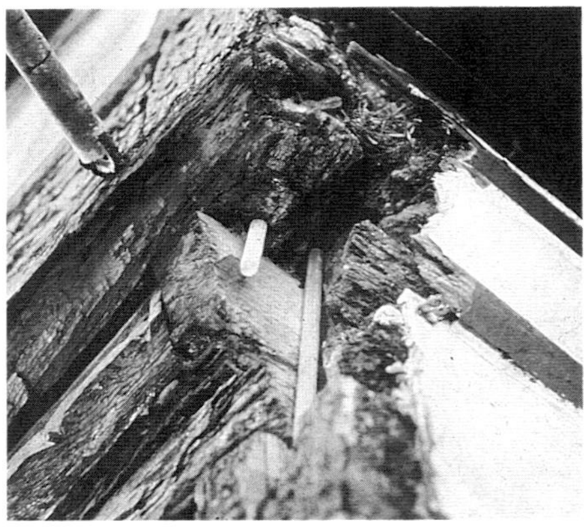

Abb. 7, 8 *Ein gutes Verfahren falsch angewandt: polymerchemischer Holzersatz einer sichtbaren Fachwerkkonstruktion.*

Abb. 9 *Historische Anwendung krummwuchsiger Bauteile.*

Abb. 10 *Ausrichten und Abbolzen eines Eckpfostens.*

Abb. 11 *Neueinblattung in alten Fachwerkpfosten.*

hinaus, den historischen Bestand nur noch als Dekoration zu belassen, muß zu viel an bautechnisch Zweifelhaftem in Kauf genommen werden, wenn sich zwei ineinander verschachtelte Bauteile bauphysikalisch unterschiedlich verhalten.

Ausrichten schiefer Fachwerke

Daß Fachwerkbauten häufig »windschief« erhalten sind, hat mehrere Ursachen. Zum einen müssen bewußt auch krummwüchsige Holzteile eingebaut worden sein (Abb. 9), da eine entsprechende, nachträgliche Verformung ausgeschlossen ist, zum anderen sind Material und Materialverbindungen extrem elastisch, gemessen am Mauerwerksbau. Allen Verformungen begegneten frühere Generationen nur mit Ausfugungen, gegebenenfalls Auswechslungen der Gefache oder einzelner Hölzer. Die Frage, ob ein altes Fachwerkhaus ausgerichtet werden muß, hat deshalb häufig nur formale Gründe.
Jedes Ausrichten ist deshalb sehr kritisch zu beurteilen und nur gerechtfertigt aus statischen Gründen, bedeutet es doch zwangsläufig den Ausbruch der Gefache – es sei denn, eine Wand ließe sich als Ganzes bewegen. Das Tragwerk-Gerippe wird dann behutsam und langsam durch flächiges Drücken (Treiblade) oder durch Ziehen mit Zimmererwinden, niemals aber durch Schläge mit der Axt wieder in Wasser und Lot gebracht (Abb. 10). Dabei ist vor allem wichtig, darauf zu achten, daß ältere, aber bereits einer Schräglage angepaßte Holzteile nicht neuen Spannungen unterworfen werden. Wo dies geschieht, sind die Holzverbindungen nachzuarbeiten oder sogar die Stäbe und Stiele auszuwechseln oder in ihren Holzverbindungen zu kürzen. Nach dem Ausrichten müssen alle Stäbe in den Fachwerkknoten neu fixiert werden. Zimmermannsmäßiges Arbeiten mit Hartholzteilen, Verblatten von Bändern, Streben und Knacken ist dem Nageln alleine vorzuziehen (Abb. 11); auf keinen Fall dürfen alte Nagellöcher verwendet werden. In extremen Fällen kann ein diagonales Verspannen durch Zugstäbe oder -seile im Blindbodenbereich oder innerhalb innenseitiger Verkleidungen zusätzliche Sicherheit bringen – aus handwerklicher Sicht ist dies jedoch abzulehnen. Sind tragende Holzteile gebrochen, weist dies allerdings auf zu hohe Belastung hin; hier sind nicht nur Dimensionierung und Ausbildung dieses Holzteiles neu zu ermitteln, sondern auch die Bruchursachen – zu geringe ursprüngliche Dimensionierung, spätere Lasterhöhung – festzustellen, da dadurch unter Umständen weitere Schäden aufgedeckt werden.
Die Ausfachungen übernehmen in der Regel keine statische Funktion – Ausnahme: Plattenwirkung bei Ausziegelung –, ihre Ausbildung ist zeitlichem und örtlichem Wandel unterworfen. Problematisch bei jeder Fachwerksanierung ist der Verlust originaler Ausfachungen. Ab und zu waren sie sogar außen- wie innenseitig bemalt oder zumindest graphisch gegliedert. Auch das Holz selbst war oftmals farbig gefaßt. Jeder Teilabbruch, jede Auswechslung vernichtet unwiderruflich diese Spuren, so daß eine Befundsuche an geschützten Bauteilen, in Konstruktionsfugen und Holzrissen Teil einer Fachwerksanierung sein sollte.

Historische Ausfachungsarten

Neben Holzgefachen war die gebräuchliche Ausfachung über viele Generationen in Strohlehm oder faschiniertem Lehmschlag (Abb. 12) mit Kalkzusatz oder Kalkputz üblich. Statt Faschinen wurden auch Strohwickel eingesetzt, und anschließend wurde die Fachfüllung mit Lehm verstrichen. Alle diese Ausfachungen haben den Vorteil einer gewissen Elastizität und der Anpassung an alle Flächenformen eines Zierbundes (Abb. 13). Auch heute sind die Vorteile dieser Ausfachungsart – Elastizität und Wärmedämmung – noch Grund genug zum Erhalt bestehender Lehmgefache. Die alte, ins Fachwerk eingebohrte Stakung wurde meist mit Weidenruten oder Fichtendachsen verstärkt, beidseitig mit Strohlehm verdichtet und über das Fachwerkholz bündig abgezogen. Teilweise wurde bereits dem Lehm ein geringer Kalkanteil beigemengt, sonst das Gefach mit Kalkmilch gestrichen. Je nach Gegend waren diesen Anstrichen Heringslake, Magermilch, Topfen oder anderes beigesetzt, um die Witterungsbeständigkeit zu erhöhen. Diese Anstrichtechniken sind auch heute noch bekannt.

Abb. 12 *Aufgebrochene Gefache eines Stadels.*

Abb. 13 *Zierbund eines Fachwerkhauses in Königsberg/Bayern.*

Bei Ausbesserung alter Lehmgefache sind alle lockeren Teile gründlich zu entfernen, schleifende Übergänge und dünne Ausbesserungsschichten müssen vermieden werden (Abb. 14). Das Restgefach muß gründlich durchnäßt und Kanten können mit verzinktem Hasenstallgitter überspannt werden; bei geringem Abtrag genügt auch kreuzweises Aufrauhen (Abb. 15), wie wir es aus alter Zeit kennen.

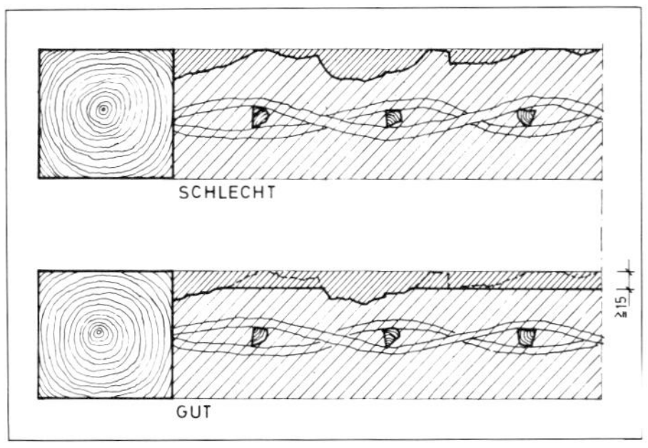

Abb. 14 *Vermeidung schleifender Übergänge bei der Ausbesserung von Lehmgefachen.*

Abb. 15 *Kreuzweise Aufrauhung auf Lehmgefachen als Putzträger.*

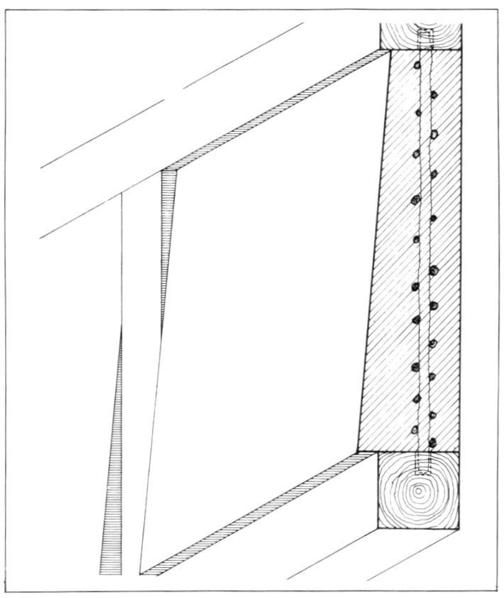

Abb. 16 *Theoretisch günstige Ausbildung der Gefache.*

Danach wird über einen Spritzwurf ein dünner, meist einlagiger Kalkputz aufgezogen; auch ihm kann zur Kalksteinbildung Magermilch oder anderes (siehe »Fassade«) zugesetzt werden. Das Hervorquellen der Gefache über die Ebene der Holzkonstruktion ist zwar häufig zu sehen, aus gestalterischen und bautechnischen Gründen jedoch abzulehnen. Ursache hierfür ist wohl nicht nur die allgemeine Verwechslung von urig und grob mit alt, sondern auch die Tatsache, daß sich die Putzoberfläche bei nachträglicher Verputzung des Holzfachwerks tatsächlich um etwa 3 cm herausschiebt und nun das Holz bei Freilegung um diese Stärke tiefer liegt.
Eine leichte Schräglage der Ausfachungsvorderkante ist zwar theoretisch überzeugend, führt jedoch in der Praxis zu neuen Punkten des Wetterangriffs; historisch ist eine solche Lösung nicht nachweisbar (Abb. 16).

Wärmeschutz

Fachwerkbauten sind allen gegenteiligen Behauptungen zum Trotz schlecht wärmedämmend – selbst bei günstiger Materialkombination: Holz und Strohlehm. Dieser geringe Wärmeschutz ist konstruktiv bedingt: Berechnet man nur den kombinierten k-Wert aus Holzskelett und günstiger Ausfachung, liegt dieser trotz guter Wärmedämmeigenschaften des Materials wegen der geringen Wandstärke bereits weit unter den hohen Forderungen der Wärmeschutzverordnung. Dazu kommt aber noch der bei keiner anderen Außenwand vergleichbare hohe Fugenanteil; er wirkt zweifach negativ: Zum einen begünstigt er in jedem Fall eine Durchfeuchtung der Außenwand und erhöht damit den Wärmedurchgang, zum zweiten muß bei entsprechendem Winddruck tatsächlich mit einem erhöhten Luftwechsel gerechnet werden.
Für Problematik und Ausführung nachträglicher Wärmeschutzmaßnahmen wird insgesamt auf das Kapitel »Wärmeschutz« verwiesen. Für das Fachwerk sind jedoch folgende Gesichtspunkte wichtig:

- die Wärmeschutzverordnung gilt – bisher – nur für Neubauten; es gibt also keinen rechtlichen Zwang zur Verbesserung des Wärmeschutzes (Bestandsschutz),
- bei verputztem Fachwerk ist außenseitiger Wärmeschutz vorzusehen, wobei dampfdurchlässige, aber wasserabweisende Lösungen gewählt werden müssen,
- vor allem innenseitige Wärmeschutzmaßnahmen sind vorab rechnerisch zu überprüfen, es genügt hier jedoch nicht, den k-Wert zu berechnen; zu ermitteln sind Taupunkt und Tauwassermenge; liegt diese über 200 g/m², ist die Lösung zu verwerfen,
- nicht hinterlüftete Hohlräume sind zu vermeiden; bei innenseitiger Aufdoppelung ist die neue Schicht an die alte hohlraumfrei anzuschließen, Hohlräume sind in Abhängigkeit vom neuen Material mit Strohlehm, Dämmörtel oder Vergleichbarem zu verfüllen,
- es dürfen keine dampfsperrenden, nicht einmal dampfbremsende Materialien in den äußeren Lagen verwendet werden; innenseitige Dampfsperren, wie sie vor allem von Bauphysikern zur Entschärfung vorgeschlagen werden, sind sorgfältig auf ihre Funktionsfähigkeit an den Anschlußpunkten zu überprüfen. In der Regel schützen sie nur den Wandregelquerschnitt, gefährden aber zusätzlich jedes einbindende Holzbauteil (siehe »Wärmeschutz«),
- Nutzungen mit stärkerer Dampfbelastung sind zu vermeiden.

Neuausfachung

Neue Ausfachungen sind in kleinformatigen und vor allem gut wärmedämmenden Baustoffen auszuführen. Auch hier ist auf elastische Vermauerung zu achten, das heißt, daß Kalkmörtel, höchstens Kalkzementmörtel, besser dann jedoch ein Wärmedämmörtel, im Gefach verwendet werden sollte. Spezielle Wärmedämmmörtel können auch mit maschinellem Auftrag gegen eine einseitige Schalung geschleudert werden und bilden so eine monolithische Ausfachung mit sehr guter Wärmedämmung. Die bisherigen Erfahrungen sind gut, doch erst kurz (seit 1989). Mindestens dann, wenn zur Sanierung des Fachwerks frisches Holz eingebaut wurde, soll das Gefach durch Leisten oder Stege mittig geschützt und gesichert werden (Abb. 17).
Der für Ausfachungen wegen seiner guten Wärmedämm-Eigenschaften vielfach empfohlene Gasbeton neigt zur Rissebildung am Holzanschluß durch Volumenveränderungen, vor allem bei Verwendung

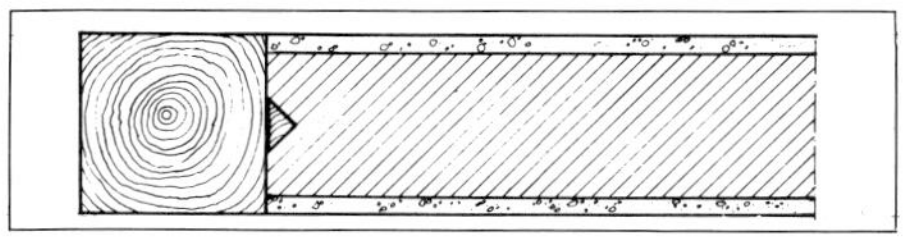

Abb. 17 *Gefachanschluß an frisches Holz.*

großformatiger Platten statt kleiner Steine. Hier ist besonders auf eine umlaufende Verleistelung zu achten. Die leichte Bearbeitbarkeit dieses Materials erlaubt eine kostengünstige Verstärkung der Konstruktionsdicke durch Aussägen.
Auch mit Lehm – Strohlehm oder Leichtlehm – sind Neuausfachungen möglich und sinnvoll. Wie beim Gasbeton beschrieben, bietet es sich auch hier an, monolithisch eine Innenschale anzusetzen.
Abzulehnen sind alle plattenförmigen Ausfachungen, seien es Zementtafeln oder Sandwichplatten. Bei kleineren Flächen sind verputzte Holzwolle-Leichtbauplatten eine unter Umständen noch zu akzeptierende Lösung, doch besteht hierbei stets die Gefahr einer raschen Durchfeuchtung an den Gefächerrändern mit nachfolgender Aufwölbung.
Da das statische Gefüge allein vom Holzwerk gebildet wird, ist es bei Umnutzung eines Fachwerkhauses möglich, einzelne massive Gefache durch zusätzliche Fenster zu ersetzen. Dem ziehen freilich denkmalschützerische Gesichtspunkte und allgemeine Rücksicht auf die Nachbarbebauung rasch eine Grenze.

Alte und neue Anstrichsysteme

Da bei allen historischen Fachwerkwänden die Putzflächen farblich hinter den Holzteilen zurücktraten, sind deren bunte Anstriche meist Zutaten des späten 19. Jahrhunderts oder Nachahmung eines einstmals neueren und damit modischeren Materials – wie ziegelrote Gefachbemalung in Gegenden mit unverputzter Ziegelausfachung. Hier sind allerdings auch umgekehrt Kalkanstriche des Holzwerks bekannt (Norddeutschland). Demgegenüber blieben gegendweise die Holzteile schon aus Gründen besserer Konservierung kaum unbemalt. Natürliche Färbungen gaben Kienruß- (schwarz) oder Stierblutbemalungen (braun) – wobei einer Verwechslung vorgebeugt werden soll: Ochsenblut oder Stierblut als Anstrich oder mehr noch hydraulisierender Zuschlag zu Kalk ist nirgendwo als Blut im Sinne von »roter Farbe« nachweisbar; es wurde viel

Abb. 18 *Reichgeschnitzter Eckpfosten eines Nördlinger Hauses.*

mehr zur Verbesserung der Haltbarkeit das abgesetzte Blutserum, das farblos ist, beigemengt; die rote Farbe ist meist durch Eisenoxide bedingt. Zusätzlich wurde Schnitzwerk gebietsweise noch weiter farbig hervorgehoben.
Voraussetzung für alle neuen Anstriche sind möglichst hohe Wasserdampfdurchlässigkeit und eine matte Oberfläche. Bei Berankung der Wand ist auf Pflanzenverträglichkeit des Anstrichs zu achten.
Nach eventuell einer holzschützenden Grundierung können folgende Anstrichsysteme aufgebracht werden:

- teer- oder bitumenhaltige Mittel, die bei Verträglichkeit zur Verringerung der Geruchsbelästigung bis zur Hälfte mit hellen, öligen Schutzmitteln verschnitten werden können,
- Standöle, deren Anwendung jedoch Erfahrung voraussetzt,
- pigmentierte Lasurfarben als Dünnschichtanstrich,
- für außenseitige Holzoberflächen geeignete Dispersionen, deren Glanz nach einigen Jahren abwittert.

Schnitzereien verlangen häufig eine Festigung der bewitterten Holzteile. Diese Arbeit setzt hohe Erfahrung und detaillierte Kenntnis voraus und sollte deshalb in jedem Fall nur dem Fachmann übertragen werden (Abb. 18).

Fachwerkpräsentation

Als Problem jeder Sanierung eines Fachwerkhauses zeigt sich immer wieder die Frage nach der ursprünglichen Sichtbarkeit der Holzkonstruktion. Als Kriterium hierfür wird häufig der Grad der »künstlerischen« Ausführung des Fachwerks herangezogen. Dies ist sicher nur bedingt richtig. Etwa im 18. Jahrhundert begann sich der verputzte Massivbau, ausgehend von Vorbildern barocker Adelsbauten, allgemein durchzusetzen. Dem modischen Trend folgend, erhielten viele Fachwerkbauten eine Putzhaut – und zwar auch jene, deren technische Details von vornherein nicht auf Überputzen ausgebildet waren, wie Schwellen über auskragenden Balkenköpfen. Da mit dem Verputzen häufig eine bewußte (Aufbeilung der Putzträger) oder unbewußte (Vermorschung des Holzes durch absperrende oder wasserhaltende Wirkung des Putzes) Zerstörung des Fachwerks verbunden ist und sich jede Sanierung auch nach ihrem Umgriff zu richten hat, sollte die Art des Fachwerkgefüges erst durch Infrarot-Aufnahmen geklärt werden; sinnvoll ist dies jedoch nur bei bewohnten Häusern (siehe »Untersuchungsmethoden«).
Soll das Fachwerk neu verputzt werden, wird vielfach auf eine schadensfördernde Normempfehlung hingewiesen (DIN 68800, 1974), in der ein Überspannen des Holzes mit wasserdichten Lagen – beispielsweise Bitumenbahn – als Schutz- und Trennlage gegen unmittelbare Wasseraufnahme des Holzes als notwendig angegeben wird. Diese Maßnahme ist falsch und darf nicht ausgeführt werden: Entweder nimmt der Außenputz – was er nicht soll (siehe »Putze« und »Fassadenschutz«) – zu viel Wasser auf, dann auch im Bereich der Gefache – das Holz wird also ständig über seine Flanken befeuchtet, kann aber dank ausgeführter Normempfehlung nach außen nicht mehr abtrocknen; oder der Putz wirkt wie er soll, dann ist die Dichtlage a priori unnötig, aber immer noch gefährlich.

Dach

Fachliteratur, industrielles Angebot und Werbung vernachlässigten lange das Dach als wichtigen zu sanierenden Bauteil. Wichtig deshalb, weil zum einen kleine Schäden im Dach rasch schwere Folgeschäden im ganzen Haus nach sich ziehen, zum anderen, weil gerade an diesem Bauteil undurchdachte Änderungen zu formalen Verlusten und bauphysikalisch bedingten Schäden mit Langzeitwirkung führen.
Das Dach des Altbaus ist in der Regel ein Kaltdach, also eine Dachform, die konstruktiv bedingt, von Außenluft durchspült wird. Der bauphysikalische Vorteil liegt darin, daß der gesamte und meist sehr voluminöse Dachraum als feuchtigkeits- und temperaturregelnder Puffer wirkt. Das heißt, daß die Differenzen zwischen den Zuständen äußerer und innerer Luft nicht in einer vergleichsweise dünnen Dachhaut ausgeglichen werden müssen.
Historische Dachdeckungen ermöglichten in besonderen Fällen (zum Beispiel Gerberhäuser, Kornspeicher) eine zusätzliche Luftdurchspülung und sind dennoch dicht gegen Regen und Schnee – nicht Flugschnee (Abb. 1 u. 2). Da die alte Deckung fast ausschließlich schuppig (Ziegel, Stein, Holz) oder noch feinteiliger erstellt war (Stroh, Reet), konnte sie ohne Beschädigung Bewegungen des Dachstuhls aufnehmen und war auch kleinflächig auszuwechseln. Ihr Nachteil aus heutiger Sicht liegt zum Teil im hohen handwerklichen Aufwand und in der Brandgefahr, in der vergleichsweise steilen Dachneigung, im hohen Gewicht und dem damit erhöhten Holzverbrauch des Dachstuhls oder im Verzicht auf eventuell mehrere Vollgeschosse im Sinne der gültigen Länderbauordnungen.

Abb. 1, 2
»Dichte«, aber luftdurchspülte Dachdeckung.

Sanierungskonsequenzen

Die Fragen, die bei einer Sanierung des Daches zu beantworten sind, können deshalb sehr vielschichtig sein. Zum einen ist zu klären, ob die historische Dachdeckung beibehalten werden muß oder kann, wodurch sie gegebenenfalls zu ersetzen ist und welche Konsequenzen sich für die Tragfähigkeit des Dachstuhls, der Mauerbank und anderer Bauteile ergeben. Zum anderen sind alle neuen Dachausbauten auf ihre bauphysikalische Auswirkung hin zu überprüfen. Zusätzlich ist zu bedenken, daß viele Dachstühle die wechselnden Moden der Innenausstattung und der Innenbauteile unversehrt überstanden und so auch vergleichsweise bescheidene Häuser Handwerkskunst und Handwerkstechniken vergangener Zeiten zeigen. Auch hier heißt Erneuerung also nicht zwangsläufig Aufgabe und Abbruch des Alten und Ersatz durch Neues. Über Handwerklichem und Formalem darf jedoch nicht vergessen werden, daß ein Dach auch hohe Lasten zu tragen hat – und zwar nicht nur die eigenen. Dachsanierung bedeutet deshalb Erhalt oder Wiederherstellung der Tragfähigkeit des Daches durch Ausbessern oder Neuaufstellen des Dachstuhls.
Form und Art des Dachstuhls und seine Deckung bilden eine Einheit. Das heißt nicht nur, daß jede Dachneigung einige Deckungsarten ausschließt, sondern dies drückt sich auch aus in der Dimensionierung der Pfetten und Sparren, in deren

Abb. 3 *Historische Dachlandschaft.*

Abständen und der Lattung. Zudem spiegelte das Dach, durch Jahrhunderte hindurch mehr als eine Außenwandkonstruktion, die heimische Bautradition wider. Die historische Dachlandschaft (Abb. 3) von Großstadtkernen, Kleinstädten und Dörfern beeinflußt also ebenfalls das Sanierungskonzept. Sie kann durch Ortssatzungen sogar rechtlich abgesichert geschützt werden.

Bestandsaufnahme

Grundsatz der Auswahl für eine Neueindeckung sollte also der Bestand sein. Leider ergeben sich auch hier Probleme. So ist die ursprüngliche und gegendweise auch heute noch zu findende Ziegeldekkung neben Mönch und Nonne die Biberschwanz-Einfachdeckung mit Spließunterlage. Sie ist vergleichsweise nur kurzfristig wasserdicht, so daß früher Holzspließe die Stoßfugen abdichteten. Diese Spließe sind wasserführend und unterlagen deshalb der ständigen Kontrolle und Auswechslung. Da sie nur durch das Gewicht des Bibers gehalten wurden, verschoben sie sich leicht unter Windeinwirkung. Heute werden hierfür abgewinkelte Kunststoffplatten verwendet, die bei Sanierung auch dachraumseitig eingeschoben werden können. Wegen dieses hohen Unterhaltsaufwands wird heute Doppel- oder Kronendeckung verlangt, die wesentlich schwerer ist und meist eine Verstärkung, wenn nicht sogar eine Erneuerung des Dachstuhls notwendig macht.
Die Abwägung finanzieller und formaler Gesichtspunkte wird dennoch empfohlen; wie augenfällig alte Handwerks- und neue

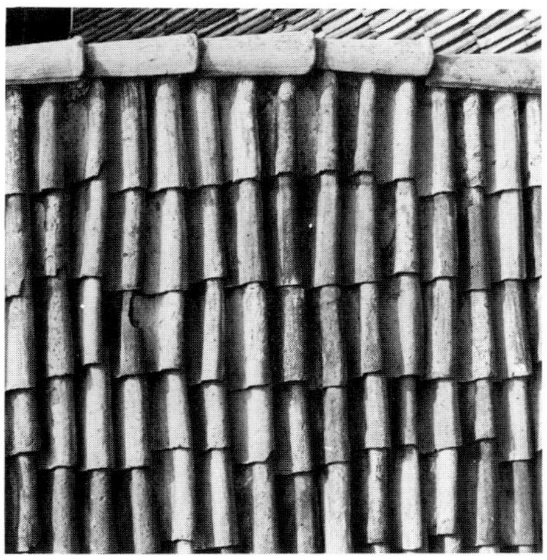

Abb. 4 *Historisches Kremperdach.*

Abb. 5 *Neuzeitliches Kremperdach.*

Abb. 6 *Moderne Nachbildung der Mönch-Nonnen-Form.*

Abb. 7 *Alte Schuppendeckung in Kremperform.*

Abb. 8 *Auf Biberschwanzform geschlagene und verlegte Steindeckung.*

Abb. 9 *Flecktonbiber in gotischem Rautenschnitt.*

Abb. 10 *Wappenbiber mit maschinell gerauhter Oberfläche.*

Abb. 11 *Flachdachpfanne mit doppelter Verfalzung.*

Industrieform auseinanderklaffen können, zeigen deutlich die Abbildungen 4 bis 6.
Freilich darf bei dieser Argumentation nicht übersehen werden, daß auch frühere Zeiten Mischformen der Deckung kannten (Abb. 7) oder damals »Modernes« nachahmten (Abb. 8). Auch heute bietet die Industrie das gealterte Dach in Form von historischen Ziegelschnitten, als Flecktondeckung (Abb. 9) in Ton- oder Faserzement, früher als Asbestzement an und rauht ihre Produkte künstlich zur schnelleren Alterung an (Abb. 10).
Neue Deckungsstoffe, aber auch dichtendere Ausformungen der gewohnten Schuppendeckung lassen heute die Dacheindeckung mit Tonziegeln und Tondachsteinen auch bei ahistorischen Dachneigungen zu (Abb. 11).

Abb. 12 *Ergänzung der Balkenköpfe am Sparrenfuß durch Kunststoffprothesen (Beta-Verfahren).*

Abb. 13 *Zerstörter Dachstuhl und baufälliger Giebel stützen sich noch gegenseitig.*

Holzschäden

Vor Erneuerung der Deckung ist der Dachstuhl zu prüfen. Am häufigsten wird Befall von organischen Schädlingen am Dachstuhl als Abbruchargument gewertet. Im übrigen wird hier auf die Kapitel »Holzschutz« und »Tragende Bauteile« verwiesen.
Zur Überprüfung der Holzzustände sind insbesondere folgende Dachdetails zu begutachten, was unter Umständen auch Probeabdeckungen verlangt: Mauerbank oder Lagerpfette, Sparrenfüße, Sparrenteile an und unterhalb Dachverschneidungen, Auswechslungen und Streifbalken an dachdurchstoßenden Bauteilen oder am Ortgang, Fußpunkte und seitliche Anschlüsse von Gauben, Holz an und unter Verblechungen, eingemauerte Balkenköpfe, Anschlußpunkte an bestehende Dachausbauten. Vermorschte Teile können zimmermannsmäßig oder im sogenannten Beta-Verfahren ausgetauscht werden (Abb. 12), worauf im Kapitel »Tragende Bauteile« genauer eingegangen wird.
Zusätzlich kann eine Schwächung des Dachstuhls auch durch Verschieben der Konstruktion und deren bisherigen statischen Ebenen geschehen (Abb. 13). Häufig bewegte sich bei Bauten vor dem 20. Jahrhundert das meist nur halbsteinstark mit oder auch ohne Mauervorlagen aufgemauerte Giebeldreieck stärker als das übrige Giebelmauerwerk und drückte oder zog dabei die Sparren aus der Lotrechten (Abb. 14). Zwar kann hier theoretisch zimmermannsmäßig Abhilfe geschaffen werden, doch ist in der Praxis ein

Abb. 14 *Stark geneigtes Giebelmauerwerk.*

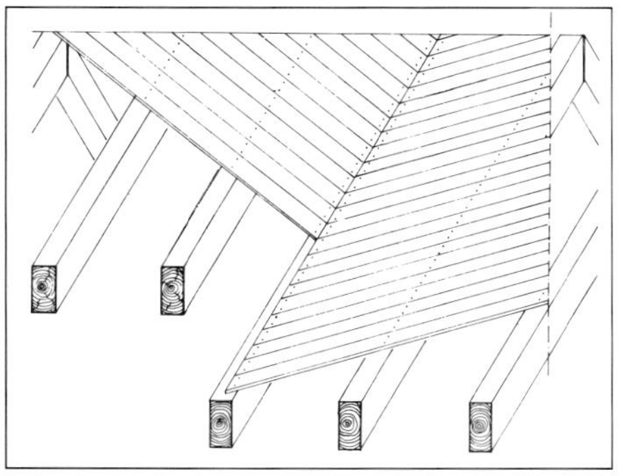

Abb. 15 *Dachschalung als Windverband.*

Material und Ausführung	kg/m² (x 10 (N/m²)) mit Schalung	ohne Schalung	mit Mörtel
Ziegel			
Kronenkremper		42	
großformatige Pfannen		50	
Hohlpfannen, Krempziegel		50	60
Falzziegel, Reformpfannen, Flachdachpfannen, Flachkremper		50 – 55	
Mönch + Nonne		70	90
Biberschwanz einfach	50 – 60	45 – 50	
Biberschwanz doppelt	90	80	
Betondachsteine			
Frankfurter Pfanne		50	
Doppel-S-Pfanne		52	
Tegalit-Stein		60	
Römer Pfanne		51	
Holzschindel	35	25	
Schiefer			
altdeutsch einfach, stumpfer Hieb	40	30	
altdeutsch, sehr scharfer Hieb	63	53	
altdeutsch doppelt	50	40	
Steinplatten		90 – 150	
Asbestzement			
deutsch	35		
doppelt	35	25	
waagerecht	35	25	

Abb. 16 *Zusammenstellung der mittleren Gewichte der häufigsten Dachdeckungen.*

derartiger Dachstuhl wegen der durch die Bewegung verursachten Undichtigkeiten der Dachhaut auch anderweitig zu sehr in Mitleidenschaft gezogen, wenn dieser Zustand schon zu lange belassen wurde. Häufig fehlt bei solchen Dachstühlen jede Windaussteifung, oder innenseitige Diagonalrispen wurden entfernt, um einen Dachausbau zu erleichtern. Hier kann eine Schalung zusätzlich statische Funktion übernehmen, indem sie unter etwa 45° mit mehrfach wechselnder Steigung verlegt und entsprechend befestigt wird (Abb. 15).

Dachdeckung

Bei der Dachstuhlsanierung sind auch Überlegungen zur Deckung anzustellen. Der alte Lattenabstand braucht dabei nur selten berücksichtigt zu werden, da als erstes erfahrungsgemäß die Latten vermorschen und verfaulen und deshalb sinnvollerweise sowieso ersetzt werden. Das Gewicht der Deckung aber ist zu den schon genannten Faktoren eine bestimmende Größe (Abb. 16). Zusätzlich ist zu bedenken, daß sich nicht jede Deckung gleich gut allen Dachverschneidungen und Ausbauten anpaßt (Abb. 17).

Schiefer- und Steindächer

Vergleichsweise neu im Material doch alt in der Anwendung ist die Faserzementplatten-Flachdeckung, die moderner Ersatz für historische Schiefer- und Steindächer sein soll. Während bei der erstgenannten Deckung Verlegeart, Gewicht und Aussehen einander weitgehend entsprechen können, verliert das Steindach völlig sein schuppiges Aussehen (Abb. 18). Seine Erhaltung kann allerdings nur am Baudenkmal zugemutet werden. Die Zement-Schuppendeckung wirkt vor allem in großformatiger Verlegung sehr flächig und verliert damit die lebendige Struktur der herkömmlichen Steindeckung (Abb. 19). Sie bietet jedoch für den Altbau den oft großen Vorteil des geringen Gewichtes, so daß eine Erneuerung der Deckung nicht Verstärkung oder Erneuerung des Dachstuhls nach sich ziehen muß. Auch historische Deckungsformen sind in Faserzementplatten technisch möglich (Abb. 20); wieweit

Abb. 18 *Ortgangdetail einer Steinplattendeckung.*

Abb. 17 *Die Biberschwanz-Schuppendeckung erlaubt problemlos Dachöffnungen.*

Abb. 19 *Die Zementplatten-Schuppendeckung wirkt vor allem in großformatiger Verlegung sehr flächig und verliert damit die lebendige Struktur der herkömmlichen Deckung.*

Abb. 20
Anpassung an den Bestand ist auch möglich mit werkseitig aus drei verschiedenen Helligkeitsgruppen gemischten Zementschindeln.

sie allerdings am Gebäude formal akzeptabel sind, muß von Fall zu Fall entschieden werden. Im übrigen ist die Asbestzementdeckung bereits vergleichsweise alt und schon als historisches Material und Detail zu beurteilen.
Besonders problematisch verlief die Entwicklung bei Schiefer. Kunst- und Naturschiefer werden in verschiedenen Varianten angeboten; ein objektiver Vergleich liegt bisher nicht vor.
In Deutschland wird von alters her Schiefer recht unterschiedlicher Art gewonnen und ebenso variantenreich verlegt. Hierzu kommen heute Schieferimporte aus dem Ausland zu recht günstigen Preisen, teilweise allerdings auch von geringerer Haltbarkeit. Es wird hier dringend empfohlen, sich rechtzeitig mit Lieferanten und Verarbeitern in Verbindung zu setzen, die mehrere Schieferarten vergleichbar anbieten können.
Die weitere Entwicklung bescherte Kunstschiefer und Formschiefer: Kunstschiefer ist eine künstlich hergestellte Platte in Schieferformat, aber aus Beton, Faserzement und anderem. Formschiefer besteht zwar aus gemahlenem Schiefermehl unter Zugabe von Bindemitteln, meist Kunststoff, und kann strukturiert formgepreßt werden. Der wesentliche physikalische Unterschied liegt vor allem darin, daß auch durch diese Herstellung die haltbarkeitsfördernde mikroskopisch-feine Glimmerlage des Naturschiefers nicht nachgeahmt werden kann. Bei Kunstharz als Bindemittel werden diese Platten im Gegensatz zum Naturschiefer der Feuerwiderstandsklasse B 2 zugeordnet. Ein Problem aller Formschieferplatten ist die Belastbarkeit; sie brechen leichter, lassen sich nicht zuhauen oder müssen an Schlagflächen sogar geschmirgelt werden.
Da das Surrogat außerdem preislich das Original fast erreicht, fehlen tatsächlich Argumente zur Dachsanierung mittels Formschiefer.

Stroh- und Reetdächer

Eine ebenfalls sehr alte Deckungsart zeigen Stroh-, Schilf- und Reetdach, die vor der altertümelnden Anbiederei der Architektur unserer Tage allerdings nur wenigen Hauslandschaften vorbehalten waren.
Reet wird immer wieder mit Schilf oder Stroh verwechselt, ist aber eine Grasdeckung, die in vorgebundenen Büscheln verlegt, meist aufgenäht wird (Abb. 21 u. 22), wobei der First häufig Abdeck-Soden aus anderen Grasarten oder Heidekraut erhält oder aber auch mit Mönchen vermörtelt wird. Im Gegensatz zur früheren Bindung, eigentlich Vernähung mit Naturfasern, muß heute aus Brandschutzgründen Draht verwendet werden.
Die Schilfdeckung wurde aus gutem Grund bisher noch nicht nostalgisch wiederentdeckt, dafür allerdings das Strohdach, wofür Roggen- oder Weizenstroh verwendet wird. Im Gegensatz zum Reetdach, das bei größerem Lattenabstand dikker gedeckt wird, beträgt dieser bei Stroh etwa 25 Zentimeter.
Bei beiden Materialien ist auch ein kleinflächiges Ausbessern möglich, doch sollte dünn gewordene und schadhafte Deckung

Abb. 21, 22
Reetgarben und »Aufnähen« beim Decken.

nicht mit einer neuen Lage ausgebessert werden. Statt dessen werden Reet und Stroh vorgezogen, mit neuem Material neu gebunden, in die Fehlstelle nachgetrieben und wieder sorgfältig geglättet.

Holzschindeldächer

Die Deckung mit Holzschindeln war bis ins 17. Jahrhundert gebietsweise die überwiegende Deckungsart. Da sie aber wie die beschriebenen anderen weichen Dekkungen keinen Schutz gegen Flugfeuer und strahlendes Feuer bietet (beachte hierzu die Länderbauordnung), unterliegt sie bereits seit Generationen einem besonderen bauaufsichtlichen Genehmigungsverfahren.
Alte und neue Holzschindeldächer sind wartungsintensiv, dafür aber langlebig. Das Legschindeldach, weitgehend begrenzt auf den Alpenraum und das Verbreitungsgebiet entlang von Inn und Salzach, kennt eigentlich keine Befestigung, sondern wird durch schräg zur Fallrichtung aufgelegte Stangen niedergedrückt, die wiederum unbedingt durch schwere Steine belastet werden. Unter diesen Stangen sammeln sich Laub und Dreck, so daß es hier rasch zu Fäulnis kommen kann, wenn diese Schwerstangen nicht ab und zu versetzt werden. Auch die Umdeckung im recht engen Turnus – fünf bis zwölf Jahre – dient der Entschärfung dieser zwangsläufigen Schwachstelle.
Das Scharschindeldach wird genagelt, ist deshalb auch auf steilen Dächern möglich – nicht über 35 °C – und bedarf schon wegen der Nagelung ebenfalls der Überprüfung auf Faulstellen. Das herkömmliche Scharschindeldach kann bei der Sanierung so ausgeführt werden, daß es als »harte« Bedachung nach DIN 4102 beurteilt werden darf; Voraussetzungen hierfür sind:

- Lärchen- oder Zedernschindel,
- dreilagig,
- befestigt mit zwei Nägeln von mindestens 30 mm Länge oder mit einer Spezialklammer,
- Lattung und Konterlattung,
- gehobelte und gespundete Schalung.

Da auch das Schindeldach modisch wieder entdeckt wurde, die handgeschlagene Schindel aber wegen des Arbeitsaufwandes recht teuer ist, werden seit längerer Zeit auch gesägte Schindeln angeboten. Diese sägerauhen Brettchen mit aufgerissener Faser vermorschen noch rascher und liegen durch ihre widernatürliche Glätte auch zu dicht, um rasch genug abzutrocknen. Wer also sein »Älpler«-Dach unbedingt auch im großstädtischen Vorort braucht, sollte trotz des Preises das faserschonende Spalten seiner Schindeln wählen und auch statt der billigen Fichte Lärche oder Zeder verwenden.

Begrünte Dächer

Das begrünte Dach, also das bepflanzte Dach, ist uralt, kann aber dennoch als »Neuerfindung« unserer Tage gewertet werden. Die meisten der Empfehlungen hierzu können günstigstenfalls als naiv bezeichnet werden. Auch hier gibt es jedoch einige sinnvolle Hinweise – gerade für das geneigte Dach.
Jedes Grün- oder Pflanzdach bringt wesentlich mehr Lasten auf die Dachkonstruktion und damit auch auf das, diese Konstruktion tragende Mauerwerk. In jedem Fall ist ein Statiker hinzuzuziehen.
Auch wenn die ursprünglich bepflanzten Schrägdächer keine eigentliche Abdichtung besaßen, sondern auf Birkenrinde oder Schindeln aufgebracht waren, muß heute unbedingt eine wurzelfeste Abdichtung vorgesehen werden. Der Aufbau eines derartigen Daches entspricht also in allen Einzelschichten dem eines begrünten Flachdaches mit der zusätzlichen Schwierigkeit, daß ein doch recht starker Erdschub an den Traufen aufgenommen werden muß. Bei einer Dachneigung bis zu etwa 20 Grad ist dies konstruktiv noch relativ einfach; ist das Dach steiler sind nochmals schubaufnehmende Hilfskonstruktionen vorzusehen, deren Lebensdauer in keiner Weise der erhofften Langlebigkeit der Deckungsart entspricht. Die Neigungsgrenze für die Dachbegrünung liegt bei etwa 30 Grad.
Soll die Erddeckung sich in vernünftigen Grenzen halten, so werden besondere Unterbausysteme notwendig. Die immer wieder empfohlene Begrünung mit Gras muß vermieden werden, da diese Art von Bepflanzung einer intensiven Pflege bedarf, das Dach also bewässert, gedüngt und vor allem auch gemäht werden muß. Wenn überhaupt sinnvoll, so heißt hier die Alternative »Staudendach«: Stauden, Sondergräser, auch Moose, die in der Natur Extremstandorte einnehmen, werden als trockenheitsresistente und vor allem selbst regenerierende Bodendecker eingesetzt.

Flachdächer

Auf das Flachdach wird in diesem Rahmen nicht eingegangen, obwohl es durchaus auch »alte« Flachdächer gibt. Seinen typischen Problemen, die denen des Neubaus entsprechen, hat sich jedoch bereits eine Flut von Veröffentlichungen gewidmet.

Blechdächer

Eine Sonderstellung im Altbau nimmt das verblechte Dach ein. Auch diese Dekkungsart reicht vergleichsweise weit zurück. Ihren Vorzügen, lange Haltbarkeit und Anpassung an jede Dachform, steht heute allerdings die Gefährdung durch Schadstoffe der Luft gegenüber. Wer sein altes Haus wieder in Blechdach decken lassen will, sollte den Dachaufbau auf Kondensationsstellen überprüfen, um zumindest innen liegende Schadstellen zu ver-

Abb. 23 *Formale Disziplin als Voraussetzung für ein gutes Blechdach.*

meiden. Blech verlangt eine formal bewußte und materialgerechte Planung, ist dann aber häufiger einsetzbar, als dies heute geschieht (Abb. 23).

Dachausbau

Will man die Problematik des ausgebauten Daches in einen Satz fassen, so ist es erlaubt zu sagen, daß das ausgebaute Dach auf alle Fälle »schlechter« ist als das fehlerfreie nicht ausgebaute: Im Prinzip gelingt es durch den Dachausbau, die Nachteile des Flachdaches auch auf das geneigte Dach zu übertragen, ohne dessen Vorteile erreichen zu können. Eine zusätzliche Gefährdung entsteht durch die nun notwendig werdenden dachhautdurchdringenden Bauteile wie Fenster, zusätzliche Schornsteinzüge und Lüftungskanäle. Der Ausbau des alten Daches entspricht selbstverständlich in allen wesentlichen Punkten denen des Neubaus, doch gilt dies nur für die Bauphysik, nicht aber für die Bautechnik, wie überhaupt der Dachausbau ein Paradebeispiel dafür ist, wie sich Forderungen aus Bauphysik und Bautechnik ausschließen können.

Den in allen Veröffentlichungen stur empfohlenen gleichen Ausbau von innen nach außen zeigt schematisch Abbildung 24: Deckschicht, Dampfsperre, Wärmedämmung (Luftschicht), Hinterlüftung und Deckung. Um diese Lagen in ihrer Funktion verstehen zu können, ist es wichtig, sich vor Augen zu halten, daß eine Dachdeckung im Gegensatz zu einer Dachabdichtung durch zwei wesentliche Merkmale definiert wird:

- das Regenwasser läuft auf einer wasserableitenden Ebene durch die Schwerkraft ab,
- diese wasserableitende Ebene besteht aus Einzelteilen, die über offene Fugen miteinander verbunden sind.

Das bedeutet, daß Wasser, Schnee und auch Staub diese Fugen überwinden können und eine solche Dachdeckung eben nicht als wasserdicht angesehen werden darf, gleichgültig mit wieviel Falzen ein Dachstein versehen ist oder in wieviel Lagen eine falzfreie Platte angeordnet wird: DIN 18338 über Dachdeckung und Dachabdichtungsarbeiten fordert deshalb auch nicht diese Wasserdichtigkeit, sondern spricht von Regensicherheit, worunter nach den »Anerkannten Regeln der Technik« verstanden wird, daß Regen unter normalen Witterungsverhältnissen vom First des Daches bis zu seiner Traufe geführt wird, ohne in das Innere des Bauwerks einzudringen. Diese Regensicherheit wird allerdings durch manches eingeschränkt: Schnee- und Eisbarrieren mit Wasserrückstau (Abb. 25), Wasserfluß entgegen der Schwerkraftrichtung durch Winddruck, Einblasen von Flugschnee – und letztlich auch mechanische Beschädigungen. Diese Undichtigkeit gegen Niederschläge kann üblicherweise allerdings bei nicht genutztem Dachraum vernachlässigt werden, da die eingedrungenen Wasser- und Schneemassen gering sind und zudem eine so rasche Abtrocknung gewährleistet ist, daß hier keine Dauerschäden befürchtet werden müssen. Einen Raum zu nutzen, wenn seine Schutzhülle jedoch nur regensicher, nicht regendicht ist, gilt zu Recht als unsinnig. Das Dach muß also regendicht gemacht werden, und diese Aufgabe übernimmt eine besondere Schicht: Beim Neubau über den Sparren als Unterspannbahn oder besser als wasserdichtes Unterdach, bei dem die Dichtlage nicht mehr durch ihre Durchhängung auf Zug beansprucht wird, sondern auf einer Sparschalung aufliegt. Die Lage dieser Dichtebene auf dem Sparren bietet den großen Vorzug des problemlosen Anschlusses an das Scharblech und damit die weitere Regenwasserableitung.

Verlangt ein vorhandenes Dach jedoch keine sanierungstechnisch notwendige Neueindeckung, wird man aus Kostengründen die funktionsfähige Deckung nicht entfernen, nur um diese Unterspannbahn oder Dichtlage anzubringen. Dies heißt, daß nun der gesamte Aufbau der für den Ausbau notwendigen Lagen von unten her vorgenommen werden muß, so daß das an und für sich bessere Unterdach konstruktiv nicht mehr möglich ist, und man mit der Unterspannbahn unter, meist auch zwischen die Sparren gehen muß. Nun kann aber der Anschluß an die Regenwasserableitung konstruktiv bereits durchaus problematisch werden – es ist bezeichnend für diese, im nachhinein notwendige Lösung, daß viele zeichnerische Empfehlungen in »schlauen« Büchern diesen Detailpunkt aussparen. Die Unterspannbahn als früher unbekannte und über Gebühr bewertete Schicht der Dachhaut sollte bei nachträglichem Ausbau durchaus auch nach ihrer neuen Zweckmäßigkeit beurteilt werden: Beim unausgebauten Dach bot sie den unter Umständen wünschenswerten Schutz vor allem gegen Dreck und Flugschnee; und nach dem guten Dachausbau sind diese Funktionen eigentlich bereits von anderen Schichten übernommen.

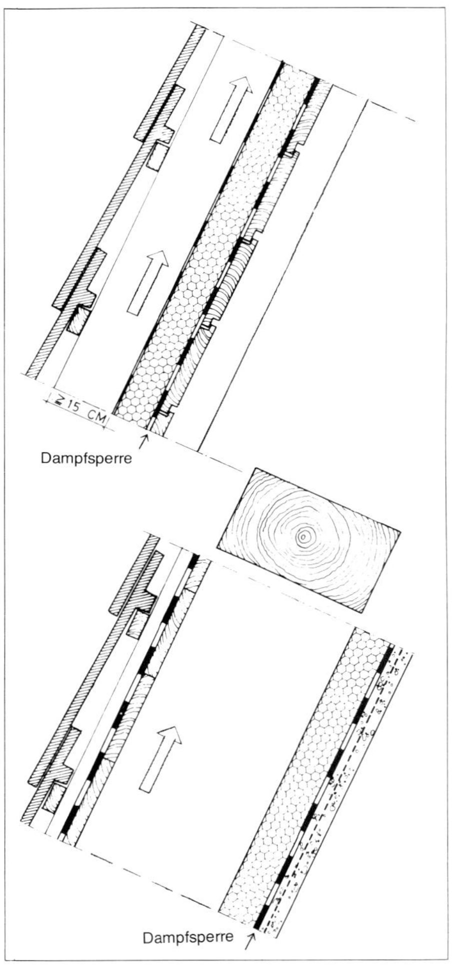

Abb. 24 *Schemaschnitt durch eine dachseitige Wärmedämmung.*

Abb. 25 *Ein unsinniges Detail führt zu Folgeschäden.*

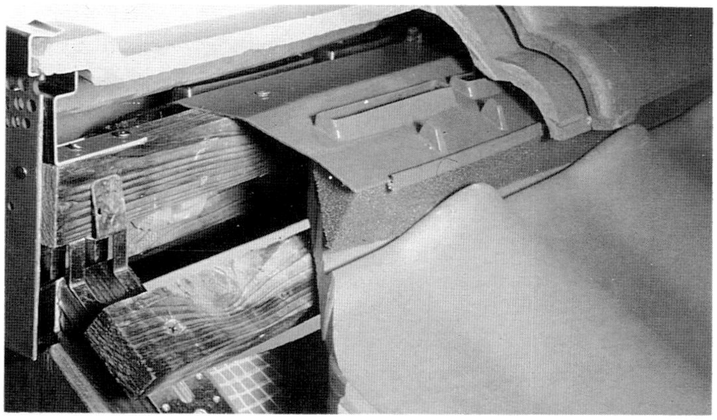

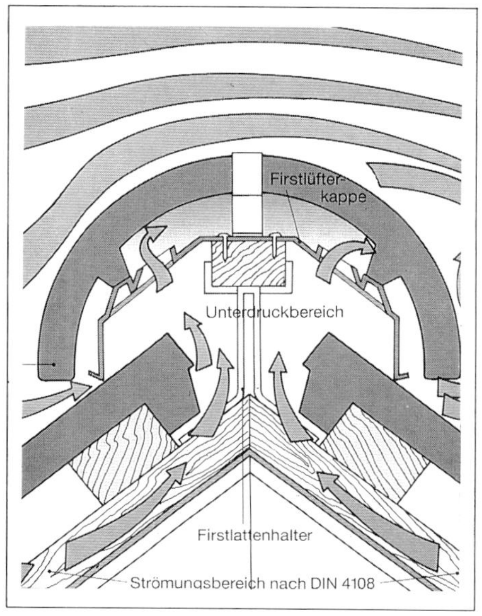

Abb. 26, 27
Lüftungsdetail bei Ziegelfirst: Konstruktion und Prinzipskizze.

Wurde das Dach für die neue, darunter liegende Nutzung »wasserdicht«, so fehlt doch noch die Wärmedämmung. Von ihrer Funktion her kann die Wärmedämmung auch zwischen den Sparren und irgendwo unter ihnen liegen; in der Praxis sind diese freien Möglichkeiten kaum gegeben: Auch hier gilt wieder, daß das Anbringen der Wärmedämmung über den Sparren dem Neubaudach vorbehalten ist oder im Altbau nur jenen Dächern, deren Deckung erneuert oder insgesamt überholt wird. Aus Gründen der Bauschadensvermeidung ist die Lage über den Sparren als gut zu beurteilen, da nun der gesamte Dachstuhl im warmen und damit kondensationssicheren Bereich liegt. Das hierbei auftretende Problem, daß sich alle Dach-Wand-Anschlußpunkte in ihrer Höhenlage zueinander verändern, ist für das Neubaudetail völlig problemlos: Der Höhenversatz kann in jeder Stärke berücksichtigt werden. Anders ist dies beim Altbau: Nun wandern beim Ortgang und an der Traufe alle Anschlüsse um mindestens 10 Zentimeter, besser 15 Zentimeter höher, was selbst bei intakten Scharblechen und Regenrinnenanschlüssen deren Erneuerung oder zumindest kostenintensive Verlegung verlangt.

Die Lage unter den Sparren bietet bei entsprechend sorgfältiger Planung den kostenmindernden Vorzug, daß Wärmedämmschicht und spätere raumseitige Decklage nicht kostenintensiv zwischen die Sparren eingepaßt werden müssen und der Sparren als Ganzes vor der durch Kondensation eindringenden Feuchte geschützt werden kann. Zudem steht der gesamte Sparrenquerschnitt zu der noch zu beschreibenden Hinterlüftung zur Verfügung. Dieser Lösung steht vielfach der Wunsch entgegen, sich »Wohnlichkeit« durch den hierfür nie gedachten, sägerauhen Sparren zu verschaffen. An dieser Stelle soll nicht über Geschmack geredet werden, doch ist durchaus in Frage zu stellen, weshalb ausgerechnet mit diesem, hierfür wenig geeignetem Bauteil selbst im städtischen Bereich irgendein Hüttencharakter simuliert werden soll, zumal die Notwendigkeit von dicker Wärmedämmschicht und ebenfalls möglichst dikker Hinterlüftungsschicht die gewünschte Wirkung des Sparrens ohnehin auf seine letzten raumseitigen Zentimeter einengt – ein optisches Bild also, das durch entsprechende Detaillierung auch anders mit hierfür passend bearbeitetem Holz ausgeführt werden könnte.

Der allen Empfehlungen zum Dachausbau gleiche schematische Schichtenausbau zeigt stets auch jene notwendige Schicht, die der Hinterlüftung dienen soll: Die Funktion des ehemals kalten Speichers bleibt nun dieser dünnen Belüftungszone überlassen, in der hauptsächlich durch Konvektion die Luft strömen soll. Aber auch hiermit ist man nicht »automatisch« auf der sicheren Seite, da bei dieser Hinterlüftung und dem hierfür notwendigen Hinterlüftungsverbund über die entlüftete Firstkonstruktion ein konvektives Überschlagen der stärker erwärmten Luft auf der besonnten Dachseite zur unbesonnten beobachtet wurde, wobei unter Umständen auch eine kurzfristige Kondensationsgefährdung auftritt. Dieser Aufbau entspricht also durchaus jenem, leider falschen kostentreibenden Sicherheitsdenken, nach dem jede zusätzliche Maßnahme die Lebensdauer eines Bauteils erhöhen muß. Damit soll die Wichtigkeit dieser Schicht für den richtigen Dachaufbau nicht in Frage gestellt werden; notwendig ist lediglich der Hinweis, daß nicht schon die planerische Vorgabe der Luftschicht ein schadensfreies Dach bedeutet. Falsch wäre es allerdings, sofort der neuentdeckten bauphysikalischen Weisheit – und leider auch schon Empfehlung – zu folgen und künftig auf jede Hinterlüftung zu verzichten; vor allem auch deshalb, weil viele Dachdekkungsmaterialien die austrocknende Hilfe einer durchströmten Unterseite für ihren langen Erhalt brauchen.

Die Belüftung bleibt also trotz neuer Erkenntnis nötig, soll jedoch nur dann eingeplant werden, wenn die Luftdurchspülung auch tatsächlich funktionieren kann, wozu entsprechende Zuluft – und, was formal wie technisch häufig schwieriger ist – auch Abluftöffnungen angebracht werden können (Abb. 26 u. 27), deren Funktionieren in der Praxis durch Schnee, Laub und anderes durchaus nicht der schönen Prospektzeichnung entsprechen muß.

Falsch ist es zudem, wenn diese durchströmten Luftschichten bei allen Empfehlungen in einer Mindeststärke angegeben werden – üblicherweise 4 cm –, weil ihre Höhe auch von der Möglichkeit abhängt, daß dieses wichtige und trocknende Durchströmen tatsächlich möglichst ungestört von Wind und thermischen Verhältnissen funktioniert. Hierzu sind aber Dachneigung und vor allem auch die Strömungslänge, also die Dachhöhe, zu berücksichtigen (Abb. 28). Wer unbedingt den sägerauhen Dachsparren als gemütlichkeitsförderndes Accessoire benötigt und deshalb Dämmung und Innenhaut zwischen die Sparren klemmen will, sollte diese Entscheidung nochmals an der verbleibenden Dicke der ausgleichenden Luftschicht überprüfen. Zu beachten ist dabei auch noch, daß durchaus manches Dämmmaterial seine Dicke nach dem Einbau verändert. Das wiederum in Veröffentlichun-

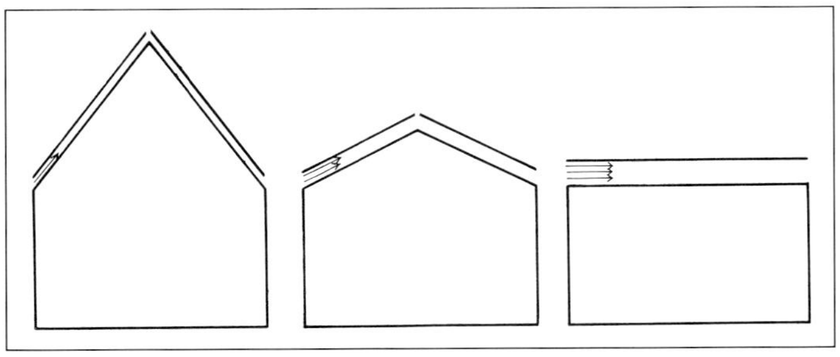

Abb. 28 *Bei der Berechnung der Belüftung sind die Dachneigung und die Dachhöhe zu berücksichtigen.*

gen beschriebene sehr starke »Aufblähen« von mineralischen Dämmlagen durch die Wärmeeinwirkung von innen wurde in der Praxis tatsächlich nicht beobachtet, doch neigen Platten und Matten dazu, eine durch Transport und Lagerung bedingte Verdichtung im nachhinein wieder auszugleichen – und dies heißt: dann, wenn sie verarbeitet sind. Je lockerer eine Matte ist, desto eher besteht auch die Neigung, daß sie sich infolge von Erschütterungen, wozu auch einmal entsprechende Schalleinwirkung zählen kann, nach unten hin verdichtet und damit auch der Strömungsquerschnitt verringert wird. Hinweise zur Lüftung wärmegedämmter Dächer gibt DIN 4108 »Wärmeschutz im Hochbau«.

Ein weiteres Problem der zwischen den Sparren liegenden Wärmedämmung wird dann offenkundig, wenn man die nächste wichtige Lage, die Dampfsperre, bespricht. Im Gegensatz zu allen Behauptungen ist die Dampfsperre durchaus nicht zwingend. Ihre Notwendigkeit hängt ab vom Dampfdurchgang des Dämmaterials, seiner Lage und der Raumnutzung. Wer also aus tatsächlichen oder eingebildeten »baubiologischen« Rücksichten seine Dachräume nicht mit einer Metallfolie oder Kunststoffhaut einwickeln möchte und sich der Nutzungsweise seiner Dachräume auf Dauer sicher ist, kann in lüftungstechnisch entsprechend richtig befensterten Räumen mit Ausnahme von Bad und Küche auf die Dampfsperre verzichten. Diese Entscheidung darf man sich aber wiederum nicht zu leicht machen oder sie pauschal anwenden: Eine einfache Berechnung zeigt, wieviel Wasser durch Kondensation in der Dämmlage austreten kann, wenn entsprechend der Dachraumgröße und damit der gefährdeten Dachfläche bestimmte Raumluftzustände angenommen werden. Bei funktionierender Hinterlüftung, die auch der Abfuhr dieser Wassermenge dient, wird üblicherweise kein Wasserdurchschlag zu befürchten sein. Gefährdet bleiben könnten aber alle Holzteile, da hier die langfristige Erhöhung der Feuchtigkeit zu organischem Befall führen würde. Die dampfsperrenfreie Wärmedämmung verlangt einige Rücksicht hierauf: Sie muß unterhalb der Sparren liegen und praktisch fugenfrei, also zweilagig mit versetzten Fugen ausgeführt werden. Dämmplatten mit Stufenfalzen sind zwar bereits eine Verbesserung zu Platten mit stumpfen Stößen, doch ist in diesem Fall auch ein Fugenfalz nicht als ausreichende Verlängerung der konstruktiven Fuge zwischen den Dämmplatten anzusprechen. Zudem müssen die Dämmplatten aus dampfbremsendem Material – PUR-Schaum, Schaumglas oder ähnlichem – bestehen. Sollte oberseitig doch eine Unterspannbahn liegen, ist diese dann unbedingt stark dampfdurchlässig zu wählen. Wer sich für eine solche Lösung entscheidet, muß allerdings mitdenken: Der Verzicht auf die Dampfsperre stellt einen Verstoß gegen die »Anerkannten Regeln der Technik« dar, Regeln, die durchaus nicht in jedem Fall zwingend und sinnfällig sind, beim Altbau und seiner Sanierung sogar teilweise als schadensfördernd bezeichnet werden müssen, aber den Planer und Anwender bei jedem Schadensfall erst einmal absichern. Da die Dampfsperre grundsätzlich auch die Anwendung von sehr dampfdurchlässigem und vielfach auch preiswerterem Dämmaterial erlaubt, zudem in den eigenen Kosten nur wenig ins Gewicht fällt, wird man üblicherweise auf ihre Anwendung nicht verzichten – obligatorisch ist sie allerdings nicht.

Obligatorisch ist dagegen ihre Lage im Verhältnis zur Wärmedämmung: Die Dampfsperre muß im Bauwerk üblicher Nutzung immer auf der wärmeren Seite liegen, da sie auch verhindern soll, daß der hohe Temperatursprung in der Dämmlage zu Wasserausfall führt. Geht man nun davon aus, daß ihre Anwendung wegen des Wasseranfalls aus der Nutzung auch beim Dachausbau tatsächlich zwingend ist, ergibt sich für die ohnehin recht unzweckmäßige Lage der Wärmedämmschicht zwischen den Sparren ein neues Problem: Welche Dampfsperre schützt nun ausgerechnet das feuchteempfindliche Holz im Flankenbereich der Wärmedämmung? Auch dieses Problem stellt sich in der Praxis nicht in der gleichen Dringlichkeit wie in der Theorie; dennoch bleibt der Anschluß ein Schwachpunkt: Hier kann auch weiterhin der Dampf entsprechend dem Dampfdruckgefälle die Konstruktion durchdringen; sollte es zu einer Wasserbildung kommen, geschieht dies ausgerechnet wieder am Holz mit den bekannten, langfristig verheerenden Folgen. Deshalb wird oft die Empfehlung gegeben, die Dampfsperre möglichst flächig am Balken mit einer Latte zu befestigen. Leider kann man dies schön bedenken, aber nur schlecht ausführen, da entweder zumindest die zweite Leiste von außen genagelt werden müßte oder aber die auf beiden Seiten innen notwendige Befestigung die raum-

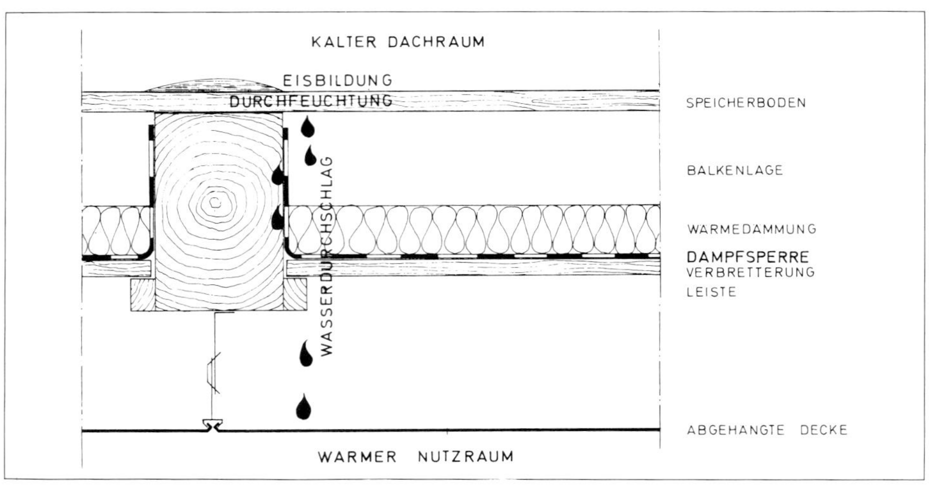

Abb. 29 *Schematischer Schnitt durch eine Dämmung unter ungedämmtem Dachraum.*

seitige Verkleidung in Holz oder Gipskartonplatten oder anderem unnötig erschwert oder formal unerträglich macht; im übrigen ein Problem, das auch bei der innenseitigen Dämmung des obersten Geschosses auftreten kann (Abb. 29).
Auch dieser raumseitigen Schale kommt über ihre formale Aufgabe hinaus eine bauphysikalische Bedeutung zu. Mit ihrer Hilfe ist es möglich, Spitzen im Feuchteanfall zu vermeiden: Eine nicht zu dünn gewählte Holzschalung nimmt in nutzungsintensiven Zeiten eine Menge Wasser auf, um dieses dann in den nutzungsschwachen Stunden langsam an den Raum wieder abzugeben. Holz bietet auch noch einen anderen Vorteil: optische Rissefreiheit durch die Vielzahl bereits vorgegebener konstruktiver Fugen. Ein Dachstuhl ist eine vergleichsweise weiche Konstruktion – und muß es auch sein: Er hat nicht nur unterschiedlichen Winddrücken elastisch standzuhalten, sondern muß auch große thermische Beanspruchungen verkraften. Dazu kommen zum Teil recht schwere Lasten wie Schnee, die zudem durchaus einseitig auftreten können. Auch das ausgebaute Dach bleibt in diesem Sinn weich. Dies heißt aber, daß seine Bewegungen auf alle Lagen und damit auch auf die raumseitige Deckschicht übertragen werden. Das Überspannen von Sparren mit Putzträgermatten und ein beliebiges Verputzen sind technisch also möglich, in Frage zu stellen jedoch dann, wenn Rissefreiheit garantiert werden soll, die hier nicht garantiert werden kann. Das gleiche gilt auch für die Anwendung von Gipskartonplatten, bei denen durch die Bewegungen der Dachkonstruktion Stöße immer wieder zum Aufgehen neigen. Als Lösung wird hier meist ein Tapezieren, unter Umständen sogar mit vorherigem Überspannen im Fugenbereich und Spachteln empfohlen, wobei sich dann allerdings die Frage stellt, warum nicht gleich tapezierfähige Wärmedämmplatten gewählt werden, was um circa 15% billiger ist. Die feuchtigkeitspuffernde Wirkung der Raumschale wird damit allerdings verschenkt.
Ein besonderes Problem sind bei einem Dach alle die Dachhaut durchdringenden Bauteile. Im unausgebauten Dach sind dies zwangsläufig nur die Schornsteine. Das ausgebaute Dach durchlöchert aber die Dachhaut auf vielfache Weise: Gaube, Dachflächenfenster, Dachterrasse, Lüftungsschächte und zusätzliche Schornsteine. Es gelten hier alle vom Neubau her bekannten Empfehlungen, so daß im einzelnen nicht darauf eingegangen wird. Wichtig bleibt vor allem, daß der in diesen Bereichen nochmals leichter auftretende Rückstau von Regenwasser durch Schnee und Eisschanzenbildung dadurch entschärft wird, daß die firstseitige Anbindung an die wasserführende Schicht sorgfältig ausgeführt wird, wozu auch eine entsprechend hohe Aufkantung gehört. Ein Beispiel für zweckmäßige und unzweckmäßige Ausführung ist von alters her das Scharblech. Wird das Scharblech in jenen Blechbreiten verarbeitet, die hierzu üblicherweise vorgesehen sind, so muß dies vor allem bei auskragenden Dächern bei ungünstigen Witterungsverhältnissen – reichlicher Schneefall und nachfolgender Sonnenschein mit kalten Nächten – zwangsläufig zu einem Wasserdurchbruch führen.
Ein besonderes Kapitel stellen all jene Empfehlungen zum Dachausbau dar, die ohne Praxiskenntnis und Rücksicht auf Naturgesetze ausgetüftelt wurden – und somit lediglich den Bauschadensachverständigen freuen können. Der besondere Schwerpunkt liegt hier bei Wärmedämmempfehlungen, von denen einige beispielhaft genannt werden sollen.
Eine heikle Stelle für nachträgliche Wärmedämmung stellt stets der Dachfuß dar. Dies liegt daran, daß die gute nachträgliche Wärmedämmung vielfach nur innenseitig angebracht werden soll und somit der Dachfuß nur schwer zugänglich ist. Eine grundsätzliche Empfehlung zur Schadensvermeidung ist daher die, vor der Planung und der Ausschreibung der Wärmedämmmaßnahme und vor der Detaillierung der Dachhaut einmal nicht auf die Mühe zu verzichten, den Dachfuß zu inspizieren: Es gibt genügend Fälle, in denen mit etwas Sorgfalt dieser Punkt entschärft werden kann. Seit mehreren Jahren ist hierzu eine Empfehlung auf dem Markt, diese Stellen auszublasen. Hierzu werden Plastiksäcke in den Dachfuß gestopft und nun mit Styropor gefüllt (Abb. 30). Danach kann man diese Säcke einschlagen, so daß es erst wieder der Hilfe der Mäuse bedarf, um diese Kügelchen einzeln innerhalb und außerhalb des Daches herumfliegen zu lassen. Eine andere Lösung sieht das Ausblasen mit hydrophobierter Steinwolle vor. Selbstverständlich ist dieser unzugängliche Hohlraum nun wärmedämmtechnisch besser; ebenso selbstverständlich ist es falsch, ausgerechnet jenen Punkt der Dachkonstruktion, der lage- und konstruktionsmäßig am ehesten feuchtegefährdet ist, mit Plastiksäcken oder anderem in seiner Austrocknung einzuschränken. Diese Lösung taugt also nichts – und es ist besser, auf eine gesamte Dämmung dieses Traufbereichs zu verzichten und die wärmedämmtechnische Umhüllung einem niedrigen, innenliegenden »Kniestock« zu übertragen, wobei dann allerdings das darunterliegende Stockwerk wärmedämmtechnisch begutachtet werden muß.
Ebenfalls noch »im Angebot« ist das Ausschäumen der Schuppendeckung von innen her. Zwei Lösungen werden angeboten: das Schließen der offenen Fugen durch deren Überschäumen oder das vollflächige Schäumen zwischen den Sparren (Abb. 31). Diese Lösung darf zu Recht als Betrug bezeichnet werden, denn seit Jahren sind ihre entscheidenden Nachteile bekannt: Zum einen verliert das Schuppendach gerade seinen Hauptvorzug des selbstverständlichen Luftausgleichs, zum anderen wird die Dachdeckung einem sonst unbekannten Frost-Tau-Wechsel ausgesetzt, so daß die Ziegelindustrie zu

Abb. 30 *Wie sooft klaffen auch bei diesem Dämmdetail Theorie und Praxis weit auseinander.*

Recht keine Haftung mehr für die Haltbarkeit ihres guten Produkts »Dachziegel« übernimmt, wenn dieser auf diese Weise mit hohem Geldaufwand in seiner Funktion beeinträchtigt wird.
Mit Entschiedenheit sind im Regelfall auch viele jener Lösungen abzulehnen, die – wenn auch sprachlich falsch, doch sehr werbewirksam – als baubiologisch angepriesen werden, wobei unter »baubiologisch« hier organische Dämmstoffe zu verstehen sind: Kork, Filz, Torf und ähnliches. Diese Produkte sind grundsätzlich Mastmittel für nun tatsächlich biologischen Befall, nämlich alle Arten von Schadpilzen sowie einige Insekten; zudem bieten sie Mäusen ideale Nistmöglichkeiten. Die Anwendung dieser Stoffe wird um so problematischer, je mehr die Gefahr einer Durchfeuchtung besteht, selbst wenn diese Gefahr nur auf geringstflächige Bereiche beschränkt bleibt. Die Dachhaut birgt auch bei sorgfältiger Ausführung immer diese Gefahr – um so mehr dort, wo auch wieder aus baubiologischer Verblendung auf die hier tatsächlich dringend notwendige Dampfsperre verzichtet wird. Hierbei ist grundsätzlich anzumerken, daß geradezu in krimineller Art und Weise die Angst vor Chemie und »künstlichen« Baustoffen marktschreierisch und äußerst wirksam für die eigene Tasche ausgenützt wird, um teilweise ungeeignete Produkte in vielfach ungeeigneten Bereichen bauschadensträchtig anzuwenden. Die Empfehlung hierzu muß als um so schamloser bezeichnet werden, da die angebotenen Produkte wie Kork, Torf und anderes aus nun tatsächlich biologischen Gründen wenigstens dort nicht angetastet werden sollten, wo seit Jahrzehnten bewährte Materialien und Systeme als Ersatz zur Verfügung stehen.
Ein weiteres Problem im Dachausbau ergibt sich dann, wenn, umgekehrt zum bisher Besprochenen, das Dach zwar schon ausgebaut ist, dies aber in einer Form geschah, die heutigen wärmedämmtechnischen Erfordernissen nicht mehr entspricht oder zu entsprechen scheint. Hier würde nun die noch intakte Raumhülle geopfert werden müssen, wenn die Wärmedämmung verstärkt werden soll. Auch hierzu hat die Industrie Verbesserungen angeboten, Systeme, bei denen die Wärmedämmung von außen als Unterlage der Deckung aufgebracht werden kann. Eine pauschale Beurteilung ist schwierig, da diese Systeme auf den hierfür geeigneten Dächern positiv, in anderen Fällen aber negativ zu bewerten sind. Es wird empfohlen, die bisher beschriebene Notwendigkeit zur sinnvollen Schichtenfolge gedanklich durchzuspielen. So wurden beispielsweise Schäden bekannt, bei denen auf die nichtgeforderte Hinterlüftung unter der Wärmedämmpackung verzichtet wurde.

Abb. 31
Aufwendiges Verfahren zur sicheren Zerstörung von Holz und Ziegel.

Eine besondere Beachtung ist bei Dachausbauten allen weichen Deckungsarten zu schenken, da diese bauphysikalisch völlig anders als die üblichen Dachdeckungsmaterialien zu beurteilen sind. Dies gilt vor allem dort, wo durch die Dachdeckung bereits eine entsprechend gute Wärmedämmung vorhanden ist, wie bei Reet- und Strohdächern. Man wird dort geneigt sein, diese natürliche Dämmung auszunutzen, doch muß davon für die meisten Nutzungsweisen abgeraten werden: Dächer dieser Art saßen ursprünglich auf Häusern, die zwar eine luftfeuchtemäßig sehr intensive Nutzung darstellten – Wohnen mit Viehhaltung –, bargen aber, wie gegendweise auch noch der Name verrät, in ihren riesigen Dachräumen winters soviel an weiterem wärmedämmendem Material, daß trotz der intensiven Viehhaltung der Dachraum und damit die organische Dachhaut lange nicht so feuchtetechnisch beansprucht waren, wie dies bei einer Nutzung des Dachraums geschieht. Das Reetdach wird also dann keinen Schaden erleiden, wenn der Dachraum auch bei völligem Verzicht von unterseitigen Schichten im Winter selten und dann zusätzlich beheizt für irgendwelche Feste genutzt wird, doch verlangt es beim üblich ausgebauten und genutzten Dachraum eine besonders sorgfältig projektierte und auch sorgfältig ausgeführte Unterbauung.
Eine besondere Art der »Fehlerquelle« im ausgebauten Dach bietet der Schallschutz. »Fehlerquelle« muß deshalb in Anführungszeichen gesetzt werden, da im Gegensatz zum bisher Besprochenen kein Bauschaden zu erwarten ist, dafür allerdings ein »Nutzerschaden«, der ebenfalls Prozesse und Gutachterleistungen nach sich ziehen kann. Für Decken und den Aufbau von Zwischenwänden als Wohnungstrennwände gelten selbstverständlich die gleichen Bestimmungen und auch Bedingungen wie sie sonst im Schallschutz üblich sind, so daß hierauf nicht eingegangen wird (siehe »Schallschutz«). Dachausbautypisch ist jedoch das Problem der Dämmung gegen Außenschall und der Schallübertragung im Anschlußbereich von Trennwänden zur Dachhaut.
Um beispielsweise Fluglärm abhalten zu können, wäre es günstig, den Dachstuhlausbau massiv vorzunehmen. Dies ist beim Neubau kein Problem und von Fall zu Fall auch beim Altbau nachträglich möglich. Hierzu ist aber unter anderem der Statiker zu befragen, auch sind vorab wieder Änderungen in den Anschlüssen von Wand zum Dach zu klären. Üblich aber ist die schalldämpfende Ausführung in einer leichten Konstruktion: Sie entspricht dem schalltechnisch bewährten Aufbau, also einer Verbindung von beispielsweise Mineralfasermatten, besser -platten und einer möglichst starken, damit auch schweren Raumschale aus Gipskarton. Bei der Planung des hierbei notwendigen Aufwandes ist allerdings zu bedenken, daß es sinnlos ist, bessere Werte zu erreichen als ein übliches Dachflächenfenster bietet, falls nicht tatsächlich auch die gesamte Befensterung schalldämmend und damit ausgesprochen aufwendig ausgeführt werden soll.
Beim zweiten Problemfall, der Schallübertragung von einer Nutzereinheit zur anderen über eine Trennwand hinweg, kann die Trennwand selbst ausreichend gut sein.

Das Problem liegt darin, daß bei einer nur wärmedämmtechnisch ausreichend gut ausgeführten Lösung der Dachhaut der Schall diese überwindet, als Luftschall die andere Nutzereinheit erreicht und dort ebenso leicht wieder eindringt. Die Lösungen sind nicht pauschal zu nennen, da sie stark von der Art des Dachaufbaus abhängen, doch ist grundsätzlich darauf zu achten, daß im trennwandnahen Bereich die Wärmedämmung so ausgeführt wird, daß sie auch Aufgaben der Schalldämmung übernehmen kann. Auch hierzu gibt es eine Reihe ausgearbeiteter Regeldetails.

Bewußt an das Ende gestellt wurde ein Problem, das inhaltlich eigentlich in den Bereich der besprochenen Schichtenfolge gehört: die Winddichtigkeit. Sie wurde deshalb dort ausgeklammert, da beispielsweise eine Unterspannbahn, ein Unterdach oder auch eine Dampfsperre ihre spezifische Aufgabe kaum erfüllen kann, wenn sie nicht zugleich winddicht ist. Das Problem der Winddichtigkeit tritt also in der Regel eher an allen Anschlußteilen auf, wo auch diese Lagen zwangsläufig in Fugen irgendwo anschließen müssen. Es kann nur angeraten werden, das Problem der Winddichtigkeit nicht zu unterschätzen: Es gibt leider genügend ausgebaute Dachräume, die bei entsprechendem Winddruck sich als allzu lästig transparent erweisen. Schon aus diesem zusätzlichen Grund ist zu empfehlen, die Dampfsperre nicht zwischen die Sparren einzuschneiden. Dies zeigt auch, daß zumindest unter diesem Gesichtspunkt jene Wärmedämmmatten oder -platten kritisch zu beurteilen sind, die bereits eine Dampfsperrlage, aber ohne Überlappung, aufkaschiert haben. Da auch dieser Aspekt weitgehend nur bei Dämmung zwischen der Sparrenlage zu berücksichtigen ist, wird abschließend nochmals auf die Problematik dieser Lösung hingewiesen, die fast immer nur aus formalen Gründen gewählt wird.

Der Dachausbau kennt aber noch einen völlig anderen Problempunkt: das Baurecht. Glücklicherweise für Wohnraumsuchende – und auch Bauschadenssachverständige! – werden seit kurzem diese Forderungen teilweise stark zurückgenommen.

Fassade

In den Kapiteln »Fassadenschutz«, »Fassadenreinigung«, »Betonsanierung«, »Steinschutz«, »Putze«, »Wärmedämmung« werden die einzelnen Probleme der Fassaden behandelt; »Fassade« ist jedoch mehr als die Summe dieser Anforderungen und Problemstellungen.
In einer Realenzyklopädie von 1868 ist zu lesen: »Die Anlage der Facade ist ... wesentlich Sache der Kunst und des Geschmacks und setzt zugleich ein Verständnis der verschiedenen Bauformen voraus, während zur Anfertigung eines Grundrisses mit zweckmäßiger Verteilung der Räume schon eine gewisse technische Geschicklichkeit genügt«. Die Fassade ist ein Gestaltelement für sich – und nicht mehr Ausdrucksträger, der Inhalt, Aufbau und Bedeutung eines Gebäudes vermittelt, ja darüber hinaus sogar Stellung und Rang des Besitzers oder des Erbauers.

Abb. 2 *Fassadendetail der Meta-Stadt (kurz vor dem Abbruch): seinerzeit (ca. 1975) hochgelobtes Konstruktionsprinzip einer bedingungslosen Vorfertigung.*

Abb. 1 *Als Protzerei und stilmischende Nachäffung lange mit Bann belegt, wird heute dem Historismus der gleiche Wert zuerkannt wie anderen Epochen: Zeichen seiner Zeit.*

Für die Sanierung einer Fassade bleibt es belanglos, welcher der genannten Einschätzungen wir uns heute anschließen können; in jedem Fall ist die Fassade jener Teil eines Gebäudes, dessen Entwurf am häufigsten programmatisch das Selbstverständnis einer Epoche und seiner Menschen spiegelt. Ihr Erhalt in überlieferter Form sollte deshalb selbstverständlich sein – auch ohne denkmalschützenden Zwang. Wenn der Fassade diese Bedeutung zukommt, dann ist es wichtig zu erkennen, daß dies für die Ansichten eines Bauernhauses ebenso gelten muß wie für die eines Schlosses, für die überladene Prunkseite eines historistischen Bürgerhauses (Abb. 1) ebenso wie für das Gesicht der Neuen Sachlichkeit zwischen und nach den Weltkriegen (Abb. 2). Dieses Sichtbarmachen einer jeweils gleichen Geisteshaltung in jeweils gleicher Bausprache auch noch nach langer Zeit wird für den Laien vielleicht am leichtesten anschaulich im Vergleich der gebauten Darstellung diktatorischer Regime auch unterschiedlichster politischer Richtung.
Worauf kommt es also an, will man hier möglichst wenig störend eingreifen? Verständlicher wird das Sanierungsziel, wenn man die Fassade gedanklich vom »Bau« trennt, um in ihr wie in einer Urkunde zu lesen. Lange Zeit beschreiben Fassaden sehr eindeutig als Teil der Gesamtkonstruktion den Aufbau des Gebäudes und seine Nutzung. Die Verbindung zur Konstruktion zeigt am deutlichsten der Fachwerkbau, doch auch im Stein- und Ziegelbau folgen Fassadenprofile und -gesimse vielfach dem nun verdeckten inneren Aufbau. Putzgesimse oder entsprechende Holzverkleidungen nehmen die am Dachfuß veränderte Form der Mauerkrone auf, und in Material und/oder Form betonte Stürze überbrücken Maueröffnungen. Deutlich blieb in vielen Epochen die Verbindung von Innen und Außen durch die Fenster und ihre Reihung, die Größe und die Schmuckelemente. Grundsätzliche, die eigene Epoche von der vorangegangenen trennende Maximen spiegelt die Fassade ebenso wider, wie dies beispielsweise die strenge und symmetrische Reihung der Fensterachsen eines Renaissancegebäudes zeigt oder die bis zum Selbstzweck

gesteigerte Darstellung der inneren Funktion an Größe und Anordnung der Fenster, wie dies unserer Zeit vorbehalten blieb.
Dieser inhaltliche Wert einer Fassade läßt sich noch relativ leicht nachvollziehen; Schwierigkeiten bereitet mehr die Akzeptanz der Alterungsspuren, die aber ebenso zum Charakter gehören. Die mehrfache Überputzung und der vielfache Anstrich im gleichen, sich stets wieder verbindenden Material schufen selbst bei glatten Fassaden jene leichte und künstlich nie erreichbare Unebenheit, die das Licht stärker wirken läßt (Abb. 3). Da das alte Mauerwerk bis ins 19. Jahrhundert mit anderer Einrüstung errichtet wurde, mußten Putz und Putzzier anders als heute, und zwar bei abzubauendem Gerüst, aufgebracht werden, was wiederum zu jenen, im einzelnen nicht auffallenden Unregelmäßigkeiten führte, welche die vertraute Lebendigkeit schufen (Abb. 4) und – unter vielem anderen! – das Original ausmachen.
Was aber ist ein Original? Beim signierten Gemälde (eines bekannten Künstlers!) ist dies zweifelsfrei, zumindest nach dem Kunstverständnis ab dem 19. Jahrhundert. Der signierte Mehrfachguß einer Plastik zeigt jedoch bereits den Wert dieser »Echtheitsbestätigung«, die heute durch

Abb. 3 *Auch glatte Fassaden bekommen durch mehrfachen Anstrich eine gewisse Unebenheit.*

Abb. 4 *Erst im Hochfluchten wird deutlich, in welchen Unregelmäßigkeiten die Lebendigkeit der Fassade begründet ist.*

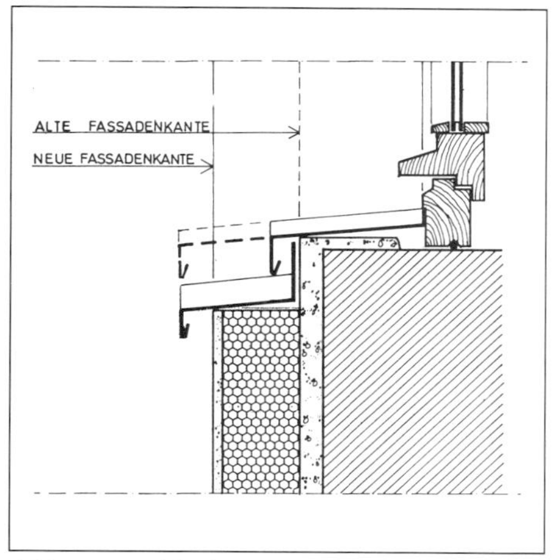

Abb. 5 *Verblechter Abschluß der zusätzlichen Dämmung.*

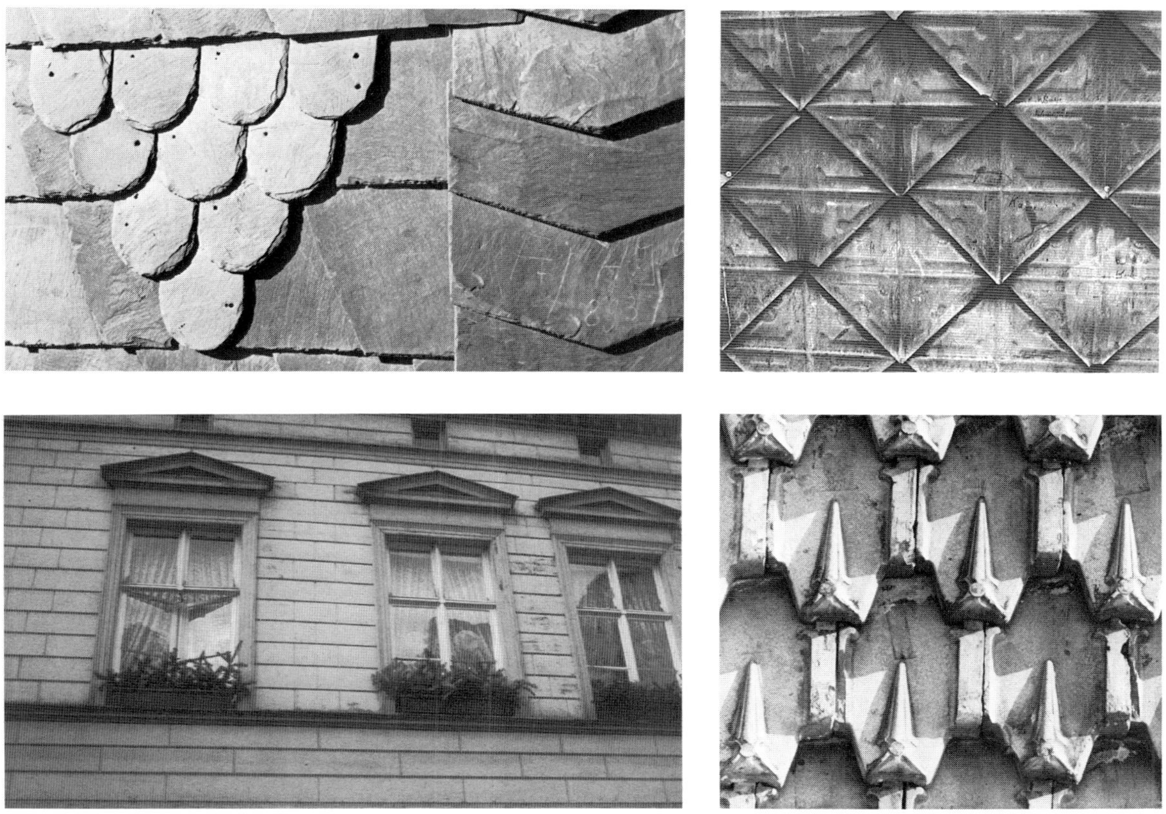

Abb. 6–9 *Historische Stein-, Holz-, Ziegel- und Blechverkleidung.*

Abb. 10 *»Sauberkeit« durch Negierung der Form.*

Abb. 11 *Zu bewundern bleibt der Mut der Ausführenden: Kunststoffplatten-Totaleinwicklung.*

Abb. 12 *Ausbesserung in Steinersatz altert als auffällige Plombe.*

die Druckgraphik ins Groteske gekehrt wird und die in früherer Zeit unbedeutend war. Diese Gläubigkeit an die Werterhöhung einer Sache durch personelle Zuordnung über Signatur oder zumindest typische gestaltende Handschrift, wie dies gerade in der Nachkriegskunst zu teilweise grotesken »Erkennungszeichen« führte, macht es leicht, das »anonyme« alte Haus zu ersetzen – zumindest als Kopie.

Dabei wird stets übersehen, daß gerade dieser besondere Bauteil »Fassade« wegen seiner bereits beschriebenen Bedeutung stets mit den Augen der jeweiligen Gegenwart betrachtet wird: In jede Kopie muß also unser gegenwärtiges Verständnis einfließen; wir werden betonen, was uns heute als typisch erscheint – und Unverstandenes geht mit dem Verlust der Originalsubstanz unwiederbringlich verloren. Wir und die Generationen nach uns aber brauchen diese »Urkunden«, um an ihnen Vergessenes wieder zu lernen – sie sind die Brücken zur Vergangenheit.

Unter diesem Gesichtspunkt lassen sich alle Maßnahmen der Fassadensanierung relativieren – und wenn diesem auch kein ausschließlicher Gesichtspunkt zukommt, lohnt es doch, darüber nachzudenken, daß

- jeder Wärmedämmputz, vor allem jedes Wärmedämmverbundsystem, die Fassadenvorderkante mehrere Zentimeter nach vorne treibt und damit die Tiefe der Fensterleibung sich wesentlich verringert, es zu bisher unbekannten Anschlußproblemen kommt (Abb. 5) und bisherige Putzunterteilungen als Bänder, Gesimse, Faschen, Lisenen im engen Korsett »untergehen«,
- eine Fassadenverkleidung im Material stets streng ortsgebunden war und sich auch örtlich begrenzte Verlege- und Verschalungstechniken entwickelten (Abb. 6 bis 9),
- nicht jede Fassade nach Form und Gestaltung für jede Verkleidung taugt (Abb. 10 und 11),
- Fensterausbildung und Fensteranschluß meist bauzeittypisch und damit nicht beliebig ersetzbar sind,
- die ergänzende Anwendung neuer Produkte – Putzausbesserungen, Steinersatz, Tränkungen u. a. – denkbar und technisch möglich, häufig aber auch schädigend ist (Abb. 12),
- die Anpassung an heute gültige Normforderungen – Dampfdiffusion, Wassereindringvermögen, Wärmeleitfähigkeit, Oberflächenfestigkeit und anderes mehr – vielfach durch irreversible Maßnahmen geschieht, die bei Mißlingen oder Nichtbewähren eine Teilerneuerung erzwingen,
- die heutigen Belastungen der Fassade ihre veränderte Alterung bedingen,
- daß positive Ergänzungen auf ihre negative Wirkung zu hinterfragen sind,
- das Kosten-Nutzen-Verhältnis manche Fassadensanierungsmaßnahme in Frage stellt und
- jeder Verzicht auf Geschichte grundsätzlich einen Verlust darstellt – auch an einem Haus.

Fassadenschutz

Der Begriff »Fassadenschutz« umschließt heute alle Maßnahmen, die *zusätzlich* sofort nach Errichtung der Fassade, nach ihrer Sanierung oder unter Umständen auch ohne weitere Vorarbeiten die Haltbarkeit der sichtbaren Außenhaut verlängern und ihr Aussehen auch auf Dauer erhalten sollen. Vom Altbau ausgehend, taucht nun die Frage auf, weshalb denn plötzlich ein zusätzlicher Fassadenschutz notwendig werden müsse, wenn doch diese Maßnahmen über Jahrhunderte sogar unbekannt waren.
Dies ist richtig und falsch zugleich: falsch, weil in früheren Zeiten gerade die Anstrichintervalle an Gebäuden wesentlich enger lagen, da sie vor allem auch durch gesellschaftliche und soziale Verbindlichkeiten »vorgeschrieben« waren. Es ist richtig, weil das Schadstoffangebot in Luft und Wasser sich wesentlich verstärkt hat und weil unabhängig davon der Schadstoffgehalt in einer Außenwand nicht linear zum Alter, sondern sich ständig verstärkend zunimmt.
Damit sind auch die Schäden angesprochen, die eine Fassade erleiden kann: Ohne zusätzliche Schadstoffe wirkt das Wasser durch Frost und auch durch Verringerung der Wärmedämmung. Bei Schadstoffen sind als erstes Salze zu nennen, aber auch Bindemittelumwandlungen beispielsweise durch Schwefeldioxid und Schwefeltrioxid. Am Stahlbeton lernen wir in zunehmendem Maße Karbonatisierungsschäden kennen, häufig verstärkt durch Bewehrungskorrosion infolge Chloridangriffs. Nach neueren Erkenntnissen muß auch der Befall von Schimmel, Algen und Moosen als schädigend eingestuft werden, da als Stoffwechselprodukte Säuren gebildet werden, die wiederum zu Bindemittelumwandlung und Salzbildung führen. Im einzelnen wird hier auf die ausführlichen Kapitel »Trockenlegung«, »Kondensation«, »Schimmelbildung«, »Salzbekämpfung« und »Betonsanierung« verwiesen.
Fassadenschutz ist also als jener Kompromiß zu verstehen, durch rechtzeitigen zusätzlichen finanziellen Einsatz den Gebrauchswert und die Lebensdauer eines Gebäudes so weit zu erhöhen, daß sich dieser Einsatz aus finanziellen Gründen lohnt – oder aber auch wegen der Bedeutung und Unwiederbringlichkeit des Objekts.
Es ist unüblich, zwischen »Steinschutz« und »Fassadenschutz« zu trennen; auch »Betonsanierung« ist letztlich nichts anderes als der Schutz einer der Witterung ausgesetzten Oberfläche, so daß auch der Beton zumindest von der Beanspruchung her nicht von der allgemeinen Betrachtung der Fassade und ihres Schutzes zu trennen ist. Dennoch erhielt die Fassade in diesem Buch ein eigenes Kapitel: Ihr Erhalt und ihre Sanierung können unter so vielfältigen Gesichtspunkten betrachtet werden, daß eine überblickende Zusammenfassung notwendig ist – Einzelschwerpunkte werden gesondert und nun wesentlich ausführlicher in jeweils eigenen Kapiteln beschrieben. Die Reinigung einer Fassade ist zwar häufig Vorbereitung für weitere schützende Maßnahmen, kann jedoch – und dies vor allem bei steinsichtigen Fassaden – durchaus auch für sich als Säuberung durchgeführt werden; die hierbei auftretenden Probleme werden deshalb auch in einem eigenen Kapitel »Fassadenreinigung« beschrieben.

Anstriche, Beschichtungen, Imprägnierungen

In der Literatur und auch im täglichen Sprachgebrauch tauchen immer wieder diese drei Bezeichnungen in Abgrenzung zueinander auf. Es wird dabei davon ausgegangen, daß ein Anstrich wegen seiner geringen Schichtdicke, aber vor allem auch wegen seiner chemischen Reaktion Teil seines Untergrundes wird – und dies im Gegensatz zur Beschichtung, die auf dem Untergrund aufliegt. Ein Imprägniermittel ist entsprechend seiner lateinischen Herkunft »impraegnare« = »durchdringen« dagegen ein Produkt, das in den Baustoff eindringt. Für die bauliche Praxis ist diese Aufteilung unzweckmäßig, vor allem auch schon deshalb, weil die Übergänge gleitend sind, teilweise von der Verarbeitungsqualität abhängen und überdies technische Forderungen von formalen überdeckt werden können. So bietet ohne Zweifel der Kalkanstrich auf einem entsprechenden Putz ein sehr transparentes und lebendiges Farbbild – helle Töne vorausgesetzt; bei entsprechender Witterungsbelastung, vor allem bei Mörteln auf wenig saugfähigem Mauerwerk wird er jedoch sehr rasch mitsamt seines Untergrunds Schäden zeigen. Es ist deshalb sinnvoll, von den optimalen Anforderungen an einen Anstrich – die sich durchaus widersprechen können! – auszugehen, und dann mit Rücksicht auf den Anstrichuntergrund und das Mauerwerk, unter Berücksichtigung der Kosten einschließlich der Standzeit und unter Umständen auch der Forderungen der Denkmalpflege das geeignetste Produkt auszusuchen.
Bei der Beschreibung dieser Produkte wird auffallen, daß vielfach nicht ein »Anstreichen« genügt, sondern daß mehrere Anstriche, teilweise mit unterschiedlichen Produkten notwendig werden, so daß es sinnvoller ist, statt von Anstrichen von Anstrichsystemen zu sprechen.
Obwohl diese Anstrichsysteme stets die gleichen Bestandteile Bindemittel, Farbstoffe, Füllstoffe, Löse- oder Verdünnungsmittel sowie weitere Hilfsmittel besitzen, gibt es gravierende Unterschiede, und so sind diese Systeme auch nicht beliebig kombinierbar. Während reine mineralische Anstriche nach wirksamer Reinigung auch mit filmbildenden Systemen überstrichen werden können, verbietet ein Erstanstrich mit Dispersionsfarben jedes Überstreichen oder gar Ausbessern mit porösen mineralischen Systemen.
Sowohl in ihren Eigenschaften als auch in der Reihenfolge ihrer Entstehung und Anwendung sind die folgenden drei Gruppen

von Anstrichsystemen zu unterscheiden: poröse Mineralfarben, filmbildende Dispersionsfarben, poröse Disperionsfarben.
Zur Gruppe der Mineralfarben sind Kalk- und Silikatfarben zu zählen, zur zweiten Gruppe Dispersionsfarben und Polymerisatfarben, wobei den letzteren heute keine größere Bedeutung mehr zukommt, und in die dritte und heute für Außenanstriche am häufigsten eingesetzte Gruppe die Organo-Silikat- und die Silikonfarben.

Anforderungen an Anstrichsysteme

Unter dem Gesichtspunkt der Altbausanierung muß vor allem der vorhandene Anstrichuntergrund oder der Altanstrich berücksichtigt werden: Das neue Anstrichsystem darf keine unerwünschten chemischen Reaktionen mit dem Untergrund zeigen. Der Anstrich soll zusätzlich den Untergrund vor Wasser und Salzen schützen, ebenso aber auch vor Säuren wie SO_2, SO_3 oder CO_2. Bei besonderer Beanspruchung ist auch eine zusätzliche biozide Ausstattung des Anstrichsystems angebracht. Zur Wahrung des Farbtons ist eine hohe UV- und Lichtbeständigkeit notwendig, ebenso eine hohe Alkalibeständigkeit, da zumindest alle mineralischen Untergründe entsprechend alkalisch sind. Im Regelfall wird ebenso eine hohe Gasdurchlässigkeit gefordert werden, doch ist auch dies schon wieder zu spezifizieren: Die Wasserdampfdurchlässigkeit wird fast ausnahmslos gefordert, doch muß sie unter Umständen mit einer Dichtigkeit gegen andere Gase verbunden werden: Schutz vor Kohlendioxid bei Stahlbeton!
Von allen genannten Forderungen werden vor allem die Wasseraufnahme und die Wasserdampfdurchlässigkeit zur Beurteilung von Baustoffen herangezogen. DIN 52617 gibt die Definition dieser Werte, die durch den Wasseraufnahmekoeffizienten w und die Diffusionswiderstandszahl μ beschrieben sind. Etwas vereinfachend, aber besser verständlich kann der Wasseraufnahmekoeffizient w beschrieben werden als jene Wassermenge in Kilogramm, die ein Baustoff von 1 m^2 Oberfläche in der ersten Stunde des Saugens aufnimmt.
Die Wasserdampfdurchlässigkeit aller Baustoffe wird durch die Diffusionswiderstandszahl μ angegeben, die jenen dimensionslosen Faktor nennt, um den eine Schicht dichter ist als eine gleichdicke ruhende Luftschicht, deren μ -Wert nach der Definition 1 ist.
Da in unserem Klima vor allem im Winter ein ständiger Diffusionsstrom von innen nach außen die Gebäudehülle durchdringt, kann zur Vermeidung von Kondensation innerhalb einer Außenwand fast ausnahmslos gelten, daß der Diffusionswiderstand der einzelnen Wandschichten nach außen hin abnehmen muß.
Um die Dicke der Bauteilschicht, die ja den Diffusionswiderstand mitbestimmt, mit zu erfassen, wurde der s_d-Wert (diffusionsgleichwertige Luftschichtdicke) eingeführt, der durch Multiplikation der Diffusionswiderstandszahl μ mit der Schichtdicke s der jeweiligen Baustoffschicht errechnet wird.
Die genannten Forderungen an Wasseraufnahme und Dampfdurchlässigkeit wurden von Künzel schon vor längerer Zeit dadurch ergänzt, daß er ein besonders günstiges Verhältnis zwischen diesen beiden Werten vorschreibt. Nach der Künzelschen Fassadenschutztheorie muß also auch ein Anstrich die folgenden drei Forderungen erfüllen:
- $w \leqq 0{,}5\ kg/m^2h^{0.5}$
- $s_d \leqq 2\ m$
- $w \times s_d \leqq 0{,}1\ kg/m \times h^{0.5}$

Farbige Anstrichsysteme

Als Gegensatz zu farblosen Anstrichen, die also lediglich der Beeinflussung der Wasseraufnahme dienen, hat sich der Begriff »deckend« für farbige Anstriche oder Anstrichsysteme eingebürgert. Dies ist irreführend und deshalb falsch: Es gibt genügend Anstrichsysteme, die den Untergrund färben, aber nicht deckend färben sollen. Reine Kalkanstriche, zum Teil auch Silikatfarbenanstriche, bieten die gewünschte Transparenz des Untergrunds, so daß von deckenden Anstrichsystemen hier keine Rede sein kann.

Anstrichvorbereitung

Jede Fassadenoberfläche altert nicht nur durch chemischen und mechanischen Abbau der obersten Schicht, sondern auch durch Verschmutzung. Diese Verschmutzung kann so stark sein, daß sie bei allen Anstrichsystemen vorab entfernt werden muß. Am sinnvollsten und das Bauwerk am wenigsten schädigend ist in allen Fällen eine Reinigung mit Wasserdampf, lediglich bei Wärmedämmverbundsystemen erlaubt die relativ dünne Oberflächenbeschichtung nur eine Reinigung mit Wasser bis zu 60 °C. Im Gegensatz zur immer wiederkehrenden Behauptung der Denkmalpflege kann heute auch ein Kalkanstrich so verschmutzt sein, daß von einem Wiederanstrich in Kalk abgeraten werden muß. Der Grund hierfür liegt nicht nur in der wesentlich gestiegenen Luftverschmutzung, sondern vor allem darin, daß die Anstrichintervalle gegenüber früheren Zeiten gestiegen sind.
In vielen Fällen wird eine Grundierung Wirksamkeit und Haltbarkeit eines Anstrichsystems entscheidend verbessern. Aufgabe einer solchen Grundierung ist es, den Anstrich vor Schadstoffen aus dem Untergrund zu schützen. Da Grundierungen in der Regel deshalb wasserabweisend eingestellt sind, schützen sie direkt den Untergrund und damit indirekt wieder den Anstrich vor jenem Wasser, das trotz einer guten wasserabweisenden Wirkung des Anstrichsystems über Risse und andere Schadstellen eindringen kann.

Kalkfarben

Kalkfarben als altherkömmliches Anstrichmittel sind auch heute noch in ländlichen Gebieten und besonders im Denkmalschutz von Bedeutung. Für wischfestere und besser witterungsbeständige Anstriche sollte Sumpfkalk verwendet werden; durch den Zusatz von kalkechten Pigmenten ist es möglich, Pastelltöne herzustellen. Der Kalkanstrich auf Kalkmörtel verschmutzt, wie auch andere reine Mineralfarben, nur gering und zeigt trotz seiner hellen Töne ein angenehmes Leuchten. Kalkanstriche bieten praktisch keinen Feuchtigkeitsschutz, so daß das Regenwasser ungehindert in den Außenputz und die Wand eindringen kann. Es werden deshalb diese Anstriche bei besonderer Bewitterung abgetragen und die Pigmente ausgewaschen. Unterstützt wird diese mechanische Beanspruchung durch eine chemische: Schwefeldioxid und Schwefeltrioxid wandeln den an sich unlöslichen Kalk in wiederum wasserlöslichen Gips um. Es muß deshalb für entsprechende Belastung empfohlen werden, auch Kalkfarben durch Hydrophobierungsmittel, beispielsweise Silikonemulsionen, witterungsbeständiger zu machen oder den reinen Kalkanstrich in einem zusätzlichen Arbeitsgang nachträglich zu imprägnieren.

Silikatfarben

Silikatfarbenanstriche sind Zwei-Komponenten-Systeme, wobei das Bindemittel Kalium-Wasserglas mit der Füllstoff-Pigment-Mischung etwa 24 Stunden vor dem Streichen eingesumpft wird. Mit Silikatfarben sind kräftigere Farbtöne als mit Kalkfarben zu erzielen, wobei unter Umständen ein für diese Farbgruppe typischer Nachteil, nämlich die ungleiche Pigmentverteilung, durchaus auch als Vorteil gewertet werden kann: Ein sehr leichtes farbiges Changieren kommt dem Aussehen eines Kalkanstrichs sehr nahe und läßt die Fassade lebendiger erscheinen als ein durchgehend gleichförmiger Anstrich.
Wie auch die Kalkanstriche besitzen die Silikatfarben auf mineralischen Untergründen eine sehr gute Haftung und bieten dazu eine hervorragende Wasserdampf- und Gasdurchlässigkeit. Auch wenn sie gegenüber dem Kalk wesentlich witterungsbeständiger sind, bedürfen auch sie eines zusätzlichen Feuchtigkeitsschutzes bei extremer Bewitterung.

Dispersions- und Polymerisatfarben

Als Bindemittel dient hier die Dispersion eines Kunstharzes. Vor allem ihre Verdünnbarkeit mit Wasser und die sehr guten Verarbeitungseigenschaften, wozu auch im besonderen die Ausbesserungsmöglichkeiten zählen, machen diese Gruppe der Anstrichsysteme so beliebt. Als filmbildende Farben bieten Dispersionsanstriche zwar einen entsprechenden Feuchtigkeitsschutz, doch setzen die reinen Dispersionsfarben die Dampfdurchlässigkeit entscheidend herab. Heute kennt man bei den Bindemitteln der Dispersionsfarben sehr große Unterschiede, so daß sich auch die Wasserdampfdurchlässigkeit verbessert hat. Dennoch sind Dispersionsfarben ungeeignet auf kalkhaltigen Putzuntergründen.
Polymerisatfarben sind im Gegensatz zu Dispersionsfarben lösungsmittelhaltige Systeme; heute kommen weitgehend acrylharzgebundene Polymerisatfarben zur Anwendung.
Beide Farbsysteme neigen zur Vergrauung, da Kunstharze als Thermoplaste bei höheren Temperaturen abgelagerten Schmutz stärker binden.
Besondere Bedeutung kommt beiden Farbsystemen als karbonatisierungsbremsende Anstriche im Zuge der Betonsanierung zu.

Organosilikatfarben oder Dispersionssilikatfarben

Beide Namen bezeichnen die gleichen Anstrichsysteme: Für die stark wasserdurchlässigen und nur mit handwerklichem Geschick fleckenfrei zu verarbeitenden Zwei-Komponenten-Silikatfarben wird dem bisherigen Bindemittel Wasserglas noch eine Kunstharzdispersion zugesetzt. Ihr Anteil ist unterschiedlich, aber in der Regel sehr gering und kann zudem noch durch wasserabweisende Zusätze ergänzt werden.
Diese Anstrichsysteme besitzen zwar nicht mehr die Transparenz der reinen Silikatfarbe, doch überwiegen bei ihnen die anstrichtechnischen Vorzüge. Aufgrund der unterschiedlichen Zusatzmengen ist diese Anstrichgruppe in den einzelnen Angeboten nach Wasseraufnahmekoeffizienten und Diffusionswiderstand zu beurteilen. Ohne wasserabweisende Zusätze bieten auch sie allerdings keinen ausreichenden Feuchtigkeitsschutz in allen Anwendungsfällen, so daß dieser wie bei reinen Mineralfarben gegebenenfalls in einem gesonderten Arbeitsgang aufgebracht werden muß.

Silikonfarben

Als bisher letzte Entwicklung von Fassadenanstrichsystemen werden Silikonprodukte als Bindemittel verwendet, wobei sowohl Farben ähnlich den Dispersionsfarben hergestellt wurden als auch solche Anstrichmittel, die auf Lösungsmittelbasis aufgebaut sind. Als Bindemittel dient in beiden Fällen ein Silikonharz und ein organisches Harz, wobei allerdings das Verhältnis dieser beiden Produkte zueinander sehr verschieden sein kann. Bei den wäßrigen Silikonfarben ist der überwiegende Anteil des Bindemittels das Silikonharz, während bei den anderen auf Lösungsmittelbasis der Kunstharzanteil überwiegt und sie deshalb üblicherweise als Siloxanfarben bezeichnet werden.
Diese Anstrichsysteme bieten eine hervorragende Wasserabweisung und sind deshalb als farbige Imprägnierung anzusprechen. Ihre Gas- und Wasserdampfdurchlässigkeit ist im Gegensatz zu den Dispersionsfarben so hoch, daß sie auch auf frischen Putzen ohne Folgeschäden aufgebracht werden können. Diese Silikonharzfarben sind auch weniger schmutzanfällig als Dispersionsanstriche.

Wasserabweisung

Für die Gesamtgruppe an wasserabweisenden Materialien gibt es keinen offiziellen Sammelnamen. Zu unterscheiden sind
- Imprägnierungen,
- Versiegelungen,
- Beschichtungen.

Imprägniermittel:
Zweck jeder Imprägnierung ist es, die Fassadenaußenfläche wasserabweisend einzustellen, ohne ihre Wasserdampfdurchlässigkeit zu behindern. In der Praxis kann diese letzte Forderung nicht voll erfüllt werden, so daß die Wasserdampfdurchlässigkeit sich durchaus, wenn auch bei Hydrophobierungsmitteln nicht wesentlich, verringert. Da die Imprägnierung das Wassereindringen nicht durch Abdichten, sondern durch Wasserabweisen erzielt, muß die kapillare Saugfähigkeit der porösen Wandbaustoffe herabgesetzt werden. Es ist deshalb klar, daß ein Imprägniermittel möglichst tief eindringen muß und daß es niemals gegen drückendes Wasser abdichten kann.
Beim Fassadenschutz wird unterschieden zwischen filmbildender und nicht filmbildender Imprägnierung. Als nicht filmbildend sind hydrophobierende Mittel – Silikonharze, Silane oder Siloxane, also siliziumorganische Verbindungen – zu bezeichnen, die eine Dampfdiffusion nur sehr gering behindern. Ihre Wirkung erzielen diese Mittel durch drastische Erhöhung der Oberflächenspannung in den Kapillaren, was dem kapillaren Wassertransport entgegenwirkt. Die dauerhaftesten Erfolge beim Einsatz auf Putz wurden bisher mit Siloxanlösungen erzielt, die durch Fluten, Streichen, besser Abrollen aufgebracht werden – und dies je nach gewünschter Hydrophobierungswirkung in mehreren Aufträgen mit steigender Wirkstoffkonzentration.
Als filmbildend werden Imprägniermittel bezeichnet, die eine durchgehende Schicht in Poren und auf Oberflächen bilden, deren Schichtdicke aber noch unter 50 ηm liegt und die nicht durchgehend ist.

Versiegelungen
besitzen eine Schichtdicke von 0,1 bis 0,3 mm; sie füllen Poren aus und bilden auf der gesamten Oberfläche bereits einen durchgehenden Film.

Beschichtungen
bilden in dünner Ausführung eine gleichmäßige Schicht von etwa 0,3 bis 1,0 mm, die noch den Oberflächenunebenheiten folgt – im Gegensatz zu einer dickeren Beschichtung, die bezeichnenderweise auch Verlaufsmörtel genannt wird und die, auf einer Grundierung aufgetragen, mit Dicken bis zu 5 mm eine alle Unebenheiten ausgleichende Lage ergibt.

Alle beschriebenen Maßnahmen haben ihre Bedeutung in der Altbausanierung, doch unter sehr unterschiedlichen Voraussetzungen; die Gefahr von Folgeschäden ist groß und muß vorab erkannt sein. So wird jede wasserabweisende Maßnahme die Karbonatisierungsgeschwindigkeit neu aufgebrachter Putze verlangsamen, ja sie mit zunehmender Schichtdicke und dampfbremsender Wirkung so sehr verringern, daß der frische Putz zu lange feucht bleibt und »zermürbt«: Die Folge ist ein sandender, nicht mehr tragender Untergrund des schadensverursachenden Anstrichs: Der Schaden weitet sich aus. Entsprechend der Schichtdicke wird eine Hydrophobierung hier die geringste Gefährdung bringen. Zu bedenken ist jedoch auch hierbei, daß die Wasserabweisung durchaus später auch einmal negativ beurteilt werden kann. So können stark hydrophobierte Putze nicht mit beispielsweise einer Zwei-Komponenten-Silikatfarbe oder Kalkfarbe gestrichen werden, da nun die Haftung dieses wässrigen Anstrichsystems nicht ausreicht. Die Folge sind Trieler (Abläufer), also ungleiche Schichtdicke bei fleckigem Aussehen und rasch unterschiedlichem Altern. Der Putz muß kostenmehrend und substanzverringernd entweder mechanisch stark aufgerauht oder chemisch durch Annätzen vorbereitet werden.

Alle diese unter »Wasserabweisung« beschriebenen Materialien und Verfahren bergen noch eine weitere Gefahr, die durch sorgfältiges Arbeiten zwar verringert, aber nie vermieden werden kann: Wasserstau. Um diese Gefährdung in der Praxis abschätzen zu können, muß man sich die unterschiedliche fassadenschützende Wirkung vor Augen halten. Die geringste – meist aber ausreichende! – wasserabweisende Wirkung geschieht durch Hydrophobierung. Sie bildet keine Schicht, kann deshalb auch nicht Risse und Rißchen überbrücken; im besten Fall werden bei mehrfacher, sorgfältiger Behandlung die Rißflanken auch noch in einiger Tiefe erfaßt und damit das Wassereindringen erschwert. Die »wasserdichteste« Möglichkeit, die Beschichtung, bildet einen Film, und dies bereits so stark, daß er bei geeignetem Material nicht nur vorhandene schmale Risse, sondern auch später entstehende elastisch überbrückt, selbst also rissefrei bleibt. Da jede physikalische Wirkung dieser Schichten aber nach beiden Seiten wirkt, kann Wasser, das sich – aus welchen Gründen auch immer – hinter dieser Beschichtung bildet, auf keinen Fall mehr abtrocknen.

Während Versiegelungen und Beschichtungen im nachträglichen Fassadenschutz eine relativ geringe Rolle spielen, werden Imprägnierungen doch recht häufig empfohlen. Vorhandene Risse und Rissebildung sind also Kriterien, die von den Anbietern geschäftsfördernd häufig »übersehen« werden. So ist es zum Beispiel richtig, daß der von der Denkmalpflege vielfach geforderte »reine Kalkmörtel« als Außenputz durch Hydrophobieren die ihm nun einmal nicht eigene Wasserabweisung erhält und er damit auch frostbeständiger wird, doch wird dies mit einer Gefährdung erkauft, deren Grad an der Neigung zur Rißbildung abzuschätzen ist. Zum besseren Verständnis: Auf einer Ziegelwand bei statisch gesundem Mauerwerk wird der positive Effekt bei richtiger Anwendung weit überwiegen; auf zu Rissen neigendem Mischmauerwerk schwacher Fundierung muß von der Hydrophobierung abgeraten werden.

Besonders problematisch wird der beschriebene Effekt bei Sichtmauerwerk, gleich ob Ziegel oder ähnlich saugfähigem Naturstein. Hier wird nochmals auf einen bereits unter »Sanierputze« beschriebenen Effekt hingewiesen. Ein gutes Produkt kann zur Abweisung flüssigen Wassers durchaus stark dampfdurchlässig sein. Dies gilt vor allem für Hydrophobierungsmittel – und Hersteller wie Anwender weisen stets betont darauf hin. Was sie sehr unbetont verschweigen, ist die Tatsache, daß beispielsweise jedes Sichtmauerwerk das bei Regen aufgesogene Wasser rasch und meist ohne jegliche Gefährdung kapillar – also flüssig! – wieder zum Verdunsten an die Wasseroberfläche führt. Nach der wasserabweisenden Behandlung ist dies nicht mehr möglich: Die Trocknung geschieht nur noch über Diffusion, was wesentlich länger dauert.

Sowohl Stein, Ziegel als auch Fugenmörtel sind hydrophobierbar – nicht aber die Flanken der Risse zwischen beiden. Soll also eine stein- oder ziegelsichtige Fassade durch Hydrophobierung geschützt werden, ist eine sorgfältige Fugensanierung Voraussetzung – und meist genügt diese auch ohne Hydrophobierung zum Schutz der bisher zu stark über die Fugen durchnäßten Fassade. In jedem Fall ist die Hydrophobierung technisch so durchzuführen, daß Risseflanken möglichst tief vom Wirkstoff erfaßt werden (Abb. 1).

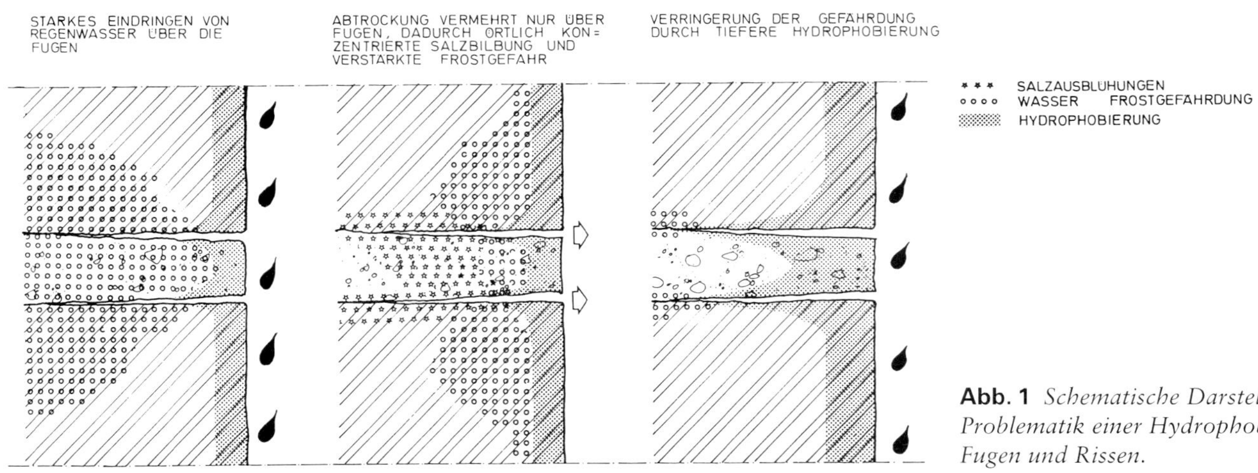

Abb. 1 *Schematische Darstellung der Problematik einer Hydrophobierung bei Fugen und Rissen.*

Abb. 2 *Algenbefallene Giebelwand.*

Abb. 3 *Flechtenbefallene Ziegelverkleidung.*

Fugensanierung

Die Fugen müssen sorgfältig ein, besser zwei Zentimeter tief ausgestemmt und danach mit Druckluft – ölfrei! – ausgeblasen werden. Vor dem Einbringen eines entsprechenden Saniermörtels – Werkmischung – ist die Fuge auch in der Tiefe vorzunässen, wobei »Vornässen« nicht heißt, daß die Fassade triefen darf. Der Mörtel wird zwar mit der Fugenkelle eingepreßt, dann aber mit einem Fugenrüttler verdichtet und geglättet. Danach wird das Sichtmauerwerk meistens gereinigt werden müssen; auch hier können wieder Schäden eingeplant werden (siehe Fassadenreinigung).

Pilzbewuchs, Algenbildung, Flechtenbefall

Der organische Befall von Fassaden setzt voraus, daß der Organismus Nahrung und Feuchtigkeit erhält. Pilze können zwar Kunststoffe angreifen, wie sie als Bindemittel oder auch Weichmacher in Anstrichmaterialien zu finden sind, doch werden sie als »lichtscheuer« Organismus überwiegend im Gebäudeinneren gefunden.
Algen brauchen Licht zum Gedeihen (Abb. 2), denn sie nehmen im Gegensatz zu Pilzen Kohlendioxid aus der Luft auf und synthetisieren mit Hilfe des Sonnenlichts Nährstoffe. Sie benötigen deshalb kaum organische Substanzen im befallenen Untergrund.
Am häufigsten ist auf Fassaden die Grünalge zu finden, deren Färbung auf der Bildung von Chlorophyll beruht.
Flechten (Abb. 3) werden selbst in Fachpublikationen immer noch zu wenig als Bauschädlinge beachtet, obwohl gerade sie durch die Bildung säurehaltiger Stoffwechselprodukte karbonatische Putz- und Anstrichbestandteile angreifen und in wasserlösliche Verbindungen umwandeln können. Zudem schädigen sie durch mechanische Kräfte: Die befallenen Untergründe werden durch die Flechtenfasern gelokkert.
Da alle diese Schädlinge Wasser benötigen, ist es wenig sinnvoll, mit Hilfe der Chemie den Befall zu vernichten: Er wird wiederkommen in einem oder nach mehreren Jahren. Jede chemische Bekämpfung führt aber der Fassade zusätzliche Schadstoffe zu. Fassadenschutz heißt hier wieder: Verringerung der Wasseraufnahmefähigkeit – beispielsweise durch Hydrophobierung – oder aber Verbesserung von Kleinklima und Verdunstung, wie Auslichten zu dichten Baumbestands.

»Fassadenschutz« durch Begrünung

Die Vorstellung, daß eine Behauptung dann allmählich richtig wird, wenn sie nur lang genug mit Vehemenz verkündet wird, ist in einigen Bereichen der Altbausanierung verbreitet; ein Paradebeispiel ist die Anwendung von Grünpflanzen als Fassadenschutz einschließlich wirkungsvoller Klimaverbesserung. In nur wenigen baulichen Bereichen wird seit langem so zügellos voneinander abgeschrieben und werden subjektive Wunschvorstellung als Faktum angeboten oder sogar über Zuschüsse aufgezwungen.
Die ersten tatsächlichen Fakten bietet nun eine Untersuchung des Frauenhofer Institutes für Bauphysik in Holzkirchen, die sich mit den Auswirkungen von Efeu und wildem Wein befaßte, wobei stets ein begrünter einem unbegrünten Fassadenteil gegenübergestellt wurde. Hierbei ergab sich, daß selbst ein 20 Zentimeter dicker (!) immergrüner Blätterpelz den winterlichen Wärmeverlust eines schlecht gedämmten Wandbereichs nur um etwa 6% verringert; dieser Anteil geht nochmals entscheidend zurück bei normal dämmendem oder erst recht gut gedämmtem Außenmauerwerk. Der Kühleffekt durch Beschattung ist dagegen gut, doch sind die hierbei zu erzielenden Werte auf die Dauer des Sonnenscheins bezogen. Für die sommerliche Wärmebilanz verringert sich dieser Wert entscheidend, denn selbstverständlich behindert pflanzlicher Sonnenschutz als gleichzeitiger Wärmeschutz auch die nächtliche Abkühlung durch Abstrahlung. Interessant war in diesem Zusammenhang, daß bereits in einem Meter Abstand von der Wand die Temperaturen bei begrünter und unbegrünter Fassade gleich waren, was die Behauptung, eine begrünte Fassade trage wesentlich zum Stadtklima bei, leider ins Reich der Fabeln verweist.
Auch die Erhöhung der Luftfeuchte hat sich nicht bestätigt: Die Blätter verdunsten so wenig Wasser, daß selbst die Luft im Blattwerk kaum feuchter wird. Sehr positiv ist dagegen der Schutz vor Schlagregen zu bewerten. Ebenfalls negativ war das Ergebnis bei der Überprüfung der Bepflanzung als Schadstoffilter. Eine Hochrechnung ergab, daß nur etwa 4% des Staubniederschlags gebunden werden können, selbst wenn alle senkrechten Flächen einer Stadt begrünt wären. Magerer noch ist die Leistung beim Abbau des Kohlendioxidgehalts der Luft: Ob mit oder ohne grünem Kleid wurde fast derselbe Kohlendioxidgehalt gemessen; lediglich bei Schwefeldioxid ergaben sich direkt im Blattwerk deutlich niedrigere Werte.

Abb. 4 *Die grüne Haut: eine liebenswerte Alternative zur »toten« Fassade.*

Sicherlich wäre es falsch, eine liebenswerte und optisch wirkungsvolle, dabei zugleich preiswerte Möglichkeit der Fassadenbegrünung nur deshalb abzulehnen, weil ihre Apologeten unverdrossen mit falschen Argumenten arbeiten. Der Hausbesitzer muß jedoch wissen, worauf er sich einläßt: Zu unterscheiden ist prinzipiell zwischen Selbstklimmern und Kletterpflanzen, die ein Gerüst benötigen. Diese Kletterpflanzen bereiten kaum Probleme; ihren Halt finden sie an den Klettergerüsten, doch muß darauf geachtet werden, daß sie selbstkletternd sind, da niemand auf die Dauer in luftiger Höhe einzelne Triebe anbinden wird. Bei Arbeiten an der Fassade wird das gesamte Gerüst abgehängt oder umgelegt. Anders ist dies bei Selbstklimmern oder sogenannten Wurzelkletterern, als deren Vertreter in unseren Breiten die unterschiedlichen Arten des wilden Weins und des Efeus gepflanzt werden. Während der wilde Wein sich mit seinen Haftscheiben an die Wand anklebt, dieser Schleim erhärtet und die Ranke später verholzt, bildet der Efeu Haftwurzeln. Der Nachteil der Haftscheiben liegt eher in ihrer späteren Beseitigung, da dies nur durch Abbeizen oder Sandstrahlen möglich ist – die Wand selbst erleidet jedoch durch das Anhaften keinen Schaden. Anders ist dies bei den Haftwurzeln des Efeus; sie sind lichtfliehend, das heißt die feinen Haare der Haftwurzeln dringen in jede Pore, selbst unter manchen Anstrich und auf jeden Fall in und durch jede noch so kleine Konstruktionsfuge (Abb. 5). Auch dies würde den Schaden noch in Grenzen halten, wenn nicht bei günstigen Licht- und Feuchteverhältnissen eine Umwandlung in »normale« Wurzeln möglich wäre, die weiterwachsen und im Prinzip jedes Mauerwerk sprengen. Hieraus lassen sich einige Anwendungsgrenzen ableiten: verwittertes Mauerwerk und rissiger Putz werden – vor allem von Efeu – durch Wurzeln abgesprengt. Alle Selbstklimmer hinterwachsen Bekleidungen und decken Hohlräume ab. Es wird dies zum besonderen Problem, wenn die Pflanzen die Dachflächen erreicht haben. Auch an Fachwerk wiegt das malerische Bild den Schaden nicht auf: Die Wurzeln dringen in die stets vorhandenen Risse zwischen Holz und Gefach ein und führen dort zu Schäden; außerdem benötigt das Holz eine regelmäßige Pflege, die durch die Begrünung erschwert wird.

Regelmäßig unterschätzt wird das Gewicht eines solchen grünen Vorhangs, das ausschließlich vom Putz zu tragen ist. Bei herkömmlichen Außenputzen ist dies problemlos, solange sie intakt sind. Anders ist dies jedoch bei neueren Putzsystemen. So ist bei Überputzungen alter Fassadenputze die Haftzugfestigkeit vorher zu überprüfen. Wärmedämmputze mit ihrem hohen Porenanteil gelten nur bis etwa zwei Stockwerke als tragfähig; auch die Tragfähigkeit von Kunstharzputzen ist begrenzt und wird von den Herstellern unterschiedlich angegeben. Besondere Probleme ergeben sich bei der Thermohaut oder bei den Wärmedämm-Verbundsystemen: Auch hier ist die Tragfähigkeit begrenzt, und es kann im ungünstigen Fall an Laibungs- oder Eckverkleidungen wieder die dünne Beschichtung hinterwachsen werden. Umgekehrt gibt es bei diesen Fassadensystemen Zusatzstoffe, welche die Pflanzen vom Klettern abhalten. Auch auf das nachbarrechtliche Problem ist hinzuweisen: Der Nachbar kann nicht gezwungen werden, die auf seine Hausfassade hinüberwachsende Bepflanzung zu dulden. Ein ständiges Schneiden ist jedoch lästig und teuer, besonders in den zu erzielenden Höhen – und eine sogenannte Wachstumsbarriere ist häßlich: ein Blechwinkel, der etwa 20 Zentimeter von der Wand abstehen muß, damit ihn Efeu und Wein nicht überklettern.

Letztlich muß nun auf die fröhliche Unbekümmertheit hingewiesen werden, mit der die Begrünung der Fassade pauschal angeboten wird. Untersuchungen der Versuchsanstalt für Gartenbau in Weihenstephan zeigen deutlich, wie sehr sich unterschiedliche Zusätze in den einzelnen Anstrichsystemen auf die Verankerungsfähigkeit der Pflanzen auswirken.

Abb. 5 *Der Efeu durchwächst die Konstruktionsfuge zwischen Stahlbetonschotte und Fensterrahmen.*

Fassadenreinigung

Diese so eng begrenzte Sanierungsmaßnahme verlangt deshalb eine eigene Beschreibung, weil auch diese Arbeiten ohne tradierte Handwerkererfahrung von jedem Beliebigen angeboten werden können – und leider auch angeboten werden. Das ist bedauerlich und für die Betroffenen ärgerlich, müßte aber dann nicht eigens herausgestellt werden, wenn nicht vielfach mit unnütz ausgegebenem Geld auch Schäden an der Fassade eingekauft würden, wobei diese Schäden durchaus auch innere Wandoberflächen erreichen können.

Der Begriff »Fassadenreinigen« induziert Vorstellungen von Schmutzentfernung und Sauberkeit aus anderen Bereichen, in denen ein Reinigen schadensfrei fast beliebig oft wiederholbar ist: Beim Geschirr, bei der Kleidung, beim Auto. Diese Reinigung stellt aber für eine Fassade primär eine starke Belastung dar, denn das Reinigungsmittel und auch der Mittelträger werden durch Porosität und Risse anders als bei dichten Oberflächen tief in das Material getragen. Zudem stellt jede Reinigung auch eine mechanische Belastung dar, die zusätzlich die Fassade schädigt.

Um diese negativen Einflüsse gering zu halten, wird wieder einmal die Bestandserfassung, hier als Voruntersuchung, zwingend notwendig.

Der Frage nach Vorzug und Nachteil einer Fassadenreinigung läßt sich jedoch auch aus anderer Richtung nachgehen: Putzfassaden werden üblicherweise nicht speziell gereinigt, es sei denn unter »Reinigung« wird auch jene Schichtentfernung verstanden, die bei unvereinbaren oder bei stark verschmutzten Anstrichsystemen notwendig wird. Dieser Anstrich dient nicht nur der hierunter meist allein verstandenen Wiederherstellung des Erscheinungsbildes, sondern er ist tatsächlich eine Verschleißschicht, die den Außenputz und damit auch das Mauerwerk selbst vor negativen Einflüssen schützt. Anders ist dies bei ziegel- oder steinsichtigen Fassaden, die deshalb auch beschrieben werden.

Bestandserfassung

Die Notwendigkeit, eine solche Fassade zu reinigen, wird meist durch erkennbaren Schmutz deutlich, wobei dies prinzipiell falsch ist: Schmutz als oberflächige Ablagerung schadet der Fassade nicht. Anders ist dies, wenn Bestandteile der Verschmutzung mit dem Baustoff reagieren und mineralische Verbindungen entstehen, die ein Verwittern beschleunigen. Es ist also die eigentliche Aufgabe der Fassadenreinigung, diese Schadstoffe von der Wand zu entfernen und künftig möglichst lange fernzuhalten. Der zweite Teil dieser Aussage weist bereits darauf hin, daß Fassadenreinigung Teil des Fassadenschutzes und dessen erster Schritt ist (siehe »Fassadenschutz«).

So wird es auch verständlicher, weshalb nicht beliebig mit irgendeinem Produkt oder Verfahren begonnen werden kann, sondern eine Bestandsaufnahme nötig ist. Diese umfaßt als erstes wieder das Schadensbild, wobei hier der Augenschein wichtig ist, aber nicht genügt (Abb. 1). Baustoffproben geben zusätzlich Auskunft über Porosität, chemische Inhaltsstoffe und anderes. Diese Untersuchungen verlangen den Einsatz eines Fachlabors

Jetzt erst kann der für dieses Objekt spezielle Reinigungsverlauf erarbeitet werden.

Musterflächen

Es ist unüblich und strenggenommen sogar sinnwidrig, genaue visuelle Beurteilung und Laboruntersuchungen der Ermittlung des Sanierungsverfahrens voranzustellen – und dann eine Musterfläche zu fordern, an der die Wirksamkeit des empfohlenen Verfahrens überprüft wird. Dennoch gibt es hierzu einen sehr praktischen Grund: Voruntersuchungen und gutachterliche Stellungnahme sollen kein spezielles Marktprodukt oder das bestimmte Verfahren einer bestimmten Firma empfehlen, sondern Produktgruppen und Sanierungswege, damit ein sinnvoller Wettbewerb möglich bleibt. Das Gutachten gibt Strecke und Ziel an, beteiligen an diesem Rennen sollen sich mehrere. Die Musterfläche erst erlaubt konkrete Angaben über Anwendungsart und Produktmenge und damit eine rechtzeitige Modifizierung.

Reinigungsarten

Unterschieden wird zwischen mechanischer Reinigung, dem Einsatz von Wasser, Reinigungspasten und Säuren oder Laugen. Diese Einteilung soll auch hier als üblich beibehalten werden, obwohl die Übergänge fließend sind: Dem Wasser kann ebenfalls eine Chemikalie zugesetzt

Abb. 1 *Derartig verschmutzte Fassaden, teilweise mit alten Sanierungsversuchen, erfordern besonders detaillierte Voruntersuchungen.*

Abb. 2 *Anlegen einer Musterfläche mit dem Hochdruckreiniger zur Optimierung von Wasserdruck und -menge.*

werden – und jede Art von Druckreinigung, auch die mit reinem Wasser, beansprucht das Fassadenmaterial zugleich mechanisch.

Reinigung mit Wasser

Die Reinigung mit Wasser ohne Zusatz wird heute am häufigsten angewandt. Der Wirkungsgrad hängt dabei ab vom Wasserdruck, von der Wassertemperatur und der Wassermenge. Gerade die Wassermenge wird wieder zum Ablehnungskriterium, denn die Dichtigkeit der Wand wird weniger durch ihr Material als ihr Fugennetz bestimmt. Gegebenenfalls muß also eine Instandsetzung dieses Fugennetzes der Reinigung mit Wasser vorausgehen, was wesentlich leichter – und auch billiger! – gesagt als getan ist. »Dauerberieselung« ist also keine schonende Lösung, auch wenn sie länderweise von der Denkmalpflege bevorzugt wird, sondern eine unnötige und schadensträchtige Feuchte-Überbeanspruchung der Wand einschließlich aller Bauwerksfugen bis hinab zu den Fundamenten. Die Verluste an Innendekoration sind manchmal hoch; die Salzverschleppung bewirkt Spätschäden in Bereichen, die bis dahin als gesund galten. Die Berieselungszeiten sollen deshalb auf keinen Fall 6 Stunden überschreiten. Das Wasser muß unbelastet sein, also Trinkwasserqualität besitzen.
Eine Verkürzung der Berieselung bei gleicher Wirkung läßt sich durch Heißwasser erzielen, doch steht hier der wohltuenden Theorie die Tatsache entgegen, daß auf einer dicken Steinwand das Wasser beim Berieseln nicht so heiß bleibt, wie es sein sollte, so daß der Auftrag mit erwärmtem Wasser bis hin zu überhitztem Wasser (circa 120° C) dem Wasserstrahlen unter Druck überlassen bleibt.
Bei der letztgenannten Anwendung entspannt sich das Wasser beim Auftreffen schlagartig unter Druck, so daß eine günstige Säuberung bei kurzen Bearbeitungszeiten und damit geringer Durchfeuchtung möglich wird.
Der Druckbereich schwankt stark; bei weichen Materialien werden um die 30 bar angewandt, die beispielsweise bei Granit auf 130 bar und höher steigen dürfen. Aber auch der Nachteil von Druckverfahren steigt mit ihrer zusätzlichen mechanischen Wirkung: Lockere Oberflächenteile können mitentfernt werden – ein Substanzverlust, der zumindest bei steinmetzmäßig bearbeiteten Details abzulehnen ist (Abb. 2).

Reinigung mit Chemikalien

Alle chemischen Reinigungsverfahren bringen Produkte an die Fassade, die dort günstigstenfalls zur Reinigung erwünscht sind. Diese simple Feststellung ist deshalb nötig, weil sich aus ihr verständlich die Forderung ableiten läßt, bei stark porösem und saugendem Wandbaumaterial von chemischer Reinigung Abstand zu nehmen.
Neutralreiniger kommen hierbei dem Einsatz von Wasser am nächsten. Sie besitzen Netzmittel, so daß die Oberflächenspannung des Wassers herabgesetzt und fettige Verschmutzungen leichter angegriffen werden können. Diese Tenside setzen den späteren Einsatz von hydrophobierenden und festigenden Produkten aber auch bereits stark herab, so daß wieder ein gründliches Spülen nach Anwendung nötig wird.
Alkalische Reiniger werden bei säureempfindlichen Steinen wie Muschelkalk oder Marmor eingesetzt; sie verlangen einen vorgenäßten Untergrund und werden üblicherweise von unten nach oben aufgetragen. Auch hierbei ist eine Reinigung mit reinem Wasser so lange nötig, bis der völlige Abtrag nachgewiesen ist: pH-Wert von circa 7 an der Steinoberfläche. In anderen Fällen kann es zu Ausblühungen kommen.
Saure Reiniger verlangen silikatisch gebundene Steinarten. Die Einwirkzeit darf nur wenige Minuten betragen, wenn Spätschäden vermieden werden sollen; eine Forderung, der der Baustellenablauf schon stark entgegensteht. Auch saure Reiniger verlangen ein reichliches Nachspülen bis zur »Neutralität«.
Die schon seit dem 19. Jahrhundert gewählten Reinigungsprodukte – meist Salz-, Phosphor-, Flußsäure oder Natronlauge – sind als anorganische Substanzen äußerst umweltbelastend. Diesen Nachteil schlachtet die Werbung weidlich aus beim Angebot organischer Säuren – Zitronensäure, Ameisensäure –, doch können auch diese Produkte nicht »unterscheiden« zwischen erwünschter Zerstörung (= Reinigung) und unwillkommener in Folge von eingeschwemmten Säureresten. Hier muß erneut auf das vorgeschriebene Nachspülen bis zum einschlägigen pH-Wert eingegangen werden, weshalb nochmals der gesamte Reinigungsvorgang kritisch zu betrachten ist:
- das chemische Wirkprodukt dringt ein und löst den Schmutz,
- der Schmutz wird abgespült,
- die Spülung wird bis zum ungefähr neutralen pH-Wert fortgesetzt.

Es sollte auffallen, daß die Überprüfung des pH-Werts von abgewiesenem Wasser keine Rückschlüsse auf jene fatalen Reste zuläßt, die im Mauerwerk noch vorhanden sind, ja vielleicht schon beim ersten Spülvorgang eingeschleppt wurden. Die chemische Reinigung bleibt eine Alternative, aber sie ist wesentlich kritischer, dies vor allem im Hinblick auf das jeweilige Steinmaterial, zu überprüfen als Werbung und Anwendungsvorschriften glauben machen. Besonders zu nennen ist hier jener fatale und folgenschwere Werbetrick, saure Reinigungsprodukte durch zusätzliche alkalische Mittel zu neutralisieren – oder umgekehrt. Selbstverständlich bewirkt dies eine Neutralisation, doch ebenso selbstverständlich entstehen als Neutralisationsprodukt wasserlösliche

Abb. 3 *Niederdruckrotationsverfahren zur Entfernung alter Dispersionsanstriche.*

Salze, die besonderen Feinde aller mineralischen Baustoffe.
Reinigungspasten sollen den Nachteil des unerwünschten tiefen Eindringens einschließlich anschließender Wasserberieselung vermeiden. Sie sind so eingestellt, daß die Wirkmittel kaum in den Stein einwandern (sollen) und die gelösten Verschmutzungen zusammen mit der getrockneten Paste abgenommen werden. Diese Pasten sind aber allein schon durch den Aufwand ihres Aufbringens teuer und werden deshalb kaum an der gesamten Fassade, sondern nur an deren figürlichem Schmuck oder an ornamentaler Bauzier angewandt.

Mechanische Reinigung

Als ältestes Verfahren ist hier die Bearbeitung durch den Steinmetz zu nennen. Selbst bei Anwendung feinarbeitender Druckluftmeißel werden immer auch Teile des gesunden Steins abgearbeitet. Von Sonderfällen abgesehen, ist diese Reinigungsart also abzulehnen.

Nahe kommt ihr das Abbürsten und Abschleifen. Diese Reinigungsart wird aus verständlichen Gründen kaum noch angewandt, es sei denn mit leichten Kunststoffbürsten zum unterstützenden Abtrag von Algen und Moosen.
Am häufigsten unter den mechanischen Reinigungsverfahren wird das Sandstrahlverfahren eingesetzt, worunter eine Fülle von teilweise recht unterschiedlichen Verfahren gerechnet wird, die alle unter Druckluft mit trockenem oder feuchtem Strahlgut arbeiten. Die grundsätzliche Wirkungsweise liegt im Mitreißen von Teilchen der zu reinigenden Oberflächen beim Aufprall des einzelnen Strahl-Korns. Eine Anpassung an Steinmaterial und gewünschter Abarbeitung ist also durch Druckunterschiede, Wasseranteil, Art des Strahlguts und dessen Körnung möglich, sowie durch spezielle Auftragsweisen; nicht jedes Verfahren – und auch nicht jede Firma! – erlaubt jedoch diese Anpassung. Eine der jüngsten Entwicklungen, die an ebenen Flächen verblüffend schonend wirkt, ist das Niederdruck-Rotationswirbel-Verfahren, bei dem unter geringem Druck Glas- oder Steinmehl möglichst parallel über die Steinoberfläche geschleudert wird (Abb. 3). Wenn auch die bisherige Problematik einer rauheren und von Mikrorissen durchzogenen Oberfläche, die künftig rascher verwittern wird, vermieden wurde, so können doch auch alle Kanten und Profilierungen bis zur Unkenntlichkeit abgearbeitet werden.

Abfall

Reinigung heißt Abfall; Abfall an Gereinigtem, aber auch an Reiniger. Beides kann umweltbelastend sein und muß aufgrund kommunaler Bestimmungen entsorgt werden. Dazu ist die Schmutzwasserflotte aufzufangen und gegebenenfalls zu neutralisieren, was besonders beim Arbeiten mit chemischem Reiniger oder Altanstrichen eine Einstufung als »Sondermüll« nach sich ziehen kann (Abb. 4). Für die behördliche Genehmigung werden alle Angaben zur Beurteilung nötig wie Inhaltsstoffe des Reinigungsmittels, Behandlungsfähigkeit des Schmutzwassers, täglicher Anfall, Neutralisationsverfahren. Es wird empfohlen, ein neutrales Gutachten über diese Fragen einzureichen.
Neutralisierung und Entsorgung müssen als Bestandteil der Ausschreibung erfaßt sein.

Begleitende Maßnahmen

Umgebungsschutz spielt bei der Fassadenreinigung eine große Rolle: Die Ausführenden müssen entsprechend der Gefahrenklasse des Reinigungsprodukts mit Schutzmitteln wie säurefesten Handschuhen, Helmen mit Vollvisier, säurefester Kleidung ausgestattet werden, und alle baulichen Ausstattungsteile einschließlich Pflanzen sind ebenfalls sorgfältig zu schützen. Besonders wichtig sind hier vor allem Fenster und dort wieder deren Anschluß an das Mauerwerk. Die Gerüste müssen abgeplant sein; fester und flüssiger Abfall sind durch entsprechende Maßnahmen aufzufangen.

Abb. 4 *Kombiniertes System zum Auffangen und Neutralisieren von Reinigungsabfällen.*

Betonsanierung

Es ist heute durchaus opportun oder zumindest schick, Beton entweder als einen Baustoff zu verteufeln, der keineswegs hält, was er, d. h. seine Anwender versprochen haben, oder umgekehrt darauf hinzuweisen, daß Beton an sich ein Baustoff für die Ewigkeit sei, was die zweitausendjährige Dauer römischer »Beton«-Bauten beweise, so daß das jetzt massierte Auftreten von Betonschäden ein spätes und warnendes Menetekel unserer Umweltvergiftung sei.
Beide Behauptungen sind falsch und zeigen lediglich zielgerichtete oder fahrlässige Ignoranz der Fakten.

Betonschäden
(Abb. 1)

Schäden an Betonbauteilen haben verschiedene Ursachen und sind deshalb auch unterschiedlich zu beheben. Sie treten im einzelnen auf durch:
- zu geringe Betonüberdeckung,
- durch chemischen Angriff,
- durch Frost,
- durch Tausalze,
- durch Verschleiß,
- durch zu hohe Belastung.

Wasser ist in den meisten Schadensfällen das schadentreibende Medium.
Betonschäden durch Frost treten besonders dann auf, wenn wassersaugender Beton der Witterung ausgesetzt ist oder auch bei höherer Betonqualität Wasser durch Risse ins Betongefüge eindringen kann.
Schäden durch Tausalze treten beim Hochbau im Sockelbereich oder in befahrenen Garagendecken auf und gefährden sonst hauptsächlich Brücken und vergleichbare Straßenbauwerke. Die Streusalzverseuchung erzeugt nicht nur die bekannten Kristallisationsdrücke beim Abtrocknen, sondern Salzwasser führt selbst bei noch alkalisch wirkender Betonummantelung der Bewehrung zur Chloridkorrosion.
Betonschäden durch Verschleiß sind selten und werden hier auch nicht weiter besprochen; sie entstehen an Ecken und Pfeilerkanten durch wiederholtes Entlangschleifen, so daß die Bewehrungsüberdeckung ständig verringert wird. In solchen Fällen sind Schrammborde oder ausreichende Radabweiser anzubringen.
Schäden durch Belastung sind ein Problem, das dem Werkstoff Beton nicht angelastet werden kann; die Möglichkeiten ihrer Behebung werden teilweise im Kapitel »Tragwerk« besprochen.

Betonschäden durch zu geringe Überdeckung können bereits zu Absprengungen durch Rostbildung führen (Abb. 2), doch weist dieser Mangel in der Bauausführung bereits auf das wichtigste Kapitel der Betonschäden hin, die Schäden durch chemische Angriffe.
Betonschäden durch chemische Angriffe können nochmal in lösende und treibende Angriffe unterschieden werden. Voraussetzung für den lösenden Angriff sind chemische Reaktionen meist an der Betonoberfläche, die die schwerlöslichen Verbindungen in leichtlösliche überführen, so daß diese abgetragen werden können. Im wesentlichen geschieht hier der Angriff durch Säuren, wobei vor allem Mineralsäuren, wie Salzsäure und Schwefelsäure, alle Bestandteile des Zementsteins auflösen können. Derartige lösende Angriffe mit starker Wirkung sind im Hochbau entweder nutzungsbedingt (Molkereien, Kellereien) oder lagebedingt (Moorwasser). Auch die Zerstörung von Kanalisationsröhren aus Beton ist weitgehend hierauf zurückzuführen. Demgegenüber ist der Säureangriff auf den Beton aus der Luftverschmutzung vernachlässigbar gering. Hier kennt der Beton einen anderen Feind, das in der Luft enthaltene Kohlendioxid (CO_2).

Abb. 1 *»Beliebter« Schaden durch erleichtertes Wassereindringen infolge schlechter Detailierung.*

Abb. 2 *Frühe Stahlbetonkonstruktion mit kapillar saugender Überdeckung.*

Die immer wieder aufgestellte Behauptung, auch das Schwefeldioxid (SO_2) übe auf den Beton einen wesentlichen schädigenden Einfluß aus, so daß insgesamt die Luftverschmutzung Schuld trüge an der gravierenden Zunahme der Betonschäden, ist mehrfach falsch: Zum einen ist die natürliche Konzentration an CO_2 in der Luft um etwa das Tausendfache größer als die von SO_2 und damit dessen Angriff, sieht man von der Verstärkung der lösenden Wirkung des Regenwassers durch das darin gelöste SO_2 ab, sehr gering. Zum zweiten ist die durch den Menschen verursachte Erhöhung der CO_2-Konzentration der Luft immer noch so gering, daß sich durch diese Umweltbelastung nur eine recht geringe und kaum meßbare Steigerung des Schadensverlaufs ergibt. Hier ist in der Argumentation nochmals ein entscheidender Fehler zu finden, da diese Schäden ausschließlich Stahlbeton betreffen, da durch die Karbonatisierung des überdeckenden Betons die Bewehrung nicht mehr gegen Korrosion geschützt ist.

Karbonatisierung

Stahl ist im Beton durch eine hohe Alkalität vor Korrosion geschützt; der pH-Wert liegt über 12,5. Diese Alkalität entsteht bei der Hydratation, womit die Erhärtung des Betons bezeichnet wird. Das sich dabei einstellende alkalische Milieu bewirkt, daß sich auf der Stahloberfläche eine oxidische Deckschicht ausbildet, die eine anodische Eisenkorrosion verhindert. Dieser Schutz ist jedoch nicht von endloser Dauer, da durch Diffusion der in der Luft enthaltenen sauren Gase das alkalische Milieu langsam neutralisiert werden kann. Da diese Neutralisation des Zementsteins hauptsächlich durch CO_2 entsteht, wird dieser Vorgang als Karbonatisierung oder Karbonatisation bezeichnet.

Dieser Vorgang im Beton verläuft mit einem guten Näherungswert nach einem Wurzel-Zeit-Gesetz, das heißt, daß die nach innen fortschreitende Karbonatisierung mit zunehmender Zeit immer langsamer wird. Sie kommt allerdings entgegen abwiegelnder Schutzbehauptungen nie zum Stillstand. Erreicht nun die Karbonatisierung den Bewehrungsstahl, wird der vorhandene Korrosionsschutz durch Alkalität aufgehoben und es herrscht auf der Stahloberfläche Korrosionsbereitschaft. Auch dieser Sachverhalt ist wichtig, denn »Korrosionsbereitschaft« heißt noch nicht »Korrosionsbeginn«. Es müssen nun korrosionsbegünstigende Einflüsse auftreten, worunter vor allem wieder das Eindringen von Wasser zu nennen ist. Nun beginnt der Bewehrungsstahl zu rosten, und dieser Korrosionsprozeß ist mit einer Volumenvergrößerung verbunden: Der Rost übt einen Druck auf die Betondeckung aus und sprengt diese ab.

Zwar laufen noch weitere korrosionsfördernde Prozesse im durchfeuchteten Stahlbeton ab, doch soll der Deutlichkeit halber im weiteren nur auf diese wesentliche Rostbildung eingegangen werden.

Das Problem in der Betonsanierung bei Karbonatisierung ist also die möglichst frühzeitige Verhinderung einer Korrosionsbereitschaft der Bewehrung. Ein Stahlbetonbauteil muß also eine möglichst starke Überdeckung haben; diese Überdeckung muß in ihrer Betonqualität möglichst gut sein. An den Änderungen der DIN 1045 ist der Wandel in der Erkenntnis der Schadensursachen sehr deutlich ablesbar: Während in der DIN 1045 (Ausgabe 1978) die bereits zu Zeiten ihrer Erstabfassung nicht bekannten Schadensgründe berücksichtigt waren, brachten erst die »Richtlinie zur Verbesserung der Dauerhaftigkeit von Außenbauteilen aus Stahlbeton« und die »Richtlinie zur Nachbehandlung von Beton« des Deutschen Ausschusses für Stahlbeton (DAfStb) entscheidende Änderungen. Hierin sind im Gegensatz zur DIN 1045 insbesondere die Betondeckung der Bewehrung erhöht und der maximal erlaubte Wasserzementwert auf 0,6 bei einer Erhöhung des Mindestzementgehaltes verringert. Diese 1983 beziehungsweise 1984 veröffentlichten Richtlinien waren somit als ergänzende Bestimmung zur DIN 1045 zu beurteilen.

Die neue DIN 1045 (Ausgabe Juli 1988) schreibt diese Werte fest und fort, wobei besonders die Betonüberdeckung anwuchs. Es wird allerdings der Praxis insoweit ein Hintertürchen für verringerte Betonüberdeckung offengehalten, als zwischen der Mindestüberdeckung min c nach dem Einbau auf der Baustelle, den Nennmaßen nom c aus der Bewehrungszeichnung und statischen Berechnung unterschieden wird – auf der Baustelle sind also doch wieder Betonüberdeckungen von nur 2 cm erlaubt – und dies sogar im Freien.

Im Gegensatz zum neuen Bauen in Stahlbeton muß die Betonsanierung sich allerdings ohnehin mit den Gegebenheiten abfinden, das heißt mit teilweise mangelnder Betonqualität in der Überdeckung und vor allem mit zu geringer Überdeckungsstärke, die vielfach nicht einmal den Mindestforderungen der alten Norm entspricht, wobei ein Trost darin liegt, daß die geringere Mahlfeinheit der Zemente vor 30 und 50 Jahren wesentlich höhere Endfestigkeiten ergab, als wir dies bei gleicher 28-Tage-Festigkeit bei den heutigen Zementen erwarten dürfen.

Karbonatisierungsverlauf

Aus dem Gesagten wird deutlich, daß Stahlbeton eben doch kein ewiges Leben hat, sondern daß in jedem Fall ein Altern – wenn auch in sehr unterschiedlichen Zeitläufen – eintreten wird, solange die Versuche, den Stahl bereits vor dem Einbau korrosionsfest zu ummanteln, noch keine baupraktische Lösung bringen. Die Karbonatisierungsgeschwindigkeit ist also eine wesentliche Größe, um vorausschauend Schäden zu erkennen, um vor allem auch finanzielle Prognosen für den Unterhalt von Stahlbetonbauwerken liefern zu können. Für diesen Karbonatisierungsverlauf gibt es eine vereinfachte Gleichung:

$$y = c \cdot \sqrt{t}$$

Es bedeuten

c Karbonatisierungskoeffizient
t Zeit in Jahren
y Mindestüberdeckung in Millimetern

Die Konstante

$$c = \frac{\text{Karbonatisierungstiefe (mm)}}{\text{Betonalter}}$$

bezeichnet Karbonatisierungswiderstand oder -geschwindigkeit und muß für jeden Beton gesondert ermittelt werden. Hierzu ist notwendig, durch Messungen die Karbonatisierungstiefe zu bestimmen, was durch einfache Untersuchungen möglich ist und das Alter des Gebäudes oder des Stahlbetonteils deutlich macht.

Ein Beispiel: Wurden als Karbonatisierungstiefe 12 mm ermittelt, und das Alter des Betons beträgt 16 Jahre, so ergibt sich in der Gleichung für c

$$c = \frac{12}{16} = 3\,\text{mm a}^{-0,5}$$

was bedeutet, daß dieser Beton im ersten Jahr etwa in einer Tiefe von 3 mm karbonatisierte. Die abgeleitete Beziehung zur Karbonatisierungstiefe in Abhängigkeit von der Zeit erlaubt nun eine theoretische Vorausberechnung des Karbonatisierungsverlaufs. Hat man beispielsweise als Über-

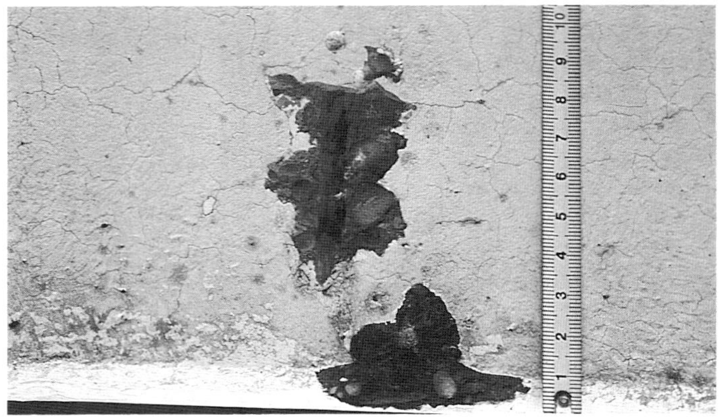

Abb. 3, 4 *»Farb«-Prüfung der Karbonatisierungstiefe.*

Abb. 5 *Phenophtaleinprüfung am Bohrkern.*

deckung mindestens 18 mm festgestellt, so errechnet sich eine Karbonatisierungszeit bis zur Lage der Bewehrung von

$$18 = 3 \cdot \sqrt{t}$$
$$t = 36\,a$$

Nach 36 Jahren hat also die Karbonatisierung die Bewehrung erreicht, dies heißt, daß bei ungehindertem Feuchteanfall ohne zusätzliche Maßnahmen in 20 Jahren mit Schäden zu rechnen ist, da das Bauwerk bereits eine Standzeit von 16 Jahren erreicht hat.
Nach dem heutigen Wissen entsprechen die theoretisch ermittelten Werte ziemlich gut der praktischen Erwartung. Es wird nochmals betont, daß hierin eine sehr gute Möglichkeit liegt, bereits längerfristig Sanierungsmittel gezielt einzuplanen.

Karbonatisierungstiefe

Um ein passendes Sanierungskonzept zu entwickeln, muß zu den Daten des Objektes auch der Schadensumfang bekannt sein. Die in diesem Falle wichtigste Prüfung ist die Bestimmung der Karbonatisierungstiefe. Hierzu wird eine frische und in die Tiefe reichende Betonbruch- oder Schneidfläche mit einer Phenolphthalein-Indikator-Lösung besprüht, die eine auffallende Violettfärbung dort zeigt, wo noch keine Karbonatisation erfolgt ist (Abb. 3 u. 4). Üblicherweise wird hier immer wieder empfohlen, für diese Bestimmung Bohrkerne zu ziehen, um so im Labor die Verfärbungstiefe zu ermitteln (Abb. 5). Es ist richtig, daß dies eine genaue Feststellung erlaubt, doch anders als bei Chlorideingriffen durch Tauwasserbeanspruchung ist hier eine pH-Wert-gestaffelte Tiefenmessung über mehrere pH-Stufen hinweg unnötig und praktisch auch kaum möglich. Da Bohrkerne aber einen sehr hohen finanziellen Aufwand bedeuten und wegen der Schwere des Gerätes ein Arbeiten auf dem Gerüst nochmals umständlicher wird, ist es zur Feststellung der Karbonatisierungstiefe sehr viel zweckmäßiger, vor Ort durch Aufstemmen mit Hammer und Meißel frische Betonbruchflächen zu schaffen und diese mit der Indikatorlösung zu besprühen. Dieser Aufwand ist erheblich geringer und damit soviel preiswerter, daß hiermit ein Bauwerk sehr viel gründlicher und dennoch mit geringeren Mitteln beurteilt werden kann. Auch Messungen der Betonfestigkeit mit dem Betonprüfhammer können Rückschlüsse auf die ermittelte Karbonatisierungstiefe geben, was in der Praxis jedoch als problematisch zu bezeichnen ist, da die Druckfestigkeit des Betons durch Karbonatisierung erhöht wird. Da aus naheliegenden Gründen auch der Zustand der Betondeckung über der Bewehrung wichtig ist, muß dieser ebenfalls bei der Begehung festgestellt werden. Zusätzlich zum Aufstemmen sind hier sehr viel rascher und zerstörungsfrei unterschiedliche Geräte einsetzbar (siehe »Untersuchungsmethoden«).
Nach der Beurteilung der Ergebnisse einer solchen Untersuchung kann das Sanierungskonzept erarbeitet werden. Bei Bestandserhaltung werden dabei folgende Arbeitsschritte notwendig:
- vorbereitende Arbeiten,
- Korrosionsschutz der Bewehrung,
- Wiederherstellung der Bauteiloberfläche,
- unter Umständen Deckbeschichtung.

Schadensbehebung (Abb. 6 bis 9)

Alle losen Betonteile werden von Hand oder maschinell entfernt, und der Baustahl wird freigelegt. Auch hier wird eine kostenmehrende Empfehlung immer wieder abgeschrieben und neu verbreitet: Der Baustahl muß umfassend so freigelegt werden, daß er in vollem Umfang behandelt werden kann. Auch wenn dies tatsächlich die optimale Sanierung darstellt, ist sie vielfach ökonomisch nicht vertretbar. Wichtig ist es, den Beton soweit abzustemmen, bis ein für die aufzubringenden neuen Baustoffe tragfähiger Untergrund vorhanden ist. Dies heißt auch beim Stahl,

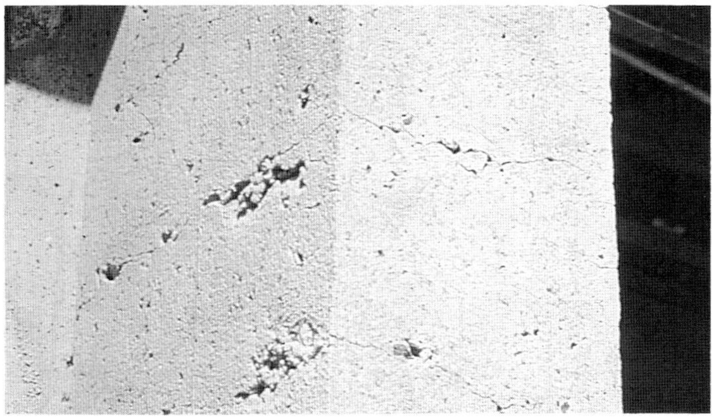

Abb. 6–9
Die freilegenden Arbeitsschritte.

daß die Bewehrung nur in Korrosionstiefe freigelegt wird oder so tief, wie sie bereits von zerstörtem Beton umgeben ist. Diese kostensparende Empfehlung ist vor allem deshalb sinnvoll, weil auch eine Sanierung durchaus Risiken birgt und es unsinnig ist, eine theoretisch mögliche Bestleistung unter völliger Mißachtung der Kosten auf die bauliche Praxis zu übertragen. Die Freilegung oder Teilfreilegung der Bewehrung erfolgt am besten durch Druckluftstrahlen mit festem Strahlgut (»Sandstrahlen«) oder auch einmal durch Hochdruckwasserstrahlen, da damit der unbedingt notwendige Entrostungsgrad Sa 2½ nach DIN 55928 erreicht werden kann.

Das zur Betonabtragung auch angewandte Flammstrahlverfahren, bei dem ein Acetylen-Sauerstoff-Gemisch entzündet und die Flamme über die Betonfläche geführt wird, ist dem Sandstrahlverfahren deutlich unterlegen, da die Abtragwirkung entscheidend von der Betonstruktur abhängig ist und stets die Gefahr oberflächennaher und damit festigkeitsmindernder Gefügerisse im belassenen Beton besteht.

Nach dem Sandstrahlen muß die Bewehrung sofort ihren neuen Korrosionsschutz erhalten. Dies könnte selbstverständlich auch durch entsprechende Reparaturmörtel allein geschehen, wenn die Überdekkungstiefe ausreichend wäre, was im Schadensfall üblicherweise nicht der Fall ist. Der Korrosionsschutz der Bewehrung wird deshalb durch besondere Beschichtungen erzielt. Diese bestehen in der Regel aus lösungsmittelfreien Epoxidharzen als passivem und Beimengungen wie Bleimennige oder Zinkphosphat als aktivem Korrosionsschutz. Zur Sicherheit werden zwei Beschichtungen aufgebracht, wobei die zweite Lage der epoxidharzgebundenen Korrosionsschutzbeschichtung vollflächig mit feuergetrocknetem Quarzsand abgestreut wird, um eine Haftbrücke für die nachfolgenden Reparaturmörtel zu erhalten (Abb. 10). Die Bemühungen, weniger umweltbelastende und verarbeitungsfreundlichere Korrosionsschutzbeschichtungen zu entwickeln, haben erst seit sehr kurzer Zeit zu vergleichbaren Ergebnissen geführt. Ein neues Verfahren verdient je-

Abb. 10
Der gesamte Verlauf einer Betonsanierung bis zur endgültigen Vermittelung.

doch Beachtung und Beobachtung: das »Verglasen« durch silicium-organische Verbindungen, die einen Korrosionsschutz auch ohne Freilegung des Baustahls zu ermöglichen scheinen.
Die Ergänzung der Betonfehlstellen durch Reparaturmörtel geschieht entweder durch zementgebundene kunststoffvergütete Mörtel oder aber bei vorherigem Überstreichen als Haftbrücken durch Kunstharzdispersionen oder wasserlösliche Epoxidharze. Der Mörtel selbst muß in Schubmaß, Kriechvermögen, Elastizitätsmodul und thermischer Längenänderung dem Beton angepaßt sein. Als Faustregel gilt, daß der E-Modul des Reparaturmörtels etwa die Größenordnung von 10 000 N/mm^2 nicht übersteigen sollte. Tiefere Fehlstellen sind in mehreren Lagen aufzufüllen, wobei 30 mm pro Arbeitsgang nicht überschritten werden sollten. Letztlich gilt für das Anarbeiten des Reparaturmörtels an den Beton, was für alle Anarbeitungen in Steinersatzmitteln oder Putzmörteln gilt: Die Reparaturstelle darf nicht auf Null auslaufen, so daß die Randzonen einige Millimeter tief auszuspitzen sind.
Muß nach der Reparatur der Fehlstelle diese der übrigen Oberfläche angeglichen werden, kann entweder der Reparaturmörtel selbst gestaltet werden oder aber es wird zusätzlich noch ein Feinspachtel oder eine Schlämme über die gesamte Fläche gezogen. Dies verlangt allerdings, daß ebenfalls die gesamte Betonoberfläche vorher gereinigt wird, was zweckmäßig mit heißem Wasser oder Dampfstrahl geschieht. Den besten Effekt erzielt hier das sogenannte Schlammstrahlen, also ein Naßstrahlen mit Zusatz von feinstkörnigem Strahlgut.
Damit wäre die Betonsanierung bei Karbonatisierungsschäden abgeschlossen. Man muß jedoch davon ausgehen, daß man nur jene Schäden erfassen konnte, die sich entweder bereits zeigten oder die wegen der festgestellten zu geringen Betonüberdeckung in Kürze zu erwarten sind. Es ist deshalb zweckmäßig, nach Abschluß dieser Maßnahmen als letzten Arbeitsgang eine diese Sanierung absichernde und die nicht sanierten Teile prophylaktisch schützende Behandlung durchzuführen. Dies wird meist schon deshalb sinnvoll, weil eine optische Angleichung der Reparaturstelle und des Altbetons notwendig wird. Hierzu wird ein karbonatisierungsbremsender Anstrich empfohlen, der zweckmäßigerweise zusätzlich eine hydrophobierende Wirkung hat. Kriterium für die Wirkungsweise eines solchen Anstrichs ist die Diffusionswiderstandszahl μ oder die für CO_2 hieraus errechnete äquivalente Luftschichtdicke s_d, die größer oder gleich 50 m sein soll.
Weitere Möglichkeiten zum Schutz von Betonoberflächen werden unter »Fassadenschutz« und »Tragende Bauteile« beschrieben; die vor allem bei Garagen und Verkehrsbauten zu findenden Chloridschäden werden, wie bei »Untersuchungen« beschrieben, ermittelt.

Steinschutz

Naturstein an einem Gebäude unterliegt selbstverständlich den gleichen Beanspruchungen wie eine Ziegel-, Beton- oder verputzte Wand (Abb. 1). Wenn der Steinschutz gesondert beschrieben wird, dann deshalb, weil nicht einmal Steine gleicher Entstehungsart und gleicher Herkunft gleich auf Wasser, Frost und Salz reagieren, sondern selbst innerhalb eines Bruchs unterschiedliche Qualitäten auftreten. Zudem wurden in der Regel Bauzier und freistehende Plastiken bei uns meist aus Naturstein geschaffen – in anderen Ländern können gebietsweise Terrakotten überwiegen.
Ein weiterer Grund, den Schutz von Naturstein hervorzuheben, liegt auch darin, daß seine Zerstörung uns besonders auffällt, da »Stein« und »ewig-dauernd« fast schon als Synonym verwendet werden.
»Stein« kennt heute im Gegensatz zu den meisten Epochen auch keine zusätzliche Schutzschicht mehr: Seitdem die späte

Abb. 1 *Der alte Stein und sein neuer Ersatz: auch der »ewige« Stein bedarf der Pflege und des Schutzes.*

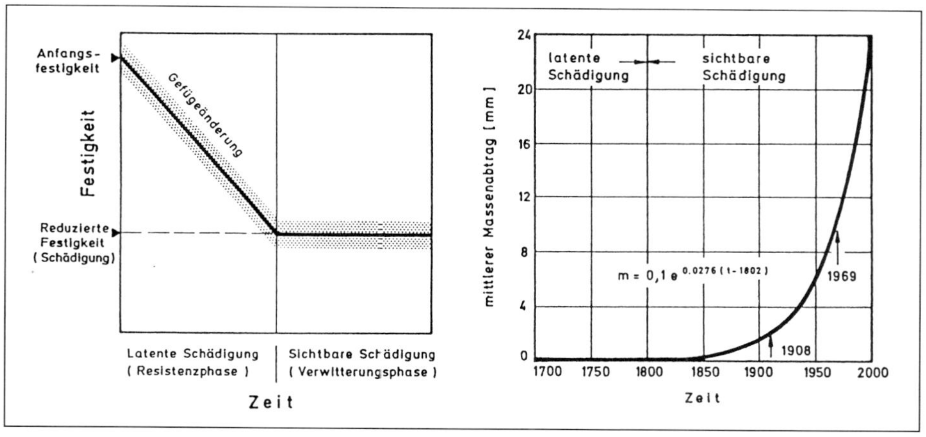

Abb. 2 *Allgemeines Ablaufschema der Gesteinsschädigung durch Witterungseinflüsse (Künzel).*

Romantik vor etwa 150 Jahren Steinfarbe und -struktur als eigenen ästhetischen Reiz entdeckte, ist es kaum mehr möglich, altem Bestand oder neuem Natursteindetail durch Putzlage oder Kalkschlämme eine eigene, farbtragende Verwitterungsschicht zu geben oder sogar direkt mit Ölfarben zu überstreichen.
Falsch ist es sicherlich, den Steinschutz nur als Problem der Industrialisierung und Modernisierung unserer Zeit darzustellen. Alte Quellen weisen deutlich darauf hin, daß verbauter und bewitterter Stein immer eine endliche Standzeit besaß und »gepflegt« werden mußte. Das Folgende könnte einem heutigen Gutachten entnommen sein: »Viele Werkstücke haben aller Einwirkung Trotz geboten, andere sind in dünnen Schalen abgelöst, noch andere haben sich auf eine gewisse Tiefe in Sand aufgelöst« (Zumpft und Osterwald, Coblenz 1829). Künzel »wagte« es 1987 als erster, diese meist aufgrund weniger Fotografien theoretisch abgeleitete und von da ab fleißig weiter abgeschriebene Hypothese in Frage zu stellen, ohne deshalb die vielfach belegte Bedeutung der Abgase zu leugnen, über deren negatives Wirken bereits zeitabhängige Steinschädigungskurven aufgestellt wurden und nach entsprechend häufiger Übernahme als belegt gelten. Nach Künzel ist jeder frischgewonnene Naturstein widerstandsfähig gegenüber allen üblichen thermischen, hygrischen und mechanischen Einflüssen – wäre er es nicht, würde er rasch als ungeeigneter Baustoff erkannt werden. Diese Widerstandsfähigkeit besagt allerdings nicht, daß nicht von Anfang an kleinste Veränderungen von der Oberfläche her die Stoffeigenschaften verändern, was als »latente Schädigung« bezeichnet wird, die dann erst die sichtbar werdende Verwitterungsphase beginnen läßt, für die eine Anfangsfestigkeit auf einen bestimmten Wert reduziert ist (Abb. 2). Diese neue Beurteilung des Ablaufs einer Steinzerstörung widerlegt die bisherige nicht im einzelnen, sondern ergänzt sie sinnvoll. Ebenso wie Stahlbeton allen Wünschen und Behauptungen zum Trotz kein ewiges Leben hat, sondern selbst in reinster Luft kalkulierbar »stirbt« (siehe »Betonsanierung«), steuert jedes Natursteindetail über die Jahrzehnte und Jahrhunderte auf jenen Zeitpunkt zu, an dem es sichtbar und bestandsverringernd verwittern muß. Resistenzzeit und Verwitterung sind dabei abhängig von den Steineigenschaften wie auch von der Bewitterung selbst.

Dieser »Streit« zweier Hypothesen würde nicht in ein Buch über praktische Sanierungsfragen aufgenommen werden, wenn nicht die Sinnfälligkeit der meisten Maßnahmen davon abhinge, welche Annahme die richtige ist, denn es ist ein Unterschied, ob ich – mit welchen Maßnahmen auch immer – die Resistenzphase verlängern kann, oder ob ich einen sonst fast unzerstörbaren Werkstoff gegen bekannte »Feinde« schützen muß.

Ursachen der Steinzerstörung

In der Reihenfolge ihrer Auswirkung lassen sich die Ursachen unterteilen in physikalische, chemische und biologische Zerstörungsprozesse. Die physikalische – oder mechanische – Korrosion umfaßt klimatische Beanspruchungen wie den Frost-Tau-Wechsel, Temperaturwechsel und die Salzkristallisation, aber auch Erschütterungen: Beim Konzert der Popgruppe Pink Floyd in Venedig im Juli 1989 brach von der Steinzier der den Markusplatz umgebenden Gebäude so viel an Steinsubstanz ab, daß der die Veranstaltung genehmigende Bürgermeister seine Demission einreichte.
Die chemische Korrosion, als Folge der Luftverschmutzung am bekanntesten, wandelt durch Einwirkung schwer löslichen Kalk in leicht löslichen Gips um, was eine Zerstörung des Bindemittels vieler Natursteine bedeutet: Der Stein beginnt sich aufzulösen. Leider, wenn auch viel weniger beschrieben, werden auch Silikate durch diesen sauren Regen angegriffen. Diese beiden Prozesse stehen hier auch stellvertretend für andere Bereiche der Luftverschmutzung. Ein weiterer und ebenfalls unterschätzter Bereich meist chemischer Zerstörung liegt in der falschen oder fehlerhaften Anwendung von Steinschutz- und Fassadenreinigungsprodukten (siehe »Fassadenreinigung«) und in der Ablagerung von Taubenkot, aber auch in der Verwendung ungeeigneter Baumaterialien, z. B. Portlandzement → Na^+, K^+ → Salze.
Der biologischen Korrosion wird derzeit ein besonderes Augenmerk gezollt – zum Teil sicherlich mehr aus Mode; dennoch darf die langfristige Belastung durch Flechten, Algen, Moose oder gar höhere Pflanzen in ihrer mechanischen (Wurzel) und vor allem chemischen (Stoffwechsel) Auswirkung nicht übersehen werden; hierzu kommt noch der mikrobiologische Befall durch Bakterien (Nitrifikante, Sulfurifikante). Organischer Befall ist also negativ einzustufen; wieweit gegen ihn vorgegangen werden muß, sollte aber am Schadensumfang – und dieser bezogen auf die Zeit – gemessen werden.

Steinart

Entsprechend ihrer vergleichsweise leicht zu bearbeitenden Substanz machen uns vor allem Natursteinteile aus zweierlei Materialien zu schaffen: Sandstein und Tuff. Sandstein wird in allen Gegenden Deutschlands sowohl als Baustoff selbst als auch als Verkleidung oder steinmetzmäßig bearbeitete Bauzier verwandt; Tuff, der je nach Entstehungsart in feuchtem Zustand besonders leicht gesägt werden kann, meist als Baustein.
Unter Tuff werden sehr unterschiedliche Steinarten verstanden. Tuff wirft deshalb besondere Probleme auf, weil Porenanteil und vor allem -größe und -verteilung das Wasser besonders leicht aufzunehmen erlauben und ein chemisches »Schließen« vor allem der größeren Poren bisher nicht zu schaffen ist – es sei denn, über eine neue, wasserabweisende Oberfläche – Verkleidung, hydrophobierter Putz –, was aus denkmalpflegerischen Gründen selbst dort abgelehnt wird, wo die ehemals tatsächlich verputzte und farbig gefaßte Fassade im 19. Jahrhundert steinsichtig wurde. Tuff ist mit den heute bekannten Mitteln also nicht so ausreichend wasserabweisend einzustellen, daß eine genügend gute Verbesserung seiner Widerstandsfähigkeit ohne zusätzliche Schadensmöglichkeit gegeben ist. Forschungsvorhaben, die sich gerade dieser Steinart annehmen, sind noch nicht zum Abschluß gebracht.

Abb. 3. *Häufige Belastung im Sockelbereich: Wasser und Salz.*

Sandstein gibt es nicht nur in sehr unterschiedlich resistenten Arten, was hauptsächlich auf die Zusammensetzung der Bindemittel zurückzuführen ist – calcitisch, tonig und quarzitisch, sondern er ist als Sedimentgestein auch verschieden geschichtet, so daß einige der wesentlichen Steineigenschaften von der Lage des Steins zur Wandoberfläche abhängen. Es gilt dies besonders für das Wassereindring- und Rückhaltevermögen wie auch für schadensfreie Übernahme von Lasten – beides in verbautem Zustand (Abb. 3). Allein schon hieraus läßt sich unschwer ableiten, daß jede Sanierung ohne Kenntnisse dieser Unterschiede zum Glücksspiel wird.

Steinschäden

Die ersten Hinweise auf die Schadensursache führen zu folgenden möglichen Schäden:

Abpudern
zeigt einen mehlartigen, manchmal auch auf dem Boden feststellbaren Verlust bei erstaunlich geringer Schichtdicke und ist oft auf Teilbereiche der Oberfläche begrenzt. Besonders dichtere Steine neigen hierzu; meist zeigt der Stein deutliche Kavernen. Die Ursache liegt in ungleicher Zusammensetzung, wobei stärker lösliche Bestandteile, auch unter Mithilfe von Salzen, zerlegt werden.

Absanden
fällt am häufigsten auf; die Oberfläche wirkt feinkörnig aufgerauht, am Boden findet sich vielfach Sand, und die Oberfläche läßt sich sandig abstreifen. Die Ursache ist immer eine Bindemittelschwächung, durch verschiedene Ursachen ausgelöst.

Bröckeln
bilden unregelmäßige Steinstückchen, die ebenfalls leicht von Hand in der obersten Lage abgerieben werden können. Die Ursachen können die vorhergenannten sein, doch enthält der Stein zusätzlich mikroskopische Rißchen, die ein Eindringen des Wassers begünstigen.

Aufblättern
mit teilweise blasenartigem Aussehen ist auf kleinen rundlichen Hohlstellen zu finden; es entsteht durch Bildung eines treibenden Minerals, kann jedoch auch bei dampfdichten Beschichtungen des Steins auftreten (Abb. 4). Hauptursache ist der falsche Einbau des Steins, der dann »auf Spalt« statt »auf Lager« versetzt, leichter Wasser aufnehmen kann (Abb. 5).

Ausblühungen
vielfach als helle Krusten, finden sich hauptsächlich an regengeschützten Stellen als Reaktion von äußerlich einwirkenden Schadstoffen oder aber auch als Ablagerung gelöster Salze, die in beiden Fällen nicht ständig durch Regen abgetragen werden.

Schmutzkrusten
sind dunkle bis schwarze, meist sehr dünne Schichten, die sowohl fest als auch locker aufsitzen können. Staub und vor allem Ruß, aber auch der Gummiabrieb der Autoreifen und andere fettige und ölige Luftbestandteile gehen mit neuen Mineralbildungen an der Oberfläche eine innige Verbindung ein (Abb. 6). Die Ablösung selbst geschieht wieder unter Einfluß von Wasser und/oder Salzen.

Schalenbildung
kann in kleinen, kaum handtellergroßen Partien auftreten, aber auch großflächig die gesamte Front eines Steins erfassen. Die Schale selbst ist hart und durch tiefer herausgelöste Bindemittel verfestigt und sitzt auf einer lockeren, meist gipsreichen und stark wasserhaltigen Schicht auf, deren Zustand den drei erstgenannten Erscheinungsformen entspricht. Hat sich eine solche Schale auf lockerem Grund gebildet, beginnt zusätzlich der Frost-Tau-Wechsel zu wirken. Schalenbildung ist bei Sandsteinen häufig zu finden.

Risse
können selbstverständlich unterschiedlichste statische Ursachen haben. Risse, die jedoch auf den einzelnen Stein, meist sogar nur auf Bereiche dieses Steins beschränkt sind, haben ihre Ursachen im unterschiedlichen Gefüge des Steins selbst, in Temperaturspannungen, in mechanischen Schädigungen während der Verarbeitung und so weiter. Sandsteine mit senkrechten, vielfach parallelen Rissen weisen darauf hin, daß dieser Stein vom Steinmetz falsch, nämlich nicht senkrecht zur Schichtung, eingebaut wurde.

Schadensvoraussetzung

Am praxisnächsten läßt sich die Neigung eines Steins zur Schadensbildung an jenen Faktoren aufzeigen, über die durch Untersuchungen *vor* Inangriffnahme der Sanierung eine Aussage getroffen wird.

Kapillare Saugfähigkeit
beschreibt einen Bereich der Wasseraufnahmeleistung wie auch der Transportleistung für gelöste Schadstoffe – wie später auch der Hydrophobierungs- und Festigungsmittel. Sie ist abhängig von der

Gesamtporosität,
aber auch vom Verhältnis der Grob- zu den Feinporen, was wiederum die Wasseraufnahmefähigkeit mitbestimmt.

Löslichkeit,
aber auch

Quellfähigkeit
des Steins und seiner Bindemittel geben einen direkten Hinweis auf die Verwitterungseigenschaften und das zu erwartende Schadensbild bei entsprechender Beanspruchung.

Abb. 4 *Feinteiliges Aufblättern.*

Abb. 5 *Deutlich ist der Einbau in falscher Schichtung zu erkennen.*

Abb. 6 *Typische Schädigung durch Luftverschmutzung.*

Salzsprengtests
werden häufig nicht nur als Aussage für die Beanspruchung durch Salze durchgeführt, sondern auch für die

Frost-Tau-Beständigkeit,
obwohl sich beide Beanspruchungen im Steinverhalten nicht direkt miteinander vergleichen lassen.

Verwitterungstests
zeigen eine Änderung in der Mikrohärte an;

auch die Abriebfestigkeit
gibt einen Anhalt zur Steinfestigkeit, zumindest der oberflächennahen Schichten.

Schadenskartierung (Abb. 7)
macht deutlich, daß die Lage des Steins am Bauwerk oft übersehen oder auch falsch beurteilt wird. So sind die Wetterseiten – bei uns meist Westen – zwar verstärkt allen Wasserangriffen und damit Auswaschungen und Lösungsvorgängen ausgesetzt, doch findet man kaum die schadensträchtige Krustenbildung an der wetterabgewandten Seite – Osten – und unter regenschützenden Überhängen. Sockel sind zudem durch Salze belastet oder – wie andere typische Bereiche auch – durch Traufwasser.

Die aufgeführten Gesteinsmerkmale und Untersuchungen sind nicht vollständig und zeigen doch schon, daß es nicht möglich sein wird, listenhaft eine Wertung über den Verwitterungsgrad und die Kosten-Nutzen-günstigste Sanierungsweise abzugeben. Verstärkt wird das Problem noch dadurch, daß die Bedeutung der Verwitterungstiefe auch von der Bedeutung des Objektes abhängt. Was an einem meterdicken Sandsteinsockel als selbstverständlicher und langfristig akzeptabler Verlust eingestuft werden kann, bedeutet für die Sandsteinplastik unter Umständen bereits den Gesamtverlust eines originalen Kunstwerks durch Verlust der vom Künstler geschaffenen Oberfläche.

Sanierungsdurchführung

Voruntersuchung
Jede Steinsanierung setzt gründliche Kenntnisse über diesen einen speziellen Sanierungsfall und damit über gerade diesen einen Stein voraus und macht somit Voruntersuchungen nötig (siehe »Untersuchungsmethoden«).
Am Objekt selbst liegt das Problem vielfach darin, ohne Zerstörungen möglichst viel zu erfahren. Gerät und Verfahren sind hierzu seit Jahren in Erprobung, doch der gewünschte Erfolg steht noch aus. Mit Ultraschallgeräten lassen sich zwar einige unsichtbare Gefügestörungen im Stein auffinden und unter Umständen Angaben machen über die Tiefe der oberflächennahen Zermürbung. Nochmals muß hier jedoch die Schadenskartierung angesprochen werden; ihre sorgfältige Durchführung ist Garant dafür, daß die visuelle Beurteilung mit genügender Genauigkeit geschehen ist, denn nur durch sie lassen sich Schäden und auch schadensfreie Bereiche in den wichtigen Zusammenhang zu konstruktiven, architektonischen und auch baugeschichtlichen Gegebenheiten bringen.
Die hauptsächlichsten Untersuchungen müssen allerdings im Labor durchgeführt werden und verlangen deshalb eine Probenentnahme durch Bohrkerne, möglichst aus einer Tiefe von mindestens 100 mm. Im einzelnen können folgende Kennwerte überprüft werden: kapillare Wasseraufnahme, Quellen, Gesamtporosität, Wasseraufnahmekoeffizient, Frostkennwert, Diffusionswiderstandszahl, Druck- und Zugfestigkeit, Salzgehalt und Versalzungstiefe. Der Vergleich dieser Werte zwischen geschädigtem und gesundem Stein erlaubt die Festlegung eines Sanierungskonzeptes unter Kenntnis des erreichbaren und auch sinnvollen Sanierungsziels. Es ist selbstverständlich, daß bei jeder Probenentnahme auf den Bestand Rücksicht zu nehmen ist.
Für die einzelnen Schritte dieser Voruntersuchung und ihre Bedeutung wird verwiesen auf die VDI-Richtlinie 3798, »Konservierung von Naturstein und anderen nichtmetallischen Materialien bei Objekten von kulturhistorischer Bedeutung«.

Vorfestigung und Sicherung

sind der zwar vielfach vergessene, aber häufig nötige erste Schritt zur Steinsanierung. Dies schließt bei größeren, lockeren Oberflächenzonen ein, daß erhaltenswerte Einzelteile abgenommen und für sich vorbehandelt werden. Die Durchführung dieser Vorfestigung entspricht prinzipiell der Festigung.

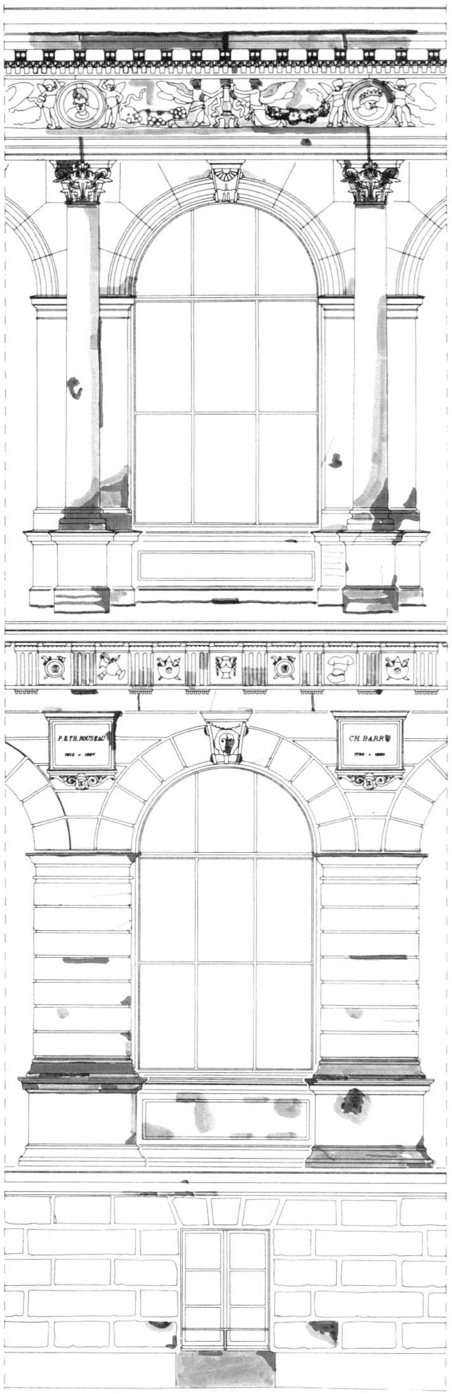

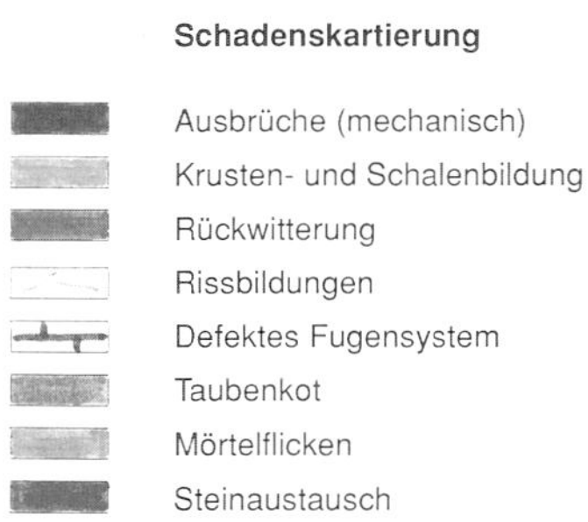

Abb. 7 *Schadenskartierung einer Gebäudeachse als Grundlage für Massenermittlung und Ausschreibung.*

Reinigung (Abb. 8)
ist grundsätzlich Voraussetzung für jede weitere Steinsanierungsmaßnahme. Sie wird ausführlich beschrieben im Kapitel »Fassadenreinigung«.

Beseitigung von Schadensursachen
ist zwar nötig, aber leichter gefordert als getan. Im Zuge der Steinschadenskartierung und Voruntersuchung wird der Planende und bei Vorfestigung und Reinigung der Ausführende nach Augenschein und Erfahrung Art und Ort der Schadensursachen kennen. Sie reichen von zu hoher Versalzung bis zu wasserführender Detailausbildung. Die Schwierigkeiten, Salze zu bekämpfen, sind bekannt (siehe »Salzbekämpfung«); jedes Gesims, jedes Profil, jede figürliche Darstellung zu verblechen oder zu überdachen, ist absurd. Dennoch darf die Beseitigung von Schadensursachen nicht beiseite geschoben werden: Salzangriffe können von Fall zu Fall chemisch oder mit Kompressen verringert werden; die zwingend notwendige Regenabdeckung eines Gesimses kann ohne Verblechung im Stein selbst geschehen durch Überziehen einer dünnen, transparenten Silikon-Kautschuk-Schicht, die zur besseren Angleichung in frischem Zustand mit einem Steinmehl-Sand-Gemisch bestreut wird.

Festigung
der lockeren Oberflächenzonen des Steins geschieht grundsätzlich durch Zufuhr eines Bindemittelersatzes; im Prinzip ist dies ein Aufheben des Verwitterungsprozesses und Rückführen auf einen früheren Festigkeitszustand des Steins. Dieses Bild erlaubt auch dem Laien, einen Entschluß nachzuvollziehen, da es zum einen gar nicht darauf ankommen kann, eine möglichst hohe, vielleicht sogar unübliche Festigkeit zu erlangen, und daß zum anderen die zum Steininneren abnehmende Verwitterung auch so abnehmend gefestigt werden sollte, daß wiederum ein möglichst gleichförmiges Festigkeitsprofil entsteht.
Seit langem versucht man schon diese Wiederzuführung von Bindemitteln, die meist tatsächlich auch »klebend« wirken und immer wieder zu neuen Schäden führen. Stellt man die Anforderungen an ein solches Festigungsmittel auf, schränkt sich die Auswahl verblüffend ein. Demnach muß ein Festigungsmittel folgende Anforderungen erfüllen:
- Eindringfähigkeit bis mindestens zum gesunden Stein,

Abb. 8 *Reinigung einer Sandsteinfigur.*

- Abscheiden eines witterungsbeständigen Bindemittels,
- keine Bildung bauschädlicher Nebenprodukte,
- keine negativen Veränderungen der bauphysikalischen Eigenschaften des Steins,
- keine optische Veränderung der Steinoberfläche.

Die heute am stärksten eingesetzten Produkte sind Kieselsäureester, ein Reaktionsprodukt aus Kieselsäure und Alkohol,

$$\underset{\text{Kieselsäure}}{Si(OH)_4} + \underset{\text{Alkohol}}{4\,ROH} \rightarrow \underset{\text{Kieselsäureester}}{Si(OR)_4} + \underset{\text{Wasser}}{H_2O}$$

die für diesen Zweck bereits seit vielen Jahrzehnten genutzt werden. Daß ihre Anwendung lange Zeit zu heute nicht mehr zwingenden Schäden führte, zeigt, daß es auf die Konfektionierung dieses Stoffes ankommt. Im Prinzip wird ein porenfüllendes und damit im Stein wieder bindendes Kieselgel abgeschieden. Da dieser Vorgang allgemein bekannt ist, wurden früher häufig und werden heute ab und zu noch Wasserglasverbindungen – Alkalisilikate – für die Steinfestigung angeboten. Diese dringen jedoch nicht nur schlechter ein, sondern bilden als schädigendes Nebenprodukt Salz, während bei Kieselsäureestern nur flüchtige Nebenprodukte anfallen.
Zur Reaktion ist ein Katalysator notwendig, der damit auch die Güte dieser Produktgruppe bestimmt – der Grund, weshalb frühere Anwendungen scheiterten. Die Reaktionszeit liegt abhängig von Temperatur und Feuchtegehalt des Steins zwischen zwei und vier Wochen. Da Methyl giftig ist, werden heute fast nur noch Kieselsäureäthylester eingesetzt, die dann mit Alkohol oder Ketonen verdünnt werden. Die Konzentration kann bis zu einem Wirkstoffgehalt von 80 Prozent verarbeitet werden; üblich sind bis zu 70 Prozent, doch ist zu berücksichtigen, daß jede Verringerung der Konzentration eine ebenso verringerte Bindemittelabscheidung ergibt.
Auch hier wird wieder deutlich, wie wichtig die Voruntersuchung ist. Nur sie gibt Auskunft, wie viel an »teurem« Wirkmittel eingebracht werden kann und muß.
In jüngster Zeit wurde wieder der festigende und schützende Einsatz von Polymeren (PUR-, EP- und PMMA-Harze) als günstiger für den Stein beschrieben. Sieht man davon ab, daß Versuche hiermit durchaus nicht neu sind, konnten die Gründe für ihre Ablehnung bisher nicht widerlegt werden, so daß Zurückhaltung empfohlen wird.
Aufgebracht wird der Steinfestiger durch möglichst druckloses Fluten in mehrfachen Einzeltränkungen, die in kurzem Abstand – ca. 10 Minuten – naß in naß vorgenommen werden. Je nach Saugfähigkeit des Steins ist nach zwei bis fünf solcher Tränkungen eine Pause von einer halben bis zu einer Stunde einzuschieben, wonach ein zweiter, unter Umständen auch

noch ein dritter Tränkungszyklus beginnt. Der flächige Umfang der Festigungsmaßnahme darf nur so groß gewählt werden, daß die Tränkungen an einem Tag abgeschlossen sind, da sonst Verglasungen und Verkrustungen die Weiterarbeit behindern können. Dies wird auch dadurch vermieden, daß nach der letzten Tränkung die Steinoberfläche mit reinem Lösungsmittel abgewaschen wird; auch mögliche farbliche Veränderungen werden so verringert und grundsätzlich das Eindringen des Wirkmittels verbessert.
Kleinere, bewegliche Objekte können im Tauchverfahren gefestigt werden. Dabei wird der Stein vollständig in ein Bad mit Wirkmittel gelegt, muß allerdings von Zeit zu Zeit zum Ablüften herausgenommen werden, damit die maximale Eindringtiefe erreicht werden kann. Um an teurem Festigungsmittel zu sparen – das überschüssige Material beginnt zu reagieren und darf nicht mehr weiterverwendet werden –, hüllt man den Stein eng in eine Folie und schüttet den Kasten mit irgendeinem lockeren Füllstoff – Sand oder ähnlichem – aus. Das Wirkmittel wird nun zwischen Folie und Stein gegossen, wobei allerdings das Entlüften unverhältnismäßig teuer zu Buche schlagen wird.
Auch durch eine saugfähige Kompresse, die wieder mit einer Polyäthylenfolie umwickelt wird, läßt sich die Wirkmittelmenge in Grenzen halten. Das Objekt steht dabei in einer Wanne, wobei wiederum nur so viel oben eingefüllt wird, daß in der Wanne möglichst wenig austritt. In beiden Fällen ist als letzter Arbeitsgang wieder das Nachwaschen mit Lösungsmittel anzuschließen.
Das Druck- oder Vakuumverfahren erlangte seinen besonderen Bekanntheitsgrad nicht, weil es häufig angewandt wird, sondern weil damit immer wieder bekannte Steinplastiken gefestigt werden, worüber dann in Veröffentlichungen zu lesen war. Für dieses Verfahren erhält das Objekt eine Bohrung, in die ein Metallstab so eingekittet wird, daß das vollständig untergetauchte Objekt daran mittels Vakuumpumpe saugfähiger wird. Meistens werden hier Acrylharze verwendet. Eine solche Festigung verändert den Stein insgesamt und sollte deshalb nur in sonst hoffnungslosen Fällen angewandt werden.

Steinersatz

geschieht auf zwei sehr unterschiedliche Weisen: Entweder wird der verwitterte Teil scharfkantig abgestemmt und vom Steinmetz neu ergänzt oder es werden Steinersatzmassen aus Mörtel eingesetzt. Gute Produkte dieser Art werden für jeden Bau in Körnung und Farbe entsprechend dem Ist-Zustand eingestellt (Abb. 9 u. 10).

Abb. 9, 10 *Beispiele für mangelhafte Abstimmung der Ergänzungsmassen auf dem Naturstein.*

Wie für alle Putzausbesserungen gilt auch hier, daß der Mörtel nicht auslaufend, also verstreichend verarbeitet werden darf, sondern vorab die Steinfläche sauber und scharfkantig abzuspitzen ist. Für größere Bereiche sind zur Sicherheit Dübel einzusetzen. Sie müssen nichtrostend sein, sollen also zumindest aus V4A-Stahl bestehen. Günstiger sind Kunststoffdübel mit flächigen Haltefeldern.
Da die Schäden am Stein vielfach von der Fuge ausgehen, gehört auch ihre Sanierung zum Steinschutz. Fugensanierung ist ausführlich im »Fassadenschutz« beschrieben.

Hydrophobierung

Alle bisherigen Maßnahmen zielten dahin, den Stein in alter Form und auch innerer Struktur wiederherzustellen; ein zusätzlicher Schutz ist damit noch nicht gegeben. Vielfach werden deshalb hydrophobierend eingestellte Kieselsäureester angeboten, die, wie alle guten Hydrophobierungen, die Dampfdurchlässigkeit wenig, die Wassereindringfähigkeit stark reduzieren. Hydrophobierungen können jedoch auch als eigene Tränkung aufgebracht werden – und zwar durch zwei- bis dreimaliges Besprühen. Hauptsächlich angewandt werden siliziumorganische Verbindungen, also Silikone. Hydrophobierung, ihre Vorzüge und Gefahren sind unter »Fassadenschutz« ausführlich beschrieben.

Überprüfung der Steinsanierungsmaßnahmen

Da jeder Naturstein als Naturprodukt einer viel größeren Spielbreite der Werkstoffeigenschaften unterliegt als ein Ziegel oder gar Beton, sollte jede größere Steinschutz-Maßnahme nach einiger Zeit auf ihren Erfolg überprüft werden. Dazu gehören nicht nur leider wieder Probenentnahme und Untersuchung, sondern möglichst auch das Belassen unbehandelter Partien als Referenzflächen. Freilich wird jede Nachprüfung dann sinnlos, wenn die Maßnahme selbst nicht in ihren Einzelschritten geplant und – überwacht! – durchgeführt ist.

Putze

Putzmörtel ist an sich ein dauerhafter Baustoff. Viele Bauten vergangener Epochen sind uns mit unbeschädigter Außenhaut erhalten geblieben. Dennoch sind Schäden am Außenputz häufig, und seine Sanierung ist Voraussetzung für einen guten und dauerhaften Anstrich.
Die Beurteilung von Putzschäden ist teilweise schwierig, weil Witterungseinflüsse, Verarbeitungsfehler und anderes mehr im nachhinein nicht oder nur noch teilweise erkannt werden können. Zudem sind am Altbau häufig Mörtelmischungen verwendet worden, die heute ungebräuchlich sind, auch die Auftragstechniken gingen teilweise verloren.
So kann ein Außenputz am Altbau auch Ausdruck der Bauepoche sein. Seiner Pflege oder sachgemäßen Erneuerung kommt daher erhebliche Bedeutung zu, gleich ob diese Putzhaut zusätzlich Applikationen von hohem künstlerischem Wert trägt (Abb. 1) oder in zweckmäßiger Bescheidenheit äußerste Verschleißschicht eines vielseitig beanspruchten Bauteils ist (Abb. 2). Hierin liegt die zweite und gerade in unserer Zeit häufig ignorierte Aufgabe eines Außenputzes: Er soll optimal ausgeführter Teil eines technischen Ganzen sein.
Die Mißachtung dieser Selbstverständlichkeit der »Anerkannten Regeln der Baukunst«, die seit einigen Jahren demaskierend »Anerkannte Regeln der Technik« genannt werden müssen, kann verheerende Folgen für jedes Bauwerk haben – gleich ob alt oder neu. Es muß also als Zeichen minderer Baugesinnung gewertet werden, daß alte wie neue Außenputzmaterialien und -techniken, ebenso auch Anstrichsysteme, in ihren positiven Eigenschaften angepriesen werden, ohne gleichzeitig den Putzuntergrund, also Art und Material der zu verputzenden Außenwand, vorzuschreiben oder auf passende Systeme einzuengen. Hier bringt die neue DIN 18550 eine Verdeutlichung dieses Zusammenhangs. Die Sanierung des Putzes muß auch den Putzträger berücksichtigen. Dabei ist die relative Elastizität alter Bauweisen gegenüber neu erstellten Gebäuden zu bedenken.
Umgekehrt muß aber darauf verwiesen werden, daß auch der Anstrich Teil dieses einen gesamten Bauteils ist und deshalb ebenfalls den genannten Abhängigkeiten unterworfen bleibt: Innenanstrich, Innenputz, Mauerwerk, Außenputz, Fassadenanstrich müssen also im Zusammenhang gesehen werden.
»Putz« nach überlieferter Definition ist ein Belag aus Mörtel, der auf gemauerte oder gegossene Wände, Pfeiler, Decken und ähnliches aufgebracht wird und deren Festigung und Schutz dient, zugleich aber auch formale Aufgaben übernimmt. Leider gilt nach der Putznorm inzwischen eine erweiterte, nur der einschlägigen Industrie dienende, aber irreleitende Definition, nach der auch Beschichtungsstoffe als Putze zu betrachten sind. Zutreffend im Sinne dieser sprachlichen Ungenauigkeit ist deshalb auch die Bezeichnung »Kunstharzputze«, obwohl sie zumindest physikalisch mit den eigentlichen, den mineralischen Putzen nichts gemein haben.

Abb. 1 *»Lüftlmalerei« an einem bäuerlichen Haus.*

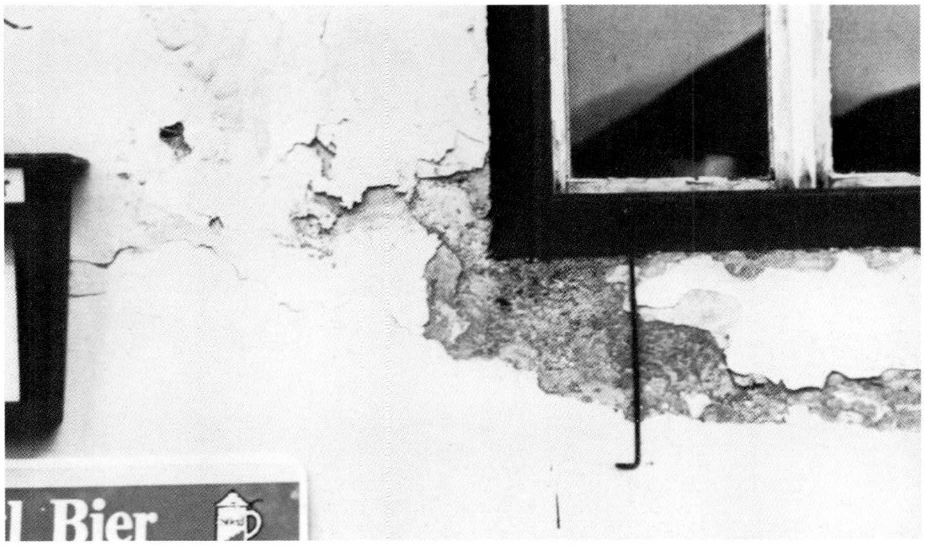

Abb. 2 *Zerstörung der oberflächennahen Schicht durch Dampfdiffusion. Dahinter liegt eine Gaststättenküche.*

Grundsätzliche Anforderungen

Eine Konsequenz hieraus ist die Erweiterung altbekannter Forderungen wie Schichtenaufbau, Maximal- und Minimalstärke, mechanische Eigenschaften und anderes durch Einführung von Grenzwerten beispielsweise für die Dampfdurchlässigkeit. Diese werden von mineralisch gebundenen Putzen immer erfüllt, sind jedoch für kunstharzgebundene Putze nachzuweisen.

Entsprechend mußte auch das Normenwerk erweitert werden, dessen unlogische Aufteilung durch die Entwicklung der Putznormen bedingt ist. DIN 18550, *die* »Putznorm«, nennt in Teil 1 Begriffe und Anforderungen und beschreibt in Teil 2 die Ausführung von Putzen aus Mörteln mit mineralischen Bindemitteln. Für Kunstharzputze nennt DIN 18558 unter anderem Anforderungen und Ausführungen, doch ist hier auch DIN 18556 »Prüfung von Beschichtungsstoffen für Kunstharzputze« zutreffend.

Die alte DIN 18550 kannte nur Mörtel nach genormten Mischungsverhältnissen. Zwischenzeitlich haben aber Werkmörtel in anderer Zusammensetzung doch eine solche Bedeutung bei guter Bewährung erlangt, daß auch sie in die neue DIN 18550 Eingang fanden. Ihre Herstellung, Überwachung und Lieferung regelt allerdings wiederum eine eigene Norm: DIN 18557.

Eine interessante, wenn auch durchaus von Fall zu Fall in Frage zu stellende Neuforderung ist jene nach Unterscheidung der Putzsysteme entsprechend ihrer Widerstandsfähigkeit gegen Schlagregen, wobei in Anlehnung an DIN 4108, Teil 3, zwischen wasserhemmenden ($w = 2{,}0\ kg/m^2h^{0,5}$) und wasserabweisenden ($w = 0{,}5\ kg/m^2h^{0,5}$) Putzsystemen unterschieden ist; die Ausweisung der Gruppe geschieht nach DIN 18550, Teil 1, Tabelle 3.

Der Bezug zur »Wärmeschutznorm« ist richtig und schon längst fällig, denn die Wärmedurchlaßwiderstände der einzelnen Wandbaustoffe gelten nur bis zu bestimmten maximalen Feuchtewerten, die ein feuchtetechnisch unpassender oder unzweckmäßiger Putz recht rasch verringern, das heißt verschlechtern kann.

Um den erwünschten Regenschutz an die tatsächliche Regenbeanspruchung zu binden, leiten sich die Anforderungen von der Regenkarte aus Anhang A zu DIN 4803, Teil 3 ab (Abb. 3). Daß es nach dieser Karte mit Ausnahme von Berlin und einem Streifen des Rheintals keinen Ort in der Bundesrepublik Deutschland gibt, für den nicht besondere Anforderungen an den Regenschutz gestellt werden müssen, kann den nicht überraschen, der die personelle Zusammensetzung von Normenausschüssen kennt und deren selbstverständlich selbstloses Wirken im Sinne eines florierenden Markts. So ist es in diesem Sinn ebenso logisch wie geschäftlich zweckmäßig, daß in den Gebieten mit Jahresniederschlagsmengen über 800 mm (über 700 mm im norddeutschen Küstengebiet), aber auch bei Windbelastung in der »gemäßigteren« Zone nach DIN 18550, Teil 1, Tab. 3, nur noch Werkmörtel nach DIN 18557 verwendet werden dürfen, was in dieser Ausschließlichkeit als eine überzogene Forderung bezeichnet werden muß, deren Dreistigkeit jeder ältere Putz belegt.

Zwar vielfach gerechtfertigt, aber durchaus mit kritischem Sachverstand zu erfüllen, ist eine weitere Forderung der DIN 18550, Teil 1: die Mindestdruckfestigkeit, die bei erhöhten Feuchtigkeitsanforderungen 2,5 N/mm^2 – Kelleraußenwandputze mit hydraulischen Bindemitteln 10 N/mm^2 – betragen muß. Es würde diesen Rahmen sprengen, stellte man alle Möglichkeiten einer erhöhten Festigkeitsanforderung zusammen, doch gibt es für die Altbausanierung hier durchaus ein Axiom: Die Druckfestigkeit des neuen Putzes darf die Druckfestigkeit des alten Mauerwerks nur unwesentlich übersteigen – was im übrigen

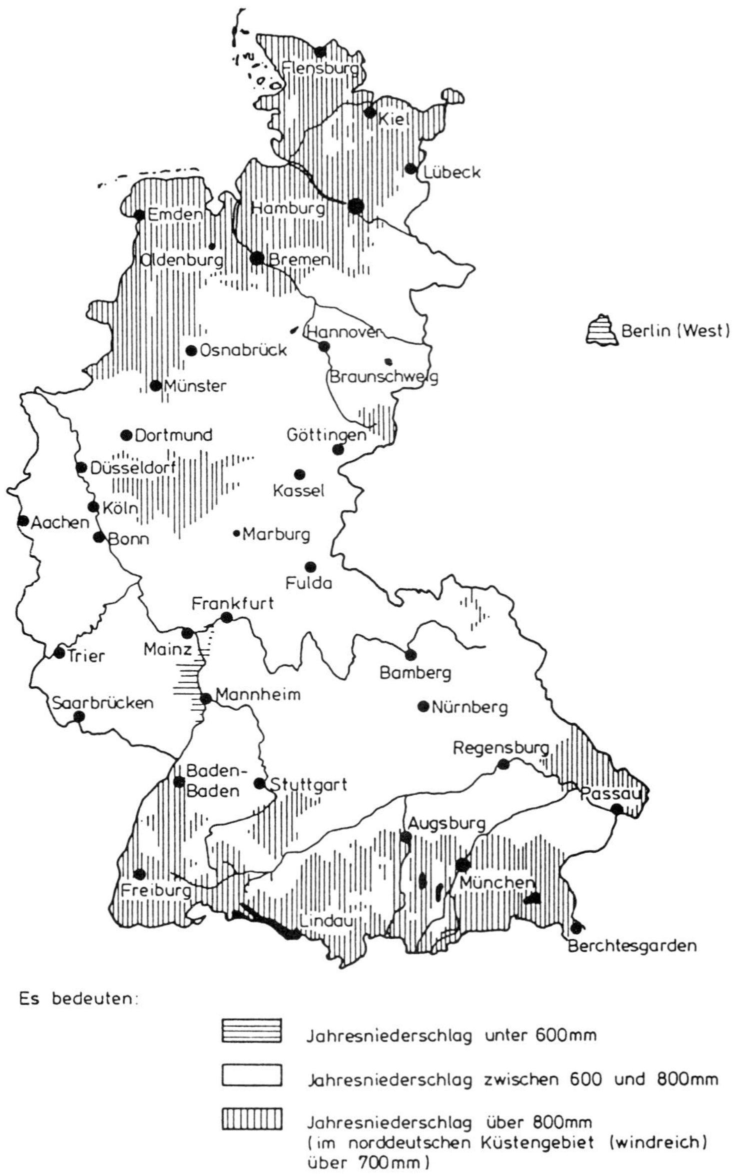

Abb. 3
Regenkarte der alten Bundesrepublik.

durchaus auch bei manchem neuen Wandbaustoff schadenstreibend geschehen kann. Hieraus läßt sich eine, nun tatsächlich überhaupt nicht normkonforme Forderung ableiten, die leider von der amtlichen Denkmalpflege durch eigenes stures Beharren wieder in Mißkredit gebracht wurde: »weiche« Putze auf »weiches« Mauerwerk – worüber noch gesprochen wird.

Die Vielzahl der auf den Putzmörtel angewandten Forderungen – auch außerhalb der DIN 18550 – bezieht sich auf zwei unterschiedliche Mörtelzustände:

- den Frischmörtel, wie er in verarbeitetem Zustand vorliegt, und
- den Festmörtel, wie er sich nach dem Abbinden entsprechend den doch recht unterschiedlichen Erhärtungszeiten bildet.

Putzarten und Putzaufbau

Überkommen und auch heute in der Praxis durchaus noch üblich ist die Unterscheidung der Putze nach ihren Bindemitteln, also Kalkmörtel, Zementmörtel, Kalkzementmörtel, wobei Zusatzstoffe, welche die Art der mineralischen Bindung beeinflussen, auch noch in die Bezeichnung einfließen: Traßkalkmörtel. Diese Art der Benennung ist praxisfremd in der neuen DIN 18550 nicht mehr enthalten; statt dessen werden die Bindemittel verschiedenen Putzmörtelgruppen zugewiesen, wie dies Abb. 4 zeigt. Diese Mörtelgruppen enthalten zur Unterscheidung von Mörtelgruppen der Mauerwerksnorm den Buchstaben P.

Die Norm definiert die Putzarten nach Anwendungsbereich und Anwendungszweck:

Putze, die allgemeine Anforderung,
die zusätzliche Anforderung,
die Sonderanforderungen (Sonderzwecke)
erfüllen.

Putze für Sonderzwecke werden allerdings zum Teil nur kurz erwähnt, auch wenn sie von tatsächlich besonderer Bedeutung sind wie der Sanierputz (siehe »Sanierputze«).

Auch der Putzaufbau spielt in der praktischen Putzdefinition eine Rolle: zweilagiger Zementputz, einlagiger Kalkputz. Es ist also möglich, den Putz nach seiner Lagenzahl, Lagenfolge und Putzart zu definieren, das heißt, daß Forderungen für jede einzelne Putzlage gestellt werden können. Unter »Putzlage« wird dabei der jeweils in *einem* Arbeitsgang aufgetragene Mörtel verstanden, wobei ein Arbeitsgang durchaus verschiedene Arbeitsschritte beinhalten kann.

Die neue DIN 18550 legt auch endgültig fest, daß der Spritzwurf nicht als Putzlage gezählt werden darf: Er ist Haftbrücke. Daraus folgt aber, daß die Dicke dieses Spritzwurfs nicht zur vorgeschriebenen Putzstärke hinzugerechnet werden darf, selbst wenn der Spritzwurf volldeckend und »dick« ist.

Auch der neue eingeführte Begriff »Putzsystem« für den gesamten ausgeführten Putz verdient Beachtung, denn endlich wird so auf die gegenseitige positive und negative Beeinflussung von Putzgrund, Mörtelart, Putzaufbau und -lagen hingewiesen.

Putzzusammensetzung

Mineralische Putze enthalten Zuschlagstoffe, Bindemittel und Wasser sowie in seltenen Fällen sogenannte latent hydraulische Anteile, wie Elektrofilterasche, Ziegelmehl, Traß, die für sich alleine keinerlei bindende Reaktion zeigen, die sie jedoch bei den eigentlichen Bindemitteln Kalk und Zement verändern können. Es ist also Unsinn, wenn immer wieder Rezepturen empfohlen werden, die statt »untauglichem« Kalk und »bösem« Zement Traß enthalten: Mit feuchtem Sand läßt sich weder für die Dauer mauern noch putzen, selbst wenn Traß enthalten ist.

Als Zuschläge für Putzmörtel werden gewaschener Natursand, Brechsand, Quarzsand verwendet oder aber entsprechend besonderen Anforderungen mineralische Leichtzuschläge wie Perlite oder Blähtonteile – aber auch organische Leichtzuschläge. Eine Reihe von Zusatzmitteln erlaubt die Steuerung des Abbindeverlaufs und damit auch der Verarbeitungsart, auch kann die Haftung heraufgesetzt werden.

Wichtig ist, daß die in DIN 18550, Teil 2, Tabelle 3, genannten Mischungsverhältnisse sich jeweils auf mineralische Zuschläge üblichen Gefüges beziehen. Bei Verwendung von Zuschlagstoffen mit stark porigem Gefüge sowie organischen

Abb. 4 *Einteilung der Mörtelgruppen, Mindestdruckfestigkeiten, Verwendung der Mörtel nach Putzanforderungen*

Putzmörtel Gruppe	Art der Bindemittel	Mindestdruckfestigkeit N/mm^2	Hauptsächlich geeignet für:
P I a, b	Luftkalke[1] Wasserkalke hydraulische Kalke	keine Anforderungen	Innen- und Außenputz für geringe Beanspruchung Außenputz wasserhemmend nur mit Zusatz Außenputz wasserabweisend nur mit Zusatz
P I c	Luftkalke[1] Wasserkalke hydraulische Kalke	1,0	Innenputz für übliche Beanspruchung einschl. Feuchträume[2] Außenputz wasserhemmend nur mit Zusatz Außenputz wasserabweisend nur mit Zusatz
P II	Hochhydraulische Kalke, P+M Binder Kalk-Zement-Gemische	2,5	Innenputz mit erhöhter Abriebfestigkeit einschl. Feuchträume[2] Außenputz wasserhemmend Außenputz wasserabweisend nur mit Zusatz Außenputz mit erhöhter Festigkeit
P III	Zemente	10	Kellerwandaußenputz Außensockelputz[3]
P IV a, b, c	Baugipse ohne und mit Anteilen an Baukalk	2,0	Innenputz mit erhöhter Abriebfestigkeit einschl. für übliche Beanspruchung
P IV d	Baugipse ohne und mit Anteilen an Baukalk	keine Anforderungen	Innenputz für geringe Beanspruchung
P V	Anhydrit-Binder ohne und mit Anteilen an Baukalk	2,0	Innenputz mit erhöhter Abriebfestigkeit einschl. für übliche Beanspruchung

1) Ein begrenzter Zementzusatz ist zulässig
2) Häusliche Küchen und Bäder zählen nicht zu den Feuchträumen
3) Für Außensockelputz auf Mauerwerk der Steinfestigkeitsklasse ≤ 6 darf Mörtel P III ausnahmsweise eine Mindestdruckfestigkeit von 5 N/mm^2 haben. Sie müssen die Anforderungen an wasserabweisende Putzsysteme erfüllen.

Zuschlägen wird stets ein Eignungsnachweis verlangt.

Auf einen Teil des Mörtels wird meist nicht hingewiesen, obwohl dessen Zusammensetzung auch bereits spätere Bauschäden beinhalten kann: das Anmachwasser. Es sollte Trinkwasserqualität besitzen, wobei man versucht ist, bei manchen Analysen der letzten Jahre zu schreiben, mindestens Trinkwasserqualität! Bei Verwendung von Oberflächenwasser verstärkt sich die Gefahr des ungewollten Einbringens von Salzen, über deren unerwünschte Wirkung das Kapitel »Salzbekämpfung« unterrichtet.

Aus der Betontechnologie wurde übernommen, die Zusätze in Zusatzmittel und Zusatzstoffe zu unterscheiden. Unter Zusatzmittel werden verstanden:

- Haftungsverbesserer zur Erhöhung der Haftzugfestigkeit, aber auch der Elastizität,
- Abbinderegler zur Veränderung der Verarbeitungszeit,
- Verflüssiger zur Verringerung des Wasser-Bindemittel-Verhältnisses,
- Verdicker zur Verringerung von Entmischung, vor allem aber auch zur Erhöhung der Standfestigkeit auf dem Untergrund,
- Luftporenbildner zur Herstellung von Leicht- und Dämmputzen sowie zur Verbesserung der Frostbeständigkeit,
- Hydrophobierungsmittel zur Verbesserung der Wasserabweisung im Fertigmörtel.

Zu den Zusatzstoffen zählen vor allem alle jene Stoffe, die zur Durchfärbung der Putzschicht verwendet werden, sowie die schon erwähnten latent hydraulischen Materialien. Zusatzstoffe sind bei der Zusammensetzung der Mörtelmischung mit zu berücksichtigen.

Ein besonderes Kapitel an alten wie neuen Zuschlagstoffen bieten alle armierenden Fasern, gleichgültig, ob diese nun in überbrachter Art aus Tierhaaren oder neu aus Kunststoff bestehen. Es wird dringend empfohlen, Musterflächen anzulegen und auch den Chemismus der gesamten Mörtelmischung zu berücksichtigen: So werden Glasfasern in stärker alkalischen Mörteln beispielsweise keine lange Standzeit besitzen.

Welche Zuschlagmittel und Zuschlagstoffe in früheren Zeiten verwendet wurden, ist bis heute nur in Ansätzen bekannt, um die sich zum Teil Legenden und Vermutungen ranken. Nachgewiesen sind organische Zuschlag- und Zusatzstoffe, wie die schon erwähnten Haare, aber auch Holzkohle, Magermilch und anderes sowie Hammerschlag, Glasstaub und Glasbruch. Zumindest die letztgenannten Produkte zeigen, daß man mit diesen Zuschlagstoffen nicht nur die physikalisch-chemischen Eigenschaften verändern wollte, sondern auch das Erscheinungsbild. Nach kurzer Bewitterungszeit sind die an der Putzoberfläche liegenden Glasstückchen frei von Kalkschleiern und verändern so bereits von weitem die Wirkung der Fassade.

Kalke

Die Überschrift zeigt bereits, daß Kalk nicht gleich Kalk ist – ein verhängnisvoller Denkfehler, dem schon viele Putzsanierungen stark verkürzte Standzeiten verdanken. Der Begriff »Baukalk« umfaßt insgesamt die am Bau verwendeten Kalkarten; sie sind im wesentlichen in der DIN 1060 genormt.

Weißkalk wird aus möglichst reinem kohlensaurem Kalk ($CaCO_3$) hergestellt, wobei nach der Norm auch Karbidkalk als Rohstoff verwendet werden darf. Auch Herkunftsbezeichnungen sind üblich wie beim Dolomitkalk, was allerdings seit langem auch als chemische Bezeichnung verstanden wird.

Unter Luftkalk wird jene Kalkart verstanden, die hauptsächlich durch Karbonatisierung – Aufnahme von Kohlendioxid – reagiert. Luftkalk kann deshalb nicht unter Wasser abbinden.

Wasserkalk reagiert zwar auch vorwiegend durch Karbonatisierung, aber bereits auch durch hydraulische Vorgänge. Er wird aus mergeligem Kalkgestein hergestellt oder aus Kalkstein mit entsprechenden Zuschlägen.

Auch der hydraulische Kalk erhärtet durch Karbonatisierung, im Gegensatz zum Wasserkalk jedoch vorwiegend durch hydraulische Prozesse. Er wird aus Kalksteinmergel hergestellt.

Hochhydraulische Kalke können auf unterschiedliche Weise hergestellt werden, wobei Ausgangsprodukt, Zusätze und Zumischungen letztlich den hochhydraulischen Effekt bestimmen. Der hochhydraulische Kalk kann deshalb in seinem Abbindeverhalten bereits eng dem des Zements ähneln.

Für die Einteilung der Putzmörtel wird derzeit an einer einheitlichen europäischen Terminologie gearbeitet, wobei vermutlich die Kurzbezeichnung von der englischen Sprache abgeleitet wird, so daß folgende Grundeinteilungen zu erwarten sind:

- C (Cement) für alle hydraulisch erhärtenden Putzmörtel,
- L (Lime) für Putzmörtel, die hauptsächlich Baukalke mit Ausnahme hochhydraulischer Kalke enthalten,
- G (Gypsum) für gips- und anhydridhaltige Putzmörtel.

Putze mit Bindemittelgemischen erhalten demnach eine kombinierte Bezeichnung wie LC für Kalkzementmörtel.

Sumpfkalk und Grubenkalk werden von der Denkmalpflege bevorzugt. Berücksichtigt man sorgfältig die einzelnen Vor- und Nachteile dieses Bindemittels und damit auch seine Anwendungsgrenzen, so ist mit diesem Kalk tatsächlich ein hervorragendes Baumaterial vorhanden. Die Qualität des Sumpfkalks wird vor allem durch die Reinheit seiner Rohstoffe bestimmt wie auch durch die Sorgfalt von Brennen, Löschen und Sumpfen. Das Ausgangsgestein soll dolomitfrei sein, und es dürfen keine Verunreinigungen durch Asche und Schwefel während des Brennens entstehen. Grundsätzlich gilt, daß mit steigender Einsumpfdauer auch die Qualität steigt, doch ist für Anstriche und Putzmörtel mindestens ein Jahr, sind für Stuck- und Ausbesserungsarbeiten im Bereich von Wandmalereien mindestens zwei Jahre anzusetzen. Das praktische Hauptproblem bei der Verwendung von Sumpf- oder Grubenkalk liegt im Transport und in der Lagerung sowie in der Verarbeitung. Es ist jeweils auf Frostfreiheit zu achten, was noch relativ einfach zu bewerkstelligen ist, doch muß auch größte Sauberkeit herrschen. So werden zum Beispiel Kalkanstriche, durch die aus dem Deckwasser der Grube oder des Behältnisses absinkenden Sinterschichten gestört. Auch das Abstechen darf keine Verunreinigungen bewirken. Verschmutzte und eingetrocknete Teile des Sumpfkalkes sind sorgfältig zu entfernen.

Der Vorzug jedes Mörtels mit nichthydraulischem Kalk, also beispielsweise eines Sumpfkalkmörtels, liegt darin, daß die extrem langsame Aushärtung nicht nur Verarbeitungsweisen zuläßt, wie sie beim Außenputz über Jahrhunderte in vielfältigen Techniken entwickelt wurden, sondern daß diese »Lebendigkeit« von ständig wechselnden Auflösungs- und Kristallisationsprozessen auch eine verblüffende Fähigkeit zur »Eigen-Reparatur« beinhalten kann: Diese Art von Kalkputz ist also in der Lage, Kleinstschäden bis hin zu Mikrorissen durch seine langanhaltenden chemischen Umwandlungen selbst zu beheben. Dieser langsame Erhärtungsprozeß des

Kalkmörtels, seine Carbonatisierung, ist jedoch abhängig von seinem Feuchtegehalt und der Möglichkeit der CO_2-Aufnahme. Untersuchungen zeigen, daß der optimale Feuchtegehalt im Bereich von einem Gewichtsprozent liegt. In Anbetracht der jahrtausendelangen Erfahrung läßt sich über den CO_2-Bedarf vereinfachend sagen, daß dessen ungestörtes Angebot aus der Luft ausreichend, vielleicht aber auch notwendig ist – worauf später noch eingegangen wird.
Leider stehen diesem Vorzug, den sonst kein Putzmörtel bietet, auch erhebliche Nachteile gegenüber wie die verringerte Haftfähigkeit, die Neigung zu Gipsbildung bei schwefelsauren Immissionen und – durchaus damit in Verbindung zu sehen – die hohe Wasseraufnahmefähigkeit. Es liegt deshalb nahe, auch einen Kalkputz dieser Art durch Hydrophobierung zu verbessern. Schlechte Erfahrungen mit anderen Produkten der Fassadenbeschichtung, die durch Verringerung der CO_2-Aufnahme bis zur Zerstörung des Putzes führen konnten, lassen auch immer wieder Wirkung und vor allem Unschädlichkeit dieser Hydrophobierung auf Putzmörtel mit nichthydraulischen Kalken in Frage stellen, obwohl dies bereits vor 35 Jahren von Henkel widerlegt wurde. In der Zwischenzeit hat sich jedoch das Angebot derartiger Hydrophobierungsmittel wesentlich erweitert – und ihre Entwicklung berücksichtigt mit Sicherheit mehr die heute üblichen und damit normgerechten Putze als den »antiquierten« Kalkmörtel. So zeigen auch neuere Untersuchungen deutlich, daß sowohl die für den Carbonatisierungsprozeß notwendige Wasseraufnahme als auch vor allem die CO_2-Aufnahme durch Hydrophobierungsmittel so eingeschränkt werden kann, daß deren Anwendung auf entsprechenden Putz zumindest in Frage zu stellen ist.
Vielfach wurde über Schäden an alten, das heißt carbonatisierten Kalkmörteln bei Überstreichen mit Dispersionsfarben oder lösemittelhaltigen Fassadenfarben berichtet, wobei doch häufig der Eindruck entsteht, daß mancher der Autoren diesen Schaden selbst nie beobachtet, sondern nur fleißig abgeschrieben hat.
Zu unterscheiden ist hier mit Sicherheit zwischen tatsächlich bereits ausgehärteten alten Kalkputzen und neuen, noch nicht auscarbonatisierten, wobei »neu« entsprechend dem kurz umrissenen Carbonatisierungsverlauf in einem derartigen Putz durchaus nicht mit »neu aufgebracht« gleichzusetzen ist. Hier bedeutet die Verringerung der CO_2-Aufnahme, aber auch die Veränderung im Wasserhaushalt mit Sicherheit einen Nachteil, der tatsächlich so häufig beobachtet wurde, daß hierauf nicht weiter eingegangen werden muß: Neue oder junge Putze dürfen nur mit entsprechenden Anstrichen – beispielsweise reinen Silikatfarben – behandelt werden.
Bei carbonatisierten Alt-Kalkputzen ist dieser Schadensverlauf nicht so selbstverständlich. Doch zeigte sich auch hier, daß bei entsprechend dampfdichten Anstrichen oder bei starker Verringerung der CO_2-Durchlässigkeit durch wiederholtes Anstreichen sich auch ein Festigkeitsrückgang einstellen kann: Bei eindringendem Regenwasser kann sich erneut Kalziumhydroxid bilden, was eine Rekristallisierung des Calzits bewirkt.

Traß

Traß ist gemahlener Tuffstein vulkanischen Ursprungs, der als mehlfeiner puzzolanischer Zuschlagstoff latent hydraulische Eigenschaften besitzt. Traß ist in DIN 51 043 genormt.
Vereinfacht dargestellt, verändert Traß die Eigenschaften reiner Kalk- und Zementmörtel jeweils in Richtung der anderen Mörtelgruppe. Dies heißt, daß ein Traß-Kalk-Mörtel wasserabweisender und fester wird als der reine Kalkmörtel, der Traß-Zement-Mörtel geschmeidiger und wasserdampfdurchlässiger als der reine Zementmörtel. Je nach Bindemittel erreicht der Putz durch den Zuschlag von Traß also die folgenden Eigenschaften:
- hohe Wasserdichtigkeit,
- hohe Biegezugfestigkeit,
- hohe Beständigkeit gegen aggressive Umwelteinflüsse,
- hohe Kalkbindung und damit Reduzierung von Kalkausblühungen,
- gute Dampfdiffusionsfähigkeit,
- gutes Haftvermögen,
- hohe Geschmeidigkeit und damit gute Verarbeitungsmöglichkeit.

In Empfehlungen zur Putzsanierung oder zur Herstellung widerstandsfähiger Putze in möglichst historischer Rezeptur findet sich häufig der lapidare Hinweis: »mit Traßzuschlag«. Diese berühmt-berüchtigte Schaufel Traß in den Mischer wird mit Sicherheit nicht die erwünschte Wirkung zeigen. Einen Hinweis auf notwendige Zugabemengen gibt der folgende Abschnitt.

Zement

Im Rahmen der Altbausanierung wird dieser »moderne« Baustoff nur kurz beschrieben – nicht, weil er keine Bedeutung bei der Sanierung hätte oder gar abzulehnen wäre, sondern weil Vorzüge und Nachteile dieses Produktes durch ständige Anwendung relativ gut bekannt sind und weil vor allem über Zement und Zementputze ein reiches Schrifttum vorhanden ist. Die allgemeinen Anforderungen an Zemente werden durch die DIN 1164 geregelt.
Die Problematik des Einsatzes von Zement in der Altbausanierung liegt zum einen in der hohen Härte und mangelnden Elastizität des damit hergestellten Mörtels, der hierdurch dem umgebenden Original meist in keiner Weise entspricht. Zudem werden durch die Verwendung von Zement zusätzlich lösliche Ionen – Portlandzement enthält 1% bis 1,5% auch im erhärteten Zustand lösliche Alkalien – eingebracht. Diese ergeben durch die Reaktion mit in der Altbausubstanz im Regelfall vorhandenen Anionen wie Carbonat und Sulfat ein Vielfaches an Salzen. Zur Verdeutlichung: Aus einem Sack Zement mit 0,5% Natrium(oxid) entstehen durch die Reaktion mit Sulfat 260 Gramm Natriumsulfat (Mirabilit) – ein durch seinen hohen Kristallisationsdruck extrem bauschädliches Salz.
Dies bedeutet nicht die Verdammung der Zementverwendung in der Altbausanierung – auch nicht bei Putzen, doch sind altersbedingte Inhaltsstoffe der Wand und ihre Festigkeitseigenschaften als Putzträger zu berücksichtigen.

Kunstharzputze

Die Herausstellung der Kunstharzputze weist auf deren Eigenständigkeit hin. Bereits in den fünfziger Jahren wurde versucht, mineralischen Putzen durch Zugabe von Kunstharzdispersionen günstigere Eigenschaften vor allem in der Verarbeitung, der Haftung und als Regenschutz zu geben. Inzwischen hat diese Putzart schon lange einen Standard erreicht, der es erlaubt, Kunstharzputze als weitere Möglichkeit neben mineralische Putze zu stellen. Ihre Anwendung – und gleichzeitig ihren Unterschied zu herkömmlichen Putzen – nennen DIN 18 550 und 18 588: Kunstharzputze sind Beschichtungen mit putzartigem Aussehen. Diese Beschichtung wird vom Werk meist verarbeitungsfertig geliefert und soll auch nicht mehr am Bau verschnitten werden. Voraussetzung für die richtige Verarbeitung ist ein sauberer, trockener und vor allem auch tragfähiger Unterputz, für den heute meist Mörtel der Gruppe P II nach DIN 18550 verwendet werden.

Ein Vorzug dieses Putzsystems, für das unterschiedliche Varianten angeboten werden, ist seine Fähigkeit, Rißchen zu überbrücken – was leider wieder vielfach zu Fehlanwendungen führt. Solche Risse dürfen nicht mehr arbeiten, was ein entsprechendes Mauerwerk und einen passenden Unterputz voraussetzt.

Da Kunstharzputze nicht chemisch erhärten wie mineralische Putze, sondern physikalisch durch Verdunstung, gibt es bisher unbekannte Verarbeitungsgrenzen: Kunstharzputze sollen nicht verarbeitet werden bei Temperaturen unter 5 °C; ein rascher Wasserentzug durch Sonne oder Wind muß während der Abtrocknung vermieden werden, wobei zu berücksichtigen ist, daß sowohl niedrige Temperaturen als auch hohe Luftfeuchtigkeit diesen Prozeß verzögern.

Rezepturen

Auf das Dilemma, in einem Buch mit umfassendem Inhalt konkrete Einzelempfehlungen abzugeben, wurde bereits im Vorwort hingewiesen. Besonders deutlich wird dieser Wunsch nach Empfehlungen bei Rezepturen. Es ist nicht sehr hilfreich, Mengen anzugeben, wenn die Anwendung der einzelnen Mörtel auch abhängig ist von:

- der allgemeinen Lage des Gebäudes,
- den besonderen kleinklimatischen Bedingungen,
- der Himmelsrichtung,
- der entsprechenden Wand,
- der Härte und der Saugfähigkeit des Putzträgers,
- der Belastungen aus dem Putzträger (Feuchte, Salze),
- dem optischen Erscheinungsbild des Putzes,
- dem gewählten Anstrichsystem,
- der gewählten Farbe des Anstrichs
- und nicht zuletzt von subjektiven Vorstellungen.

Eine zusätzliche Erschwernis liegt darin, daß zwar unsere »neuen« Putze seit langem genormt sind, letztlich jedoch wenig bekannt ist über die Zusammensetzung alter Putze. Beispielhaft deutlich wird dies in der, in seiner Verallgemeinerung unsinnigen Forderung nach »reinem Kalkmörtel«, womit sichergestellt werden soll, daß der neue Mörtel wenigstens in seinem Bindemittel dem alten Mörtel entspricht. Da jeder Putz zu seinem geringeren Anteil aus Bindemitteln besteht, ist bereits an dieser Forderung zu erkennen, daß sie allein nur zufällig zum Vorbild führen würde, da auch Art und Zusammenstellung der Zuschlagstoffe eine wichtige Rolle für Qualität, Struktur und Erscheinungsbild des Putzes spielen.

Entscheidender ist jedoch der trotz vielfacher Hinweise und noch mehr Fehlschlägen nicht ausrottbare Wahn des »reinen Kalkmörtels« als denkmalgeeignetster Außenputz. Erst in unserer Zeit wurde es möglich, tatsächlich »reinen Kalk« anzubieten – der dann selbstverständlich aufgrund dieser Anweisung auch verwendet wird; der reine Kalk früherer Zeiten enthielt jedoch herstellungsbedingt Verunreinigungen. Zusätzlich ist davon auszugehen, daß auch die Zuschlagstoffe stärker verunreinigt waren und somit üblicherweise der historische reine Kalkmörtel ungewollt immer auch hydraulische Zusätze enthielt. Diese waren jedoch durchaus auch gewollt, wie wir bereits aus der Antike wissen. Es ist dies *unter anderem* die Erklärung dafür, weshalb der alte Kalkmörtel am Gebäude über Generationen schadensfrei überstand, der neue »reine Kalkmörtel« jedoch bereits nach kurzem die vom Fachmann vorhergesagten Schäden zeigt (Abb. 5).

Je weiter man in der Mörtelherstellung zurückgeht, die spärlichen Quellen auswertet und originale Reste analysiert, um so deutlicher wird auch, daß es unterschiedliche Herstellungsweisen von Mörteln gegeben haben muß, von denen einige geradezu boshaft unsere heutigen bindenden Vorschriften widerlegen. Das beste Beispiel hierfür ist der Anteil ungelöschter Kalkeinschlüsse, meist in sehr kleiner Körnung, die doch 10% und mehr erreichen können – heute für jeden gutachterlichen Sachverständigen der willkommene Fund für eine eindeutige Schuldzuweisung. Alte Quellen, wie vor allem die Untersuchungen von Klopfer, deuten darauf hin, daß dieser Anteil an ungelöschtem Kalk die Fähigkeit des Kalkmörtels zur Selbstreparatur erhöht und so mit anderem zur verblüffenden Standzeit manch alter Putze beiträgt.

Die Rezepturen im einzelnen:

1. Grundrezeptur für Kalkmörtel: 1 RT Sumpfkalk + 3–4 RT Sand.

2. Traßkalkmörtel
   Spritzwurf: 1 RT Traßzement + 3 RT Sand 0–7 mm.

   Unterputz: 1 RT Traßkalk + 3 RT Sand 0–7 mm.

   Oberputz: 1 RT Traßkalk + 3 RT Sand 0–3 mm.

   Anmerkung: Der Spritzbewurf aus Traßzement sollte mindestens 4 Wochen zum Abbau auftretender Spannungen unverputzt stehenbleiben. Unter- und Oberputz können nacheinander in unmittelbarer Folge aufgebracht werden.
   Zur Sicherung der hydraulischen Erhärtung des Traßkalkmörtels muß der fertig aufgebrachte Putz entsprechend lange feucht gehalten werden. Dies geschieht durch Sonnen- und Windschutz sowie durch mindestens vierzehntägiges gründliches Benässen einmal pro Tag.

Abb. 5 *Detail einer mit »reinem Kalkmörtel« frisch verputzten, hierfür jedoch ungeeigneten Wand.*

3. Traßkalkmörtel
   Spritzwurf wie beschrieben.

   Unterputz: Kalkmörtel, Putzgruppe PIb nach DIN 18555 + zusätzlich maximal 0,5 RT Traß oder Romankalk.

   Dieser Unterputz neigt zu Schwindrissen; es ist deshalb nötig, den Oberputz wie unter 1. beschrieben nachzubehandeln.

   Oberputz: als Luftkalkmörtel, Putzgruppe T1a unter Zugabe von maximal 0,3 RT Traß oder Romankalk.

4. Kalkputz nach DIN 18550.
   Spritzputz in Mörtelgruppe III; nichtdekkend aufbringen. Weiterbearbeitung nach frühestens 24 Stunden.

   Unterputz:
   a: als hochhydraulischer Kalkmörtel: 1 RT hochhydraulischer Kalk + 3,5 RT Sand von 0–5 mm.
   b: als Weißkalk-Zement-Mörtel: 2 RT Weißkalk + 1 RT Zement + 9–11 RT Sand von 0–5 mm. Der Anteil der Korngruppe 0–0,2 mm soll mindestens 15, maximal 25% betragen.

   Oberputz als Weißkalkzementmörtel: 2,5 RT Weißkalk + 0,5 RT Zement + 9 RT Sand von 0–3 mm.
   Sandaufbau analog Unterputz.

5. Traßkalkmörtel:
   a: mit Kalkteig: 1,0 RT + 1,5 RT Traß + 4–5 RT Sand 0–5 mm.
   b: mit Kalkhydrat: 1,0 RT Kalkhydrat, 1,0 RT Traß + 5 RT Sand 0–5 mm.
   c: mit hydraulischem Kalk: 1,0 RT hydraulischer Kalk + 0,75 RT Traß + 4 RT Sand von 0–5 mm.

   Traßkalkputz (Rain-Traß GmbH) Spritzwurf, 1 RT Zement + 1 RT Traß + 6 RT Sand von 0–8 mm.

   Unterputz: 1 RT Traßkalk, 3 RT Sand von 0–8 mm.

   Oberputz: 1 RT Traßkalk, 3 RT Sand von 0–4 mm.

   Sockelputz: 2 RT Zement, 1 RT Traß, 9 RT Sand von 0–8 mm.

6. Sockelputz: 1,5–2 RT Sumpfkalk, 1–1,5 RT Zement, 10 RT Sand.

7. Schweizer Kalkzementputz:
   2,5–3 RT Weißkalk + 0,75–1 RT Portlandzement + 10–12 RT trockener Sand von 0–4 mm.

8. Kalkmörtel (Landesdenkmalamt Baden-Württemberg):
   1 RT Traßzement, 1,5 RT Weißkalkhydrat + 2 RT Quarzsand + RT Sand von 0–5 mm.
   Dieser Putz verlangt eine sorgfältige Nachbehandlung, zeigt jedoch wegen seines hohen Kalziumhydroxidgehalts eine deutlich reduzierte Festigkeit und neigt wegen des hohen Gehalts an freiem Kalziumhydroxid verstärkt zu Ausblühungen.

Fenster

Das leidigste, unsachlichste und zugleich teilweise lächerlichste Kapitel in der Altbausanierung ist das der Fenstersanierung. Glaubt man der seit Jahren in diesem Bereich auf uns eintrommelnden Werbung, so läßt sich nur hinter Neubaufenstern leben – und auch nur dann, wenn sie jenen Forderungen genügen, die eine geschickte Lobby seit Jahren ausbaut (Abb. 1). Eine Umkehr dieser Argumentation ist erst seit wenigen Jahren bei einigen Marktführern zu erkennen.
Andererseits vergaß mancher Denkmalpfleger im Streit um die Fenstersprosse, daß das Fenster ein reversibler Bauteil ist – und immer war! – und daß ein Baudenkmal auch noch andere schützenswerte Bauteile kennt, deren Beseitigung irreversibel bleibt.
Die Wirklichkeit weicht hier also weit vom scheinbar Optimalen ab. Das Fenster soll verschiedene Funktionen erfüllen: Belichten und Belüften; zugleich muß es das Innen vom Außen trennen – das heißt Regen, Schnee, Wind, Kälte, Wärme, Schall sollen abgehalten werden. Vor allem aber ist das Fenster auch ein Architekturdetail von hoher Bedeutung (Abb. 2). Es wurde ebenso Maßstab der Fassade und Zäsur der Fläche, wie es sich selbst dem Formwillen jeder Epoche unterwarf. Bäuerliches und bürgerliches Fenster unterscheiden sich zwar im handwerklichen Detail und damit in ihrem Gesamtanspruch (Abb. 3 u. 4), doch wurde, da es Teil eines gestalteten Ganzen war, seine Gestalt ebenso geformt wie andere Details der Fassade. Erst unserer Zeit und ihrer Baugesinnung blieb es vorbehalten, Altbauten statt eines Fensters ein Loch zuzumuten, obwohl auch hier Beispiele einfühlsamen Detaillierens zu finden sind (Abb. 5).
Die arrogante Dummheit, mit der auch heute noch alten Gebäuden die Augen ausgeschlagen werden (Abb. 6), erinnert fatal an die Purifizierung gegliederter Altbaufassaden bis weit in die fünfziger Jahre – ein heute undenkbares Vorgehen, das bereits von vielen bedauert wird.

Abb. 1 *Dieses Neubaufenster ist keine akzeptable Alternative zum Altbaufenster.*

Abb. 2 *Fenster als bewußt gestaltetes Fassadendetail.*

Abb. 3 *Bäuerliches Fenster mit einfachem Putzstock.*

Abb. 4 *Bürgerliches Fenster mit Natursteingewände.*

Abb. 5 *»Der liebe Gott sitzt im Detail«.*

In einem älteren Erlaß der Regierung von Unterfranken, Ansbach, heißt es dazu auszugsweise:
»Fenster sind Bestandteil der Architektur, das heißt der Fassade und deren Gliederung. Jede Epoche hat – je nach Charakter und Stil des Bauprojektes – dementsprechend auch die Fenster gestaltet ... dabei war vom Konstruktiven her maßgebend der jeweilige Stand des damaligen Fertigungsvermögens; der Stand handwerklich-kultureller Fähigkeit vergangener Zeiten kommt hierin zum Ausdruck. Schon aus dieser Sicht sind derartige Fenstergestaltungen als schutzwürdig zu bezeichnen, da sie als echte Zeugnisse der Handwerkskultur ihrer Zeit einen verpflichtenden Wert darstellen und auch mit dieser Eigenschaft eine bestimmende Wirkung für ein historisches Fassaden-, Straßen- oder Platzbild erzielen können ... Das Einscheibenfenster ist Bestandteil moderner Architektur, entstanden und legitim verwendet im technischen Stil, der durch die Rasterung beliebig fortsetzbarer Baueinheiten (Flächen und Kuben) charakterisiert ist. Im Fassadenzusammenhang historischer Gebäude wirken diese Einscheibenfenster als fremdartige Veränderung, die auch von einem gebildeten Laien als Störung der baulich-handwerklichen Substanz und damit des historischen Charakters solcher Gebäude empfunden werden. Entgegen der heute üblichen Auffassung muß festgestellt werden, daß das Fenster für ein historisches Gebäude ein bewußt gestaltetes, in überlegte Maßstäblichkeit unterteiltes Architekturglied war ... Jede derartige Fenstererneuerung in historischen Gebäuden sollte daher grundsätzlich abgelehnt werden. Verschiedene bereits vorgenommene Änderungen dieser Art bieten keinen Präzedenzfall; vielmehr erweisen sie bei sachgerechter Beurteilung die Richtigkeit dieser Auffassung.«
So ist es erlaubt, Fenstersanierung auch als Erhalt des Bestandes zu sehen und nicht nur als Auswechseln in alter Form oder als dessen moderner Einscheibenersatz. Ebenso bringt die Fensterauswechslung aber auch einen wesentlichen finanziellen Aspekt, da auch hier Kapitaldienst und Erhaltungsaufwand sehr genau kalkulierbar sind. So ist die in Abbildung 7 dokumentierte Fensterauswechslung als substanzzerstörende Geldverschwendung zu beurteilen.

Bestandsaufnahme

Eine Hilfe zur Ermittlung der Sanierungsmaßnahme am Fenster wurde bereits vor über 15 Jahren vom Institut für Fenstertechnik in Rosenheim entwickelt (Abb. 8). Wie meist nicht vermeidbar, ist die Abfrage vereinfacht und auf das technisch maximal mögliche Ziel ausgerichtet. Prioritäten können vor allem vom Laien nicht gesetzt werden, und die Folgerung »wenn–dann« ist zu einseitig. Die in Rosenheim entwickelte Tabelle ist immer noch brauchbar und gut – sie zeigt die entscheidenden Abhängigkeiten und vor allem, daß das Fenster vor Planungsbeginn erst einmal selbst in seinem derzeitigen Zustand kritisch untersucht werden muß.
Der Sanierung vorausgehen muß also wieder einmal eine gründliche Bestandsaufnahme: diesmal die der Fenster. Kriterien für die Frage »Ausbessern oder Erneuern?« sind Dichtigkeit gegen Schlagregen, Verwindungsgrad von Stock und Flügel, Falztiefe und -zustand, Funktion und Anpreßwirkung der Beschläge, Wärme- und Schallschutzeigenschaft und schließlich die Holzqualität – alles in allem also auch wieder eine detaillierte Schadensaufnahme.
Dies alles reicht manchmal dann nicht aus, wenn es sich um ein Originalfenster handelt, dessen Denkmalwert – wenn auch im Kleinen – dem des Gebäudes selbst entspricht: seine Konstruktion, seine Materialien einschließlich Anstrich, sein Sitz im Gewände und schließlich dies alles im Verhältnis zu anderen Fenstern des gleichen Gebäudes dürfen nicht gedankenlos zerstört werden. Zur technischen Bestandsaufnahme kommt nun also die Befundaufnahme, die in besonders wichtigen und/oder aussagekräftigen Fällen durchaus auch einen Restaurator verlangen kann.

Abb. 7 *Hervorragende Altbaufenster – ihr Bauzustand wurde im Nachbarhaus gleichen Baualters und gleicher Erstellung gutachterlich überprüft – warten auf den Abtransport.*

Abb. 6 *Fassadenzerstörung durch Fensterauswechslung (Ansbach).*

Benutzung der Tabelle:

1. Zusammenstellung der Kriterien und Mängel des alten Fensters.
2. Zusammenstellung der gewünschten Funktionsverbesserungen.
3. „Abfragen" sämtlicher Verknüpfungsmöglichkeiten mit Ermittlung der jeweiligen Maßnahme.
4. Entscheidung über notwendige Maßnahme aufgrund des ermittelten Buchstabens mit der höchsten Rangstufe. Rangstufe von A nach E steigend.

Kriterien des alten Fensters → Maßnahme
gewünschte Funktionsverbesserung → Maßnahme

	aus baulichen Gegebenheiten					aus Funktionsstörungen				aus dem Zustand des Fensters			
	Verglasung mit EV	Verglasung mit DV	Verglasung mit JV	Scheibenabmessungen: ≦ 50 cm Kantenlänge	unzureichende Tragfähigkeit des Flügelrahmens und des Beschlages	Zugerscheinung über Anschluß zum Baukörper	Zugerscheinung über Falzbereich	Regeneintritt über Verglasung	Durchfeuchtung am Anschluß zum Baukörper	Flügelrahmen[1]	Blendrahmen[1]	zu große Toleranzen im Falzbereich	Beschläge: Verschleiß / Gängigkeit
Wärmeschutz (k-Wert)	B	D	B	C	D	A_1	A_3	B	A_1	C	E	D	A_2
Wärmeschutz (a-Wert)	-	-	-	-	C	A_1	A_3	A_1	A_1	C	E	A	A_2
Schlagregensicherheit	-	-	-	-	D	A_1	D	A_1	A_1	D	E	D	A_2
Schallschutz-Verbesserung um ~ 3 dB	B	A	A	B	D	A_1	A_3	A_1	A_1	D	E	A	A_2
Schallschutz-Verbesserung über 3 dB	B	D	B	B	D	A_1	A	A_1	A_1	D	E	D	A_2
Tauwasserfreiheit	B	A_3	B	C	D	A_1	A_3	A_1	A_1	C	E	-	-

Schlüssel der auszuführenden Maßnahmen

I Instandhaltung durch:
A_1 Abdichten
A_2 Beschlaginstandhaltung
A_3 Einbau oder Erneuerung einer Dichtungsebene

II Instandsetzung durch Teilerneuerung:
B Glaserneuerung (beinhaltet auch Maßnahmen aus A)
C Flügelerneuerung (beinhaltet auch Maßnahmen aus A)
D Flügel- und Blendrahmenerneuerung (Rahmenerneuerung) unter Beibehaltung des alten Blendrahmens als Zarge

III Instandsetzung durch:
E Totalerneuerung

Anmerkung:
[1]) für **Holz** Sanierung möglich wenn:
a) Feuchte u < 25%
b) kein Pilz- und Insektenbefall
für **Stahl** Sanierung möglich, wenn Entrostung möglich und verbleibende Wanddicke zur Aufnahme der Befestigungselemente ausreichend ist.

Ausgabe August 1975 — Quelle: Institut für Fenstertechnik e. V., Rosenheim

Abb. 8 *Maßnahmen an Fenstern bei der Altbauerneuerung.*

Aus der akribischen Schadens- und Befundaufnahme eines solchen historisch bedeutsamen Fensters lassen sich jedoch auch Regeln für den Umgang mit einem »normalen« Altbaufenster ableiten. Die wichtigste Regel: Es genügt nie, nur ein oder wenige Fenster zu überprüfen, die Bestandsaufnahme muß jedes Fenster mit entsprechend eindeutiger Bezeichnung erfassen, wobei hier entweder das Fassadenraster oder die Raumbezeichnung zu Grunde gelegt werden kann. Zweckmäßig wird gleichzeitig mit der Schadenserfassung auch die Reparaturmöglichkeit genannt – ein sanfter, selbst auferlegter Zwang, genauer hinzusehen.
Das im folgenden Genannte gilt grundsätzlich für jedes Fenster – gleich welchen Alters und Denkmalwertes; nur in besonderen Fällen wird nochmals auf historisch bedeutsame Fenster hingewiesen.

Sanierung durch Ausbessern

Sind nur die Wetterschenkel oder sehr begrenzte Teile am Stock und Flügel zerstört, kann sich ein Ausbessern lohnen. Auch an Fenstern wurde das in »Tragende Bauteile« beschriebene Beta-Verfahren bereits mit Erfolg angewandt, doch wird ein Ausbessern in der Regel materialgerecht in Holz erfolgen.
Besonders aufschlußreich ist die Überprüfung des alten Holzes unter der Verblechung, an den Anschlüssen zum Mauerwerk und im unteren, liegenden Falz. Treten auch dort tiefergehende Vermorschungen auf, kann ein Erhalt nicht mehr angeraten werden. Bei sorgfältiger Überprüfung wird man allerdings häufig feststellen, daß die tatsächlichen Holzschäden nur wenige Millimeter tief reichen, also mit der Oberflächenfräse schonend abgetragen werden können. Je nach Profilierung kann allerdings eine Aufdoppelung notwendig werden.
Der Wetterschenkel ist als einziger Bauteil eines Fensters vergleichsweise leicht abzunehmen und neu aufzubringen. Jahrelang war dieser Fensterteil verpönt und als nicht funktionsfähig aus neuen Fensterkonstruktionen verbannt. Seit einigen Jahren ist er als ebenso zweckmäßiger wie formal wichtiger Bestandteil auch neuer Fenster wieder häufig zu finden und wird auch wieder offiziell vom Fensterinstitut in Rosenheim als funktionsfähiger Bauteil akzeptiert. Am Altbaufenster kann in der Regel nicht auf ihn verzichtet werden, da dies in der Regenwasserableitung anders konzipiert bleibt als manche gute Neukonstruktion.
Müssen andere Holzteile im ganzen erneuert werden, kann dies bei erhaltenswerter Fenstersubstanz mittels Schlitz- und Zapfenverbindungen geschehen, bei dünnen Holzquerschnitten durch eine Blattung, eine Reparaturweise, die ein erfahrener Schreiner auch auf der Baustelle durchführen kann (Abb. 9).
Am Baudenkmal sind auch aufwendigere Erhaltungsarbeiten zur Selbsterhaltung vertretbar (Abb. 10). Hierzu gehört auch das Bergen und Wiederverwenden der Originalverglasung (Abb. 11).
Undichtigkeit gegen Zugluft und damit auch Wärmeverlust durch eine zu starke Fugenlüftung sind die häufigsten Klagen von Altbaunutzern. Obwohl diese Klagen berechtigt sind, muß auch diese Forderung relativiert werden. Die Fensterindustrie ist seit langem technisch so weit, daß die Fugendichtigkeit selbst bei beweglichen Fensterflügeln nahe an die der Festverglasung heranreicht und auf alle Fälle den durch die Norm vorgeschriebenen Luftwechsel durch Fugen unterschreiten kann mit dem Effekt, daß die künstliche Belüftung eben dieser mit viel Aufwand gedichteten Wohnung durch unverschließbare Zusatzvorrichtungen im Fensterstock oder der Außenwand immer mehr zur Forderung erhoben wird. Selbst eine DIN-Norm über künstliche Belüftung von Wohnungen bei Fenstern mit zu geringer Fugendurchlässigkeit ist im Gespräch, eine Lösung, die nur bei starker Schallbelastung zu akzeptieren ist und gegen die sich jeder als Betroffener wehren sollte. Die sowenig höher liegende Fugendurchlässigkeit eines guten mehrflügeligen Holzfensters gegenüber einem einflügeligen Metall- oder Kunststoffenster kann offensichtlich auch ihre guten Seiten haben (siehe »Kondensation« und »Schimmelbildung«), was seit einigen Jahren auch die Industrie durch das Angebot einer »undichten« Fensterdichtung bestätigt (Abb. 12).
Eine Reihe von meist selbstklebenden Fugendichtungsbändern ist inzwischen auf dem Markt; sie sind ein Notbehelf – aber nicht mehr. Seit nunmehr zwanzig Jahren bewährt haben sich elastische Dichtungsmassen wie Silikonkautschuk in den Falzen. Ihre Lebensdauer ist allerdings begrenzt. Schwierigkeiten können sich auch ergeben durch die Unverträglichkeit mit vorhandenen oder neuen Anstrichen; an das Aussehen einer solchen Fugenabdich-

Abb. 9 *Eine kleine Bearbeitung durch den Schreiner rettet dieses Fenster für weitere Jahrzehnte.*

Abb. 10 *Wiederverwendung eines historischen Fensters durch Überarbeitung.*

Abb. 11 *Die numerierte Glasscheibe wird nach der Ausbesserung wieder eingesetzt.*

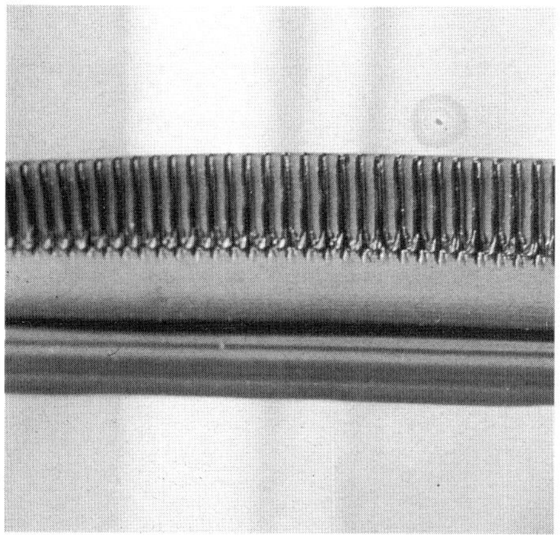

Abb. 12 *»Undichte« Fensterdichtung.*

tung bei geöffnetem Fenster dürfen keine allzu hohen Ansprüche gestellt werden. Diese elastischen Dichtungspasten können beliebig dick aufgetragen werden und formen sich allen unterschiedlichen Undichtigkeiten von selbst an. Nach dem Aufspritzen der weichen Masse aus der Kartusche (Abb. 13) wird ein Folienstreifen aufgebracht, damit nur eine einseitige Klebewirkung auftritt (Abb. 14). Die Fensterflügel werden nun geschlossen, und dabei wird die Masse passend verteilt. Nach 1–2 Tagen hat das Material soweit abgebunden, daß die Fenster wieder geöffnet werden können. Dichtungsmaterial, das über die Falze hinausgepreßt wurde, kann anschließend sauber abgeschnitten werden (Abb. 15). Diese Maßnahme ist von allen nachträglichen Dichtungsarbeiten als die im technischen Sinn provisorischste zu beurteilen. Bedenken sollte man jedoch, daß nur etwa 3% der Kosten einer Fenstererneuerung entstehen und nur etwa 10–15% einer handwerksgerechten zusätzlichen Abdichtung.

Auch hier gibt es sehr unterschiedliche Möglichkeiten: bei den preiswertesten wird ein Hohl- oder Zungenprofil eingeklebt. Diese Befestigung wird haltbarer, wenn die Profile in eine Nut geklebt werden, die allerdings kostenmehrend vom Schreiner zu fräsen ist. Derartige nachträgliche Abdichtungsmaßnahmen bringen einen spür- und meßbaren Erfolg, ohne bei einem Altbaufenster von vorn herein die Gefahr zu starker Abdichtung selbstverständlich mit sich zu bringen.

Um die bisher wegen der Undichtigkeit vorhandene Beschlagsfreiheit bei Kasten- oder Verbundfenstern zu erhalten, ist es empfehlenswert, nur die inneren Flügel abzudichten oder aber bei krasser Undichtigkeit der Außenflügel in der Dichtwirkung deutlich zwischen Innen- und Außenflügeln zu unterscheiden. Für den Dampfdruckausgleich zwischen den Scheiben genügen relativ geringe Undichtigkeiten, so daß der häufig geäußerte Verdacht, bei Kasten- und Verbundfensterkonstruktionen Wärmeverluste durch diese Scheibenhinterlüftung in Kauf nehmen zu müssen, unbegründet ist und sich auch nicht in ausführlichen Messungen des Fensterinstituts bestätigt hat. Die durch solche Falzabdichtungen erreichte und zum Teil wesentliche Verbesserung nimmt allerdings bei zunehmendem Winddruck wieder ab, da der Formungsbereich des elastischen Dichtungsstoffes gering ist. Schlagregensicherheit kann – muß aber nicht – erreicht werden; das Ergebnis hängt vom Falzprofil ab.

Fensterundichtigkeiten gegen Schlagregen sind im Holzbereich durch nachträgliche Maßnahmen wie Dichtungsbänder kaum zu beheben; anders ist dies an der Außenfuge Wand–Stock, die nach dem Säubern weich abgedichtet wird. Die Dichtungsmasse ist zusätzlich durch eine Holzleiste zu schützen (Abb. 16). Als häufiger Schadensfaktor ist der Wasserdurchtritt im unteren Glasfalz zu finden. Ursache sind Austrocknung des Fensterkitts und auch Versprödung neuerer, aber ungeeigneter Scheibendichtstoffe. Zur Sanierung wird in jedem Fall der außenseitige Bereich des Glasfalzes vom vorhandenen Dichtstoff gesäubert, so daß die neue Masse genügend Haftfläche an Holz und Glas findet. Auf die Verträglichkeit des alten wie des neuen Dichtstoffes ist zu achten.

Begleitende Maßnahme sollte stets die Überprüfung der Beschlagsfunktionsfähigkeit sein. Hierzu sind nicht nur Befesti-

Abb. 13 *Auftragen einer Fugendichtungsmasse in den Falz.*

Abb. 14 *Anbringen der Abdeckfolie auf der Dichtungsmasse.*

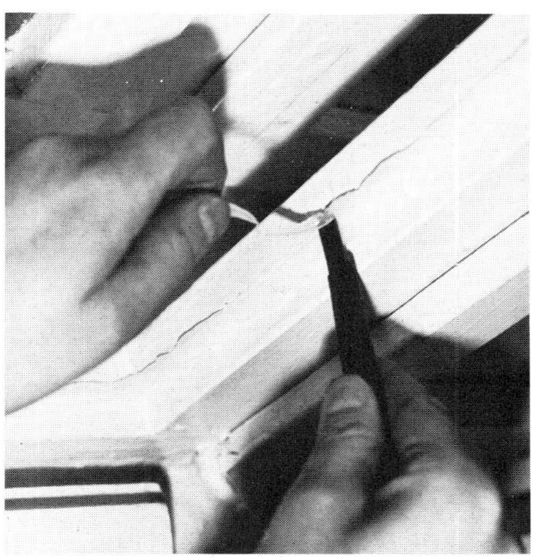

Abb. 15 *Entfernen der überschüssigen Dichtungsmasse nach dem Abbinden.*

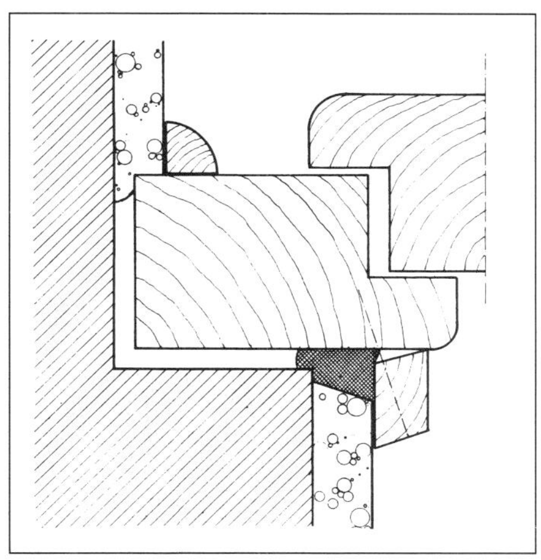

Abb. 16 *Abdichtung des Fensterrahmens.*

gungsschrauben nachzuziehen und Verriegelungs- und Auflaufteile nachzujustieren, sondern es sind vor allem an diesen Stellen Anstrichüberhöhungen abzutragen. Beim Nachjustieren ist unbedingt darauf zu achten, daß keine Zwangsspannungen im Rahmen entstehen. Nochmals wird betont, daß die bisher genannten Maßnahmen ein verhältnismäßig gutes Fenster und in unseren Breiten zwei Scheiben voraussetzen. Sind diese Bedingungen nicht erfüllt, muß das Fenster umfassend saniert werden.

Eine besondere Art der »Abdichtung« müssen häufig jene historischen Fenster über sich ergehen lassen, die mit Steckverbindungen demontabel gearbeitet sind: Man hofft durch Verleimen ein stabileres und damit paßgenaueres Fenster zu erhalten. Diese Verbesserung zerstört unnötig einen reparaturfreundlichen Vorzug dieser historischen Konstruktion, denn auch hier können reversible Abdichtungen wie beschrieben im Rahmen befestigt werden.

Sanierung durch Ergänzen

Vorab ist anzumerken, daß selbst zu Zeiten des inzwischen abgeflachten Booms der Fenstersanierung ergänzende Maßnahmen niemals größere Bedeutung erreichten. Sie werden dennoch hier aufgeführt, weil sie bei sorgfältiger Bestandsaufnahme und Abwägung verschiedenster Interessen durchaus einmal als sinnvolle Maßnahme zur Fenstersanierung zu empfehlen sind.

Auch diese Sanierungsart kennt verschiedene Stufen. Sind nur Einscheibenfenster vorhanden, diese aber noch in vertretbarem Zustand, können Vorsatzfenster oder Vorsatzscheiben in Verbindung mit einer guten Abdichtung der alten Flügel eine spürbare Besserung bringen. Diese Vorsatzfenster werden entweder als Einzelflügel auf die Altfensterflügel mit einfachen Bändern und Verschlüssen aufgebracht, oder sie können auch bei passender Lage des Fensters in der Mauerlaibung innen wie außenseitig als zweites Fenster »vor«-gesetzt werden. Vorausetzung sind die Möglichkeiten eines Scheibenabstands noch unter etwa 12 cm, keine Behinderung durch die alten Beschläge und genügend Mauerüberstand (Abb. 17 u. 18). Besonders in windreichen Gegenden hat sich seit langem bewährt, diese zusätzlichen Fenster nach außen aufschlagen zu lassen. Eine weitere, häufig einfachere Möglichkeit liegt in einer Glasfalzverbreiterung, meist durch Einsatz eines Metallprofils, um eine Isolierglasscheibe einzusetzen (Abb. 19). Voraussetzung hierfür ist die Möglichkeit der erhöhten Gewichtsübernahme durch die alten oder auch neuen Beschläge. Zu beachten ist allerdings, daß diese falzverbreiternden Profile aus Metall eine Wärmebrücke bilden: dies ist nicht abzulehnen wegen des sehr geringen Wärmeverlusts durch Leitung, sondern wegen der Gefährdung des Holzes durch Bildung von Schwitzwasser.

Fenstererneuerung verlangt jedoch mehr: Ausgehend von der Erkenntnis, daß eine Vollerneuerung auch das Ausbrechen des Stockes verlangt und damit Putz- und Malerarbeiten an der Fensterlaibung innen und außen erzwingt, wozu noch Spenglerarbeiten kommen können, wurden von der

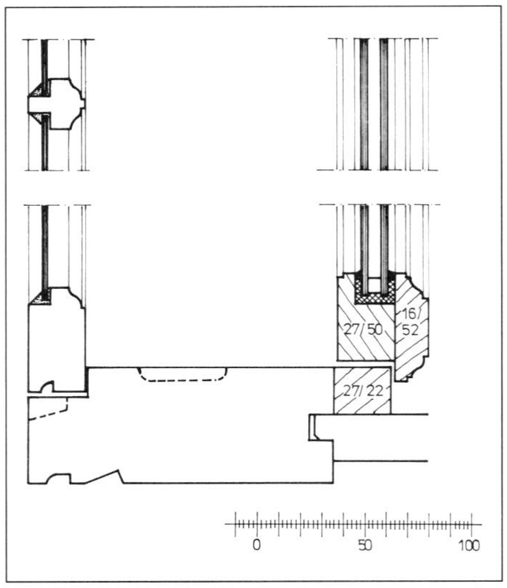

Abb. 17 *Nachträglich angebrachte Innenfenster – sogar isolierverglast.*

Abb. 18 *Auch Einfachverglasung in Metallrahmen kann bei gutem Detaillieren auf Doppelverglasung erweitert werden.*

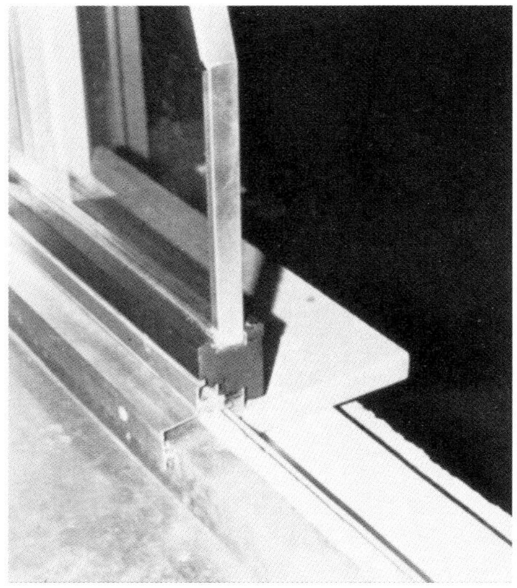

Abb. 20 *Einsetzen eines neuen Fensters bei Belassen des alten Stocks (Bauzentrum München).*

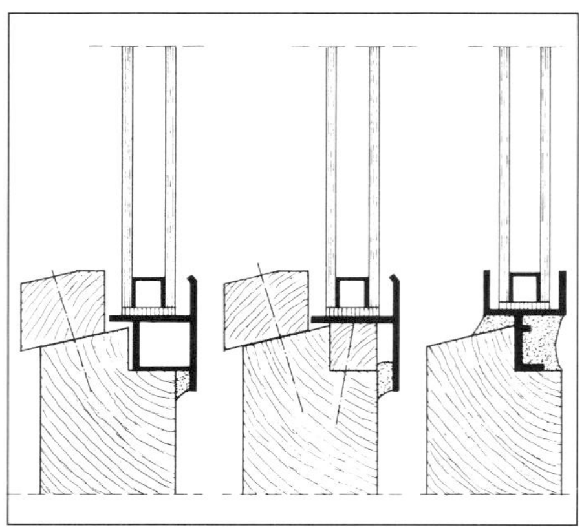

Abb. 19 *Prinzipskizze einer Glaserneuerung mit Profilschienen.*

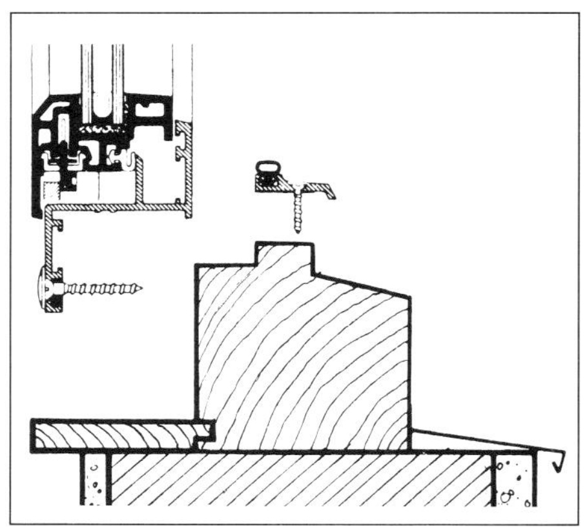

Abb. 21 *Prinzip eines Einsatzfensters.*

Abb. 22 *Einpassen eines neuen Fensterstocks in den alten.*

Industrie Systeme entwickelt, bei denen der alte Stock belassen und mit mehreren Metall- und/oder Kunststoffprofilen sinnvoll ummantelt wird. In dieses neue Stockprofil werden die neuen Flügel eingesetzt (Abb. 20), wobei im günstigen Fall die gesamte Auswechslung einschließlich aller notwendigen Befestigungen raumseitig geschieht (Abb. 21).

Die Konzeption an sich ist gut, das äußere Bild ebenso wie manches Detail bleiben häufig jedoch unbefriedigend – und das in der Werbung so simpel dargestellte »1-2-fertig«-Bild übersieht bewußt das zeitraubende und teure, da meist in Regie berechnete Ausstemmen der alten Beschläge und der Stockunterteilungen. Zudem sollten stets alle durch das Heraustrennen entstandenen Löcher und Schlitze vor dem Einbau des neuen Einsatzfensters sorgfältig geschlossen werden. Auch dies bleibt zeitlich und preislich unberücksichtigt (Abb. 22).

Zudem besteht bei einigen Systemen auch die Gefahr des Verfaulens des eingebauten Stocks mit weitergehender Schädigung auch des angrenzenden Mauerwerks, vor allem durch Kondensation unter den außenseitig stockverkleideten Profilen. Vielfach unbeachtet bleibt eigenartigerweise auch die Tatsache, daß eine Stockverkleidung ebenso handwerksgerecht vom Schreiner vorgefertigt werden kann (Abb. 23). Entweder werden die einzelnen Hölzer des Stocks an Ort und Stelle verleimt, verschraubt – oder ein nach Aufmaß werkseitig gearbeiteter Blendrahmen möglichst von außen dem alten Stock aufgesetzt und mit einem zweiten Rahmen verbunden. Der Anschluß an das Mauerwerk geschieht durch Holzleisten, die dauerelastisch hinterkittet sind.

Trotz der theoretisch überzeugenden Einfachheit dieser Sanierungsart hat sich das Belassen des alten Stocks in der Praxis kaum durchgesetzt und auch manchmal nicht bewährt. Die Gründe hierfür liegen darin, daß mit einer Fenstersanierung doch häufig die nachträgliche Wärmedämmung der Fassade oder zumindest ein neuer Fassadenanstrich geplant wird, so daß die finanziellen oder formalen Rücksichtnahmen auf den Bestand der Außenhaut entfallen; zudem zeigt bei Fenstern, die so stark geschädigt sind, daß ihre Sanierung notwendig wird, in vielen Fällen auch der Stock oder der Rahmen bereits organischen Befall, dessen Belassen oder nur oberflächliches Bekämpfen notwendig wäre, um den Preisvorteil zu erhalten. Hierin liegt der dritte Grund der Unattraktivität dieser Art der Fenstersanierung: Da zwischenzeitlich die Industrie sowohl in Holz als auch in Kunststoff altbaugerechte Fensterkonstruktionen anbietet, hat sich der Preisabstand zu einer tatsächlichen Gesamterneuerung des Fensters nochmals entscheidend verringert.

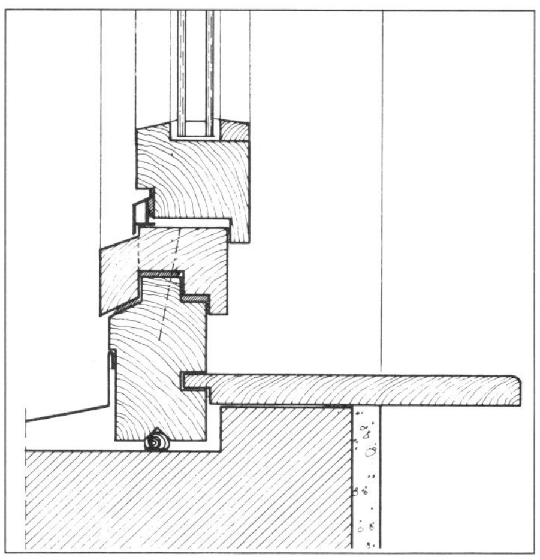

Abb. 23 *Einsetzen des vorgefertigten Fensters.*

Sanierung durch Erneuern

Soll das Fenster vollständig erneuert werden, ist dies sinnvoll mit einer gesamten Fassadenerneuerung zu verbinden, da alleine ein handwerklich gutes Einputzen mit Anpassung an den Altputz im Durchschnitt mit 200,– DM/Fenster veranschlagt werden muß. Da die bestehenden Fenstermaße meist nicht den heutigen Normmaßen entsprechen, ein genormtes Fenster jedoch entscheidend billiger sein kann als ein maßlich freies, sollte stets geprüft werden, wieweit wenigstens kleine maßliche Differenzen durch Blendrahmen überbrückt werden können. Die Freiräume zwischen Stock und Mauerwerk sind dann allerdings sorgfältig schalldichtend zu füllen und durch Hinterstopfen, besser durch Ausschäumen abzudichten.

Obwohl »Wärmeschutz« und »Schallschutz« ausführlich besprochen sind, wird auch hier nochmals mit Nachdruck auf eine Tatsache hingewiesen, die mit ebensoviel Bravour wie Raffinement seit Jahrzehnten versteckt wird: Das Isolierglasfenster der neuen Fensterkonstruktion ist schalldämm- wie auch wärmedämmtechnisch der konventionellen Zweischeibenverglasung (Verbund- und Kastenfenster) unterlegen. Anzumerken ist noch, daß diese althergebrachten Fensterkonstruktionen die erwünschte oder behördlich erzwungene Versprossung in einer preiswerten und dünnen, also formal zufriedenstellen-

Abb. 24 *Historisierendes Detail eines Kunststoffensters.*

den Lösung erlauben, da nun nur das Gewicht einer einzigen Scheibe und noch dazu ohne Rücksicht auf den querschnittsverstärkenden Randverbund des Isolierglases zu tragen ist.
Spätestens bei der Fenstererneuerung beginnt der häufig weltanschaulich geführte Streit um Holz oder Kunststoff als Fenstermaterial. Zwei Argumentationsbereiche sind hier sauber voneinander zu trennen: formale und denkmalpflegerische Fragen von solchen nach Haltbarkeit und Unterhaltsaufwand.
Die denkmalpflegerische Problematik – und dies trifft nur auf etwa 3% unserer Altbausubstanz zu! – wird von Gegnern wie von Verfechtern der Kunststoffenster häufig recht simpel auf Material und Form reduziert nach dem Motto: ein Fenster aus Holz ist allemal besser als eins aus Kunststoff; ein Kunststoffenster in historischer Sprossenaufteilung ist denkmalpflegerisch unbedenklich (Abb. 24). Mosel sagt hierzu sehr deutlich: »Der Nachbau historischer Fensterformen mit Kunststoff ist doppelt desolat. Auf der einen Seite wird der Denkmalwert auf das Bildhafte beschränkt. Der Schauwert tritt an die Stelle des Geschichtswertes. Auf der anderen Seite wird die Chance vertan, eine technisch und gestalterisch zeitgemäße Lösung zu finden, die als »Fortschreibung« des Denkmals in seiner originalen Beschaffenheit einen Beitrag zum Umgang mit Geschichte in der Gegenwart wäre ... So muß überzeugen, daß dem Material und seiner Bearbeitung herausragende Bedeutung für die Denkmalerhaltung zukommt ... Deshalb kann die Zeugnisfähigkeit für die Geschichte nur bewahrt werden, wenn das überlieferte Material in seiner überlieferten Art der handwerklichen Arbeit respektiert wird.«
Auch wenn dem generellen Nein der Denkmalpflege zu Kunststoffenstern in Baudenkmälern in der Praxis keineswegs zu restriktiv gefolgt wird, ist der Ersatz von Holz durch Kunststoff an einem Baudenkmal zumindest in Frage zu stellen, wobei die Gewichtung weiterer Argumente noch nicht berührt wird. Auch im Bereich der technischen Argumentation fehlt meist die nötige Sachlichkeit. Holz wie Kunststoff haben als Fensterbaumaterial positive und negative Eigenschaften – und häufig kann bei beiden Materialien die positive Eigenschaft nicht ohne Inkaufnahme der negativen genutzt werden. So ist Holz zweifelsfrei feuchteanfälliger als Kunststoff, doch ist es als massiver Werkstoff wesentlich reparaturfreundlicher. Kunststoff kann empfindlich gegen eine Reihe von Chemikalien sein, die durchaus auch bei falscher Pflege von Fenstern eingesetzt werden, doch wird ihm Wasser nichts anhaben. Holz ist ein Material, das leider wesentlichen Güteschwankungen unterliegt im Gegensatz zu Kunststoff, das aber nach Jahr und Tag für Ausbesserungsmaßnahmen noch zur Verfügung steht. Die Liste ließe sich bis in Details fortsetzen. Für den Verbraucher ist wichtig, daß die Behauptung, das Kunststoffenster sei pflegefrei, nachweislich falsch ist und zumindest von den Herstellern der einschlägigen Kunststoffe, aber auch von seriösen Fensterfirmen seit Jahren nicht mehr gebraucht wird. Es wird hierzu auf die Pflegerichtlinien des Fensterinstituts hingewiesen. Finden wir bei Holzfenstern leider immer wieder Holz schlechter Qualität, das einen hohen Schutzaufwand an Anstrichen verlangt, so leidet das Kunststoffenster darunter, daß immer noch zu viele unseriöse Verarbeiter auf dem Sanierungsmarkt tätig sind: Schwachstellen sind dann Eckverbindungen, Befestigungen der Beschläge, Profilmaß und -ausbildung.
Wenn verglichen wird, müssen beide Male gute oder schlechte Ausführungen gegenübergestellt werden; dann aber ist das Kunststoffenster korrekterweise nur am Baudenkmal abzulehnen. Da das Holzfenster insgesamt eine kleine Renaissance erlebt und damit wieder in größeren Stückzahlen angeboten wird, hat sich auch die Argumentation über den Preis erledigt: Beide Fenster kosten heute etwa gleich viel.

Beschläge

Bedacht werden muß in jedem Fall auch die Wahl des Beschlags. Auch hier sind »alt« und »neu« nicht gleichzusetzen mit »schlecht« und »gut«. Das zweiflüglige Fenster bietet gegenüber dem einflügligen die entscheidenden Vorteile des geringeren und vor allem auf Wunsch noch halbseitigen Aufschlagens in den Raum (Vorhänge, Blumen). Zugleich können Profile und auch Beschlag kleiner beziehungsweise einfacher gewählt werden, da das Flügelgewicht annähernd nur die Hälfte beträgt; auch der Ersatz der einzelnen Scheibe ist damit billiger. Als Nachteil ist der Lichtverlust zu rechnen, der jedoch meist überschätzt wird: Die durch das Glasgewicht stärker werdenden Profile des neuen Fensterrahmens verringern die Differenz – und eine Lichtsperrung durch Sprossen, also beidseitig lichtumflossene schmale Hindernisse, hebt sich meßbar nach der Tiefe des Raumes zunehmend wieder auf. Bleibt also nur die »Faszination« des Dreh-Kipp-Beschlags? Der Vorteil liegt im vergleichsweise einbruchsicheren und wetterunabhängigen Lüften. Die Wirkung eines gekippten Fensters wird jedoch stark verringert durch die Mauerlaibungstiefen der alten Massivbauten. Deshalb ist vom Standpunkt des Energieeinsparens jedes kurze, aber weite Aufschlagen der Fensterflügel zum Lüften dem längeren Kippen eines Fensters vorzuziehen.

Abb. 25 *Die historisierende Form der Maueröffnung macht den Einbau eines Rolladens fragwürdig.*

Formales Hauptproblem bleibt die Gestaltung des neuen Fensters im Altbau. Rücksicht auf alte und Neuerungen ausschließende Bauformen (Abb. 25) sind ebenso Voraussetzung für eine sinnvolle und zufriedenstellende Lösung wie Verzicht auf lächerliches und krasses Nebeneinander von Alt und Neu (Abb. 26). Falsch im Sinne einer behutsamen Ein- und Anpassung an die Althaussubstanz ist es aber sicher auch, Fensterversprossung als Mittel zur Bewältigung jeden Fensterformats zu sehen.

Ein besonders trauriges, weil lächerliches Kapitel stellt in diesem Zusammenhang der Streit um diese Versprossung dar. In der falschen Vorstellung, die durchaus auch in der amtlichen Denkmalpflege zum Teil zu Hause ist, ein Fenster sei schon dann denkmalfreundlicher, wenn es nur wenigstens Sprossen zeige, haben sich Architekten, Handwerker und Industrie unter Mithilfe der Denkmalpflege bemüht, die früher technisch notwendige und später formal bewußt eingesetzte Sprossenteilung auch bei Verwendung von Isolierglas und Kunststoff zu bieten. Da Isolierglas aber durch sein Gewicht und auch zum besseren Schutz des empfindlichen Scheibenrandverbunds bestimmte Mindestfalztiefen verlangt, wird aus einer zarten konstruktiven Unterteilung ein handfester Sprossenprügel, wie es ihn noch nie gab. Um dies zu vermeiden, überbot man sich allgemein in der Entwicklung von »Schwindelsprossen«, Sprossenersatz also, der außen oder innen aufgeklebt oder im notwendigen Putzabstand vorgeblendet wurde oder gar zwischen die beiden Scheiben des Isolierglases eingesetzt ist. Diese letzte Lösung wirkt von außen durch Spiegelung wie eine Sprosse in Aspik (Abb. 27) und führt bei ungenügendem Randverbund zu einem lächerlichen Verrutschen. Aufgeklebte Sprossen werden durch Wind und Wetter allmählich wieder entfernt, so daß das Fenster zu dem wird, was es eigentlich schon immer war, zum Einscheibenfenster (Abb. 28) – und die vorgeblendete Sprosse zeigt durch Spiegelung einen doppelten Abstand, um damit besonders deutlich auf ihre Fragwürdigkeit hinzuweisen (Abb. 29). Hinzu kommt, was weder bei Bauherren noch Architekten und verblüffenderweise auch Fensterbauern bekannt ist, daß die Anfälligkeit des Isolierglases für Undichtigkeiten im Randverbund mit sinkender Scheibengröße zunimmt, da hier Spannungen

Abb. 26 *Der funktionslose Fensterladen wird zur lächerlichen Dekoration.*

Abb. 27 *Isolierglasfenster mit Sprossen im Scheibenzwischenraum (links).*

Abb. 28 *Fenster mit aufgeklebten Sprossen, eine davon bereits abgefallen.*

Abb. 29 *Fenster mit im Abstand vorgesetzten Sprossenrahmen.*

Abb. 30 *Ab welchem Fensterformat dürfen Sprossen entfallen?*

schwerer abgebaut werden können. Man muß weder denkmalbewußter Kunsthistoriker noch Architekt sein, um die Vorzüge der Einscheibigkeit eines Isolierglasfensters bewußt dort einzusetzen, wo eine ungeteilte Verglasung funktional wie formal erwünscht ist – und umgekehrt bei unterteilten alten wie neuen Fenstern die wärme- wie schalltechnisch ohnehin günstigere Konstruktion eines preisgleichen Zweischeibenfensters zu wählen (siehe »Wärmeschutz«).

Der Architekt dieses, sich im übrigen gut und differenziert in die umgebenden Altbauten einpassenden Neubaus hat eine wohl behördliche Auflage nach dem Buchstaben, sicher nicht nach Inhalt und Bedeutung erfüllt (Abb. 30).

Die ganze trostlose Unbeholfenheit im Umgang mit der Altbausubstanz zeigt sich im Einbau von Schaufenstern. Ob Geschmack im Geschäftsleben stets eine Funktion des Gewinnstrebens sein muß, soll dahingestellt bleiben – daß der Kunde in jedem Fall Glasfläche und Modernität mit Attraktivität des Einkaufs gleichsetzt, ist allerdings ein Irrtum (Abb. 31 u. 32), der in zunehmendem Maß von immer mehr Geschäftsleuten erkannt wird.

Haustür

Schon für die Fenster gilt, daß es eigenartig anmutet, wie viele Hauseigentümer zwar gerne bereit sind, für das »Bessere« und »Schönere« im Innern eines Hauses ein wenig mehr zu zahlen, dort aber nur das Minimum wünschen, wo sie sich für jeden sichtbar präsentieren: im Äußeren ihres Hauses.

Am eklatantesten fällt dieser Widerspruch bei den Hauseingangstüren auf. Technische Einwände treffen da nur wieder die üblichen Schluderangebote – Einwände im Detail treffen bereits einen größeren Teil; formale und ästhetische Auswüchse sind jedoch fast schon die Regel (Abb. 33) – und es ist verblüffend, wieviel Kosten dafür aufgewendet werden, um seinen schlechten Geschmack schon an der Hauseingangstür für alle zu dokumentieren. Forderungen an eine gute Außentür, in erster Linie Einbruchschutz, Wetterschutz und »Visitenkarte des Hauses« zu sein, sind nur schwer durch industriell vervielfältigte Pseudo-Kunst erfüllbar (Abb. 34).

Abb. 31, 32 *Beide Läden liegen nebeneinander im gleichen Altbau.*

Abb. 33 *Rücksichtslose Neuerungssucht zeigt sich hier in Tür, Türgewände, Treppe, Klingelschild usw. als Visitenkarte des Hauses.*

Abb. 34 *Formale Fehler auch bei Anpassung an unterschiedliche Gebäudefunktionen.*

Fußböden

Die Erneuerung von Althausfußböden ist eine vergleichsweise simple Angelegenheit und wird als solche auch meist reichlich sorglos betrieben. Es wird jedoch eine Reihe von Forderungen erhoben, deren Mißachtung Bauschäden hervorruft oder die Nutzbarkeit des sanierten Hauses herabsetzen kann. Diese Forderungen sind: Wasserdichtigkeit im Bad, WC und in der Dusche; günstig auch in der Küche bei Wasch- und Spülmaschinenanschlüssen; Schall- und Wärmeschutz sowie das zulässige Gewicht. Des weiteren ist zu prüfen, ob Raumhöhen, Türanschlag und Nachbarräume (Treppenhaus) eine Fußbodenerhöhung erlauben.
Weitere Kriterien können sein: notwendige Folgemaßnahmen und damit Zusatzkosten, die Zeiten für Einbau und Wiederbegehbarkeit, die Konstruktionshöhe und die Feuchtebeständigkeit. Besonders bei kleineren Maßnahmen kann auch entscheidend sein, ob für den Fußboden oder seine Unterkonstruktion eine zusätzliche Firma herangezogen werden muß.
Am einfachsten und billigsten sind neue Bahnenbeläge auf vorhandenem Holzfußboden. Selbst wenn dieser alte Boden vorher abgeschliffen werden sollte, zeichnen sich jedoch Holzverlauf und Brettgröße im Laufe der Zeit im Bahnenbelag ab. Um diese Gefahr zu verzögern und zu verringern, sollten deshalb nur hochflorige Spannteppiche und Doppelbouclé-Ware oder Kunststoffbeläge mit weicher Unterfütterung gewählt werden. Auf alten Estrichen oder Steinholzböden wird das Abzeichnen weitgehend durch Spachteln und Schleifen vermieden. Sinnvoller, wenn auch aufwendiger, ist jedoch ein neuer Unterbau; hierzu können verwendet werden: Ausgleichsspachtelungen, Estriche und Trockenestrichplatten.
Vor der Planung muß geklärt werden, ob das alte Bodenniveau eingehalten werden soll, alte Fußböden belassen werden können und ob auf bauphysikalische Eigenschaften der Decke Rücksicht genommen werden muß.
Bleibt der alte Fußboden erhalten, erhöht sich das Niveau des neuen um mindestens 3 cm. Da Altbaudecken aber häufig hängen und der neue Fußboden waagerecht verlegt wird, kann dies auch Niveauunterschiede bis zu 10 cm und mehr ergeben. In der Regel schlagen die Zimmertüren raumseitig auf – das heißt, daß jede Tür abgeschnitten werden muß und sich Stolperschwellen zum Flur ergeben, falls dieser nicht auch einen neuen Fußboden erhält. Gleichzeitig besteht an der Fensterseite die Gefahr, daß die ohnehin im Altbau häufig sehr niedrigen Brüstungshöhen nochmals verringert werden und das Bauordnungsamt deshalb zusätzliche Sicherungsmaßnahmen verlangt. Als Vorzüge eines Unterbodens sind die Verbesserungen im Wärme- und Schallschutz zu nennen und die ersparten Kosten des Altfußbodenabbruchs. Ausgleichsspachtelungen sind seit langem vom Neubau her bekannt und setzen an sich eine Stahlbetondecke voraus. Für die Altbau-Holzbalkendecke werden zur Erhöhung der hier notwendigen Elastizität diesen zementgebundenen Spachtelmassen Kunstharze beigemengt. Derartige Ausgleichsspachtelungen können theoretisch in beliebiger Höhe ausgeführt werden, verlangen allerdings einzelne Schichtstärken von etwa einem Zentimeter und ein etwa halbtägiges Abtrocknen vor dem Aufbringen der jeweils nächsten Schicht. Die Attraktivität einer solchen Ausgleichsspachtelung schwindet also mit der notwendigen oder auch nur erwünschten Ausgleichshöhe. Das Material kann direkt auf dem alten Holzfußboden aufgebracht werden, doch verlangen gewachste Holzoberflächen einen entfettenden oder klebenden Voranstrich.

Estriche

Der Zementestrich als konventionelle Möglichkeit ist auch im Altbau denkbar, doch müssen hier einige Nachteile in Kauf genommen werden: Mit jedem Zementestrich wird sehr viel Wasser in den Altbau eingebracht. Es ist zwar selbstverständlich, daß während der Einbauphase der darunterliegende Holzboden oder Deckenbalken und Schüttung durch eine überlappende Unterlage von mindestens Ölpapier vor eindringender Feuchtigkeit geschützt wird, doch belastet auch das beim Abbinden freiwerdende Wasser den Altbau. Da der Zementestrich wegen seiner Bruchgefahr vor allem bei Holzbalkendecken in einer eine schlaffe Armierung zumindest ermöglichenden Mindeststärke aufgebracht werden muß, wird die Decke gewichtsmäßig belastet; dem Nachteil steht selbstverständlich der Gewinn zumindest in Luftschallschutz gegenüber. Ein weiterer Vorteil liegt im Preis und auch darin, daß für diesen Estrich keine Spezialfirma beauftragt werden muß.
Auch Anhydrit-Estriche werden am Altbau verwendet. Wie am Neubau liegt der Vorteil gegenüber dem Zementestrich darin, daß diese Estrichart bereits so glatt einzubringen ist, daß ein abschließendes Spachteln bei dünnen Bahnenbelägen entfallen kann. Der Zusatz von Fließmitteln erlaubt zudem einen vergleichsweise raschen Niveau-Ausgleich. Der Nachteil jedes Anhydrit-Estrichs liegt in seiner Feuchteempfindlichkeit und wiederum im Einbringen von Wasser in den Altbau.
Dies vermeidet der Gußasphalt, da hier als Bindemittel Bitumen verwendet wird. Als praktischer Nachteil in der Sanierung ist zu werten, daß ein finanziell sinnvoller Einsatz größere Flächen voraussetzt, da Gußasphalt nicht vor Ort hergestellt wird, sondern in beheizbaren Containern mit Rührwerk angeliefert wird. Der Gußasphaltestrich bietet die geringste Wartezeit, was in der Altbausanierung durchaus noch ein stärkeres Argument als beim Neubau sein kann.

Trockenplatten

Als Trockenplatten werden fast ausschließlich Spanplatten oder Gipsplatten verwendet. Unbestreitbarer Vorzug beider Materialien ist das völlig trockene Einbringen. Die Spanplatte erlaubt auch ein Überspannen von Hohlräumen ohne ausgleichende Schüttung (Abb. 1). Werden diese Hohlräume jedoch zu großflächig, müssen Spanplatten ebenso wie Gipsplatten schwimmend auf Schüttung verlegt werden.

Für Fußböden verwendet man fast ausschließlich kunstharzgebundene Holzspanplatten, was eine Formaldehyd-Belastung mit sich bringen kann. Platten werden, wenn möglich, direkt auf den Unterboden verlegt, wobei bei stärkeren Schüsselungen mit Unterplatten ausgefüllt werden kann. Die Platten sollten untereinander verleimt und direkt auf den Altfußboden verschraubt werden. Bei mehreren Plattenlagen sind die Stöße zu versetzen; andernfalls muß der Rand als Nut und Feder ausgebildet sein. Der Handel bietet unterschiedliche Spanplatten an, so daß eine Anpassung an die Feuchtebelastung des Raums möglich ist. Dennoch muß geraten werden, auf die Anwendung von Spanplatten-Unterkonstruktionen in Bädern und vergleichbaren Räumen zumindest dann zu verzichten, wenn nicht eine sorgfältige Feuchtesperre zusätzlich aufgebracht wird: Es sind genügend Schadensfälle bekannt, bei denen durch Feuchteeinwirkung Spanplatten zu Schüsselungen neigen, was fast zwangsläufig den darüberliegenden Fliesenbelag zerstört. Sollen Spanplatten über Kellerräumen oder Räumen mit stark erhöhter Feuchtebelastung verlegt werden, ist die Güteklasse V 100 G zu verwenden, da diese Platten gegen Pilzbefall geschützt sind.

Gipsplatten als Trockenestrichdielen werden ähnlich wie die Holzspanplatten verlegt, doch sind Hohlräume sorgfältiger zu füllen. Auch diese Unterkonstruktion eignet sich nicht ohne zusätzlichen Schutz für Räume wie Bäder. Von einigen Anbietern wird diese Konstruktion als System angeboten, das heißt, daß die zur Auflage empfohlene Schüttung von der gleichen Firma eingebaut wird.

Besonders dort, wo Wärmedämmung und Schallschutz eine erhöhte Rolle spielen, gibt es seit einiger Zeit Plattensysteme, die in Kombination von Gipskarton oder Spanplatte mit untergeklebter Dämmlage bestehen. Die Verlegung entspricht auch hier dem geschilderten Vorgehen.

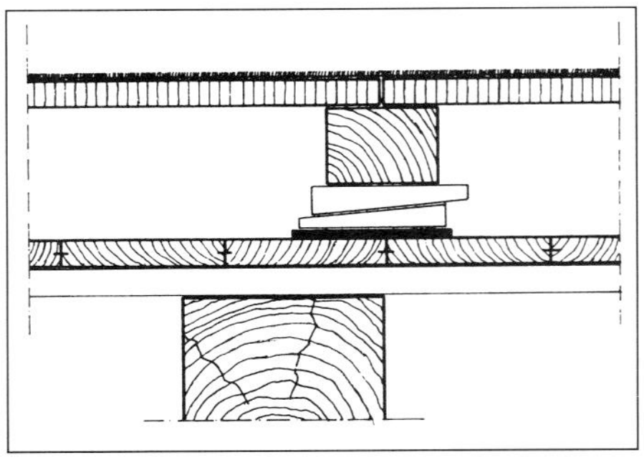

Abb. 1 *Spanplatten auf Holzunterfütterung.*

Schüttung

Der Nachteil der Verlegung von Spanplatten direkt auf den alten Fußboden liegt vor allem in dem auch bei sorgfältiger Ausführung zwangsläufig nur punktförmigen Auflagern. Der Boden federt nach, Knack- und Quietschgeräusche des alten Bodens können nach wie vor entstehen, und auch die Gefahr des Durchzeichnens der Plattenstöße ist nicht auszuschließen. All dies vermeidet ein flächiges Auflager, welches jedoch eine lastverteilende Schüttung erfordert, die eben abgezogen wird (Abb. 2 und 3). Empfohlen werden können alle Stoffe, die anorganischen Ursprungs sind, keine Feuchtigkeit halten und durch ihre Materialstruktur eine allmählich fortschreitende Setzung verhindern und möglichst günstige Wärme- und Schallschutzwerte besitzen. Dringend abgeraten wird von den im »biologischen« Bauen immer wieder empfohlenen organischen Schüttungen aus Kork, Kokosfasern und ähnlichem, da dies eine Zunahme der in der Holzbalkendeckenkonstruktion wesentlich häufiger als in der Stahlbetondecke anzutreffenden organischen Schädlinge bedeutet. Zwar können auf Schüttungen Spanplatten – möglichst wieder zweilagig und mit verdeckten Fugen – aufgebracht werden, doch haben sich firmentypische Spezialaufbauten bewährt (Abb. 4 u. 5). Den Vorzügen bituminierten Schüttgutes steht allerdings der Nachteil gegenüber, daß wegen des Geruchs eine dichte Kunststofffolie die Bodenkonstruktion absperren muß. Der wesentliche Vorteil liegt im einfachen Ausgleich aller Bodenunebenheiten und jedes Gefälles; auch neue Leitungen und Kabel werden problemlos verdeckt.

Leider verstärkt jede Schüttung die durch Niveauerhöhung bedingten Nachteile; will man dies vermeiden, muß der alte Fußboden abgebrochen werden. Die vorhandene Schüttung sollte dabei aus Kostengründen nur dann erneuert werden, wenn Verdacht auf Schädlingsbefall besteht (vor allem bei organischen Füllstoffen) oder das Deckengewicht verringert werden soll, was aus einigen Gründen oder weil ein schwerer Fußboden gewünscht wird, wie etwa Fliesen auf Estrich im Bad, gefordert sein kann. Auch hierfür gibt es neue Leichtfüllstoffe, die die Wärmedämmung der Decke wesentlich erhöhen. Da in der Regel jedoch gleichzeitig der Deckenschalldämmwert durch eine leichte Schüttung vermindert wird, ist der neue Deckenaufbau schalltechnisch zu überprüfen. Bewährt hat sich bei Belassen der alten Schüttung ein zusätzliches Auffüllen mit Perlite oder ähnlichem bis Deckenbalkenunterkante (Abb. 6). Auf diese Ebene können nun entweder die beschriebenen Plattensysteme oder auch ein konventioneller schlaff armierter Estrich aufgebracht werden. Ein Problem wird jedoch auch hier wieder das

Abb. 2 *Schüttung auf Altfußboden; Bodenauflager auf Schüttung.*

entsprechend satte Plattenauflager: Hierfür sind Hartholzleisten und -teile zu verwenden, unter Umständen Streifen elastischen Mörtels, auf die die Platten satt aufgesetzt werden. Besser ist es jedoch bei Verwendung von Schüttungen, den Füllstoff so hoch zu verlegen, daß nach seiner mechanischen Verdichtung die Platten flächig aufgelegt werden können, wobei es günstig ist, wenn die Balken frei bleiben oder gegebenenfalls dünn überschüttet werden.

Abb. 3 *Schüttung im Fehlboden; Bodenauflager auf Balken.*

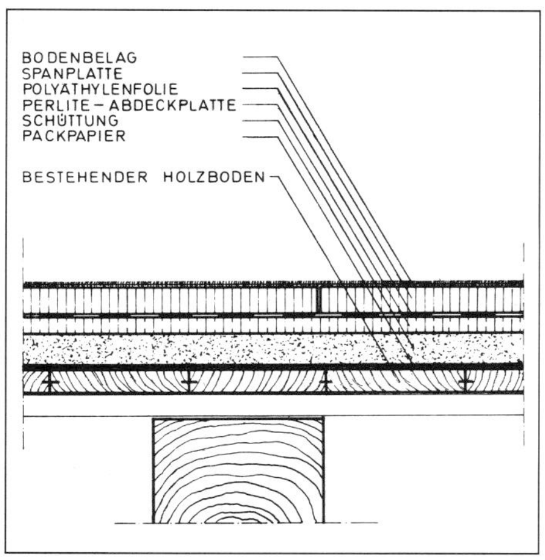

Abb. 4 *Sanierung alter Böden.*

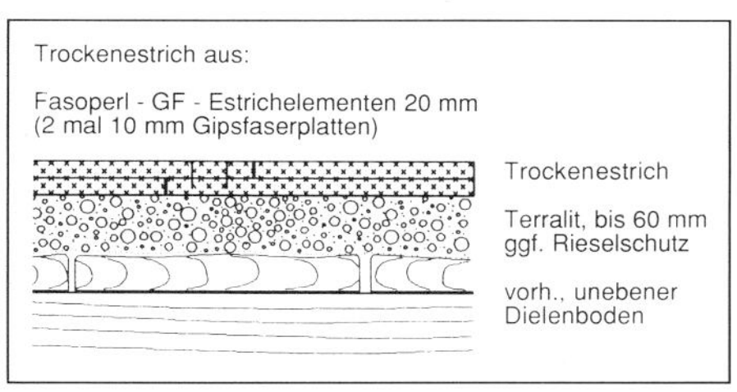

Abb. 5 *Neuer Fußbodenaufbau.*

Fußbodenbeläge

Der Fußbodenaufbau auf den beschriebenen Unterkonstruktionen entspricht im wesentlichen dem Neubaudetail. Besonderheiten sind nur dort zu beachten, wo wieder Materialien oder Techniken alter Zeit gewählt werden. Ein typisches Beispiel hierfür sind alte Dielenböden. Früher wurde das Material hierfür im Winter gefällt, durch Flößen vor zu schnellem Austrocknen bewahrt und vor dem Einschnitt mindestens ein Jahr, danach vor Verwendung nochmals gelagert. Heute muß mit künstlich getrocknetem und deshalb stark arbeitendem Sommerholz gerechnet werden. Deshalb sind Bretter mit tiefliegendem Falz oder ebensolcher Spundung zu verwenden, damit nach dem Schwinden noch genügend Tiefe bleibt, um einseitig mit Leim bestrichene Holzspäne in die Fugen treiben zu können. Für eine ausreichende Brettdicke gilt die Regel, daß 25 mm bei Balkenabständen bis 80 cm genügen und für jeweils 20 cm Abstandsbreite mehr das Brett um 5 mm dicker sein muß. Soll die Gesamtlänge der Fugen verringert werden, ist es ratsam, mehrere Bretter (zwei oder vier) wechselseitig zu Läden aneinanderzuleimen.
Wer sich noch dazu entschließen kann, statt einer Versiegelung das Holz natur zu belassen und es mit Kernseifenlauge, der einige Handvoll Holzasche zugesetzt werden, zu putzen, wird in wenigen Jahren einen schönen, »gereiften« Fußboden besitzen, der inzwischen ebenfalls weitgehend »pflegeleicht« wurde.
Ein Problem bei Holzbalkendecken kann das Aufbringen dampfdichter Beläge sein, wenn im darunterliegenden Raum mit unüblich hoher Dampfentwicklung gerechnet werden muß. Als Empfehlung wird hierbei noch der unterseitige Einbau einer Dampfsperre genannt, doch kann diese Lösung kaum von Baupraktikern erdacht worden sein. Als einzige richtige Lösung muß ein besonders dampfdurchlässiger Deckenaufbau gewählt werden, der dann eben auch den Fußbodenbelag zu erfassen hat.

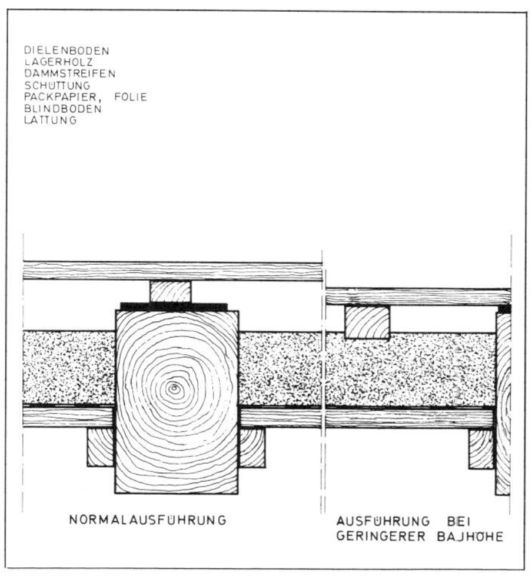

Abb. 6 *Handwerksgerechter Aufbau eines Dielenbodens.*

Fußböden in nicht unterkellerten Räumen

Altbauten bis ins 19. Jahrhundert sind nicht oder nur teilweise unterkellert. Die alten Erdgeschoßböden waren meist nur auf Lagerhölzer ins trockene Erdreich gebettet.
Hier ist die gesamte alte Konstruktion abzutragen, der Untergrund bis 30 cm unter Fußbodenniveau, aber auf keinen Fall unter Fundamentunterkante auszuheben. Wenngleich der Aufbau des neuen Fußbodens verschieden sein kann, entspricht er doch stets einer bestimmten Schichtung (Abb. 7), wie wir diese ebenso vom Neubau her kennen.

Erneuerung von Stufen

Die Erneuerung von Stufen ist deshalb problematisch, weil fast immer wegen der Geschoßanschlüsse das alte Niveau beibehalten werden muß. Der Ausbau der alten Setz- und Trittbretter ist häufig deshalb schwierig, weil sie unter weitere Aus-

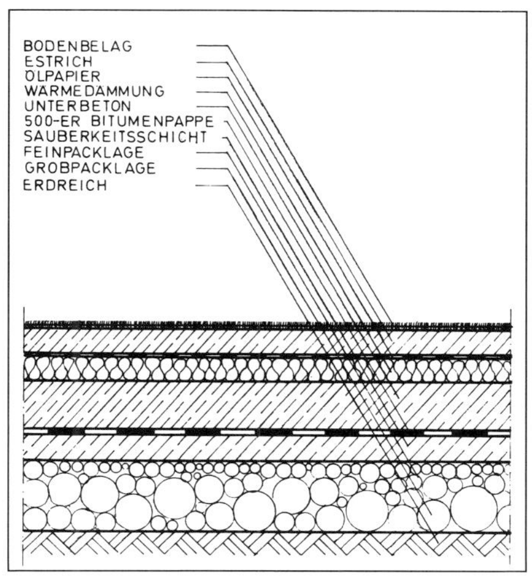

Abb. 7 *Prinzipieller Fußbodenaufbau in nicht unterkellerten Räumen.*

Abb. 8 *Historisches Treppendetail.*

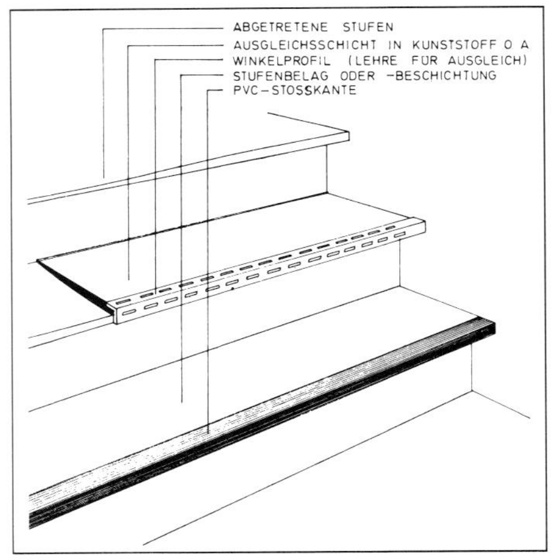

Abb. 9 *Erneuerung abgetretener Stufen.*

Abb. 10 *Zerbrochene Zementspachtelmasse bei der Treppensanierung.*

Abb. 11 *Spanplatte auf Ausgleichestrich.*

oder gar Rohbauteile gezogen wurden, um senkrechte Fugen zu vermeiden (Abb. 8). Hier hilft entweder Ausspachteln an Holz- oder Kunststoffleisten (Abb. 9) oder handwerklich sauberes Einsetzen von Holz- oder Naturstein-Paßstücken. Da Zementspachtelmassen wegen ihrer geringen Elastizität und Stärke zum Brechen neigen (Abb. 10), sind sie entweder vor dem Aufkleben des Stufenbelags wieder mit einer Spanplatte zu überhöhen (Abb. 11) oder es sollte eine elastischere Kunststoff-Spachtelmasse verwendet werden. Steinstufen können zudem mit verschiedenen Fabrikaten von Kunststeinmassen saniert und danach sogar wieder vom Steinmetz bearbeitet werden. Grundsätzlich sollte jedoch versucht werden, von Spachtelungen jeder Art Abstand zu nehmen und die Fehlstellen im originalen Material, also Holz oder Stein, auszubessern.

Innenwände, Innentüren

Unter »Altbausanierung« wird meist nur die haustechnische Ergänzung der – nach heutigen Gesichtspunkten – unmodernen Ausstattung verstanden. Dies genügt häufig, doch ist es vom Prinzip her falsch. Das alte Haus wurde für alte und heute teilweise überholte Nutzung erbaut; diese Nutzung prägt aber die Funktion und so auch den Grundriß des Gebäudes.
Gerade im massiven Altbau ist aber auch ein Teil der Innenwände tragend ausgebildet, so daß die Aufwertung durch Grundrißänderung immer am Aufwand gemessen werden muß. Am häufigsten fällt das Versetzen neuer Innenwände bei Bäder- und Kücheneinbauten an – unter Umständen sind auch Wohnungstrennwände neu zu errichten oder bestehende schalltechnisch zu verstärken.
Wird nicht das gesamte Gebäude von Grund auf neu gestaltet, sieht man im Altbau von neuen massiven Zwischenwänden auch aus statischen Gründen ab (siehe »Tragende Bauteile«). Der Einbau leichter Zwischenwände hängt wiederum von der Erfüllung mehrerer Kriterien ab: Schallschutz, Brandschutz, Aufnahme von Installationen, Aufnahme von Lasten, weitere Oberflächenbehandlung. Zudem ist zwischen Fertigwandsystemen und örtlich zu errichtenden Wänden zu unterscheiden.
Grundsätzlich gibt es für neue Innenwände im Altbau keine anderen Konstruktionen oder Materialien als im Neubau; dennoch kennen wir deutlich andere Anforderungen, die bei der Auswahl berücksichtigt werden sollten:
- Geringes Flächengewicht, da die Altbaudecken meist nicht zusätzlich belastet werden sollten, die neuen Innenwände aber nur selten zur eigenen Lastableitung durchgehend übereinander stehen.
- Vermeidung von Feuchtigkeit; hierbei ist nicht nur der Anteil an Fugenmörtel und damit die Höhe der mauerspezifischen Baufeuchte zu berücksichtigen, sondern auch die hier unerwünschte Materialfähigkeit, Wasser aus der Lagerungszeit mit ins Haus zu bringen. Vor allem aber zählt auch negativ die Notwendigkeit, die Wandoberfläche verputzen zu müssen: Die negative Feuchtebelastung eines Altbaus durch Mörteln und Verputzen wird meist unterschätzt.
- Möglichst kurze Trocknungs- und Wartezeiten zur weiteren Bearbeitung; im Gegensatz zur gips- oder holzverkleideten Ständerwand sind hierfür bei einer massiven vermauerten und verputzten Ziegel-, Bims- oder Kalksandsteinwand 8 bis 10 Tage anzusetzen.

Schallschutz

Die wesentlichen Forderungen des Schallschutzes sind im Kapitel »Schallschutz« besprochen. Soll eine Zwischenwand nicht nur der Raumtrennung, sondern auch dem Schallschutz dienen, ist prinzipiell darauf zu achten, daß zwischen den beiden Raumschalen keine starre Verbindung besteht (Abb. 1) oder die Wand ein entsprechendes Gewicht bietet. Übliche massive 11,5er-Wände erfüllen die Anforderungen der DIN 4109 nicht. Ausnahmen hiervon sind unter speziellen, schallschützenden Fertigtrennwandsystemen zu finden.
Ein besonderes Problem bildet die schalltechnische Verbesserung bereits vorhandener Innenwände, vor allem Wohnungstrennwände – ein Sanierungsfall, der vor allem bei Umwandlung in Wohnungseigentum akut wird. Auch hier gibt es wieder beide Möglichkeiten: getrennte Leichtvorsatzschale mit passender, biegeweicher Schalldämmung – beispielsweise Mineralfaserplatte – oder massive Verstärkung durch Vormauerung einer 6–10 cm starken Dielenwand mit verbindendem Verguß zwischen alter und neuer Schale.

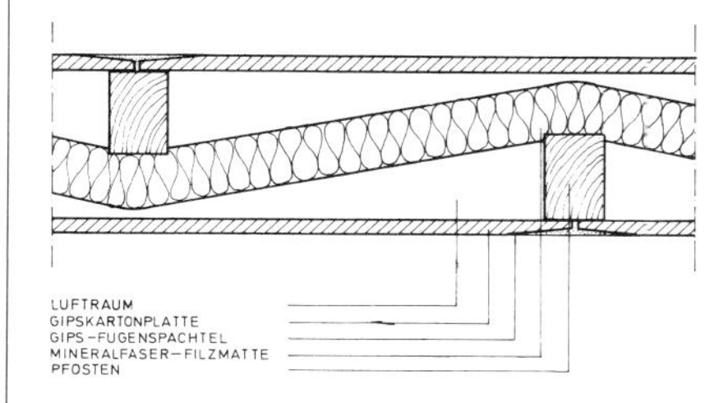

Abb. 1 *Schalldämmende zweischalige Wandkonstruktion.*

Brandschutz

Forderungen des Brandschutzes werden in der Regel nicht gestellt, da nichttragende Bauteile im Brandfall für die Standsicherheit bedeutungslos sind. Dienen Trennwände allerdings der Begrenzung von Fluchtwegen oder der Unterteilung von Brandabschnitten entsprechend der einzelnen Länderbauordnungen, müssen sie den Forderungen der DIN 4102 »Brandverhalten von Baustoffen und Bauteilen« entsprechen. Auf die Unterscheidung »feuerhemmend«, »feuerbeständig« und »hochfeuerbeständig« und die Zuordnung dieser Bezeichnungen kann hier nicht eingegangen werden. Als Anhaltswert kann dienen, daß mindestens 60 mm dicke Gipsplatten oder mindestens beiderseits 15 mm Putz auf Putzträgern oder beiderseits Gipskartonplatten F(GKF) der Mindestdicke von 12,5 mm als feuerhemmend, mindestens 80 mm dicke Gipsplatten oder beiderseits Gipskartonplatten F(GKF) einer Mindestdicke von 15 mm und einer zwischenliegenden Dämmschicht der Dicke von 30 mm der Klasse B1 als feuerbeständig gelten. Für konkrete Maßnahmen wird hierbei auf DIN 4102 Blatt 4 verwiesen.

Installationen

Für Leitungen, Schächte und Kanäle müssen entsprechende Hohlräume freigestellt werden. Besondere Details sind hier nicht zu nennen; es muß jedoch bedacht werden, daß die lichte Mindestbreite nicht durch die Durchmesser der haustechnischen Bauteile bestimmt wird, sondern durch die Durchmesser der Muffen und vor allem durch den sehr unterschiedlichen Platzbedarf der Abzweige und Auslässe (Abb. 2).

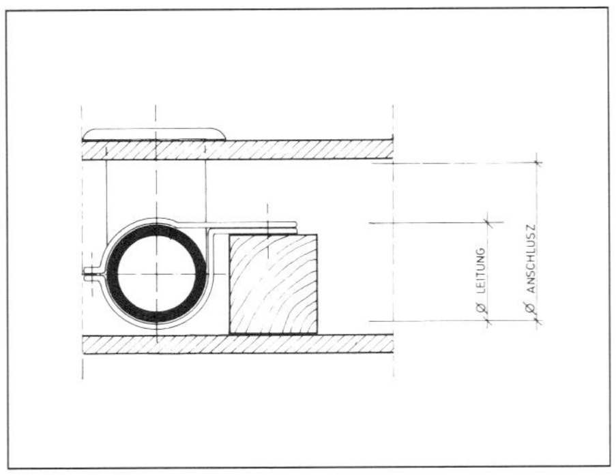

Abb. 2 *Installationsführung in zweischaliger Zwischenwand.*

Aufnahme von Lasten

Die Aufnahme von Ausstattungslasten wird häufig unterschätzt. Bei Abtrennung von Räumen mit festliegenden Lasten wie in WC und Bädern, eventuell auch Küchen, können einzelne Lasten speziellen Ständern zugeordnet werden, wie Waschtisch oder Hänge-WC. Werden Zimmer abgetrennt, so ist wenigstens eine der Trennwände tragend für Ausstattungen zu erstellen oder zumindest eine Schrankwand vorzusehen.
Im Altbau mit Wohnnutzung sollte die Oberfläche der Zwischenwand noch eine individuelle farbliche Behandlung erlauben, weshalb eine Reihe von Fertigsystemen abgelehnt werden muß.

Abb. 3 *Fertigtrennwand: Aufstellen einer Metallriegelwand.*

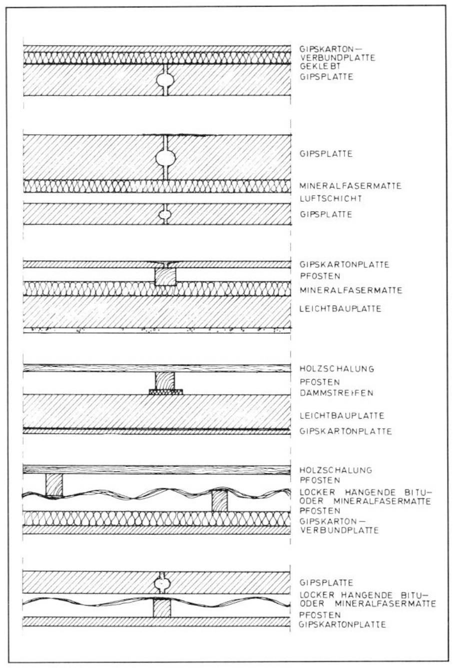

Abb. 5 *Schematisierte Darstellung einiger Leichtbauwandtypen.*

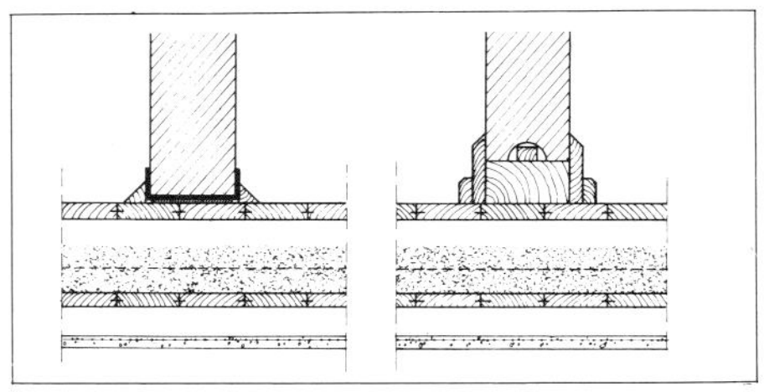

Abb. 6 *Ausbildung eines lastverteilenden Untergurtes bei leichten Trennwänden.*

Systemwand oder konventionelle Wand

Auf die Frage »Fertigsystem« oder »konventionelle Erstellung« wurde schon im Kapitel »Sanitäranlagen« eingegangen. Preislich wie funktionell sind auch bei Innenwänden beide Möglichkeiten gleich zu bewerten. Die Fertigwand ermöglicht mit systembezogenen Teilen einen raschen und vor allem trockenen Wandaufbau (Abb. 3 und 4), dem allerdings der Nachteil des häufig zeit- und damit auch kostenintensiven Ausgleichs von Wand-, Decken- und Bodenunebenheiten gegenübersteht, wenn dies nicht formal meist unbefriedigend nur durch aufgesetzte Paßleisten geschehen soll.
Die übliche und vom Maurer, Schreiner oder Zimmerer erstellte Trennwand besteht ebenfalls aus Holz- oder Metallständern – bei Höhen über 300 cm sind sie mit zusätzlichen Querversteifungen versehen. Türen können dabei bereits im Stock eingesetzt sein. Dem beidseitigen Verputzen nach dem Überspannen mit einem Putzträger ist bautechnisch (Vermeidung von Feuchtigkeit) und finanziell die Verwendung von Platten oder einer Holzverschalung vorzuziehen.
Werden doch massive Zwischenwände verlangt, was in jedem Fall einen Statiker erfordert, sind Baustoffe mit geringem Fugenanteil vorzuziehen, um den Einsatz von Mörtel wieder weitgehend einzuschränken. Altbautypisch ist hier das kostenmindernde Wiederverwenden von brauchbarem Abbruchmaterial, vor allem dann, wenn der Abbruchziegel zur Beseitigung erst von Hand durch das Haus getragen werden muß.
Beide Systeme können entsprechend den speziellen Forderungen auch gemischt werden (Abb. 5). Empfohlen wird beim Altbau in jedem Fall die Verwendung eines lastverteilenden und Unebenheiten ausgleichenden Untergurtes, der je nach Wanddetail als Kantholz, L-U-Schiene

Abb. 4 *Fertigtrennwand: Verkleidung mit Gipskartonplatten und schall- und wärmedämmender Ausfachung.*

(Abb. 6) auf Bitufilz oder ähnlichem ausgeführt wird. Die in dieser Abbildung gezeigte Aufstellung der Fußbodenkonstruktion ist möglich, doch sollte besser der Fußboden getrennt und die Wand auf den Balken oder wenigstens auf dem Blindboden aufgesetzt werden.

Türen

Die Sanierung der Innentüren ist auch eine Kostenfrage (siehe »Kosten«). Anzustreben ist der Erhalt der alten, oft formal wie handwerklich wertvollen Türen. Hängende Türblätter, Verzug im Futter, Fugen im Falz können meist kostengünstig und rasch durch zusätzliche Leisten, unter Umständen mit elastischer Dichtung ausgeglichen werden (Abb. 7). Weitere Anpassungen an Setzungen sind unter Umständen durch Einlegen von Zwischenringen in den Türangeln möglich. Bei Veränderungen der Fußbodenkonstruktion (siehe »Fußböden«) müssen Niveauunterschiede im Türbereich ausgeglichen werden. Dies geschieht durch Schwellen, bei Holz aus Hartholz, wobei das Türblatt günstig an der Schwelle anschlägt, statt auf ihr aufzustehen (Abb. 8).
Senkt man das Bodenniveau ab – dies wird hauptsächlich im Erdgeschoßbereich vorgenommen –, kann das Türblatt angestükkelt werden, ist jedoch zusätzlich zur Verschraubung zu verleimen, da sich sonst die Fuge zu leicht durch den Anstrich abzeichnet. Das Türfutter kann bei Tiefersetzung des Bodens bis zu etwa 12 cm durch eine überhöhte Sockelleiste, die auch den tiefergelegten Raum erfaßt, kaschiert werden.
Nochmals wird darauf hingewiesen, daß das Auswechseln einer alten Futtertür durch eine neue Stocktür stets auch noch Putzer- und damit auch Malerkosten nach sich zieht, welche die finanzielle Attraktivität der fabrikmäßigen Normtür stark herabsetzt. Dieser Gesichtspunkt ist der kostensparenden Betrachtung wert: Entspricht das alte Maueröffnungsmaß den heutigen Normtürenmaßen? Je älter das Gebäude ist, desto eher wird diese Frage verneint werden müssen. Damit wird aber kostenseitig auch die schreinermäßige Überarbeitung der vorhandenen Tür wesentlich attraktiver; meist wird sogar die Neuanfertigung bei übergroßen Türöffnungen noch preiswerter sein als das Beimauern, Einsetzen eines neuen Türsturzes und tüftelige Beiputzen an die alten Putzkanten.

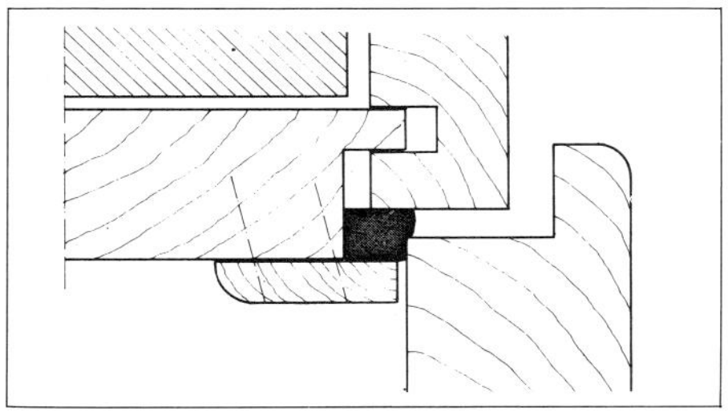

Abb. 7 *Sanierung einer Altbautür durch Anschlagleisten und dauerelastische Dichtung.*

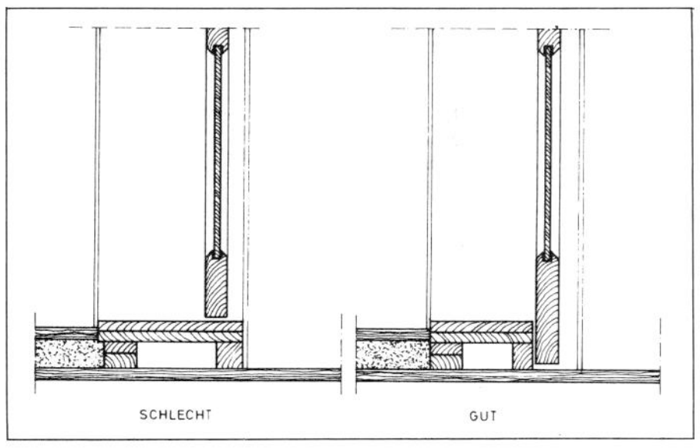

Abb. 8 *Niveau-Ausgleich im Schwellenbereich.*

Sicherheitstechnik

Selbstverständlich gelten für die Sicherheit von Leib und Leben in einem Altbau die gleichen Grundsätze wie im Neubau. Dies bedeutet im baulichen Bereich Sicherung von Haus- und Wohnungstüren, auch denen zu Balkonen höherer Stockwerke, von Kellerfenstern und Lichtschächten sowie von Dachfenstern und -luken. Über alle hierzu nötigen Möglichkeiten berät die Kriminalpolizei.

Ein Sicherheitstürschild nach DIN 18257 kann verhindern, daß es von außen abgeschraubt und der Schließzylinder abgedreht oder abgekippt wird. Im Schloß sollte der Schließzylinder mindestens den Anforderungen der DIN 18252 genügen: Buntbartschlösser, wie sie viele Altbauwohnungs- und Haustüren haben, können von Profis in Sekundenschnelle geknackt werden. Ausgleichsrosetten als äußerer Abschluß des Schließzylinders sollten vollkommen aus Stahl bestehen, dürfen nur von innen geschraubt sein und den Schließzylinder selbst nur maximal 1 mm überstehen lassen. Einer preiswerten Ergänzung zur Personenkontrolle vor der Türöffnung dienen Weitwinkel-Türspione und Türspaltsperren in Ketten-, besser in Bügelform. Das Ausheben der Tür wird durch die auch nachträglich mögliche Installation von Hintergreifhaken verhindert.

Sicherster nachträglicher Schutz an Fenstern ist das stabile Fenstergitter, dessen Stabachsstand maximal 120 mm betragen darf und dessen Stäbe kreuzungsverschweißt sein müssen. Fenster und Fenstertüren können auch nachträglich mit durchbruchhemmender Spezialverglasung gesichert werden, doch verlangt dies aus Gründen der Gewichtsmehrung und der erforderlichen Falztiefe meist die Gesamterneuerung des Fensters. Auch Fenstergriffe im Erdgeschoßbereich oder Fensterläden und Rolläden können nachträglich eine einfache Sicherung erhalten; Fensterläden müssen zusätzlich von innen so gesichert werden, daß sie von außen nicht auszuhebeln sind.

Neben den Kellertüren und freien Kellerfenstern sind Lichtschächte ein bevorzugter Einstiegsort. Ihre Gitterroste können nachträglich durch eine tiefgelegte Sicherung gegen Abheben ergänzt werden. Glasbausteinwände bieten nur dann einen ausreichenden Einbruchschutz, wenn sie in den Fugen kreuzweise armiert sind und die Kreuzungspunkte geschweißt wurden (Ausführungen nach DIN 4242).

Alarmanlagen

Glaubt man den Versprechungen der Anbieter, so ist eine Alarmanlage unumgänglich und damit die einzige Möglichkeit, sich vor Einbruchdiebstahl zu schützen. Die Aussage in dieser Form ist falsch! Eine umfassende und auf Dauer zuverlässig wirkende Alarmanlage ist nicht billig, und es sollte daher stets geprüft werden, ob das spezielle Sicherheitsbedürfnis eine derartige Ausgabe auch rechtfertigt. Zudem ist nicht jeder Anlagentyp für jedes Gebäude, jede Wohnung geeignet; sogar Bauweise und bauliche Ausstattung können hier eine empfehlende oder einschränkende Rolle spielen. Deshalb wird auch hier geraten, sich nicht nur vom Anbieter, sondern vor allem von der zuständigen kriminalpolizeilichen Beratungsstelle unterrichten zu lassen.

Bei Alarmanlagen unterscheidet man grundsätzlich zwischen Außenhautüberwachung und Innenraumüberwachung. Im ersten Fall wird durch elektrische Kontakte das Öffnen und Durchbrechen von Fenstern, Türen und Glasflächen gemeldet, im zweiten Fall durch Bewegungsmelder ein einzelnes Objekt – etwa der Ausstellungsschrank einer wertvollen Sammlung – oder der gesamte Raum oder mehrere Räume überwacht. Der Einbruch wird also erst gemeldet, wenn der Täter sich bereits im Raum befindet. Bei Anwesenheit von Tieren und Menschen können solche Bewegungsmelder nicht scharfgemacht werden, da sonst Fehlalarm ausgelöst wird. Der Nachteil des ersten Systems liegt darin, daß der Einbrecher in Ruhe, ja sogar in Sicherheit arbeiten kann, wenn er die Außenhautüberwachung doch überwinden konnte; als Nachteil des zweiten Systems wird der Einbruch erst gemeldet, wenn der Täter bereits eingedrungen ist. Eine Kombination beider Systeme ist selbstverständlich möglich.

Für die Altbausanierung interessant sind alle Möglichkeiten, die den nachträglichen Einbau erlauben. Drahtlose Anlagen sind also solchen mit Verkabelung vorzuziehen, was weitgehend einen Verzicht auf die Außenhautsicherung bedeutet; im übrigen gelten für Altbausanierung und Neubau die gleichen Vorzüge und Nachteile.

Glasbruchmelder können im Prinzip für jedes Altbaufenster eingebaut werden, doch wird dies in der Praxis bei Sprossenfenstern unsinnig. Hier könnte lediglich ein Kontaktgeber das Öffnen des Fensterflügels melden; der Einstieg durch eine ausgeschlagene Scheibe bliebe weiterhin möglich. Zur nachträglichen Sicherung auch großer Glasflächen gibt es seit neuestem Alarmfilme auf dem Markt, die dreilagig die Sicherheitsdrähte im üblichen Abstand einschließen. Für Schaufenster ist diese nachträgliche Beklebung jedoch kaum geeignet, da die Transparenz der Scheibe etwas beeinträchtigt wird. Voraussetzung für diese nachträgliche Anbringung ist jedoch unter anderem die Falztiefe des Fensterrahmens, da Randanschlüsse und Verbindungen nicht sichtbar sein dürfen und durch die Fensterhalteleiste beziehungsweise den Falz abgedeckt sein müssen.

Soll ein Fenster durch eine zusätzliche Scheibe besser wärme- oder schallgedämmt werden, kann hierfür auch ein spezielles, einbruchhemmendes Glas verwandt werden oder aber eine bruchfeste Polycarbonatscheibe, die durch einen Zusatzflügel gehalten wird. Wie bei allen ergänzenden Maßnahmen am Altbaufenster ist dieses vor Inangriffnahme der Sanierungsmaßnahme auf seine Stabilität und Tragfähigkeit zu überprüfen.

Brandschutz

Vorschriften zum Brandschutz sind so alt wie das geregelte Bauen in der Gemeinschaft. Es ist deshalb falsch, Auflagen des Brandschutzes von vornherein nur als entwurfsbelästigend und kostenmehrend zu beurteilen, da jede Maßnahme zur Verbesserung des Brandschutzes eine Maßnahme zur Erhaltung des Gebäudes darstellt.
Brandkatastrophen, vor allem aber wandelnde Nutzung und neue Materialien führen ständig zu einer Erweiterung, aber auch zu einer Veränderung der bestehenden Brandschutzvorschriften. Daß dennoch diese Vorschriften selbst in Ländern vergleichbarer Bautradition sehr stark differieren, liegt unter anderem daran, daß Brandgefahr, Schutzaufwand, Schutzwert und Erfolg in sehr unterschiedliche Relationen zueinander gesetzt werden können. Die Brandschutzvorschriften berücksichtigen diese Tatsache durch einen vergleichsweise hohen Ermessensspielraum, das heißt durch die Anerkennung meist mehrerer, frei zu wählender Schutzmaßnahmen. Es gilt dies vor allem für Sanierung und Modernisierung von Altbauten.

Brandschutzbestimmungen

Da die Brandschutzbestimmungen prinzipiell keine Unterscheidung zwischen Altbau und Neubau kennen, liegt der Unterschied tatsächlich in den Konstruktionen und Materialien, die im Altbau vorhanden, beim Neubau aber nicht mehr üblich oder aber auch nicht mehr zulässig sind. Im weiteren wird deshalb auf diese Mängel und mögliche Sanierungsmaßnahmen hingewiesen. Grundsätzlich gelten die einschlägigen Bestimmungen; dies sind vor allem die einzelnen Länderverordnungen (LBO) und ihre Durchführungsverordnungen, die »Verordnung über Feuerungsanlagen und Heizräume« (FeuV), die »Verordnung über das Lagern wassergefährdender und brennbarer Flüssigkeiten« (VLwF) sowie die VDE-Vorschriften.

Die einzelnen Landesbauordnungen gehen auf die Musterbauordnung (MBO) zurück, die von einer Bund-Länder-Kommission ausgearbeitet worden ist. Die Grundlage aller baurechtlichen Anforderungen bildet die sogenannte Generalklausel, wonach bauliche Anlagen so anzuordnen, zu errichten und zu unterhalten sind, daß die öffentliche Sicherheit und Ordnung, insbesondere Leben oder Gesundheit, nicht gefährdet werden. Entprechend der Entwicklung des Baurechts aus dem Mittelalter war und ist der Brandschutz ein Kernstück jeder baurechtlichen Vorschrift. So wird man in den jeweiligen Landesbauordnungen eine Fülle an Vorschriften bezüglich des Brandschutzes finden, wogegen beispielsweise für die Standsicherheit nur allgemein gesagt wird, daß »jede bauliche Anlage standsicher sein« muß. Die Rechtsverordnungen in den einzelnen Länderbauordnungen werden durch technische Baubestimmungen ergänzt (sogenannte Durchführungsverordnungen).
Auch für die Anwendung der Brandschutzbestimmung gilt wieder der Begriff der »wesentlichen Änderung« (siehe »Baurecht«). Die einzelnen Kommentare zu den Landesbauordnungen setzen eine solche Änderung als gegeben voraus bei Anbauten, Aufstockungen und Dachgeschoßausbauten sowie bei Nutzungsänderungen und Einrichtungen von Läden und vor allem Gaststätten und Versammlungsstätten. Dabei müssen die nun erhobenen Anforderungen »verhältnismäßig« und »wirtschaftlich zumutbar« sein – wieder eine Gummiformulierung, die deshalb so stark gedehnt werden darf, weil grundsätzlich dem Schutz von Leben und Gesundheit Vorrang vor wirtschaftlichen Überlegungen zukommt.
Einzelne Länderbauordnungen kennen jedoch auch eine weitere und für den Sanierungsfall interessante Einschränkung: So kann nach Art. 63, Abs. 7, BayBO dann von der vorher beschriebenen Anwendung abgegangen werden, wenn sonst die Modernisierung erheblich erschwert würde.

Zu unterscheiden ist hier allerdings besonders zwischen diesen Forderungen bei Änderungen bestehender baulicher Anlagen und den Forderungen des Brandschutzes bei Neueinbauten: Eine vorhandene Holztreppe muß nicht herausgerissen und entsprechend den heute gültigen Bestimmungen wieder erstellt werden (mehr als zwei Vollgeschosse: feuerhemmend; mehr als fünf Vollgeschosse: feuerbeständig), doch wird sie unter Umständen unterseitig verkleidet werden müssen, zumal im Geschoßwohnungsbau ohnehin die Unterseite fast immer verputzt ist. Die neue Lüftungsanlage dagegen ist voll nach den einschlägigen Bestimmungen zu planen und auszuführen.
Ein Brand entsteht in der Regel durch Nutzung oder Ausstattung eines Gebäudes und nicht durch das Bauwerk selbst. Erst wenn der Brand auf feste Gebäudeteile übergreift, werden Baumaterial und Baukonstruktion zum brandwehrenden Kriterium. Die Klassifizierung der Baustoffe geschieht ohne Nachweis nach DIN 4102, Teil 4, oder mit Nachweis nach Teil 1.
Die Anforderungen für den Brandschutz betreffen im einzelnen die Abstände zwischen den Gebäuden mit Zugängen und Zufahrten, die tragenden Wände und Dekken, wobei aus Gebäudehöhe und Gebäudenutzung sehr unterschiedliche Forderungen abgeleitet werden, die Außen- und Trennwände sowie ihre mögliche Funktion als Brandwände, Dächer, Verkleidungen und Dämmschichten, Rettungswege, Treppen, Flure, Aufzugsanlagen sowie Lüftungs- und Feuerungsanlagen. In der Nutzung wird im wesentlichen unterschieden zwischen Wohn- und gewerblicher Nutzung, wobei hier wiederum Versammlungsräume, Warenhäuser und ähnliches zusätzlichen Bestimmungen unterliegen, und einer besonderen Gefährdung, wie sie in Garagen und Laboratorien vorauszusetzen ist.
Bei den meisten der in der Tabelle bezeichneten brandschutztechnischen Vorschriften könnte als Lösung auch »Dispens«

Spalte / Zeile	1 Brandschutz-kriterium	2 Baumängel (Gebäude bis zu 5 Vollgeschossen)	3 Forderung aus der Sicht des baulichen Brandschutzes	4 Bestimmung	5 Altbautypische Einwände	6 Brandschutzmaßnahmen aus der Sicht der Altbausanierung
1	geschlossene Bauweise	Dichte Bebauung, fehlende Brandwände gegen Nachbargrenzen und Nachbargebäude	Außenwände an der Nachbargrenze und in einem Abstand von weniger als 2,50 m gegenüber der Nachbargrenze sind als Brandwände auszuführen	LBO	historisches Ortsbild; Ensemble; gewachsenes Ortsbild als unverwechselbarer Charakter einer Gemeinde	bei Auswechslung: Errichtung in feuerbeständiger Bauweise
		Hölzerne Verbindungsbauten, Feuerbrücken	Hölzerne Verbindungsbauten sind zu entfernen			Beseitigung der Feuerbrücken, besonders bei späteren Zutaten Verringerung oder Beseitigung von Fenstern bei besonders dichter Reihung; Verglasung in Drahtglas oder Drahtspiegelglas oder Brandschutzspezialgläsern
2	offene Bauweise	Ungenügende Grenzabstände, geringe Gebäudeabstände	Bei feuerhemmender oder feuerbeständiger Bauart des Gebäudes aus brandschutztechnischer Sicht: Mindestabstand 2,50 m von der Nachbargrenze, 5 m von anderen Gebäuden gleicher Bauart. Bei geringeren Abständen: Brandwandausbildung	LBO		
			Bei anderer Bauart (z. B. Holzbau): 5 m Abstand zur Nachbargrenze und 10 m Abstand zu anderen Gebäuden	LBO		
3	tragende und aussteifende Wände, Wohnungstrennwände, Brandwände	Fachwerkwände mit ungeschützten brennbaren Baustoffen	Tragende und aussteifende Wände feuerbeständig, in Gebäuden bis zu zwei Vollgeschossen: feuerhemmend	LBO	historische Bauweise	zusätzliche statische Sicherungen
			in Gebäuden bis zu zwei Vollgeschossen in offener Bauweise ohne Forderung, bei Aufenthaltsräumen im Obergeschoß, im Erdgeschoß feuerhemmende Wände und Decken	LBO		
		fehlende Brandwände	Brandwände zwischen den Häusern (mit eigenen Eingängen)	LBO		Errichtung von Brandwänden
			Brandwände bei ausgedehnten Gebäuden in Abständen von 40 m	LBO		Brandschutzmaßnahmen bei erweitertem Brandabschnitt; Sprinkleranlagen
4	Außenwandverkleidungen	Hölzerne Außenwandverkleidungen bei geringen Abständen zu Nachbargrenzen und anderen Gebäuden	Hölzerne Außenwandverkleidung nur zulässig bei Abständen von mindestens 5 m zur Nachbargrenze und 10 m zu anderen Gebäuden an Gebäuden bis zu zwei Vollgeschossen	LBO	historisches Ortsbild; Ensemble; alte Handwerkstechniken, teilweise mit dekorativen Elementen; landschaftstypische Präsentation	
		an Gebäuden mit mehr als zwei Vollgeschossen	Für Außenwandverkleidungen an Gebäuden mit mehr als zwei Vollgeschossen bis zur Hochhausgrenze sind mindestens schwer entflammbare Baustoffe erforderlich	LBO		
5	Decken	Holzbalkendecken unverkleidet, ohne Fehlboden und Aufschüttung	Holzbalkendecken, unverkleidet ohne Fehlboden und zwei Vollgeschossen in der offenen Bauweise mit Ausnahme von Feuerstättenräumen; sonst feuerhemmende Decken (Holzbalkendecken, Putz- oder andere gleichwertige Verkleidung, Fehlboden und nichtbrennbare, raumbeständige Auffüllung)	LBO	alte Handwerkstechniken, teilweise mit dekorativen Elementen	Bei Deckenauswechslung: Stahlbetondecke Bei Fußbodenauswechslung und/oder Arbeiten im Bereich der Deckenbalken: feuerhemmender Fußbodenaufbau, Auswechslung der Fehlbodenschüttung
		unverkleidet, mit Fehlboden und Aufschüttung	In Gebäuden mit drei bis fünf Vollgeschossen feuerhemmende Decken mit tragenden Teilen aus nichtbrennbaren Baustoffen	LBO		
		verkleidet	Über Kellergeschossen: feuerbeständige Decken	LBO		
6	Dächer	weiche Bedachung bei ungenügendem Abstand zu anderen Gebäuden	Gebäude mit weichen Bedachungen müssen mindestens 15 m von anderen Gebäuden mit harten Bedachungen und mindestens 25 m von Gebäuden mit weichen Bedachungen entfernt sein	LBO	historisches Ortsbild; historische Dachlandschaft; landschaftstypische Präsentation	feuerhemmende Unterkonstruktion

Spalte / Zeile	1 Brandschutzkriterium	2 Baumängel (Gebäude bis zu 5 Vollgeschossen)	3 Forderung aus der Sicht des baulichen Brandschutzes	4 Bestimmung	5 Altbautypische Einwände	6 Brandschutzmaßnahmen aus der Sicht der Altbausanierung
7	Treppen Treppenräume Treppenhäuser	Weichholztreppen ohne Untersichtsverkleidung mit ungeschützten Holztragwerken für Podeste	Weichholztreppen ohne Untersichtsverkleidung, nur zulässig in Gebäuden bis zu zwei Vollgeschossen mit Ausnahme von Gebäuden mit zwei Vollgeschossen und einer Grundfläche über 500 m²; sonst feuerhemmende Bauart (Weichholztreppen mit verputzter oder gleichwertig verkleideter Untersicht), Eichenholztreppen ohne Verkleidung.	LBO	alte Handwerkstechniken; häufig repräsentativer Empfangsraum des Gebäudes; künstlerische Ausstattung; typische Zuordnung zur Gebäudefunktion	zusätzliche Treppenuntersicht; Einbau einer weiteren zusätzlichen Treppe; Abtrennung als eigener Brandabschnitt; Glasabschlüsse;
		obere Abschlüsse	Oberer Abschluß (Decke, Dachschräge) wie Decke über oberstem Vollgeschoß	LBO		Schaffung weiterer Fluchtwege; zusätzlicher oberer Abschluß
			Wände für Treppenräume feuerbeständig und in Gebäuden mit mehr als zwei Vollgeschossen, so dick wie Brandwände	LBO		
			sonst Wände für Treppenräume wie tragende und aussteifende Wände			
			Wände für Flure in Gebäuden mit mehr als zwei Vollgeschossen feuerhemmend			
		Holztüren zu Keller- und offenen Dachgeschossen:	Türen zu Keller und offenen Dachgeschossen: feuerhemmend	LBO		Auswechseln oder Ergänzen vorhandener Türen
		innenliegende Treppe (kein Fenster ins Freie)	für fensterlose Treppenräume Rauchabzugsvorrichtungen			Rauchabzugsvorrichtung;
		Fenster zu anschließenden Räumen	Fensteröffnungen von Treppenräumen und Fluren zu angrenzenden Räumen zumauern; Lichtflächen in Türen – nicht in feuerhemmenden – aus Drahtglas oder Drahtspiegelglas			Drahtglas- oder Spiegelglaseinsatz bei innenliegenden Fenstern
8	Wand- und Deckenverkleidungen	Wand- und Deckenverkleidungen aus brennbaren Baustoffen	Wand- und Deckenverkleidungen	LBO	alte Handwerkstechniken, künstlerische Ausstattung	Treppenhaus: Abtrennung als eigener Brandabschnitt Auswechseln oder Ergänzen vorhandener Türen Rauchabzugsvorrichtung eventuell Sprinkleranlage
		in Treppenhäusern	in Treppenhäusern aus nichtbrennbaren Baustoffen			
		in Fluren	in Fluren, in Gebäuden mit mehr als zwei Vollgeschossen aus mindestens schwer entflammbaren Baustoffen			
		in Aufenthaltsräumen				
9	Aufzüge	Schächte und Triebwerksräume	Schächte und Triebwerksräume	LBO	(u. U.) technisches Denkmal und Teil der gesamten Treppenhauskonzeption	eigener Brandabschnitt
		in brennbarer Bauart	in feuerbeständiger Bauart (in Treppenräumen ohne Schachtwände)			
		mit Lüftung in anschließende Räume	Lüftungsschächte oder -känäle feuerbeständig und ins Freie führend			
		Holztüre zum Triebwerksraum	Türen zu Triebwerksräumen feuerhemmend			
10	Kamine	zu große Querschnitte bei besteigbaren Kaminen	Besteigbare Kamine beseitigen oder Querschnittsverminderung durch Auskleiden oder Einsatzrohre		historische Handwerkstechniken; prägend für Dachlandschaft; dekorative Funktion	Querschnittsverringerung durch Auskleiden oder Einsatzrohre Verstärkung der Wandungsdicken Ausbau brennbarer Bauteile Aufgabe der Funktion Einbau einer statisch wirksamen Füllung feuerbeständige Stützkonstruktion
		Kamine mit ungenügenden Wandungsdicken	Besteigbare Kamine mit Wandungen aus stehenden Steinen (ungenügende Wandungsdicke) beseitigen			
		mit eingebundenen brennbaren Bauteilen	eingebundene, brennbare Bauteile entfernen und Kaminmauerwerk verbandsgerecht ergänzen	LBO		
		mit ungenügendem Abstand von brennbaren Bauteilen	Abstände zwischen Kaminaußenflächen und brennbaren Bauteilen mindestens 5 cm	FeuV		
		versottet	Geschleifte und auf Holztragwerke abgerastete Kamine beseitigen oder feuerbeständige Stützkonstruktion einbauen			
			Versottete Kamine beseitigen oder sanieren			

Zeile \ Spalte	1 Brandschutz-kriterium	2 Baumängel (Gebäude bis zu 5 Vollgeschossen)	3 Forderung aus der Sicht des baulichen Brandschutzes	4 Bestimmung	5 Altbautypische Einwände	6 Brandschutzmaßnahmen aus der Sicht der Altbausanierung
11	Feuerstätten	Unzureichende Aufstellungsräume für Einzelfeuerstätten: keine feuerhemmenden Wände und Decken für Sammelheizungen über 50 kW keine eigenen Heizräume keine feuerbeständigen Räume und Decken Holztüren zum Gebäudeinneren einfache Fenster in brennbarer Umgebung oder in der Nähe anderer Fenster keine Lüftung Unzureichend brandsichere Bauart (z. B. Unterbauten von Kachelöfen)	Aufstellungsräume für Einzelfeuerstätten müssen mindestens feuerhemmende Decken und Wände haben Feuerstätten über 50 kW müssen in besonderen Heizräumen mit feuerbeständigen Wänden und Decken sowie feuerhemmenden Türen aufgestellt werden. Betonschwelle an der Türöffnung erforderlich Ins Freie führende Öffnungen müssen gegen Brandübertragung gesichert werden. Für den einwandfreien und wirtschaftlichen Betrieb der Feuerungsanlagen sind Lüftungen (Be- und Entlüftung) notwendig Geschlossene Unterbauten müssen brandsicher sein	FeuV	historische Handwerkstechniken künstlerische Ausstattung Beibehalten des gebäudetypischen Luftzustands	Stillegung alter Feuerstätten Wechsel der Energie- und Heizart Splitten der Wärmeerzeuger Verzicht auf Beheizung einzelner Räume oder Raumgruppen sonst wie Spalte 3
12	Brennstofflagerung	Keine oder unzureichende Brennstofflagerung	Eigene Räume zur Lagerung fester Brennstoffe bei mehr als 20 m^3 Wände und Decken aus nichtbrennbaren Baustoffen Flüssiger Brennstoff (Heizöl) bis zu 5000 l je Raum: Wände und Decken feuerhemmend (zulässige Gesamtlagermenge: 10 000 l je Gebäude über 5000 l: Wände und Decken feuerbeständig, Türe feuerhemmend (zulässige Gesamtlagermenge: 100 000 l) Heizöl bis zu 5000 l auch in den Heizräumen zulässig, aber nicht über und neben den Feuerstätten – seitlicher Abstand 2 m, bei Schutzwand 1 m.	FeuV	Eingriffe in die vorhandene Bausubstanz	Wechsel der Energieart Splitten der Brennstofflagerräume Lagerung außer Haus sonst wie Spalte 3
13	Lüftung	Lüftungen für innenliegende Räume ungenügende Ausführung durch mehrere Geschosse Mündung im offenen Dachraum	Lüftungsleitungen und -rohre müssen in Gebäuden 30 Minuten, in Gebäuden und Räumen mit erhöhter Brandgefahr, in Heizräumen und Heizöllagerräumen und zwischen Brandabschnitten mindestens 90 Minuten gewährleisten, daß Feuer und Rauch nicht übertragen wird Vorzug über Dach	LBO	Eingriffe in die vorhandene Bausubstanz	Verzicht auf Nutzung, die Lüftung beziehungsweise Klimatisierung erzwingt Induktionsgeräte, Raumklimageräte statt Lüftungsanlagen Splitanlagen
14	Abfallbeseitigung	Müllsammelstelle in ungeeigneten Räumen	Müllabwurfschächte und Müllsammelräume müssen in feuerbeständiger Bauart ausgeführt werden	LBO		Verzicht auf Müllbeseitigungsanlagen
15	Elektrische Einrichtungen und Anlagen	Nicht den VDE-Vorschriften entsprechende Ausführung	Alle elektrischen Einrichtungen und Anlagen müssen den einschlägigen Vorschriften des Verbandes Deutscher Elektrotechniker (VDE) entsprechen	VDE-Vorschriften		Einspeisung in Nebenräume sonst wie Spalte 3

Achtung: Unterscheidung zwischen Änderung bestehender baulicher Anlagen durch Brandschutz (Treppe) und Forderungen des Brandschutzes bei Neueinbauten (Lüftungsanlage) genannt werden. Ein solcher Dispens kann jedoch ausschließlich jeweils für einen konkreten Sanierungsfall erteilt werden, setzte er sonst doch die geltenden rechtlichen Bestimmungen außer Kraft. Ein Antrag auf Dispens ist mit Begründung und unter Nennung aller geplanten brandschutzwirksamen Maßnahmen der zuständigen Baugenehmigungsbehörde vorzulegen, die diesen Antrag unter gutachterlicher Mitwirkung der Brandversicherungskammer bearbeitet.

Die Ursachen von Feuer und Rauch liegen also fast ausschließlich in der Nutzung einer baulichen Anlage. Da aber der Umfang der Brandschutzmaßnahmen sehr von der Gebäudenutzung bestimmt wird, liegt die erste, häufig auch einzige wirksame Möglichkeit, einen Altbau vor eingreifenderen und kostenträchtigen Brandschutzmaßnahmen zu schützen, wieder einmal darin, die Nutzung dem Gebäude und nicht umgekehrt, das Gebäude »mit Gewalt« einer neuen Nutzung anzupassen.

Bei der Suche nach dem geringstmöglichen Eingriff muß auch der vorrangige Schutz von Menschen berücksichtigt werden. Kritischster Gebäudeteil sind deshalb die Rettungswege. Sie sind so wesentlich, daß der Gesetzgeber für Nutzungseinheiten mit Aufenthaltsräumen zwei Rettungswege vorschreibt, wobei der erste Rettungsweg immer ein baulicher sein muß – also der Weg ins Freie (§ 17 MBO). Gehören alle Bereiche eines Rettungswegs der gleichen Nutzereinheit an – Einfamilienhaus –, ist dies problemlos; dient der Rettungsweg jedoch mehreren Nutzungseinheiten – Mehrfamilienhaus –, wird ein Paket von Forderungen erhoben, aus dem nur eine herausgenommen werden soll: der Brandabschnitt. Grundsätzlich wird darunter verstanden, die »Brandlast« einer Nutzereinheit von der einer anderen zu trennen, damit ein Brand nicht zu schnell um sich greift, was bedeutet, daß alle Trennflächen – Decken, Wände, Türen – einen Feuerwiderstand aufweisen müssen. Besonders kritisch wird dies jedoch dort, wo zu lange Flure unterteilt werden müssen – Brandabschnitt ab 30 m Länge. Im Altbau werden die Wände diesen Forderungen meist entsprechen, wenn nicht, können Vormauerungen oder Vorsatzschalen eine relativ einfache Lösung bringen. Eine Holzbalkendecke kann aber im günstigsten Fall eine höhere »Feuerwiderstandsdauer« durch Ergänzungen erlangen, nie aber die vom Gesetzgeber eigentlich vorgeschriebene »Feuerbeständigkeit«, da ihre wesentlichen tragenden Teile aus Holz und damit brennbar sind. Auch die alten Wohnungstüren, häufig noch mit einem brandschutztechnisch zu verwerfenden Oberlicht (Feuer und Rauch greifen besonders im oberen Wanddrittel an!) genügen den Bestimmungen nicht, doch wird an sie ebenfalls – eventuell mit Ausnahme der Verglasung – keine Forderung gestellt werden. Anders ist dies beim Rauchabschnitt, auch wenn der Einbau einer solchen »sperrenden« Tür in manchen Fällen erst einmal unerträglich erscheint. Es gibt hier aber Konstruktionen für Mauernischen und -taschen oder unter Umständen wieder andere Hilfslösungen über Rauchabzüge, Sprinkleranlagen. Kann aber dennoch wegen Gebäudenutzung nicht auf eine brandtechnische Sicherung der Fluchtwege verzichtet werden, obwohl dies die vollkommene Zerstörung eines prachtvollen barocken Treppenhauses bedeutete, muß ein baugeschichtlich unbedeutenderer Bereich gesucht werden, in dem eine zweite Treppe untergebracht werden kann.

Der zweite Rettungsweg kann baulich oder über Rettungsgeräte der Feuerwehren gesichert sein. Um dies zu gewährleisten, müssen jedoch Zufahrt und Zugänge nach DIN 14090 gesichert sein, dürfen Rettungswege bestimmte Längen nicht überschreiten und gelten für Stichflure und andere gefangene Räume zusätzliche Vorschriften.

»Schutz von Menschen« heißt aber auch, Schutz der Brandbekämpfer. Verlangt aus diesem Grunde die Bauaufsicht den Abbruch verzogener beschliefbarer Schornsteine, so ist diesem Verlangen Rechnung zu tragen: Die historische hölzerne Stützkonstruktion dieses verzogenen Schornsteinteiles kann im Brandfall nachgeben und so den Massivbauteil zum Einsturz bringen. Sollte dieser Schornstein aber tatsächlich bau- oder handwerksgeschichtlich von besonderer Bedeutung sein, kann der Personenschutz auch durch eine feuerbeständige Unterkonstruktion aus Stahlbeton oder ummanteltem Stahl errichtet werden.

Immer wieder wird gerade beim wasserempfindlichen Altbau darauf verwiesen, daß der Löschwasserschaden größer sei als der Brandschaden. Selbst wenn dies in Einzelfällen zutreffen mag, ist es müßig, für eine brandschutztechnische Sanierung eines Gebäudes nach Lösungen ohne Wasser zu suchen. Wasser ist als Löschmittel unverzichtbar; es löscht fast alles, hat mit Abstand das größte Temperaturbindungsvermögen – und kann von jeder Feuerwehr eingesetzt werden. Als Löschmittel werden zudem noch eingesetzt: Pulver (Natriumcarbonat), Schaum (»Waschmittel« und Luft), Halon und Kohlendioxid. Alle diese Löschmittel sind nur in Sonderfällen einsetzbar: So können beispielsweise Öl und Benzin nicht mit Wasser gelöscht werden. »Wasserfreiheit« bedeutet allerdings nicht »Schadensfreiheit«. So dringt beispielsweise das sehr feinteilige Pulver in alle porigen Stoffe ein und verteilt sich auf geradezu unglaubliche Weise im gesamten Raum oder Gebäude. Zudem sind ausgerechnet jene Brände der Brandklasse A (Holz, Stoffe, Papier und ähnliches) hiermit nur schwer bekämpfbar. Schäume wiederum beinhalten Tenside; zwar sind diese mild, doch setzt ihre Anwendung gerade wieder jene Oberflächen, die möglichst vor Wasser geschützt werden sollten, wie Malschichten, einer Waschmittellösung aus. In sehr speziellen Fällen könnte Halon als Ersatz zum Löschwasser eingesetzt werden: Besteht in einem abgeschlossenen Raum erhöhte Brandgefahr, beispielsweise durch sehr hohe Elektrifizierung einschließlich Schaltgeräten, kann hier eine ortsfeste Halonanlage eingebaut werden.

Ruinen

Es mag verblüffen, daß in einem Buch über Altbausanierung dem Erhalt von Ruinen ein Kapitel gewidmet wird, doch ist die Antwort einfach: Auch eine Ruine ist ein Altbau – und häufig ein Baudenkmal dazu, denn sie birgt selbst noch in ihren unscheinbaren Resten eine Fülle an Informationen aus vergangener Zeit entsprechend der Definition, die unseren Denkmalschutzgesetzen unterliegt (siehe »Denkmalschutz«). Selbst der Anlaß der »Ruinierung« kann als dokumentationswert beurteilt werden, wie die Berliner Gedächtniskirche seit Jahrzehnten zeigt – und wie die Dresdner Frauenkirche in Zukunft zeigen soll. So bedarf also auch der Umgang mit Ruinen einer sachgemäßen Planung und Ausführung; beides unterscheidet sich durchaus von den Techniken, mit denen üblicherweise ein Gebäude saniert wird. Die Spanne des hier zu Beachtenden ist dabei verblüffend groß: Sie reicht vom behutsamen und erhaltenden Forschen bis zur vorsichtigen und nicht verstümmelnden Wiederherstellung. Der erste Bereich soll nicht weiter beschrieben werden, da dies eine Frage der Archäologie ist, die nicht nur darauf zielen darf, durch Öffnen, Abnehmen, Graben – also Zerstören – einen Befund zu bergen, sondern die diesen Gegenstand auch im Fundzusammenhang dokumentieren muß.

Aber auch an baulichen Maßnahmen verlangt eine Ruine ein besonderes und sonst durchaus unübliches Vorgehen. Es beginnt dies beim »Freilegen«. In der Praxis wird hierunter verstanden, daß die Gebäudereste so lange von allem befreit werden, bis man noch auf einen relativ »gesunden« und damit auch erhaltbaren Rest vorgedrungen ist. Die Beschreibung dieses Vorgangs macht bereits deutlich, daß jede Freilegung einen Substanzverlust bedeutet, der unter Umständen entscheidend sein kann. Zu bedenken ist dabei, daß schon das Wegräumen von Schutt oder auch das Auslichten des Bewuchses archäologische Fundstätten zerstören kann, zumindest aber Informationen vernichtet, die zu erkennen weder Architekt noch ausführende Firma geschult sind. Muß eine solche »Säuberung«, aus welchen Gründen auch immer, durchgeführt werden, so sollte sichergestellt sein, daß die gesamten Arbeiten archäologisch begleitet werden.

Was aber geschieht nun mit den freigelegten Ruinenteilen? Die Problematik der Freilegung alter Gebäudeteile und -schichten wird immer noch viel zuwenig beachtet: Freilegung bedeutet in sehr vielen Fällen die Fortnahme einer Schicht, die auch schützte. Dies gilt nicht nur für das Fresko, das ein Überputz außen vor Regen und Wind und vor dem Verblassen der Pigmente schützte oder von dem im Inneren Kondensations- und Salzschäden durch eine zusätzliche Kalkmörtellage abgehalten wurden, sondern auch für alle freigelegten Mauern, Gewölbe, Fußböden und anderes. Selbst ein lange Zeit verschütteter Raum, der nun wieder ausgegraben wurde, wird unter Umständen einer höheren Belastung unterworfen. Die Freilegung solcher Ruinenteile verlangt also deren bauliche Sicherung, wobei vorab zu bedenken ist, daß damit in der Regel ständige Folgekosten anfallen. In einer Ruine ist der Bauunterhalt ja nicht zwangsläufige Nutzungsvoraussetzung, auch entspricht das Bauwerk nicht mehr als Ganzes der in dieser Gegend über viele Jahrhunderte entwickelten optimalen Bauform, sondern es ist meist relativ schutzlos der Witterung, aber auch, weil leerstehend, dem Vandalismus preisgegeben. Es hilft vielleicht, unnötige Kosten und auch unnötigen Substanzverlust zu vermeiden, wenn man bewußt in Frage stellt, warum ausgerechnet wir uns berufen fühlen, jedem Zeugnis der Vergangenheit, also auch dieser Ruine, das letzte Geheimnis zu entreißen.

Werden nun Maßnahmen zum Erhalt der sichtbaren oder sichtbar gemachten Ruinenteile notwendig, zeigt sich häufig als weiteres Problem die Unfähigkeit der Planenden und Ausführenden, notwendige und überflüssige Maßnahmen voneinander zu trennen: Die Festigung einer Mau-

Abb. 1 *Ruine der Frauenkirche.*

erkrone und ihre Sicherung gegen Frost ist notwendig; unnötig und überdies verfälschend ist die Ergänzung dieses Mauerteils mit Zinnen oder anderen historisierenden »Accessoires«, wie sie zwar immer wohlgemeint, selten aber belegt und nie notwendig sind. In diesem Zusammenhang müssen auch alle jene Maßnahmen angesprochen werden, die nach einer Freilegung oder Sicherung einer Ruine zum Schutz ihrer Besucher notwendig werden. Ein freigelegter und zugänglicher Ruinenteil verlangt häufig nach Geländern und Gittern, nach Fangnetzen, Absicherungen, Abstützungen – und wird damit optisch und zum Teil leider auch sachlich zerstört.

Den eigentlichen Sanierungsmaßnahmen an einer Ruine geht in der Regel das Entfernen des Bewuchses voraus. Zwar sind Algen und Moose in ihrer zerstörerischen Wirkung nicht Sträuchern und Bäumen gleichzusetzen, doch zerstören auch sie die Substanz und leisten dem Eindringen von Wasser Vorschub. Beim Entfernen des Bewuchses werden stets Ziegel und Steine locker vorgefunden werden. Sie sind so an Ort und Stelle für eine Wiederverarbeitung zu sichern, daß sie nicht im Zuge der Baumaßnahmen verlorengehen. Bei der Wiederverwendung ist darauf zu achten, daß der Stein lagegerecht versetzt wird, und dies heißt, daß abgewitterte Sichtflächen oder ehemals bearbeitete Oberflächen auch sichtbar bleiben. Heute unbedachte Ruinenmauern waren fast immer als Teile des Gebäudes durch ein Dach geschützt und vielfach auch verputzt. Häufig wird von einem Neuverputzen abgeraten und statt dessen aus einer eigenartigen Mischung von Altertümelei und Sauberkeitsempfinden ein farblich angepaßter Schlämmputz empfohlen. Sieht man einmal davon ab, daß hier ausgerechnet die Denkmalpflege eine ahistorische Oberfläche verlangt, so bleibt doch auch ein großes technisches Problem: Eine Putzschlämme auf einer naturgemäß verhältnismäßig feuchten Ruinenmauer wird üblicherweise nicht von langer Lebensdauer sein; sie kann dies nicht, wenn hierfür auch noch reiner Kalkmörtel vorgeschrieben wird. Es wird dann meist sowohl für die Unterhaltsfristen als auch für das Aussehen besser sein, auf diese empfindliche und fremde Schlämme zu verzichten und das abgewitterte Mauerwerk zu belassen. Wo verputzt werden soll oder muß, ist ebenso auf reinen Kalkmörtel wie auf reinen Zementmörtel zu verzichten. Ein reiner Kalkmörtel wird durch seine extrem hohe Wassersaugfähigkeit nur eine kurze Lebensdauer zeigen; der reine Zementmörtel bringt nicht nur einen bis dahin unbekannten Grauton auf die Wand, sondern neigt durch seine Dichtigkeit und Härte zum flächigen Ablösen. Sinnvoll sind reine Kalkmörtel mit Traßzusatz oder auch leichtem Zementzusatz oder hydraulische Kalkmörtel mit entsprechenden Zusätzen. An Zuschlagstoffen sollte man sich um ortsübliche Sande bemühen, da dann die Farbe ohne aufwendige Pigmentierung oder nachträgliche Überarbeitung stimmt. In besonderen Fällen wird empfohlen, vorab die Sieblinie des vorhandenen Mörtels zu bestimmen und sich beim neuen Mörtel danach zu richten.

Unbedachte Mauern, vor allem zweischaliges Mauerwerk, sind durch eindringenden Regen und tauenden Schnee besonders gefährdet. Der Schutz der Mauerkrone ist also vordringlich – aber ebenso schwierig. Da die optimale technische Ausführung leider nicht der optimalen formalen Ausführung entspricht, sollte hier durchaus in der Ausführung unterschieden werden zwischen hochliegenden und damit nicht einsehbaren Mauerkronen und niedrigeren. Hochgelegene Mauerkronen können eine wasserabweisend eingestellte Mörtelabdeckung erhalten, die allerdings leicht bombiert, also in der Mitte erhöht, ausgeführt werden muß. Auch hier sind mürbe Bereiche abzutragen und vor Aufbringung der Abdeckung sachgerecht zu vermörteln. In solchen Fällen sind auch Abdeckungen in Bitumen oder auch in Bahnen, vorzugsweise Bleilagen, möglich. Diese Abdichtungen können wiederum durch einen Aufbeton, aber auch durch ein Aufmauern oder eine Grassodenabdeckung kaschiert werden. Eine ausreichend dichte Abdekkung bieten sogenannte Rasenziegel (Grassoden), die zweifach in ein im Gefälle liegendes frisches Mörtelbett verlegt werden. Sollen diese Rasenziegel an den Kanten durch eine Steinaufmauerung begrenzt werden, ist auf eine Entwässerung der pflanztrogähnlichen Unterkonstruktion zu achten.

Ein besonderes Problem bietet die statische Sicherung von Mauern, hier vor allem von Stützmauern. Auf solche Stützmauern wirkt nicht nur der Erddruck, sondern vielfach auch das Wasser und mit ihm der Frost. Es ist deshalb falsch, Ausbruch- und Verwitterungsstellen nur mit gleichförmigem Material neu zu vermauern, ohne durch weitere Maßnahmen die Scheiben- oder Balkenwirkung solcher Mauern wiederherzustellen. Eine relativ einfache Lösung bietet die nachträgliche »Armierung« durch waagerechte Einlage dünnen Baustahls (6 bis max. 8 mm) in die Lagerfugen. Hierzu wird die Lagerfuge mindestens 3 cm, besser etwas tiefer, ausgekratzt, der Stahl tief eingelegt und nun die Fuge neu vermörtelt oder die Wand im Umgriff dieses Zugglieds neu vermauert. Bei stärkerem horizontalem Erddruck kann eine Verankerung der Wand notwendig werden. Eine solche Verankerung kann durch horizontale Bohrungen geschehen oder aber durch Grabungen von der Oberfläche her. In diesem Fall müssen die Arbeiten auch wieder archäologisch begleitet werden.

Muß eine Ruine ein Dach erhalten, so sind formal häufig innenliegende Dächer unter Wahrung der ursprünglichen Silhouette der Wände vorzuziehen. Technisch bedeutet dies aber die Anlage eines Dachs, das auch innenseitig entwässert werden muß. Egal, ob die Dachneigung nach außen oder innen weist, ergeben sich besondere Probleme in der Regenwasserführung und in den Anschlüssen. Es kann nur dringend angeraten werden, sich in beiden Fällen an bewährten Neubaulösungen zu orientieren und vor allem beim Anschluß innenliegender Dächer an die Außenwände moderne Attikalösungen einzusetzen.

Ein weiteres besonderes Problem entsteht durch die Sanierung des Außengeländes einer Burg. Setzt man hier Maßstäbe unserer Zeit an Sicherheit und Wasserführung an, müssen Wege, Treppen, Brücken und Stege in einer Form ausgeführt werden, die auch bei sorgfältiger Planung als Eingriff zu bewerten sind. Da zudem solche Lösungen vielfach die Gefahr auch technisch nachteiliger Veränderungen bergen, sollte jede Maßnahme gründlich auf ihre zwingende Notwendigkeit hin überdacht werden. In diesem Zusammenhang ist auch anzumerken, daß Ruinen häufig auf kleinstem Raum eine besondere Fauna und Flora bergen, deren Schutz eine legitime Forderung ist.

Restaurierung

In diese dritte Auflage des Buches »Altbausanierung« wurde deshalb ein kurzes Kapitel über Restaurierung aufgenommen, weil dieser Begriff zu oft bewußt oder unbewußt mißverständlich gebraucht und mit den Nachbarbegriffen »Instandsetzung«, »Renovierung«, »Konservierung«, »Kopie«, »Rekonstruktion« und »Modernisierung« verwechselt wird.

»Instandsetzung«
ist der Sammelbegriff für alle Maßnahmen, die notwendig werden, um Schäden an einem Altbau wieder zu beheben, wobei »Schäden« durchaus auch formale Eingriffe bedeuten kann, also: »Konservierung«, »Restaurierung« und »Renovierung«. Es leuchtet ein, daß diese drei instandsetzenden Maßnahmen häufig gemeinsam, wenn auch in unterschiedlicher Dichte, an einem Altbau durchgeführt werden. So werden an einem Baudenkmal mit bedeutsamer Ausstattung und gestalteter Fassade durchaus Konservierungs- und Restaurierungsarbeiten überwiegen, während üblicherweise am Altbau nur renoviert, bestenfalls eine Hausmadonna restauriert oder die Jugendstildekoration des Treppenhauses konserviert wird.

»Konservierung«
(Bewahrung, Erhaltung) (Abb. 1)
Konserviert werden kann nur etwas Vorhandenes; dies setzt also voraus, daß Maßnahmen zum materiellen Erhalt des Bestandes sinnvoller und zwingender sind als ein funktional gleichwertiger oder vielleicht sogar besserer Ersatz. Als konservierende Maßnahme kann also durchaus auch einmal die statische Sicherung eines Gebäudeteils bezeichnet werden, niemals jedoch dessen Ersatz durch eine andere statisch wirksame Maßnahme. Häufiger wird man jedoch von »konservieren« dann sprechen, wenn im sehr viel engeren denkmalpflegerischen Sinn Ausstattungsteile gereinigt und gesichert werden, wie dies beispielsweise geschehen muß, wenn eine verschmutzte Malschicht neu niedergelegt und anschließend gesäubert wird. Konservierung zielt also auf Erhaltung des Bestands und seines Quellenwerts; es wird deshalb auf jede Art von Rückführung auf frühere Zustände verzichtet.

Abb. 1 *Bewahrung eines alten Treppenlaufs trotz abgenutzter Trittstufen.*

»Renovierung« (Erneuerung) (Abb. 2)
ist demgegenüber die Erneuerung des Erscheinungsbildes und beinhaltet somit auch einen Teilersatz – dies allerdings immer im Sinne des Erhalts des Erscheinungsbildes. Am Altbau heißt dies beispielsweise, daß der Ersatz einer alten, ausgetretenen und damit gefährlichen Holztreppe dann als Renovierung bezeichnet werden kann, wenn diese in annähernd gleicher Art, wenn auch vielleicht mit der vorgeschriebenen Erhöhung des Handlaufs wiederum in Holz errichtet wird. Es wird hier also das Erscheinungsbild erhalten und nicht das überlieferte Detail in seinem Original.

»Restaurierung«
(Wiederherstellung) (Abb. 3)
verlangte im Beispiel dieser Holztreppe, daß die ausgetretenen Stufen sorgfältig und in der gleichen Holzart aufgekeilt und ausgeflickt werden oder daß beispielsweise der mürbe, aber noch originale Außenputz durch Festigung und möglichst geringfügige Ergänzungen wieder hergestellt wird, während er im Falle einer Renovierung abgeschlagen und erneuert worden wäre. Da die Restaurierung also den größtmöglichen Erhalt des noch Vorhandenen verlangt, unterscheiden sich in fast allen Fällen Restaurierungsmaßnahmen von den üblichen Arbeiten des vergleich-

Abb. 2
Erneuerung der Trittstufen unter Erhalt der übrigen Treppenkonstruktion.

baren Handwerks. Keine Putzerkolonne ist beispielsweise imstande, den alten Mörtel so zu festigen und kleinere Fehlstellen neu so zu ergänzen, daß nicht der Altputz Schaden erleidet und er sich zudem vom Neuverputz in kurzer Zeit abzeichnen wird. Wird also eine Restaurierung gewünscht oder auch von der amtlichen Denkmalpflege über den Weg der Bezuschussung erzwungen, so sind hier im Normalfall Restauratoren einzuschalten. Da verständlicherweise häufig der mühsame Erhalt wesentlich teurer sein wird als der kompromißlose Ersatz, müssen Restaurierungsmaßnahmen frühzeitig genau erfaßt, beschrieben und kalkuliert werden.

Abb. 3
Wiederherstellung eines alten Fensterflügels durch kleinteilige Ausbesserung, hier Eckverstärkung.

Die »Kopie« (Nachbildung) (Abb. 4)
hat mit den vorangegangenen Maßnahmen kaum mehr etwas zu tun: Liegt die Restaurierung noch zwischen Konservierung und Renovierung, so verläßt die Kopie endgültig den Erhalt des Bestandes. Eine Kopie ist eine neue, allerdings detailgerechte, maßstabs- und formgetreue Nachbildung des Originals, das sich im günstigsten Fall auch der gleichen Materialien bedient. Bei der Kopie eines Gebäudes sind diese Forderungen aus kosten-, aber auch aus baurechtlichen Gründen nur schwer einzuhalten, da die Kopie als Neubau gültigem Baurecht unterliegt und viele Handwerkstechniken und Details heute ebensogut, aber entscheidend preiswerter in anderem Material ausgeführt werden können.

Abb. 4
Nachbildung eines historischen Holzfußbodens.

Die »Rekonstruktion« (Abb. 5)
entfernt sich noch weiter vom Detail: Auch sie meint zwar wie die Kopie die möglichst genaue Wiederherstellung, doch bewegt sich die Rekonstruktion wesentlich stärker im Bereich der Vermutungen: Aus einigen noch unzerstörten Malresten der Ausmalung eines Biedermeierzimmers wird ein erfahrener Kunsthistoriker oder Architekt mit größtmöglicher Wahrscheinlichkeit die ursprüngliche Dekoration rekonstruieren. Die in der Nachkriegszeit abgeschlagene Fassadenzier eines Hauses um die Jahrhundertwende ist zwar nirgendwo festgehalten, doch wird sie in Maß und Art den nicht verstümmelten Nachbargebäuden entsprechen. Auch hier wird rekonstruiert, auch wenn die einzige faßbare Tatsache in einigen Putzgrenzen liegt, die bei der Purifizierung vor Jahrzehnten entstanden.

In den neuen Bundesländern wurde der Begriff »Rekonstruktion« im hier beschriebenen Sinn von »Sanierung« verwendet.

Abb. 5
Rekonstruktion einer im Krieg zerstörten Fassade.

Abb. 6 *Unnötige »Modernisierung« einer Fassade (links), das Nachbarhaus blieb erhalten ohne Einbuße an Nutzwert.*

»Modernisierung« (Abb. 6)
bezeichnet die Anpassung eines alten Gebäudes an die Forderungen neuzeitlicher Nutzung und geht jeweils über den Erhaltungsaufwand, also im baulichen Bereich die Renovierung, hinaus. Der Gesetzgeber trägt diesem entscheidenden Unterschied dadurch Rechnung, daß er dem Vermieter erlaubt, Modernisierungsmaßnahmen, die den vertraglich vereinbarten Nutzwert der Mietsache verbessern, auf die Miete umzulegen, während Renovierungsarbeiten zum Erhalt dieser Mietsache diese Umlage nicht rechtfertigen. Selbstverständlich sind auch diese Grenzen etwas verwischt: Ist es noch selbstverständlich, daß der Einbau einer neuen Zentralheizung gegenüber der vorhandenen Kohleeinzelheizung als Modernisierungsmaßnahme umlagefähig ist, so kann dies durchaus in Frage gestellt werden, wenn statt der Zentralheizung eine gute und ebenfalls voll regelungsfähige Gaseinzelheizung gewählt wird. Hier wird unter Umständen der Zustand der vorhandenen Kohleeinzelöfen entscheidend: Bescheinigt der Kaminkehrer, daß deren Zustand kaum mehr den sachgerechten Gebrauch ohne Erhöhung der Brandgefahr erlaubt, so wäre deren Renovierung, also gleichwertiger Ersatz, ohnehin notwendig. Bei der Fenstererneuerung achtet die Rechtsprechung stark auf die Beurteilung der Funktionsfähigkeit des Bestandes: Selbst wenn Einfachfenster durch wärmedämmende Verbundfenster ersetzt werden, kann der Sanierungsaufwand vom Modernisierungsaufwand dann abgezogen werden, wenn diese zu ersetzenden Fenster durch ihr Alter undicht und morsch waren und ohnehin hätten ersetzt werden müssen. Da Modernisierung grundsätzlich voraussetzt, daß der Altbau seine Funktion nicht mehr erfüllen kann, wird hier die Gefahr unnötiger Substanzverluste am größten.

Haustechnik

Sanitäranlagen
Elektroanlagen
Lüftungsanlagen
Heizungsanlagen
Heizungsalternativen
Kirchenheizung
Schornsteinsanierung

Sanitäranlagen

Die Sanitärsanierung unzureichend versorgter Wohnungen ist die vordringlichste Aufgabe der Althausmodernisierung, da hier in verstärktem Maß hygienischen Erfordernissen Rechnung getragen werden muß. Bestrebungen, den Baderaum als Wohnraum aufzuwerten und in ihm eine Vielzahl erholsamer Aktivitäten anzusiedeln, sind interessant, oft auch nur belustigend, doch dürfen sie den Blick nicht dafür trüben, in wie vielen Wohnungen selbst ein einfacher Baderaum immer noch fehlt.

Die Problematik der Sanitärsanierung im Altbau liegt also nicht in der Erfüllung irgendwelcher futuristischer Forderungen, sondern vor allem in technischen Besonderheiten, also darin, daß selbst bei Einbau eines einzigen Bades mehrere Handwerkszweige benötigt werden und meist auch darunter- und darüberliegende Stockwerke miterfaßt werden. Die sich hieraus ergebenden Verflechtungen kosten Zeit und Geld.

Andererseits bietet der nicht mehr maßgerechte Altbau die denkbar schlechtesten Voraussetzungen für jede Art von Vorfertigung. Die gleichzeitige Sanierung aller Bäder eines Hauses wird durch den Mieterschutz erschwert, obwohl gerade eine höhere Stückzahl wieder finanzielle und technische Voraussetzung für den Einsatz vorgefertigter Sanitärteile wäre. So ist die Sanitärsanierung nicht nur die vordringlichste, sondern auch eine der schwierigsten Aufgaben in der Altbausanierung überhaupt.

Die Sanierung der Sanitäranlagen reicht vom Einbau eines bescheidenen WCs und einer Dusche als Ersatz für einen unzumutbaren Abtritt im Treppenhaus bis hin zur luxuriösen Verbesserung der schon vorhandenen sanitären Möglichkeiten (Abb. 1). »Sanitärsanierung« ist aber auch das Auswechseln überalteter, häufig allerdings auch nur unmoderner Objekte und Armaturen (Abb. 2) und die Erweiterung von Mini-Bädern der fünfziger Jahre. Dort, wo nicht auf einen vorhandenen WC-Raum zurückgegriffen werden kann, setzt die Sanitärsanierung auch Entwurfsfragen voraus, da vorab erst der notwendige Raum in den Bestand integriert werden muß. Dies ist eine Erschwerung – gleichzeitig aber ein besonderer Reiz, da dieser Zwang zur Chance genutzt werden kann, grundsätzlich schlechte Grundrisse zu verbessern oder aber ehedem gute, heute aber funktional wie sozial überholte Grundrisse unseren Forderungen anzupassen. Für diesen Reiz und häufig auch die (finanzielle) Schwierigkeit dieser Sanierung bleibt es belanglos, ob in einer preiswerten Wohnung der Nachkriegszeit das Bad bisher von der Wohnküche aus erreichbar war, oder ob in einer Wohnung des gehobenen Bürgertums des späten 19. Jahrhunderts das Bad entbehrlich schien, aber die Wohnräume unbedingt zur Straße zeigen mußten, auch wenn diese dann auf der Nordseite des Gebäudes lagen.

Der Ausschnitt aus einer typischen Altbauwohnung zeigt Zimmer und große Küche, dazu ein langes, schmales WC und in dessen Verlängerung eine Speisekammer (Abb. 3). Mit unterschiedlichem zeitlichem Aufwand (2 Tage bis 6 Wochen) und finanziellem (3500 bis über 15 000 DM) können differenzierte Lösungen erarbeitet werden. Selbst dort, wo entsprechend der Bautradition um die Jahrhundertwende ein

Abb. 1 *Die Stufen kaschieren die durch waagerechten Leitungsverzug notwendige Höherlegung des Fußbodens.*

Abb. 2 *Altes Bad mit zweifacher Wasserversorgung; da der zentrale Boiler seinen Dienst aufgab, wurde ein Elektrospeicher montiert.*

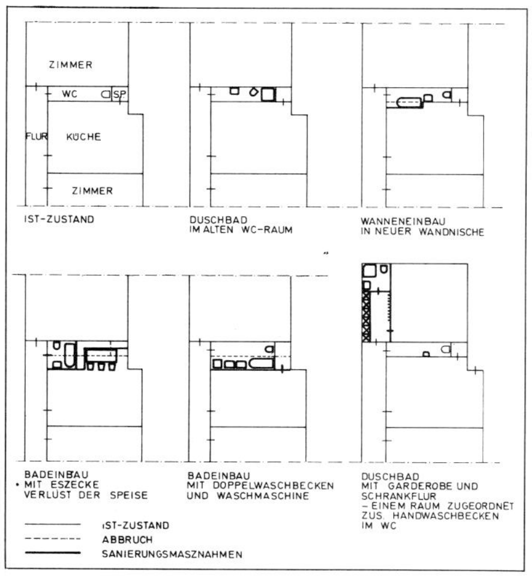

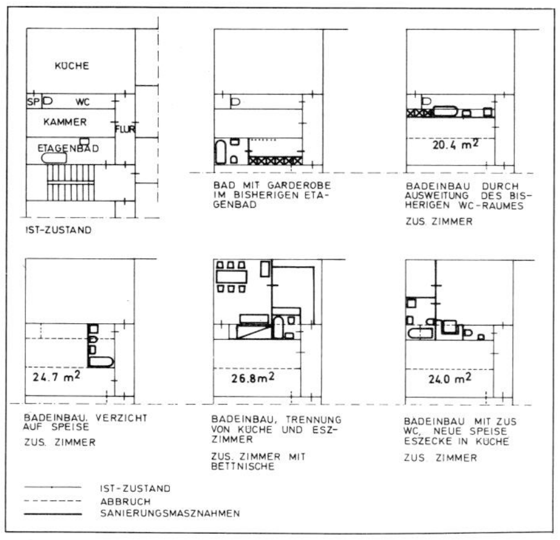

Abb. 3, 4 *Entwurfsvarianten bei der Sanitärsanierung.*

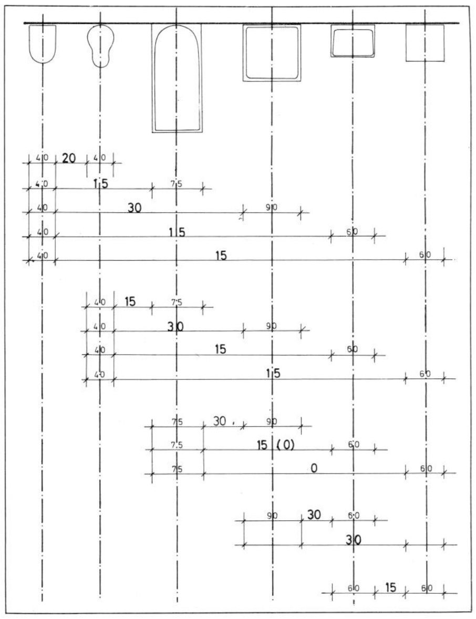

Abb. 5 *Objektabstände – Objekte nebeneinander (nach DIN 18022).*

Etagenbad eingebaut wurde (Abb. 4), muß es nicht die beste Lösung sein, dieses Bad der nächstliegenden Wohnung zuzuschlagen. Je nach Wunsch können ein zusätzliches Zimmer, eine Wohnküche oder andere Zuordnungen der Räume gefunden werden.

Dem Entwurf des Bades liegen gesetzlich vorgeschriebene Mindestmaße und Erfahrungswerte zugrunde. DIN 18022 »Abstandsflächen in Küche, Bad, WC, Hausarbeitsraum« nennt diese Mindestmaße (Abb. 5). Ihre Einhaltung sollte im Altbau nicht obligatorisch sein.

Die absolute Mindestgröße ohne jegliche Rücksichtnahme auf die Norm ist ein vorhandenes WC mit einer Mindestbreite von 90 cm und einer Länge von 200 cm bei Türen mit Außenanschlag und 230 cm mit Innenanschlag. Wird eine Badewanne gewünscht, kann diese seitlich angeordnet werden, wobei dieser »Rucksack« durch eine leichte Ständerwand gebildet wird. (Abb. 6).

Bei entsprechender Einbeziehung der Küche in die Sanierungsmaßnahme kann eine neue Naßstrecke eventuell beide Räume versorgen und so mit unerheblich höherem Aufwand die Wohnung weiter modernisiert werden.

Die tägliche Arbeit des Architekten besteht leider nur noch zum geringen Teil darin, optimale Entwurfsgedanken zu verwirklichen – dies gilt aus Kostengründen besonders für die Altbausanierung. Das Versetzen einer Tür auch nur um wenige Zentimeter verschlingt einen halben Tausender: der Abbruch einer dünnen Wand und das Wiederaufrichten einer neuen in Badezimmerabmessungen ist mit allen Nebenkosten durchschnittlich mit 1300 DM zu veranschlagen! So bleiben in der Praxis der Sanitärsanierung leider alle kühnen Träume für ein Bad als familienverbindende besondere Einheit, die stets, wie die Küche, von jedem neuen Mieer nach seinem Geschmack und seinem finanziellen Vermögen eingerichtet werden kann, amüsante Theorie.

Sanitärsanierung heißt im Regelfall:

- Nutzung eines vorhandenen Raumes oder Entwurf fast ausschließlich unter Kostengesichtspunkten,
- Minimierung des Platzbedarfs,
- Minimierung des Eingriffs in die vorhandene Bausubstanz durch altbaugerechte Leitungsführung und Abdichtung,
- ausreichende Lüftung und Beheizung,
- Kostenersparnis.

Leitungsführung

Wird in einem Mehrfamilienhaus die Sanitärsanierung einzeln bei Mieterwechsel betrieben, so sollte unbedingt bereits für das erste Bad ein Gesamtsanierungskonzept vorliegen. Nur dadurch wird gewährleistet, daß Leitungsführung und -durchmesser, Lage der Muffen und Abzweige, ja sogar die Lage der einzelnen Baderäume je Geschoß nicht spätere weitere Sanierungen behindern. Am besten wird hierfür bereits ein Entwässerungsplan aufgestellt, der auch leicht erkennen läßt, wo und in welchem Umfang Varianten je Geschoß möglich sind.

Obwohl die Frage von Varianten aus Kostengründen wenig aktuell ist, soll kurz darauf eingegangen werden, da die Möglichkeit unterschiedlicher Situierung und Größe des Baderaumes die Attraktivität bei Verkauf und Vermietung steigern kann. Kriterium für die Variationsfläche ist die

Abb. 6 *Das enge WC wird durch eine Wannennische zur Küche hin ausgeweitet.*

Abb. 7 *Kostenintensive und stark belästigende Verlegung eines Fallrohrs durch neubauübliches »Verstecken«.*

Abb. 8 *Noch in Betrieb befindlicher Auslauf einer Küchenspüle.*

lichte Verzugshöhe der Abwasserleitung des WCs. Bauliche Gegebenheiten setzen hier jedoch Grenzen. Auch muß der Badezimmerfußboden um eben das notwendige Maß gehoben werden, wenn ein Verzug auf Stahlbetondecken oder senkrecht zur Balkenlage verlangt ist.

Die nachträgliche Verlegung von Leitungen ist arbeitsaufwendig und damit teuer. Zudem sind die hierfür erforderlichen Stemmarbeiten extrem schmutzintensiv (Abb. 7). Üblicherweise werden deshalb vorhandene Sanitärstränge genutzt, was von vornherein die neue Lage eines Sanitärraumes bestimmt. Auch dies ist wieder eines der vielen Beispiele für eine altbaufeindliche Planung, denn dem Architekten, dem Sanitärprojektanten und dem Installateur ist der Zustand der gesamten Ver- und Entsorgungsleitungen unbekannt. Wie alle Teile des Gebäudes altern aber auch Abwasser- und Brauchwasserstränge. Zwar gibt es statistische Mittelwerte, die allerdings für die Einzelpraxis unbrauchbar sind, da sie örtlich sehr stark differerieren. Wieweit es lohnt, unsichtbare Korrosionsschäden vorab gutachterlich erfassen zu lassen, müßte tatsächlich am Gebäude selbst geprüft werden – und hängt letztlich auch von der Zugängigkeit der Leitungen ab. Empfohlen wird jedoch, Brauchwasserleitungen, die älter als 30 Jahre sind, vor der selbstverständlichen Wiederverwendung zu überprüfen. In den meisten Fällen kann dies stichpunktartig geschehen, indem Leitungen geöffnet werden. Das vorgefundene Bild erleichtert nun die Entscheidung, ob der Bestand verwendet wird oder weitere Untersuchungen notwendig werden, wie eine Ultraschalluntersuchung der Wandungsstärken.

Meistens bereiten jedoch nicht die Korrosionserscheinungen Schwierigkeiten, sondern die Alterungen der Leitung durch Nutzung: In den Brauchwasserrohren können sich vor allem Kalkablagerungen absetzen; die Abwasserleitungen wachsen zu durch eine Kruste von Fett und Kalk und Schmutz, armiert durch Haare und Fasern (Abb. 8).

Der Nutzer selbst, durch langjährigen Gebrauch an den sich langsam ändernden Leitungsdurchmesser gewöhnt, bemerkt dieses Altern nur im Extremfall: sprunghafter Anstieg von Verstopfungen der Abwasserleitungen und Verlegen und »Grieseln« der Brauchwasserleitungen. Es ist aber nun gerade die Sanierung, die dieses langsame Altern zu einem ebenso unerwarteten wie raschen Ende bringt: Durch Bohren, Stemmen und Aufschrauben der vorhandenen Leitungsstränge werden die inneren Krusten gelöst; sie verlegen im Fallstrang den nächstgelegenen Abzweig oder das nächste Knie – und der Fliesenleger hat seinen Teil der Sanitärsanierung noch nicht beendet, müssen die ersten Verstopfungen durch Aufstemmen wieder beseitigt werden. Die ungeprüfte Übernahme vorhandener Sanitärleitungen verlangt also entweder eine geduldige Haftpflichtversicherung oder ein entsprechendes Gottvertrauen – oder wenigstens den speziellen schriftlichen Auftrag des Bauherrn an den Architekten oder Installateur, die alten Leitungen auf jeden Fall zu verwenden. Wer diesen Auftrag nicht erhält, sich auf das Erstgenannte nicht verlassen mag, dem kann nur angeraten werden, auch Abwasserleitungen vorab zu überprüfen. Bei Grundleitungen geschieht dies mittels Durchfahrens oder Durchziehens von selbstlaufenden oder gezogenen Geräten, die mit einer eigenen Lichtquelle versehen, über ein Fernsehauge eine lückenlose Überprüfung im gesamten Rohrverlauf ermöglichen (Abb. 9). Bei kleineren Rohrquerschnitten, wozu in der Praxis auch alle Falleitungen eines Gebäudes gehören, kann hier die Endoskopie helfen. Hierbei werden nicht die üblichen Endoskope mit einem Rohrdurchmesser von 8–12 mm verwendet, sondern das sogenannte Mini-Boreskop, dessen dünnster

Abb. 9 *Selbstlaufende Rohrkamera.*

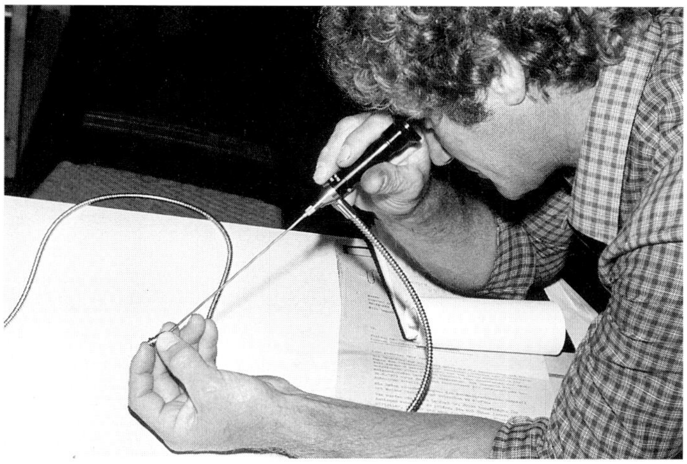

Abb. 10
Mini-Boreskop mit Lichtleitkabel.

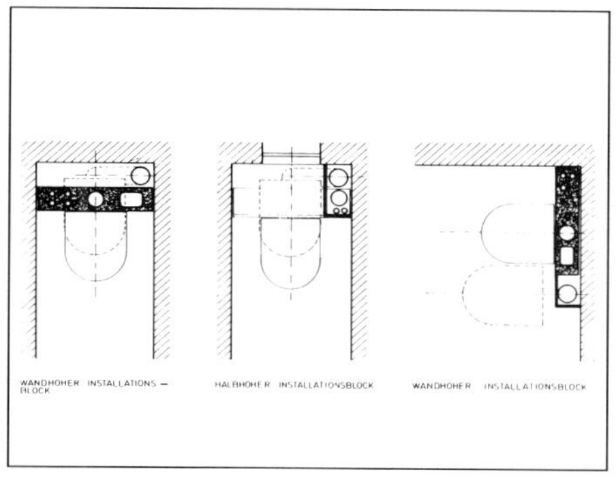

Abb. 11
Beispiele der Verkleidung bestehender Falleitungen durch Installationsblöcke.

Abb. 12
Zerstörung der Tragfähigkeit von Deckenbalken bei der Rohrinstallation.

Außendurchmesser 1,2 mm beträgt (Abb. 10). Auch dieses Röhrchen enthält, wie das bekanntere Endoskop, ein Okular für den Betrachter und am anderen Ende sowohl ein Objektiv als auch eine Lichtquelle, so daß das Leitungsinnere betrachtet und auch fotografiert werden kann. Dieses Gerät kostet mit allem Zubehör mehr als 5000 DM und wird sonst eher im Maschinenbau als an Bauwerken eingesetzt. Bei Falleitungen wird hierzu die Wandung mit einem Bohrer mit ca. 2 mm durchbohrt und durch dieses Loch das Endoskop eingeschoben. Während der Beobachtung ist allerdings auf Spülgeräusche zu achten, damit das dünne und verletzliche, kostbare Gerät nicht durch »Herabstürzendes« verbogen wird. Da die Anschaffungskosten im Verhältnis zur Einsatzhäufigkeit für ein durchschnittliches Architekturbüro jedoch zu hoch sind, sollte eine solche Begutachtung durch einen spezialisierten Sachverständigen vorgenommen werden; dieser kann den endoskopierten Zustand dann auch fotografisch dokumentieren.

Wird nun aufgrund der Untersuchungen eine Wiederverwendung der vorhandenen Leitungen abgelehnt, so ist daraus nicht zwangsläufig deren Abbruch abzuleiten. Auch hier muß wieder abgewogen werden: Wiegen die Vorzüge des Abbaus und Abbruchs der vorhandenen Stränge den Nachteil an Kosten und vor allem an Schmutzbelästigung auf? Der Vorzug des Abbruchs kann durchaus darin liegen, daß sichtbare und häßliche Leitungen verschwinden, daß vorhandene Decken- und Wanddurchbrüche für die neuen Leitungen genutzt werden können und daß lästige und unschöne Anschluß- und Flickarbeiten unterbleiben. Gegen diesen Abbruch spricht, daß bei jedem Ausbrechen von Leitungen, die durch Holzbalkendecken führen, die Schüttung trichterförmig durch die Ausbruchstelle rieselt und erfahrungsgemäß deren schalltechnisch wichtiges Wiederauffüllen nach Schließen der Deckenuntersicht mit der Aufnahme des Bodenbelags meist vergessen wird.

Aus den genannten Gründen kann es durchaus sinnvoll sein, den vorhandenen Leitungsbestand zu belassen, ihn totzulegen und für sich, kostengünstiger im Zusammenhang mit den neuverlegten Leitungen, zu verkleiden (Abb. 11). Zu den üblicherweise hierfür verwendeten Materialien kann wegen seiner leichten Anpaßbarkeit auch Holz verwendet werden, wenn durch entsprechende Details gewährleistet bleibt, daß nirgendwo Staunässe auftreten kann. Zu vermeiden sind allerdings großvolumige Hohlräume, wie sie durch Vorstellen raumbreiter Schalen oder vorgefertigter Sanitärblöcke entstehen, wenn diese zu sehr von den Klimaverhältnissen des Raumes abgetrennt sind: Das sich hier einstellende Kleinklima kann, verstärkt durch Konvektion, langfristig zu Feuchteschäden führen.

Für die senkrechte Leitungsführung ist zu prüfen, ob einer oder mehrere Kaminzüge in allen Geschossen durchgehend freigestellt werden können. Diese Möglichkeit bietet sich vor allem dann an, wenn auch die Heizung modernisiert werden soll. Die einzelnen Leitungsteile werden bereits werkstattseitig vorgefertigt, und zwar meist in Geschoßhöhe. In jedem Bad wird eine Öffnung von mindestens 20/40 cm und im Dachraum eine größere Öffnung gebrochen oder besser der gesamte Kaminkopf abgetragen, was zugleich die kritischen Stellen der Dachhaut um eine Verblechung verringert. Von dort können nun die vorgefertigten Rohrleitungsteile mit dem Seil herabgelassen und im Bereich der Öffnungen vermufft und befestigt werden. Der Anschluß an die Grundleitungen erfordert im Keller nochmals Aufbrüche, doch dort belastet der Bauschutt nicht die Gebäudenutzung.

Für Leitungen und Leitungsführung gelten die auch für den Neubau gültigen Bestimmungen. Wo Bedenken wegen Schallbelästigung im Leitungsbereich bestehen, wird von Kunststoffrohren abgeraten – hier ist das bewährte Gußrohr einzusetzen. Problematischer kann die horizontale Leistungsführung werden, besonders beim Abwasserrohr, das wegen seines Gefälles häufig nicht einmal balkenparallel geführt werden kann, erst recht nicht senkrecht dazu (Abb. 12). Die Höherlegung des Fußbodens, wegen der Tür besser nur eines Teilbereichs, um eine Stufe, wogegen nie technische und kaum formale Gründe sprechen, ist oftmals die simpelste und preiswerteste Lösung (Abb. 13 und 14). Wird der bisherige Boden dabei abgebrochen, verringert sich die erforderliche Höhe nochmals um etwa 3–6 cm und mehr, so daß einschließlich des notwendigen Gefälles von besser 2% normale Baderaumbreiten auch mit Abwasserleitungen größeren Durchmessers unterquert werden können. Die Rohrleitungen dieses waagrechten Strangs können dabei so gewählt werden, daß die platzraubenden Muffen in den Balkenzwischenräumen liegen. Die Stufenhöhe an der Tür oder besser im Raum sollten dabei entsprechend der gewohnten des Treppenhauses gewählt werden, um eine Stolpergefahr zu vermeiden.

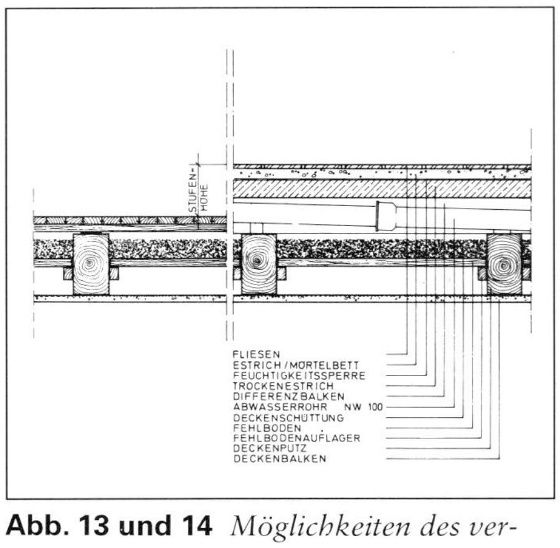

Abb. 13 und 14 *Möglichkeiten des verborgenen Leitungsverzugs unter Boden oder Podest.*

Auch das Problem der Abdichtung läßt sich häufig auf diese Weise besser und einfacher lösen.

Abdichtung

Die Leitungen, ihr Verzug und ihre Verlegung sind jedoch bei einer Sanitärsanierung auch noch unter einem weiteren Gesichtspunkt zu beurteilen, der beim ersten Betrachten kaum etwas mit den Leitungen zu tun hat: die wassersperrende Dichtung. Dies ist tatsächlich ein »heißes Eisen«, da die optimale Ausführung auch schon bei Neubauten aus Kostengründen meist »vergessen« wird. Dort aber ist sie lange nicht so zwingend wie bei den Holzbalkendecken des Altbaus, da eine Stahlbetondecke eine kurzzeitige Überschwemmung aus- und aufhalten kann und ein ständiges, aber sehr geringfügiges Eindringen von Wasser üblicherweise auch auf Jahrzehnte ohne Folgen bleibt. Gerade im letzteren unterscheidet sich nun die Holzbalkendecke deutlich: Schon die nutzungsbedingte Temperaturerhöhung verbessert in der Deckenkonstruktion die Lebensbedingungen für organischen Befall. Kommt nun noch eine Erhöhung der Luftfeuchte und damit der Materialfeuchte in diesen Hohlräumen hinzu, wird ein Schwammbefall fast zwangsläufig. Die Sperrlagen werden bei der Holzbalkendecke also nicht primär notwendig zum Schutz gegen Rohrbruch, aus der Wanne springende Handbrausen und geborstene Waschmaschinenschläuche, sondern sie müssen verhindern, daß auf lange Zeit kleine und kleinste Wassermengen in die Deckenkonstruktion eindringen.
Über die Notwendigkeit dieser Sperrlage oder Dichtlage wurde und wird in Fachkreisen immer noch sehr kontrovers diskutiert. Der Grund hierfür liegt wiederum in einer immer noch gültigen Norm, deren Forderung allerdings selbst beim Neubau aus durchaus sinnvollen Gründen kaum mehr erfüllt wird. So spricht DIN 18195, Teil 5, die Abdichtungsmaßnahmen gegen nicht drückendes Wasser an, läßt jedoch völlig offen, ob bei Wohnungsbädern überhaupt eine derartige Wasserbeanspruchung vorliegt. Bei den Aachener Bausachverständigentagen 1988 wurde deshalb vom Obmann der DIN 18195 deutlich gemacht, daß die Anwendung dieser Norm bei Wohnungsbädern künftig durch einen Sperrvermerk ausgeschlossen werden wird. Nach der Norm wird nun allerdings nicht mehr wie in der früheren DIN 4122 zwischen Feucht- und Naßräumen unterschieden, sondern lediglich noch die Wasserbeanspruchung der einzelnen Bauteile angesprochen. Es ist dies deshalb interessant, weil hieraus von den Verfechtern der normgerechten Abdichtung – in ihrer ganzen Konsequenz nachzulesen in der zitierten Norm – überall dort die Maximalmaßnahme gefordert werden müßte, wo sich eine Zapfstelle befindet; also nicht nur in Bad und Küche, sondern auch im Gästezimmer, im Kinderzimmer, das vielleicht ein Waschbecken enthält, im Gäste-WC. Daß der materielle Aufwand und die funktionale wie formale Beinträchtigung von umlaufend, trogartig ausgebildeten Abdichtungen mit entsprechend hoher Schwelle und Bodenablauf oder gitterüberdeckter Ablaufrinne als unsinnige Forderung bezeichnet werden darf, liegt nahe – und es wird diese Norm in ihrer eigentlichen Konsequenz selbst am Neubau kaum erfüllt. Wo aber liegt jener sinnvolle Kompromiß, der das hölzerne Balkenwerk bei vertretbarem Aufwand schützt? Eigentlich gibt es hierfür nur eine einzige Lösung, die selbstverständlich unterschiedlich im Detail ausgeführt werden kann: Abdichtung, in der Regel Bahnenabdichtung, des Fußbodens sowie jener Wandteile, die beim Duschen durchfeuchtet werden können, aber Verzicht auf den Bodenablauf entsprechend der Norm, wobei allerdings dennoch die Bodenabdichtung umlaufend, wenn auch nicht auf die genormten 15 cm hochgezogen werden muß, da diese 15 cm nur dann sinnvoll sein können, wenn auch die Türschwelle diese Höhe erreicht! (Abb. 15)
Prinzipiell sind drei Detailvarianten denkbar. Soll die Bodenhöhe beibehalten blei-

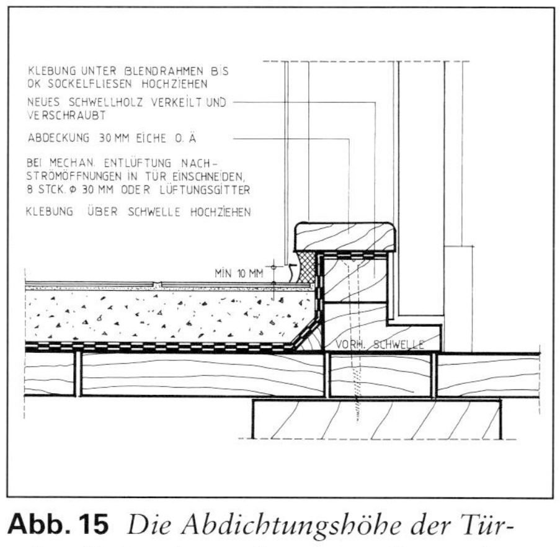

Abb. 15 *Die Abdichtungshöhe der Türschwelle bestimmt den sinnvollen umlaufenden Höhenverzug der Abdichtung.*

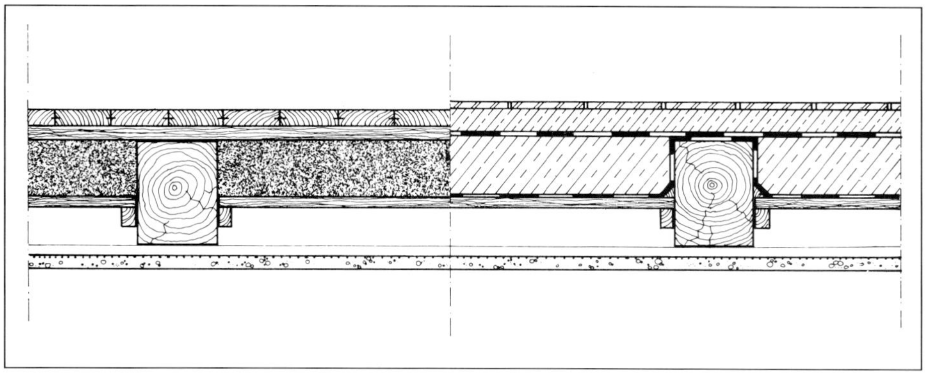

Abb. 16 *Konventionelle Möglichkeit der Abdichtung von Holzbalkendecken im Altbau.*

ben und eine Schwelle vermieden werden, muß der bisherige Fußboden bis zum Fehlboden abgebrochen werden. Balken und Fehlboden erhalten eine Feuchtigkeitsdichtung, die in den Ecken durch Dreiecksleisten gegen Einriß geschützt werden soll (Abb. 16). Häufig wird nun der Bereich der alten Schüttung mit Magerbeton bis Oberkante Balkon gefüllt und darüber einschließlich Balken eine zweite und sorgfältigere Feuchtigkeitsinstallierung gelegt; ihr Randüberstand sollte mindestens 20 cm betragen und muß von einer eventuellen Wanddichtung bis in den waagerechten Bereich überlappt oder – wenn möglich heiß oder chemisch – verklebt werden. Über dieser Abdichtung wird ein Estrich aufgebracht, der wiederum den Bodenbelag, meist Fliesen, trägt. Der Aufwand hierfür ist unverhältnismäßig groß, und die Decke kann zusätzlich zu den ohnehin nicht geringen Badezimmerlasten noch durch das Mehrgewicht der Betonfüllung beschwert werden. Sinnvoller ist deshalb oft eine Trockenschüttung aus Perlite oder ähnlichem, die obendrein die Abdichtung des Fehlbodens gegen einlaufendes Betonwasser erspart. Statt des Estrichs, der in diesem Fall verstärkt und schlaff armiert sein sollte, können auch vorgefertigte Estrichdielen trocken verlegt werden. Bei dieser Lösung muß jedoch darauf hingewiesen werden, daß eine Verringerung des Deckengewichtes durch Trockenschüttung die Schalldämmfähigkeit der Decke herabsetzen kann. Zumindest dann, wenn Baderäume über Räumen anderer Nutzung liegen, wird eine schalltechnische Prüfung des neuen Deckenaufbaus angeraten.

Bleibt es belanglos, daß der Fußboden erhöht wird, kann auf einer Dichtungsschicht über dem bestehenden Boden der gewünschte Bodenaufbau vorgenommen werden. Da bei höherliegendem Baderaumboden überlaufendes Wasser sofort durch die Tür ausfließt, ist eine Schwelle von etwa 3 cm vorzusehen, die auch in die Abdichtung einzubeziehen ist. Bei entsprechender Höherlegung des Fußbodens kann auch der Bodenablauf leichter die sinnvolle Ergänzung zur notwendigen Abdichtung werden, da sein Einbau jetzt meist weniger Schwierigkeiten bereitet: Der Abwasseranschluß wird entweder im Balkenhohlraum verlegt oder durch neuere Ablaufkonstruktionen über Oberkante Fußboden und den Objektverkleidungen – meist unter denen von Wanne oder Dusche – geführt.

Zur richtigen Beurteilung der folgenden, häufig gewählten, wenn auch wesentlich schlechteren Lösung wird nochmals betont, daß selbst bei einer Holzbalkendecke der »große« Wasserschaden als der sicht- und spürbare Wassereinbruch in und durch die Decke für den Bestand der Holzkonstruktion günstiger beurteilt werden darf als jenes tröpfchenweise Einsickern, das über Jahrzehnte unbemerkt bleibt. Gibt es tatsächlich einmal einen derartigen Wasserschaden, so kann das Austrocknen der Deckenkonstruktion selbst bei hierfür ungünstiger Deckenschüttung überprüfbar durch den Einsatz verschiedener Trocknungsgeräte durchgeführt werden. Einen Schutz vor geringer, aber ständiger Durchfeuchtung über die üblichen und auf Dauer nicht zu dichtenden Leckstellen der Raumhülle – Anschlußfuge von Wanne und Duschtasse, Fliesenfugen, Rohrdurchführungen auch im Wandbereich – wird man durch all jene Maßnahmen auf Dauer nicht schaffen, wie sie beim Neubau mit einer Betondecke durchaus als ausreichend bezeichnet werden können: Dünnbettmörtel und Fliesenkleber, »flexible« Dichtungsschlämmen, eventuell auch Sperrputze. Auch hier bleiben zusätzliche Maßnahmen notwendig, wie die »Kittabdichtung« bei Abdeckrosetten oder bei den Eckanschlüssen zwischen Fliesen und Objekten. Solche dichtende und angeblich dauerelastische Verfugungen sind allerdings auf Dauer weder dicht noch elastisch! Ein notwendiges Neuverfugen in mehrjährigem Turnus zu fordern, ist aber wirklichkeitsfremd. Es kann deshalb dem Architekten und Ausführenden nur geraten werden, in dieser Sache seinen Auftraggeber betont darauf hinzuweisen, daß ein Einsparen in den Abdichtungsmaßnahmen entsprechend der am Neubau üblichen Detaillierung selbstverständlich möglich und auch kostenmindernd ist, daß er damit aber einem besonderen Schaden Vorschub leistet, der das statische Gefüge des Gebäudes befallen wird. Ein Abdichten über den geschilderten notwendigen Kompromiß hinaus und die Anlage eines Bodenablaufs, wie beides die heute noch gültige Norm fordert, ist allerdings auch bei Holzdecken nicht zwingend nötig. Zwingend nötig ist aber das schon besprochene Einbeziehen aller wasserbeanspruchten Wandteile in die Dichtung. Die ideale Lösung, aber auch die mit Abstand teuerste bietet eine Vorsatzschale als Dichtungsträger. Es genügt aber auch, die vertikale Abdichtung als Putzträger »anzurauhen«. Hierzu wird sie heiß oder chemisch »angeweicht«, und scharfer Quarzsand wird aufgestreut, worauf die Fliesen aufgetragen werden können. Der Bauherr sollte schriftlich darauf hingewiesen werden, daß – strenggenommen – diese Lösung nicht zulässig ist, doch hat sie sich seit langem gut bewährt.

In besonderen Fällen können Wand- und Bodenabdichtung jedoch auch noch auf völlig anderem Weg erreicht werden: durch entsprechend detaillierte und auf Dauer abdichtende Raumzellen. Es mag verblüffen, daß in diesem Kapitel der Einsatz sanitärer Fertigzellen unter dem Gesichtspunkt der Abdichtung beschrieben wird. Der Grund hierzu ist sehr einfach: Die vielfach gepriesenen Vorzüge eines vorgefertigten Baderaumes reduzieren sich in der Praxis vor allem auf Zeitersparnis. In sehr seltenen Fällen, und zwar dann, wenn eine möglichst hohe Zahl solcher Zellen zu gleicher Zeit eingebaut wird, kann sich kostenmäßig wenigstens eine Annäherung an einen konventionellen Badeinbau ergeben. Bei der Altbausanierung wird üblicherweise diese hohe Zahl schon deshalb nicht anfallen, weil ein Wohnblock insgesamt leerstehen müßte – und der Zeitge-

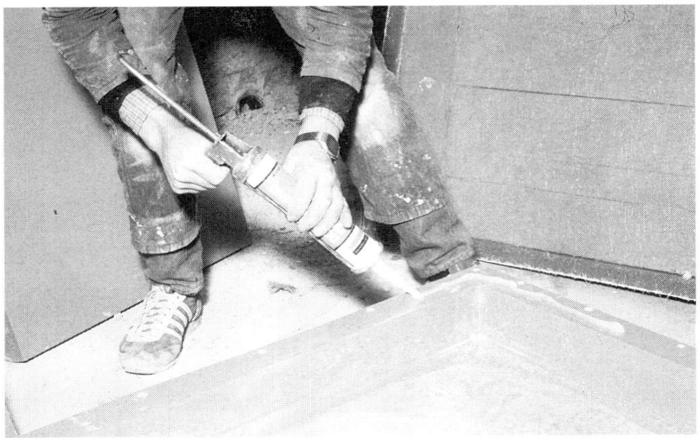

Abb. 17
Hochgezogene Rauchabdichtung eines Zellenbodens.

winn zählt eher im gewerblichen Bereich, also bei Hotels und ähnlichem. Die Abdichtung aber bietet die gute sanitäre Fertigzelle auf Dauer und – was durchaus zusätzlich zählt – auch auf Dauer überprüfbar (Abb. 17).

Lüftung und Heizung

Im Gegensatz zur Leitungsführung und Abdichtung sind die Probleme der »Lüftung« vielschichtiger. Auch hier ist es wie bei fast allen Altbauproblemen hilfreich, gedanklich vom Ist-Zustand auszugehen:

- Die Mägdekammer besaß in der Regel ein kleines Fenster und war unbeheizt; sie liegt meistens nahe der Küche.
- Das Etagenbad ist fast immer auch befenstert, war schon aus Gründen der Kostenzurechnung unbeheizt und liegt meist an der Treppenhauswand.
- Die innenliegende Abstellkammer erhält im günstigsten Fall ihr Licht durch ein Fenster zu Flur oder Diele, ist selbstverständlich unbeheizt und auch unbelüftet.
- Das alte Bad kann befenstert sein, wurde bisher jedoch durch den Badeofen beheizt und ist außenliegend nie, innenliegend manchmal belüftet.
- Das Abzwacken eines kleinen Raumes für das künftige Bad geschieht schon wegen der Fensteraufteilung fast ausschließlich im Gebäudeinneren, so daß dieser Raum nicht befenstert und nicht belüftet ist.

All diesen Räumen ist eigen, daß sie eigentlich für jene neue Nutzung mit besonders hoher Temperatur und besonders hoher Luftfeuchte am wenigsten geeignet sind! Hier verblüfft tatsächlich die Sorglosigkeit, mit der man diesem Sachverhalt begegnet.

Die Lüftung eines Raumes dient grundsätzlich zwei Zwecken: Erhalt einer notwendigen Frischluftrate und Abführung unerwünschter Belastungen der Raumluft. Handelt es sich hierbei um einen fensterlosen Raum, so wird dieser die Mitteltemperatur der ihn umschließenden Räume annehmen; er benötigt zumindest keine stationäre Heizung, sondern es genügt, wenn zu Zeiten seiner Nutzung beispielsweise durch Strahler die Raumtemperatur angehoben oder das Temperaturempfinden des Nutzers sonst entsprechend befriedigt wird. Dies setzt voraus, daß die künstliche Belüftung dieses Temperaturgleichgewicht nicht zu empfindlich stört, die Zuluft also aus den umliegenden Räumen entnommen oder andernfalls vorgewärmt wird. Bei der Sanitärsanierung kann man fast ausschließlich von der ersten Lösung ausgehen, das heißt, daß der innenliegende Raum von kurzzeitigen Spitzen abgesehen, einer Luftfeuchtigkeit ausgesetzt wird, wie sie in der übrigen Wohnung ebenfalls zu finden ist. Von extremen Fällen abgesehen, ist dies in jedem Fall ausreichend, um Schäden, wie die Bildung von Schimmelpilzen, zu verhindern. Trotzdem gibt es hier einen »beliebten« Fehler, der zwar auch nur wieder unter besonderen Bedingungen zu Schaden führen wird, aber ohne Mehraufwand grundsätzlich zu vermeiden wäre. Bei Verwendung von sanitären Fertigzellen entsteht zwischen Zellendecken-Oberkante und Geschoßdekken-Unterkante ein mehr oder weniger großer Hohlraum. Dieser wird sich auch dann bilden, wenn man in höheren Altbauten aus Gründen, die allerdings kaum der Nachprüfung standhalten, die Decke abhängt. Beide Deckenkonstruktionen des neuen Sanitärraums sind in der Regel stark wasserdampfdurchlässig. Wird nun die Absaugung der feuchten Raumluft über diese neue Decke vorgenommen und ist sie über eine geregelte Ventilatorsteuerung auch noch zeitlich begrenzt, so kann der über der neuen Decke liegende Hohlraum durchaus zu hoch feuchtebelastet werden, da er nicht in die Zwangsbelüftung einbezogen ist. Treffen dann noch weitere schadensfördernde Umstände zusammen, so kann es hier zur Schadensbildung kommen, die auch noch deshalb besonders problematisch ist, weil sie erst sehr spät entdeckt werden wird. Vermieden wird dies auf jeden Fall dadurch, daß nicht der Baderaum entlüftet wird, sondern der Hohlraum darüber, die Decke also insgesamt oder durch Gitter oder Lamellen in einer kleinen Fläche zumindest lüftungstechnisch transparent bleibt.

Lüftungskanäle sind ebenfalls Installationsteile mit leider relativ großem Durchmesser, die vertikal durch das Gebäude verzogen werden müssen. Horizontales Verziehen mit Lüftungsöffnungen in der Fassade je Geschoß ist zwar technisch möglich, jedoch meist unbefriedigend. Deshalb bietet sich wieder an, beim vertikalen Verzug der Sanitärleitungen auch die Lüftungsleitung zu verlegen: Ein Argument mehr für vorgefertigte Leitungsblöcke. In Ausnahmefällen kann ein Lüftungsschacht auch außenseitig angebracht werden – die formalen Bedenken gelten hier in erhöhtem Maß.

Sehr viel anders stellt sich das Problem, das hier unter »Lüftung« beschrieben wird, wo der alte/neue Baderaum ein Fenster besitzt. Ihm kommt als natürliche Belichtungsöffnung eine hohe psychologische Bedeutung zu. Vom hygienischen Standpunkt aus wird es jedoch in Bad und WC seit längerem nicht mehr gefordert, da bei ungünstigen Windverhältnissen, das heißt bei Winddruck auf das Fenster, gerade die schlechte Luft in die anschließenden Räume gedrückt wird. Üblicherweise erhält ein befensterter Raum keine zusätzliche Lüftung, so daß der Luftwechsel fast ausschließlich über das Fenster geschieht. Nun gelten aber plötzlich alle jene Abhängigkeiten, die bei der Altbausanierung so häufig den beschriebenen Schaden erzwingen: Luftwechsel, Wärmedämmwert der kühleren Wände, Lage der Wärmedämmung, Nutzergewohnheiten, Außenklima, Heizungsmöglichkeit und -gewohnheit. Das Außenklima läßt sich nicht ändern; Nutzergewohnheit vielleicht sogar durch gerichtliche Entscheide ändern zu wollen, sollte vermieden werden. Es werden hier kurz nur jene Punkte angesprochen, die für die Sanitärsanierung vorrangig wichtig, weil wirkungsvoll zur Vermeidung von Schimmelbildung sind: Das Fenster muß von sich aus die notwendige »Undichtigkeit« besitzen – also einen Luftwechsel von etwa 0,5 pro Stunde – und darf diese Möglichkeit nicht erst bieten durch ein wiederum nutzerabhängiges Öffnen und Schließen von Lüftungsleisten, Lüftungsschienen, Lüftungsgittern und was sonst immer sich die Industrie zur Lösung dieses Problems ausgedacht hat. Es ist eine Heizung mit hoher Oberflächentemperatur zu wählen, also mit Sicherheit nicht nur die gerade im Bad für den nackten Fuß so angenehme Fußbodenheizung. Die Heizkörper sind so zu installieren, daß ihre konvektive Wärmeabgabe, vor allem aber ihre Wärmeabgabe durch Strahlung, nicht durch Fensterbänke, Verkleidungen oder benachbarte Ausbauten begrenzt wird. Die hier besonders erwünschte Fähigkeit des Massivbaus, nicht nur Wärme, sondern auch Feuchte speichern zu können, darf nicht leichtfertig verschenkt werden durch einen zu hohen Flächenanteil der Verfliesung und durch besonders dampfdichte Anstriche. Der Wärmedurchgang durch die Raumhülle ist besonders kritisch zu überprüfen; dies gilt nicht nur für die Außenwand, sondern ebenfalls für die Wände zu üblicherweise nicht beheizten Gebäudeteilen, wie Treppenhäusern oder Abstellkammern. Ein Baderaum mit Fenster verlangt eine stationäre Beheizung; es ist auf keinen Fall ausreichend mit kurzfristig betriebenen Heizgeräten, wie Strahlern, zu arbeiten.

Die Warmwasserbereitung ist bei Althaussanierung oft Teil eines neuen Heizsystems, da es bereits mehrere Kombinationsmöglichkeiten von Warmwasserbereitung und Heizung für den Altbau gibt. Auch hier zeigt sich also wieder die recht innige Verbindung von Sanitär- und Heizungssanierung im Altbau.

Thermen und Kessel sind auch jeweils alleine für Brauchwasserbereitung einsetzbar. Beide Geräte können im Altbau auch in der Küche oder anderen Räumen untergebracht werden, falls der Platz im Bad nicht ausreicht oder der Kaminanschluß an anderer Stelle der Wohnung liegt.

Unabhängig vom Kaminanschluß sind Elektrospeicher, -boiler und -durchlauferhitzer, aber auch Gastherme und -kessel mit Außenwandanschluß, dessen Problematik inzwischen bereits zu Aufstellungsverboten in verschiedenen Bundesländern führte. Die Auswahl unter den genannten Möglichkeiten richtet sich zum einen nach Menge und Art der vorhandenen Energie und ihres Leitungsnetzes im Gebäude, zum anderen nach den Schornsteinanschlüssen oder der Möglichkeit eines Außenwanddurchbruchs, ebenso aber nach Größe und Nutzung der Wohnung. Ein Gasdurchlauferhitzer, der nur die Dusche eines Einzelappartements versorgt, ist in der Regel kostspieliger als ein Elektroboiler oder -durchlauferhitzer. Andererseits kann es einer mehrköpfigen Familie kaum zugemutet werden, mehrmals täglich eine Badewanne durch einen Durchlauferhitzer zu füllen, auch wenn dieses Gerät – gerade als Elektrodurchlauferhitzer – einfach installiert werden kann und am wenigsten Platz beansprucht.

Vorfertigung

Vor allem Zeitersparnis ist in größerem Umfang allein durch Vorfertigung zu erzielen. Vorfertigung bedeutet jedoch im Altbau bei Sanitärsanierung fast nie größere Kostenersparnis – es sei denn, eben wieder durch Zeitgewinn. Vorfertigung liegt aber bereits dann vor, wenn der Installateur die Maße am Bau nimmt, um schon in der Werkstatt die Leitungen abzulängen und zusammenzuschließen. So beginnt die für das Althaus geeignete sanitäre Vorfertigung auch bei den vorgefertigten Rohrleitungsteilen (Abb. 18). Es folgen offene und geschlossene Rohrleitungsblöcke, Installationswände und Sanitärzellen unterschiedlichen Ausstattungsgrades.

Allen vorgefertigten Installationssystemen ist eins gemeinsam: Ihre Wirtschaftlichkeit wird im Vergleich zu konventioneller Erstellung um so günstiger, je mehr Versorgungsleitungen gleichzeitig installiert werden, also zusätzlich zu Fallrohr und Kaltwasserstrang noch Heizungsvor- und -rücklauf, Warmwasser, Zirkulationsstrang und Lüftungskanäle. Die Altbaumodernisierung wird in den einzelnen Gewerken billiger, wenn mehrere Sanierungsmaßnahmen gleichzeitig durchgeführt werden.

Für den Altbau entscheidend sind die Anpassungsfähigkeiten des jeweiligen Systems an große maßliche Differenzen, die maximale Größe des Einzelelements und vor allem dessen Gewicht (Abb. 19). Ausnahmen, wie sie ab und zu in der Fachpresse vorgestellt werden, waren bisher

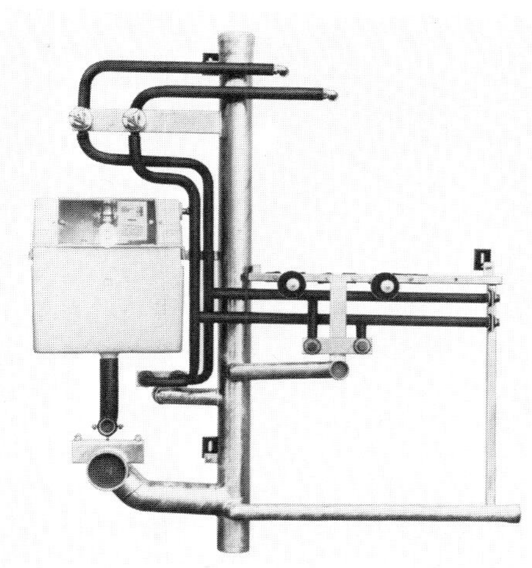

Abb. 18 *Installationsregister mit Halterungen für WC und Waschtisch, WW- und KW-Leitungen.*

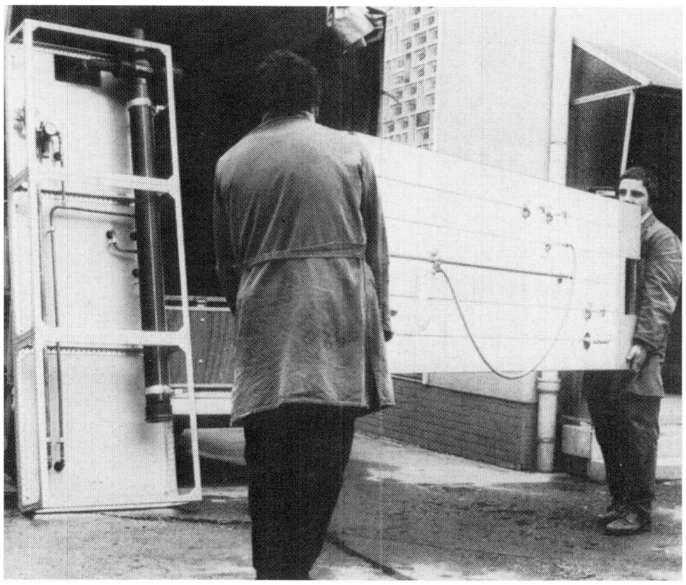

Abb. 19 *Jeder Zellenteil kann einzeln transportiert werden.*

mehr Versuchs- und Demonstrativvorhaben zur Beurteilung neuer Sanierungskonzepte.
Die Problematik des Altbaus, der Sanierung Wohnung für Wohnung, werden immer noch nur wenige Hersteller sanitärer Vorfertigung gerecht.
Bis jetzt beschränkte sich die sanitäre Vorfertigung ausschließlich auf die Leitungsseite. Was liegt näher, als zu versuchen, auch noch die Objekte vorgefertigt in den Altbau zu bringen. Da jedoch die Sanitärzellenteile von Hand im Gebäude getragen werden müssen, kamen immer wieder Entwicklungen mit gerasterten, meist wandhohen Elementen auf den Markt. Sollte der Einsatz dieses vorgefertigten Produkts erwogen werden, so wird es aber am Altbau zwingender als am Neubau notwendig, den Transportweg von der Haustür bis in den Baderaum sorgfältig zu überprüfen. Die Raumzelle muß in ihren Einzelteilen ohne zusätzliche Wanddurchbrüche, Demontagen von Treppengeländern und Windfängen bis an den Ort ihrer Aufstellung geliefert werden können. Wenngleich es auch mit Sicherheit Aufgabe des Architekten ist, diese Möglichkeit vorab zu kontrollieren, wird dennoch dringend geraten, die Zusicherung der problemlosen Anlieferung in einen Ausschreibungstext aufzunehmen.
Vollzellen, das heißt, werkstattseitig bereits in Raumgröße montierte Zellen, fallen aus, es sei denn, Minizellensonderlösungen oder Gesamtsanierungen leerstehender Gebäude, was für die Bundesrepublik immer noch ein Sonderfall ist.
Sanitärzellen bieten also die rascheste Sanierungsmöglichkeit; bereits bei einer Reihe unterschiedlicher Typen liegt die Sanierungsdauer unter einem Arbeitstag, wenn der Zellentyp wirklich den gesamten Raum umfaßt und die entsprechenden Anschlußvorarbeiten geleistet sind.
Zwei Systeme sind im Handel: Die addierbare Zelle, die meist aus Fertigungs- und Transportgründen zwar aus Einzelteilen besteht, die aber immer nur zu einer bestimmten Zelle addiert werden können, oder die elementierte Zelle, die im Raster von 60, 75 oder 90 cm eine Anpassung an bauliche Möglichkeiten und Nutzerwünsche erlaubt. Dieser Zellentyp ist teurer.
Im Prinzip gleichen sich alle Angebote im technischen Aufbau. Bei der elementierten Zelle enthält ein hölzernes, meist metallenes Traggerüst von 20 bis 30 cm Tiefe in einem Element die Stockwerksversorgung und in allen anderen Elementen die jeweilige Objektversorgung. An der Badinnenseite trägt dieser Konstruktionsrahmen die Wandverkleidung aus Kunststoff-, Metall-, Gipskartonplatten oder Kombinationen hiervon; die meisten Firmen bieten Wandfliesen auf unterschiedlichen Trägerplatten an. Außenseitig kann der Rahmen beliebig, also in Span- oder Gipsplatten, durch Holzschalung oder auch Vermauerung geschlossen werden. Die Badezimmerverkleidung kann entweder schon im Werk aufgebracht worden sein oder wird erst im Zuge der Sanierung bauseits verlegt.
Dem Vorzug dieser Art vorgefertigter Sanitärsanierung stehen einige Nachteile gegenüber. Geht man von gleicher Nutzfläche des Baderaumes aus, so ist diese Lösung wegen der Konstruktionsrahmen am platzintensivsten. Außerdem ist die Anpassung an den Wohnungsgrundriß nur im Konstruktionsraster möglich. Diesem Konstruktionsraster muß sich häufig auch die Lage der Tür anpassen.
Die hier zugrundeliegende Idee, ein doch weitgehend konventionelles Bad für den Altbau in »handlichen« Einzelteilen vorzufertigen, ist gut; wenn dennoch in der Praxis der Durchbruch immer noch nicht gelang, so liegt das wohl auch daran, daß die an sich schon vergleichsweise teuerere Elementierung auch dort noch typenspezifische Bauteile verlangt, wo im Altbau schon Wände vorhanden sind. Es entsteht so zwar ein Bad aus einem Guß, doch sind die Kosten der doppelten und konstruktiv aufwendigen Raumhülle nur von Fall zu Fall tragbar – oder dann, wenn formal Wünsche nach modernem Design auch eine aufwendigere Lösung rechtfertigen.
Elementierung hat – im Sinne einer möglichst breiten Variationsmöglichkeit – einen weiteren Nachteil: Dadurch, daß keine Bindung an Raumgrößen erzwungen wird, gibt es auch keinen Fußboden aus einem Stück, es sei denn, man bietet für eine wieder eingeschränkte Typenzahl jeweils eigene Fußböden an oder man verwendet eine zurechtschneidbare Folie. Will man diesen Nachteil nicht in Kauf nehmen, bleibt bis heute nur die Möglichkeit, eine addierbare Zelle zu wählen – und sich damit wieder dem Raumangebot des Herstellers zu unterwerfen. Auch die addierbare Zelle muß im Altbau trotz ihrer größeren Einzelteile noch von Hand getragen werden können; diese Forderung kann die Zelle vor allem dann erfüllen, wenn ihre Teile aus Kunststoff sind. Im Idealfall enthalten sie bereits möglichst viel an Ausstattung und Objekten; zum Teil sind diese bereits mitgeformt. Im Inneren muß sich der Nutzer dann bei einigen Modellen an neue Formen gewöhnen.
Eine Reihe von Fabrikaten hat abgeschrägte oder auch eingezogene Ecken, die unter Umständen alte oder neue Leitungen aufnehmen und verdecken. Der Abschluß zu Flur oder Nachbarraum wird im Altbau sinnvollerweise nicht werkseitig erstellt, sondern an Ort und Stelle (Abb. 20). Empfehlenswert sind hierfür alle leichten Trockenbauverfahren von Gipsdielen und -platten bis hin zur Holzverschalung. Die oft geäußerten Bedenken, Holz im und am Feuchtraum nicht verwenden zu können, sind sowohl begrifflich als auch inhaltlich falsch.
Jeder Badeinbau belastet das Gebäude

Abb. 20
Verkleiden und Einbinden einer sanitären Fertigzelle durch Gipskartonplatten.

statisch. Auch die als »leicht« empfundenen dünnen Wände können deshalb nicht überall und in jeder Ausführung aufgezogen werden. Gerade Leichtbauwände können noch das Problem des Schallschutzes mit sich bringen. Hier ist jedoch zu unterscheiden zwischen der meist ignorierten Belästigung für die eigene Wohnung und der durch genormte Werte begrenzten Beschallung der Nachbarwohnung. Da Wohnungstrennwände im Altbau häufig nur 14 bis 20 cm aufweisen, muß der Sanierungsentwurf von vornherein vermeiden, das Bad an dieser Wand anzuordnen.

Kosten und Kostenersparnis

Verbindliche Preise für den Einbau von Badezimmern in Altbauten zu nennen, ist unseriös: Zu sehr werden die Kosten durch die jeweiligen Umstände beeinflußt. Es bedarf günstiger Umstände und einer detaillierten Planung, wenn ein Duschbad unter 6000 DM, ein Baderaum mit Wanne unter 9000 DM erstellt werden kann. Die Kosten liegen häufig um 30 bis 50% höher. Sanitärzellen als Raumzellen werden ab etwa 8500/Stück angeboten; die Preise steigen mit der Ausstattung bis weit über 12 000 DM. Zusätzlich fallen jedoch noch Kosten an für die Grundleitung, Entlüftung, bauliche Maßnahmen, Energiezuleitung, Malerarbeiten.

Von unterschiedlicher Seite wurden vergleichende Berechnungen zwischen konventionell erstellten und vorgefertigten Bädern durchgeführt. Der Gewinn durch Vorfertigung, wenn er überhaupt ermittelt wurde, betrug nur wenige Prozent, wenn stets die gleiche Ausstattung zugrunde gelegt wurde. Dies liegt unter anderem immer noch daran, daß Vorfertigung hohe bis sehr hohe Werkzeug- und Entwicklungskosten verlangt, die durch die relativ geringen Stückzahlen zu langsam wieder eingebracht werden.

Wenn dennoch jedem Althausbesitzer geraten wird, zu Angeboten konventionell erstellter Bäder solche mit oder aus vorgefertigten Bauteilen einzuholen, dann deshalb, weil bei diesen Angeboten der Preisgewinn durch Zeitersparnis und die Vermeidung von Kosten für Reinigung und Schutzmaßnahmen meist nicht berücksichtigt werden.

Sucht man im Sanitärbereich nach Möglichkeiten zur Kosteneinsparung bei Sanierung, wird wie beim Neubau meist an Fliesen, Objekte, Armaturen gedacht – also tatsächlich wieder einmal der Neubaumaßstab angelegt. Es gilt aber am alten Haus nicht, bei gleicher Grundrißvorgabe die Ausstattung dem Geldbeutel oder Geschmack, sondern erst einmal diese neue Funktion dem Bestand anzupassen. Nicht nur die Größe des Sanitärraumes bestimmt im Altbau die Sanierungskosten, sondern auch alle anderen durch seine Lage bedingten Faktoren. So liegt es nahe, zumindest bei schon vorhandenen Sanitärräumen oder passenden Kammern zuzugreifen, auch wenn bestehende Leitungen nicht mehr verwendet werden können oder viel zu weit entfernt liegen. Zwei sehr unterschiedliche Kostengrößen sind gegeneinander abzuwägen: Neue Wandkonstruktionen und Leitungsführung. Selbstverständlich wird ein Badeinbau in einen vorhandenen Raum trotz möglicherweise längerer Anbindung billiger sein als das völlig neu zu erstellende Badezimmer, selbst wenn dort nur eine Falleitung ohne weitere Anschlüsse genügte. In der Praxis wird das neue Bad jedoch häufig in eine Raumecke gestellt werden, so daß nur noch zwei Wände, meist einschließlich Tür, zu errichten sind. Zwar bleibt auch diese Lösung im Normalfall noch teurer – aber nur noch bei vergleichbaren Raumgrößen! Addiert man alle Mehrungen für Sperrschichten, Putz, Anstrich, Fliesen und Leitung, verteuert sich ein vorhandener Baderaum bei gleicher Objektausstattung und ausgehend von einer vergleichbaren Grundfläche von knapp 4 m^2, wie sie ein einfaches, aber ausreichend neues Bad aufweist, um ca. 700 DM/m^2. Die 8 m^2 große ehemalige Mägdekammer erspart zwar nun die neue Ständerwand von ca. 12 m^2 einschließlich Tür zum Kostenpunkt von 2000 DM, »verbraucht« dennoch bereits mehr Geld allein deshalb, weil ein an sich nicht notwendiger Raumteil auch als Bad hergerichtet, also abgedichtet, gefliest und anderes werden muß. Bereits aus dieser recht pauschalen Gegenüberstellung wird deutlich, daß nicht der Vergleich unterschiedlicher Leitungsführung und unterschiedlicher Ausstattung für die Ermittlung der kostengünstigsten Sanitärsanierung genügt, sondern erst der Vergleich aller Gewerke die tatsächliche Einsparung verdeutlicht. Zumindest der Architekt muß hier schon erkennen, daß der Kostenunterschied einer Sanierung nicht beim Sanitärraum aufhört. Bedingt durch dessen unterschiedliche Lage und Größe können weitere und ebenfalls sehr unterschiedliche Maßnahmen notwendig werden: Die Mägdekammer war vielleicht bisher nur von der Küche zugängig und bedarf nun einer weiteren Erschließung; für das neue Bad müssen entsprechend den Vorschriften bestehende Elektroleitungen umgelegt werden, und eine weitere Leichtbauwand schafft erst die formal wünschenswerte Einbindung wie funktional notwendige Neuerschließung. Die Vielzahl der preisbestimmenden Gegebenheiten ist dabei noch keineswegs ausgelotet:

- Wird eine Zwangslüftung nötig und kann dafür ein Kaminzug freigestellt werden?
- Genügen die vorhandenen Konstruktionen der höheren Dampf- und Wärmebelastung?
- Wie weit ist der örtliche Warmwasserbereiter entfernt oder müssen hierfür Strom oder Gas bis zum Sanitärraum verlegt werden?
- Zieht man diese Energieart vor: genügen dann Hausanschlüsse, Steigleitungen, Wohnungsverteilung?
- Sind die Anschlußprobleme vom neuen Badfußboden zum Flur oder Nachbarraum in jedem Fall gleich?
- Müssen deshalb Türen umgeschlagen werden?
- Verlangt irgendeine der Lösungen eine Deckenverstärkung?
- Wo erzwingt die geplante Lage des Baderaums einen vertikalen Schallschutz?
- Bleibt die Revisionsmöglichkeit überall gleich?
- Wie wird beheizt, und geschieht dies bei allen Lösungsvarianten kostengleich?
- Bedingt die gewählte Lage des Baderaumes sogar noch ein Gäste-WC?
- Wieweit werden Nachbarwohneinheiten in Mitleidenschaft gezogen?

Es nimmt also nicht wunder, wenn scheinbar gleiche Lösungen für ein und dieselbe Wohnung bei genauer Erfassung nicht nur der tatsächlichen Sanitärkosten, sondern auch aller Vorbereitungs- und Folgekosten stark voneinander differieren – und dabei wurde bis jetzt noch kein Wort über Kostenunterschiede in den eigentlichen Sanitärarbeiten verloren.

Hiermit kehren wir wieder zu den Leitungen zurück, denn wie bei allen haustechnischen Sanierungsgewerken gilt, daß das neubauübliche Verstecken aller Leitungen die Kosten hochtreibt. Deshalb und um der alten Wände und Decken willen, die jedes Stemmen, Sägen, Schlagen, Bohren, Reißen in der Substanz und im Bestand schädigt, und mit Rücksicht auf den Nutzer, den diese Arbeiten sanierungskostenerhöhend mit rechtlicher Hilfe auch ins Hotel treiben können, muß auch hier der Leitungsverzug auf (Boden) und vor (Wand)

der bestehenden Konstruktion geführt werden.
Üblicherweise ist anzustreben, gerade das WC so dicht wie möglich am Fallstrang und nun vor der Wand die beiden Nachbarobjekte anzuschließen. Damit wird ein weiterer möglicher Kostenunterschied zur Neubauplanung deutlich: Gilt dort als in der Regel preiswerteste Lösung das Bad in einer Größe von 2 Objektachsen bei gegenüberliegender Anordnung (ca. 1,80 m/ 1,70 m), so kann am Altbau die Reihung dreier notwendiger Objekte nebeneinander bei mittig liegender vertikaler Ver- und Entsorgung die preiswerteste Lösung sein, was einen Baderaum in den Mindestgrößen 2,0 m/1,0 m bei Anordnung einer Duschwanne und von 2,0 m/1,70 m bei Anordnung einer Badewanne verlangt. Verwendet man entsprechende Sanitärblöcke oder aber auch eine ähnliche konventionelle Lösung, werden zwei der Objekte unmittelbar so an die seitliche Wandung des Blockes oder einer entsprechend breiten Verkleidung angebunden, daß keinerlei horizontale Leitungen mehr sichtbar sind.
Was und wie sehr bei Armaturen und Sanitärobjekten gespart werden kann, weiß jeder. Dies ist auch nicht altbautypisch oder altbauabhängig, auch lassen sich geschmackliche Vorstellungen nicht kostenmäßig gegeneinander abwägen. Trotzdem soll auch hier ein Beispiel zeigen, daß manche modische Selbstverständlichkeit durchaus in Frage gestellt werden kann: So liegt der Vorzug des Einhebelmischers im raschen und damit auch wassersparenden Vorhalt einer bestimmten Temperatur und Wassermenge. Wird diese jedoch stets wechselnd, vom kalten Zähneputzen bis zum heißen Händewaschen verlangt, bleibt die konventionelle Mischarmatur durchaus ebenbürtig, was eine Kostenersparnis um 100 DM oder mehr je Zapfstelle bedeutet.
Nochmals muß auf die »Abstandsflächennorm« hingewiesen werden, da eine entscheidende Möglichkeit der Kostenersparnis darin liegt, daß diese Norm negiert wird, was fast überall inzwischen stillschweigend geduldet ist und in einigen, hierin fortschrittlicheren Bundesländern bereits offiziell erlaubt ist: Wie so viele Normen, ist auch diese für den Altbau unbrauchbar, da selbst ein knappes normengerechtes Erweitern einer zu kleinen Fläche oder eines zu kleinen Maßes viel zu hohe Kosten nach sich zieht, als daß dies von der Nutzung her gerechtfertigt wäre. Freilich muß dann versucht werden, geringere Raummaße durch besondere Objekte oder deren besondere Anordnung auszugleichen. So gibt es Spezialwannen mit abgeschrägter Fußseite, die damit einen geringeren Türabstand der Wand erlauben; ein Hänge-WC läßt die Mindestraumbreite nochmals um ca. 10 cm gegenüber einer üblichen Standschüssel verringern und anderes mehr.
In besonderen Fällen kann eine Fäkalien-Verkleinerungsanlage mit Pumpe, die hinter das WC gestellt oder bereits im Objekt integriert ist, eine spürbare Kostensenkung bringen. Diesen Geräten wurde nun nach jahrelangem Ringen endlich die bauaufsichtliche Zulassung erteilt, wobei allerdings die Anwendung auch bauaufsichtlich auf dem »privaten Bereich« eingeschränkt bleibt. Der Bauherr ist allerdings vom Architekten auf Vorzüge und Nachteile dieser Fäkalienverkleinerungsanlage hinzuweisen: Eine Kostenersparnis wird dadurch möglich, daß nun nicht mehr das Abwasser wie üblich im Gefälle und mit einer Nennweite von Nw 10 abgeleitet werden muß, sondern ein flexibler Schlauch von 40 mm Durchmesser die Fäkalien sogar bei Gegengefälle transportiert. Diesem Vorzug steht als Nachteil eine doch recht intensive Wartung gegenüber, die nun wiederum stark abhängig ist von der Rücksichtnahme der WC-Benutzer. Sind also Auftraggeber und Nutzer eine Person, und stimmt diese dem Einbau auch unter Kenntnis der genannten Nachteile zu, wird man in einzelnen Sanierungsfällen eine nun auch offiziell gebilligte Lösung finden.

Elektroanlagen

Umfang und damit auch Kosten der Elektrosanierung werden heute meist unterschätzt. Während noch zur Bauzeit der Altbauten und zur Zeit ihrer Elektrifizierung der Strom nur für einen Lichtauslaß je Raum und wenige Steckdosen verlegt wurde, ist heute bereits die Anschlußstärke im Lichtstromnetz ein Vielfaches alter Anschlußwerte. Werden nun noch Großgeräte wie Herd, Spül- und Waschmaschine oder gar Heizgeräte angeschlossen, bricht die vorhandene Versorgung in der Regel schon nach wenigen Einzelsanierungen zusammen.

Leistungsgrenzen

Elektrosanierung einzelner Wohnungen ist deshalb stets mit der Gefahr verbunden, bei einem neuen Sanierungsfall an eine Leistungsgrenze zu stoßen, deren Überwindung ein Vielfaches der gewohnten Kosten verschlingt. Deshalb ist vor Durchführung auch einzelner Maßnahmen die Aufstellung eines Konzepts zu empfehlen, das die vom Elektrizitätsversorgungs-Unternehmen oder einer Elektrofirma zu erfragenden bestehenden Anschlußwerte enthält und möglichst auch die Kapazität der einzelnen Hauptversorgungsstränge. Ihre Belastbarkeit ergibt sich aus bisherigem und zukünftigem Stromverbrauch der Einzelanschlüsse. Anhaltswerte gibt die nebenstehende Übersicht.

Die Hauptberatungsstelle für Elektrizitätsanwendung in Frankfurt, die gemäß ihres Auftrags sehr hohe Anschlußwerte fordert, setzt ein weiteres Anwachsen des Elektroverbrauchs schon seit Jahrzehnten voraus und empfahl deshalb schon vor 20 Jahren die sogenannte »zukunftssichere« Elektroinstallation (Abb. 1), deren Werte heute durchaus schon benötigt werden.

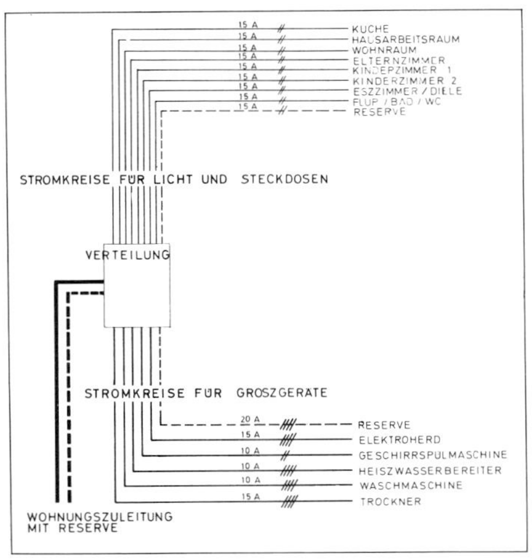

Abb. 1 *Aufteilung der Stromkreise in einer Wohnungsverteilung.*

Zählerplatz

Fast alle Energieversorgungsunternehmen verlangen zwischenzeitlich das Anbringen der Zähler im Keller, besser im Treppenhaus (Abb. 2). Von dieser Forderung wird in der Regel nur dann abgegangen, wenn ein Zählerbereich nur erweitert oder Leitungen unter Putz gelegt werden, nicht jedoch bei Vollsanierung.

Auch hier wird also wieder das Problem aufgeworfen, wieweit Forderungen an den Neubau auf den Altbau übertragen werden müssen. Anlage und Ausführung, auch elektrische Ausstattung sind gleich. Während jedoch im Neubau Haupt- und Wohnungsverteilung unter Putz geführt werden, bringt diese Forderung im Altbau zeitaufwendige und schmutzintensive Stemmarbeiten mit sich. Eine akzeptable Lösung für den Altbau kann hier wieder vom Neubau übernommen werden: Aufputz-Installationssysteme.

Installationssysteme

Halteprofile mit Kunststoffabdeckungen nehmen sämtliche Stark- und Schwachstromleitungen auf, die der Wohnungsversorgung dienen. Gleichzeitig enthalten

Anschlußwerte ausgewählter Elektrohausgeräte:

Installation	Installierte Leistung W
Beleuchtung[1] (ganze Wohnung)	900
Wohnzimmer	350
Schlafzimmer	170
Küche	130
Bad	100
Kinderzimmer	150
Elektroherd	8000–10000
Kühlschrank	100– 120
Gefriergerät	120– 240
Geschirrspülmaschine	3200– 3400
Waschmaschine	2700– 3300
Wäschetrockner	2500– 3300
Bügelmaschine	2100– 3100
Bügeleisen	1000– 1200
Staubsauger	320– 1250
Kaffeemaschine	650– 1000
Grillgerät	1000– 2000
Toaster	800– 1000
Kochendwassergerät	2000
Durchlauferhitzer	12000–33000
Heißwasserspeicher	2000– 6000

[1] gemäß einer Markterhebung

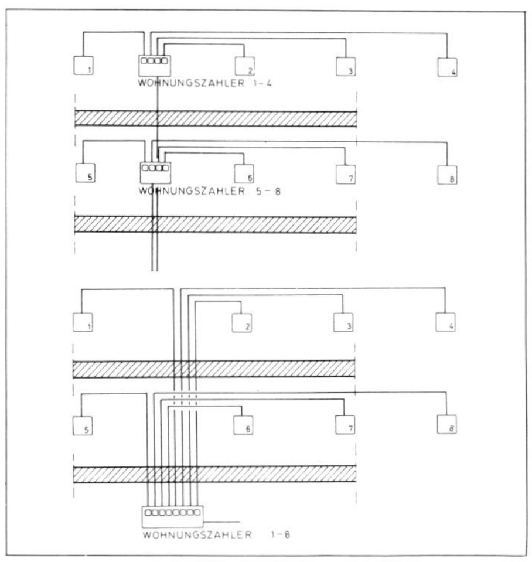

Abb. 2 *Schematische Darstellung der Hauptverteilung.*

diese Abdeckungen die gewünschten Schalter, Dosen und Auslässe. Der Vorteil eines umlaufenden Installationsbandes liegt vor allem auch in der problemlosen und kurzen flurseitigen Einspeisung. Die Anordnung der Profile in den einzelnen Räumen hängt von der Nutzung ab. Im Küchenbereich werden sie sinnvollerweise auf der Arbeitsplatte verlegt (Abb. 3), im Wohn- und Schlafbereich gibt es eine Ausbildung als Sockelleiste (Abb. 4). Nicht überzeugend, doch systembedingt ist die Einspeisung von Wandauslässen und Schaltern durch vertikale kleine Stichkanäle – hier ist eine konventionelle Unterputzverlegung vorzuziehen.
Eine Kombination ist durchaus möglich und sinnvoll: waagerechte Verteilung sichtbar über oder unsichtbar unter einer Leiste; senkrechte Anspeisung von Dose oder Schalter verputzt (Abb. 5).
Bei Umnutzung von alten Wohnbauten zu gewerblichen Zwecken kann sich unter Umständen auch ein Unterflursystem als begehbarer Doppelboden bewähren. Voraussetzung sollte allerdings nicht nur die entsprechende Raumhöhe und auch die verfügbare Brüstungshöhe, sondern vor allem die tatsächliche und konkret nachzuweisende Notwendigkeit einer für den Altbau doch recht aufwendigen Installationsweise sein. Es wird auch hier in vielen Fällen genügen, umlaufende Kanalsysteme anzuwenden.
Beim Einbau eines Bades in eine Kammer, ebenso bei neuzuschaffenden Baderäumen sind die Schutzbereiche zu berücksichtigen, um Badende vor Berührungsspannungen zu schützen. Ebenso müssen durch einen Potentialausgleich (Abb. 6) die leitfähigen Ablaufstutzen aller Objekte sowie alle metallenen Rohrleitungen verbunden werden.

Wie für einen Neubau empfiehlt es sich auch für den Altbau, wenn schon nicht die Leitungen, so doch wenigstens Auslässe, Schalter und deren Zuordnung zeichnerisch festzulegen; die einzelnen Stromkreise werden dabei entsprechend ihrer

Abb. 4 *Versorgung durch Sockelschiene.*

Abb. 3 *Nachträgliche Versorgung einer Altbauküche durch Stromschiene im Arbeitsbereich.*

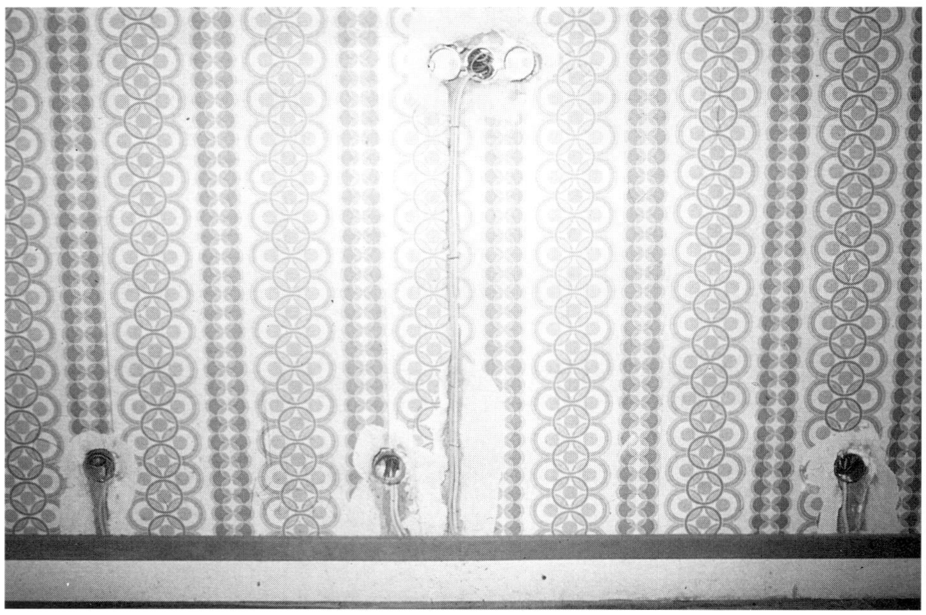

Abb. 5 *Kombiniertes kostensparendes Verlegen neuer Elektroleitungen.*

Verteilung numeriert, und durch Indizes oder ähnliches wird die Zuordnung geklärt. Die einzelnen Schaltzeichen sind in DIN 40717 enthalten; einen Auszug hiervon zeigt Abb. 7. Auch wenn die Kosten im eigenen Kapitel zusammengefaßt werden, wird es nötig, sie vom Installationsaufwand her zu beurteilen, eine Beurteilung, die allerdings mit sehr geringen Unterschieden auch für den Neubau gilt.
Wir sind heute gewohnt, in jedem Raum den Strom wandweise zur Verfügung zu haben, so daß eine umlaufende Installation zwingend ist. Setzt man diese Lösung mit 100% an, so kann der Verzicht auf die Installation in der 4. ungünstigsten Wand bereits eine Ersparnis bis zu 10% bringen; eine zusätzliche Kostenverringerung liegt im Verzicht auf eine Türumfahrung durch Leitungsverlegung unter der Schwelle (ca. 5%) oder Installationsverteilung nur in einer Richtung von der Tür aus (bis zu 15%), wobei wegen des Lichtschalters die Verlegung stets an der Öffnungsseite der Tür beginnt. Eine wesentliche Kostenersparnis (bis zu 15%) wegen der unter Umständen unverhältnismäßig teuren Nacharbeiten liegt im Verzicht auf einen Deckenanschluß; statt dessen wird wandseitig eine unter der Deckenkante liegende Dose angeboten. Diese kostensparende Lösung hat überdies den Vorzug, daß unter Toleranz der freihängenden Zuleitung die Deckenleuchte an jedem beliebigen Platz installiert werden kann.

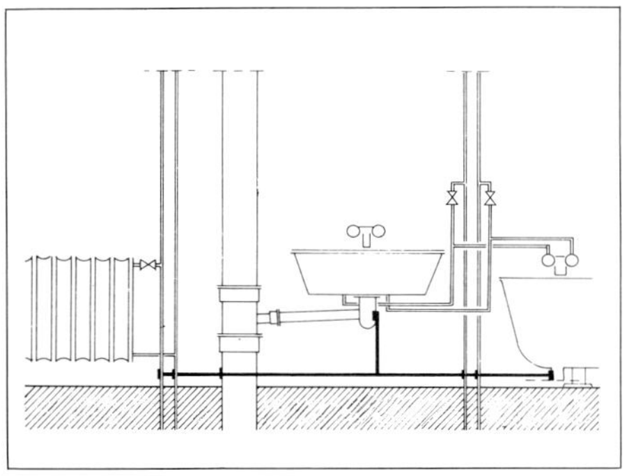

Abb. 6 *Potentialausgleich.*

	LEITUNG MIT ANGABE DER ADERZAHL
	RUNDFUNK- UND FERNSEHLEITUNG
	VERBINDUNG DURCH ABZWEIGDOSE
	ERDUNG
	LEITUNG NACH OBEN
	LEITUNG VON UNTEN NACH OBEN
	LEITUNG VON UNTEN
	SICHERUNG
	SCHALTER EINPOLIG
	SCHALTER DREIPOLIG
	SERIENSCHALTER
	WECHSELSCHALTER
	EINFACHSTECKDOSE
	ZWEIFACHSTECKDOSE
	ANTENNENSTECKDOSE
	LEUCHTE ALLGEMEIN
	LEUCHTE MIT SCHALTER
	LEERDOSE
	VERTEILUNG

Abb. 7 *Schaltzeichen nach DIN 40717 (Auszug).*

Lüftungsanlagen

In alten Häusern bringt der nachträgliche Einbau von lüftungstechnischen Anlagen stets das wesentliche Problem mit sich, wieweit der neue, erst durch diese Anlage bestimmte Luftzustand die vorhandene Bausubstanz auf die Dauer schädigt. Es wäre aber falsch, Klima- und Lüftungsanlagen in Altbauten oder auch nur Baudenkmälern a priori zu verbieten oder den Überblick hier auf bestimmte Systeme zu beschränken: Die Forderung kann aus vielen Gründen berechtigt sein, die Anlagensysteme werden von den Projektanten selten nur nach ihrer speziellen Verwendbarkeit im Altbau ausgewählt.

Der Zwang, einen Altbau durch eine Anlage zu belüften oder zu klimatisieren, wird von außen auf das Gebäude ausgeübt, z. B. durch starke Immissionen, zu denen vor allem Industrie- und Verkehrsabgase, aber auch unzumutbare Gerüche, hoher Staubanfall gehören oder starke Beschallung durch Verkehrs- oder Industrielärm. Meist wird die Klimaanlage jedoch durch die neue Nutzung erzwungen: durch hohe innere Wärmebelastung durch Maschinen, Leuchten oder Menschen, hohe Belegungsdichte oder starken Publikumsverkehr, erhöhte Belästigung durch Gerüche und Rauch, extreme lufthygienische Anforderungen oder Luftzustände, die durch spezielle Fabrikations- oder Arbeitsprozesse erzwungen werden.

Lüftungstechnische Anlagen sind – entsprechend ihrer Anwendung – in jedem Fall kostenintensive Bauteile mit hohen Unterhaltskosten, deren Notwendigkeit nicht verantwortungslos durch allzu großzügige Umnutzung des Altbaus erzwungen werden darf.

Muß ein Altbau wegen neuer Nutzung oder auch wegen zwischenzeitlich höherer Ansprüche an den Raumluftzustand klimatisiert werden, so sind zwei Gesichtspunkte besonders zu beachten:

1. Unterbringung der Klimazentrale und des Kanalnetzes.
2. Physikalische Belastung des Altbaus.

Es kann nicht Aufgabe dieses Buches sein, den vergleichsweise seltenen Einbau lüftungstechnischer Anlagen in Altbauten ausführlich zu erläutern; fast jede solche Maßnahme bedeutet einen derartigen Eingriff in die Bausubstanz, daß ohnehin eine objektbezogene Projektierung unumgänglich ist.

Wahl des Anlagensystems

Da das Anlagensystem jedoch weitgehend Zahl oder Querschnitt und damit Platzbedarf der Kanäle und Eingriffe in den Altbau bestimmt, wird an einem Beispiel gezeigt (Abb. 1), daß die Überlegungen bereits bei der Wahl der Anlage beginnen müssen. Es gibt also auch »altbaufreundliche« Systeme. Vorausgesetzt wird ein zu klimatisierendes Volumen von 1000 m^3, dies entspricht etwa einer kleineren - Schloß- oder Klosteranlage, die teilweise als Bibliothek mit Archiven und einigen Büroräumen neu ausgestattet und klimatisiert werden soll. Nach DIN 1946 ist eine stündliche Luftwechselzahl von 5 anzusetzen; aus der Luftwechselzahl und dem Volumen errechnet sich die stündlich benötigte klimatisierte Luftmenge.

Durch die Wahl des Anlagensystems wird bestimmt, wieviel Prozent der errechneten Auslegung tatsächlich gefördert werden müssen, so daß danach der erforderliche Zuluftkanalquerschnitt festliegt. Dieser Querschnitt kann nun entsprechend der Kubatur der verschiedenen Räume gleichen Luftwechsels aufgeteilt werden, so daß bereits im frühen Entwurfsstadium abzuschätzen ist, mit welchen horizontalen und vertikalen Kanalquerschnitten der Altbau belastet wird. Da sich also, wie aus der Tabelle ersichtlich wird, die Kanalquerschnitte unterschiedlich ausführen lassen, wird damit auch der Umfang vieler baulicher Eingriffe, wie Wand- und Deckendurchbrüche, Deckenabhängungen usw., bestimmt. Hierin liegt durchaus eine Möglichkeit, den Eingriff in die Altbausubstanz zu steuern. Das heißt, daß beispielsweise Kanalquerschnitte, deren Dimensionen nur unterhalb der bestehenden Decken untergebracht werden könnten und damit abgehängte Decken erzwingen, unter Umständen verringert werden können, daß Zu- und Abluft unterhalb des Fußbodens, also innerhalb der Holzbalkendecke geführt werden oder eventuell alte und nach Klimaanlageneinbau nicht mehr notwendige Kaminzüge die Kanäle aufnehmen. Diese Bemühungen können dadurch unterstützt werden, daß der erforderliche Luftstrom geteilt wird (Abb. 2), wenn Stockwerke oder Gebäudeteile mit ent-

		Einkanalklimaanlage		Zweikanal-klimaanlage	Primärluft-klimaanlage mit Induktions-geräten
		Niederdruck	Hochdruck		
Klimatisierter Raum	m^3	1000	1000	1000	1000
Luftwechsel	1/h	5	5	5	5
Erforderliche Luftmengen im Raum für die Kanalauslegung	m^3/h m^3/h	5000 5000	5000 5000	5000 7500	5000 2000
Luftgeschwindigkeit	m/s	4	10	10	10
Erforderlicher Zuluftkanalquerschnitt	% m^2	100 0.347	100 0.139	150 0.210	40 0.056
Prozentuales Verhältnis "	%	**100**	**40**	**60**	**16**
Erforderlicher Abluftkanalquerschnitt	% m^2	100 0.347	100 0.139	100 0.139	40 0.056
Prozentuales Verhältnis "	%	**100**	**40**	**40**	**16**

Abb. 1 *Vergleich der Kanalquerschnitte verschiedener Anlagensysteme.*

sprechend geringen Maßen sonst zu starke Eingriffe verlangten.
Ein besonders heikles Kapitel sind immer wieder die Luftein- und -auslässe. Dies liegt vor allem daran, daß weniger der bescheidene Altbau nachträglich eine Lüftungsanlage oder Klimaanlage erhält, sondern das repräsentative Baudenkmal, dessen äußere Gebäude- und innere Raumhöhen bewußt und aufwendig gestaltet sind. Es ist hier durchaus möglich, daß die Wahl der Klimaanlagenart mitbestimmt wird durch die Möglichkeiten, wo die Luftauslässe angeordnet und wie sie gestaltet werden können. Auch hierzu läßt sich verständlicherweise keine allgemeingültige Empfehlung geben; eine Fülle an gut ausgeführten Beispielen zeigt jedoch, daß bei entsprechendem Nachdenken fast immer Möglichkeiten gefunden werden können, welche die Ausstattung des Denkmals nicht allzu schwer belasten. Beispiele hierfür zeigen die Abbildungen 3 und 4. Auch der umgekehrte Weg kann sinnvoll sein: Die versteckte Anbringung der Auslässe zieht zu viele verlogene Konsequenzen nach sich. Bleiben sie als fremde Zutat deutlich, können diese Auslässe sogar raumbestimmend sein, gewissermaßen als technische Plastik, die sicherlich dem Aussagewert und der Bedeutung dieses Raumes keinen Abbruch tut. Auch in der Leitungsführung kann dieser Weg gewählt werden, der im übrigen aus der neueren Architektur von einigen spektakulären Bauten bekannt ist: bewußte Trennung der haustechnischen, hier klimatechnischen Kanäle und sichtbare Freistellung vom Raum und Baukörper.

Raumklimageräte

Wo die erforderliche Luftmenge dennoch zu große Kanalquerschnitte verlangt – und dies wird häufig der Fall sein – und eine Abhängung der Decke nicht einmal im Flurbereich möglich ist, kann ein Raumklimagerät oder ein Induktionsgerät die Lösung bringen (Abb. 5).
Nun fallen weder Kanäle noch Auslässe im bestehenden Altbaubereich an, sondern die Luft wird in Raumgeräten aufbereitet, die wie ein Heizkörper vor den Fenstern stehen. Die Außenluft muß nun freilich entweder direkt durch die Fassade entnommen werden (Abb. 6) oder durch einen eigenen Kanal. Dieser kann allerdings häufig bei vorausschauender Planung in, meistens unter dem Raumklimagerät geführt werden, so daß kaum in die Bausub-

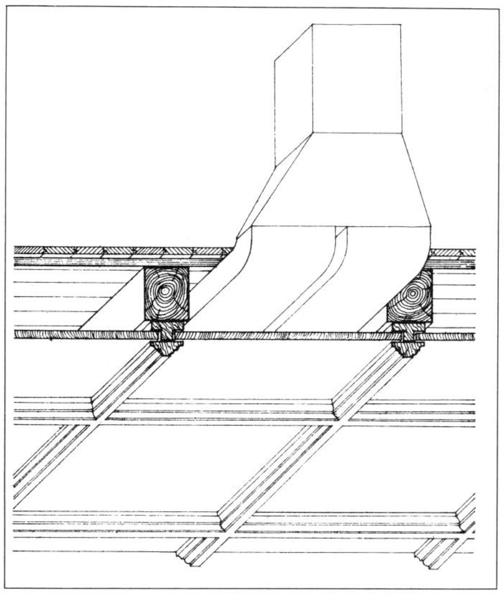

Abb. 2 *Kanalführung im Deckenhohlraum.*

Abb. 3 *Lüftungsöffnungen in den Kassettenfeldern einer Renaissancedecke.*

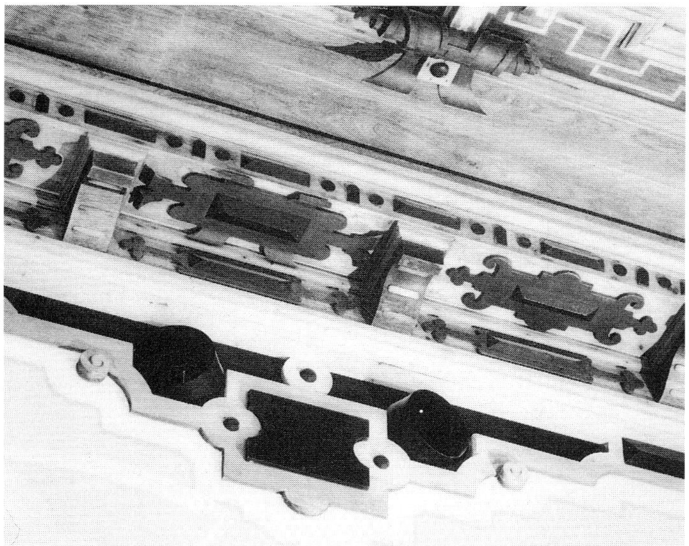

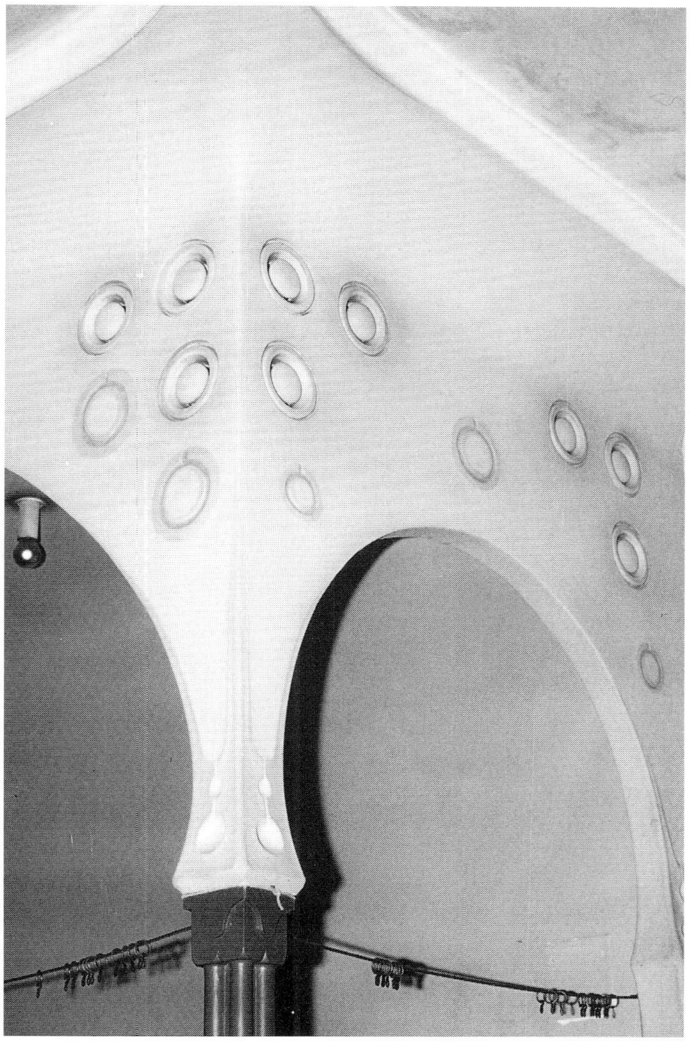

Abb. 4 *Formales Kaschieren von Tellerventilen der Klimaanlage durch Übernahme der Formen in die gemalte Dekoration eines Jugendstilhauses.*

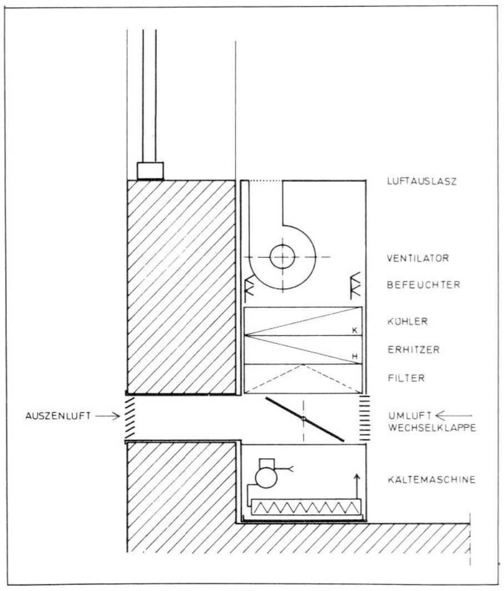

Abb. 5 *Systemskizze eines Raumklimageräts.*

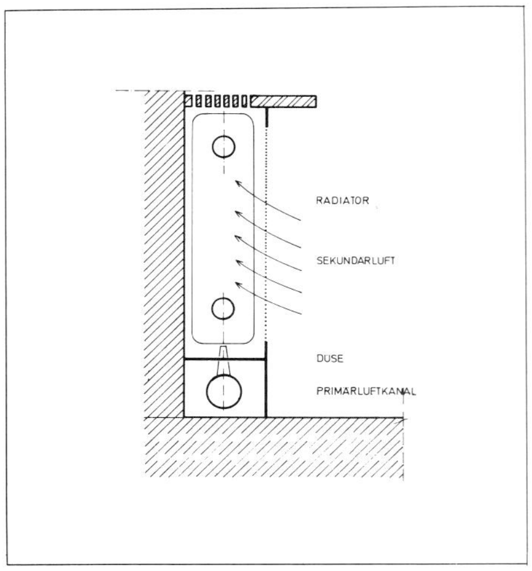

Abb. 6 *Schemaskizze eines einfachen Induktionsgerätes.*

stanz eingegriffen werden muß. In diesem Zusammenhang, wenn auch technisch unter anderen Gesichtspunkten zu nennen, muß auf Split-Systeme hingewiesen werden. Das Raumklimagerät selbst wird bei dieser Anlage kleiner und zierlicher, da der Kühler – manchmal auch noch der Erhitzer – sich nicht mehr im Gerät selbst befindet, sondern irgendwo dort im Gebäude, wo ihre Aufstellung nicht stört. Zum Gerät selbst führen nur noch die entsprechenden und relativ kleinen Rohrleitungen für das flüssige Übertragungsmedium, platzraubende Luftkanäle sind nicht mehr nötig.

Bauphysikalische Belastung

Die physikalische Belastung des Altbaus durch lüftungstechnische Anlagen wird leider immer wieder falsch eingeschätzt. Jede lüftungstechnische Anlage schafft Luftzustände, die sich von denen der Außenluft unterscheiden. Dies bedeutet nicht nur, daß der nun zu klimatisierende Altbau völlig ungewohnten Temperaturen und Feuchtigkeitswerten unterworfen wird, sondern daß diese großen Differenzen zu den witterungsbedingten Außenluftwerten von der Gebäudehülle, unter Umständen aber auch von einzelnen Gebäudeteilen ausgeglichen werden müssen. Es ist falsch, eine Klimaanlage im Altbau allein schon deshalb für unbedenklich zu halten, weil winterliche Temperaturerhöhungen durch künstliche Befeuchtung »entschärft« werden. Zusätzlich sind Temperatur- und Feuchteverlauf in den beanspruchten Bauteilen für Winter- und Sommerluftzustände nachzuweisen. Dabei muß darauf geachtet werden, daß auch Decken und Wände zwischen klimatisierten und unklimatisierten Räumen belastet werden. Im übrigen gelten selbstverständlich die gleichen bauphysikalischen Zusammenhänge für jedes Gebäude – gleich ob alt oder neu, ob mit oder ohne lüftungstechnische Anlage (siehe »Wärmeschutz« und »Kondensation«).

Bad-, Küchenbelüftung

Die Zwangslüftung nachträglich eingebauter fensterloser Bäder oder eine Küchenentlüftung ist eine im Altbau häufig vorkommende Anlage. Wie bei Sanitär- und Heizungsinstallation bietet sich hier der freigestellte Kaminzug als einfachste Lösung an (siehe »Sanitäranlagen«). Der Einbau der Kanäle geschieht analog den dort besprochenen Schritten. Als weiterhin vertretbare Lösung bietet sich der Verzug des vor eine Altbauwand gestellten Leitungspaketes beim Badeinbau an. Bei größeren Querschnitten kann auch eine vor die Fassade gestellte Kanal- und Schachtkonstruktion eine akzeptable Lösung sein (Abb. 7), falls Denkmalschutz und die Gestaltungsverordnungen der einzelnen Länderbauordnungen eine solche Lösung erlauben.

Abb. 7 *Lüftungsöffnung für ein Raumklimagerät in einer Altbaufassade.*

Heizungsanlagen

Der Wunsch nach Sanierung der Altbauheizung ist fast immer auch der Wunsch nach mehr Bequemlichkeit. Dies muß deshalb vorangestellt werden, weil im Gegensatz zur Sanierung der Sanitäranlagen nur sehr bedingt hygienische Mindestanforderungen erfüllt werden müssen: Heizbar ist jede Wohnung, baden kann man in vielen noch nicht. Heizungssanierung dient in der Regel also »nur« einer Verbesserung des Komforts; dieser Komfort muß erkauft werden, ist jedoch stets auch in Relation zu den Kosten zu sehen.
Das zweite und gerade in den letzten Jahren stark hochgespielte Argument, eine Heizungssanierung diene der unbedingt notwendigen Energieeinsparung, ist in dieser absoluten Aussage falsch und negiert wie manches und auch Offizielles im Bereich der Energieeinsparung die Tatsache, daß es vor allem auch Nutzergewohnheiten sind, die helfen, Heizenergie zu sparen – wenn nur Technik und Vorschriften diese Nutzergewohnheiten ermöglichten!
Richtig und in seiner Bedeutung unterschätzt ist allerdings das Argument, durch Heizungssanierung den Schadstoffausstoß zu verringern. Auch wenn hier von Energieversorgungsunternehmen und Industrie teilweise unkorrekt argumentiert wird, bleibt doch die Tatsache, daß neuere Wärmeerzeuger hier günstiger zu beurteilen sind als die jeweils gleichen alter Bauart. Es ist auch dieses Argument – und nur dieses! –, das dazu zwingen sollte, sich über alternative Energiegewinnung zu informieren, obwohl diese immer noch viele Nachteile hat.
Noch ein weiterer, ebenso unwissenschaftlicher wie wichtiger Gesichtspunkt ist allen Überlegungen zur Heizungssanierung voranzustellen: Ein Gebäude nimmt im Laufe seines Bestehens in vielfacher Hinsicht ein Gleichgewicht ein. Im statischen Bereich ist dies sogar berechenbar; andere Bereiche sind mit Zahlen und Formeln nicht zu erfassen. Hierzu gehört auch jenes »Gleichgewicht«, das sich zwischen dem Haus und seinen baulichen Details, dem Nutzer und seinen Heizgewohnheiten einstellt. Es gilt dies für die Wohnungen der fünfziger Jahre ebenso wie für ein Baudenkmal: Zeigten sich Schäden oder Unvollkommenheiten im Heizungssystem, wurde am Gebäude oder an der Heizung etwas verändert; vielleicht mußte auch der Nutzer sich in der einen oder anderen Heizgewohnheit umstellen. Um so nachhaltiger wird dieses »Gleichgewicht« gestört, je tiefgreifender die Heizungssanierung ist und durchaus sinnvoll – doch damit noch lange nicht mit der versprochenen Zweckmäßigkeit – auch Wärmedämm- und andere Energieeinsparungsmaßnahmen erfaßt (siehe »Fenster« und »Wärmeschutz«).
Wenn also heute aus verschiedenen und zum großen Teil auch positiven Gründen die zentrale Warmwasserheizung bevorzugt wird, und hierbei Gesetzgeber und Industrie aus einer sehr einseitigen Energieeinsparungssicht wiederum die Niedertemperatur-Heizung favorisieren, so ist dies nicht aus heizungstechnischer Sicht in Frage zu stellen. Aus Geschäftssinn und politischer Opportunität wird oft verschwiegen, daß diesen Heizungssystemen ein besonderes Haus angepaßt werden muß, das auch von seinem Nutzer veränderte Heizungs- und leider auch Lebensgewohnheiten verlangt. Hier stößt man wieder auf das Kernproblem der gesamten Altbausanierung: Das Gebäude – und im übrigen meist auch sein Nutzer – ist vorhanden, und jeder sanierende Eingriff in die Substanz muß eben diesen Bestand berücksichtigen. Wieder übertragen auf die Praxis der Heizungssanierung heißt dies, daß selbstverständlich auch in einem Altbau eine Niedertemperatur-Warmwasserheizung eingebaut werden kann, daß aber deren systembedingte Eigenschaften nun weitere Sanierungsmaßnahmen verlangen, die zusammen nicht zwangsläufig, aber wahrscheinlich, eben jene neue Art des Bauschadens bedingen, der während der gesamten bisherigen Standzeit des Hauses unbekannt war.
So ist es also falsch, Heizungssanierung nur unter dem Gesichtspunkt des haustechnisch Möglichen zu betrachten, wie dies beispielsweise bei Sanitärsanierung sehr viel einfacher möglich ist. Es wird deshalb vor allem auf die Kapitel »Kondensation«, »Schimmelbildung« und »Fenster« verwiesen.

Wohnungszentralheizung

Im übrigen Sprachgebrauch und Mietvokabular versteht man heute unter Heizungssanierung fälschlicherweise meist nur den Einbau von Etagen-Warmwasserheizung: Bisher war der Sprung von Einzelheizung je Wohnung zu Zentralheizung im Gebäude sehr groß; diese Lücke füllt seit langem die Etagen-Warmwasserheizung oder Wohnungszentralheizung (Abb. 1).

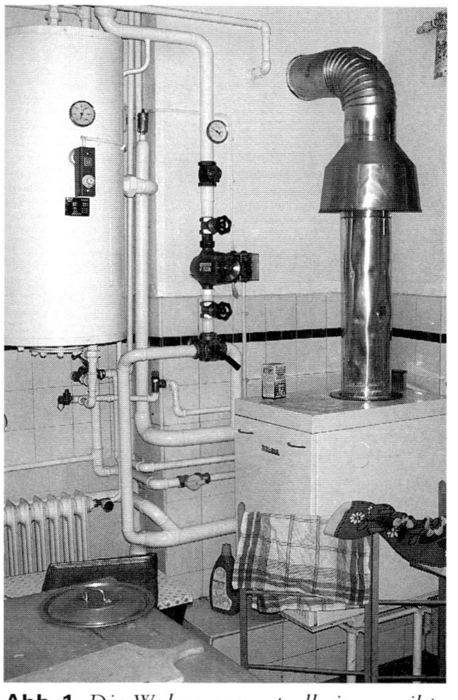

Abb. 1 *Die Wohnungszentralheizung gibt es seit Jahrzehnten.*

Sie funktioniert im Prinzip wie die Gebäudezentralheizung, doch wurde ihre Entwicklung den spezifischen Bedürfnissen angepaßt. Unterschieden wird nach Brennstoffart, Art der Wärmeerzeugung, Art des Wärmeträgers und des Rohrsystems und zusätzlich noch danach, ob auch das Brauchwasser erwärmt wird. Im Prinzip kann fast frei kombiniert werden. Am Altbau haben sich jedoch durchgesetzt: Gas als Brennstoff, Kessel oder Therme – nach Wahl jeweils mit Warmwasserbereitung – als Wärmeerzeuger, Warmwasser als Wärmeträger – Zweirohr-, meist Einrohrsystem als Verteilung.

Wo aber liegen Vor- und Nachteile von Wohnungskessel und -therme? Die Therme als verhältnismäßig kleines, wandhängendes Gerät benötigt kein größeres Gefäß, in dem das Wasser erwärmt wird – das System entspricht einem Durchlauferhitzer (Abb. 2). Im Kessel dagegen wird eine bestimmte Wassermenge erwärmt: Das System ist einfacher und damit auch weniger anfällig. Gerade bei der kombinierten Warmwasserbereitung werden jedoch auch andere Unterschiede deutlich. Der Heizkessel mit Warmwasserspeicher hält jederzeit heißes Wasser in großer Menge bereit; voller Leitungsdruck herrscht, die Wanne füllt sich in wenigen Minuten. Da das Warmwasser schnell fließt, kommt auch bei größeren Entfernungen von Zapfstelle zu Heizkessel bald warmes Wasser. Die Kombi-Therme erwärmt jeweils nur die benötigte Menge, dafür jedoch beliebig viel. Das Wasser wird jedoch langsam geliefert, und während des Zapfens kann der Heizungskreislauf unterbrochen sein. Eine Badewannenfüllung dauert etwa 20 Minuten. Wegen dieser geringen Fließgeschwindigkeit kühlt das Wasser bei langem Durchlauf durch kühle Leitungen und Wände nochmals ab, so daß erst mehrere Liter erhitzt werden, bis das Wasser tatsächlich warm fließt. Daraus ergibt sich für den Einsatz von Thermen die Forderung: Die Therme nahe bei den Zapfstellen einzuplanen. Ein weiterer Nachteil liegt darin, daß man in der Regel nie wenig warmes Wasser entnehmen kann. Um ein zu starkes Erhitzen des Wassers zu vermeiden, muß eine Mindestdurchlaufgeschwindigkeit bei der Kombi-Therme garantiert werden. Wird der Hahn auf zu geringen Wasserdurchlauf gedreht, erlischt also automatisch das Gas, und das Wasser wird wieder kalt. Dieser Nachteil wurde allerdings zwischenzeitlich bei aufwendigen Geräten durch eine zusätzliche elektronische Regelung des Brenners beseitigt. Dies weist wieder auf den schon genannten Nachteil gegenüber dem Kessel hin – höhere Wartungsanfälligkeit.

Auch im Heizungskreis der Kombi-Therme oder bei der Heiztherme muß eine Mindest-Durchflußmenge des Wassers berücksichtigt werden, was heißt, daß die Regelfähigkeit der Anlage gerade in jenem unteren Leistungsbereich eingeschränkt ist, der im Altbau durch dessen meist gut wärmespeichernde Bauweise öfter gefordert wird: Raumtemperaturregelung oder Heizkörperthermostat arbeiten gegen die Sicherheitsregeleinrichtung im Gerät, wobei solche Nachteile in der Praxis allerdings wenig ins Gewicht fallen.

Die Schallbelästigung durch Thermen kann auch etwas höher als beim Kessel sein, da dieser nicht nur mehr dämmende Masse besitzt, sondern auch die Widerstände im Wassersystem geringer sind. Ein weiterer Nachteil kann darin liegen, daß zur Erwärmung des Brauchwassers der Heizwasserkreislauf kurzgeschlossen wird und somit die Wohnung während des Zapfens nicht voll beheizbar ist – was allerdings im Hinblick auf übliche Zapfzeit und Wärmespeichervermögen vernachlässigbar ist.

Der Nachteil des Kessels liegt vor allem im höheren Preis (Kessel: zusätzlich 550 bis 900 DM; Kombikessel: zusätzlich 750 bis 1200 DM), im höheren und die Deckenkonstruktion belastenden Gewicht und im erhöhten Platzbedarf, vor allem beim Kombi-Kessel. Heizkessel werden heute allerdings bereits auch für Wandmontage angeboten, doch wird dies schon wegen der Integrierung und Probleme der Befestigung in »mürben« Altbauwänden die Ausnahme bleiben.

Die bisher genannten Kriterien gelten selbstverständlich gleichermaßen für die

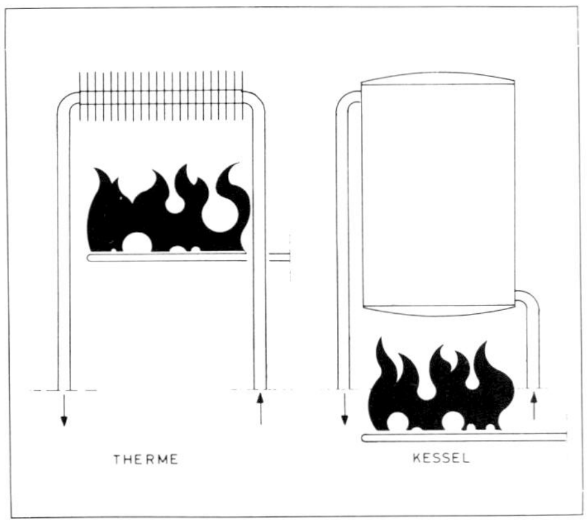

Abb. 2 *Schematische Darstellung der unterschiedlichen Wasserwärmung bei Therme und Kessel.*

Abb. 3 *Der Wärmeerzeuger als wandhängendes Ausstattungsstück.*

Abb. 4 *Wohnungskessel – älteres Modell – zwischen Herd und Spülmaschine unter gemeinsamer Arbeitsplatte.*

Verwendung in Alt- und Neubauten. Im Altbau, dessen Sanierung sich jedoch möglichst weitgehend dem Bestand anpassen muß, bietet die Therme unter Umständen den ausschlaggebenden Vorteil der hängenden Anordnung und damit einer weitgehend verbergenden Einbaumöglichkeit (Abb. 3). Im Gegensatz hierzu benötigt der Kessel den Platz eines Tischkühlschranks (Abb. 4) und in seiner Kombiform zweier solcher Geräteteile, die neben- oder übereinander gestellt werden (Abb. 5).

Kombi-Therme und Kombikessel gibt es mit unterschiedlich hoher Wärmeleistung. In der Regel sind beide Systeme auch für große Wohnungen ausreichend. Bei heizungstechnischen ungünstigen Altbauwohnungen – hohe Räume, große Fensterflächen, starker Windanfall und anderes – ist jedoch ab etwa 170 m^2 Wohnfläche zu überprüfen, ob die Kombi-Therme bei der derzeitig maximalen Heizleistung noch ausreicht, wobei selbstverständlich auch ein Doppelanschluß denkbar wäre.

Abb. 5 *Kombikessel: Heizkessel und Brauchwasserspeicher als besenschrankgroße Kombination.*

Aus den genannten technischen Unterschieden – die allerdings auch durchaus subjektiv gewertet werden können – lassen sich die Vorzüge bei unterschiedlichen Sanierungsaufgaben ableiten: Eine Kleinwohnung mit einem bis zwei Nutzern und sehr dicht beieinanderliegenden Zapfstellen wird meist zweckmäßiger mit einer Kombi-Therme bedient werden; liegen in einer großen Wohnung die Warmwasser-Zapfstellen weiter auseinander und erzwingt die größere Nutzerzahl den täglichen Verbrauch des 100- oder 120-Liter-Speicherinhalts, ist dort der Kombi-Kessel zweckmäßiger. In der Praxis zählen allerdings die skizzierten Vor- und Nachteile weniger gegenüber jenem der Freizügigkeit des Aufstandorts, den die Kombi-Therme wesentlich besser gewährleistet als der Kombi-Kessel.

Aber gerade dieser Vorzug brachte den Gesetzgeber dazu, die Aufstellungsmöglichkeiten entscheidend einzuschränken. Beide Wärmeerzeuger besitzen atmosphärische Öl-, in der Regel Gasbrenner. Bei zu kleinen Aufstellungsorten – und hier wurde aus Platzgründen ohnehin meist die Therme gewählt – und zu geringer Luftnachström-Möglichkeit könnten die Brenner erlöschen oder Rauchgase zurückströmen – beides ist unwahrscheinlich, auch gibt es seit langem keine Brenner mehr, bei denen unverbranntes Gas weiter ausströmen kann. Am wahrscheinlichsten ist in der Praxis eine unvollkommene Verbrennung wegen Sauerstoffmangels, wodurch als Schadgas Kohlenmonoxid entsteht, dessen vergiftende Wirkung vom menschlichen Organismus nicht wahrgenommen wird. Hierbei kam es zu mehreren Todesfällen, so daß zum einen die Leistungsgröße beschränkt wurde und zwischenzeitlich wesentlich erhöhte Anforderungen an die Belüftung des Aufstellungsraumes gelten. Dieser »Luftverbund« erzwingt nun das Einsägen einer Öffnung nicht nur in die Tür des fensterlosen oder zu kleinen Aufstellungsraums, sondern über den Flur hinweg die nochmalige Öffnung einer weiteren Tür zu einem befensterten Raum. In der Praxis bedeutet dies nicht nur wieder unnötige Kosten und auch Zugerscheinungen, sondern vor allem auch einen Schallverbund als wohnwertmindernde Belästigung.

Die Industrie hat auf diese Vorschriften bereits mit einer Reihe von Weiterentwicklungen geantwortet. Entweder wurde die höhere Leistung der Kombi-Therme dadurch wieder unter die Anwendungsgrenze dieser neuen Vorschriften gedrückt, daß nicht mehr wie bisher, ein kleiner integrierter Wärmetauscher das Brauchwasser durch das Heizwasser erwärmt, sondern ein externer Warmwasserspeicher, ähnlich dem der Kombi-Kessel, im Durchlaufprinzip in den Heizpausen hochgeheizt wird. Oder aber die Verbrennungsluft wird nicht mehr aus dem Raum, sondern von außen genommen. Dieses Prinzip ist seit langer Zeit bekannt bei Außenwandöfen und dementsprechend auch bei Außenwandkessel und Außenwandthermen. Die erste wesentliche Erweiterung des Anwendungsbereichs bestand darin, durch eine ventilatorgestützte Abgasförderung nicht nur die Außenwand-Abgasöffnung zu verkleinern, sondern auch den Aufstellort bis zu etwa 3,50 m von der Außenwand abzurücken. In der Praxis bedeutet dies, daß gerade das Fenster der Außenwand, das in der Küche einem Arbeitsplatz oder auch einer Eßecke dienen mag, nun frei wird von Außenwandkessel oder -therme, die weiter ins Rauminnere hinein aufgestellt werden können. Diese Außenwandlösung ist zwar immer noch auf dem Markt, ihr Einsatz aber bereits in einigen Bundesländern verboten: Die Abgase, die an der Fassade ausströmen, verdünnen sich leider nicht so rasch mit der Außenluft wie angenommen. Strömungstechnisch »kleben« sie tatsächlich sogar bei leichtem Windsog an der beströmten Fassadenfläche – bis ins nächste geöffnete Fenster. Es ist damit zu rechnen, daß der Einsatz von derartigen

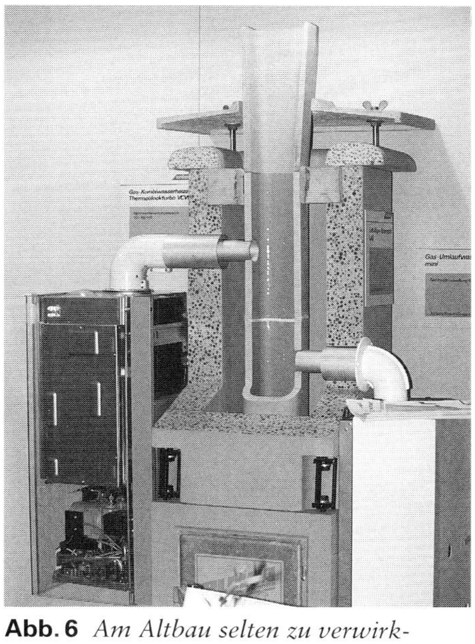

Abb. 6 *Am Altbau selten zu verwirklichen: »Außenwand«-Thermen für Anschluß an doppelwandigen Kamin.*

Außenwandgeräten in absehbarer Zeit bundesweit ganz verboten oder zumindest entscheidend eingeschränkt wird.
Auch hier wurde allerdings bereits eine Lösung gefunden: Schon seit mehr als fünf Jahren bietet die Industrie einen doppelwandigen Schornsteinzug an, der nun einen kaminseitigen Anschluß auch für die

Abb. 7 *Zu- und Verbrennungsluft werden auf zwei Schornsteinzüge verteilt.*

Außenluft erlaubt (Abb. 6). Der Nachteil liegt darin, daß der Einbau solcher Schornsteine im Altbau schon allein aus Kostengründen die große Ausnahme bleiben wird. Seit neuestem aber erlauben getrennte Abgas- und Zuluftanschlüsse am Gerät die Installation solcher Wohnungskessel und -thermen an zwei Zügen des Altbauschornsteins. Auch hier werden Forderungen erhoben, doch sind sie finanziell wie technisch wesentlich leichter erfüllbar; die ersten Wärmeerzeuger mit getrenntem Zuluft- und Abgasanschluß sind seit einigen Jahren auf dem Markt (Abb. 7).

Gebäudezentralheizung

Der Siegeszug der Wohnungszentralheizung oder Etagenheizung ist vor allem darin begründet, daß mit ihr Wohnung für Wohnung nach Auszug saniert werden kann. Dennoch ist es falsch, die Gebäudezentralheizung als Alternative einer Heizungssanierung auszuschließen. Werden entgegen der landläufigen Meinung auch für Altbausanierung die Kosten einer Gebäudezentralheizung errechnet, ergibt sich eine Fachleuten seit langem bekannte Tatsache: Kalkuliert man Wohngebäude mit unterschiedlicher Wohnungszahl und -größe (hier: 3 × 3-Zimmer, 10 × 2-Zimmer, 3 × 2-Zimmer, 10 × 5-Zimmer, 30 × 5-Zimmer-Wohnungen (Abb. 8), so ergibt sich im Vergleich mit einer Etagen-Heizung, daß sich bereits bei kleineren Wohngebäuden die Kosten rasch zugunsten der Gebäudezentralheizung verringern und daß auch Fernwärme als Energieträger kalkuliert werden sollte (Abb. 9). Auch bei allgemeiner Verteuerung bleiben die Kostenrelationen erhalten, da etwa ab einer Nutzerzahl von fünf bis sieben die erhöhten Kosten für das Wärmeverteilungssystem bei einer Gebäudezentralheizung gegenüber der Etagenheizung aufgefangen werden durch verminderte Kosten beim Wärmeerzeuger. Es lohnt deshalb auf jeden Fall, bei einem Sanierungsumfang ab der genannten Größe ein Alternativangebot über eine Gebäudezentralheizung einzuholen. Da selbst eine teilweise extrem nutzerfreundliche Rechtsprechung den Einbau einer Zentralheizung im Regelfall nicht vom Einverständnis des Nutzers abhängig macht, verliert das Argument der wohnungsweisen Heizungssanierung etwas an Bedeutung.
Dem Gesetzgeber ist es allerdings in wenigen Jahren gelungen, durch eine Reihe kostentreibender Vorschriften für Gebäudezentralheizungen der Wohnungszentralheizung neue Vorzüge zu verschaffen: Die gesamte umständliche und teure Heizkostenabrechnung entfällt bei der Wohnungszentralheizung, da der Verbrauch direkt an der Wohnungsgas- oder -öluhr abgelesen werden kann.

Wohnungs-einheiten Wärme-leistung in W		Kessel (Guß)	Brenner und Schaltung	Brenner	Anschluß	Tank	Tankraum	Heizkörper und Rohrleitungen	Verteilung	Heizraum	Summe Gebäude	Summe Wohnung
		Gas/Öl	Gas	Öl	Gas	Öl	Öl	Gas/Öl	Gas/Öl	Gas/Öl	Gas / Öl	Gas / Öl
3/3 30000	Anlagekosten in DM	3600	3200	1200	4000	5000	5000	24000	6000		40800 / 44800	13600 / 15000
2/10 80000		5200	4000	2000	5000	6000	6000	60000	18000	4000	96200 / 101200	9600 / 10200
2/30 230000		13400	8600	5000	6000	10000	10000	180000	34000	8000	250000 / 260000	8400 / 8600
5/10 200000		13400	8600	5000	6000	10000	10000	106000	20000	8000	162000 / 172400	16200 / 17200
5/30 580000		25000	18000	8000	6000	16000	14000	320000	40000	14000	423000 / 437000	14100 / 14600

Abb. 8 *Ermittlung der Anlagekosten einer Zentralheizung bei Althaus-Erneuerung.*

Wohn-einheiten		Zentral versorgte Einzelheizung				Zentralheizung				
						Etagen-heizung	Wohnungs-heizung	Gebäudeheizung		
		Öl	Gas Kamin-anschluß	Gas Außenwand-anschluß	Nachtstrom-Speichergerät	Gas	Gas	Gas	Öl	Fernwärme
3/3	Anlagekosten je Wohneinheit in DM	7600	7800	8200	11200	12400	13000	13600	15000	14000
2/10		5500	5600	6200	9000	10400	11000	9600	10100	9700
2/30		5200	5000	5400	8800	10000	10800	8400	8600	7800
5/10		11600	12000	13200	20800	17000	17400	16200	17200	15800
5/30		10600	11400	12200	19200	16400	17000	14100	14600	14000

Abb. 9 *Anlagekosten verschiedener Heizungssysteme bei Althaus-Erneuerung.*

Eine Ablehnung der Gebäudezentralheizung wegen fehlender Kellerräume, wie besonders im ländlichen Bereich oder in mittelalterlichen Stadtkernen argumentiert wird, ist allerdings meist unsachlich: Im Prinzip ist ein Aufstellungsraum in jeder Etage oder auch in Nebenräumen möglich; selbst das Dachgeschoß kann unter Berücksichtigung von Schall-, Brandschutz und Statik einen Heizraum oder sogar eine Heizzentrale aufnehmen. Es bedarf allerdings hier der Einschaltung eines erfahrenen Projektanten, um eine derartige Lösung auch von der Kostenseite her korrekt abschätzen zu können.
In städtischen Gebieten gilt das gleiche für den Anschluß an das Fernheiznetz, da bei günstiger Lage und entsprechend günstigen Anschlußkonditionen auch im Sanierungsfall der Fernheizanschluß die preiswerteste Heizmöglichkeit sein kann.

Besondere Wärmeerzeuger

Häufig nur belustigend und auch bei guten Lösungen nur jeweils in Sonderfällen sinnvoll einsetzbar sind die vielen ausgetüftelten »Spezial-Kessel« in Verbindung mit offenen Kaminen, Holz- und Kohleherden usw. Allen diesen Sonderlösungen liegt der Gedanke zugrunde, die sonst nicht genutzte Wärme durch einen zusätzlichen wasserdurchflossenen Wärmetauscher zu nutzen und das Gewonnene dem Brauch- oder Heizwasser zuzuführen (Abb. 10). Am offenen Kamin wird dies besonders deutlich. Seine Energieausbeute liegt um die 15% – vor allem bedingt durch den starken Luftdurchsatz. So muß auch für die zusätzliche Wärmegewinnung ein hitzefester Glasschild die Feuerungsöffnung schließen, damit nun ein Pseudo-Kesselchen entsteht. Der glückliche Besitzer einer solchen Anlage kann sich dann den Frust über seinen geschlossenen offenen Kamin mit warmem Wasser wegspülen.
Für den bäuerlichen Bereich, wo eher Holz und brennbare Abfälle anfallen, oder auch im Ferienhaus mag eine Kombination dieser Art mit einem Küchenherd interessant sein. Sonst wird sich die Anwendung auf Wochenendhäuser und ähnliches beschränken; eine allgemein gültige Empfehlung kann hier nicht gegeben werden. Wer doch daran interessiert ist, sollte eine der größeren Heizungsmessen besuchen.
Eine positive Ausnahme in der Beurteilung bildet die erst 1988 vorgestellte Kombination von Küchenherd und Gas-Wohnungskessel (Abb. 11). Zwar ist es falsch, wenn eine derartige Lösung als Weltneuheit angepriesen wird, da schon fast ein Jahrzehnt früher eine französische Firma mit einer ähnlichen Lösung auf den Markt kam, doch findet sich hier eine ausgereifte Technik. Auch hier gibt es Abwertungen; doch mag jener eine kleinere Wohnung mit diesem »versteckten« Kessel ausstatten, der sonst dafür keinen eigenen Platz in der Küche fände und dem ein Bratrohr in Hühnchengröße genügt.

Abb. 10 *Wärmetauschereinsatz für einen Kachelofen.*

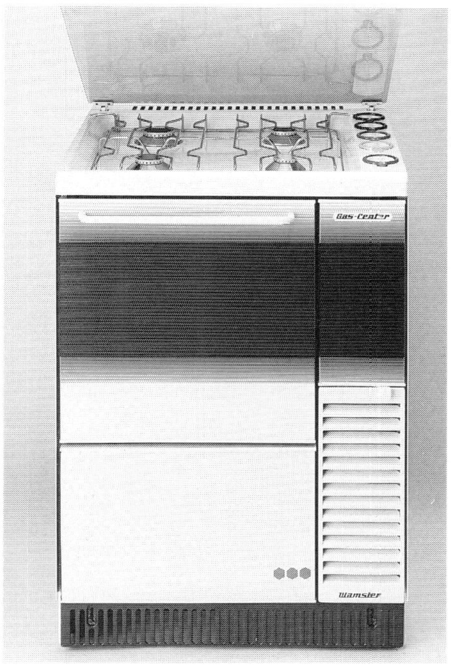

Abb. 11 *Gas-Center: Kochherd mit kleinem Backrohr und Heizkessel.*

Leitungsverlegung

All den genannten Heizungsvarianten ist das gleiche Problem zueigen: Die Verlegung der Wärmeverteilungssysteme. Wie bei fast jeder Zentralheizung kann auch im Altbau das Ein- und Zweirohrsystem als waagerechte Verteilung gewählt werden. Der Vorlauf, also das heiße Wasser, erreicht im Zweirohrsystem mit etwa stets gleicher Temperatur alle Heizkörper, der Rücklauf – also das abgekühlte Wasser – vereinigt sich wieder im Wärmeerzeuger (Abb. 12). Im Einrohrsystem ist der Rücklauf des ersten Heizkörpers der Vorlauf des zweiten und so weiter, so daß jeder nachfolgende Heizkörper Wasser geringerer Temperatur erhält und deshalb bei gleicher Heizleistung größer gewählt werden muß. Um zu gewährleisten, daß stets genügend Wasser zu den folgenden Heizkörpern strömen kann, wird die Leitung entweder kurz geschlossen – die Heizkörper »reiten« auf der Leitung – oder ein Spezialventil gewährleistet die notwendige Aufteilung des Warmwassers. Dabei entsteht aber in den Leitungen ein Strömungswiderstand, der selbst schon bei relativ kleinen Anlagen mehrere Heizkreise verlangt.
Üblicherweise wird mit dem Begriff »Altbausanierung« das Einrohrsystem verbunden. Die exakte Berechnung dieses Rohrsystems mag jedoch kleineren Firmen Schwierigkeiten bereiten, auch stehen den Vorzügen durchaus Nachteile gegenüber, die denen der Verwendung im Neubau entsprechen. Für den Altbau positiv ist die vereinfachende Verlegung nur eines Rohres, was geringere Stemmarbeiten oder kleinere oder billigere Deckleisten zur Folge hat. Auch kann die Anordnung eines Zweirohrsystems bei einer Therme deshalb problematisch werden, weil hier auch für die Heizung eine Mindestdurchlaufwassermenge verlangt wird, so daß der Brenner aus Sicherheitsgründen erlischt; hier kann jedoch ein Spezialventil helfen.
Vom Neubau her gewohnt, wird stets versucht, alle Leitungen zu verbergen; dies heißt jedoch im Altbau, daß im Bestand gestemmt, geschlagen und gebohrt werden muß – und dies häufig in bewohnten Räumen. Um dies zu vermeiden, werden

schon seit Jahrzehnten Lösungen angeboten, bei denen im Ein- oder Zweirohrsystem die Leitungen auf dem Fußboden und vor dem Putz verlegt werden und anschließend Leisten diese Leitungen verbergen. Das Leistungsverzeichnis beschreibt den dagegen bei konventioneller Installation zu betreibenden Aufwand:

- Abnehmen vorhandener Fußbodenleisten,
- Stemmen oder Fräsen eines horizontalen Wandschlitzes in einer Tiefe von 2 cm (Rohbaumaß),
- Verlegen der Leitungen,
- Vermörteln und Wiederverschließen des Wandschlitzes,
- Wandanstrich oder Wandanstrichausbesserungen.

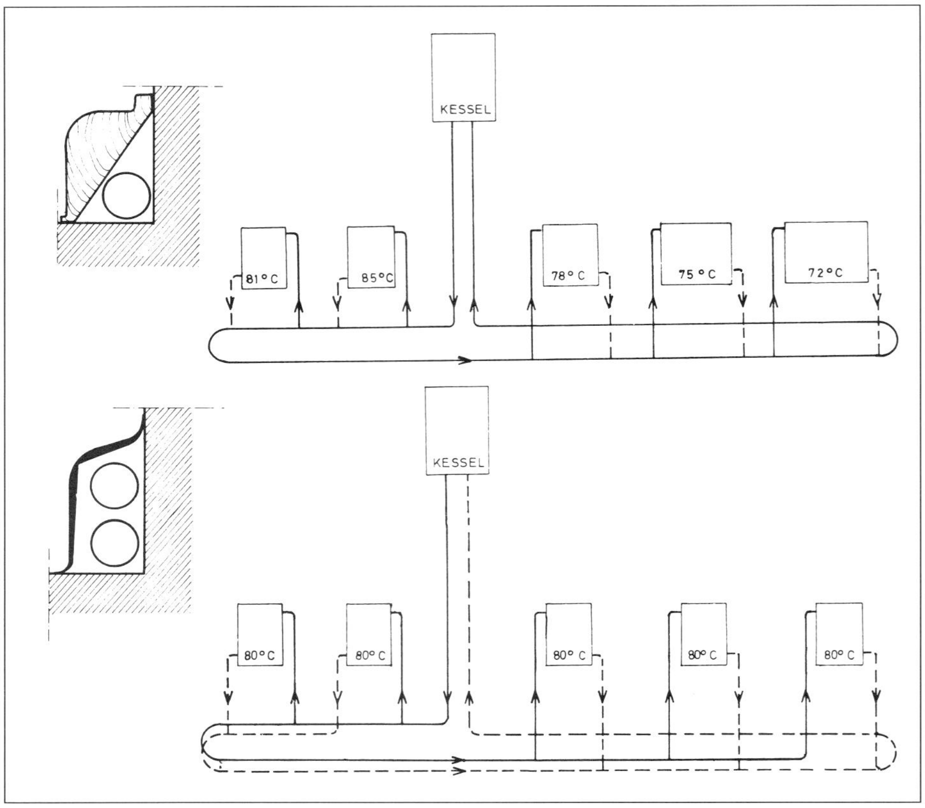

Abb. 12 *Unterschied zwischen Ein- und Zweirohrsystemen.*

Setzt man diese Kosten mit 100% an, so verringern sich diese bereits auf circa 80–85%, wenn statt dessen die Leitungen auf Putz verlegt und mit Leisten verdeckt werden. Zwei Argumente sprechen für diese Lösung: Für den Nutzer einer etwa 90 m^2 großen 3-Zimmer-Wohnung kann sich eine Einsparung gegenüber der Neubaulösung bis zu 1000 DM ergeben, was einer monatlichen Verringerung der gesetzlich erlaubten Modernisierungsumlage von knapp 10 DM entspricht.
Für die Leitungsführung und -form sowie für das Material der Rohre gibt es eine Reihe zum Teil sogar geschützter Verfahren. Sollen der Fußboden nicht auch noch erneuert und die Wände aufgestemmt werden, bleibt beim Altbau nur die Verlegung in der Fußbodenecke entweder als sichtbares Profilstahlrohr im Rechteckquerschnitt oder als rundes, möglichst flexibles, also weiches Rohr in Kupfer, das schon zum Schutz mit Leisten verkleidet werden muß, oder als Weichstahlrohr (Abb. 13). Der Vorteil des Profilstahlrohrs liegt nicht nur in seinem vergleichsweise großen Querschnitt, sondern vor allem darin, daß es unverkleidet bereits als nicht zu beschädigende Scheuerleiste verwendet werden kann. Es wird kontinuierlich an den Innenseiten aller Außenwände einer Wohnung Wärme abgegeben, was zu einer, von den Raumhygienikern geforderten Erhöhung der Wandinnentemperatur führt. Der Nachteil liegt darin, daß im Altbau nicht nur Schwerwerkzeug zum Ablängen verwendet wird, sondern auch geschweißt werden muß und der Anschluß an die nicht völlig glatte Altbauwand unbefriedigend mit Kitt gefüllt wird. Das Weich-

Abb. 13 *Vor-der-Wand-Verlegung und Verkleidung mit vorgefertigten Leisten.*

Abb. 14 *Detail einer Profilstahlrohr-Leitung.*

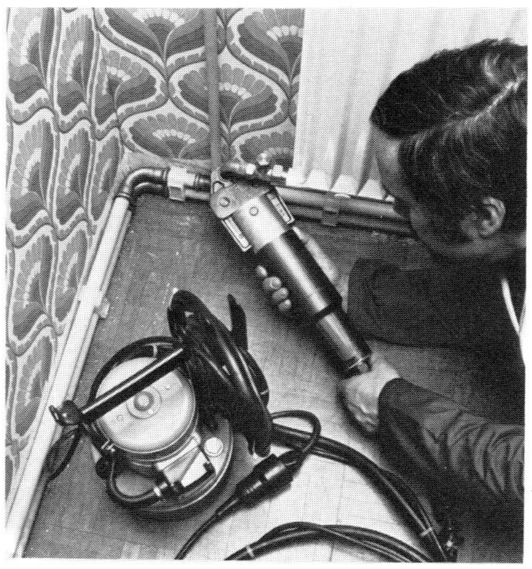

Abb. 15 *Anschluß ohne Schweißen durch Profilfitting-System.*

Abb. 16, 17 *Details von »verschönernden« Abdeckleisten.*

Abb. 18 *Sichtbare Verlegung der Heizleitungen.*

stahlrohr, das mit vorgefertigten Bögen ein enges Umfahren aller Ecken erlaubt, wird mit Spezialfittings und einem Spezialwerkzeug mechanisch kalt verbunden. Das Kupferrohr, ummantelt oder nackt, wird in Rollen oder Stangenware verlegt und gelötet, sollte aber schon zum Schutz verkleidet werden.
Die Auswahl des Leitungsmaterials wird also nicht nur dadurch bestimmt, wie altbaufreundlich die Verlegung ist – Verzicht auf Schwerwerkzeug, kein Schweißen und möglichst auch kein Löten –, sondern auch, welche Verlegungsart formal am erträglichsten ist. Die beste Lösung bieten derzeit die kaltverbindbaren Weichstahlrohre, die im übrigen auch noch farbig angestrichen werden können. Wer dennoch meint, dieses technische Accessoire einer Heizungsleitung verstecken zu müssen, sollte einmal die formale Qualität der verbergenden Leisten überprüfen. Angeboten werden hauptsächlich Kunststoffleisten, jedoch auch Holzleisten, von denen allerdings ein Teil aus kunststoffgebundenem Holzmehl besteht. Wohl wissend, daß in Altbauten rechte Winkel selten sind und daß die Wandlaibungen sich häufig zum Raum hin öffnen, und vor allem, weil es das akkordverzögernde Arbeiten und damit auch den guten Willen des Leistenverlegers überfordern würde, Gehrungen in einem anderen Winkel als von 90° zu schneiden, werden für die Leistenecken bereits holzfarbene Kunststoffüberdekkungen angeboten (Abb. 16 und 17). Insgesamt wird also für viel Geld eine Abscheulichkeit eingekauft, deren Zweckmäßigkeit grundsätzlich in Frage zu stellen ist. Die sichtbare, saubere Verlegung über der alten Sockelleiste spart Schmutz und Geld und ist in vielen Fällen akzeptabel (Abb. 18).

Der vertikale Verzug bei der Gebäudezentralheizung sollte in die nun freiwerdenden Schornsteinzüge verlegt werden. Diese Verlegung ist einfach, kostensparend und problemlos und kann auch nochmals preisgünstig im Zusammenhang mit einer Sanitärsanierung durchgezogen werden.

Heizkörper

Selbstverständlich kann jedes Heizkörperfabrikat bei der Altbausanierung gewählt werden. Es ist jedoch ratsam, Flachheizkörper teurer Bauarten zu wählen, statt aufwendig und die Bausubstanz durch Erschütterung schädigend, Heizkörpernischen für tiefe Gußheizkörper zu brechen. Sollen Malerarbeiten an Heizkörpern oder auch die wochenlange Geruchsbelästigung durch Farbe vermieden werden, können werkseitig lackierte Heizflächen angeschlossen werden. Bei Niedertemperaturheizung ist abzuraten von der manchmal empfohlenen Anordnung der Heizkörper an die Innenwände. Die damit erreichten Ersparnisse bis zu 60% der Leitungslänge werden erkauft mit einer wegen des extrem niedrigen Strahlungsanteils dieser tiefen Heizwassertemperaturen raumhygienisch ungünstigen Lage der Heizkörper.

Einzelheizung

Damit hört in der Regel die Diskussion über Heizungssanierung bei Altbauten auf. Leider ist dies falsch! Der große und einzige unbestrittene Vorzug der Wohnungs- oder Gebäudezentralheizung ist die Verringerung der Brennstellen – und sonst nichts! Die bisherige Einzelheizung im Altbau umfaßt im allgemeinen nur die Zimmer, eventuell noch die Küche. Diese Art zu heizen hat vieles für sich: Zum einen herrscht in der Wohnung ein Wechselklima, das nach Ansicht vieler Ärzte wesentlich anregender für das Wohlbefinden der Bewohner ist als die gleichmäßig temperierte Wohnung, zum anderen wurde aus Bequemlichkeit nur das Zimmer beheizt, in dem man sich aufhielt. Die Küche erhielt ihre Wärme durch das Kochen, Klo, Flur, Kammer, Schlafzimmer blieben kalt oder wurden nur temperiert. Hierin liegt eine solche Brennstoffersparnis, daß mancher Mieter gerne bei seinen alten Öfen bliebe, wenn nur das Schleppen von Öl oder Kohle aus dem Keller und der Aschetransport entfielen. Hier bedeutet der Einbau einer zentral versorgten Einzelheizung bereits Sanierung. Für alle schlauen und besserwissenden Verfechter der Zentralheizung wird betont, daß dieses Nichtbeheizen einzelner Räume zwar in keinem Fall bauphysikalisch optimal ist, seine negative und bauschadentreibende Wirkung jedoch erst dann entfaltet, wenn nach dem Einbau einer Zentralheizung diese Heizgewohnheiten beibehalten bleiben, denn nur die Einzelheizung – nicht Nachtstromheizung! – schafft durch Verbrennung und Unterdruck jenen winterlichen Feuchteausgleich der Raumluft, der einer Schimmelbildung entgegenwirkt (siehe »Schimmelbildung«).

Stockwerkswohnungen können ohne weiteres mit Öl zentral versorgt werden. Entweder erhält jede Wohnung im Keller einen eigenen Öltank und die Versorgungsleitungen werden gemeinsam in die einzelnen Stockwerke verzogen und dort verteilt, was Streitereien über den Ölverbrauch vermeidet, oder ein gemeinsamer und größerer Tank versorgt einzeln oder mit einer vertikalen Leitung die Wohnungen, was die Anlagekosten vor allem wegen der Vorschriften für die Lagerung von Heizöl verringert. Es müssen nun entweder zusammen im Keller oder Treppenhaus oder aber einzeln in jeder Wohnung Öluhren, also Verbrauchsmesser für die Heizkostenabrechnung eingebaut werden. Trotz dieser zentralen Versorgung darf diese Art der Heizungssanierung keineswegs einer Zentralheizung gleichgesetzt werden. Der Hauptnachteil liegt im Brennstoff. Die Verlegung der relativ leicht verletzbaren Ölversorgungsleitungen kann auf lange Sicht problematisch werden – und der Ölofen selbst verlangt eine vergleichsweise häufige Wartung.

Mit Gas wird die zentrale Versorgung, aber auch die Abrechnung erleichtert. Eine raumthermostatische Regelung eines Gaseinzelofens ist möglich, selbst ein vorprogrammiertes Schalten in Abhängigkeit von den Nutzgewohnheiten. Im Gegensatz zur Warmwasserzentralheizung, vor allem zu der über Wert propagierten Niedertemperaturheizung, erlaubt der Gaseinzelofen eine längere und tiefere Temperaturabsenkung einzelner Räume ohne die Zwangsläufigkeit der Schimmelbildung an den Außenwandecken und in den Fensterlaibungen.

Daß Gas bereits in der Wohnung ist, besagt jedoch leider noch nichts. Die alten Hausanschlußwerte sind meistens noch so niedrig ausgelegt, daß zumindest bei Sanierung von mehreren Wohnungen eventuell der Hausanschluß erneuert und die Steigleitung verstärkt werden muß. Auch hier ist also erst einmal zu überprüfen, wie die Stockwerksversorgung sichergestellt werden kann.

Der Nachteil kamingebundener Heizflächen ist bekannt; schon seit längerem wurde für Gasöfen ein sogenannter Tandemanschluß entwickelt, der es im Gegensatz zu den bisherigen Bestimmungen – versetzter Kaminanschluß bei Einmündung zweier Abgasrohre in einen Zug – ermöglicht, auch kaminlose Räume über den Anschluß des Nachbarraums zu beheizen. Auch für Gaseinzelöfen gibt es Außenwandgeräte; für sie gilt das vorab Gesagte sinngemäß, so daß sie nicht mehr in Erwägung gezogen werden sollten. Für alle Gasheizöfen gilt, daß sie sehr schnell einen Raum erwärmen; sie gelten also vor allem in Hinblick auf die Energiepreise dort als optimal, wo mit kurzfristiger, aber rascher Beheizung gerechnet werden kann, zum Beispiel im Appartement eines Berufstätigen.

Wenngleich die genannten Sanierungsmöglichkeiten bereits hohen Bedienungs- und Funktionskomfort bieten können, wird unter Heizungssanierung freilich meist noch ein wenig mehr verstanden: Der Heizkörper soll frei angeordnet werden dürfen, das heißt, er muß unabhängig von Außenwand und Kamin angebracht werden können und er soll keinerlei Pflege und Wartung benötigen. Dies erfüllt als Einzelheizung in dieser Konsequenz erst das Nachtstromspeichergerät. Es nimmt eine Sonderstellung zwischen Zentralheizung und Einzelheizung ein (Abb. 19): Zwar gehört es zweifelsfrei zu den Einzelheizgeräten, wurde jedoch mit guter Lobby und deshalb offizieller Billigung verkaufsfördernd den Zentralheizungen zugerechnet. Über weit mehr als ein Jahrzehnt war die Elektro-Nachtstrom-Speicherheizung die viel zu hoch bewertete Art der unterhaltsfreien Beheizung. Vor allem die Energie-Versorgungsunternehmen, die endlich ihr Nachtstromtal auffüllen wollten, wurden zu unermüdlichen Protagonisten dieses durchaus nicht optimalen Heizsystems. Grundsätzlich gilt für diese Beheizungsart, daß die Wärmeabgabe ausschließlich konvektiv geschieht. Es ist aber eine seit Jahrzehnten bekannte, von Medizinern immer wieder nachgewiesene und von jedem auch selbst vor dem Kachelofen oder in der Sonne belegbare Tatsache, daß der menschliche Organismus die durch Strahlung übertragene Wärme als die angenehmste empfindet. Außerdem wird die Heizluft an dem mehrere hundert Grad heißen Heizkern des Gerätes vorbeigeführt, was eine Verschwelung aller Staubteilchen bedingt. Damit wird die Raumluft zwar durchaus nicht trockener, wie immer behauptet wird, aber unsere, durch diese Verschwelung gereizten Schleimhäute, signalisieren »trockene Luft«.

Für die Anwendung am Altbau kommen noch weitere Nachteile hinzu: Von Fall zu Fall – wenn auch mit Sicherheit seltener als von den Gegnern dieses Heizsystems behauptet wird – belastet das Gewicht dieser speichersteingefüllten Heizkörper die Deckenauflage zu stark. Viel wichtiger als Gegenargument ist die Tatsache, daß wohl kein Altbau in seiner Stromversor-

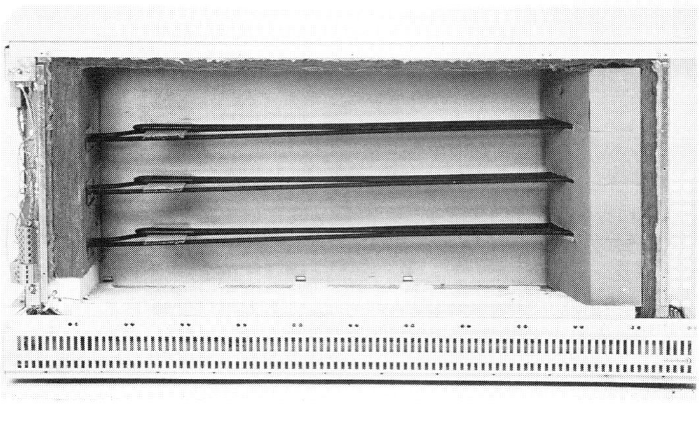

Abb. 19 *Nachtstromspeichergerät, geöffnet; zu sehen sind die Heizstäbe und eine Lage Speichersteine.*

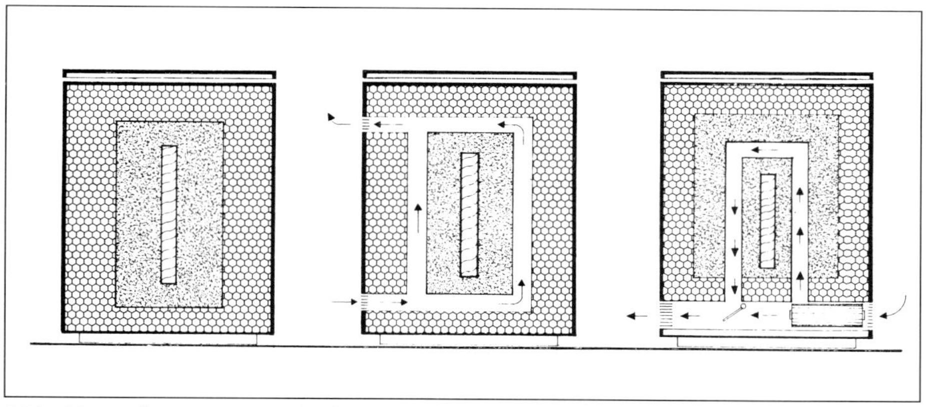

Abb. 20 *Wirkungsweise und schematischer Aufbau der drei Bauarten von Nachtstrom-Speichergeräten.*

gung so ausgelegt ist, daß Elektro-Nachtstrom-Speicherheizgeräte ohne grundsätzliche Erneuerung der Haus- und Wohnungsversorgung installiert werden können. Dies bedeutet in der Praxis, daß die Kosten einer Heizungssanierung mit Nachtstrom-Speicheröfen in der Regel sogar weit über denen einer zentralen Heizung liegen. Da das einzige Argument, das bisher für diese Art der Beheizung zählen konnte, der Energiepreis, gebietsweise auch nicht mehr herangezogen werden kann, weil die Energieversorgungsunternehmen ihre vereinbarten Niedrigpreise oder sogar die gesamte nächtliche Energiebilliglieferung kündigten, läßt sich diese Heizungsart nur noch bei einigen Sonderfällen empfehlen.

Für den Verbraucher ist die Unterscheidung in drei Bauarten wichtig (Abb. 20). Während Bauart I Wärme ungesteuert abgibt, ermöglicht ein Gerät der Bauart II bereits eine Regelung der Wärmeabgabe durch Steuerung der Konvektion. Für Wohn- oder Büronutzung sollten jedoch nur Geräte der Bauart III verwendet werden, in denen durch Ventilation und durch Zumischung von Raum- oder auch Außenluft eine vollkommen automatische Regelung der Wärmeabgabe möglich ist; der dabei über die Oberfläche unkontrolliert abgegebene Wärmeanteil beträgt allerdings dennoch bis zu 50%, so daß die versprochene Speicherung der Restwärme nicht so recht der Werbung entsprechen mag.

In wenigen Sonderfällen kann ein Altbau allerdings die konstruktive Möglichkeit bieten, zumindest ein Nachtstromspeichergerät liegend und damit »unsichtbar« in die Deckenkonstruktion einzubetten. Voraussetzung dafür ist die lichte Konstruktionshöhe von etwa 25 cm zwischen Unterkante Fußbodenkonstruktion und Oberkante Fehlboden oder entsprechende Gewölbezwickel an den Außenmauern und zusätzlich eine vertretbare Möglichkeit zur Raum- oder Außenluftansaugung. Ein abnehmbares Gitter im Fußboden ist der einzige Hinweis auf diese Art der Heizung.

Als negativ ist sicher das Design vieler Einzelöfen zu werten. Die noch bis in die siebziger Jahre geltende Überlegung der Industrie, daß Einzelöfen dem Geschmack des »einfachen« Volkes entsprechen müßten, waren stets angreifbar; seit Jahren erscheinen jedoch auch formal akzeptable Einzelheizgeräte auf dem Markt.

Flächenheizung

Bewußt wurde die Flächenheizung aus der bisherigen Besprechung herausgenommen, obwohl sie strenggenommen keine eigene Alternative darstellt, sondern sich lediglich in der Heizfläche unterscheidet. Spricht man jedoch über Wärmeverteilungssysteme und über die Problematik der Niedertemperaturheizung, muß auch aus dieser Sicht auf die besondere Variante der Heizungssanierung eingegangen werden: die Flächenheizung – in der Regel die Fußbodenheizung. Trotz einiger prinzipieller Schwächen wird diese Art der Wärmeabgabe über den Fußboden deshalb über Wert propagiert, weil die Fußbodenheizung gerade jene niedrigen Vorlauftemperaturen verlangt, die wiederum Voraussetzung sind für die staatlich auch gegen manches sinnvolle Argument geförderte Nutzung von Solarenergie auch in der Altbausanierung. Es ist deshalb verständlich, daß sich die Industrie seit Jahren bemüht, auch mit der Fußbodenheizung den Altbausanierungsmarkt zu erobern.

Vor- und Nachteile dieses Heizungssystems in alleiniger Anwendung sind wärmepsychologisch und regelungstechnisch am Alt- wie am Neubau gleich – und die Nachteile überwiegen hier wie dort! Am Altbau fällt die meist unvermeidbare Höherlegung des Fußbodens zusätzlich negativ ins Gewicht. Dies bedeutet, daß man von dem mit einer Fußbodenheizung sanierten Altbauzimmer in den Flur stolpert oder aber, falls das Niveau ebenfalls angehoben wird, aus der Wohnungseingangstür auf das Treppenpodest, dessen Höherverlegung wiederum eine Veränderung der gesamten Treppenstufen verlangt. Überdies kann die vorgeschriebene Brüstungshöhe unterschritten werden, was zusätzliche Sicherungsmaßnahmen am Fenster erzwingt.

Technisch gesehen, könnte also jedes am Neubau bewährte Bodenheizungssystem auch am Altbau verwendet werden, doch wurde seit langem versucht, durch besondere Konstruktionen die Feuchte von Zementestrichen zu vermeiden und die Einbauhöhe zu verringern (Abb. 21). Seit Jahren schon gibt es mehrere Systeme auf dem Markt, die allesamt die konstruktive Höhe auf 37 mm verringern konnten. Dies zwingt jedoch zu einigen fragwürdigen Konsequenzen: Zur Vermeidung des zwangsläufig mehrere Zentimeter dicken Estrichs oder der Estrichplatte werden nun zwei lastverteilende Stahlplatten mit versetzter Fuge übereinander verlegt (Abb. 22). Auf diese Stahlplatten kann nun jeder beliebige Fußbodenbelag aufgeklebt werden. Wieweit ein Leben auf Stahlplatten negativ beurteilt werden muß, steht einer sachlichen Beurteilung noch aus und bleibt somit jedermanns subjektivem

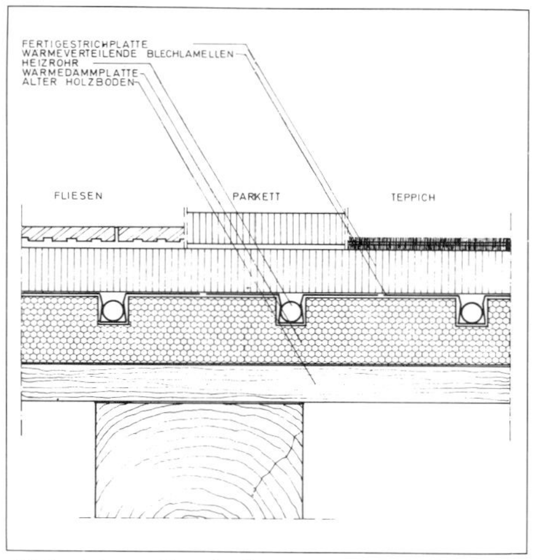

Abb. 21 *Fußbodenheizung im Altbau ohne Abbruch des bestehenden Fußbodens.*

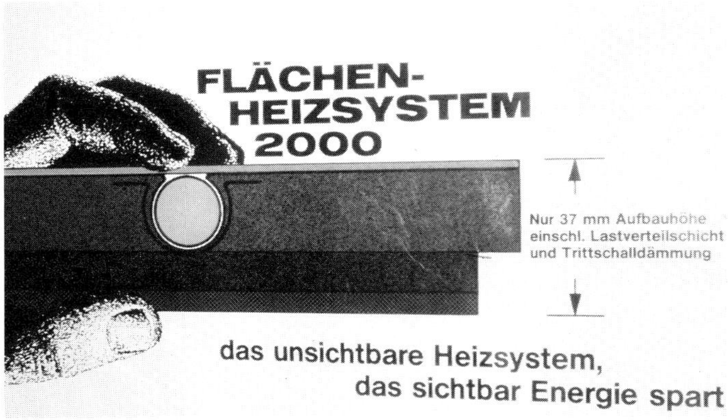

Abb. 22 *Stahlplatte über Heizungsrohr als Lastverteilschicht.*

Empfinden überlassen; über die Haltbarkeit der Verklebung unterschiedlicher Materialien auf Stahl bei stets wechselnder thermischer Beanspruchung sind die Erfahrungen noch vergleichsweise jung.
Die gleichen zeitlichen Erfahrungen liegen in etwa auch bei neuartigen Wärmeträgern vor, relativ dünnen Matten oder Platten, die mit nur wenigen millimeterdicken Kanälen so durchzogen sind, daß sie praktisch laminar durchströmt werden können. Wer einmal sehen konnte, was sich an »Schlamm« und anderen Ablagerungen in einer sogar nur wenige Jahre alten Heizungsanlage absondert, wird gegenüber der Anwendung derartiger Systeme skeptisch bleiben.
Wie der Fußboden, kann auch jede Decke ein Flächenheizsystem aufnehmen, obwohl damit die wärmepsychologisch sicherlich nicht günstigste Lage der Heizfläche gewählt wird. Voraussetzung für ein solches Heizsystem am Altbau sind Aufbau unter der vorhandenen Decke und problemloses Anbringen möglichst unterschiedlicher neuer Deckenuntersichten. Am geeignetsten sind hierfür Heizungsfolien (Abb. 23). Der Heizdeckenaufbau ist dabei kostengünstig und einfach. An der vorhandenen Decke wird im system-spezifischen Abstand die Lattung befestigt. Die Lattenzwischenräume nehmen die Wärmedämmung auf. Die Folie selbst, meist eine doppelte Trägerschicht mit dazwischen eingeschweißten Heizflächen, wird an die Lattung nur noch geheftet. Als Deckenuntersicht sind von Fertigputzplatten bis zu gespannten Textilien fast alle Mög-

Abb. 23 *Heftung einer Flächenheizungsfolie.*

Abb. 24 *Regelung und einfacher Wärmetauscher eines luftdurchflossenen und geschlossenen Wandheizsystems.*

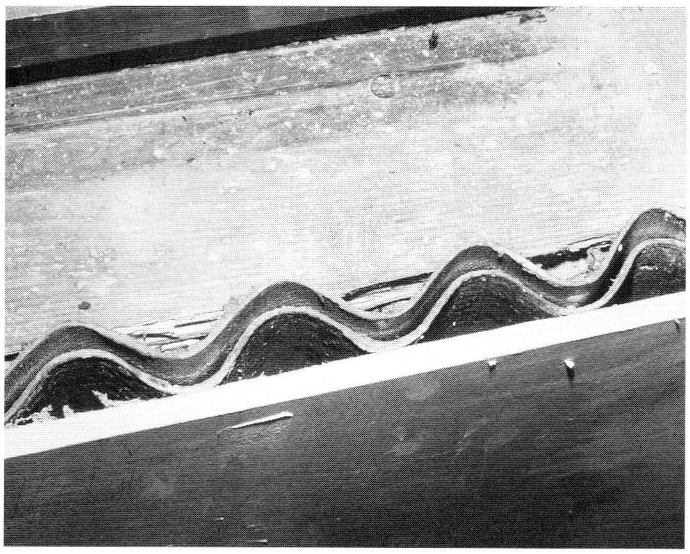

Abb. 25 *Die Trennung der beiden Luftströme geschieht hier durch eine Wellplatte.*

lichkeiten geeignet. Für denjenigen, den die größeren Raumhöhen im Altbau stören oder der den Luftraum aus Gründen der Heizkostenersparnis verringern möchte, mag dieses Heizsystem ohne nennenswerten Mehraufwand den zusätzlichen Gewinn einer abgehängten Decke bieten.
Neben Decke und Fußboden können auch die Wände beheizt werden. Auch hierfür gibt es schon seit langem spezielle Systeme – meist als Elektroheizung, die sogar als »Heiztapete« angeboten wird. Von Sonderfällen abgesehen, gibt es jedoch keinen zusätzlichen positiven Grund, diese Lösungen vorzustellen. Günstiger ist das vor wenigen Jahren entwickelte Assmann-System zu beurteilen (Abb. 24), bei dem vor die Altbauwand mit relativ dünner Konstruktionsstärke – ab etwa 40 mm – eine warmluftdurchflossene Schale gestellt wird (Abb. 25), die im übrigen auch mit einer Fußbodenheizung gleicher Art kombinierbar ist. Das Prinzip ist simpel: Im Sockelbereich sorgt eine Einfachst-Warmwasserheizung für den nötigen Auftrieb durch Erwärmung; der Kreislauf erfolgt dann durch Schwerkraft. Der Vorzug liegt auch hier im Vorteil aller Flächenheizsysteme: geringste Oberflächentemperaturen bei vergleichbar hohem Strahlungsanteil. Ein weiterer, wenn auch über die Heizkosten zu bezahlender Vorteil kann darin liegen, daß bauphysikalisch ungünstige Wandverhältnisse verbessert werden. Selbstverständlich ist ein solches Heizungssystem gefeit gegen Kondensationsschäden und damit Schimmelbildung – ein Vorteil, der von Anfang an von Museen weit über Wert ausgeschlachtet wurde.
Der Nachteil, vor die alte Wand noch eine neue als dünne Platte zu stellen, kann dadurch verringert werden, daß die Luft aus dem Sockel frei nach oben strömt. Entsprechend der einseitigen an der Wand bremsenden Reibung des Luftstroms wird dieser an der Wand gehalten – und man braucht diesen uralten Coanda-Effekt nicht mit hoher Wissenschaftlichkeit zu zitieren, um ausschließlich die Vorzüge dieses Heizungssystems zu nennen. Dieser Effekt ist fast allen Sockelheizsystemen eigen, die den Luftstrom wandnah nach oben entlassen. Auch wenn ähnliche Aspekte gegen diese Art der Wärmeabgabe sprechen – vor allem die Einschränkung einer freien Möblierung – können ihre Vorzüge in Sonderfällen genützt werden.
Völlig ungeeignet ist dieses System allerdings zur »thermischen Bausanierung« wie dies lautstark von seinen Protagonisten angeboten wird. Man versteht hierunter die Trockenlegung feuchter Wände durch Beheizen, was seit Jahren als die wohl teuerste und schadenträchtigste Trockenlegungsvariante erkannt ist und keine weitere Beachtung verdient.

Brauchwassererwärmung

Die beschriebenen Kombiformen von Therme und Kessel bieten eine mit der Heizung kombinierte Brauchwassererwärmung an, wie sie vielfach bei der zentralen Gebäudeheizung üblich ist. Als notwendiger Teil der Sanitärsanierung werden die technischen Möglichkeiten und ihre Vorzüge und Nachteile jedoch unter »Sanitäranlagen« beschrieben.

Schornsteinsanierung

Meist vergessen bei der Besprechung einer Heizungssanierung und vor allem bei Ermittlung der Kosten sind jene Arbeiten, die am Schornstein notwendig werden. Durch die immer mehr propagierte Absenkung der Heizwasser-Temperaturen und der damit notwendigen Kesselkonstruktionen, aber auch durch die verstärkte Verwendung von Gas, vor allem aber wegen des Einsatzes von Brennwertgeräten (siehe »Heizungsalternativen«), gewinnt die Schornsteinsanierung an erzwungener Bedeutung; sie wird deshalb in einem eigenen Kapitel beschrieben.

Kosten der Heizungssanierung

Für absolute Preise wird wieder auf das Kapitel »Kosten« verwiesen. Für die Entscheidung zur Heizungssanierung ist es jedoch wichtig, die Entstehung der Kosten und die zusätzlichen Kosten auseinanderzuhalten – und vor allem jene Kosten zu kennen, die letztlich der Nutzer zu tragen hat. Es sind dies die umgelegten Modernisierungs- und Betriebskosten einschließlich der subjektiv recht unterschiedlichen Brennstoffkosten.
Nach derzeit gültigem Recht können wertverbessernde Maßnahmen, wozu auch jede Heizungssanierung zählt, welche die Mühen von Kohle-, Holz- und Aschentransport ausmerzt, mit 11% jährlich auf den Nutzer, also den Mieter umgelegt werden. Die hierbei entstehenden Kosten zeigen die Zeilen 1–4 der Tabelle (Abb. 26), wobei allen drei Varianten zugrunde gelegt wird, daß auch Maßnahmen zur Gasversorgung notwendig werden. Erhöht sich also die Zahl der zu sanierenden Wohneinheiten, sinken die Anteilkosten der Spalten A (Gaseinzelöfen) und C (Gaszentralheizung), während die Kosten für die Etagenheizung annähernd gleich bleiben. Diese steigen jedoch im Gegensatz zu den beiden anderen Varianten sprunghaft, verringert sich die Wohnungsgröße entscheidend. Zum Vergleich sind deshalb die Kosten für eine Wohnung unter 45 m^2 angegeben (Zeile 3).
Ist schon die Relation der einzelnen Sanierungsvarianten und der Umlagen (Mehrung von ca. 85%) gravierend, so vergrößert sich die Differenz nochmals durch das übliche und technisch unterschiedlich mögliche Heizverhalten, das den Beschreibungen der einzelnen Sanierungsvarianten entnommen werden kann. Als wichtigste Unterschiede mit Kostenbedeutung werden nochmals genannt: die Ausstattung mit Gaseinzelöfen umfaßt in der Regel alle Räume mit Ausnahme des Flurs oder innenliegender Sanitärräume, häufig auch der Küche; die Zentralheizung umfaßt immer auch den Flur, die Küche und meist innenliegende Räume. Die Art der Wärmeabgabe (Einzelheizung = rasche Temperaturerhöhung durch hohe Wärmeabgabe je Zeiteinheit; Zentralheizung = langsame Temperaturerhöhung bei niedriger Wärmeabgabe) erzwingt recht unterschiedliche Heizgewohnheiten, soll annähernd gleiche Behaglichkeit vorausgesetzt werden: Etagen- und Zentralheizungen erlauben kein Auskühlenlassen einzelner Räume. Zum einen erreichen die Nachbarräume bei der heute vorgeschriebenen knappen Auslegung und der geregelten Anpassung der Vorlauftemperatur nicht mehr die gewünschte Raumtemperatur; zum anderen ist zumindest eine durchgehende Temperierung aller Räume Voraussetzung für ein erträglich rasches Aufheizen nicht durchgehend beheizter Räume und überdies Voraussetzung der Vermeidung von Bauschäden. In der Praxis bedeutet dies beispielsweise für einen Berufstätigen, daß er mit seinen Gaseinzelöfen rasch die gewünschte Raumtemperatur erhält, während er mit einer Warmwasserzentralheizung die Wohnung auch tagsüber vergleichsweise hoch temperieren muß, will er abends nicht frieren.
Gaseinzel- und -etagenheizung bieten wieder jenen Vorteil gegenüber der Zentralheizung, daß sie nur dann in Betrieb gesetzt werden müssen, wenn der jeweilige Nutzer es wünscht, während die Hauszentral-

heizung entsprechend den örtlichen Gepflogenheiten und meist gestützt durch richterliche Entscheidungen während einer bestimmten, meist siebenmonatigen Dauer laufen muß. Dieses Vorhalten an Wärme kostet viel Geld und wiegt bei weitem jene Vorteile auf, die durch bessere Regelung und etwas höhere Wirkungsgrade erzielt werden können.
Es ist eigentlich unkorrekt, die beschriebenen Kostenunterschiede in konkretem Geldwert zu belegen, da sie zu sehr vom Nutzer und seinen Heizgewohnheiten bestimmt werden. Hält man sich diese breite Streuung allerdings vor Augen, ist es doch erlaubt, Mittelwerte zu nennen (Zeile 17); es ergibt sich somit die in Zeile 18 ausgewiesene monatliche Mehrbelastung: Die Differenz zwischen den 3 Varianten ist erheblich.

Freilich müßte nun noch auf andere Bereiche der Wertung eingegangen werden, wie Neigung zu Kondensationsschäden, Raumluftqualität, Behaglichkeit und anderes mehr. Auch hier ist jedoch keine Heizungsvariante in allen Bereichen optimal, so daß es wieder auf den persönlichen Standpunkt ankommt, welchem Aspekt der Vorzug gegeben wird.

Zur Verdeutlichung des Kostenvorteils bei gleichzeitiger Sanierung nur weniger Wohneinheiten werden der Kalkulation vier Wohnungen mit jeweils 100 m^2 zugrunde gelegt.

	A Gaseinzelöfen	B Gasetagenheizung (Therme) ohne Warmwasserbereitung	C Gaszentralheizung ohne Warmwasserbereitung
1. Erstellungskosten einschl. Nebenkosten	11 235	17 024	19 488
2. Kosten/m^2 (ungefähr)	112	170	194
3. Kosten/m^2 für eine Wohnung von etwa 45 m^2 (ungefähr)	(123)	(263)	(218)
4. jährliche Umlage auf die Miete entsprechend Zeile 1	1235	1872	2143
5. Abgasmessung jährlich	–	67	22
6. Wartung jährlich	53	216	179
7. Prüfung Umweltpumpe	–	84	22
8. Wartung Heizkosten jährlich	–	–	89
9. Ablesung Heizkostenzähler	–	–	39
10. Abrechnung Heizkosten	–	–	100
11. Kaminreinigung jährlich	85	56	33
12. Reinigung Heizraum und Anlage	–	–	180
13. Betriebsstrom	–	44	33
14. Vorhaltung der Energie (Grundgebühr)	je nach EVU ganz oder teilweise auf Haushaltskonto –	16	50
15. Betriebskosten einschließlich Sanierungsumlage jährlich	1374	2343	2882
16. wie 15, monatlich	115	194	240
17. Brennstoffkosten monatlich	139	207	252
18. monatliche Heizkosten einschließlich Sanierungsumlage	256	403	492
19. abzüglich bisheriger monatlicher Heizkosten vor Sanierung (Einzelheizung)	149	156	156
20. monatliche Mehrbelastung nach Sanierung	107	246	336

Abb. 26 *Monatliche Mietmehrung durch Heizungssanierung.*

Heizungsalternativen

Unter diesem inhaltlich nicht definierten Begriff sollen jene Möglichkeiten angesprochen werden, mit denen auf dem Heizungssektor Energie eingespart werden kann – unabhängig von allen Möglichkeiten einer zusätzlichen Wärmedämmung. Zwei Bereiche sind hier grundsätzlich zu unterscheiden: alternative Energiegewinnung durch Solarkonzepte und Energieeinsparung in konventionellen Heizsystemen.

»Energieeinsparung« wurde spätestens mit der ersten Ölkrise zu einem Schlagwort, mit dem manches fachlich zutreffende Argument entkräftet wurde. Fast allen positiven Empfehlungen zur energieeinsparenden Maßnahme – gleichgültig ob vom Staat kommend oder von der Industrie formuliert – ist gemeinsam, daß »Energieeinsparung« gleichgesetzt wird mit »Kosteneinsparung«, wobei dieser Vorzug vor allem den Technologien zur alternativen Energiegewinnung für Beheizung zugewiesen wurde.

Für ein Land mit unseren klimatischen Bedingungen ist diese verkaufsfördernde Begründung im Heizungsbereich – nicht bei der Brauchwassererzeugung! – mit wenigen Ausnahmen so falsch, daß sie klar als Betrug zu bezeichnen ist. Es liegen inzwischen schon seit Jahren genügend Untersuchungen und Auswertungen bestehender Anlagen zur alternativen Energiegewinnung für Heizzwecke vor, die zeigen, daß es zwar möglich ist, mit ihnen bis zu 60%, in Einzelfällen auch noch mehr an konventioneller Energie einzusparen, dies aber um den Preis einer Kostenmehrung zwischen 25% und 50% gegenüber den bisherigen Heizkosten.

Ebenso betrügerisch wie verkaufsfördernd werden in der Werbung immer noch Heizkosten und Brennstoffkosten verwechselt. Tatsächlich verringern sich die Brennstoffkosten, diese Ersparnis wird gründlich aufgefangen durch den Kapitaldienst für die Anschaffung irgendwelcher Solaranlagen bei entsprechend kurzen Standzeiten – heute durchschnittlich 10 Jahre –, zuzüglich sekundärer Energiekosten, Wartungsarbeiten, baulichen Folgekosten. Wie sehr hier mit der Leichtgläubigkeit des Laien bis hin zum Fachmann gerechnet wird, kann an einem einzigen industriellen Angebot deutlich werden: der Wärmepumpe, deren Prinzip dem des Kühlschranks gleicht, nur daß hier die Wärme genutzt und die Kälte wieder abgegeben wird, meist an jenes Medium, dem die Wärme auch entnommen wurde – vorwiegend Luft und Wasser (Abb. 1). In fast jedem Heizkeller ist es zu warm; diese Wärme wird abgegeben selbst bei gutgedämmten Anlagen vor allem im Bereich des Brenners und dann an allen nicht- und nur schwer dämmbaren Verbindungsstükken, Abzweigen, Flanschen. Diese Wärme kann rückgewonnen werden durch ein Wärmepumpengerät, das dieser kostenlosen »Warmluft« die unerwünschte Wärme entzieht und damit energiesparend dem Heizungskreislauf, unter Umständen auch der Brauchwassererwärmung zuführt. Diese Erhöhung der Raumlufttemperatur im Heizkeller wird aber eigentlich nicht bedingt durch die Oberflächentemperatur der ungedämmten Anlagenteile, sondern durch deren Temperaturdifferenz zur umgebenden Raumluft: Enthielten alle Leitungsteile beispielsweise auf 60 Grad erwärmtes Wasser und betrüge die Raumlufttemperatur ebenfalls 60 °C, erlitte die Heizungsanlage keinen

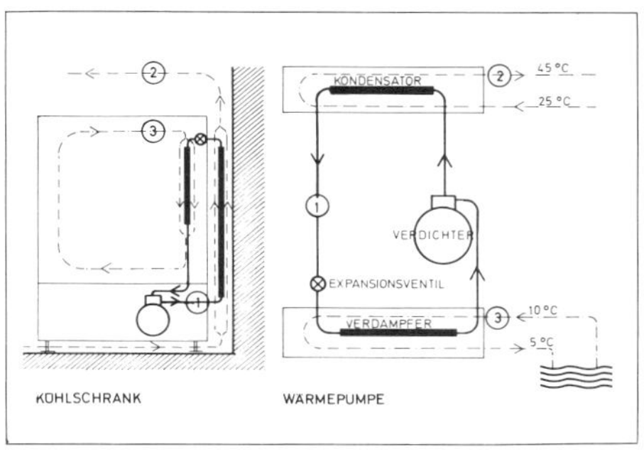

Abb. 1 *Vergleich von Kühlschrank und Wärmepumpe.*

Wärmeverlust. Zurück zur gepriesenen Wärmepumpe: Sie entzieht nun der erwärmten Raumluft Wärme, kühlt damit den Heizraum ab. Zwangsläufige Folge dieses Vorgangs ist ein wesentlich erhöhter Wärmeverlust über alle wärmeabgebenden Anlagenteile. Die teure und auch wartungsintensive Wärmepumpe arbeitet also unter Verbrauch von weiterer Energie – in diesem Fall meist Strom – mit Wärme, welche die Heizungsanlage zusätzlich liefern muß: ein selten unsinniger Mißbrauch des technisch Möglichen, vertuscht durch Versprechungen.

Das zweite Argument, mit dem etliche Anlagen für die Heizungssanierung oder für den Neubau schmackhaft gemacht werden sollen, ist etwas schwieriger zu widerlegen: Schonung unserer Energieressourcen. Der Staat müßte dem noch hinzusetzen: Verbesserung des Devisenausgleichs. Jede alternativ gewonnene Energiemenge verbessert die Außenhandelsbilanz – und dies ist sicherlich das stets heimlich gehütete, aber geliebte Argument für die politische Unterstützung alternativer Energiegewinnung durch Zuschüsse. Mehr als fragwürdig ist dagegen das laut vorgebrachte Argument der Schonung unserer kostbaren Energiereserven. Ausgerechnet jene empfohlenen Anlagen benötigen zu ihrer Herstellung eine unvergleichlich hohe Menge an »kostbarer Energie« – und dies sowohl als Ausgangsmaterial – Kunststoff – als auch bei der Verarbeitung – Kunststoff und vor allem Aluminium. Gerade Kunststoff und Aluminium sind jedoch die hauptsächlich verwendeten Materialien bei derartigen Geräten und Anlagen. Rechnet man hierzu noch jene Energie, die eine Wärmepumpe oder auch andere Anlagenteile frißt, bis hin zum Energieverbrauch, wenn Solaranlage und Wärmepumpe beseitigt werden müssen, so schmilzt auch dieses Argument.

Was letztlich tatsächlich zählt, wird allerdings zur Argumentation bisher kaum herangezogen; vor allem Staat und Industrie blieben hier behutsam still: Jede Kilokalo-

rie nicht verbrannter fossiler Brennstoff (wozu übrigens in diesem Sinne auch Holz zu zählen wäre) erspart uns – und dies ist in diesem Fall die ganze Welt – eine Mehrung des CO_2-Gehalts der Luft und dient damit vielleicht der Rettung unseres Erdklimas. Dies ist ein so bombastisches Argument, daß es schwerfällt, es für die kleine Einsparung der ebenfalls kleinen privaten Heizungsanlage zu benutzen. Wir glauben jedoch heute zu wissen, daß die Gefährdung des Weltklimas durch den Treibhauseffekt bereits so fortgeschritten ist, daß man nicht sagen sollte, dies sei nur ein Tropfen auf dem heißen Stein, sondern vielmehr: Steter Tropfen höhlt den Stein. Von Kostenersparnis ist allerdings weder beim einzelnen Verbraucher noch für den Staat irgendwo die Rede – und darf es auch nicht sein.
Dieser Vorspann wurde nötig, weil auch für die Heizungssanierung im Altbau immer noch diese falschen Werbetrommeln gerührt werden. Ohne im einzelnen also auf die formalen Lächerlichkeiten jener Solarkollektoren einzugehen, die mit Duldung auch der Denkmalpflege für das alte Schuppendach entwickelt wurden oder als Absorberlösung eine abseitige Dachfläche zieren oder Wärme gar dort entnehmen, wo wir sie aus sehr guten Gründen besser lassen sollten, aus Erde und Grundwasser, darf verallgemeinernd gesagt werden:
Geräte und Anlagen zur alternativen Energiegewinnung für Heizzwecke bringen eine Heizkostenverteuerung; sie sind in unseren Breiten zumindest jetzt noch vielfach ungeeignet und setzen im günstigsten Fall eine ebenso alternative Architektur voraus. Sie sind deshalb am Altbau nochmals als ungeeigneter zu beurteilen als am Neubau.

Solaranlagen

Legt man die Anwendung für ein Einzelgebäude zugrunde, so kennt man heute vor allem Kollektoren, Absorber, Fotozellen; eine bisher wesentlich geringere Rolle spielen hier Solarkonzentratoren (Parabolspiegel), Windräder und anderes. Ziel dieser alternativen Energieversorgungsmöglichkeiten ist das energieautarke Gebäude, also jenes Haus, das ohne Anschluß an öffentliche Versorgungsunternehmen die benötigte Energie selbst erzeugt. Theoretisch sind hierzu bereits interessante Wege aufgezeigt; und es wurde vor wenigen Jahren in einem BMFT-Forschungsvorhaben ein Gebäude entwickelt, das sogar in unseren Breiten tatsächlich als energieautark bezeichnet werden darf. Für die Praxis ist jedoch noch auf eine Fülle von technischen Entwicklungen zu warten, die dann in jenen Ländern zum Erfolg führen könnten, deren geographische Lage für diese Art der Energiegewinnung günstiger ist als die Mitteleuropas.
Für die Altbausanierung ist es hilfreich, sich jene Gebäude anzusehen, bei denen es gelungen ist, den winterlichen Heizungsbedarf ganz oder wenigstens überwiegend derartig zu decken (Abb. 2). Sieht man auch hier wieder von der geographischen Lage ab, so wird man auch in der Architektur feststellen, daß ein solches Gebäude mit unseren Altbauten, wozu jedes Gebäude bis in unsere heutigen Tage zu zählen ist, sehr wenig gemein hat: Jede Möglichkeit der Zuordnung zur Sonne wird genutzt; die Befensterung ignoriert alle Forderungen des Energieeinsparungsgesetzes, und die Kosten baulicher Hilfsmaßnahmen wie dämmende Läden, speichernde Massen, durchströmte Wände und Dachflächen werden in der Kostenbilanz häufig unterschlagen. Der Altbau ist auch mit gutem Willen und vollem Geldbeutel diesen Grundforderungen nicht anzupassen. Es ist deshalb erlaubt, verallgemeinernd zu sagen, daß die vielversprochene Kosteneinsparung mittels Energieeinsparung durch Solarenergie zumindest beim Heizen bestehender Gebäude in unseren Breiten eine Utopie ist – und dies gilt, soweit die technische Entwicklung bereits prognostizierbar ist, auch für die kommenden Jahrzehnte, falls nicht die Energiepreise so weit in die Höhe schnellen, daß der dann auch teurere Kauf aller notwendigen Zusatzeinrichtungen vergleichsweise günstiger bliebe.
Eine vorsichtige Prognose ist dennoch interessant. Um die noch vor 10 Jahren über Wert gepriesenen Solarkollektoren ist es zu Recht still geworden; sie dienen der sommerlichen Brauchwassererwärmung und entsprechen im Prinzip jenem langen schwarzen Wasserschlauch, den schon die Großväter an einem Sonnentag auslegten, damit das Wasser vorgewärmt wird. Sehr viel interessanter ist das Prinzip der Absorberanlagen. Hierbei wird durch ein kollektorähnliches Leitungssystem eine

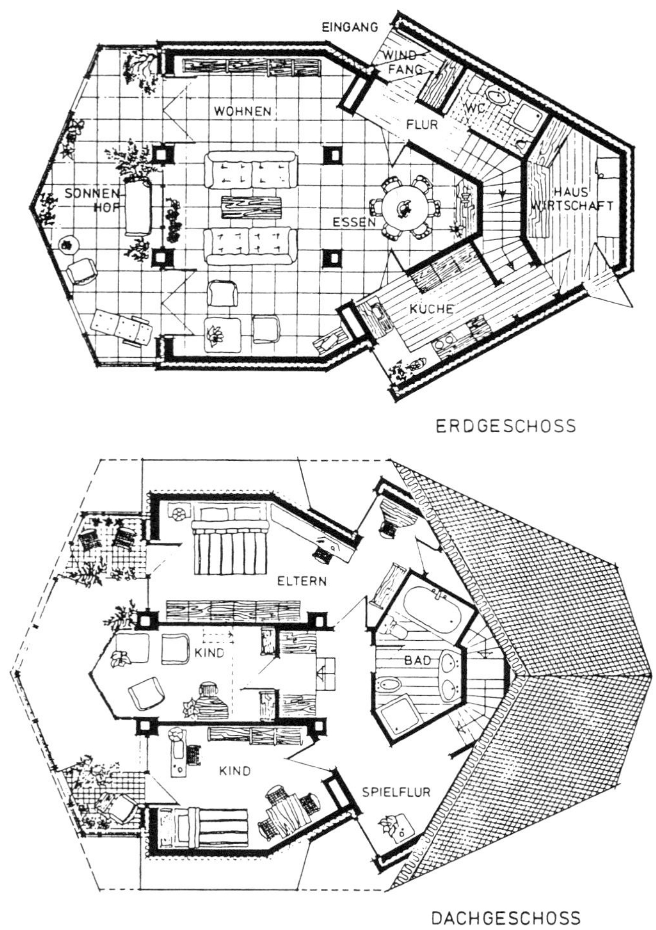

Abb. 2 *Energie »einfangendes« Solarhaus.*

unterkühlte Flüssigkeit, meist eine Sole, geleitet, die nun Wärme aus der sie umgebenden Luft aufnimmt. Dies heißt, daß diese Absorberanlage um so besser funktionieren wird, je mehr Luft der Wind durch die Absorberflächen treibt und/oder je mehr an Energie Nebel oder Regen abgeben können. Eine Absorberanlage funktioniert also auch bei bedecktem Himmel und damit wesentlich länger in jene Monate hinein, in denen Heizenergie tatsächlich benötigt wird. Daß derartige Anlagen auch bei verblüffender Energieeinsparung dennoch im günstigsten Fall noch 30% teurer arbeiten als das konventionelle Beheizen, liegt zum Teil noch in der Qualität der Anlagenteile und vor allem in der geringen Stückzahl, so daß hier mit einer Verbesserung des Aufwands im Verhältnis zum Nutzen zu rechnen ist – wenn auch vermutlich wieder nicht in absehbarer Zeit. Sollte dieses Konzept der Energieeinsparung an Bedeutung gewinnen, müssen wir uns nicht nur formal an einiges Neue gewöhnen (Abb. 3 und 4), auch der Winter hält scheinbar früher Einzug: die unterkühlte Sole erzeugt Reif aus der Luftfeuchtigkeit.

Abb. 3 *Detail eines »Energiezauns«: Der luftdurchströmte Zaun wird von einer unterkühlten Sole durchflossen.*

Abb. 4 *Frühe Konzeptionen von Absorberdächern.*

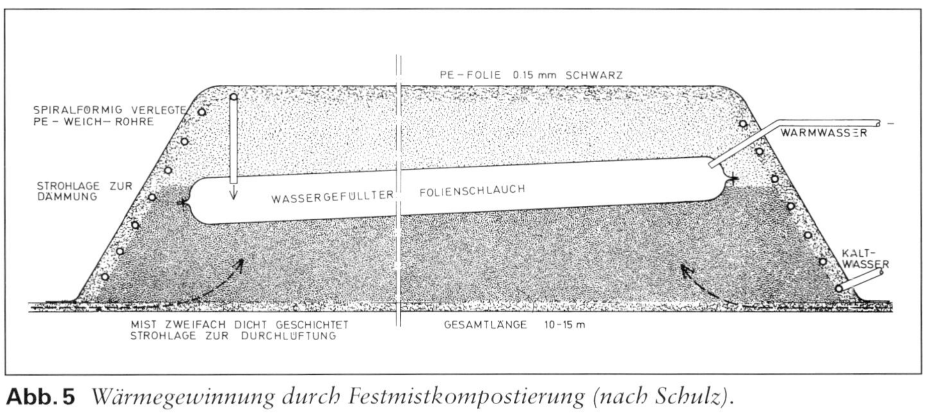

Abb. 5 *Wärmegewinnung durch Festmistkompostierung (nach Schulz).*

Insgesamt zukunftsträchtiger ist die Foto-Voltaik zu beurteilen, die Umwandlung von Licht in Strom. Zwar arbeitet auch sie optimal bei direktem Sonnenlicht, kann dieses jedoch auch bei diffusem Licht direkt in Strom umwandeln. Heute stehen Anschaffungskosten und Ausbeute immer noch in einem geradezu lächerlichen Verhältnis zueinander, doch gibt es Hinweise aus der Forschung, daß die Stromausbeute noch vervielfacht werden kann. Wann derartige Systeme anwendungsreif sind und zu welchen Preisen, läßt sich derzeit allerdings noch nicht absehen. Ein weiteres Problem wirft die Umwandlung von Solarenergie in Strom prinzipiell auf: die Speicherung. Selbstverständlich ist es möglich, mittels dieses gewonnenen Stroms Wasser zu erwärmen, so daß damit die Anlage im Prinzip jener bei Kollektoren oder Absorbern entspricht. Diese Art der Speicherung ist jedoch vergleichsweise verlustreich und vor allem nur kurzfristig. Es wurden deshalb bereits Verfahren für längerfristige Energiespeicherung entwickelt, die jedoch auch allesamt noch nicht ernsthaft praxisnah als Lösung bezeichnet werden können. Auch hier zeigen sich jedoch bereits Möglichkeiten einer entscheidenden Verbesserung.

In der Entwicklung sind Systeme wie das sogenannte Sepak-System, welches Hochtemperaturwärme (300 °C–500 °C) verlustlos und permanent speichert, so daß die Sonnenwärme des Sommers im Winter zur Verfügung steht. Auch wenn hierbei noch keine Marktreife erreicht ist und zudem das angestrebte Ziel auch volumenmäßig eine bisher unübliche Geräteaddierung verlangt, wird doch deutlich, daß eine grundsätzliche Verneinung jeglichen Solarkonzepts für die Zukunft nicht ausgesprochen werden darf.

Dieser extrem grobe Überblick läßt sich aus dem Gesichtspunkt der Altbausanierung wie folgt zusammenfassen: Für alle bisher realisierten und in der Entwicklung bekannten Konzepte der Gewinnung der Solarenergie ist der Altbau denkbar ungeeignet. Auch künftig werden günstigere Solarkonzepte für einen sinnvollen Einsatz einen hierauf abgestimmten Neubau verlangen. Wer dennoch derartige Möglichkeiten für den Heizbetrieb nutzen möchte, wird zumindest für die nächsten Jahre auf Absorberanlagen zurückgreifen müssen. Für landwirtschaftliche Betriebe kann es Ausnahmen geben, die hier nicht weiter besprochen werden sollen, wie die Nutzung der Stall- oder Milchwärme oder der Verrottungswärme des »Misthaufens« durch Wärmepumpen (Abb. 5). Dennoch darf die heute teilweise noch lächerliche Diskrepanz zwischen Versprechen und Nutzen den Blick nicht verstellen auf die Entwicklungsmöglichkeiten, deren positive Beurteilung sich unter dem Zwang des Umweltschutzes verändern wird. Bis jetzt und bis auf weiteres müssen allerdings jene Möglichkeiten genutzt werden, die im konventionellen Heizungsbereich helfen, Energie zu sparen.

Konventionelle Energieeinsparung

Anders sieht es aus, wenn man sich der technischen Möglichkeiten bedient, die eine Heizung anlagetypisch bietet. Auch hierzu ist es hilfreich, sich Gedanken darüber zu machen, wie und wodurch beim Heizen Energie unerwünscht verschleudert wird: Jeder kennt den Brennstoffbedarf eines offenen Kamins und weiß, daß trotz eifrigen Nachlegens ein Raum nur schwer damit beheizt werden kann: Der Grund hierfür liegt unter anderem darin, daß je nach Bauart dieses Kamins nur 10%–25% der Wärmeenergie genutzt werden; die Hauptsache an Energie fliegt tatsächlich durch den Kamin davon. Unsere heutigen Wärmeerzeuger, gleich ob Einzel- oder Zentralgerät, schaffen bereits Wirkungsgrade um die 90%, doch immer noch geht ein Teil der Energie unter anderem als Wärme durch den Schornstein verloren. Eine Senkung der Abgastemperaturen muß also auch einen Energiegewinn bringen.

Alle Einzelöfen und noch viel zu viele unserer zentralen Wärmeerzeuger funktionieren so, daß sie aufheizen, bis der, meist thermostatisch gegebene Befehl kommt, damit aufzuhören, da die Raumluft warm genug sei. Zwar wird nun durch Abschalten des Brenners Energie gespart, aber die in der Eigenwärme des Gerätes steckende Energie geht bis zum Wiederanheizen unerwünscht verloren – und dies gilt bei Zentralheizungsanlagen für den gesamten Wasserkreislauf, auch wenn diese Restwärme tatsächlich in das Gebäude abgegeben wird. Diese Abgabe erfolgt erst nach der regelungstechnischen »Feststellung«: Es ist warm genug. Eine Heizung wird also um so energiesparender heizen können, je identischer Betriebsbereitschaftszeit und Betriebszeit sind, was heißt, daß die Heizung tatsächlich nur immer so viel Wärme erzeugt, wie abgenommen wird, dies allerdings nun ohne jeglichen Stillstand und damit ohne Stillstandsverluste.

Der Gasofen im Zimmer und der Heizkessel samt Wasserinhalt im Keller verbrauchen jedoch während der Stillstandszeit schon allein dadurch Energie, daß durch den Kaminzug Ofen, Kessel und Kesselinhalt zusätzlich abgekühlt werden. Eine weitere Energieeinsparung muß deshalb möglich sein, wenn der Zug im Schornstein dann unterbunden wird, wenn er keine Abgase transportieren muß. Letztlich sollte auch dann noch Energie zusätzlich gespart werden können, wenn die Unzuverlässigkeit des Menschen, die Wärme stets dem augenblicklichen Bedarf anzupassen, durch eine Regelung ausgeglichen wird. Wie können diese Möglichkeiten in der Praxis realisiert werden?

Um Stillstandsverluste auszugleichen, gibt es eine Reihe technischer Möglichkeiten: vor allem bei größeren Anlagen, also Gebäudezentralheizungssytemen statt Etagenheizungssystemen, werden diese kombiniert. Dem steht allerdings manches in der Praxis entgegen: Leistung und damit Kesselgröße müssen nach dem höchstmöglichen Wärmebedarf, bei uns in der Regel im Januar, ausgelegt werden, und alle wärmeleitenden Teile einer Heizungsanlage verlieren naturgemäß Energie – und dies während der Betriebszeit ebenso wie in der Auskühlphase während der Stillstandszeiten. Diese Selbstverständlichkeit wird deshalb erwähnt, weil hier die erste und durchaus entscheidende Möglichkeit der Energieeinsparung liegt. So kann beispielsweise die Leistung des üblichen einen großen Kessels so auf mehrere kleine Kessel aufgeteilt werden, daß diese einzeln oder bei Bedarf in Additionen in ihrer Leistung tatsächlich dem während des Heizungshalbjahres stark wechselnden Wärmebedarf stärker angepaßt sind (Abb. 6). Diese Kaskaden- oder Split-Anlage, um die es zwischenzeitlich wieder stiller wurde, wird aus praktischen Erwägungen so gefahren, daß entweder durch den Betreiber oder aber auch automatisch die Reihenfolge der Kessel und der ihnen direkt angeschlossenen Aggregate nach einer bestimmten Betriebsstundenzahl wechselt, so daß Alterung und Verschleiß aller Wärmeerzeuger etwa parallel ablaufen. Beim Kostenvergleich ist darauf zu achten, daß nun auch im Unterhalt höhere Kosten bei Wartung und Abgasmessung anfallen. Als zusätzliches kleines Plus mag gelten, daß der gefürchtete Ausfall des Kessels an Wochenenden und Feiertagen bei mehreren Wärmeerzeugern seinen Schrecken verliert. Eine solche Anlage in Kaskadenschaltung kann aus 2, aber auch aus 6 und mehr Einzelkesseln bestehen und lastet nun nicht mehr die gesamte Anpassung an den Wärmebedarf einer gleitenden Regelung der Wärmeabgabe, bei Zentralheizungen also der Warmwassertemperatur an.

Hierin liegt die zweite einfachere und heute meist auch bevorzugte Möglichkeit der Anpassung: Benötigt man am 5. Januar die kontinuierliche Lieferung eines Heizwassers mit Vorlauftemperaturen von

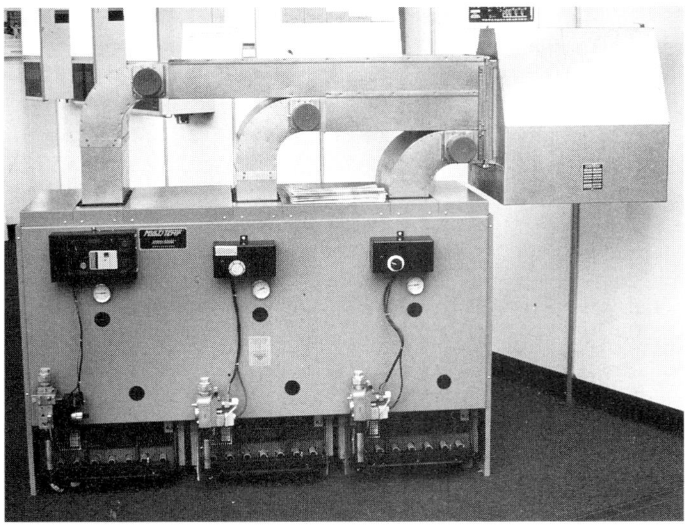

Abb. 6 *Mehrfach-Kesselanlage zur besseren Anpassung an den im Jahresverlauf sehr unterschiedlichen Wärmebedarf.*

80 °C zur Aufrechterhaltung der gewünschten Raumtemperatur, genügt am 15. April vielleicht 40 Grad warmes Vorlaufwasser. Diese Anpassung kann technisch unterschiedlich geregelt werden; sie reicht von der Regelung des Wasserdurchsatzes bis zur Mehrstufigkeit der Brenner oder gleitend regelbaren Brennern. Hierunter versteht man Brenner, die in ihrer Leistung wiederum in bestimmten Bereichen dem wechselnden Wärmebedarf angepaßt werden können und so Stillstandsverluste entscheidend verringern: Der Wärmeerzeuger arbeitet länger, aber mit verringerter Leistung, was bedeutet, daß nun hier nicht mehr mit einer gleichbleibenden Heizwassertemperatur von beispielsweise 70 °C gefahren wird. Dies verlangte eine um so häufigere Stop-and-go-Regelung, je geringer bei steigenden Außentemperaturen der Wärmeverbrauch wird, jetzt kann sich die Temperatur des Heizwassers wieder dem sinkenden Verbrauch anpassen.

Stillstandsverluste lassen sich nicht nur, wie beschrieben, durch Verringerung der Stillstandszeiten einschränken, sondern auch durch erhöhte Wärmedämmung. Was liegt näher, als jene Anlagenteile, die bisher ungedämmt blieben, mit der Dämmung zu erfassen. Entwickelt wurden hierzu sogenannte »packaged units«, »eingepackte Einheiten« also, bei denen nicht nur wie bisher der Heizkessel, sondern auch der Brenner, Anschlußflansche usw. wärmegedämmt in einem einzigen Gehäuse untergebracht sind (Abb. 7). Ergänzt werden muß dies selbstverständlich durch eine sorgfältigere Wärmedämmung jener Leitungsteile im Heizkeller, die bisher aus Kostengründen und Bequemlichkeit meist »vergessen« wurden: Absperrventile, Flansche und ähnliches.

Eine weitere Verlustquelle liegt im Schornstein – und zwar zweifach: Der Schornsteinzug unterstützt die Abkühlung der Wärmeerzeuger, und die Abgastemperatur kann fast linear einem hierfür spezifischen Wärmeverlust gleichgesetzt werden. Der Schornsteinzug bewirkt, daß auch dann, wenn die Heizung abgeschaltet ist, die in Kessel, in Anlagenteilen sowie im Heizwasser verbleibende Energie um so rascher abgeführt wird, je besser diese kühlende Luft den Wärmeerzeuger durchströmt. Schon vor langer Zeit wurden hiergegen Klappen entwickelt, die im rauchgasführenden Teil des Wärmeerzeugers oder aber im Schornsteinanschlußstück sitzen und nun entweder mechanisch oder motorgesteuert den Schornsteinzug durch

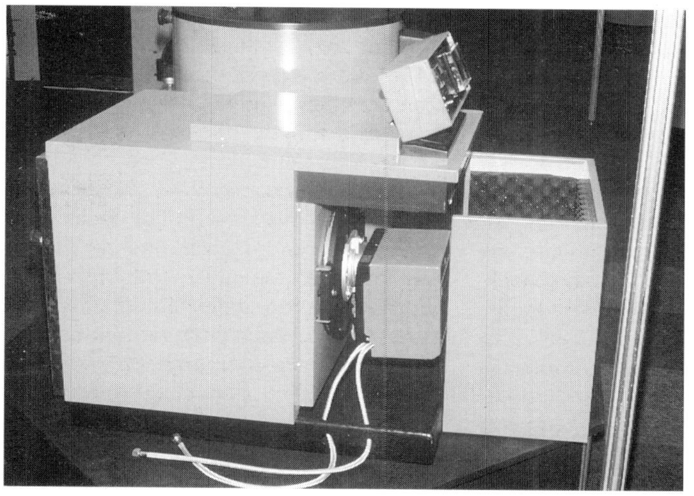

Abb. 7 *Kessel, Brenner und Verbindungsteile sind hier kompakt gedämmt. Das Gerät wurde zur Demonstration geöffnet.*

Schließen drastisch verringern: Sobald der Brenner erlischt, wird eine solche Klappe bewegt. Um wenigstens einmal einen Eindruck über die Größenordnung der hierbei zu erzielenden Einsparungsbereiche zu erhalten, wird dies für derartige Zugunterbrecher genannt: 0,5–1,0%, bezogen auf den Energiebedarf.

Thermostate

Die letzte sinnvolle Möglichkeit der Energieeinsparung, wenngleich auch wieder überbewertet, liegt in der Regelung. Angeboten werden hier Raumthermostate für »Computerfreaks«: Ein solches Regelungsgerät erlaubt fast jede beliebige Absenkung und Aufheizung getrennt nach Tagen und sogar Stunden. Derartige kostenintensive Geräte können jenen Bauherren sinnvoll empfohlen werden, die eine Baracke oder ein Zelt mit einer hervorragenden Zentralheizungsanlage ausstatten wollen. Auch dies soll an einem Beispiel belegt werden: Der aus einem Prospekt für solche Regelgeräte entnommene Temperaturverlauf suggeriert dem Käufer, daß beispielsweise in einem Kinderzimmer während der Abwesenheit des Kindes nicht geheizt zu werden braucht und damit Energie einzusparen ist. Die Höhe der Einsparung wird durch die zeichnerische Behauptung belegt, daß mit Hilfe dieses programmierbaren Raumthermostaten die während der Nacht auf 16 °C abgesunkene Raumtemperatur von 6 Uhr bis 7 Uhr wieder auf 20 °C angehoben wird, damit das Kind beim Aufstehen nicht friert. Gegen 8 Uhr verläßt das Kind diesen Raum, so daß nun die Heizung wieder abgestellt wird, wobei die Temperatur sehr rasch auf 16 °C abfällt. Kurz vor Schulende wird dann der Raum für den restlichen Tag wieder auf die notwendige Temperatur geheizt. Auch diesem armen Kind wurde offensichtlich eine Baracke als Kinderzimmer zugewiesen. Weder wird in einem massiv gemauerten Gebäude die Raumtemperatur innerhalb einer Stunde bei den heute üblichen Heizwasser-Temperaturen um 4 °C ansteigen können, noch – und vor allem – innerhalb einer Stunde so tief absacken, wie das verkaufsfördernd und die Energieverschleuderung ausmalend dargestellt wird; in Wirklichkeit wird sich ein sehr viel flacherer Temperaturverlauf einstellen. In den üblichen zentralgeheizten Gebäuden, vor allem im massiven Altbau, ist im Regelfall so viel an wärmespeichernder Masse vorhanden, daß der Sinn des technisch Machbaren dann in Frage zu stellen ist, wenn mehr als eine Nachtabsenkung verlangt wird. Hinzuweisen ist in diesem Zusammenhang auch darauf, daß die Kombination von Heizkörper- und Raumthermostaten nicht der Wirtschaftlichkeit der Heizung, sondern lediglich dem Verdienst des Installateurs dient.

Welche Einsparungen sind nun konventionell aufgrund der beschriebenen Maßnahmen möglich? Auch hier ist es nur recht, wenn nicht nach Energieeinsparung allein, sondern vor allem nach der tatsächlichen Kosteneinsparung im Sinne von Heizkostenverringerung gefragt wird. Es müssen also Kapitaldienst, Wartung usw. einschließlich der Steigerung die Energiepreiskosten während der Anlagestandzeit berücksichtigt werden. Tut man dies, so fallen die Gewinne auch wieder verblüffend knapp aus: 1% durch einen Zugbegrenzer im Schornstein, 3%–8% durch eine gesplittete Kesselanlage und durch gleitende Wassertemperaturen und so weiter. Lediglich die Auswechslung alter Wärmeerzeuger gegen neue kann auf einen Schlag 10% bringen. Auch hier gibt es zusammenfassende Untersuchungen; ihr Ergebnis ist bei allen Haustypen vergleichsweise ähnlich: Einem Energiegewinn von ca. 20% steht eine Heizkostenersparnis von 5% oder wenig mehr gegenüber.

Brennwertkessel

Seit etwa 12 Jahren sind Brennwertkessel als die konsequente Weiterentwicklung der modernen Niedertemperatur-Heizkessel auf dem Markt und werden seitdem auch sehr unterschiedlich beurteilt. Was wird hierunter verstanden?
Der Wirkungsgrad jedes Wärmeerzeugers wird definiert als das Verhältnis der erzeugten Nutzwärme zu der mit dem Brennstoff zugeführten Wärme, wobei der Heizwert des Brennstoffs stets mit 100% als die größtmögliche Ausnutzung der Verbrennung verstanden wurde. Zu dieser sensitiven, also »fühlbaren« Wärme gibt es jedoch noch eine zweite, die latente Wärme, jene Wärme, die im Wasserdampf der Abgase gebunden ist. Der Brennwert liegt also erheblich über dem Heizwert und beträgt bei Erdgas beispielsweise 111%. Es liegt also nahe, auch diese latente Wärme möglichst weitgehend auszunutzen, was voraussetzt, daß der im Abgas vorhandene Wasserdampf wieder zur Kondensation gezwungen wird. Dies geschieht in der Praxis bei fast allen Brennwertgeräten dadurch, daß sie neben dem bisher stets üblichen Wärmetauscher, der von den Flammen des Brenners und einem Teil der Abgase bestrichen wurde, noch einen zweiten Wärmetauscher besitzen (Abb. 8), der vom Heizungsrücklauf durchflossen wird, der anlagenbedingt so niedrig sein muß, daß damit die Abgase unter den Taupunkt abgekühlt werden. Dieser Kondensationswärmetausch wird von den Abgasen abwärts durchströmt, wodurch Auskühlverluste in der Brennerstillstandszeit auch ohne Verwendung einer Abgasklappe durch den sogenannten Thermosiphon-Effekt vermieden werden. Das nun entstehende Kondensat fließt nach unten ab. Um diese Kondensation möglichst hoch ausnutzen zu können, darf ein Brennwertkessel nur mit möglichst geringem Luftüberschuß betrieben werden; es stellen sich dadurch hohe Taupunkttemperaturen ein, die nun wiederum höhere Heizwasser-Rücklauftemperaturen ermöglichen. Die Nutzung der sensitiven und der latenten Wärme zusammen erlauben deshalb Wirkungsgrade, deren Höhe im ersten Moment rechnerisch unsinnig erscheint. Sie können im günstigen Fall bis zu 107% betragen, was in Verbindung mit einer hierfür passenden Niedertemperaturheizung einen Jahresnutzungsgrad von über 100% ermöglicht.
Aus der Funktionsweise lassen sich einige technische Besonderheiten ableiten, die insgesamt die angepriesene Sinnfälligkeit dieses Systems in Frage stellen. Der Auftrieb eines Heizungsabgases hängt unter anderem stark von seiner Temperatur ab. Da diese durch Kondensation entscheidend verringert wurde, benötigen Brennwertgeräte einen Ventilator – dies um so mehr, als der zweite Wärmetauscher bei den Abgasen einen zusätzlichen Strömungswiderstand leistet. Ein solcher Ventilator kostet Geld in der Anschaffung, im Verbrauch und in der Wartung.

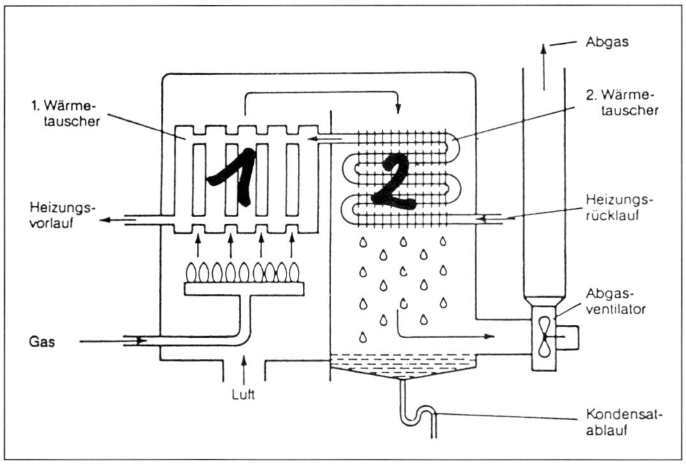

Abb. 8
Prinzipskizze eines Brennwertkessels.

Der größte Teil dessen, was bisher luftverschmutzend in die Atmosphäre gelangte, wird über das Kondensat abgeleitet. Dies heißt, daß zumindest der Kondensationswärmetauscher aus bisher im Kesselbau unüblichen teuren, weil korrosionsfesten Materialien bestehen muß, da er diesem sauren Kondensat ausgesetzt ist: Der Brennwertkessel wird nochmals teurer. Dieses Kondensat, dessen »Giftigkeit« auch vom Brennstoff abhängig ist, hätte man noch vor wenigen Jahren sicherlich unbeanstandet der Kanalisation zuführen dürfen, wie dies auch immer noch Prospekte empfehlen (siehe auch Abb. 8). Obwohl dieser Kondensatanteil bezogen auf die Gesamtwassermenge einer Wasseranlage relativ gering ist, wird die Einleitung über die kommunalen Abwasserbestimmungen hinaus regelnd eingeschränkt. Es gibt hierfür ein Merkblatt (N251) der abwassertechnischen Vereinigung, nach dem diese Einleitung ohne vorherige Neutralisation nur bei Heizungsanlagen kleinerer Nennwärmeleistung zulässig ist. Dies heißt, daß in jedem anderen Fall eine Neutralisation dieses sauren Kondensats vorgeschaltet werden muß. Abgesehen davon, daß auch dies wieder in der Anlage und im Unterhalt Geld kostet und somit wieder diesen Kesseltyp verteuert, muß hier die Frage gestellt werden, wer denn nun zum Schutze des Abwassers diese Neutralisation überprüft: zu erwarten, daß Nutzer oder Hausmeister dieses pflichtbewußt durchführen, ist blauäugig. So bleibt auch hier wiederum nur die Kontrolle durch einen Außenstehenden – Schornsteinfeger – was nochmals kostenmäßig zu Buch schlägt.
In den meisten Prospekten von Brennwertkesseln ist zu lesen, daß nun nicht mehr der notwendige Schornstein anfällt, sondern »nur noch ein Kunststoffrohr«. Auch hier wird verkaufsfördernd falsch argumentiert: Da diese Abgase nun durch einen Ventilator hinausgedrückt werden, im Schornsteinzug also ein Überdruck herrscht, ist es notwendig, diesen Zug gasdicht auszuführen; diese Abgasleitung muß gegen das sich niederschlagende Kondensat ebenfalls korrosionsbeständig sein. Selbstverständlich können hierzu »nur« Kunststoffrohre eingesetzt werden, wenn sie bis maximal 150 °C temperaturbeständig sind. Da diese Abgasleitung aber Teil einer Heizungsanlage ist, muß sie in einem feuerbeständigen Schacht F-90 geführt werden, was durchaus dem konventionellen Schornstein entspricht: Also auch die Abgasführung ist teurer als bisher

und fällt wieder kostenmäßig auf diese Kesselart zurück (Abb. 9).
Addiert man zu den Mehrkosten des Brennwertgerätes, die zwischen 1500 DM und 4000 DM liegen, noch die genannten Kosten einschließlich der gestiegenen Unterhalts- und Wartungsaufwendungen hinzu, verringert sich die finanzielle Attraktivität dieser Neuentwicklung entscheidend. Dies gilt besonders für den Altbau, da hier die Sanierung des bestehenden Schornsteins relativ gesehen höher zu Buch schlägt als die Einrichtung einer Abgasanlage beim Neubau. Interessanter werden die Amortisationszeiten allerdings bei Großanlagen, da auch hier die Gerätekosten nicht linear zur Leistung ansteigen.
Brennwertgeräte gibt es im übrigen auch als Außenwandgeräte, jedoch sind hierfür wieder baurechtliche Ausnahmegenehmigungen nötig. Speziell wiederum in der Altbausanierung einsetzbar sind Wohnungsbrennwertgeräte entsprechend den ausführlich beschriebenen konventionellen Wärmeerzeugern für Wohnungszentralheizungen.
Um unseren Blick vom rein-technokratischen Betrachten komplexer Probleme abzuwenden, soll abschließend noch ein wesentliches Gerät zur Energieeinsparung angesprochen werden: der »Pullover« – in Anführungszeichen deshalb gesetzt, weil er hier als Symbol dafür stehen muß, daß es vor allem unsere Ansprüche sind, die einen vermeidbaren Energieverbrauch erzwingen.

Abb. 9 *Korrekte Darstellung der Abgasführung als »Auspuff« in einem feuerbeständigen Schacht.*

Kirchenheizung oder »die Beheizung großer Räume alter Bauart«

Der Begriff »Kirchenheizung« für die Heizung von »großen Räumen alter Bauart« ist zweifach irreführend: Zum einen gilt die Problematik, grundsätzlich für die Beheizung aller großen historischen Räume, also nicht nur für Kirchen, sondern ebenfalls für Schloß-, Ratssäle, für Theater und Hallen von Burgen, Klöstern usw.; zum zweiten suggeriert er die Vorstellung eines Beheizens dieser Räume, wie wir dies normgerecht unter Berücksichtigung der vorgeschriebenen Temperaturen gewohnt sind. Tatsächlich aber werden diese »großen Räume alter Bauart« meist nicht im heute üblichen Sinn beheizt, sondern lediglich temperiert zur Verbesserung ihrer Nutzbarkeit, ebenso aber zur Schadensverringerung. Trotzdem soll auch im weiteren an diesem bereits festgeschriebenen Begriff »Kirchenheizung« festgehalten werden, da hierunter inzwischen allgemein jene Probleme verstanden werden, durch die sich die Beheizung solcher Räume von der üblicher unterscheidet.

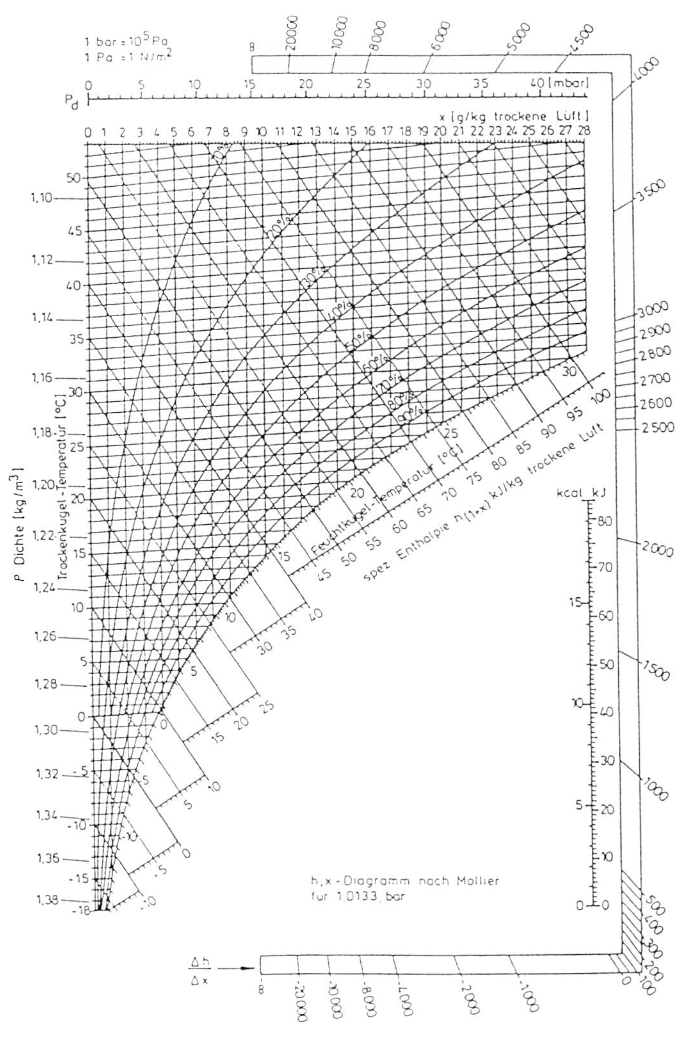

Abb. 1
Abhängigkeit von Luftfeuchte und Lufttemperatur ohne Berücksichtigung der Sorptionseigenschaften von Raumschale und Ausstattung.

Schon vor Jahrzehnten wurde darauf hingewiesen, daß sich die Beheizung großer Räume in ihrer Problematik vom Gewohnten unterscheidet. Diese Differenz wurde nochmals dadurch verstärkt, daß neue Kirchen, Hallen, Festsäle und ähnliches zwar in vergleichbarer Größe wie früher, aber in entscheidend anderer Konstruktion errichtet werden: Die meisten der neuen Anlagen sind als beheizbar erstellt, wurden entsprechend wärmegedämmt und besitzen vielfach eine vorgegebene Lüftung. Es ist also leider nicht nur falsch, die Erfahrung von Büro- und Wohnungsheizungen auf »Kirchen« anzuwenden, sondern auch die der Beheizung vergleichbarer großer neuer Räume.

Ein weiteres Problem ist im Begriff der »Kirchenheizung« enthalten: der Schutz kulturhistorisch wertvoller Ausstattung. Hierunter wird jedoch nicht nur die bewegliche Ausstattung wie Möbel, Plastiken und Gemälde verstanden, sondern die gesamte Innenschale einschließlich der Konstruktion des Raumes.

Schadensfaktoren

Worin liegt nun diese Gefährdung – und warum ist sie gerade in Abhängigkeit von der Heizung zu sehen? Die Antwort muß vorab theoretisch gegeben werden. Jede Temperaturveränderung bringt eine Veränderung der relativen Luftfeuchte mit sich; dies gilt auch für die Raumluft. Unter Vernachlässigung der Eigenschaften der Raumhülle liegt diese Abhängigkeit in dem hier zu findenden Temperaturbereich bei etwa 5% relativer Luftfeuchteänderung entsprechend 1 K Lufttemperaturveränderung. Dies bedeutet, daß bereits eine relativ geringfügige Erhöhung der Raumlufttemperatur eine so starke Absenkung der relativen Raumluftfeuchte bewirkt (Abb. 1), daß das Material der gefährdeten Ausstattung, allem voran Holz, diese Abtrocknung nicht mehr ohne Schaden verkraften kann. Selbstverständlich kannte der historische Raum auch ohne Heizung im Jahreslauf entsprechende Temperatur- und damit Feuchteänderungen. Diese jedoch liefen im Normalfall wesentlich langsamer ab, da selbst bei raschen Witterungsumschwüngen die üblicherweise stark wärme- und feuchtespeichernden Massen der Raumschale einschließlich Pfeiler und Ausstattung derartige Veränderungen stark dämpften. In Kenntnis dieses Sachverhaltes wurde und wird immer noch gefordert, daß im Gegensatz zur üblichen Beheizung eine Kirchenheizung den Raum nur möglichst langsam erwärmen darf.

Eine zweite Forderung ist hieraus noch ableitbar: Auch bei Beheizung muß die Raumlufttemperatur noch möglichst niedrig bleiben, um eine ausreichend hohe relative Raumluftfeuchte zu gewährleisten. Beide Forderungen sind in dieser Ausschließlichkeit und in der simplen Zuordnung zur Heizung falsch, gefährlich und irreführend – auch wenn sie von Denkmalpflegern und Restauratoren mit Vehemenz gestellt werden.

Vor kurzem wurde ein Forschungsvorhaben des Bundesforschungsministeriums über das Problem der Kirchenheizung abgeschlossen und veröffentlicht*: Es zeigt sehr deutlich, welche Einflußfaktoren und Abhängigkeiten bisher vielfach übersehen wurden. Denn auch für die Kirchenheizung gilt wie für viele bauphysikalische Probleme am und im Gebäude, daß sehr enge und vielfältige Verflechtungen aus Material, Konstruktion, Lage des Gebäudes und seiner Nutzung bestehen, deren Ignorieren zur einfacheren Ableitung von allgemein gültigen Patentrezepten eher schadet als nützt. Ein Beispiel aus der Praxis mag dies verdeutlichen:

Das Ingolstädter Münster ist ein spätgotischer Bau mit teilweise außergewöhnlicher Ausstattung. Vor etwa zehn Jahren zeigten Teile dieser Ausstattung schwere Schäden, für die ohne Umschweife die Warmluftheizung verantwortlich gemacht wurde. Da man also die Ursache schon vor der Ursachensuche kannte, beschränkte sich diese auf die Feststellung, wieweit die Raumluft im Winter abtrocknet. Übersehen wurde im Eifer dieser Schuldzuweisung allerdings, welchen gravierenden Veränderungen diese Kirche gerade auch mit Billigung der nun verurteilenden Stellen unterworfen wurde: Seit dem 19. Jahrhundert war das Münster parkähnlich von hohen Bäumen dicht umstanden. Diese Bäume beschatteten nicht nur die große Fensterfläche, sondern sie schufen auch ein Kleinklima höherer relativer Luftfeuchtigkeit um die Kirche, und damit auch in der Kirche (Abb. 2). Gleichzeitig wurde der angeblich frühere Zustand wieder hergestellt, in dem man das Niveau des Parkes um ca. einen Meter verringerte und die so entstandene Fläche großflächig verplattelte – die es allerdings in früherer Zeit auch niemals gegeben hatte (Abb. 3). Die bunten Glasfenster des Historismus mußten ebenfalls als spätere Zutat verschwinden und wurden gegen normales Fensterglas unebener historisierender Oberfläche ausgewechselt. Im Zuge des Aufgrabens zur Verlegung der Warmluftkanäle machte man auch baulich die berühmten Nägel mit Köpfen: Der gesamte Kirchenboden erhielt einen neuen Bodenbelag in der hierfür heute üblichen Betonkonstruktion, die gegen aufsteigende Nässe, welche es im Ingolstädter Münster nie gab, entsprechend wasserdicht abgesperrt wurde. Der Erfolg all dieser aus sehr unterschiedlichen Motiven gewählten, in jedem Fall jedoch unnötigen und leider in einer einzigen gemeinsamen Richtung wirkenden Maßnahmen war eine gravierende Veränderung des Feuchtehaushalts in der Kirche, unterstützt durch die Beheizung: Das Sonnenlicht fällt nun, ungehindert durch Bäume und farbige Kirchenverglasung, wie bei einem Gewächshaus, in den Kirchenraum und hat dort den gleichen Effekt, und zwar eine unverhältnismäßig starke Anhebung der Raumlufttemperatur; das Absenken des umgebenden Erdreichs verringerte die feuchtigkeitsaufnehmende Außenwandfläche um mehr als hundert Quadratmeter, so daß damit auch, wie durch den ebenfalls abgesperrten Fußbodenaufbau, die natürliche Feuchteabgabe an den Raum verringert und unterbunden wurde; statt eines, durch Bepflanzung optimalen Kleinklimas, steckt nun die Kirche in einem Steinplattensee, der zudem nochmals die Reflexion der Sonnenstrahlen ins Kircheninnere verstärkt. Daß die Heizung ebensowenig sachgemäß installiert oder zumindest gefahren wurde (Abb. 4), fiel nun kaum noch ins Gewicht. Die Heizung war allerdings der einzige Faktor in dieser, die Ausstattung schädigenden Maßnahmengruppe, der ohne größeren Aufwand nachträglich verbessert werden konnte, indem Ausblasgeschwindigkeit und -temperatur entscheidend verringert wurden. Dieses Beispiel zeigt für jeden überprüfbar, daß derartigen Räumen ein jeweils typisches und nur für sie geltendes Raumklima zuzuordnen ist, das durch eine Vielzahl von Einflüssen geschaffen wurde und meist bereits über Jahrzehnte, auch Jahrhunderte herrscht.

Abb. 2 *Das Ingolstädter Münster vor der schadensverursachenden Restaurierung.*

Abb. 3 *Negativ wirkende Veränderungen im Kirchenraum.*

* BMFT: »Bauphysikalische Untersuchungen in beheizten und unbeheizten Gebäuden alter Bauart (Kirchenheizung)«; durchgeführt durch das »Fraunhofer-Institut für Bauphysik«, Holzkirchen, und das »Institut für Gebäudeanalyse und Sanierungsplanung, GmbH«, Schliersee.

Die Erfahrung zeigt, daß es falsch ist, dieses »alte« Raumklima schon von vornherein als schützend für das Bauwerk und den Raum und seine Ausstattung zu bezeichnen. In den vielen Fällen aufsteigender Feuchtigkeit, vor allem aber bei Kondensationsfeuchte, der die Ausstattung ebenso zum Opfer fällt wie bei zu trockener Luft, könnte ein Beheizen zur Temperierung der Raumschale eine Verbesserung, unter Umständen sogar die entscheidende Hilfe bringen. Jede »Kirchenheizung« als schädigend zu be- und verurteilen, zeigt also ebensowenig Sachverstand wie Verantwortungsgefühl; es ist vielmehr notwendig, sich über den bisherigen Ist-Zustand des Raumklimas ausreichend Kenntnis zu verschaffen.
Durch einen zweiten Fehler wird die eben kurz umrissene falsche Haltung noch bestätigt; auch hierzu ein Beispiel: Die Nürnberger Frauenkirche, die schon seit längerer Zeit beheizt war, beherbergt ebenfalls eine Anzahl guter und schöner Ausstattungsstücke. Besonders hervorzuheben ist hier der Tucher-Altar, der nun nach einem Heizungsumbau – in diesem Falle eine wesentliche Verbesserung! – ebenfalls starke Schäden zeigte, die selbstverständlich vom Restaurator und Denkmalpfleger wieder der Heizung angelastet wurden. Was war in dieser Kirche geschehen? Der Tucher-Altar stand bis zu Beginn der allgemeinen Sanierungsarbeiten an der Außenwand des Schiffes unter einem Fenster. Während der Arbeiten in der Kirche wurde er zu einem Restaurator gebracht, der die Schäden feststellen und den Ist-Zustand konservieren sollte. Nach Abschluß der baulichen Maßnahmen und der Schaffung einer neuen Altarzone wurde der Tucher-Altar im Chor als Altarbild wieder aufgestellt. Bereits nach wenigen Monaten zeigten sich an diesem Ausstattungsstück starke Schäden: In Unkenntnis der nun allerdings schon seit Jahren veröffentlichten Zusammenhänge mußte dieser wertvolle Altar innerhalb relativ kurzer Zeit drei Standorte verkraften. Selbstverständlich konnte er das nicht! An der Außenwand, seinem ersten Standort, fand er noch einen relativ kühlen Platz, was sich selbstverständlich auch auf seine Materialfeuchte auswirkte. Zudem waren die Holztafeln dem ständig vom Fenster abfallenden Kaltluftstrom ausgesetzt, was nochmal einer stärkeren Austrocknung entgegenwirkte. In der Werkstatt des Restaurators herrschten völlig andere Zustände: Die wesentlich wärmere Luft wurde zwar »entschärft« mit einer vergleichbaren relativen Luftfeuchte, das heißt mit jener, die der Restaurator und der Denkmalpfleger mit 55–60% r. F. für optimal erachteten, ohne daran zu denken, daß auch diese »optimale« Luftfeuchtigkeit keineswegs dem jahrelangen bisherigen Standort entsprach. Als krönender Abschluß der Neugestaltung des Altarbereichs kam der Tucher-Altar schließlich in den Chor, wo er nun freistehend aufgestellt wurde, wodurch er allseitig dem in dieser Kirche herrschenden und selbstverständlich durch die Heizung mitbedingten Raumklima ausgesetzt war. Zum dritten Mal also mußte sich dieses wertvolle Stück einer entscheidenden Klimaveränderung anpassen – und tat dies selbstverständlich auch unter entsprechenden schadensfördernden Volumenänderungen. Diese mußten um so stärker ausfallen, als man im Gegensatz zum Rat eines tatsächlichen Fachmanns nicht beachtete, daß die Altartafeln nur einseitig bemalt oder – im bauphysikalischen Sinn – beschichtet waren und somit Feuchteaufnahme und Feuchteabgabe niemals an beiden Oberflächen gleichmäßig ablaufen konnten. Zu allem Überfluß setzte der neue Standort die Altartafeln dem direkten Sonnenlicht aus, was man dadurch zu entschärfen hoffte, daß man im Chor eine Zusatzverglasung mit UV-Filter-Effekt vorsah in Unkenntnis der Tatsache, daß damit die Wärmebelastung der bestrahlten Altaroberflächen nicht vermeidbar ist.
Der zwangsläufige Schaden, den dieses wertvolle Ausstattungsstück erdulden mußte, hat seine Ursache also wiederum in einem Vorurteil, in jenem nämlich, daß das gesamte Umfeld eines Ausstattungsstücks auf Biegen und Brechen klimatechnisch diesem angepaßt werden muß, was leider selbst mit sehr viel mehr Mitteln als üblicherweise zur Verfügung stehen, nicht möglich ist. Einer der gefährlichsten Irrtümer dieser irrtumsreichen Argumentation ist jener, durch eine zusätzliche Luftbefeuchtung die Raumluft auf jenen fiktiven Werten zu halten, die sich in einem klimatisierten Museum als optimal erwiesen haben: etwa 60% relativer Raumluftfeuchte. Wer so den Teufel mit dem Belzebub austreibt, wird in Kürze schwere bis schwerste Feuchteschäden an der Konstruktion, an der historischen Fensterverglasung und in besonderen Fällen an freskierten Außenwänden und Gewölben finden, da sich an deren kälteren Oberflächen, aber auch in der Konstruktion selbst das Wasser niederschlagen kann. Das Bauwerk, vor allem aber die Ausstattung reagieren also nicht so empfindlich wie immer prognostiziert auf die Abweichung vom museal-idealen Luftzustand, sondern auf den Wechsel der Raumlufttemperatur und damit der relativen Raumluftfeuchtigkeit. Vereinfacht dargestellt heißt dies, daß selbst ein empfindliches Ausstattungsstück bei beispielsweise 45% r. F. schadensfrei die kommenden Generationen beglücken könnte, wenn ihm nur ständiges Schwinden und Quellen durch einen Wechsel dieser Raumluftfeuchte erspart blieben. Auch hier kann also die ideale »Kirchenheizung« nur gefunden werden, wenn der klimatische Ist-Zustand des zu beheizenden Raumes bekannt ist.
Während die beiden vorab genannten Faktoren in Zukunft wohl nicht schadensfrei, aber doch bei seiner Beurteilung durch gediegenere Kenntnis wesentlich geringer als bisher einwirken könnten, ist ein dritter Schadensbereich wohl nur theoretisch besser in den Griff zu bekommen. Es wurde bereits mehrfach darauf hingewiesen, wie schädlich der häufige Temperaturwechsel ist. Dieser Wechsel wird aber auch schon dadurch erzwungen, daß kaum eine Gemeinde ihre Kirche, ihren Schloß- und Ratssaal während der gesamten siebenmonatigen Heizperiode kontinuierlich auf der gewünschten Maximaltemperatur halten kann. Die Denkmalpflege hat deshalb zu Recht schon seit langem darauf hingewirkt und wurde hierin endlich auch von der Industrie unterstützt, daß die Hei-

Abb. 4 *Zu hohe Ausblasgeschwindigkeit der Warmluftheizung.*

zung kostensparend auf niedrigerer Raumtemperatur durchgehend gefahren wird, um dann während der Nutzungszeiten auf die entsprechend gewünschte Maximaltemperatur hochzuheizen. Diese Maximaltemperatur wurde aus den schon geschilderten Gründen, aber auch um die Temperaturdifferenz zwischen diesen beiden Beheizungsweisen möglichst gering zu halten, in ihren Empfehlungen immer weiter abgesenkt und liegt nun während der Gottesdienste bei 12 °C besser 10 °C. Als maximale Temperaturdifferenz wird stets ein Δ_t von 3 K empfohlen. Die Aufheizzeit soll durch eine entsprechend sensible Regelung, möglichst noch unterstützt durch entsprechende Wärmeabgabe, ein Kelvin je Stunde nicht überschreiten, möglichst sogar bei 0,5 K/h liegen. Je nach Heizungssystem und abhängig vor allem von Lage und Bauart der Kirche ist ein Einhalten dieser doch recht engen Regelwerte möglich und gilt derzeit allgemein als Stand des technischen Wissens. Die wenigen Fachleute auf diesem Gebiet »Kirchenheizung« wußten zwar stets, daß diese Empfehlung eine Art Schamlatz darstellt, da die Volumenänderungen im Holz und damit auch in allen Schichten, denen Holz als Untergrund dient, wesentlich langsamer verlaufen als selbst diese gestreckte Aufheiz- und Abkühlzeit. Dennoch galt und gilt diese Möglichkeit als das bisher erreichbare Optimum.
Der Blick zu unseren westlichen Nachbarn mußte hier schon immer stutzig machen: Dort wird mit primitivsten Warmluftheizungen möglichst rasch vor dem Gottesdienst möglichst hoch geheizt, diese Heizung dann schon aus schalltechnischen Gründen während des Gottesdienstes abgestellt, so daß die Kirche dann entsprechend wieder abkühlt. Selbstverständlich findet man in diesen Kirchen die zu erwartende außergewöhnliche Verschmutzung, auf die noch gesondert eingegangen werden muß, aber kaum Schäden jener Art, die bei uns trotz behutsamen Aufheizens und gesteuerten Abkühlens immer wieder auftreten. Dies ist eine sehr praktische und in vielen Beispielen überprüfbare Bestätigung der Tatsache, daß der raschen und verblüffend eng vom Temperaturanstieg abhängenden Raumluftfeuchteabsenkung völlig andere zeitliche Abläufe in den Bau- und Ausstattungsmaterialien gegenüberstehen, was unter anderem wieder auch mit deren speichernder Wirkung zusammenhängt, worüber ebenfalls noch gesprochen werden muß.
Setzt man nun voraus, daß ein aufgeschlossener und damit lernfähiger Denkmalpfleger bereit ist, diesen Sachverhalt zu akzeptieren, steht gerade er vor dem Problem, daß ihn seine Aufgeschlossenheit für fachfremde Wissensgebiete in größere Schwierigkeiten bringt als jenen Kollegen, der nichts mehr dazu lernen mag. Es wurde schon die starke Verschmutzung der belgischen Kirchen angesprochen, die selbstverständlich auch unter dem Aspekt des dort höheren Einsatzes von Opferkerzen beurteilt werden muß. Sie weist aber auf einen leider naturgesetzlichen Zusammenhang hin zwischen der Temperatur der Raumluft und der historischen nicht gedämmten Raumschale, was wiederum auch die zutreffenden Feuchtezustände beeinflußt: Jedes stoßweise Beheizen der Raumluft vermeidet ein »Aufheizen« der Raumschale, die damit wesentlich kälter als die sie bestreichende Raumluft als Kondensationsfläche wirkt und durch die damit bedingte Erhöhung der Feuchtigkeit auch Schmutzpartikel besser bindet. Jener erwünschte, aufgeschlossene Denkmalpfleger oder Restaurator sieht sich also dem Dilemma gegenüber, zwischen zwei Übeln wählen zu müssen, nämlich zwischen jenem des schonenderen stoßweisen Beheizens und einem, die Verschmutzung der Raumschale vermindernden ständigen Temperieren zur Erhöhung der Temperatur in eben dieser Raumschale.

Heizsysteme

Von diesem Problem aus kann nun auch endlich auf die haustechnischen Möglichkeiten der unterschiedlichen Beheizungsarten eingegangen werden: Sieht man von der jeweiligen Einbauzahl ab, sind in solch großen Räumen alter Bauart alle konventionellen Heizungssysteme mit Einzelheizkörpern möglich, zusätzlich noch Fußbodenheizungen und Warmluftheizungen oder auch Kombinationen hiervon sowie die spezielle Bankheizung.
Bei der Beheizung mit Einzelheizgeräten, seien es Radiatoren, Konvektoren, Heiztruhen, ist es erlaubt zu pauschalieren: Sie taugen üblicherweise nicht für diese Art der Beheizung, da die Wärmeabgabe pro Zeiteinheit und Heizfläche zu hoch sein muß, um einen entsprechenden Temperaturanstieg in derartig großen Räumen zu bewirken. Sie können deshalb zu Recht in der weiteren Betrachtung außer acht gelassen werden. Vergleichbares, wenn auch nicht Gleiches gilt für Strahler. Sinnvoll werden sie dort eingesetzt, wo tatsächlich nur kurzfristig ein eng begrenzter Bereich erwärmt werden soll wie die Musiker beim Schloßkonzert, der Pfarrer auf der Kanzel oder am Altar.
Für die Bankheizung gilt, daß sie tatsächlich eine feste Bestuhlung voraussetzt, und somit in vielen Fällen aus Nutzungsgründen nicht angewandt werden kann. So wird heute bereits in manchen Kirchen eine freie Bestuhlung gewünscht; es gibt Gotteshäuser, die außer kultischen Zwekken auch anderen kulturellen Veranstaltungen mit wechselnder Bestuhlung dienen; in Schloß- und Ratssälen und ähnlichem ist eine Bestuhlung ohnehin üblicherweise nicht festgelegt. Die Bodenheizung kann in ihrem Aufbau allen gängigen Systemen entsprechen; zusätzlich wird sie in solchen Räumen vergleichsweise häufig auch mit Warmluft betrieben, da hier die Konstruktionshöhe nicht derartig ins Gewicht fällt wie im Geschoßbau. Die Systeme der Warmluftheizung reichen schließlich von der alten und in besonderen Fällen durchaus auch altbewährten Schwerkraftheizung bis hin zu Systemen, bei denen die Wärme platzsparend mit Warmwasser bis zum Ort des Ausblasens geleitet wird. Eine Regelung ist bei all diesen genannten Systemen möglich, ihre Sinnfälligkeit wächst jedoch mit der Beeinflussung der Temperatur der gesamten Raumluft sowie der Schwerfälligkeit im Regelverhalten. Auch hierauf wird noch eingegangen werden.
Es gibt mehrere Standpunkte, von denen aus eine Kirchenheizung beurteilt werden kann. Vorauszusetzen ist, daß es kein System gibt, auch nicht theoretisch, das für jeden Zweck als gleich gut und insgesamt optimal bezeichnet werden kann. Es gibt bestenfalls eine Reihenfolge der genannten drei Heizungsgruppen, in die jedoch auch bereits einige subjektive Argumente einfließen. Geht man von einer Nutzung aus, wie sie am ehesten in einer Kirche zu finden ist, der festen Anordnung von Sitzplätzen, dann hat jede Kirchenbankheizung den unbestreitbaren Vorteil, tatsächlich nur die Gläubigen zu erwärmen, nicht aber den Raum. Aus energetischer Sicht ist diesem Vorzug nichts entgegenzusetzen, gewichtige Gründe jedoch wegen der schon beschriebenen Abhängigkeit der Temperaturen von Raumluft und Raumhülle. Ähnliches gilt für die Fußbodenheizung, deren Aufgabe es auch »nur« ist, den Bereich, in dem die Gläubigen sich aufhalten, zu erwärmen. Hier muß jedoch schon auf die Systeme eingegangen werden, da der Vorzug der kurzfristigen Beheizung nur zu Zei-

ten der Nutzung desto eher zurücktritt, je schwerfälliger dieses Heizsystem ist. Die leider immer noch propagierte elektrische Speicherheizung als Fußbodenheizung büßt deshalb den genannten Vorzug gegenüber anderen und rascher wirksamen und regelbaren Fußbodenheizungssystemen ein und darf deshalb ebenfalls verallgemeinernd abgelehnt werden. Als sonst recht unübliches Fußbodenheizsystem spielt hier die Warmluftheizung nach dem Prinzip einer Hypokausten-Heizung eine Rolle.

Der Vorzug der Bankheizung und der guten Fußbodenheizung beinhaltet auf den ersten Blick gleichzeitig den Nachteil jeder Luftheizung: Sie kann die Gläubigen nur dadurch erwärmen, daß die Luft durch eine möglichst gute Verteilung gleichmäßig im Raum erwärmt wird.

Wiederum ausgehend von den beschriebenen und prinzipiellen Hauptfaktoren jeder »Kirchenheizung« muß nochmals auf Nachteile und Vorzüge dieser gesamten Raumerwärmung eingegangen werden. Es ist eine durch diese Forschungsarbeit belegte Tatsache, daß sowohl die instationäre, also stoßweise Beheizung (Belgien), als auch die in ihrer Wirkung örtlich begrenzte (Bankheizung, Fußbodenheizung) eine ungleiche Erwärmung der Raumschale bedingt. Sieht man von jenen Fällen ab, wo es dadurch zu entsprechenden Taupunktunterschreitungen kommen kann, was in der Praxis gar nicht so selten der Fall ist, bedingt durch diese Art des Heizbetriebs, bleibt dieser Nachteil dann ohne Belang, wenn diese ungleiche und auch raschere Verschmutzung nicht irgendeiner erhaltenswerten Ausstattung schadet. Dieser negative Aspekt wächst oder schwindet in seiner Bedeutung dadurch, wie sehr verkürzte Reinigungs- und Restaurierungsintervalle die Lebensdauer von Wand- und Deckenfresken, Gemälden und anderen Wand- und Deckenapplikationen verkürzen. Die Anfälligkeit zu diesem Schaden hängt jedoch auch von weiteren Faktoren ab; die drei wesentlichsten sind die Häufigkeit der Beheizung durch Bankheiz- und Fußbodenheizsysteme und/oder deren Höhe der Wärmeabgabe sowie das Volumen des Raumes oder, korrekter, das Verhältnis von Heizfläche oder Wärmeabgabe zur Fläche der Raumhülle. Eine Bankheizung ist hier am negativsten zu beurteilen, so daß man sagen kann, daß ihr um so eher zugestimmt werden darf, je weniger Bankreihen davon erfaßt werden, je seltener im Wochenverlauf diese Heizung in Betrieb genommen wird: Für eine kleine Filialkirche, die außer seltenen Hochzeiten und Totenmessen lediglich einen Sonntagsgottesdienst kennt, wird die Installation eines Bankheizungssystems in den ersten vier Bankreihen für die Alten, die Kinder und die »Verfroreneren« auch künftig die denkmalpflegerisch wie finanziell sinnvollste Lösung darstellen. Da selbst der uneinsichtigste Betreiber eine Bankheizung aus Kostengründen kaum als Raumheizung mißbrauchen werden wird, fällt auch jenes negative Argument weg, das leider für jedes – und auch gute! – Fußboden- oder Warmluftheizungssystem gilt: Es können sich Denkmalpfleger, Restaurator, Projektant und ausführende Firma noch so sehr bei Planung und Ausführung anstrengen, die Schadensträchtigkeit bestimmt weitgehend der Nutzer.

Dieses Manko haftet also auch der »guten« Fußbodenheizung an. Zu dem schon genannten wesentlichen Argument des Verhältnisses von Heizfläche zu Hüllfläche des Raumes kommt auch noch die im Bereich der Gläubigen zu erzielende Raumtemperatur; die in den üblichen Fällen durchaus zusätzlich als wichtig empfundene Temperatur, die auch Luftbewegung und vor allem Strahlungsanteil der Raumhülle berücksichtigt, kann hier vernachlässigt werden, in der Mehrzahl der Fälle, sieht man von der negativen Bewertung von Zugerscheinungen und der positiven bei Fußbodenheizung ab.

Man wird also eine Fußbodenheizung auch weiterhin desto eher ablehnen müssen, je größer die Differenz der genannten Flächen ist und – dies nur im Zusammenhang mit dem erst genannten Argument – wie hoch geheizt werden soll. Sind sich alle Beteiligten einig, daß die Fußbodenheizung lediglich einer Temperierung der bodennahen Luftschichten dient und wird hier die maximale Temperatur entsprechend niedrig angesetzt, verringert sich auch die Wichtung dieses Arguments. Das Problem liegt hier allerdings in der schon beschriebenen Abhängigkeit vom Nutzer, da eine Fußbodenheizung, die bei –18 °C Außentemperatur auf eine Raumtemperatur von +10 °C ausgelegt ist, ohne weiteres auch in der übrigen Zeit zu Raumtemperaturen bis 15 °C und auch höher mißbraucht werden kann. Es gibt hier eine »Lösung«, deren Attraktivität allerdings bei genauerem Betrachten auch schwindet: Statt einer Warmwasserfußbodenheizung, bei der die Möglichkeit der freien Wahl der Vorlauftemperatur diesen Mißbrauch erleichtert, wird eine elektrische Fußbodenheizung installiert und ihr Anschlußwert so niedrig gehalten, daß tatsächlich nur Raumluftwerte erreichbar sind, wie sie noch gut geheißen werden können; die höhere Erwärmung kann dann nur erfolgen, wenn auch die Außentemperaturen steigen, dann aber liegt das »Angebot« an Außenluftfeuchte – und damit auch Raumfeuchte – bereits wieder im »sicheren« Bereich.

Die Luftheizung kann ihre wärmende Wirkung nur auf andere Weise entfalten; sie muß die gesamte Raumluft erwärmen und mit ihr die gesamte Raumschale – und diese so, daß ihre systembedingten Nachteile möglichst gering ins Gewicht fallen. Hierzu zählt vor allem die Verteilung der Wärme durch Luft, die gleichzeitig auch Träger von Schmutzpartikeln ist. Dies heißt also, daß eine möglichst gute Warmluftheizung die Wärme bei möglichst geringer Luftbewegung im Raum verteilen muß. Dies setzt zum einen eine optimale Verteilung der Ausblasöffnungen voraus und verbietet gleichzeitig jeglichen Stoßbetrieb, da hierfür wieder eine möglichst hohe Lufttemperatur und eine ebenfalls möglichst hohe Ausblasgeschwindigkeit

Abb. 5
Wärmestation einer warmwassergespeisten Warmluftheizung; sichtbar bleibt nach der Bodenverlegung nur die Gitterfläche.

Voraussetzung ist. Gleichzeitig werden alle anderen Möglichkeiten der Schmutzverteilung von Bedeutung: erlauben beispielsweise die örtlichen Gegebenheiten nur eine Lage der Ausblasöffnungen im Bereich der Zugänge, so ist dies negativ für die Warmluftheizung zu werten, ebenso der tatsächlich nutzungsabhängige Gebrauch von Kerzen, die wir besonders in Wallfahrtskirchen oder aber auch in Schloßsälen bei »Kerzenlicht«-Konzerten finden. In beiden Fällen können entsprechende Filter den Nachteil wieder mildern, doch entspricht leider deren Beurteilung aus funktioneller Sicht keineswegs der aus praktischer. Eine Kontrolle der Wirksamkeit von Filtermatten zeigt sehr häufig, daß der mit dem Wechseln und Reinigen Beauftragte entweder zu faul oder zu unwissend ist, um die nötigen Reinigungsintervalle einzuhalten.
Ein grundsätzlicher Nachteil der üblichen Warmluftheizung liegt im starken Querschnitt ihrer Kanäle und damit im Eingriff in Subkonstruktionen und Vorgängerbauten. Diesen Nachteil vermeidet jenes Warmluftsystem, bei dem die Wärme durch Warmwasser verteilt wird. Statt einzelner Luftauslässe werden nun in Kanälen kleiner Querschnitte die notwendigen Warmluftstationen ausgefahren, die jeweils Wärmetauscher, Ventilator und gegebenenfalls Filter besitzen und im Boden versenkt werden (Abb. 5).
Wird die möglichst gleichmäßige Erwärmung der Raumschale zur Verminderung der Verschmutzung oder zumindest zur Vermeidung der optisch auffallenderen ungleichen Verschmutzung als ein Hauptargument beurteilt, bietet allein die Warmluftheizung diesen Vorteil. Dieser Vorteil kann jedoch nicht nur, wie schon in zwei Beispielen beschriebenen, durch Besonderheiten verringert, ja sogar ins Gegenteil verkehrt werden, er ist auch wiederum nach den baulichen Gegebenheiten, hier vor allem der Kubatur des Raumes, zu beurteilen. Dieser Vorteil wird um so stärker wirken, je größer der Raum ist oder aber auch wieder korrekter, je ungünstiger für ein Fußbodenheizungssystem das schon genannte Verhältnis von Heizfläche zu Hüllfläche ist. Da es mit Sicherheit teurer ist, die gesamte Raumschale ständig zu temperieren, statt nur während weniger Stunden die Gläubigen durch eine Bankheizung zu erwärmen, spielt auch wieder die Nutzungsfrequenz eine entscheidende Rolle. Neben der Größe des Raumes gehört zur Beurteilung auch die Häufigkeit an Gottesdiensten, Hochzeiten, Konzerten, Sitzungen und ähnlichem. Zumindest für Kirchen gilt etwas verallgemeinernd, daß die großen Bauten einer Gemeinde meist auch wesentlich stärker genutzt werden, doch ist dies eben auch nur eines von mehreren Argumenten, so daß doch nur wieder von Fall zu Fall entschieden werden kann.

Heizweise

Die Regelfähigkeit der Heizungsanlage ist ein weiteres Argument. Selbst die beste Fußbodenheizung unterliegt hier durch die Masse der Fußbodenkonstruktion der Warmluftheizung, wobei allerdings wiederum einschränkend zu sagen ist, daß die Bedeutung der Regelfähigkeit wiederum nicht nach technischen oder bauphysikalischen Gesichtspunkten allgemein beurteilt werden darf, sondern nach den örtlichen Gegebenheiten; zwei extreme Beispiele können dies verdeutlichen: ein Theatersaal, ringsum von Bühne, Bühnenanlage und Gängen, Garderoben, dem Foyer umgeben, ist weitgehend abgekoppelt von der Außenwitterung. Die zusätzliche Wärme- und Feuchtebelastung durch die Zuschauer liegt spielplanmäßig fest; eine Regelung kann vergleichsweise einfach diese kalkulierbaren Einflüsse berücksichtigen. Anders ist dies in einer Kirche, einem Schloßsaal, die beidseitig, noch dazu in einer Bleiverglasung, befenstert sind. Jedes Hervorbrechen der Sonne aus den Wolken, jeder Wind stört die Wärmebilanz im Inneren, so daß die Heizung möglichst umgehend darauf zu reagieren hat.
Auch bei den Luftheizungen gibt es in der Regelung bedeutsame Unterschiede. Die konventionellen Luftheizungssysteme, die aus Kostengründen auch heute noch angeboten werden, kennen nur eine Stop-and-go-Regelung; das heißt, der Raumthermostat schaltet den Ventilator ein und aus, so daß der Temperaturverlauf im Raum als wellenförmig bezeichnet werden kann. Bessere Luftheizungssysteme kennen bereits einen mehrstufig arbeitenden Ventilator, doch bleibt in der Regel die Ausblastemperatur konstant oder wird günstigstenfalls in wenigen Stufen abhängig von der Außentemperatur gefahren. Eine große Verbesserung brachte hier jenes Warmluftsystem, bei dem die Energie als Warmwasser zu den einzelnen Wärmestationen transportiert wird, bekannter unter dem Firmennamen »Mahr-Calor-System«. Hier kann nun nicht nur die Brauchwassertemperatur gleitend gefahren werden, sondern von Wärmestation zu Wärmestation läßt sich auch nochmals der Ventilatorlauf regulieren. Im Gegensatz zu allen herkömmlichen Warmluftsystemen ist es nun auch möglich, die Wärmeabgabe je Auslaß regelungstechnisch zu steuern. Während die absolute Luftfeuchte selbst in einem gegliederten Kirchenraum als überall annähernd gleich vorgefunden werden wird, kann es doch entscheidende Temperaturunterschiede und damit Unterschiede in der relativen Raumluftfeuchte geben. Diese können unerwünscht oder erwünscht sein; das System der dezentralen Warmluftstationen erlaubt das gezielte Eingehen auf spezielle Wünsche.
Alle im heizungstechnischen Teil beschriebenen Vor- und Nachteile werden direkt oder indirekt also von der relativen Luftfeuchtigkeit abgeleitet. Die Heizung trägt nicht die ausschließliche Schuld an deren Absenkung, aber jedes Beheizen, und auch nur ein Temperieren, drückt die relative Luftfeuchte auf Dauer nach unten. Die Zustimmung zu einem Heizungs- oder Temperierungssystem ist also gleichzeitig stets die, wenn auch unausgesprochene, Erlaubnis zum Absenken der relativen Luftfeuchtigkeit. In der logischen Konsequenz müssen deshalb alle Maßnahmen vermieden werden, die ein weiteres Absenken dieser Raumluftfeuchte bewirken, falls dies nicht aus Kondensationsgründen erwünscht ist (siehe »Kondensation«). Die Hauptursache hierzu wurde bisher von Denkmalpfleger- und Restauratorenseite geflissentlich, meist mit Nachdruck, übersehen: der hohe Luftwechsel in Kirchen und Sälen. Ein Schloß, ein Rathaus, eine Kirche lassen sich strömungstechnisch in den meisten Fällen wie eine Staumauer beurteilen. Durch den großen Baukörper, häufig solitär stehend oder in wesentlich niedrigerer Umgebung, entstehen stärkere Druckunterschiede in Luv und Lee als sonst im städtischen Bereich üblich. Zudem sind Fenster in historischen Bauten dieser Art im Regelfall einfach verglast – und dazu noch häufig als Bleiverglasung ausgeführt, die nochmals eine höhere Fugendurchlässigkeit als das in Sprossen verkittete Fenster aufweist. Dies alles bewirkt eine Fugendurchlässigkeit und damit einen Luftwechsel, wie wir ihn bei anderer Nutzung bei weitem nicht kennen. Je kälter die Außentemperatur ist, desto niedriger liegt jedoch auch die absolute Luftfeuchtigkeit. Das heißt, daß alles, was an Luftfeuchtigkeit in der Kirche durch Verdunstung aus Fußboden und Mauerwerk,

durch Pflanzen und auch durch Reinigung gewonnen wird, vor allem aber in Zeiten der Nutzung entsteht, viel zu rasch wieder durch undichte Fenster und Türen »hinausgeblasen« wird. Leider ist dies noch nicht alles, denn auf zusätzliche Weise sorgt das Einfachfenster für die schadensträchtige Abtrocknung der Raumluft: Es ist eine hochwirksame Kondensationsfläche. Das heißt, jeder Wassertropfen, der innenseitig im Winter an der Einfachverglasung abläuft, ist der vielleicht ohnehin schon zu trockenen Raumluft entzogen – und dies funktioniert um so besser, je höher bei niedrigerer Außenluft geheizt wird, und dies sind gerade die schädlichsten Voraussetzungen für eine zu niedrige relative Raumluftfeuchte.

Die Oberelchinger Klosterkirche zeigt nach Heizungseinbau schwere Schäden an der renovierten Ausstattung: Der Schuldige war wieder rasch entdeckt: die Heizung. Tatsächlich zeigt sich im Winter eine katastrophale Absenkung der Raumluftfeuchte auf 28% r. F. In der Praxis führte wieder eine Summe von Fehlern zu diesem Schaden. Die Restaurierungsarbeiten wurden zu einer Zeit durchgeführt, da der Raum durch bauliche Sanierungsmaßnahmen eine ungewöhnlich hohe Luftfeuchte aufwies – dieser Anteil der schadensfördernden Abtrocknung wäre vermeidbar gewesen. Schadensauslösend ist dort aber ein extrem hoher Luftwechsel, bedingt durch den hohen Fensterflächenanteil der barokken Kirche und ihren exponierten Standort – unterstützt durch eine zusätzliche »Anlage« zur Erhöhung des Luftwechsels: hinter dem Altar führt eine große Öffnung im Chor direkt in den Turm, der so wie ein Kaminzug wirkt. Die extrem niedrige Außenluftfeuchte in der Kälteperiode Januar/Februar 1991 brachte also zwangsläufig auch die Raumluftfeuchte zum Absturz, selbst wenn ein Regelgerät die Heizung rechtzeitig abschaltet. Damit ist eine weit unter Wert beurteilte Möglichkeit der schadensmindernden Regelung angesprochen, die zwar schon seit langem durch Bastelei möglich war, jetzt aber durch ein kompaktes Regelgerät angeboten wird. Der Raumtemperaturregelung ist eine Raumluftfeuchtregelung vorgeschaltet. Wird hier ein Grenzwert – beispielsweise 50% – unterschritten, schaltet die Heizung ab, obwohl die regelungstechnisch vorgegebene Raumlufttemperatur nicht erreicht ist. Der oder die Feuchtefühler können dort installiert werden, wo dieser Schutz am nötigsten erscheint. Freilich heißt dies, daß damit bei extrem niedrigen und trockenen Außenluftwerten die Heizung nicht anspringt, doch wird dies nur selten und in manchen Wintern gar nicht eintreten.

Als weiterer Vorzug kann durch diese Regelung »automatisch« der große sommerliche Vorzug jeder Beheizung genutzt werden: Schutz vor Kondensation. Steigt die Raumluftfeuchte über einen wieder vorgeschriebenen Wert, springt die Heizung an und hebt die Raumlufttemperatur so weit, daß die Luftfeuchte im schadensfreien Bereich gehalten wird.

Nochmals sieht sich also gerade der verantwortungsbewußte Denkmalpfleger dem Dilemma gegenüber, zwischen zwei Übeln zu wählen: Wird der Raum beheizt, müßte er zum besseren Erhalt der winterlichen Raumluftfeuchte eine Doppelverglasung und andere Maßnahmen zur Verringerung des Luftwechsels verlangen, darf diese aber in den meisten Fällen aus denkmalpflegerischen Gründen gar nicht in Erwägung ziehen. Es wird hier insofern ein Umdenken notwendig, als der Verantwortliche in vollem Wissen um die Schädlichkeit beider Lösungen, wiederum von Fall zu Fall unterschiedlich, nach kenntnisreicher Abwägung das geringere Übel wählen muß. Es ist dabei durchaus denkbar, daß aus dem tatsächlichen Zwang, bei Zustimmung zu einer Heizung eine Doppelverglasung und Windfänge anordnen zu müssen, um die Ausstattung zu retten, das eigentliche Heizungsprojekt abgelehnt werden wird.

Man hat sich in den vergangenen Jahren zum Teil aus Unkenntnis, zum Teil aus Angst, zum Teil leider aber auch aus Ignoranz schon lange bekannter Fakten auf einige Rahmenbedingungen geeinigt, die zumindest teilweise keineswegs begründet, in Einzelfällen sogar gefährlich sind. Diese Rahmenbedingungen können sogar heute als Anerkannte Regeln der Technik bezeichnet werden, was nichts anderes bedeutet, als daß sich derjenige, der sich ihrer selbst gegen besseres Wissen bedient, in Schadensfällen rechtlich auf der sicheren Seite wähnen darf. Es wird deshalb dringend notwendig, zum Schutz der uns anvertrauten Bausubstanz und der in ihnen enthaltenen Kunstgüter in einigen Punkten umzudenken und vor allem nicht dogmatisch je nach Standpunkt der oder jener Heizungsart pauschal den Vorzug zu geben, sondern in jedem einzelnen Fall ausgehend von den besonderen Ist-Zuständen neu das für diesen Sanierungsfall optimale Heizungskonzept zu erarbeiten. Als Ist-Zustand ist hier vor allem das Raumklima zu ermitteln, was allerdings nicht nur durch das Aufstellen eines Thermohygrographen geschehen darf, da die Temperaturen der Raumoberflächen ebenso eine Rolle spielen wie die durch Lage und Befensterung in diesem Raum typischen Luftbewegungen. Wichtig wird es dabei, nicht nur die winterlichen Zustände zu erfassen und zu beurteilen, sondern vor allem auch die sommerlichen, da hier jede Heizungsanlage ein willkommenes Hilfsmittel sein kann, um jene feuchte Spitzen zu kappen, die für die Ausstattung ebenso gefährlich sind wie die gefürchteten Feuchtetäler. Ablehnung einer Kirchenheizung kann demnach nicht nur begründet werden durch besondere Qualität der Ausstattung, sondern setzt auch wieder den Nachweis voraus, warum gerade in diesem Raum durch Beheizen Veränderungen entstehen, die als schadensfördernd bezeichnet werden müssen. Die Denkmalpflege kann sich nicht mehr davor drücken, frühzeitig Stellung zu beziehen, ob der Schutz der Ausstattung als vorrangig bezeichnet wird oder jener der Raumschale; das eine schließt das andere im Regelfall aus. Da viele Kirchen, Schloßsäle und vergleichbares aber sowohl eine kostbare Ausstattung als auch eine schützenswerte Raumschale besitzen, steht diese Entscheidung oftmals gar nicht an: Als einziger Weg bleibt nur die rigorose Senkung der mittleren Raumlufttemperatur bei peinlicher Vermeidung von Temperaturwechseln. Die immer wieder geforderte Innovation von industrieller Seite soll zwar nicht abgewürgt werden, doch ist hier nicht einmal theoretisch eine entscheidende Verbesserung zu erwarten: Eine Verfeinerung der Regelung ist technisch möglich, von der Praxis her jedoch sinnlos; eine entscheidende Änderung in der Wärmeabgabe ist auch theoretisch nicht denkbar. Notwendig ist die Aufklärung darüber, daß politische Profilierungssucht zwar auch winterliche Empfänge im Schloßsaal erzwingen kann oder die vermutlich fehlgeleitete Selbstbeurteilung eines Geistlichen, daß sich seine seelsorgerische Qualität an der durch Beheizen der Kirche erhöhten Zahl der Gläubigen messen läßt, doch daß in jedem Fall das darunter leidet, was genau jenem Politiker und jenem Geistlichen anvertraut ist, unser kulturelles Erbe, das leider in keiner Weise wiederholbar ist.

Schornsteinsanierung

Häufig vergessen bei der Besprechung einer Heizungssanierung und vor allem auch bei der Ermittlung der Kosten sind jene Arbeiten, die am Schornsteinzug notwendig werden. Wie alle Gebäudeteile altert auch der Schornstein mit seinen Zügen, und es wäre schon aus diesem Grunde falsch, diesen Teil der Heizung unkontrolliert zu übernehmen (Abb. 1). Dazu kommt aber noch, daß die am Altbau üblichen Querschnitte für die heutigen Zentralheizungsanlagen meist überdimensioniert sind und somit nicht die optimalen Zugeigenschaften gewährleisten. Ein weiteres Argument zur vorausschauenden Schornsteinsanierung liegt darin, daß die relativ neuen Brennstoffe Öl und vor allem Gas andere Rauchgase erzeugen als die bisherigen Brennstoffe Holz und Kohle. Vor allem bei der Verbrennung von Gas wird eine höhere Menge an Wasser frei, die einer Versottung Vorschub leistet und damit auch recht aufwendige Folgekosten nach sich zieht.

Abb. 1
Versotteter Schornstein.

Aber nicht nur die Brennstoffe haben sich geändert, sondern auch die Wärmeerzeuger. Im Extremfall wäre hier der Brennwertkessel (siehe »Heizungsalternativen«) zu nennen, bei dem der Schornstein zum »Auspuff« wurde – also mit Überdruck gefahren wird. Auch hier gibt es allerdings Möglichkeiten, diesen Überdruck bereits am Kesselausgang, also vor dem Schornstein, abzubauen.

Aber auch die Niedertemperaturheizung – etwa 95% aller neuen Kessel sind Niedertemperaturkessel! – belastet den Schornstein durch niedrigere Abgastemperaturen. Dazu kommt, daß heutige Kessel grundsätzlich mit geringerem Luftüberschuß fahren, das heißt, daß sie wirtschaftlicher mit weniger Nebenluft arbeiten, was nochmals kondensatfördernd ist: Wurde früher ein Heizkessel mit Abgastemperaturen zwischen 200 °C und 300 °C betrieben, so liegen jetzt die Abgastemperaturen am Kesselausgang bei etwa 100 °C oder sogar darunter.

Nun gilt aber die grundsätzliche Forderung, daß die innere Oberflächentemperatur an der Schornsteinmündung über der Taupunkttemperatur liegen muß. Abhängig vom Brennstoff kann diese anhaltsweise mit 50 °C festgelegt werden.

Zwei Faktoren sind es also vor allem, die eine Schornsteinsanierung erzwingen: Ausmaße des Schornsteinzugs neben allgemeinem konstruktivem Zustand und Kesselsystem mit Brennstoffart.

Der übliche alte Schornstein – massiv und einschalig gemauert – verlangt Abgastemperaturen über 200 °C. An ihn kann und darf also kein Niedertemperaturkessel angeschlossen werden, da sonst die Versottung zwangsläufig einsetzt. Versottung aber bedeutet nicht nur den Durchschlag von Verbrennungsprodukten und damit deutliche und nicht überstreichbare Verfärbungen, sondern auch langsame, aber

Abb. 2 *Unterschiedliche Verfahren zur Sanierung alter Kaminzüge, von links nach rechts: Fertigschornstein aus Edelstahl, vor die Wand zu setzen; Kamineinsatzrohr aus Chromnickel-Molybdän-Stahl; Mörtelverfahren (Bauzentrum München).*

Abb. 3

sichere Zerstörung der Schornsteinkonstruktion durch Salze und Frost. Es ist wichtig, sich dies vor Augen zu halten: Eine Versottung ist kein Schönheitsfehler, für den der Maler Arzt sein kann, sondern ein gravierender Mangel, der zu Teilauswechslung oder Abbruch führt.

Leider ist in diesem Zusammenhang auch das Argument manches Kesselherstellers oder Gaslieferanten falsch, daß Gas keine derartigen fettig-dunklen Rückstände verursacht: Bei einer Altbausanierung wird derzeit Gas kaum der Erstbrennstoff gewesen sein, sondern Holz, Kohle, Öl. Deren Teer- und Rußbestandteile werden aber vom Kondensat des Gases ebenfalls in den Ziegel transportiert.

Da sich die Anzahl der zu sanierenden Züge bei Einbau einer Zentralheizung wesentlich gegenüber dem Bestand verringert, sollten die Kosten einer Schornsteinsanierung nicht von vornherein als vermeidbar angesehen werden, sondern der Zustand der Schornsteinzüge muß zusammen mit dem Kaminkehrer überprüft werden.

Die Verringerung des Schornsteinquerschnitts, seine Abdichtung und auch die Erhöhung seiner Durchströmungsfähigkeit geschieht entweder durch Ausschleudern oder Ausgießen oder aber durch Einbau keramischer Werkstücke oder durch Einziehen korrosionsfester Metallrohre (Abb. 2), wobei »korrosionsfest« durchaus in Anführungszeichen zu setzen ist: Es sind Beispiele einer raschen Zerstörung auch dieser Einsätze bekannt.

Alle diese Angebote bieten aber meistens nur eines: Verkleinerung des Querschnitts. Mit Rüttelglocke oder Zugschalung wird im Spezialmörtel der neue Zug geschaffen, doch bleibt die wärmedämmtechnisch bedenkliche Einschaligkeit. Auch dieser, solcher Art sanierte Kamin verlangt weiter die alten Abgastemperaturen von 200 °C und mehr. Diese Sanierungsart ist also möglich, doch bedeutet sie auf Dauer Verzicht zumindest auf Niedertemperaturkessel und weitere Entwicklungen.

Da dieser Zusammenhang von den Sanierenden geschäftsfördernd verschwiegen wird, finden sich heute bereits genügend Fälle neuer Versottungsschäden. Nun erlaubt aber der verkleinerte Zug auf keinen Fall mehr den Einsatz besserer Varianten der Sanierung, so daß bereits Verfahren auf dem Markt sind, durch die mit hohem finanziellem Aufwand jene untaugliche Ausschleuderung oder Verpressung ausgefräst wird, die wenige Jahre zuvor ebenfalls recht teuer durchgeführt wurde. Deshalb und weil der Konkurrenzdruck größer wurde, wird diese unbrauchbare Sanierungsart heute für weniger als die Hälfte als vor fünfzehn Jahren angeboten.

Das Einziehen flexibler Edelstahlrohre als weitere Variante läßt sich zwar besser begründen, taugt jedoch ebensowenig: Ungedämmt bildet sich auch hier Kondensat, und es kommt zu Korrosion. Es wird deshalb üblicherweise kostenmehrend angeboten, den Zwischenraum wärmedämmend zu hinterfüllen. Auch hier besiegt die Theorie wieder die Praxis, denn ein flexibles Rohr wird sich immer wieder an die alten Wandungen »anlehnen«. Um dies möglichst zu vermeiden, müßte deshalb nach der offiziellen Zulassung die Schüttisolierung feucht und abbindend mit der steigenden Montage des flexiblen Rohrs eingebracht werden, was kaum geschieht. Nun droht aber durch die lockere Schüttung eine zusätzliche Gefahr: Nachrieseln der Schüttung durch Korrosionslöcher bis zum Brenner.

Empfohlen werden können heute nur noch jene Sanierungssysteme, bei denen die einzelnen neuen Zugstücke – meist aus Stahl, besser Keramik – starr miteinander verbunden, im Zug abgestützt (etwa einmal je Geschoß) vom Dachraum oder Kaminkopf her abgelassen werden. In den meisten Fällen ist nun noch eine zusätzliche Dämmung möglich. Schafft man dies nicht, läßt sich häufig wie bei neuen Schornsteinsystemen für den Neubau der Zwischenraum hinterlüften. Diese Belüftung führt ab, was noch an Kondensat aus dem neuen Zug durchschlagen kann.

Alle weiteren Systeme, vor allem der im Neubau beliebte zweischalige Schornstein mit Zuluft, sind am Altbau nur in Sonderfällen einsetzbar. Es gibt allerdings noch einige Tricks, um die genannten schadensfördernden Faktoren zu verringern: Als erstes sind all jene Bereiche zusätzlich zu dämmen, in denen der Schornstein besonders abkühlt, also vor allem Schornsteinkopf und Dachraumwangen oder der Dachraum selbst.

Auch eine motorisch gesteuerte Nebenluftvorrichtung – Kostenpunkt etwa 400,– bis 600,– DM – bringt Besserung: Zum einen werden die Abgase verdünnt, und damit wird ihre Feuchtigkeit herabgesetzt, zum anderen wird eine zusätzliche, abtrocknende Luftdurchspülung des Schornsteinzugs bei Kesselstillstand erreicht.

Auch der Kesselindustrie fiel etwas ein: Durch gezielte Undichtigkeiten zwischen Feuerraum und Abgasführung steigen die Abgastemperaturen und schaffen damit wieder deren Anpassung an den alten Schornstein. Freilich wird dies erkauft mit einer ebenso gezielten Erhöhung der Abgasverluste.

Zwei besondere Arten der »Schornsteinsanierung« verlangen noch Beachtung, denn sie werden unter Wert beurteilt: Dachheizzentrale und beigestellter Schornstein. Der mit Überdruck fahrende Kessel einer Dachheizzentrale erlaubt den Verzicht auf jegliche Schornsteinsanierung. Die Projektierung verlangt besondere Beachtung von Schallschutz, Brandschutz und Statik, doch sind deren Forderungen im Regelfall erfüllbar, und die Kostenmehrung wird ganz oder teilweise durch den Verzicht auf Schornsteinsanierung aufgefangen.

Auf jeden Fall teurer, aber dennoch vor allem bei Heizzentralen größerer Leistung eine interessante Alternative, ist der beigestellte Schornstein, dessen Ausführung nun auch formales Bemühen verlangt (Abb. 3–5). Finanziell attraktiv kann diese Lösung dann werden, wenn bei Blocksanierung nicht jedes Haus oder sogar jede Wohnung eigene Wärmeerzeuger erhält, sondern eine Heizzentrale projektiert werden kann.

Abb. 4, 5
Schornsteinsanierung durch Beistellen neuer Züge.

Literaturverzeichnis

Denkmalschutz

Arendt, Die Rolle der Denkmalpflege in der Bausanierung, in: Bautenschutz und Bausanierung, 9. Jg., S. 14–20

Baumewerd, Das Baudenkmal als Zeugnis der Geschichte, in: Bautenschutz und Bausanierung 13 (1990), S. 5–9

Cramer (Hrsg.), Bauforschung und Denkmalpflege. Umgang mit historischer Bausubstanz, Stuttgart 1987

Erhalten historisch bedeutsamer Bauwerke, Baugefüge, Konstruktion, Werkstoffe, Jahrbuch 1990 (SFB 315), Hrsg. Fritz Wenzel, Berlin 1992

Gebeßler, Schutz und Pflege von Baudenkmälern in der Bundesrepublik Deutschland. Ein Handbuch, Stuttgart 1980

Gebeßler, Substanzerhaltung und Ersatzstoffe, in: DSI 14 (1990) Heft 2, S. 70–76

Hinweise für die Berücksichtigung denkmalpflegerischer Anliegen beim Leistungskatalog des HOAI, Vereinigung der Landesdenkmalpfleger in der BRD, Entwurf Mai 1989

Mörsch, Denkmalwerte, Sonderdruck aus: Die Denkmalpflege als Plage und Frage. München 1989

Mosel, Gesichtspunkte der Denkmalpflege, IBK/SKZ-Seminar »Kunststoff-Fenster in der Altbauerneuerung«, Würzburg 1986

Müller/Gucker, Gründungsschäden an historischen Bauwerken, Hrsg. Landesinstitut für Bauwesen und angewandte Bauschadensforschung (LBB), Aachen 1990

Petzet, Grundsätze der Denkmalpflege, in: Denkmalpflege – Informationen Ausgabe A 62/1987

Pieper, Sicherung historischer Bauten, Berlin 1983

Riederer, Die Erhaltung von Kunstwerken aus Stein in Deutschland, in: Maltechnik-Restauration 79/1973, S. 6–30

Ruffert, Denkmalschutz mit Beton, in: Beton 31 (1981), S. 129–130

Ruffert, Sanieren von Baudenkmälern. Techniken und Beispiele, Düsseldorf 1987

Schulze, Kulturerbe und Denkmalpflege auf dem Lande, in: DSI 12 (1988), 1, S. 49–61

Tätigkeitsbericht des SFB 315 »Erhalten historisch bedeutsamer Bauwerke« vom Beginn der Arbeit am 01. 07. 85 bis zum 31. 12. 1986, unveröffentlichter Bericht 1986

Weinmann/Rieche, Handbuch Bautenschutz, Bauphysik/Grundsätzliches und Wärmeschutz, Band 1, Ehingen 1990

Weinmann, Handbuch Bautenschutz, Bauphysik und Bauchemie, Band 2, Ehingen 1992

Wenzel (Hrsg.), Erhalten historisch bedeutsamer Bauwerke. Jahrbuch 1986, Berlin 1987

Wenzel, Erhalten historisch bedeutsamer Bauwerke. Jahrbuch 1987, Berlin 1988

Zur Verwendung neu entwickelter Ersatzstoffe bei der Instandsetzung von Baudenkmälern, Vereinigung der Landesdenkmalpfleger in der BRD, Hannover 1989

Baurecht

Feldmann/Groth, Das neue Baugesetzbuch, Düsseldorf 1987, 2. Aufl.

HOAI-Textausgabe 1988, Stuttgart 1988

Höbel/Friess, HOAI – Praxis bei Architektenleistungen, Wiesbaden 1988, 4. Aufl.

Kromik/Rein, Ursachen und Haftung bei Bauschäden und Baumängeln, Kissing 1986

Locher/Koeble/Frick, Kommentar zur HOAI, Düsseldorf 1988, 5. Aufl.

Recht und Steuer zu der Altbauerneuerung (Bausteine, Selbsthilfe), Berlin 1986

Schmitz/Stannek, Anpassung von vorhandenen Bauteilen an das Baurecht, in: DAB 3/90, S. 389–392

Sternel, Mietrecht, Köln 1988, 3. Aufl.

Temme, Bauordnungsrechtliche Forderungen bei der Modernisierung oder Umnutzung auch denkmalgeschützter Gebäude, in: DAB 10/88, S. 1422–1425

Zum Abbruch eines Kulturdenkmals – Urteile des VGH Baden-Württemberg vom ˊ0. Mai 1988, in: DSI 13 (1989), Heft 4, S. 29–50

Finanzierung und Steuer

Kleeberg, Anwendungsempfehlung für die 81, und 82b EStDV seitens der Bescheinigungsbehörde, in: DSI 12. Jg.; 4/88, S. 41–47

Kleeberg, Finanzierung der Instandsetzung von Baudenkmälern, in: DSI 13. Jg.; 1/89, S. 43–58

Schmitz/Krings, Sanierung und Modernisierung erhaltenswerter Problemsubstanzen. Kosten – Mehraufwand – Förderung, in: DAB 6/88, S. 895–898

Schulze, Finanzierungs- und Steuert ps für Denkmaleigentümer in Nordrhein-Westfalen, Köln 1986

Slawik, Steuerliche Möglichkeiten bei der Modernisierung, Umnutzung und Denkmalpflege, in: DAB 4/88, S. 559–561

Versicherungen

Schmitz, Absicherung aller Risiken bei der Altbaumodernisierung, in: DAB 8/88, S. 1095–1098

Ausschreibung

Heiermann/Linke, VOB-Musterbriefe für den Auftraggeber, Wiesbaden 1988, 2. Aufl.

Heiermann/Riedel/Rusam/Schwaab, Handkommentar zur VOB. Teile A und B, Wiesbaden 1988, 5. Aufl.

Korbion, VOB-Teile A + B – Kommentar, Düsseldorf 1988

Locher/Koeble/Frick, Kommentar zur HOAI, Düsseldorf 1988, 5. Aufl.

Schmitz, Ausschreibung und Vergabe für Bauleistungen im Bestand (I), in: DAB 11/89, S. 1685–1690

Schmitz, Ausschreibung und Vergabe für Bauleistungen im Bestand (II), in: DAB 12/89, S. 1849–1852

Kosten

Altenstadt, von, Kostensenkung durch Umnutzung alter Bausubstanz. Ergebnisbericht, Forschungsbericht 1987

Bubeck u. a., Ermittlung der Baunutzungskosten im Zusammenhang mit den Bauinvestitionskosten zur Beurteilung der langfristigen Wirtschaftlichkeit von Wohngebäuden, in: Architektur und Kostenplanung, AKP, Stuttgart

Dickenbrok, Kostenermittlung in der Altbaumodernisierung, Berlin 1985

Folgekosten der Modernisierung. Querschnittsbericht, Büro für Stadtplanung und Sozialforschung, Stuttgart 1986

Meier, Die wirtschaftliche Wärmedämmung als investitionsrechnerisches Problem, in: Bauphysik 5/86, S. 156–162

Plümecke, Preisermittlung für Bauarbeiten, Köln 1988, 22. Aufl.

Schmitz, Baunebenkosten, in: DAB 3/89, S. 313–320

Schmitz u. a., Bauteilkosten Modernisierung und Instandsetzung, Essen 1989/90, 5. Aufl.

Schmitz, Neue Kosten – Richtwerte für das Planen und Bauen im Bestand, in: DAB 11/89, S. 1693–1696

Schmitz/Hutzelmeyer u. a., Bauteilkosten für Modernisierung und Instandsetzung – Arbeitshefte zur Konstruktion und Kostenberechnung, Essen 1985

Schmitz/Meisel/Krings, Altbaumodernisierung – Konstruktions- und Kostenvergleich, Köln 1984
Schmitz/Schilling/Conen, Bauteilkosten im ökologisch orientierten Bauen, LBB Aachen 1989

Grundsätze altbaugerechter Planung

Arendt, Architektenausbildung zur Haus- und Stadterneuerung, in: DAB 9/87
Kastner, Gebäudesanierung. Analyse, Planung, Durchführung, München 1983
Krings, Altbaugerechte Planung, Bauweisen und Konstruktionen, in: DAB 5/87, S. 619–623
Krings, Altbaumodernisierung und Baubiologie, in: DAB 12/87, S. 1479–1482
Schmitz, Berücksichtigen gesetzliche Maßnahmen und bauordnungsrechtliche Bestimmungen die Althausmodernisierung?, in: rationeller Bauen 11/78, S. 17–19

Bestandsaufnahme

Arendt, Umnutzung von Altbauten, in: DBZ 10/86, S. 1273–1276
Bauaufnahme. Bestandsuntersuchung und Dokumentation historischer Bauwerke. 8. Kolloquium des SFB 315, Arbeitshefte des SFB 315 »Erhalten historisch bedeutsamer Bauwerke«, 7/87
Bauaufnahme. Befunderhebung und Schadensanalyse an historischen Bauwerken. 13. Kolloquium des SFB 315 vom 23.–24. 10. 1987, Arbeitshefte des SFB 315 »Erhalten historisch bedeutsamer Bauwerke«, 8/88
Böhning, Hilfsmittel und Geräte zur Bestandsaufnahme, in: DAB 10/87
Ganser/Huppertz, Angewandte Photogrammetrie am Schloß Altenburg bei Leipzig, in: BB 7/92
Grote/Stelzer/Weinzierl, EDV-gestützte Zustandserfassung und Dokumentation, in: BB 8/91
Klocke, Symposium zum zweiten Bericht über Schäden an Gebäuden, in: DAB 1/89, S. 67–68
Meisel, Checkliste – ein Hilfsmittel zur Gebäudebeurteilung, in: DAB 10/88, S. 1417–1420
Schiffer/Blume, Das verformungsgerechte Aufmaß. Methoden/Durchführung, in: DAB 5/89, S. 725–728

Untersuchungsmethoden

Arendt, Bedeutung der Schadensanamnese, in: BBauBl, 8/91
Arendt, Praktische Methoden der Feuchtemessung an Bauwerken und ihre Bedeutung, in: Bautenschutz und Bausanierung 1/88
Arendt, Schimmelbildung, in: Deutsche Bauzeitung 1/89
Arendt/Simianer, Aufwandsstufen bei Untersuchungen an Bauwerken, LBB Forschungsbericht, Aachen 1992
Arendt/Wiesen, Verfahren zur Untersuchung von Mauerfeuchtigkeit. Ursachenbestimmung, Planungskriterien, Fallbeispiele, LBB, Forschungsbericht, Aachen 1990
Beurteilen von Schwachstellen im Hausbestand, in: MSWV-Ratgeber Nr. 2
Böhning, Hilfsmittel und Geräte zur Bestandsaufnahme, Deutsches Architektenblatt 19/87
Dzierzon/Zull, Altbauten zerstörungsarm untersuchen, Köln 1990
Gerner/Kynast/Schäfer, Infrarottechnik – Fachwerkfreilegung, Stuttgart 1980
Goretzki/Henning/Überschaer, Infrarotspektroskopische und thermoanalytische Untersuchung des Phasenprofils an karbonatisierten Betonen, in: Bautenschutz und Bausanierung 12/89, S. 1–8
Henrich, Feuchteschäden zerstörungsfrei analysiert mit der Neutronensonde, in: Bautenschutz und Bausanierung 12/89, S. 24–27
Kießle/Krus, Messung von Wassergehalten und Feuchtetransportvorgängen in Baustoffen mittels kernmagnetischer Resonanz, in: IBP-Mitteilung 148, 14 (187), Fraunhofer-Institut für Bauphysik
Majer, Statische und dynamische Probleme bei der Instandsetzung historischer Kirchen, in: Bautenschutz und Bausanierung 10/87, S. 44–52
Pöllinger, Anlageninspektion mit Infrarot-Thermografie, Sonderdruck aus: Getränkeindustrie 11/87
Schmitz/Böhning/Krings, Verfahren, Geräte zur Erfassung von Bauschäden, Landesinstitut für Bauwesen und angewandte Bauforschung, Aachen 1987
Schuhbauer, Messung und Auswertung von Mauerwerksfeuchtigkeit, in: Bautenschutz und Bausanierung 10/87, S. 35–43
Specht, Beton im Examen. Prüfgeräte für Betonprüfungen, in: Baugewerbe 20/88, S. 30–33
Stand der Arbeiten in den Teilprojekten B2 und C1. 4. Kolloquium des SFB 315, Stand der Arbeiten im Teilprojekt C3. 6. Kolloquium des SFB 315, Arbeitshefte des SFB 315, 5/87
Tätigkeitsbericht für die Jahre 1985 bis 1987, TVFA, Wien 1988
Typische Schadenspunkte an Wohngebäuden, in: MSWV-Ratgeber Nr. 1, Düsseldorf 1987

Wärmeschutz

Bobran, Bauphysik, Braunschweig 1982, 5. Aufl.
Bresch, Wärmedämmputz: Markt und Möglichkeiten, in: BS 4/91
Gertis u. a., Wärmespannungen in Thermohautsystemen, in: Die Bautechnik 5/83, S. 155–162
Guldenpfenning/Kanerz, Wärmedämmverbundsysteme, in: Bauphysik 5/87, S. 209–212
Haferland, Außenwände, in: Deutsche Bauzeitung 12/87, S. 59–76
Hauser, Passive Sonnenenergienutzung durch Fenster, Außenwände und temporäre Wärmeschutzmaßnahmen, in: HLH 34/83, Nr. 3, S. 111–112
Künzel, Sichtmauerwerk mit Kerndämmung: erprobt und bewährt, in: Baugewerbe 14/15/87, S. 22–24
Leukeit, Das Verhalten eines Wärmedämmverbundsystems unter Klimabeanspruchungen, Dissertation, TU Berlin 1983
Mainka u. a., Wärmebrückenkatalog, Stuttgart 1986
Michel, Wärmedämmung – Wirtschaftlichkeit – Umweltschutz, in: BB 8/92
Ottel, Die Wärmedämmung des Kellers, in: Bauphysik 6/86, S. 171–174
Salm, Wärmedämm-Verbundsystem in Glasgow, in: BB 8/91
Schmitz/Meisel, Praxisinformation Energieeinsparung – Teilbericht: Hausmodernisierung und Instandsetzung, Schriftenreihe »Bau- und Wohnforschung« des BMBau, Bonn 1983
Szabo, Eine neue Methode für Wärmeflußmessungen an Außenwänden, in: Bauphysik 10/88, H. 2, S. 56–58

Kondensation

Achziger, Praktische Untersuchung der Tauwasserbildung im Inneren von Bauteilen mit Innendämmung, in: WKSB, Sonderausgabe Mai 1985
Arendt, Schimmelbildung, in: Deutsche Bauzeitung 1/89
Beyer/Schlich, Erdberührte Außenwände. Nutzungstrends, Bauphysik, Konstruktion. Bauphysikkongreß 1987, in: Bauphysik 5/87, S. 200–208
Feuchte-Katalog, Köln 1990
Klopfer/Schütte, Außenwände sozialer Mietwohnungen – Schimmelpilzbewuchs nach Einbau dichtschließender Fenster, in: DAB 1/88, S. 163–164
Künzel, Richtiges Heizen und Lüften in Wohnungen, in: WKSK-Zeitschrift für Wärmeschutz, Kälteschutz, Schallschutz, Brandschutz 22/87, S. 12–18

Schimmelbildung

Arendt, Schimmelbildung, in: Deutsche Bauzeitung 1/89
Arendt, Der Unsinn der technisch perfekten Heizung, in: Deutsche Bauzeitung 11/86, S. 78–86
Becker/Putermann, Verhütung von Schimmelbildung in Gebäuden, Teil 2; Einfluß der Oberflächenmaterialien, in: Bauphysik 4/87, S. 107–110
Bieberstein, Schimmelpilz in Wohnräumen – was tun?, Stuttgart 1989
Erhorn, Schäden durch Schimmelpilzbildung im modernisierten Mietwohnungsbau, in: Bauphysik 10/88, S. 129–134
Gertis/Soergel, Tauwasserbildung in Außenwandecken, in: DAB 15/83, S. 1045–1050
Grosser/Eichhorn/Grabow, WTA-Merkblatt 1–2–91 Der Echte Hausschwamm – Erkennung, Lebensbedingungen, vorbeugende und bekämpfende Maßnahmen, Leistungsverzeichnis, in: BB 4/91
Isemann, Stockflecken in der Rechtsprechung, in: Gemeinnütziges Wohnungswesen 9/83
Köneke, Schimmelpilze in Gebäuden, Hamburg 1988
Sternel, Feuchtigkeitsschäden aus mietrechtlicher Sicht, Forum Sanierung, Band 3 der Münchener Sanierungs-Tage, IGS München 1991
Zimmermann, Wandschrank an der Außenwand, in: DAB 3/88, S. 421

Schallschutz

Böhning, Verbesserung des Schallschutzes, in: DAB 4/89, S. 532–536

Dorff, Schalltechnische Problemlösungen bei der Althausmodernisierung, in: DAB 12/87, S. 1483–1486

Froelich, Schallschutz – Isoliergläser, in: DAB 7/88, S. 1019–1022

Göggel, Bauphysik für Baupraktiker. Schall-, Wärme-, Feuchte- und Brandschutz, Wiesbaden 1987

Kötz/Moll, Wie hoch sollte die Luftschalldämmung zwischen Wohnungen sein?, in: Bauphysik 10/88, Heft 3, S. 72–76

Sälzer, Einfluß schallabsorbierender Laibungsverkleidungen auf die Schalldämmung von Fenstern in Kippstellung, in: Bauphysik 10/88, 3, S. 77–81

Sälzer, Schallschutz im Massivbau, Wiesbaden 1987

Sälzer, Schallschutz mit Holzfenstern, Teil II, in: Bauphysik 10/88, S. 1–6

Senft-Werner, Nachrüstung der Nachkriegsbauten, in: BS 4/91

Völker, Zwischen Papier und Praxis – Sanierung von Deckenkonstruktionen im Altbau, in: BS 11/12/92

Wirtschaftliche Erfüllung des normgemäßen Schallschutzes im Wohnungsbau, Techn. Versuchsanstalt für Wärme- und Schalltechnik, Wien 1985

Holzschutz

Becker, Die Bekämpfung pflanzlicher und tierischer Holzschädlinge, in: Bautenschutz und Bausanierung 3/80, S. 84–90

Boetscher, Verbesserung des Langzeitverhaltens von Holzbauteilen durch Oberflächenbehandlung, in: Bautenschutz und Bausanierung 6/83, S. 145–154

DIN 68800, Holzschutz im Hochbau, Ausgabe Mai 1974

Grosser, Die wichtigsten Zerstörer des verbauten Holzes. 2. Teil, in: BB 2/79, Heft 4, S. 102–108

Kur, Wohngifte, Frankfurt 1991

Polonyi/Deubelbeiss/Weibel, Holzschutz ohne Menschenschaden, Zürich 1991

Sanierung von Holzbalkendecken, Berlin 1985

Weissbrodt, Das Heißluftverfahren, Sonderdruck aus: Wohnung und Gesundheit, 18/83, 4 S.

Weissenfeld, Holzschutz ohne Gifte?, Staufen 1988

Willeitner, Holzpilze – Lebensbedingungen, Erkennung, Besonderheiten, in: Bautenschutz und Bausanierung 6/83, S. 107–108

Wischer/Ahrens u. a., Baulicher Holzschutz Teil 1: Grundlagen für die natürliche Erhaltung des Holzes in der Denkmalpflege und Altbausanierung, in: WTA-Merkblatt 1–3–91 (Entwurf BB 6/91)

WTA-Merkblatt 1–87: Das Heißluftverfahren zur Bekämpfung tierischer Holzzerstörer in Bauwerken (Entwurf), in: BB 10. Jg., S. 53–56

WTA-Merkblatt 1–3–91: Baulicher Holzschutz an historischen Gebäuden Teil 1, in: BB 8/92

Abbrucharbeiten

Albrecht, Moderner Abbruch, Wiesbaden 1986

Schulz/Heinrich, Neue Erkenntnisse über das Flammstrahlen von Beton, in: Bautenschutz und Bausanierung 12/89, S. 81–89

Betonabbruch durch: Brenn-Bohren-Sägen-Pressen, in: Firmenschrift Bau-Haag, Pforzheim, o. J.

Trockenlegung

Anwendungstechnische Richtlinien für chemische Sperrverfahren gegen aufsteigende Mauerfeuchtigkeit »Injektagen« (Entwurf), in: BB 8/85, 1, S. 39–43

Arendt, Thermische Bausanierung. Sinn und Unsinn einer amtlichen Empfehlung zur Beheizung und Trockenlegung, in: Deutsche Bauzeitung 12/92

Arendt, Trockenlegung – Leitfaden zur Sanierung feuchter Bauwerke, Stuttgart 1985

Arendt/Grimm/Kiechle, Bodenwasser-Untersuchungen in Urschalling, Obb., in: Jahrbuch der Bayerischen Denkmalpflege, Band 33, S. 59–82

Arendt/Wiesen, Verfahren zur Untersuchung von Mauerfeuchtigkeit. Ursachenbestimmung, Planungskriterien, Fallbeispiele, in: LBB, Forschungsbericht, Aachen 1990

Böhning, Praxisvergleich verschiedener Maßnahmen zur Trockenlegung durchfeuchteten Mauerwerks, in: DAB 12/89, S. 1853

Dahmen, Was bringt die neue DIN 4095?, in: DAB 9/88, S. 1215–1218

Dunberger, Elektrochemische Vorgänge zur Entfeuchtung von Mauerwerk, in: BB 1/91

Feuchteschutz bei historischen Mauerwerksbauten, in: Arbeitshefte des SFB 315, Universität Karlsruhe, Sonderheft 1988

Franke/Bentrup, Paraffininjektionsverfahren zur Trockenlegung von Mauerwerk – Beurteilung der Wirksamkeit, in: BB 1/93

Hilsdorf u. a., Ursachen und Wege der Feuchtigkeit in Baukonstruktionen, in: Jahrbuch 1986 des SFB 315, S. 249–271, Universität Karlsruhe 87

Hoffmann/Rooß, Versuche zur Wirksamkeit von Paraffininjektionen für die nachträgliche Trockenlegung von Mauerwerk, in: BB 7/92

Honsinger, Feuchtereduzierung von kapillar durchfeuchtetem Mauerwerk durch Bohrlochinjektion, in: BB 6/7/92

Internat. Symposium Feuchtigkeitsschutz im erdberührten Bereich von Bauwerken. Konstruktive Ausbildung und Sanierung, Universität Innsbruck 1989

Klindt, Abdichtung gegen Bodenfeuchtigkeit, in: BB 2/92

Kohlhaas, Einbau einer nachträglichen mechanischen Horizontalsperre, in: BB 7/92

Künzel, Trocknungsblockade durch Mauerversalzung, in: BB 4/91

Mährlein, Dränung, in: Deutsche Bauzeitung 5/87, S. 57–60

Marktübersicht: Hydrophobierungsmittel, in: BB 5/92

Müller, Elektroosmose – Eine Möglichkeit der Mauerentfeuchtung?, Diplomarbeit, Universität Karlsruhe 1989

Nägele, Praktische Aspekte der elektrischen Trocknung und Entsalzung poröser mineralischer Baustoffe, in: BB 7/8/91

Oswald, Querschnittsabdichtung bei erdberührenden Bauteilen, in: DAB 11/88, S. 1607–1610

Schmit, Trockenlegungsmaßnahmen am Wasserschloß Zypendaal/NL. Eine Bestandsaufnahme nach 12 Jahren, in: BB 1/93

Schmitz, Verminderung von Kellerfeuchtigkeit in Altbauten. Hrsg.: Landesinstitut für Bauwesen (LBB), Aachen 1991

Tywoniak u. a., Feuchtemessungen mittels Neutronenradiographie, in: BB 2/91

VDI-Richtlinie 3798: Untersuchung und Behandlung von immissionsgeschädigten Werkstoffen insbesondere bei kulturhistorischen Objekten, Düsseldorf 1987

Venzmer, Sanierung feuchter und versalzener Wände, Berlin 1991

Weber, Mauerfeuchtigkeit, Grafenau 1988

Zinsmeister, Praktische Erfahrungen mit umweltschonenden Imprägniermitteln, in: BB 7/91

Salzbekämpfung

Arendt, Trockenlegung, Stuttgart 1985

Friese, Die Anwendung von Leitfähigkeitsmessungen an salz- und feuchtegeschädigtem Mauerwerk, in: BB 7/8/91

Friese, Ein neues Verfahren zur Sanierung salzverseuchter Wände mit aufsteigender Feuchtigkeit, in: Bautenschutz und Bausanierung 11/88, S. 122–127

Friese, Einige ergänzende Bemerkungen zum AET-Verfahren, in: Bautenschutz und Bausanierung 12/89, S. 50–55

Friese/Jacobasch/Börner, Einige Voraussetzungen zur Anwendung elektrokinetischer Verfahren bei der Sanierung von Mauerwerk mit aufsteigender Feuchtigkeit, in: Bauphysik 9/87, S. 277

Levelt/Leeuwenstijn, v., Die schnelle Beurteilung der Salzbelastung von Mauerwerk, in: BB 5/92

Nägele, Die Rolle von Salzen bei der Verwitterung von mineralischen Baustoffen, in: BB 3/92

Riederer, Die Salzschäden am Deutschen Dom in Berlin, in: BB 5/92

Tritthart u. a., Wärmedämmputze, Eigenschaftsänderungen durch Salzablagerungen, Zentrum für Elektronenmikroskopie, Forschungsbericht, Graz 1986

Zehnder u. a., Zerfall von Wandmalerei durch lösliche Salze, in: Maltechnik, April 1986

Sanierputze

Hilbert/Müller-Rochholz/Zinsmeister, Salzeinlagerung in Sanierputze, in: BB 6/7/92

Hoffmann, Die Wiederherstellung des Bayrischen Bahnhofes in Leipzig, in: BB 3/92

Kollmann, Reaktionen von bauschädlichen Salzen und Chloriden mit Bleihexafluorsilikat, in: Bautenschutz und Bausanierung 1/86, S. 24–29

Liegl, Die hygroskopische Feuchteaufnahme

salzbelasteter Baustoffe, Diplomarbeit, FH München, 1982
Meier, Ergänzende Anmerkungen zum Themenkreis »Salzeinlagerungen in Sanierputze«, in: BB 8/92
Meier, Prüfung von Zusatzmitteln (Putzkonzentraten) für die Herstellung hydrophober Porenputze aus Baustellenmörteln, in: Bautenschutz und Bausanierung 4/84, S. 164–168
Meier, Über ein Jahrzehnt Praxiserfahrung mit Sanierputz-Werktrockenmörtel, in: Bautenschutz und Bausanierung 11/88, S. 2–8
Pracht, Dauerhafte Instandsetzung von Mauerwerk mit Sanierputz, in: BB 4/92
Schäfer, Sanierputze – WTA, Ersatz bei historischen Gebäuden, in: BB 1/93
WTA-Merkblatt 2–91: Die bauphysikalischen und technischen Anforderungen an Sanierputze, WTA für Denkmalpflege und Bausanierung e.V., 1991

Tragende Bauteile

Arendt, Die Instandsetzung tragenden Mauerwerks, in: BB 12/89
Arendt u. a., Wiederherstellung der Tragfähigkeit und nachträglicher Brandschutz, Forum Sanierung, Band 2 »Münchener Sanierungstage«, Ehningen 1990
Bertig, Sanierung von Holztragwerken. Der Einsatz eines neuen Bauverfahrens, in: Das Bauzentrum 2/88, S. 12–16
Breitschuh, Sicher ist sicher; Tragwerkssicherung bei Modernisierungsmaßnahmen, in: Bausubstanz 7/87
Debelius, Zur Vernadelung von Mauerwerk mit neuen Materialien, in: BB 6/91
Franke/Bentrup/Fricke, Tragfähigkeitserhöhung von Mauerwerk durch Injektionen, in: BB 3/92
Großkurth/Chen/Pertix, Feuchteabhängiges Tragverhalten von Epoxidharzen zur Bauwerksinstandsetzung, in: BB 1/92
Haberland, Sicherungsmaßnahmen mit vorgespannten Glasfaserverbundstäben, in: BB 7/91
Hanser/Stiegel, Wärmebrückenatlas für den Mauerwerksbau, Wiesbaden–Berlin 1990
Hellweg/Schermeyer, Sanierung von Holzbalkendecken, Berlin 1985
Hollinsky, Querzugbelastbarkeitserhöhung von Brettschichtholz mit in Reaktionsharz eingeleimten glasfaserverstärkten Polyesterstäben, Dissertation, TU Wien
Kremnitzer u. a., Wiedererlangung der Tragfähigkeit von Holzdecken in Altbauten, Österr. Gesellschaft für Holzforschung 1987
Laumer, Tragwerksverstärkung: Höher, weiter, stärker. Klebearmierung eröffnet neue Nutzung, in: BS 6/92
Meisel, Sanierung von Holzbauteilen an älteren Gebäuden, in: DAB 7/88, S. 1013–1018
Mönck, Instandsetzung alter Holzkonstruktionen und Balkenköpfe, in: BB 6/7/92
Mönck/Hähnel, Instandsetzung eines spätmittelalterlichen Speichers, in: BB 1/3/92
Naumann, Tragwerksprobleme bei der Modernisierung, in: DAB 5/88, S. 707–710
Paul, Das Beta-Verfahren. Bewährung und Neuentwicklung, in: Bautenschutz und Bausanierung 12/89, S. 17–22
Pauser, Probleme der Tragkonstruktion, Bauphysik, Technologie und Verfahrenstechnik bei der Erneuerung von Altbauten, Forschungsgesellschaft für Wohnen, Bauen und Planen – FGW –, Wien 1986
Pieper, Sicherung historischer Bauten, Berlin 1983
Roßkopf/Grabow, Die Sanierung der Stadtkirche Oranienbaum, in: BB 6/92
Sälzer, Schallschutz im Massivbau. Luftschall, Trittschall, Körperschall, Wiesbaden 1990
Sperling, Zur weiteren Nutzung von Gründungskonstruktionen aus Holz, in: Bauplanung – Bautechnik 42/88, 11, S. 500–505

Fachwerk

Bagda, Feuchtetechnische Untersuchungen an Fachwerkwänden, in: BB 2/92
Bresch, Gefachinstandsetzung, in: Bautenschutz und Bausanierung 10/87, S. 22–23
Cramer, Farbigkeit im Fachwerkbau, München 1990
Dietz, Die Sanierung des Sockels historischer Fachwerkhäuser, in: Arbeitsblätter des deutschen Zentrums für Handwerk und Denkmalpflege, Fulda
Gäußmantel, Gefacherneuerung am Schmiedischen Wohnhaus in Leutkirch, in: BB 4/91
Gäußmantel/Wustl, Komplettsanierung historischer Fachwerkhäuser in Dietenhofen/Franken, in: BB 1/93
Gerner, Altersbestimmung – Dendrochronologie, in: Arbeitsblätter des deutschen Zentrums für Handwerk und Denkmalpflege, Fulda
Gerner, Beschlagen von Rundhölzern, in: Arbeitsblätter des deutschen Zentrums für Handwerk und Denkmalpflege, Fulda
Gerner, De- und Remontage von Fachwerk, in: Arbeitsblätter des deutschen Zentrums für Handwerk und Denkmalpflege, Fulda
Gerner, Entwicklung des Fachwerks in Deutschland, in: Arbeitsblätter des deutschen Zentrums für Handwerk und Denkmalpflege, Fulda
Gerner, Fachwerk, Entwicklung, Gefüge, Instandsetzung, Stuttgart 1985
Gerner, Fachwerkfreilegung, in: Arbeitsblätter des deutschen Zentrums für Handwerk und Denkmalpflege, Fulda
Gerner, Fachwerksanierung, in: Arbeitsblätter des deutschen Zentrums für Handwerk und Denkmalpflege, Fulda
Gerner, Fachwerksünden, in: Schriftenreihe des Nationalkomitees für Denkmalschutz, Band 27 o. J. (1987)
Gerner, Holz in Zweit- und Drittverwendung, in: Arbeitsblätter des deutschen Zentrums für Handwerk und Denkmalpflege, Fulda
Klöckner, Alte Fachwerkbauten. Geschichte einer Skelettbauweise, München 1981
Künzel, Bauphysikalische Aspekte bei der Sanierung oder Erneuerung von Holzfachwerk-Fassaden, in: Bautenschutz und Bausanierung 12/89, 2, S. 28
Leimer, Theorie und Praxis – Fachwerkhaus zu Forschungszwecken versetzt, in: Bautenschutz und Bausanierung 10/87, 5, S. 24–29
Leszner, Neuausfachung und Wärmedämmung mit Lehm, in: Bautenschutz und Bausanierung 10/87, 5, S. 203–208
Nebel, Erneuerung von Fachwerkbauten, Informationsdienst Holz, 1978
Nebel u. a., Sanieren und Modernisieren von Fachwerkbauten, Schriftenreihe Bau- und Wohnforschung des BMBau, Bonn 1981
Petrik, Gefachfüllungen an historischen Fachwerkgebäuden, in: Bautenschutz und Bausanierung 10/87, 5, S. 197–202
Ruske (Hrsg.), Sanieren und modernisieren mit Holz, Kissing 1989
Salm, Fachwerkinstandsetzung und Wärmeschutz, in: BB 5/92
Schadensermittlung, Fachwerkgebäude, Forschungsprojekt Fortbildungszentrum für Handwerk und Denkmalpflege, Fulda 1988
Thieß, Kombinierte Fachwerkinstandsetzung im Schwarzwald, in: BB 1/92
Trabandt, Schutz und Anstrich von Fachwerk, in: Bautenschutz und Bausanierung 10/87, 5
Wengerter, Ochsenblut – eine Farbe?, in: Denkmalpflege in Baden-Württemberg 7/78, Heft 1, S. 11–16

Dach

Appl, Begrünte Schrägdächer, in: DAB 5/88, S. 725–728
Dachdeckerarbeiten – Tonziegel, Arbeitsgemeinschaft historische Fachwerkstädte in Hessen und Niedersachsen, Heft 2
Durst u. a., Untersuchung der Regensicherheit von Dachziegeln, in: Ziegelindustrie International 9/88, S. 450–455
Durst, Windkanaluntersuchungen zur Wirkungsweise und Optimierung von Firststeinlüftungssystemen, Universität Erlangen-Nürnberg, o. J.
Geppert u. a., Energiedach in denkmalgeschützten Baugebieten, Forschungsbericht, 1985
Götze, Flachdächer beurteilen und instandsetzen. Hrsg. Landesinstitut für Bauwesen und angewandte Bauschadensforschung (LBB) Aachen 1992, in: BB 1/93
Jahnke, Das Tragverhalten historischer Dachkonstruktionen, in: BB 6/91
Klindt/Hennel, Begrünte Flachdächer, Statik und Bauphysik, in: DAB 5/88, S. 723–724
Regeln für Dachdeckungen mit Reet und Stroh, Berlin 1984
Schafft, Das Reetdach in Schleswig-Holstein, Sonderdruck aus: Deutsche Kunst und Denkmalpflege, Jg. 1983, S. 137–144
Schulze, Zur Erhaltung und Sanierung historischer Ziegeldächer, in: bausubstanz 1/87, S. 60–63
Tondachziegel für die Denkmalpflege, Arbeitsgemeinschaft Ziegeldach e.V., Bonn, Heft 2/88
Zimmermann, Kupferbleche eines Mansarddaches. Korrosion durch Bitumen-Abbau-Produkte, in: DAB 5/88, S. 761

Fassade

Geldhauser, Natursteine, TU München 1982
Gümpel, Zwei-Komponenten-Dichtstoffe in der modernen Architektur, in: BB 5/91
Gümpel, Zwei-Komponenten-Dichtstoffe sichern Funktion und Farbigkeit, in: BB 3/92
Heising, Das Postamt in Rinteln, in: BB 4/91

Hundt, Untersuchungen zur Instandsetzung von Gipsstuckfassaden (Kurzbericht), in: BB 5/92
Kauw, Fugenausräumtechnik Hochdruck-Wasserfeinstrahl-Technik, in: BB 5/92

Fassadenschutz

Althaus, Grün am Haus: Fassade kaputt?, in: Das Haus, März 90, S. 12–16
Bagda, Fassadenbeschichtungen. Normen, Anforderungen, Prüfungen, Teil 1, in: BB 3/91
Brasholz, Beschichtungs- und Anstrichschäden bei Alt- und Neubauten, Wiesbaden 1991
Brinkmann, Instandsetzung einer Waschbetonfassade, in: BB 7/91
Eddmann, Dauerhaftigkeit und Nachbehandlung von Beton. Zur Neuausgabe DIN 1045 – Beton und Stahlbeton, in: Deutsche Bauzeitung 5/89, S. 94–100
Gieler/Brandes/Lenz, Eigenschaften rißüberbrückender Beschichtungen, in: BB 1/93
Hammer, Conservation of stucco and plaster on facades on mineral basis, Bundesdenkmalamt, Wien
Jahn, Abriß ist keine Alternative. Instandsetzungsperspektiven im Plattenbau, in: BB 1/92
Jahn/Holz, Fugeninstandsetzung in Königs Wusterhausen, in: BB 5/92
Mayer u. a., Silicon-Microemulsionen als wäßrige Grundiermittel für Fassadenbeschichtungen, in: BB 3/91
Michel, Kunstharzbeschichtungen auf WDV-Systemen, BB 7/91
Michel, Siliconharz-Fassadenfarben in der praktischen Anwendung, in: BB 2/92
Oswald, Sanierungsmaßnahmen bei Außenwänden und Fenstern, in: DAB 6/87
Rödder, Energieeinsparung durch Hydrophobierung, in: BB 1/78, Heft 3, S. 72–77
Roth, Möglichkeiten zur Erhöhung der Eindringtiefe von Imprägnierungsmitteln, Bautenschutz und Bausanierung 10/87, S. 9–13
Roth, Das Wassersaugprofil einer Siliconimprägnierung, in: Bautenschutz und Bausanierung 11/88, S. 43–45
Schuhmann, Reprofiliermörtel für Natursteine und als Fugenmörtel, in: BB 6/7/92
Weber, Fassadenschutz und Bausanierung, Kontakt und Studium, Band 40, 1988
Werner, Ein neues Verfahren zum Ausräumen schadhafter Mörtelfugen in historischem Mauerwerk, in: BB 2/3/91
Zinsmeister, Untersuchung der Siliconfarbfassungen am Hauptbahnhof in Osnabrück, in: BB 7/92

Fassadenreinigung

Bepple u. a., Merkblatt »Reinigung von Natursteinen«, Entwurf 05.89, in: Bautenschutz und Bausanierung 12/88, S. 50–55
Deppen/Kabrede, Vakuum-Waschen, in: BB 6/91
Grassegger, Gänzlich neue Trockenreinigungsmethode für Fassaden im Denkmalschutz, in: Bautenschutz und Bausanierung 11/88, S. 22–24
Grunau/Mathar, Fassadenverschmutzung, Institut für Baustofforschung, Erftstadt 84
Knittler, Fassadenreinigung mit Höchstdruck, in: BB 8/91
Neubauer, Schnelle Fassadenreinigung und -instandsetzung, in: BB 8/91
Pohle, Auswirkungen gängiger Reinigungsverfahren auf die Oberflächenschichten von Natursteinmauerwerk, in: Bautenschutz und Bausanierung, Sonderausgabe 1989
Snethlage/Arendt, Reinigung von Naturstein aus Sicht der Denkmalpflege, in: Bautenschutz und Bausanierung 6/83, S. 42–50
Untersuchungen und Eindämmung der Gesteinsverwitterung an Baudenkmälern. 2. Statusseminar Dez. 1988 in Wuppertal, in: Bautenschutz und Bausanierung, Sonderausgabe 1989

Betonsanierung

Asendorf, Die Behandlung von Rissen in Betonmauerwerken, in: Bautenschutz und Bausanierung 10/87, S. 57–61
Clasen, Betoninstandsetzung im Trockenspritzverfahren: Schiffshebewerk Henrichenburg/Waltrop, in: BB 8/92
Engelfried, Auch Beton hält nicht ewig, in: Instandhaltung, 12/87, S. 10–12
Gieler-Breßmer/Menzel, Korrosionsschutzwirkung von Instandsetzungsmörteln gegenüber chlorinduzierter Korrosion, in: BB 4/92
Injektionsverfahren für Rißsanierung in Beton und Mauerwerk, in: BB 5/6/91
Jacobi, Rißüberbrückende Systeme. Anwendungen im Industrie- und Ingenieurbau, in: BB 5/92
Konemann, Beton unter Denkmalschutz, in: BB 1/91
Lackmann, Parkdecksanierung Flughafen Frankfurt, in: BB 8/91
Luley, Instandsetzen von Stahlbetonoberflächen. Ein Leitfaden für den Auftraggeber, Düsseldorf 1987
Marktübersicht: Geprüfte Betoninstandsetzungssysteme, in: BB 4/92
Marktübersicht Stoffe und Stoffsysteme nach ZTV-SIB und ZTV-RISS, in: BB 4/91
Michel, Reinigungsfähige Beschichtungen – Voraussetzungen und Einsatzmöglichkeiten eines Systems, in: BB 6/91
Michel, Werkstoffe zum Schützen und Instandsetzen von Betonflächen, in: BB 4/92
Momber, Anwendungsgrundsätze beim Hochdruckwasserstrahlen in der Betoninstandsetzung, in: BB 8/91
Musewald/Scheel, Das Schadenskataster bei der Betoninstandhaltung, Teil 1, in: Bautenschutz und Bausanierung 12/89, S. 22–25
Probst, Michael Probst Bautherapie, Tei 4: Betonsanierung, in: Deutsche Bauzeitung 4/89
Ruffert, Ausbesserung tiefreichender Schäden mit Spritzbeton, in: Bautenschutz und Bausanierung 3/80, S. 137–140
Ruffert, Betondeckung – Carbonatisierung. Schutz und Sanierungsmaßnahmen, in: Bautenschutz und Bausanierung 3/80, S. 45–48
Ruffert, Spritzbeton für die Betoninstandsetzung. Grundlagen und Qualitätssicherung, in: BB 4/92
Schmidt-Morsbach, Betonflächen – Mängelfibel, Wiesbaden 1986
Schröder, Betoninstandsetzung mit Systemen auf Zementbasis, in: BB 1/91
Schröter, Weiterbildung im Schützen, Instandsetzen, Verbinden und Verstärken von Betonbauteilen, in: BB 2/91
Stöckl, Instandsetzung von Betonbauteilen, in: BB 4/91
Stöckl, Oberflächenschutzsysteme aus der Sicht des Werkstoffherstellers, in: BB 5/6/92
Utsch, Brückenabdichtung mit Hilfe von Flüssigkunststoffen, in: BB 5/92
WTA-Merkblatt 5–7–92 (Entwurf), Prüfen und Warten von Betonbauwerken,in: BB 7/92

Steinschutz

Blaschke, Schleimbildende Mikroorganismen und nitrifizierende Bakterien als Helfer der Gipsbildung im Naturstein, Sonderausgabe Bautenschutz und Bausanierung, S. 38–41
Felix, Structure and porosity of sandstones used as construction materials, Ecole Polytechnique Federale de Lausanne, Lausanne
Goretzki/Schmidt, Die Veränderung von Gesteinseigenschaften durch die Acrylharzvolltränkung, in: BB 7/91
Grimm, Bildatlas wichtiger Denkmalgesteine der Bundesrepublik Deutschland, Arbeitsheft des Bayr. Landesamtes für Denkmalpflege, 1990
Jansen/Puterman/Kober, Neuartiges Wirkprinzip für den Denkmalschutz – Polysiloxanhaltige Isocyanatprepolymere, in: BB 1/93
Jornet/Romer, Erarbeitung von Grundlagen für die Sanierung von Naturstein, in: Bautenschutz und Bausanierung 9/86, S. 80–86
Krumbein, Biogene Krusten – Schaden – Schutz – Sanierung, Sonderausgabe Bautenschutz und Bausanierung, S. 61–64
Krumbein/Schönborn-Krumbein, Biogene Bauschäden, in: Bautenschutz und Bausanierung 10/87, S. 14–23
Künzel, Der Regenschutz von Mauerwerk aus Naturstein – Überlegungen, Messungen, Beobachtungen, in: Bauphysik 10/88, Heft 1, S. 12–16
Künzel, Sind wirklich Schadstoffe aus der Luft an der fortschreitenden Zerstörung unserer Denkmäler schuld?, in: Bautenschutz und Bausanierung 9/86, Heft 4, S. 139–142
Künzel/Walther, Einflüsse von Feuchte und Konservierungsmaßnahmen auf die Schwefeldioxidaufnahme von Natursteinen, in: BB 5/6/91
Lala/Sjöström, Luftangriff auf Baustoffe, in: BB 1/92
Meisel, Naturstein. Erhaltung und Restaurierung von Außenbauteilen, LBB Aachen 1987
Mikos/Schubert/Knöfel, Zur Beurteilung von Steinergänzungsstoffen für die Restaurierung von Natursteinoberflächen, in: BB 4/92
Piacenti, Stone conservation: innovation products and procedures, Centro Studi CNR Universita di Firenze, Florenz
Rabe, Verwitterungsschäden an Natursteinbauwerken, in: Aufschluss 35/84, S. 301–310
Reißmüller, Untersuchung der Einflüsse von Klimabedingungen und Verwitterungszustand auf das Austrocknen von Natursandsteinen, Diplomarbeit FH Stuttgart 1989

Riederer, Bibliografie der deutschsprachigen Literatur über die Verwitterung und Konservierung von Naturstein, in: Deutsche Kunst- und Denkmalpflege 8/73, S. 106–118
Sauder/Wiesen, Sanierung von Bauwerken aus Naturstein, LBB Aachen 1987
Schießl/Alfes, Festigkeit und Verformbarkeit von Sandstein, Bedeutung für die Verwitterungsresistenz und Meßmethoden, in: BB 3/91
Scholten/Kraus/Knöfel, Die Verwitterung des Baumberger Sandsteins am Xantener Dom, in: BB 3/91
Schubert u. a., Mauerwerk aus Tuffstein. Empfehlungen für Erhaltungsmaßnahmen an historischen Gebäuden, Forschungsbericht LBB Aachen 1992
Schuhmann, Reprofiliermörtel für Natursteine und als Fugenmörtel, in: BB 6/7/92
Snethlage, Messungen zur Dauerhaftigkeit von Hydrophobierungen an Sandsteingebäuden, Sonderausgabe Bautenschutz und Bausanierung, S. 16–18 und S. 35–37
Weber, Steinkonservierung in Deutschland, in: Bautenschutz und Bausanierung 10/87, S. 6–8
Weber/Höhl, Verfahren zur Bestimmung der Eindringtiefe von Steinfestigungsmitteln auf der Basis von Kieselsäureester-Verbindungen, in: Bautenschutz und Bausanierung 11/88
Wolter, Eigenschaften und Anwendungsgebiete von Siliciumorganischen Verbindungen bei der Hydrophobierung und Verfestigung von mineralischen Baustoffen, in: Bautenschutz und Bausanierung 12/89, S. 9–14
WTA-Merkblatt 3–5–92 (Entwurf), Anwendungstechnik – Natursteinrestaurierung, in: BB 8/92

Putze

Dietz, Außenputz auf historischem Natursteinmauerwerk, in: Arbeitsblätter des deutschen Zentrums für Handwerk und Denkmalpflege, Fulda
Dietz, Die Ursachen von Putzschäden an historischen Gebäuden, in: Arbeitsblätter des deutschen Zentrums für Handwerk und Denkmalpflege, Fulda
Fleischmann, Hochglanz-Marmor aus Gips, in: BB 6/91
Junge, Instandsetzen von Gebäudefassaden mit mineralischen Putzsystemen, in: BB 2/91
Kremser, Außenputze für historische Gebäude. Hrsg. Landesinstitut für Bauwesen (LBB), Aachen 1991
Mehlmann, Kalk – das Bindemittel der Denkmäler – auch das Bindemittel der Denkmalpfleger?, in: BB 3/92
Schubert/Knöfel, Zur Beurteilung von Putzmörteln für historische Bauwerke, in: BB 4/91

Fenster

Arendt u. a., Fenstersanierung, Arbeitskreis Bautechnik der Vereinigung der Landesdenkmalpfleger, München 1984
Arendt u. a., Das kleine Fenster, Ausstellungskatalog der Handwerkspflege Bayern, München 1990
Daler u. a., Fenster in der Stadtsanierung, Forschungsbericht, Institut für Fenstertechnik, Rosenheim 1989
Gärtner, Grundsätze zur Fenstersanierung, Forschungsbericht, Institut für Fenstertechnik, Rosenheim 1989
Gerner, Historische Fensterformen, Deutsches Zentrum für Handwerk und Denkmalpflege, Fulda
Gerner/Gudzent, Historische Fenster, Teil I–Teil VII, Deutsches Zentrum für Handwerk und Denkmalpflege, Fulda
Lüfkens, Das Fenster zwischen Müllkippe und Erhaltung. Empfehlungen für den Praktiker, in: bausubstanz 4/88, S. 100–102
Reitmayer, Holzfenster in handwerklicher Konstruktion, Stuttgart 1986
Schmid, Fensterkonstruktionen – Anforderungen und Ausführung, in: DAB 5/88, S. 719–722
Ungerer-Heuck, Kunst- und Ersatzbaustoffe. Materialien über die Entwicklung und Qualität von PVC-Fenstern, Arbeitskreis Bautechnik der Vereinigung der Landesdenkmalpfleger, Karlsruhe 1987

Fußböden

Brokmann, Licht und Schatten beheizter Fußbodenkonstruktionen, in: Deutsches Architektenblatt 2/93
GYPperfekt – Montagebodenelemente, Firmenschrift GYPROC, Düsseldorf
Krings, Modernisierung des Innenausbaus – Treppen, Türen, Fußböden, in: DAB 11/88, S. 1599–1602
Laux, Abdichtung von Industriefußböden aus Beton gemäß § 19g WHG, in: BB 6/7/92
Mathis, Fließestrich im Tri-Com-Center in Eschborn, in: BB 7/92
Umweltfreundliche Fußbodeninstandsetzung, in: BB 8/91
Zenke, Instandsetzung von Industriefußböden, in: BB 6/92

Innenwände, Innentüren

Hebel Handbuch für den Wohnungsbau 88/89, Hebel-Werke, 4. Aufl., Mai 1988
Hesterber, Innenwände aus Gips, in: DAB 1/88, S. 149–154

Brandschutz

Arendt, Wiederherstellung der Tragfähigkeit und nachträglicher Brandschutz, in: Forum Sanierung, Band 2 »Münchener Sanierungstage«, Ehningen 1990
Halfmann, Planungsgrundlagen für den baulichen und betrieblichen Brandschutz, in: DAB 6/88, S. 907–908
Klose, Vorbeugender baulicher Brandschutz, Ratingen o. J.
Rybicki, Faustformeln und Faustwerte im Hochbau. Teil 1: Geschoßbauten, Düsseldorf 1988

Ruinen

Eckstein, Bestandsdokumentation bei Ruinen, in: Denkmalpflege in Baden-Württemberg 14/85, S. 103–111
Gutbier u. a., Burgen und ihre Erhaltung als Aufgabe der Denkmalpflege, in: Denkmalpflege – Information des Bayer. Landesamtes für Denkmalpflege, 4/1987
Högl/Locher, Zur Erhaltung dachloser Mauerbauten, in: Methoden zur Erhaltung von Kulturgütern. Forschungsresultate aus dem Nationalen Forschungsprogramm 16 des Schweizerischen Nationalfonds zur Förderung der wissenschaftlichen Forschung, hsg. v. F. Schweizer/V. Villinger (Bern), Bulletin Nr. 5/87
Lutz, Einige Bemerkungen zum Ruinenerhalt, in: Denkmalpflege in Baden-Württemberg 14/85, S. 96–102
Obrecht, Methoden zur Konservierung von Burgruinen, in: Nachrichten des Schweizerischen Burgenvereins, 56/86, S. 54 ff.
Stanzl, Zum Umgang mit Burgen und Burgruinen, hsg. vom Landesamt für Denkmalpflege Rheinland-Pfalz, Mainz 1988, 2. Auflage
Zum Umgang mit Burgen und Burgruinen. Merkblatt, Landesamt für Denkmalpflege/Verwaltung der staatlichen Schlösser Rheinland/Pfalz, 2. Aufl., Mainz 1988

Restaurierung

Arendt, Altbausanierung – Kosteneinsparung durch Voruntersuchungen, in: Bauhandwerk 9/89
Cramer, Bauarchäologie und Entwerfen am profanen Baudenkmal, in: Bauwelt 33/88
Meisel u. a., Naturstein-Erhaltung und Restaurierung von Außenbauteilen, Wiesbaden 1986
Schmidt, Das Raumbuch. In: Bauaufnahme, Befunderhebung und Schadensanalyse an historischen Bauwerken, in: Arbeitshefte des SFB 315, 8/88

Sanitäranlagen

Arendt, Sanitärsanierung, in: DAB 10/87 S. 1198–1202

Elektroanlagen

Das Aufputz-System, Firmenschrift Borisch, Wien
Das S-Color-System, Firmenschrift GIRA, Radevormwald
Schulz, Durchgehende Automatisierung zieht ein ins Heim, in: VDJ-Nachrichten Nr. 28 vom 15. 7. 1988, S. 13

Heizungsanlagen

Alte Heizung – was nun?, Info des Bayer. Staatsministeriums für Wirtschaft und Verkehr, 1985
Arendt, Heizungssanierung, in: DAB 4/88, S. 553–558
Arendt, Heizungssanierung und Energieeinsparung, in: das bauzentrum 4/89, S. 27–30

Arendt, Kirchenheizung, in: Deutsches Architektenblatt 7/89
Arendt/Veit, Literaturrecherche zum Forschungsauftrag »Bauphysikalische Untersuchungen in unbeheizten und beheizten Gebäuden alter Bauart«, in: Deutsche Kunst und Denkmalpflege 2/89
Arendt, Der Unsinn der technisch perfekten Heizung, in: Deutsche Bauzeitung 11/86, S. 78–86
Dutz, Sanierung von Heizungsanlagen im Gebäudebestand, in: TAB 4/84
Frey, Kritische Erprobung von Energiesanierung an Altbaubauten, Institut für Umweltforschung – IFU –, Graz 1987
Gertis/Erhorn, Feuchteunempfindliche Schornsteine – wie funktionieren sie bauphysikalisch?, in: IBP-Mitteilung 140, 14 (1987), Fraunhofer-Institut für Bauphysik
Höhenberger/Keßler, Die Sanierung von »Altanlagen«, in: Sanitär- und Heizungstechnik 53/88, 9
Leonhardt/Werner, Ziegeldachabsorber, in: Technik am Bau 17/86, 10
Lübke/Beigel, LAS-Prinzip mit vorhandenen Kaminen (1), in: Sanitär- und Heizungstechnik 6/86, S. 348–352
Lübke/Beigel, LAS-Prinzip mit vorhandenen Kaminen (2), in: Sanitär- und Heizungstechnik 7/86, S. 412–415
Mettenleiter, Erfahrungen mit der Brennwerttechnik, Veröffentlichung des FMT Stuttgart 4/87, S. 113–136
Otto, Modernisierung von Heizungsanlagen, Düsseldorf 1985
Stiehl, Sanierung von Heizungsanlagen, Teil 1, in: sbz 23/88, S. 1632–1642

Kirchenheizung

Arendt, Heizung in historischen Gebäuden, in: Deutsche Bauzeitung 9/86, S. 86–104
Arendt, Kirchenheizung, in: Deutsches Architektenblatt 7/89
Arendt, Kirchenheizung, in: Denkmalpflege-Informationen, Ausgabe A, Nr. 36, 3. Mai 1983
Arendt, Raumklima in großen historischen Räumen. Heizungsart – Heizungsweise – Schadensentwicklung – Schadensverhinderung, Köln 1993
Arendt/Veit, Literaturrecherche zum Forschungsauftrag »Bauphysikalische Untersuchungen in unbeheizten und beheizten Gebäuden alter Bauart«, in: Deutsche Kunst und Denkmalpflege 2/89
Fuchs/Patrelt/Tünker, Immissionsschutz für historische Glasfenster – Internationale Untersuchungen neuer Methoden, Fraunhofer-Institut für Silicatforschung, Würzburg 1987
Künzel, Richtiges Heizen in historischen Gebäuden, unveröffentl. Bericht Fraunhofer-Institut für Bauphysik
Stein, Climate in stave-churches in Norway: What can be done to improve the conditions for the interior medieval art?, Riskantikvaren Restaureringstelieret Oslo

Schornsteinsanierung

Hausladen, Anpassung der Abgaswege an die heutigen Feuerstätten, unveröffentlichtes Vortragsmanuskript 1/89, Kirchheim
Hausladen, Einsatzbereich heutiger Schornsteinsysteme, VDI-Bericht Nr. 508, 1984
Hausladen, Handbuch der Schornsteintechnik, München, Oldenbourg 1988
Heizkessel und Schornstein, FiGaWa-Arbeitsblatt 1988
Kruse, Korrosionsbedingungen in Heizkesseln und Schornsteinen, in: VSE-Nachrichten Nr. TR-1/85
Lübke u. a., LAS-Prinzip mit vorhandenen Kaminen, in: Sanitär- und Heizungstechnik 6/86

Sachwortregister